高等院校本科生考研辅导教材

数学分析解题思想与方法

（第二版）

杨传林　编著

ZHEJIANG UNIVERSITY PRESS
浙江大学出版社

图书在版编目(CIP)数据

数学分析解题思想与方法 / 杨传林编著. —2 版
. —杭州：浙江大学出版社,2019.7
ISBN 978-7-308-19308-5

Ⅰ. ①数… Ⅱ. ①杨… Ⅲ. ①数学分析－高等学校－
解题 Ⅳ. O17-44

中国版本图书馆 CIP 数据核字(2019)第 140734 号

数学分析解题思想与方法(第二版)

杨传林 编著

责任编辑	杜希武
责任校对	陈静毅 陈 宇
封面设计	刘依群
出版发行	浙江大学出版社
	(杭州市天目山路 148 号 邮政编码 310007)
	(网址：http://www.zjupress.com)
排 版	浙江时代出版服务有限公司
印 刷	绍兴市越生彩印有限公司
开 本	787mm×1092mm 1/16
印 张	25
字 数	592 千
版 印 次	2019 年 7 月第 2 版 2019 年 7 月第 1 次印刷
书 号	ISBN 978-7-308-19308-5
定 价	69.00 元

内容提要

本书是大学数学分析课程的辅导用书,可用于数学分析课程的同步配套学习,也可作为报考硕士研究生的读者的数学分析复习指导用书.

全书分为八章,内容涉及极限、连续性、导数与微分、定积分、无穷级数与无穷乘积、多元微分学、多元积分学以及含参变量积分.内容的编排顺序基本上和通用的数学分析教材吻合.在素材选取的深度、难度和宽泛度上,比一般的数学分析基础教材有明显的提升.对较基础性的知识点,只是简要地加以介绍,而将重点放在解题思路的挖掘与提炼上.本书选取了较多有代表性的考研真题,最大限度地适应考研读者的需要.每节配备的习题难度梯度明显,旨在拓宽基础、启发思维、熟练方法.

本书是作者十余年数学分析选论课程教学实践的结晶,其中不乏许多具有创新性的见解,同时也参考了大量的参考文献,尽力形成自己独特的风格.

本书还可供从事数学分析、高等数学教学的教师以及其他的数学爱好者参考阅读.

再版前言

本书自 2008 年出版以来,受到了读者朋友的普遍好评.连续多年作为本人教授课程"数学分析思想与方法"的指定教材,教学效果显著;作为长期从事数学分析教学与研究的教师,能为广大读者朋友在学习数学分析过程中释疑解惑,提供哪怕只有一点点思维的火花,激发些许的灵感,我都感到由衷的欣慰.

此次修订,第一方面,添加了部分在数学分析理论构筑上极其重要的内容,如上极限与下极限、含参变量无穷积分一致收敛性的应用;第二方面,对于第一版中出现的印刷错误做了尽可能到位的修正;第三方面,调整了部分习题的配置,添加了所有习题的解答或提示,有些题目的思路点到为止,有些题目则给出了较完整的解题过程.但对于读者而言,希望在做练习题甚至阅读书本的例题时都能先予独立地思考,不依赖或尽可能少地依赖习题解答,百思不得其解后再去参考解答提示,这样才能真正领悟到数学解题思想的奥妙之处和蕴含其中的美感.登山之乐更多在于攀登的过程而非结果,仅仅坐缆车上到山顶虽然省事省力也能带给人们一览众山小的美感,但这和登山者大汗淋漓、气喘吁吁、竭尽全力地攀登上去所获得的成就感是截然不同的.希望读者朋友能够在钻研数学问题的过程中收获那种攀登的成就感.世上无难事,只要肯登攀.

那么面对数学问题,面对浩如烟海的解题方法,我们怎么样才能提纲挈领地掌握核心要领,达到通透的效果呢?首先我们要培养解题的渴望或动机,视学习、钻研为一件富有意义的乐事,而非苦差事,论语云:"学不至于乐,不可谓之学."我经常跟学生讲一句话"动机决定技巧",这是学好任何一门课程和技术的意识基础.其次要学会转化思路,把一个问题改头换面成另外一个容易理解和运算的模式,如积分的变量代换,不等式问题化为函数极值问题,某类极限问题化为 Riemann 和数的极限即定积分,曲线积分化为二重积分(Green公式),曲面积分化为三重积分(Gauss 公式)等等;还需要把复杂的问题分解为几个较为简单的小问题,逐个击破."学而不思则罔,思而不学则殆",还是以孔子的这句名言与读者共勉.

本书所有选例和习题的配置都紧密联系数学分析的教学大纲和近几年考研的实战要求,题量适中,崇尚一题多解的发散性思维,适合于作为数学分析课程同步配套的提高训练用书,也可以作为考研阶段的参考辅导教材,对数学思想方法解题技巧感兴趣的读者也是很好的阅读素材.

在本书第二版编辑过程中,数学系的领导给予了极大的关注与支持,陈文集、张子建、郑威、张沁宇、高麒、赵琦、顾丹萍、张钰仙等同志都为文稿的整理定稿付出了大量的辛勤劳动,浙江大学出版社的责任编辑杜希武老师为本书的出版尤其做出了非常细致而到位的帮助与指点.在此作者向他们表示真挚的谢意.

　　本书出版承蒙浙江师范大学重点教材建设项目、浙江省一流学科——浙江师范大学数学学科建设经费的资助,在此作者一并表示感谢.

　　由于作者水平所限,本书若有不当和谬误之处,敬请读者朋友们指正.

浙江师范大学数学与计算机科学学院 杨传林

2019 年 1 月

对数学的初浅感悟(代序)

"数学分析"是数学和应用数学、概率论与数理统计、信息与计算科学等专业的基础课程,是上述各专业的考研必考课,其重要性不言而喻.但是学生在学习的过程中,会遇到形形色色的困难.主要的困难是难以熟练地掌握数学分析的思想、方法和技巧.一方面,数学分析基础教材里往往只涉及最基础和最核心的知识点;另一方面,教学课时不断受到压缩,使得这门课程的整个长达三至四个学期的教学过程显得行色匆匆,学生疲于应付,做了大量的题目却可能仍不得要领.

如何从更高的视角纵览数学分析的概貌,梳理其间各个知识板块的关联与区别,如何去领悟有较高难度的解题思想,最终转化为学者自身的数学素养? 这是笔者在多年数学分析以及续论课程中百思而欲慢慢得其解的难题.

就以求极限这个数学分析的入门课题说起吧.求极限怎么求是第一层问题;极限本质的 ε-N 语言的理解是第二层问题,然后才说得上求极限的高级、非常规技巧,比如从定积分去求和式极限,以及无穷级数和数列极限的关联性;最后还要上升到函数项级数、含参变量广义积分的一致收敛性.仅凭数学分析课程一晃而过的教学模式,学生往往学了后面忘了前面,更谈不上知识的有机融汇.慢慢地,学习数学分析就蜕化为机械地记忆解题方法、被动地应试,而其中最为核心的对数学思维前因后果、来龙去脉之整体的了解和领悟反而淡化了,更无暇去欣赏数学的美.

依笔者拙见,数学即是关于数量的美学. $\sum\limits_{n=1}^{\infty}\dfrac{1}{n^2}=\dfrac{\pi^2}{6}$,是怎么得出的,为什么是这样的,有多少种不同的解决途径? 都可以从审美的角度去理解、去欣赏.而令人奇怪的是,有限和式 $\sum\limits_{n=1}^{N}\dfrac{1}{n^2}$ 的和值当 N 充分大时反而难以精确计算,从这个意义上讲,有限形式只是从理念上比无限形式容易理解,涉及具体的计算时反而未必如此.更令人诧异的是, $\sum\limits_{n=1}^{\infty}\dfrac{1}{n^k}$ 当 k 为偶数时和值可以求得,但当 k 为奇数时,哪怕 $k=3$ 时和值之精确值也无人知晓.数学的世界为什么会有如此令人费解的奥妙? 此真可谓"道可道,非常道"了.

从这个角度上讲,学习数学并非纯粹是解题方法的累积,首先必须是对数学奇妙世界的好奇,然后是执着的探索,末之才是方法的积累.有古语曰:"舍本逐末."恰似置身股海热衷追涨杀跌,而忘乎价值投资之本.所以股票市场有句统计意义上的名言:"一赢二平七个亏."逐末者皆因不知本源何在之故.那么学习数学之本或狭而言之学习数学分析之本何在? 这也是一个"道可道,非常道"的难题.老子在《道德经》第四十一章又云:明道若昧,进道若退;大方无隅,大器晚成;大音希声;大象无形;道隐无名.夫唯道,善贷且成.既然本之难求,先逐末也不失为一个良策.在数学的学习过程中,看很多的参考书,"拿来"了许多其他人的解法、囫囵吞枣而不化、终被题海淹没,何也? 初看乃法之不当,实乃境界之未达也! 作者在课堂上经常跟学生言及"动机高于技巧",动机是本,技巧是末.尤其是不加消化的"拿来"之技巧,对提升数学之境界,裨益不大.

作者编撰本书,以领悟数学的美,培养数学探索的动机为最高准则,力争寓求索的乐趣于解题的过程之中.更不希望作为"拿来拿去"的样本.数学思想犹如种子,萌发于心才能昭华于外.

亲爱的读者朋友,当你读本书时,也请像裴礼文先生所告诫的"先做再看",哪怕是对于解答完备的例题,亦不要急于求成.作者不仅关注数学解题方法和技巧的积累,更崇尚数学思维和数学审美情趣的提升.若如斯,则吾心愿足矣!

记住,数学是人类理性精神的伊甸园.

当然,路漫漫其修远,让我们一起去求索吧!

在本书的编辑出版过程中,文字编辑黄勤女士和责任编辑杜希武先生对书稿提出了许多宝贵的修改建议并作了大量校正工作,他们一丝不苟的工作态度和高度的敬业精神令笔者深受感动,在此笔者对他们致以诚挚的感谢.

杨传林
2008 年冬于浙江师范大学

目　　录

对数学的初浅感悟(代序)

第一章　极限论

极限理论是数学分析的入门和基础,是人们把握无限的金钥匙.不论是函数连续性、导数、定积分还是无穷级数这些数学分析的核心内容,无一例外地都通过极限来定义和推演.鉴于其在高等数学中的特殊重要地位,极限亦成为数学考研的必考内容之一.

求极限或证明极限的方法众多,灵活性强,题型也千变万化.中心问题无外乎两个:一是证明极限存在,二是求极限的值.人们在初学数学分析阶段却往往不易掌握各种解题方法的思想实质,而难以融会贯通地处理形形色色不同的问题.本章我们将着重介绍求证极限的各种思想方法和解题技巧,使读者在解决和分析极限题目时有一个宏观把握和灵活的策略.

§1.1　求证极限的基本方法

在求极限时,一些常用的方法如变量代换、等价无穷小代换、有理化方法、柯西收敛准则以及无穷小量析出法等,我们不在此单独介绍,而是有机地穿插于相关的解题中.极限理论的核心和基本出发点是极限的 εN, $\varepsilon \delta$ 语言定义.尤其是涉及极限的证明题时,从定义出发去分析和论证无疑是首要的路径.

一、利用极限的定义

例1　设数列 $\{x_n\}$ 收敛于 a,证明 $\lim\limits_{n \to \infty} \dfrac{x_1 + x_2 + \cdots + x_n}{n} = a$.

分析　欲证 $\lim\limits_{n \to \infty} \dfrac{x_1 + x_2 + \cdots + x_n}{n} = a$,考虑

$$\left| \frac{x_1 + x_2 + \cdots + x_n}{n} - a \right| = \left| \frac{x_1 - a + x_2 - a + \cdots + x_n - a}{n} \right|$$

$$\leqslant \frac{1}{n}(|x_1 - a| + |x_2 - a| + \cdots + |x_n - a|)$$

由于 $\lim\limits_{n \to \infty} x_n = a$,当 n 充分大时,$|x_n - a|$ 就充分小,上述和式的构成项 $|x_1 - a|$,$|x_2 - a|$,$\cdots$,$|x_n - a|$ 中后面的绝大部分项充分小,而前面仅有少数几项不充分小的项,被分母 n 除后亦会充分小.

证明　因为 $\lim\limits_{n \to \infty} x_n = a$,$\{x_n\}$ 是有界数列,$\{x_n - a\}$ 也是有界数列,即存在正数 $M > 0$,使

得 $\forall\, n=1,2,\cdots$，皆有 $|x_n-a|\leqslant M$.

又 $\forall\, \varepsilon>0$，$\exists\, N_1>0$，s.t. $n>N_1$ 时，$|x_n-a|<\dfrac{\varepsilon}{2}$. 于是当 $n>N_1$ 时，

$$\sum_{k=1}^{n}|x_k-a|=\sum_{k=1}^{N_1}|x_k-a|+\sum_{k=N_1+1}^{n}|x_k-a|$$

$$<N_1M+(n-N_1)\frac{\varepsilon}{2}$$

$$\left|\frac{1}{n}\sum_{k=1}^{n}x_k-a\right|\leqslant\frac{1}{n}\sum_{k=1}^{n}|x_k-a|<\frac{N_1M}{n}+\frac{\varepsilon}{2}.$$

只要取 $N=\max\left\{\dfrac{2N_1M}{\varepsilon},N_1\right\}$，$n>N$ 时，必有 $\left|\dfrac{1}{n}\displaystyle\sum_{k=1}^{n}x_k-a\right|<\varepsilon$.

此即证得 $\lim\limits_{n\to\infty}\dfrac{x_1+x_2+\cdots+x_n}{n}=a$.

注　1. 证明过程中其实采用了一种分段技术，性质不同的对象以不同的方法处理.

　　2. 为了简化证明的书写，不妨先设 $a=0$，而对一般情形，可以作平移变换 $x_n^*=x_n-a$，即等价转换为 $a=0$ 的命题. 虽然对本题而言，此技巧显得无足轻重，但在下面例 2 中读者就不难发现其化简的威力.

　　3. $a=+\infty$ 或 $-\infty$ 时相应结论仍成立，但证明须作一定修改，主要体现在对 $\left|\dfrac{1}{n}\displaystyle\sum_{k=1}^{n}x_k\right|$ 应作反向的缩小. 留给读者练习.

　　4. 逆命题显然不成立，大家不妨举出简单反例. 但我们却有如下结论：若数列 $\{x_n\}$ 满足 $\lim\limits_{n\to\infty}\dfrac{x_1+x_2+\cdots+x_n}{n}=a$，则 $\lim\limits_{n\to\infty}\dfrac{x_n}{n}=0$. 证明留待读者思考.

例 2　设 $\lim\limits_{n\to\infty}x_n=a$，$\lim\limits_{n\to\infty}y_n=b$，则 $\lim\limits_{n\to\infty}\dfrac{x_1y_n+x_2y_{n-1}+\cdots+x_ny_1}{n}=ab$.

分析　若依照例 1 的常规思路，直接考虑

$$\left|\frac{x_1y_n+x_2y_{n-1}+\cdots+x_ny_1}{n}-ab\right|$$

$$\leqslant\frac{1}{n}(|x_1y_n-ab|+|x_2y_{n-1}-ab|+\cdots+|x_ny_1-ab|) \tag{1}$$

分子中的构成项 $|x_ky_{n-k+1}-ab|$ 仅当 k 和 $n-k+1$ 都充分大时才会充分小，而在两端出现的若干项如 $|x_1y_n-ab|$，$|x_ny_1-ab|$ 并不小，但显然有界为 $M^2+|ab|$，于是分段时应将其分作三段. 据此我们简要叙述一下证明概要.

证法一　由 $\lim\limits_{n\to\infty}x_n=a$，$\lim\limits_{n\to\infty}y_n=b$ 知，$\exists\, M>0$，s.t. $|x_n|\leqslant M$，$|y_n|\leqslant M$，且 $\forall\, \varepsilon>0$，$\exists\, N_1$，当 $n>N_1$ 时，同时有 $|x_n-a|<\varepsilon$ 和 $|y_n-b|<\varepsilon$. 对项 $|x_ky_{n-k+1}-ab|$，只有 k 和 $n-k+1$ 皆大于 N_1 时才能充分小. 严格地，即当 $n>2N_1$，$N_1<k<n-N_1+1$ 时，

$$|x_ky_{n-k+1}-ab|=|x_ky_{n-k+1}-x_kb+x_kb-ab|$$

$$\leqslant|x_k||y_{n-k+1}-b|+|b||x_k-a|<(M+|b|)\varepsilon.$$

当 $n>2N_1$ 时，可将(1)式分成如下三段：

$$\left|\frac{1}{n}\sum_{k=1}^{n}x_ky_{n-k+1}-ab\right|\leqslant\frac{1}{n}\left\{\sum_{k=1}^{N_1}+\sum_{k=N_1+1}^{n-N_1}+\sum_{k=n-N_1+1}^{n}|x_ky_{n-k+1}-ab|\right\}$$

$$< \frac{1}{n}\left[2N_1(M^2+|ab|)+(n-2N_1)(M+|b|)\varepsilon\right]$$

$$< \frac{2N_1(M^2+|ab|)}{n}+(M+|b|)\varepsilon$$

当 n 充分大时，上式右端第一项可以小于 ε. 若为了最后得到的是简洁的 $\left|\frac{1}{n}\sum_{k=1}^{n}x_ky_{n-k+1}-ab\right|<\varepsilon$ 不等式，不妨将上述 ε 置换成 $\frac{\varepsilon}{2(M+|b|)}$，$\exists N_1$，当 $n>N_1$ 时，有 $|x_n-a|<\frac{\varepsilon}{2(M+|b|)}$，$|y_n-b|<\frac{\varepsilon}{2(M+|b|)}$. 再令 $N=\max\left\{\frac{4N_1}{\varepsilon}(M^2+|ab|),2N_1\right\}$ 或 $N=\frac{4N_1(M^2+|ab|)}{\varepsilon}+2N_1$，则当 $n>N$ 时，必有 $\left|\frac{1}{n}\sum_{k=1}^{n}x_ky_{n-k+1}-ab\right|<\varepsilon$. 需要补充说明的是，这些外在的修修补补并非本质的. 读者在学习过程中千万不要让这些形式上的繁琐掩盖问题的本质. 只有这样，才能提纲挈领地把握住主要矛盾，抓住解题的关键点.

上述证明方法体现了从极限 ε-N 定义出发证题必须具备的基本功. 但证完了以后我们还应该深入想一想：难道只有这么麻烦的证明了吗？有没有别的捷径？下面提供一个简单得多的证明，请读者细心加以比较.

证法二　先设 $a=0$，据例 1 证得结论，因为 $\{y_n\}$ 有界为 M，故有

$$\left|\frac{x_1y_n+x_2y_{n-1}+\cdots+x_ny_1}{n}-0\right|\leqslant\frac{M}{n}(|x_1|+|x_2|+\cdots+|x_n|)\to0.$$

一般 $a\neq0$ 情形，令平移变换 $x_n^*=x_n-a$，则 $x_n^*\to0$（$n\to+\infty$）. 已证得 $\frac{x_1^*y_n+x_2^*y_{n-1}+x_n^*y_1}{n}\to0$. 即

$$\frac{(x_1-a)y_n+(x_2-a)y_{n-1}+\cdots+(x_n-a)y_1}{n}$$

$$=\frac{x_1y_n+x_2y_{n-1}+\cdots+x_ny_1}{n}-a\frac{y_1+y_2+\cdots+y_n}{n}\to0.$$

仍据例 1 结论

$$\frac{y_1+y_2+\cdots+y_n}{n}\to b,$$

于是得证

$$\frac{x_1y_n+x_2y_{n-1}+\cdots+x_ny_1}{n}\to ab\quad(n\to+\infty).$$

从证二可以发现，例 2 其实是例 1 的推广或应用. 这样一来，两个不同知识点就有机地结合起来. 在这种融会贯通的证题中，知识就实现了浓缩.

二、迫敛性的应用

定理 1　设 $\lim\limits_{n\to\infty}a_n=\lim\limits_{n\to\infty}b_n=\lambda$，且 $\exists N$，s. t. $n>N$ 时，有 $a_n\leqslant c_n\leqslant b_n$，则 $\lim\limits_{n\to\infty}c_n=\lambda$.

这就是我们常说的迫敛性或夹逼定理. 当我们面对一个数列 $\{C_n\}$ 难以直接处理时，不妨尝试适当的放缩技术，去伪存真，去细存粗，抓住主要矛盾，使问题得以解决.

例 3 (华中师大 2001 年)求极限

$$\lim_{n \to \infty}\left(\frac{1}{n^2+n+1}+\frac{2}{n^2+n+2}+\cdots+\frac{n}{n^2+n+n}\right).$$

分析 记 $C_n = \sum_{k=1}^{n}\frac{k}{n^2+n+k}$，易知 $\left\{\frac{k}{n^2+n+k}\right\}$ 关于 k 单调递增.

即得

$$\frac{n}{n^2+n+1}<C_n<\frac{n^2}{n^2+n+n}.$$

当 $n \to +\infty$ 时，上式左、右两端各趋于 0 和 1，似乎无法利用迫敛性，原因在于放缩太过粗糙，应寻求更精致的放缩.

解 对 $\sum_{k=1}^{n}\frac{k}{n^2+n+k}$ 各项的分母进行放缩，而同时分子保持不变. 就得如下不等

关系：

$$\frac{n+1}{2(n+2)}=\sum_{k=1}^{n}\frac{k}{n^2+n+n}<C_n<\sum_{k=1}^{n}\frac{k}{n^2+n+1}=\frac{n(n+1)}{2(n^2+n+1)}.$$

当 $n \to +\infty$ 时，上式左、右两端各趋于 $\frac{1}{2}$，得

$$\lim_{n \to \infty}\left(\frac{1}{n^2+n+1}+\frac{2}{n^2+n+2}+\cdots+\frac{n}{n^2+n+n}\right)=\frac{1}{2}.$$

注 对极限 $\lim_{n \to \infty}\left(\frac{1}{n+1}+\frac{1}{n+2}+\cdots+\frac{1}{2n}\right)$ 而言，依上述思路：

$$\frac{1}{2}=\frac{n}{2n}<\frac{1}{n+1}+\frac{1}{n+2}+\cdots+\frac{1}{n+n}<\frac{n}{n+1}\to 1,$$

显然无法迫敛，因为这样的放缩太粗糙了. 读者可以用不等式 $\frac{1}{k+1}<\ln\left(1+\frac{1}{k}\right)<\frac{1}{k}$ 去迫敛. 本题的另一解法可参阅本节例 12 之注.

例 4 证明 $\lim_{n \to \infty}\frac{1 \cdot 3 \cdots (2n-1)}{2 \cdot 4 \cdots 2n}=0$ （东北师范大学）

分析 记 $u_n=\frac{1 \cdot 3 \cdots (2n-1)}{2 \cdot 4 \cdots 2n}$，显然 $\{u_n\}$ 单调递减且恒正.

故 $\lim u_n$ 的存在性毋庸置疑，但单调有界原理无助于我们求得收敛数列的极限. 现采用放缩法证明.

证明 因为 $u_n=\frac{1 \cdot 3 \cdots (2n-1)}{2 \cdot 4 \cdots 2n}<\frac{2 \cdot 4 \cdots 2n}{3 \cdot 5 \cdots (2n+1)}$，

所以 $u_n^2<\frac{1 \cdot 3 \cdots (2n-1)}{2 \cdot 4 \cdots 2n} \cdot \frac{2 \cdot 4 \cdots 2n}{3 \cdot 5 \cdots (2n+1)}=\frac{1}{2n+1}$.

即得 $u_n<\frac{1}{\sqrt{2n+1}}$，所以 $\lim_{n \to \infty}u_n=0$.

除了上述证法，我们若能联想到公式

$$\int_0^{\frac{\pi}{2}}\sin^{2n}x\,\mathrm{d}x=\frac{(2n-1)(2n-3)\cdots 1}{2n(2n-2)\cdots 2} \cdot \frac{\pi}{2},$$

再由 $\lim\limits_{n\to\infty}\int_0^{\frac{\pi}{2}}\sin^{2n}x\,\mathrm{d}x=0$(证见 §1.3 例 12),便可取得要证结论.

对于含有较多乘除因子、乘方的数列,我们还可以通过级数收敛性去分析.本例还有第三种证明方法,详见 §1.2 例 7.

课堂练习:证明 $\lim\limits_{n\to\infty}\dfrac{3\cdot7\cdot\cdots\cdot(4n-1)}{4\cdot8\cdot\cdots\cdot4n}=0$.

例 5　设 $x_n>0(n=1,2,\cdots)$,且 $\lim x_n=a$,证明 $\lim\limits_{n\to\infty}\sqrt[n]{x_1x_2\cdots x_n}=a$.

分析　本题与例 1 中的算术平均的结果有异曲同工之处,若直接从 $\varepsilon\text{-}N$ 定义出发考虑 $|\sqrt[n]{x_1x_2\cdots x_n}-a|$,除了 $a=0$ 特殊情形尚可操作外,一般的情形就会很麻烦,甚至难以处理,平移变换也派不上用场.注意到取对数可使乘积运算化为加法运算,几何平均化为算术平均,我们可以得到证法一;若用放缩方法,仍然利用几何平均和算术平均及调和平均的相互关系,我们又能得到证法二.

证法一　记 $y_n=\sqrt[n]{x_1x_2\cdots x_n}$,则 $\ln y_n=\dfrac{1}{n}(\ln x_1+\ln x_2+\cdots+\ln x_n)$,

当 $a>0$ 时,从条件 $\lim x_n=a$,有 $\lim\limits_{n\to\infty}\ln x_n=\ln a$,由例 1 的结果有 $\lim\limits_{n\to\infty}\ln y_n=\ln a$,故 $\lim\limits_{n\to\infty}y_n=a$.当 $a=0$ 时,$\lim\limits_{n\to\infty}\ln x_n=-\infty$,由例 1 的注 3 知 $\ln y_n\to-\infty$,从而 $y_n\to0(n\to+\infty)$,命题得证.

证法二　当 $a=0$ 时,由算术几何平均不等式

$0<\sqrt[n]{x_1x_2\cdots x_n}\leqslant\dfrac{x_1+x_2+\cdots+x_n}{n}$ 及 $\lim\limits_{n\to\infty}\dfrac{x_1+x_2+\cdots+x_n}{n}=0$ 立知 $\lim\limits_{n\to\infty}\sqrt[n]{x_1x_2\cdots x_n}=0$.

当 $a>0$ 时,关键在于寻找下方的迫敛数列,由此联想算术、几何、调和平均不等式:

$$\frac{n}{\dfrac{1}{x_1}+\dfrac{1}{x_2}+\cdots+\dfrac{1}{x_n}}\leqslant\sqrt[n]{x_1x_2\cdots x_n}\leqslant\frac{x_1+x_2+\cdots+x_n}{n}\tag{2}$$

因为 $x_n\to a>0$,$x_n>0$,知 $\dfrac{1}{x_n}\to\dfrac{1}{a}$,从而 $\dfrac{1}{n}\left(\dfrac{1}{x_1}+\dfrac{1}{x_2}+\cdots+\dfrac{1}{x_n}\right)\to\dfrac{1}{a}$.故(2)式的左边亦趋于 a,从而 $\lim\limits_{n\to\infty}\sqrt[n]{x_1x_2\cdots x_n}=a$.作为例 5 的应用,取 $x_n=\left(1+\dfrac{1}{n}\right)^n$,可得 $\lim\limits_{n\to\infty}\dfrac{n+1}{\sqrt[n]{n!}}=\mathrm{e}$.由于 $\left\{\left(1+\dfrac{1}{n}\right)^n\right\}$ 是单调递增趋于 e 的,故 $\left\{\dfrac{n+1}{\sqrt[n]{n!}}\right\}$ 亦单调递增趋于 e.再由几何算术平均不等式知

$$\sqrt[n]{n!}<\frac{1+2+\cdots+n}{n}=\frac{n+1}{2},$$

$$n!<\left(\frac{n+1}{2}\right)^n=\left(\frac{n}{2}\right)^n\left(1+\frac{1}{n}\right)^n<\left(\frac{n}{2}\right)^n\mathrm{e},$$

这样我们得到 $n!$ 的一个估计:$\left(\dfrac{n+1}{\mathrm{e}}\right)^n<n!<\mathrm{e}\left(\dfrac{n}{2}\right)^n$.

注　请读者思考 $\left\{\dfrac{n}{\sqrt[n]{n!}}\right\}$ 是否单调递增.

三、利用洛必达法则

不定式极限主要有 $\dfrac{0}{0},\dfrac{\infty}{\infty},0\cdot\infty,\infty-\infty,1^{\infty},0^{0}$ 以及 ∞^{0} 等类型. $\dfrac{0}{0},\dfrac{\infty}{\infty}$ 是两大基本类型,其他各类须经过恒等变形或取对数的方法转化为 $\dfrac{0}{0}$ 或 $\dfrac{\infty}{\infty}$ 后才可以使用洛必达法则. 在使用洛必达法则时,必须注意以下几个技巧上的细节:

1. 等价无穷小代换. 如在乘除因子中的 $\sin x,\tan x$ 等,当 $x\to0$ 时,可以置换成 x;

2. 每一步求导后要整理所得结果,将定型的因式(即以非零数为极限的因式)及时分离出来;此处最好配合一些基本极限如 $\lim\limits_{x\to0}\dfrac{\sin x}{x}=1,\lim\limits_{x\to0}\dfrac{1-\cos x}{x^{2}}=\dfrac{1}{2}$ 等.

3. 凡在求导后达不到简化目的,或是越求导数越繁琐的题目,务必进行一些必要的预处理,如变量代换及等价无穷小代换,或寻求其他途径.

4. 若 $\lim\limits_{x\to x_{0}}\dfrac{f'(x)}{g'(x)}$ 不存在(不包括无穷大量),不能推出原极限 $\lim\limits_{x\to x_{0}}\dfrac{f(x)}{g(x)}$ 不存在,此时也应寻找其他方法求解.

5. 数列情形的不定式极限,必须将离散自变量 n 变换为连续变量 x 后才可以使用洛必达法则.

例 6 求极限

(1) $\lim\limits_{x\to\infty}x\left(\dfrac{\pi}{4}-\arctan\dfrac{x}{x+1}\right)$;

(2) $\lim\limits_{x\to\infty}\mathrm{e}^{-x}\left(1+\dfrac{1}{x}\right)^{x^{2}}$. (北京科技大学 1996,中国科技大学)

解 (1)原极限是 $\infty\cdot0$ 型不定式.

$$\lim_{x\to\infty}x\left(\frac{\pi}{4}-\arctan\frac{x}{x+1}\right)=\lim_{x\to\infty}\frac{\dfrac{\pi}{4}-\arctan\dfrac{x}{x+1}}{\dfrac{1}{x}}$$

$$\xeq{\text{令}\frac{1}{x}=t}\lim_{t\to0}\frac{\dfrac{\pi}{4}-\arctan\dfrac{1}{1+t}}{t}=\lim_{t\to0}\frac{-1}{1+\left(\dfrac{1}{1+t}\right)^{2}}\cdot\left(\frac{1}{1+t}\right)'=\frac{1}{2}.$$

(2)当 $x\to+\infty$ 时,$\mathrm{e}^{-x}\to0,\left(1+\dfrac{1}{x}\right)^{x^{2}}\to\infty$,原极限式是 $0\cdot\infty$ 型不定式.

而当 $x\to-\infty$ 时,$\left(1+\dfrac{1}{x}\right)^{x^{2}}\to0$,原极限式是 $\infty\cdot0$ 型不定式.若直接利用洛必达法则,会得到

$$\lim_{x\to\infty}\mathrm{e}^{-x}\left(1+\frac{1}{x}\right)^{x^{2}}=\lim_{x\to\infty}\frac{\left(1+\dfrac{1}{x}\right)^{x^{2}}}{\mathrm{e}^{x}}=\lim_{x\to\infty}\frac{\left(1+\dfrac{1}{x}\right)^{x^{2}}\left[2x\ln\left(1+\dfrac{1}{x}\right)-\dfrac{x}{x+1}\right]}{\mathrm{e}^{x}}.$$

显然不仅没有简化,反而更麻烦,问题出在幂指函数的求导上. 正解如下:

令 $y=\mathrm{e}^{-x}\left(1+\dfrac{1}{x}\right)^{x^{2}}$,取对数 $\ln y=x^{2}\ln\left(1+\dfrac{1}{x}\right)-x$. 若用洛必达法则

$$\lim_{x\to\infty}\ln y=\lim_{x\to\infty}x\Big[x\ln\Big(1+\frac{1}{x}\Big)-1\Big]=\lim_{x\to\infty}\frac{x\ln\Big(1+\frac{1}{x}\Big)-1}{\frac{1}{x}}$$

$$\xlongequal{\text{令}\frac{1}{x}=t}\lim_{t\to 0}\frac{\frac{1}{t}\ln(1+t)-1}{t}=\lim_{t\to 0}\frac{\ln(1+t)-t}{t^2}=-\frac{1}{2}.$$

若用 Taylor 展开式, $x\to\infty$ 时, $\frac{1}{x}\to 0$.

$$\lim_{x\to\infty}\ln y=\lim_{x\to\infty}\left\{x^2\Big[\frac{1}{x}-\frac{1}{2}\Big(\frac{1}{x}\Big)^2+o\Big(\frac{1}{x^2}\Big)\Big]-x\right\}=-\frac{1}{2},$$

所以

$$\lim_{x\to\infty}e^{-x}\Big(1+\frac{1}{x}\Big)^{x^2}=e^{-\frac{1}{2}}.$$

注　本题往往容易出现以下错解. $x\to\infty$ 时, $\Big(1+\frac{1}{x}\Big)^x\to e$, 故

$$\lim_{x\to\infty}e^{-x}\Big(1+\frac{1}{x}\Big)^{x^2}=\lim_{x\to\infty}e^{-x}\Big[\Big(1+\frac{1}{x}\Big)^x\Big]^x=\lim_{x\to\infty}e^{-x}e^x=1.$$

请读者朋友们想一想, 错误的根源是什么?

四、利用基本极限

所谓基本极限, 就是一些众所周知的在求极限运算中被广泛应用的极限式. 如:

$$\lim_{x\to 0}\frac{\sin x}{x}=1,\ \lim_{x\to 0}\frac{1-\cos x}{x^2}=\frac{1}{2},\ \lim_{x\to 0}(1+x)^{\frac{1}{x}}=e,\ \lim_{x\to 0}\frac{\ln(1+x)}{x}=1,\ \lim_{x\to 0}\frac{e^x-1}{x}=1\ \text{等}.$$

利用这些基本极限, 我们可以实施等价无穷小代换; 在洛必达法则的使用过程中及时将定型的因式提取以化简求导运算; 取代洛必达法则直接求解极限等.

例 7　求极限 $\lim_{n\to\infty}\Big(\dfrac{\sqrt[n]{a}+\sqrt[n]{b}}{2}\Big)^n(a,b>0)$.　（西北电讯工程学院 1982）

解　此为 1^∞ 型不定式. 令 $u=\dfrac{\sqrt[n]{a}+\sqrt[n]{b}}{2}-1$, 当 $n\to\infty$ 时, $u\to 0$,

$$原式=\lim_{n\to\infty}(1+u)^n=\lim_{n\to\infty}(1+u)^{\frac{1}{u}un}=\Big[\lim_{u\to 0}(1+u)^{\frac{1}{u}}\Big]^{\lim_{n\to\infty}nu}=e^{\lim_{n\to\infty}nu},\ \text{而}$$

$$\lim_{n\to\infty}nu=\lim_{n\to\infty}n\Big[\frac{\sqrt[n]{a}+\sqrt[n]{b}}{2}-1\Big]$$

$$=\frac{1}{2}\Big[\lim_{n\to\infty}n(\sqrt[n]{a}-1)+\lim_{n\to\infty}n(\sqrt[n]{b}-1)\Big]=\frac{1}{2}(\ln a+\ln b).$$

故原极限 $=e^{\frac{1}{2}(\ln a+\ln b)}=\sqrt{ab}$.

注　本题先取对数, 再用洛必达法则亦可求解, 但不如上述强制拼凑解法简洁明快.

例 8　求极限 $\lim_{x\to 0}\dfrac{1-\cos x\sqrt{\cos 2x}}{x^2}$.

解　采用加项减项的搭桥技术.

$$\lim_{x \to 0} \frac{1 - \cos \sqrt{\cos 2x}}{x^2} = \lim_{x \to 0} \frac{1 - \cos x + \cos x - \cos x \sqrt{\cos 2x}}{x^2}$$

$$= \lim_{x \to 0} \frac{1 - \cos x}{x^2} + \lim_{x \to 0} \cos x \frac{1 - \sqrt{\cos 2x}}{x^2}$$

$$= \frac{1}{2} + \lim_{x \to 0} \frac{1 - \cos 2x}{x^2} \cdot \frac{1}{1 + \sqrt{\cos 2x}} = \frac{3}{2}.$$

注 此题用洛必达法则求解亦可,但若题目拓广成

$$\lim_{x \to 0} \frac{1 - \cos x \sqrt{\cos 2x} \cdot \sqrt[3]{\cos 3x} \cdot \cdots \cdot \sqrt[n]{\cos nx}}{x^2},$$

搭桥技术的优势就能充分地体现出来,读者不妨试一试.

五、利用 Taylor 展开

当一个不定式涉及的函数较复杂(如复合函数)或类别较多时,用洛必达法则会非常困难,求导过程越来越烦,既费时费力又易出差错,甚至不可能求解,而 Taylor 展开(带皮亚诺型余项的 Maclaurin 公式)就能起到很好的作用. 因为 Taylor 展开可以将形形色色不同种类的函数化归到多项式这个统一的大舞台上运作,从而简化运算. 此法也可在洛必达法则求解的中途灵活地加以运用.

熟记以下五个基本的 Taylor 展开式是必要的. 当 $x \to 0$ 时,

$$e^x = 1 + x + \frac{x^2}{2!} + \cdots + \frac{x^n}{n!} + o(x^n);$$

$$\sin x = x - \frac{x^3}{3!} + \frac{x^5}{5!} - \cdots + (-1)^{n-1} \frac{x^{2n-1}}{(2n-1)!} + o(x^{2n});$$

$$\cos x = 1 - \frac{x^2}{2!} + \frac{x^4}{4!} - \cdots + (-1)^n \frac{x^{2n}}{(2n)!} + o(x^{2n+1});$$

$$\ln(1+x) = x - \frac{x^2}{2} + \frac{x^3}{3} - \cdots + (-1)^{n-1} \frac{x^n}{n} + o(x^n);$$

$$(1+x)^\alpha = 1 + \alpha x + \frac{\alpha(\alpha-1)}{2!} x^2 + \cdots + \frac{\alpha(\alpha-1)\cdots(\alpha-n+1)}{n!} x^n + o(x^n).$$

在实际运用中,将相关函数展开到 x 的多少次幂要细加考虑,具体问题具体分析,通常取前三项足矣,多取无益.

例 9 (1)求极限 $\lim\limits_{x \to 0} \dfrac{\dfrac{x^2}{2} + 1 - \sqrt{1+x^2}}{(\cos x - e^{x^2}) \sin x^2}$. (华中理工大学 1997 年)

(2)求极限 $\lim\limits_{x \to \infty} (\sqrt[6]{x^6 + x^5} - \sqrt[6]{x^6 - x^5})$. (华中师大 2002 年)

解 (1) $\sqrt{1+x^2} = 1 + \frac{1}{2} x^2 - \frac{1}{8} x^4 + o(x^5)$, $e^{x^2} = 1 + x^2 + o(x^3)$, $\cos x = 1 - \frac{x^2}{2} + o(x^3)$,

$\sin x^2$ 可用等价无穷小 x^2 代换.

$$原极限 = \lim_{x \to 0} \frac{\frac{1}{8} x^4 + o(x^5)}{\left[-\frac{3}{2} x^2 + o(x^3) \right] x^2} = -\frac{1}{12}.$$

（2）采用无穷小量析出法及 Taylor 展开.

$$\lim_{x\to\infty}(\sqrt[6]{x^6+x^5}-\sqrt[6]{x^6-x^5})$$

$$=\lim_{x\to\infty}x\left(\sqrt[6]{1+\frac{1}{x}}-\sqrt[6]{1-\frac{1}{x}}\right)=\lim_{x\to\infty}x\left[1+\frac{1}{6x}+o\left(\frac{1}{x}\right)-\left(1-\frac{1}{6x}+o\left(\frac{1}{x}\right)\right)\right]$$

$$=\lim_{x\to\infty}x\left[\frac{1}{3x}+o\left(\frac{1}{x}\right)\right]=\frac{1}{3}.$$

若采用有理化方法，记 $u=x^6+x^5$，$v=x^6-x^5$，

$$\sqrt[6]{u}-\sqrt[6]{v}=\frac{(\sqrt[6]{u}-\sqrt[6]{v})(\sqrt[6]{u}+\sqrt[6]{v})}{\sqrt[6]{u}+\sqrt[6]{v}}$$

$$=\frac{\sqrt[3]{u}-\sqrt[3]{v}}{\sqrt[6]{u}+\sqrt[6]{v}}=\frac{(\sqrt[3]{u}-\sqrt[3]{v})(\sqrt[3]{u^2}+\sqrt[3]{uv}+\sqrt[3]{v^2})}{(\sqrt[6]{u}+\sqrt[6]{v})(\sqrt[3]{u^2}+\sqrt[3]{uv}+\sqrt[3]{v^2})}$$

$$=\frac{u-v}{(\sqrt[6]{u}+\sqrt[6]{v})(\sqrt[3]{u^2}+\sqrt[3]{uv}+\sqrt[3]{v^2})},$$

将 u,v 用 $x^6\pm x^5$ 代入上式并将无穷小量析出约去 x^5 得

$$\lim_{x\to\infty}(\sqrt[6]{x^6+x^5}-\sqrt[6]{x^6-x^5})$$

$$=\lim_{x\to\infty}\frac{2}{\left(\sqrt[6]{1+\frac{1}{x}}+\sqrt[6]{1-\frac{1}{x}}\right)\left(\sqrt[3]{\left(1+\frac{1}{x}\right)^2}+\sqrt[3]{\left(1-\frac{1}{x^2}\right)}+\sqrt[3]{\left(1-\frac{1}{x}\right)^2}\right)}$$

$$=\frac{1}{3}.$$

注　单从形式上我们就可看出不同解法的优劣.俗话说,有比较才有鉴别.我们平时在解题时不应满足于解出一道题,而是应当多思考一题多解,并比较不同解法的优劣和特色,拓宽我们思考问题的视野,进而培养数学审美的情趣.

例 10　求极限 $\lim_{x\to0}\dfrac{\cos(\sin x)-\cos x}{\sin^4 x}$.

解一　注意到分母是 x 的四阶无穷小量,分子中的函数作 Taylor 展开时应展到 x^4 项.当 $x\to0$ 时,

$$\cos x=1-\frac{x^2}{2}+\frac{x^4}{4!}+o(x^5),$$

$$\sin x=x-\frac{x^3}{3!}+o(x^4)\text{ 或 }\sin x=x+o(x^2),$$

$$\cos(\sin x)=1-\frac{1}{2}\sin^2 x+\frac{1}{4!}\sin^4 x+o(\sin^5 x) \tag{3}$$

$$=1-\frac{1}{2}\left[x-\frac{x^3}{3!}+o(x^4)\right]^2+\frac{1}{4!}(x+o(x^2))^4+o(x^5)$$

$$=1-\frac{1}{2}\left(x^2-\frac{x^4}{3}+o(x^4)\right)+\frac{1}{4!}(x^4+o(x^4))+o(x^5)$$

$$=1-\frac{x^2}{2}+\left(\frac{1}{6}+\frac{1}{24}\right)x^4+o(x^4).$$

故

$$\lim_{x\to 0}\frac{\cos(\sin x)-\cos x}{\sin^4 x}=\lim_{x\to 0}\frac{\frac{1}{6}x^4+o(x^4)}{x^4}=\frac{1}{6}.$$

注 1 在(3)步骤,因分母是 $\sin^4 x$,故(3)中的 $\frac{1}{4!}\sin^4 x$ 项其实不必作 Taylor 展开.这样可以化简运算.

$$\text{原极限}=\lim_{x\to 0}\frac{1-\frac{1}{2}\sin^2 x+\frac{1}{4!}\sin^4 x-\left(1-\frac{x^2}{2}+\frac{x^4}{4!}\right)+o(x^5)}{\sin^4 x}$$

$$=\lim_{x\to 0}\frac{\frac{1}{2}(x^2-\sin^2 x)}{\sin^4 x}=\frac{1}{2}\lim_{x\to 0}\frac{x-\sin x}{x^3}\frac{x+\sin x}{x}=\frac{1}{6}.$$

解二 利用三角函数和差化积及等价无穷小代换,可以更快地得到结果.

$$\lim_{x\to 0}\frac{\cos(\sin x)-\cos x}{\sin^4 x}=\lim_{x\to 0}\frac{2\sin\frac{x+\sin x}{2}\sin\frac{x-\sin x}{2}}{x^4}$$

$$=\lim_{x\to 0}\frac{2\cdot\frac{x+\sin x}{2}\cdot\frac{x-\sin x}{2}}{x^4}$$

$$=\frac{1}{2}\lim_{x\to 0}\frac{x+\sin x}{x}\cdot\frac{x-\sin x}{x^3}=\frac{1}{6}.$$

注 2 此题分子中含有复合函数 $\cos(\sin x)$,分母是四阶无穷小量,若依洛必达法则计算,需求导四次.由于和差项之中无法进行等价无穷小代换,势必造成越求导越复杂的情形,故此题不适合用洛必达法则.读者朋友若是有兴趣,倒也不妨一试.但若将题目改成 $\lim\limits_{x\to 0}\dfrac{\cos(\sin^2 x)-1}{\sin^4 x}$,我们却又可以用洛必达法则求解如下:

$$\lim_{x\to 0}\frac{\cos(\sin^2 x)-1}{\sin^4 x}=\lim_{x\to 0}\frac{-\sin(\sin^2 x)\cdot 2\sin x\cos x}{4\sin^3 x\cos x}$$

$$=-\frac{1}{2}\lim_{x\to 0}\frac{\sin(\sin^2 x)}{\sin^2 x}=-\frac{1}{2}.$$

反而非常简单.大家想一想,为什么会产生这样的区别?

例 11 试确定常数 a,b,使 $y=x-(a+b\cos x)\sin x$,当 $x\to 0$ 时成为尽可能高阶的无穷小.

解 将 $\sin x,\cos x$ 的 Taylor 展开式($\sin x$ 展到 x^5 项,$\cos x$ 展到 x^4 项)代入 y 并整理:

$$y=(1-a-b)x+\left(\frac{b}{2}+\frac{a+b}{6}\right)x^3-\left(\frac{b}{24}+\frac{b}{12}+\frac{a+b}{120}\right)x^5+o(x^7).$$

令 $\begin{cases}1-a-b=0\\36+a+b=0\end{cases}$,

解得 $a=\dfrac{4}{3}$,$b=-\dfrac{1}{3}$,则 $y=\dfrac{x^5}{30}+o(x^7)$ 为五阶无穷小量.

六、单调有界原理

例 12 证明 $H_n = 1 + \dfrac{1}{2} + \cdots + \dfrac{1}{n}$ 发散但 $y_n = H_n - \ln n$ 收敛.

证 先证数列 $\{H_n\}$ 上方无界,当 $n = 2^k (k \geq 1)$ 时,

$$H_{2^k} = 1 + \frac{1}{2} + \left(\frac{1}{3} + \frac{1}{4}\right) + \left(\frac{1}{5} + \cdots + \frac{1}{8}\right) + \cdots + \left(\frac{1}{2^{k-1}+1} + \cdots + \frac{1}{2^k}\right)$$

$$> 1 + \frac{1}{2} + \left(\frac{1}{4} + \frac{1}{4}\right) + \left(\frac{1}{8} + \frac{1}{8} + \frac{1}{8} + \frac{1}{8}\right) + \cdots + \underbrace{\left(\frac{1}{2^k} + \cdots + \frac{1}{2^k}\right)}_{\text{共有} 2^{k-1} \text{项}}$$

$$= 1 + \underbrace{\frac{1}{2} + \frac{1}{2} + \cdots + \frac{1}{2}}_{k \text{个}} = 1 + \frac{k}{2}$$

得知子序列 $\{H_{2^k}\}$ 无界,而 $\{H_n\}$ 显然单调递增,故 $\lim\limits_{n \to \infty} H_n = +\infty$. 再分析 $\{y_n\}$ 的单调性,为此先建立不等式

$$\frac{1}{n+1} < \ln\left(1 + \frac{1}{n}\right) < \frac{1}{n} \tag{4}$$

途径一 由 $\left\{\left(1 + \dfrac{1}{n}\right)^n\right\}$ 单调递增趋于 e,$\left\{\left(1 + \dfrac{1}{n}\right)^{n+1}\right\}$ 单调递减趋于 e,知 $\left(1 + \dfrac{1}{n}\right)^n <$ $e < \left(1 + \dfrac{1}{n}\right)^{n+1}$,取对数即得(4)式.

途径二 对 $f(t) = \ln(1+t)$ 在区间 $[0, x]$ 上使用 Lagrange 微分中值定理.

$\exists \xi \in (0, x)$,使得 $\ln(1+x) = \dfrac{x}{1+\xi}$,于是 $\dfrac{x}{1+x} < \ln(1+x) < x (x > 0)$. 以 $x = \dfrac{1}{n}$ 代入即得(4)式. $y_{n+1} - y_n = \dfrac{1}{n+1} - \ln\left(1 + \dfrac{1}{n}\right) < 0$,故 $\{y_n\}$ 单调递减.

又 $1 + \dfrac{1}{2} + \cdots + \dfrac{1}{n} > \ln(1+1) + \ln\left(1 + \dfrac{1}{2}\right) + \cdots + \ln\left(1 + \dfrac{1}{n}\right) = \ln(n+1) > \ln n$,即 $y_n > 0$,下方有界,因而 $\{y_n\}$ 收敛. 记其极限为 C,$C \approx 0.577221566490\cdots$[①]此极限值称为欧拉常数. 对和 $1 + \dfrac{1}{2} + \cdots + \dfrac{1}{n}$ 有如下估计

$$1 + \frac{1}{2} + \cdots + \frac{1}{n} = \ln n + C + \varepsilon_n \tag{5}$$

式中 ε_n 恒正、单调递减趋于零($n \to +\infty$ 时).

补充说明一下估计式(5)的应用.

应用之一 如问当 n 大约多少时,$1 + \dfrac{1}{2} + \cdots + \dfrac{1}{n}$ 的和方能达到某预先指定的数 k?

只需令 $\ln n + C \geq k$,立得 $n \geq e^{k-C}$,以 $k = 20$ 和 100 代入,得相应的 n 至少为 2.5 亿以及 1.5×10^{43} 左右. 调和级数 $\sum \dfrac{1}{n}$ 发散的速度如此之慢以至于往往给人以收敛的错觉.

---

① 每个 y_n 都是无理数,但欧拉常数 C 是不是无理数至今仍不得而知. 由此可见,有时证明极限存在和求极限值完全是两码事.

应用之二　求和式极限. 在迫敛性一段例 3 的注中我们提到了和式 $u_n = \dfrac{1}{n+1} + \dfrac{1}{n+2} +$

$\cdots + \dfrac{n}{n+1}$ 的极限问题, 发现无法迫敛. 现在以单调有界原理易证得 $\{u_n\}$ 收敛, 不过单调有界原理只帮助我们得到定性的收敛结论. 对定量的极限值的计算却无能为力.

$\{u_n\}$ 极限值的计算之第一法是化为黎曼积分和数:

$$\lim_{n \to \infty} \left(\frac{1}{n+1} + \frac{1}{n+2} + \cdots + \frac{1}{n+n} \right)$$

$$= \lim_{n \to \infty} \frac{1}{n} \left[\frac{1}{1 + \frac{1}{n}} + \frac{1}{1 + \frac{2}{n}} + \cdots + \frac{1}{1 + \frac{n}{n}} \right] = \int_0^1 \frac{\mathrm{d}x}{1+x} = \ln 2.$$

第二法就是利用估计式 (5).

$$H_n = 1 + \frac{1}{2} + \cdots + \frac{1}{n},$$

$$u_n = H_{2n} - H_n = \ln 2n + C + \varepsilon_{2n} - (\ln n + C + \varepsilon_n) = \ln 2 + 0(1) \quad (n \to +\infty).$$

立得 $\lim\limits_{n \to \infty} u_n = \ln 2$.

读者不妨以此法计算极限 $\lim\limits_{n \to \infty} \left(1 - \dfrac{1}{2} + \dfrac{1}{3} \cdots + (-1)^{n-1} \dfrac{1}{n} \right)$.

例 13　设数列 $\{x_n\}$ 满足 $0 < x_n < 1, (1 - x_n) x_{n+1} > \dfrac{1}{4} (n = 1, 2, 3, \cdots)$, 试证 $\{x_n\}$ 收敛, 并求极限 $\lim\limits_{n \to \infty} x_n$.

解　因为 $x_{n+1} > \dfrac{1}{4(1 - x_n)} = \dfrac{x_n}{4(1 - x_n) x_n} \geqslant x_n$, 知 $\{x_n\}$ 单调增加, 且有上界 1, 故 $\lim\limits x_n$ 存在, 极限值设为 l. 在关系式 $(1 - x_n) x_{n+1} > \dfrac{1}{4}$ 中, 令 $n \to +\infty$ 得知 $(1 - l) l \geqslant \dfrac{1}{4}$, 但 $(1 - l) l \leqslant \dfrac{1}{4}$. 故 $(1 - l) l = \dfrac{1}{4}$, 从而 $l = \dfrac{1}{2}$, 即 $\lim\limits_{n \to \infty} x_n = \dfrac{1}{2}$.

例 14　由连分式定义的数列 $\{x_n\}$ 如下: $1, \dfrac{1}{1+1}, \dfrac{1}{1 + \dfrac{1}{1+1}}, \cdots$, 试考虑 $\{x_n\}$ 的敛散性.

分析　数列 $\{x_n\}$ 其实可以写为 $1, \dfrac{1}{2}, \dfrac{2}{3}, \dfrac{3}{5}, \dfrac{5}{8}, \cdots$, 是著名斐波那契数列前后项之比值, 此 $\{x_n\}$ 并无单调性, 而是 $x_1 > x_2 < x_3 > x_4 < \cdots$, 细致地分析或在数轴上图示后不难发现, 奇子列 $\{x_{2n-1}\}$ 单调递减, 偶子列 $\{x_{2n}\}$ 单调递增, 故可以对子列用单调有界原理.

证明　首先建立递推关系 $x_{n+1} = \dfrac{1}{1 + x_n}$, 因为要考虑奇子列和偶子列的单调性, 故还应建立隔项递推关系

$$x_{n+2} = \frac{1}{1 + x_{n+1}} = \frac{1}{1 + \dfrac{1}{1 + x_n}} = \frac{1 + x_n}{2 + x_n} \tag{6}$$

单调性证法一　考虑

$$x_{n+2} - x_n = \frac{1 + x_n}{2 + x_n} - x_n = \frac{1 - x_n - x_n^2}{2 + x_n} = \frac{\frac{\sqrt{5} + 1}{2} + x_n}{2 + x_n} \left(\frac{\sqrt{5} - 1}{2} - x_n \right),$$

$x_{n+2}-x_n$ 的符号取决于 $\dfrac{\sqrt{5}-1}{2}-x_n$. 由 $x_1=1>\dfrac{\sqrt{5}-1}{2}$，得 $x_3-x_1<0$.

由 $x_2=\dfrac{1}{2}<\dfrac{\sqrt{5}-1}{2}$，$x_3=\dfrac{1}{1+x_2}>\dfrac{1}{1+\dfrac{\sqrt{5}-1}{2}}=\dfrac{\sqrt{5}-1}{2}$，得 $x_5-x_3<0$.

由 $x_4=\dfrac{1}{1+x_3}<\dfrac{1}{1+\dfrac{\sqrt{5}-1}{2}}=\dfrac{\sqrt{5}-1}{2}$，知 $x_5>\dfrac{\sqrt{5}-1}{2}$，得 $x_7-x_5<0$，$\cdots$

一般地，由归纳法易证 $\{x_{2n-1}\}$ 单调递减且大于 $\dfrac{\sqrt{5}-1}{2}$，$\{x_{2n}\}$ 单调递增且小于 $\dfrac{\sqrt{5}-1}{2}$.

单调性证法二　$x_{n+2}-x_n=\dfrac{1+x_n}{2+x_n}-\dfrac{1+x_{n-2}}{2+x_{n-2}}=\dfrac{x_n-x_{n-2}}{(2+x_n)(2+x_{n-2})}$.

立知 $x_{n+2}-x_n$ 和 x_n-x_{n-2} 同号.

所以 $x_{2n+2}-x_{2n}$ 跟 $x_4-x_2=\dfrac{3}{5}-\dfrac{1}{2}=\dfrac{1}{10}>0$ 同正号，即 $\{x_{2n}\}$ 单调递增，

$x_{2n+1}-x_{2n-1}$ 跟 $x_3-x_1=-\dfrac{1}{3}<0$ 同负号，即 $\{x_{2n-1}\}$ 单调递减，

数列 $\{x_n\}\subset\left[\dfrac{1}{2},1\right]$ 有界. 由单调有界原理，知 $\lim\limits_{n\to\infty}x_{2n-1}=\alpha$，$\lim\limits_{n\to\infty}x_{2n}=\beta$ 都存在，在递推式 (5)中，令 $n\to\infty$，知 α、β 都满足方程 $x=\dfrac{1+x}{2+x}$，化为 $x^2+x-1=0$. 取正根得 $\alpha=\beta=\dfrac{\sqrt{5}-1}{2}$，于是证得原数列的极根是 $\dfrac{\sqrt{5}-1}{2}$.

注　1. 本题中的数列较有代表性：奇子列单调递减，偶子列单调递增.

$x_2<x_4<\cdots<x_{2n-2}<x_{2n}<\cdots<x_{2n+1}<x_{2n-1}<\cdots<x_3<x_1$，

这种单调性我们不妨称之为隔项单调或交错单调. 在证明这种单调性时，往往要利用隔项递推公式，上述单调性证法二更具优势，方便快捷. 事实上，$\{[x_{2n},x_{2n-1}]\}_{n=1}^{\infty}$ 构成一个区间套.

2. 本题还可以用压缩映象原理便捷地求证，详见 §1.2 例1.

习题 1.1

1. 证明:$0<\alpha<1$ 时,$\lim\limits_{n\to\infty}\left[(n+1)^{\alpha}-n^{\alpha}\right]$.

2. 求极限

(1)$\lim\limits_{x\to 0}\dfrac{\sqrt{\cos x}-\sqrt[3]{\cos x}}{x^2}$;

(2)$\lim\limits_{x\to 0}\dfrac{\arcsin x-\sin x}{\arctan x-\tan x}$;

(3)$\lim\limits_{x\to 0}\dfrac{\tan(\tan x)-\sin(\sin x)}{\tan x-\sin x}$;

(4)$\lim\limits_{x\to\infty} x\left[\left(1+\dfrac{1}{x}\right)^x-\mathrm{e}\right]$;

(5)$\lim\limits_{x\to\infty}\left[\left(x^3-x^2+\dfrac{x}{2}\right)\mathrm{e}^{\frac{1}{x}}-\sqrt{x^6+1}\right]$;

(6)$\lim\limits_{n\to\infty}\left(\cos\dfrac{x}{n}+\lambda\sin\dfrac{x}{n}\right)^n\ (x\neq 0)$;

(7)$\lim\limits_{x\to 0^+}(\cos\sqrt{x})^{\frac{1}{x}}$;

(8)$\lim\limits_{n\to\infty}\tan^n\left(\dfrac{\pi}{4}+\dfrac{1}{n}\right)$.

3. 求极限 $\lim\limits_{n\to\infty}\sum\limits_{k=1}^{n}\dfrac{n+k}{n^2+k}$.　　　　　　　　　（浙江省高等数学竞赛试题 2003 年）

4. 求极限 $\lim\limits_{n\to\infty}\dfrac{2^{-n}}{n(n+1)}\sum\limits_{k=1}^{n}C_n^k k^2$.　　　　　　（浙江省数学分析竞赛 2003 年）

5. 求极限 $\lim\limits_{n\to\infty}\sum\limits_{k=1}^{n}(n+1-k)\left[nC_n^k\right]^{-1}$.　　　　　（浙江省数学分析竞赛 2007 年）

6. 求极限 $\lim\limits_{n\to\infty}\left[\sin\dfrac{a}{n^2}+\sin\dfrac{3a}{n^2}+\cdots+\sin\dfrac{(2n-1)}{n^2}a\right]$.

7. 设 $x_0=1,x_1=\mathrm{e},x_{n+1}=\sqrt{x_n x_{n-1}}\ (n\geqslant 1)$,试求 $\lim\limits_{n\to\infty}x_n$.

8. 设 $\lim\limits_{n\to\infty}\dfrac{n^{2004}}{n^{\alpha}-(n-1)^{\alpha}}=A\neq 0$,求 α 及该极限值.

9. 设 $a>1,x_1>\sqrt{a}$,定义 $x_{n+1}=\dfrac{a+x_n}{1+x_n}$,讨论 $\{x_n\}$ 的叙散性,若收敛,求出极限值.

　　　　　　　　　　　　　　　　　　　　　（清华大学 1981,华东师大 1985）

10. 设 $a_1=1,a_{n+1}=a_n+\dfrac{1}{a_n},(n\geqslant 1)$,证明

(1)$\lim\limits_{n\to\infty}a_n=+\infty$;

(2)$\sum\limits_{n=1}^{\infty}a_n^{-1}=+\infty$.　　　　　　　　　　　　　　（中科院 2002 年）

11. 给定 $a>0$ 以及 $0<x_1<a$,定义 $x_{n+1}=x_n\left(2-\dfrac{x_n}{a}\right),n\geqslant 1$,证明 $\{x_n\}$ 收敛.并求其极限.　　　　　　　　　　　　　　　　　　　　（华东师范大学 1999 年）

12. 设 $x_1=1,x_{n+1}=\dfrac{1}{2}\left(x_n+\dfrac{3}{x_n}\right)$.$n\geqslant 1$,证明 $\{x_n\}$ 收敛并求 $\lim\limits_{n\to\infty}x_n$.　（厦门大学 2002 年）

13. 任取 x_0 构造数列 $x_1=\cos x_0$,$x_2=\cos\cos x_0$,$\cdots$,$x_n=\underbrace{\cos\cos\cdots\cos}_{n\uparrow}x_0$,讨论 $\{x_n\}$ 的收

敛性.

14. 已知 $a_0 > b_0 > 0$，作 $a_n = \dfrac{a_{n-1}+b_{n-1}}{2}$，$b_n = \dfrac{2a_{n-1}b_{n-1}}{a_{n-1}+b_{n-1}}(n \geqslant 1)$，证明 $\{a_n\}$ 与 $\{b_n\}$ 的极限都存在且等于 $\sqrt{a_0 b_0}$.

15. 将上题中的 a_n 的定义改为 $a_n = \sqrt{a_{n-1}b_{n-1}}$，证明相应结论仍成立.

（中科院 2001 年）

16. 已知 $a_1 = 2$，$a_2 = 2 + \dfrac{1}{2}$，$a_3 = 2 + \dfrac{1}{2 + \dfrac{1}{2}}$，$\cdots$，讨论 $\{a_n\}$ 的敛散性并求其极限.

（华中科技大学 2003 年）

§1.2 计算极限的转换方法

上一节中,我们着重讨论了诸如洛必达法则、单调有界原理、Taylor 展开的运用、夹逼定理等一些较常用的方法.现在我们继续介绍求极限的其他更多体现变换思想的方法.

一、利用压缩映象原理

首先我们介绍一个基本结果.

定理 1 (压缩映象原理)设 $0<r<1$ 以及 A 是两个常数,$\{x_n\}$ 是一个给定数列,只要数列 $\{x_n\}$ 满足下述条款之一:

(1) $|x_{n+1}-x_n|\leqslant r|x_n-x_{n-1}|$;

(2) $|x_{n+1}-A|\leqslant r|x_n-A|$;

那么 $\{x_n\}$ 必收敛.在第(2)条款之下,$\lim\limits_{n\to\infty}x_n=A$.

证明 以(1)为例

$$|x_{n+p}-x_n|\leqslant\sum_{k=n+1}^{n+p}|x_k-x_{k-1}|\leqslant\sum_{k=n+1}^{n+p}r^{k-1}|x_1-x_0|$$

$$=|x_1-x_0|\frac{r^n-r^{n+p}}{1-r}\leqslant|x_1-x_0|\frac{r^n}{1-r}.$$

应用 Cauchy 准则,知 $\{x_n\}$ 收敛,或利用达朗贝尔判别法,知级数 $\sum(x_n-x_{n-1})$ 绝对收敛,从而序列 $x_n=\sum\limits_{k=1}^{n}(x_k-x_{k-1})+x_0$ 收敛.

当数列 $\{x_n\}$ 是以递推关系 $x_{n+1}=f(x_n)$ 给出时,我们首先会想到用单调有界原理去分析其收敛性,如 §1.1 的例 14.而遇到交错单调情形,技术处理显得不够方便,如果能尝试压缩映象原理,往往能起到四两拨千斤的奇效.当递推函数 $f(x)$ 可微时,由拉格朗日微分中值定理

$$|x_{n+1}-x_n|=|f(x_n)-f(x_{n-1})|=|f'(\xi)||x_n-x_{n-1}|.$$

故知:若 $f(x)$ 在 $\{x_n\}$ 值域范围内的导函数满足 $|f'(\xi)|\leqslant r<1$,则 $\{x_n\}$ 必定收敛.

例 1 续 §1.1 例 14 $x_1=1,x_n=\dfrac{1}{1+x_{n-1}}(n\geqslant2)$ 之收敛性.

在第 1 节中用单调有界原理,分别讨论了奇子列 $\{x_{2n-1}\}$ 和偶子列 $\{x_{2n}\}$ 的单调性.现用压缩映象原理分析如下:

解 因为 $\forall n=1,2,\cdots$,恒有 $\dfrac{1}{2}\leqslant x_n\leqslant1$,故

$$|x_{n+1}-x_n|=\left|\frac{1}{1+x_n}-\frac{1}{1+x_{n-1}}\right|=\frac{|x_n-x_{n-1}|}{(1+x_n)(1+x_{n-1})}$$

$$<\frac{|x_n-x_{n-1}|}{\left(1+\frac{1}{2}\right)^2}=\frac{4}{9}|x_n-x_{n-1}|$$

$r=\dfrac{4}{9}<1$，由压缩映象原理知$\{x_n\}$收敛.

或取 $f(x)=\dfrac{1}{1+x}$，则 $x_{n+1}=f(x_n)$，$f'(x)=-\dfrac{1}{(1+x)^2}$.

在区间 $\left[\dfrac{1}{2},1\right]$ 上，$|f'(x)|=\dfrac{1}{(1+x)^2}\leqslant\dfrac{4}{9}$，同样保证 $\lim\limits_{n\to\infty}x_n$ 存在.

在递推式 $x_n=\dfrac{1}{1+x_{n-1}}$ 的两边令 $n\to+\infty$，可得 $\lim\limits_{n\to\infty}x_n=\dfrac{\sqrt{5}-1}{2}$.

原来那么复杂的讨论忽然间变得如此简单，三言两语足矣！选择正确的解题方法可谓事半功倍.

例 2 给定数列 $\{a_n\}$ 如下：$\sqrt{7}$，$\sqrt{7-\sqrt{7}}$，$\sqrt{7-\sqrt{7+\sqrt{7}}}$，$\sqrt{7-\sqrt{7+\sqrt{7-\sqrt{7}}}}$，…，讨论 $\{a_n\}$ 的敛散性. 若收敛，求出极限值.

分析 首先观察出 $\{a_n\}$ 有如下的隔项递推关系式 $a_{n+2}=\sqrt{7-\sqrt{7+a_n}}$（$n\geqslant1$），但该数列以及其奇子列或偶子列都没有单调性质，故不适用单调有界原理. 尝试压缩映象原理.

解一 若已知 $\{a_n\}$ 收敛，先看看极限值 l 等于什么，在递推关系的两边令 $n\to\infty$，得 $l=\sqrt{7-\sqrt{7+l}}$，化为 $l^4-14l^2-l+42=0$，以 42 的因子 2、3、7 代入，知 $l=2$. 下面严格证明 $\{a_n\}$ 确实收敛于 2.

$$|a_{n+2}-2|=\left|\frac{a_{n+2}^2-4}{a_{n+2}+2}\right|<\frac{1}{2}|a_{n+2}^2-4|=\frac{1}{2}|3-\sqrt{7+a_n}|$$
$$=\frac{1}{2}\left|\frac{9-(7+a_n)}{3+\sqrt{7+a_n}}\right|<\frac{|2-a_n|}{6}.$$

$r=\dfrac{1}{6}<1$，故 $\lim\limits_{n\to\infty}a_n=2$.

解二 因为 $a_n<\sqrt{7}<3$，
$$a_{n+2}=\sqrt{7-\sqrt{7+a_n}}>\sqrt{7-\sqrt{7+3}}=\sqrt{7-\sqrt{10}}>1,$$
故数列 $\{a_n\}\subset[1,3]$ 之内.
$$|a_{n+2}-a_n|=\frac{|a_{n+2}^2-a_n^2|}{a_{n+2}+a_n}\leqslant\frac{1}{2}|\sqrt{7+a_n}-\sqrt{7+a_{n-2}}|<\frac{1}{4\sqrt{7}}|a_n-a_{n-2}|,$$
而 $r=\dfrac{1}{4\sqrt{7}}<1$，故 $\{a_{2n}\}$ 和 $\{a_{2n-1}\}$ 皆收敛. 它们的极限值都满足
$$l=\sqrt{7-\sqrt{7+l}},$$
所以 $\lim\limits_{n\to\infty}a_n=\lim\limits_{n\to\infty}a_{2n}=\lim\limits_{n\to\infty}a_{2n-1}=2$. 证毕.

二、利用定积分求和式极限

定理 2 设 $f(x)$ 在有限闭区间 $[a,b]$ 上连续，将 $[a,b]$ n 等分并作黎曼和数，则有
$$\lim_{n\to\infty}\frac{b-a}{n}\sum_{k=1}^{n}f\left(a+k\frac{b-a}{n}\right)=\int_a^b f(x)\mathrm{d}x \tag{1}$$
特别取闭区间 $[0,1]$，有如下简化形式的结论

$$\lim_{n\to\infty}\frac{1}{n}\sum_{k=1}^{n}f\left(\frac{k}{n}\right)=\int_{0}^{1}f(x)\mathrm{d}x.$$

例 3 求极限 $\lim\limits_{n\to\infty}\sum\limits_{k=1}^{n}\dfrac{2^{\frac{k}{n}}}{n+\frac{1}{k}}$.

分析 和式 $\sum\limits_{k=1}^{n}\dfrac{2^{\frac{k}{n}}}{n+\frac{1}{k}}=\dfrac{1}{n}\sum\limits_{k=1}^{n}\dfrac{2^{\frac{k}{n}}}{1+\frac{1}{nk}}$ 并非某个函数在 $[0,1]$ 上的黎曼和数. 设法利用放缩技术将其化归为积分和.

解 易知 $\dfrac{1}{n+1}\sum\limits_{k=1}^{n}2^{\frac{k}{n}}<\sum\limits_{k=1}^{n}\dfrac{2^{\frac{k}{n}}}{n+\frac{1}{k}}<\dfrac{1}{n}\sum\limits_{k=1}^{n}2^{\frac{k}{n}}$,

而 $\lim\limits_{n\to\infty}\dfrac{1}{n}\sum\limits_{k=1}^{n}2^{\frac{k}{n}}=\int_{0}^{1}2^{x}\mathrm{d}x=\log_{2}\mathrm{e}$,所求极限即为 $\log_{2}\mathrm{e}$.

三、利用级数的收敛性

首先我们留意一下关于级数收敛性的耳熟能详的结论:

数项级数 $\sum a_{n}$ 收敛的必要条件是 $\lim\limits_{n\to\infty}a_{n}=0$.

故对于某些包含较多乘积因子、阶乘、乘方结构的数列 $\{a_{n}\}$ 而言,可以先转化为考虑级数 $\sum a_{n}$ 的收敛性.

定理 3 若级数 $\sum a_{n}$ 收敛,则 $a_{n}\to0(n\to\infty)$.

例 4 求 $\lim\limits_{n\to\infty}\dfrac{2^{n}n!}{n^{n}}$.

解一 先考虑正项级数 $\sum\dfrac{2^{n}n!}{n^{n}}$ 的敛散性,记 $a_{n}=\dfrac{2^{n}n!}{n^{n}}$.

$\lim\limits_{n\to\infty}\dfrac{a_{n+1}}{a_{n}}=\lim 2\left(\dfrac{n}{n+1}\right)^{n}=\dfrac{2}{\mathrm{e}}<1$,依达朗贝尔判别法知 $\sum a_{n}$ 收敛. 从而 $\lim\limits_{n\to\infty}\dfrac{2^{n}n!}{n^{n}}=0$.

解二 对乘积因子较多的数列,不妨用作商法探究其前后项的依赖关系.

$$\frac{a_{n+1}}{a_{n}}=\frac{2}{\left(1+\frac{1}{n}\right)^{n}}, \text{于是 } a_{n+1}=\frac{2}{\left(1+\frac{1}{n}\right)^{n}}a_{n}<a_{n}(n\geqslant2),$$

即 $\{a_{n}\}$ 从第二项起就是严格递减数列,又由于 $a_{n}>0$,由单调有界原理知 $\{a_{n}\}$ 收敛. 记 $l=\lim\limits_{n\to\infty}a_{n}$. 在递推关系 $a_{n+1}=\dfrac{2}{\left(1+\frac{1}{n}\right)^{n}}a_{n}$ 的两边取极限得 $l=\dfrac{2}{\mathrm{e}}l$,所以 $l=0$.

例 5 设 $a_{n}>0$,求证 $\lim\limits_{n\to\infty}\dfrac{a_{n}}{(1+a_{1})(1+a_{2})\cdots(1+a_{n})}=0$.

分析 数列 $\{a_{n}\}$ 仅有一个恒正条件,对于所求极限式难以直接入手分析,注意到欲证的是一个无穷小量,联系到数项级数收敛性,说不准还会柳暗花明.

证明 记 $u_{n}=\dfrac{a_{n}}{(1+a_{1})(1+a_{2})\cdots(1+a_{n})}$,

$$v_n = \frac{1}{(1+a_1)(1+a_2)\cdots(1+a_n)},$$

利用拆项相消思想

$$u_n = \frac{a_n+1-1}{(1+a_1)(1+a_2)\cdots(1+a_n)} = v_{n-1} - v_n \ (n \geqslant 2),$$

级数 $\sum u_n$ 的前 n 项部分和

$$S_n = \sum_{k=1}^{n} u_k = u_1 + v_1 - v_n = 1 - \frac{1}{(1+a_1)(1+a_2)\cdots(1+a_n)},$$

$v_n = \dfrac{1}{(1+a_1)(1+a_2)\cdots(1+a_n)}$ 单调递减且恒正,故 $\lim v_n$ 存在.

从而 $\sum u_n$ 收敛,于是证得

$$\lim_{n\to\infty} \frac{a_n}{(1+a_1)(1+a_2)\cdots(1+a_n)} = 0.$$

若 a_n 含有较多乘积因子,我们往往会用达朗贝尔判别法或柯西根式判别法去判断级数 $\sum a_n$ 的敛散性.但当用达朗贝尔判别法或柯西根式判别法无法判定级数 $\sum a_n$ 的敛散性时,不妨试用拉贝判别法:

若 $\lim n\left(\dfrac{a_n}{a_{n+1}}-1\right) = p$,则 $p>1$ 时, $\sum a_n$ 收敛; $p<1$ 时, $\sum a_n$ 发散.

拉贝判别法的证明详见 §5.1.

例 6　求极限 $\lim \dfrac{(\sqrt{2}-1)(\sqrt{3}-1)\cdots(\sqrt{n}-1)}{\sqrt{n!}}$.

解一　$\lim \dfrac{a_n}{a_{n+1}} = \lim \dfrac{\sqrt{n+1}}{\sqrt{n+1}-1} = 1$,故无法用达朗贝尔法判定.

又 $\lim n\left(\dfrac{a_n}{a_{n+1}}-1\right) = \lim n\left[\dfrac{\sqrt{n+1}}{\sqrt{n+1}-1}-1\right] = \lim \dfrac{n}{\sqrt{n+1}-1} \to +\infty$,

于是 $\sum a_n$ 收敛,从而所求极限等于 0.

解二　$a_n = \left(1-\dfrac{1}{\sqrt{2}}\right)\left(1-\dfrac{1}{\sqrt{3}}\right)\cdots\left(1-\dfrac{1}{\sqrt{n}}\right)$,

$a_n^{-1} = \prod_{k=2}^{n}\left(1+\dfrac{1}{\sqrt{k}-1}\right)$; $\ln a_n^{-1} = \sum_{k=2}^{n}\ln\left(1+\dfrac{1}{\sqrt{k}-1}\right)$,

因为 $\dfrac{x}{1+x} < \ln(1+x) < x$,

所以 $\ln\left(1+\dfrac{1}{\sqrt{k}-1}\right) > \dfrac{1}{\sqrt{k}}$,

从而 $\ln a_n^{-1} \to +\infty$, $a_n \to 0$.

鉴于 $\lim\limits_{n\to\infty} a_n = 0$ 只是级数 $\sum a_n$ 收敛的必要条件,当级数 $\sum a_n$ 发散时, a_n 是否为无穷小量就不得而知了.为有效解决这个问题,在此我们介绍一个较拉贝判别法更为细致的结论.

定理 4　设 $a_n > 0$ 且 $\lim\limits_{n\to\infty} n\left(\dfrac{a_n}{a_{n+1}}-1\right) = p > 0$,则 $\forall \ 0 < \varepsilon < p$,有 $a_n = o\left(\dfrac{1}{n^{p-\varepsilon}}\right)(n\to\infty)$.

于是更有 $\lim\limits_{n\to\infty}a_n=0$.

证明 已知条件改写为 $\dfrac{a_n}{a_{n+1}}=1+\dfrac{p}{n}+o\left(\dfrac{1}{n}\right)$, 联想 $\left(1+\dfrac{1}{n}\right)^p=1+\dfrac{p}{n}+o\left(\dfrac{1}{n}\right)$, 直观地

说, $\dfrac{a_n}{a_{n+1}}$ 和 $\left(1+\dfrac{1}{n}\right)^p$ 大小"差不多". 现对于任意取定的 $0<\varepsilon<p$, 再取 p' 满足

$p-\varepsilon<p'<p$, 则

$$\frac{a_n}{a_{n+1}}=1+\frac{p}{n}+o\left(\frac{1}{n}\right)>\left(1+\frac{1}{n}\right)^{p'}=1+\frac{p'}{n}+o\left(\frac{1}{n}\right)\ (n\to\infty),$$

故 $a_n n^{p'}>a_{n+1}(n+1)^{p'}$, 即 $\{a_n n^{p'}\}$ 单调递减又恒正, 故极限 $\lim\limits_{n\to\infty}a_n n^{p'}$ 存在, 极限值记为 λ,

$\lim\limits_{n\to\infty}a_n n^{p'}=\lambda$, 于是 $a_n=o\left(\dfrac{1}{n^{p'}}\right)(n\to\infty)$, 进而

$$\lim\limits_{n\to\infty}a_n n^{p-\varepsilon}=\lim\limits_{n\to\infty}\frac{a_n n^{p'}}{n^{p'-(p-\varepsilon)}}=0.$$

注 1. 在上述证明过程中, 在 $p-\varepsilon$ 和 p 之间取一个 p' 的方法可以形象地称其为"见缝插针"技术.

2. 若依拉贝判别法通过级数收敛性去判定通项趋于零, 要求 $p=\lim\limits_{n\to\infty}n\left(\dfrac{a_n}{a_{n+1}}-1\right)>1$. 而通过定理 4 可知, 只要 $p>0$, 就有 $\lim\limits_{n\to\infty}a_n=0$.

例 7 再证 $\lim\limits_{n\to\infty}\dfrac{1\cdot3\cdot\cdots\cdot(2n-1)}{2\cdot4\cdot\cdots\cdot2n}=0$.

证法一 $\lim\limits_{n\to\infty}n\left(\dfrac{a_n}{a_{n+1}}-1\right)=\lim\limits_{n\to\infty}n\left(\dfrac{2n+2}{2n+1}-1\right)=\lim\limits_{n\to\infty}\dfrac{n}{2n+1}=\dfrac{1}{2}$,

利用定理 4 立得欲证结果.

证法二 替代发散级数 $\sum\dfrac{1\cdot3\cdot\cdots\cdot(2n-1)}{2\cdot4\cdot\cdots\cdot2n}$, 考虑新的级数

$\sum\left(\dfrac{1\cdot3\cdot\cdots\cdot(2n-1)}{2\cdot4\cdot\cdots\cdot2n}\right)^p$ $(p>0)$

记 $u_n=\left[\dfrac{1\cdot3\cdot\cdots\cdot(2n-1)}{2\cdot4\cdot\cdots\cdot2n}\right]^p$,

$\lim\limits_{n\to\infty}n\left[\dfrac{u_n}{u_{n+1}}-1\right]=\lim\limits_{n\to\infty}n\left[\left(\dfrac{2n+2}{2n+1}\right)^p-1\right]$

$\qquad\qquad=\lim\limits_{n\to\infty}n\left(\left(1+\dfrac{1}{2n+1}\right)^p-1\right)=\lim\limits_{n\to\infty}n\cdot\dfrac{p}{2n+1}=\dfrac{p}{2}$,

仍由拉贝判别法, 当 $p>2$ 时级数 $\sum\left(\dfrac{1\cdot3\cdot\cdots\cdot(2n-1)}{2\cdot4\cdot\cdots\cdot2n}\right)^p$ 收敛.

此时必有 $u_n=a_n^p\to0(n\to\infty)$. 从而 $\lim\limits_{n\to\infty}a_n=0$ 得证.

例 8 设 $x_n=1+\dfrac{1}{\sqrt{2}}+\cdots+\dfrac{1}{\sqrt{n}}-2\sqrt{n}$, 求证 $\lim x_n$ 存在.

证明一 $x_n=x_1+\sum\limits_{k=2}^{n}(x_k-x_{k-1})$, $\{x_n\}$ 的收敛性等价于级数 $\sum\limits_{k=2}^{\infty}(x_k-x_{k-1})$ 的收敛性.

注意到 $x_k - x_{k-1} = \dfrac{1}{\sqrt{k}} - 2(\sqrt{k} - \sqrt{k-1})$

$$= \dfrac{1}{\sqrt{k}} - \dfrac{2}{\sqrt{k} + \sqrt{k-1}} = -\dfrac{1}{\sqrt{k}(\sqrt{k} + \sqrt{k-1})^2} = o\left(\dfrac{1}{k^{3/2}}\right),$$

知 $\displaystyle\sum_{k=2}^{\infty}(x_k - x_{k-1})$ 收敛，从而 $\lim x_n$ 存在.

证法二　利用单调有界原理

$$x_{n+1} - x_n = \dfrac{1}{\sqrt{n+1}} - 2(\sqrt{n+1} - \sqrt{n}) = \dfrac{1}{\sqrt{n+1}} - \dfrac{2}{\sqrt{n+1} + \sqrt{n}} < 0.$$

从而 $\{x_n\}$ 单调减少. 又利用 Lagrange 中值定理，$\exists\, 0 < \theta < 1$, s. t. $\sqrt{n+1} - \sqrt{n}$

$= \dfrac{1}{2\sqrt{n+\theta}}$

故　$\dfrac{1}{2\sqrt{n+1}} < \sqrt{n+1} - \sqrt{n} < \dfrac{1}{2\sqrt{n}}$. 于是 $x_n > 2(\sqrt{n+1} - \sqrt{n}) - 2 > -2$，下方有界，所以 $\{x_n\}$ 收敛.

四、Stolz 变换和 Toplitz 变换

对于函数情形的 $\dfrac{0}{0}$ 型和 $\dfrac{\infty}{\infty}$ 型不定式，有洛必达法则可求极限. 对数列情形的 $\dfrac{\infty}{\infty}$ 型不定式，除了将 n 置换成 x 再使用洛必达法则之外，还可以使用下面的 Stolz 变换.

定理 5　若数列 $\{y_n\}$ 单调增加趋于 $+\infty$，$\lim\dfrac{x_{n+1} - x_n}{y_{n+1} - y_n} = l$，则 $\lim\dfrac{x_n}{y_n} = l$.

证明　$\forall\, \varepsilon > 0$，$\exists\, N$，$n > N$ 时，有

$$\left|\dfrac{x_n - x_{n-1}}{y_n - y_{n-1}} - l\right| < \varepsilon,$$

即

$$l - \varepsilon < \dfrac{x_n - x_{n-1}}{y_n - y_{n-1}} < l + \varepsilon,$$

由于 $\{y_n\}$ 单调递增，知 $y_n - y_{n-1} > 0$，依次写出

$$(l - \varepsilon)(y_{N+1} - y_N) < x_{N+1} - x_N < (l + \varepsilon)(y_{N+1} - y_N),$$
$$(l - \varepsilon)(y_{N+2} - y_{N+1}) < x_{N+2} - x_{N+1} < (l + \varepsilon)(y_{N+2} - y_{N+1}),$$

$\cdots\cdots$

$$(l - \varepsilon)(y_{N+n} - y_{N+n-1}) < x_{N+n} - x_{N+n-1} < (l + \varepsilon)(y_{N+n} - y_{N+n-1}),$$

上述 n 个式子相加，得

$$(l - \varepsilon)(y_{N+n} - y_N) < x_{N+n} - x_N < (l + \varepsilon)(y_{N+n} - y_N) \tag{2}$$

两边同除以 y_{N+n}，

$$(l - \varepsilon)\left(1 - \dfrac{y_N}{y_{N+n}}\right) < \dfrac{x_{N+n}}{y_{N+n}} - \dfrac{x_N}{y_{N+n}} < (l + \varepsilon)\left(1 - \dfrac{y_N}{y_{N+n}}\right) \tag{3}$$

令 $n \to +\infty$，

$$l-\varepsilon \leqslant \underline{\lim}\frac{x_{N+n}}{y_{N+n}} \leqslant \overline{\lim}\frac{x_{N+n}}{y_{N+n}} \leqslant l+\varepsilon,$$

由 ε 的任意性知 $\lim\dfrac{x_n}{y_n}=\lim\dfrac{x_{N+n}}{y_{N+n}}=l.$

注 1. 从(3)式出发, $n\to\infty$ 时, $\dfrac{x_N}{y_{N+n}}$, $\dfrac{y_N}{y_{N+n}}$ 皆趋于 0.

故一定存在 N_1, 使得 $n>N_1$ 时, 有 $l-2\varepsilon \leqslant \dfrac{x_{N+n}}{y_{N+n}} \leqslant l+2\varepsilon$, 仍得 $\lim\dfrac{x_n}{y_n}=l.$

2. 从(2)式, 又有 $\left|\dfrac{x_{N+n}-x_N}{y_{N+n}-y_N}-l\right|<\varepsilon$

而 $\dfrac{x_{N+n}}{y_{N+n}}-l=\dfrac{x_{N+n}-x_N+x_N}{y_{N+n}}-l=\dfrac{x_{N+n}-x_N}{y_{N+n}-y_N}\cdot\dfrac{y_{N+n}-y_N}{y_{N+n}}+\dfrac{x_N}{y_{N+n}}-l$

$$=\left\{\dfrac{x_{N+n}-x_N}{y_{N+n}-y_N}-l\right\}\cdot\dfrac{y_{N+n}-y_N}{y_{N+n}}+l\dfrac{y_{N+n}-y_N}{y_{N+n}}+\dfrac{x_N}{y_{N+n}}-l$$

$$=\dfrac{x_N-ly_N}{y_{N+n}}+\left(l-\dfrac{y_N}{y_{N+n}}\right)\left(\dfrac{x_{N+n}-x_N}{y_{N+n}-y_N}-l\right), \text{亦得相应结论.}$$

3. $l=+\infty$ 时, Stolz 公式依然成立.

4. 针对 $\dfrac{0}{0}$ 型的不定式, Stolz 公式具有如下的形式:

设 $\{x_n\}$ 趋于 0, $\{y_n\}$ 单调减少趋于 0, 且 $\lim\dfrac{x_n-x_{n+1}}{y_n-y_{n+1}}=l$, 则 $\lim\dfrac{x_n}{y_n}=l.$

例 9 已知 $x_0\in(0,\pi)$, $x_n=\sin x_{n-1}$, 证明 $\lim\limits_{n\to\infty}\sqrt{\dfrac{n}{3}}\,x_n=1.$

分析 据单调有界原理易知 $x_n=\underbrace{\sin\sin\cdots\sin}_{n\text{个}}x_0\to0$, 现要证 $\{x_n\}$ 跟 $\left\{\dfrac{1}{\sqrt{n}}\right\}$ 是同阶无穷小

量. 为便于利用 Stolz 公式, 将欲证关系式(乘积形式)等价变形为 $\lim\dfrac{\dfrac{1}{x_n^2}}{n}=\dfrac{1}{3}$ (商的形式).

证明 取 $y_n=n$, $\lim\limits_{n\to\infty}\dfrac{1}{nx_n^2}=\lim\limits_{n\to\infty}\dfrac{\dfrac{1}{x_{n+1}^2}-\dfrac{1}{x_n^2}}{n+1-n}=\lim\limits_{n\to\infty}\left(\dfrac{1}{\sin^2 x_n}-\dfrac{1}{x_n^2}\right)$

$$\xlongequal{\text{令}\,x_n=t}\lim\limits_{t\to0}\left(\dfrac{1}{\sin^2 t}-\dfrac{1}{t^2}\right)=\lim\limits_{t\to0}\dfrac{t^2-\sin^2 t}{t^4}$$

$$=\lim\limits_{t\to0}\dfrac{t-\sin t}{t^3}\cdot\lim\limits_{t\to0}\dfrac{t+\sin t}{t}=\lim\limits_{t\to0}\dfrac{1-\cos t}{3t^2}\cdot 2=\dfrac{1}{3}.$$

此即等价于 $\lim\limits_{n\to\infty}\sqrt{\dfrac{n}{3}}\,x_n=1.$

例 10 设 $x_{n+1}=x_n(1-qx_n)$, $0<q\leqslant1$, $0<x_1<\dfrac{1}{q}$, 试证 $\lim\limits_{n\to\infty}nx_n=\dfrac{1}{q}.$

证明 类似上一例的方法, 等价于证明 $\lim\dfrac{1}{nx_n}=q.$ 由 Stolz 公式

$$\lim\dfrac{1}{nx_n}=\lim\dfrac{\dfrac{1}{x_{n+1}}-\dfrac{1}{x_n}}{(n+1)-n}=\lim\dfrac{x_n-x_{n+1}}{x_nx_{n+1}}$$

$$=\lim\frac{x_n-x_n(1-qx_n)}{x_n^2(1-qx_n)}=\lim\frac{q}{1-qx_n},$$

故只需证 $\lim x_n=0$,

因为 $x_{n+1}-x_n=-qx_n^2<0$,$\{x_n\}$ 单调递减,

又 $0<x_1<\frac{1}{q}$,得 $x_2=x_1(1-qx_1)>0$.

$qx_2=qx_1(1-qx_1)\leqslant\frac{1}{4}<1$,又得 $x_3=x_2(1-qx_2)>0$,

…

一般地,有 $0<x_n<\frac{1}{q}$,所以 $\lim\limits_{n\to\infty}x_n=l$ 存在. 在递推关系式中令 $n\to\infty$,立知 $l=0$.

所以 $\lim\limits_{n\to\infty}nx_n=\frac{1}{q}\lim\limits_{n\to\infty}(1-qx_n)=\frac{1}{q}$.

定理 6 (Toplitz) 设 $a_{ij}\geqslant 0$,$\sum\limits_{j=1}^{i}a_{ij}=1$,$\forall j$,$\lim\limits_{n\to\infty}a_{nj}=0$. $y_n=\sum\limits_{j=1}^{n}a_{nj}x_j$,若 $\lim\limits_{n\to\infty}x_n=l$,则 $\lim\limits_{n\to\infty}y_n=l$.

分析这个定理可以改成用矩阵的形式来表达:

$$\begin{pmatrix}y_1\\y_2\\\vdots\\y_n\\\vdots\end{pmatrix}=\begin{pmatrix}a_{11}&&&&\\a_{21}&a_{22}&&&\\\vdots&&&&\\a_{n1}&a_{n2}&a_{n3}&\cdots&a_{nn}\\\vdots&&&&\end{pmatrix}\begin{pmatrix}x_1\\x_2\\\vdots\\x_n\\\vdots\end{pmatrix}.$$

式中三角无穷矩阵 T 的上三角部分为 0,此变换称为 Toplitz 变换. 定理 5 意指:

收敛数列 $\{x_n\}$ 通过 Toplitz 变换矩阵 T 而得到的数列 $\{y_n\}$ 必收敛,且与 $\{x_n\}$ 有相同的极限值.

证明 $\forall\varepsilon>0$ $\exists n_0$ $\forall n>n_0$ 有 $|x_n-l|<\varepsilon$

又当 $1\leqslant j\leqslant n_0$ 时,$\lim\limits_{n\to\infty}a_{nj}=0$,于是 $\exists N>n_0$,$\forall n>N$ 有

$$0\leqslant a_{nj}<\varepsilon(\text{对 }1\leqslant j\leqslant n_0 \text{ 一致地成立}).$$

当 $n>\max\{n_0,N\}$ 时,有

$$|y_n-l|=|\sum_{j=1}^{n}a_{nj}x_j-\sum_{j=1}^{n}a_{nj}l|\leqslant\sum_{j=1}^{n}a_{nj}|x_j-l|$$
$$=\sum_{j\leqslant n_0}+\sum_{j>n_0}a_{nj}|x_j-l|,$$

第一个和式用 $a_{nj}<\varepsilon$ 及 $|x_j-l|$ 的有界性,第二个和式用 $|x_j-l|<\varepsilon$.

详尽而严格的叙述留待读者给出.

例 11 设 $p_i>0$,$i=0,1,2,\cdots$,且 $\lim\frac{p_n}{p_0+p_1+\cdots+p_n}=0$,又知 $\lim s_n=s$.

则 $\lim\frac{s_0p_n+s_1p_{n-1}+\cdots+s_np_0}{p_0+p_1+\cdots+p_n}=s$.

证 令 $a_{nj}=\frac{p_{n-j}}{p_0+p_1+\cdots+p_n}(n\geqslant 0,0\leqslant j\leqslant n)$,

$$0 \leqslant a_{nj} \leqslant \frac{p_{n-j}}{p_0 + p_1 + \cdots + p_{n-j}} \to 0 (n \to \infty),$$

由 Toplitz 定理立得结论.

注　应用 Toplitz 定理,关键在于构造一个 Toplitz 变换矩阵,其构造方法一般可以通过分析相关数列表达式的结构得出,最后验证所要满足的条件. 对于例 11,读者还可以用其他方法证明(如从 ε-N 定义出发),从一题多解中获得尽可能大的提高.

习题 1.2

1. 设 $u_1=3, u_2=3+\dfrac{4}{3}, u_3=3+\dfrac{4}{3+\dfrac{4}{3}}, \cdots$，证明 $\{u_n\}$ 收敛并求其极限.

（武汉大学 1999 年）

2. 设 $f(x)=\dfrac{x+2}{x+1}$，数列 $\{x_n\}$ 由如下递推公式定义：$x_0=1, x_{n+1}=f(x_n)(n\geqslant 0)$，求证 $\lim\limits_{n\to\infty} x_n=\sqrt{2}$.

3. 求极限

   (1) $\lim\limits_{n\to\infty}\dfrac{1^\alpha+2^\alpha+\cdots+n^\alpha}{n^{\alpha+1}}(\alpha>0)$；

   (2) $\lim\limits_{n\to\infty}\left(\dfrac{1^\alpha+2^\alpha+\cdots+n^\alpha}{n^\alpha}-\dfrac{n}{\alpha+1}\right)(\alpha>0)$；

   (3) $\lim\limits_{n\to\infty}\dfrac{\sqrt[n]{(n+1)(n+2)\cdots(n+n)}}{n}$；

   (4) $\lim\limits_{n\to\infty}\dfrac{1^5+3^5+\cdots+(2n-1)^5}{2^5+4^5+\cdots+(2n)^5}$.

4. 求极限 $\lim\limits_{n\to\infty}\left(\dfrac{\sin\dfrac{\pi}{n}}{n+1}+\dfrac{\sin\dfrac{2\pi}{n}}{n+\dfrac{1}{2}}+\cdots+\dfrac{\sin\dfrac{n}{n}\pi}{n+\dfrac{1}{n}}\right)$.

5. 若 $0<\lambda<1, a_n>0$ 且 $\lim\limits_{n\to\infty} a_n=a$，试证 $\lim\limits_{n\to\infty}(a_n+\lambda a_{n-1}+\cdots+\lambda^n a_0)=\dfrac{a}{1-\lambda}$.

6. 设 $x_1>0, x_{n+1}=\ln(1+x_n)$，试证 $\lim\limits_{n\to\infty} nx_n=2$.

7. 设任意取定 x_0，定义 $x_n=\arctan x_{n-1}(n\geqslant 1)$，证明 $\{x_n\}$ 收敛于 0，并求极限 $\lim\limits_{n\to\infty}\sqrt{n}x_n$.

8. 设 $\lim\limits_{n\to\infty} s_n=s$，求证 $\lim\limits_{n\to\infty}\dfrac{s_1+\dfrac{1}{2}s_2+\cdots+\dfrac{1}{n}s_n}{\ln n}=s$.

9. 讨论数列 $a_n=\dfrac{n!}{(a+1)(a+2)\cdots(a+n)}(a>0)$ 的敛散性.

10. 设 $\lim\limits_{n\to\infty} x_n=a$，证明 $\lim\limits_{n\to\infty}\dfrac{x_1+2x_2+\cdots+nx_n}{1+2+\cdots+n}=a$.

11. 设 $a_n>0$，证明数列 $\{(1+a_1)(1+a_2)\cdots(1+a_n)\}$ 收敛的充分必要条件是级数 $\sum a_n$ 收敛.

12. 设数列 $\{a_n\}, \{b_n\}$ 满足

    (1) $b_n>0, \sum b_n$ 发散；　(2) $\lim\limits_{n\to\infty}\dfrac{a_n}{b_n}=s$.

则 $\lim \dfrac{a_0 + a_1 + \cdots + a_n}{b_0 + b_1 + \cdots + b_n} = s.$

13. 设 $f(x)$ 定义于 $[a, +\infty)$ 上，假设 $\lim\limits_{n \to \infty} (f(x+1) - f(x)) = l$ 存在或为 $+\infty$，

则 $\lim\limits_{n \to \infty} \dfrac{f(x)}{x} = l.$

14. 已知 $\sum\limits_{n=1}^{\infty} a_n$ 收敛，$\{p_n\}$ 单调增加正序列且趋于 $+\infty$，求证

$$\lim_{n \to \infty} \frac{p_1 a_1 + p_2 a_2 + \cdots + p_n a_n}{p_n} = 0.$$

15. 求极限 $\lim\limits_{n \to \infty} \sum\limits_{k=0}^{n} \dfrac{1}{\sqrt{(n-k+1)(k+1)}}.$

16. 设 $f \in C^1(\mathbf{R})$，$\forall x_0 \in \mathbf{R}$，定义 $x_{n+1} = f(x_n)$. 若 $0 < f(x) \leqslant M$，且 $|f'(x)| < 1$，证明 $\{x_n\}$ 收敛.   （北师大 2003 年）

17. 设 $a, b > 0$，令 $a_1 = a, a_2 = b, a_{n+2} = 2 + \dfrac{1}{a_{n+1}^2} + \dfrac{1}{a_n^2}$，证明 $\{a_n\}$ 收敛.

18. 设 $\forall a_0 \in \mathbf{R}$，令 $a_{n+1} = \dfrac{2a_n^3}{1 + a_n^4} (n \geqslant 0).$

   (1) 证明数列 $\{a_n\}$ 收敛；

   (2) 求出 $\{a_n\}$ 的所有可能极限值；

   (3) 将 $\mathbf{R}$ 分成若干个小区间，使得在同一个小区间内取初始值 a_0 时，数列 $\{a_n\}$ 的极限值相等.

                                           （华东师范大学 2002 年）

§1.3　与微分、积分直接相关的极限问题

一、微分中的极限问题

设 a 是一个定数，$f(x)$ 是定义于 $[a,+\infty)$ 上的可导函数，让我们先考虑当 $x \to +\infty$ 时 $f(x)$ 和 $f'(x)$ 的极限问题. 当然这两个极限可以都不存在，也可能都存在. 试问：

$\lim\limits_{x \to \infty} f(x)$ 和 $\lim\limits_{x \to \infty} f'(x)$ 之间有什么关系呢？

事实一：$\lim\limits_{x \to +\infty} f(x)$ 存在 $\not\Rightarrow$ $\lim\limits_{x \to +\infty} f'(x)$ 存在，反例 $f(x) = \dfrac{\sin x^2}{x}$；

事实二：$\lim\limits_{x \to +\infty} f'(x)$ 存在 $\not\Rightarrow$ $\lim\limits_{x \to +\infty} f(x)$ 存在，反例 $f(x) = x, \sqrt{x}$ 等.

再请读者朋友思考下列问题：

当 $\lim\limits_{x \to \infty} f'(x) = l \neq 0$ 时，$f(x)$ 是否必是无界函数？

当 $\lim\limits_{x \to \infty} f'(x) = l = 0$ 时，$f(x)$ 是否必是有界函数？

不失一般性，设 $l > 0$，$\exists A$，当 $x > A$ 时，$f'(x) > \dfrac{l}{2}$，于是

$$f(x) = f(A) + \int_A^x f'(t)\,dt > f(A) + \frac{l}{2}(x - A).$$

事实三：若已知 $\lim\limits_{x \to +\infty} f(x)$ 和 $\lim\limits_{x \to +\infty} f'(x)$ 都存在（为有限），则一定 $\lim\limits_{x \to +\infty} f'(x) = 0$.

再请思考 $\lim\limits_{x \to +\infty} f'(x)$ 存在的几何意义是什么呢？ 意即 $f(x)$ 的曲线上各点处的切线的倾斜度有固定的极限值. 上述事实与 $f(x)$ 的曲线存在渐近线之间有何关系？

回顾一下渐近线的刻画，若 $\lim\limits_{x \to +\infty} \dfrac{f(x)}{x} = a$ 存在，同时 $\lim\limits_{x \to +\infty} [f(x) - ax] = b$ 也存在. 则 $y = f(x)$ 的图形有渐近线 $y = ax + b$.

对于 $f(x) = \sqrt{x}$ 或 $\ln x$ 之类，皆有 $\lim\limits_{x \to +\infty} f'(x) = 0$，但是并无渐近线，只因上述渐近线存在的后一个条件 $\lim\limits_{x \to +\infty} [f(x) - ax]$ 不满足. 不过，$\lim\limits_{x \to +\infty} f'(x)$ 的存在性和 $\lim\limits_{x \to +\infty} \dfrac{f(x)}{x}$ 的存在性之间却有着密切的联系.

例 1　若 $\lim\limits_{x \to +\infty} f'(x) = l$，则 $\lim\limits_{x \to +\infty} \dfrac{f(x)}{x} = l$.

证　先设 $l = 0$，$\forall \varepsilon > 0$，$\exists x_0$，当 $x > x_0$ 时，$|f'(x)| < \dfrac{\varepsilon}{2}$，

$$\left| \frac{f(x)}{x} \right| \leqslant \frac{1}{|x|}\big[\,|f(x) - f(x_0)| + |f(x_0)|\,\big]$$

$$= \left|1 - \frac{x_0}{x}\right| |f'(\xi)| + \frac{|f(x_0)|}{x} \cdots$$

当 $f(x_0) \neq 0$ 时，令 $X = \max\left\{ x_0, \dfrac{2|f(x_0)|}{\varepsilon} \right\}$，当 $x > X$ 时，

$$\left|\frac{f(x)}{x}\right|<\frac{\varepsilon}{2}+\frac{\varepsilon}{2}=\varepsilon,$$

一般情形,令 $g(x)=f(x)-lx$ 转化即可.

反之如何? 即若 $\lim\limits_{x\to+\infty}\dfrac{f(x)}{x}$ 存在,能否得出 $\lim\limits_{x\to+\infty}f'(x)$ 也存在呢? 显然不行,反例 $f(x)$ $=\sin x$.

退一步思考:已知 $\lim\limits_{x\to+\infty}\dfrac{f(x)}{x}=l$,且 $\lim\limits_{x\to+\infty}f'(x)$ 存在,则二者一定相等. 此结论由例 1 即可推得.

例 2 设 $\varphi(x)$ 连续可导,且 $\lim\limits_{x\to+\infty}[\varphi(x)+\varphi'(x)]=A$,则 $\lim\limits_{x\to+\infty}\varphi'(x)=0$.

首先说明一下,$A=0$ 和 $A\neq0$ 的情形是两个等价的命题. 关键:从形态 $\varphi(x)+\varphi'(x)$ 入手,联想 $[e^x\varphi(x)]'=e^x[\varphi(x)+\varphi'(x)]$.

证明一 令 $f(x)=e^x\varphi(x)$,则 $f'(x)=e^x[\varphi(x)+\varphi'(x)]$. 取定一个 M,由牛顿-莱布尼兹公式有

$$f(x)=f(M)+\int_M^x e^t[\varphi(t)+\varphi'(t)]dt,$$

于是

$$\varphi(x)=e^{-x}f(x)=e^{-x}f(M)+e^{-x}\int_M^x e^t[\varphi(t)+\varphi'(t)]dt,$$

当 $A>0$ 时,利用洛必达法则($A<0$ 时类似):

$$\lim\limits_{x\to+\infty}e^{-x}\int_M^x e^t[\varphi(t)+\varphi'(t)]dt=\lim\limits_{x\to+\infty}[\varphi(x)+\varphi'(x)]=A,$$

当 $A=0$ 时,利用上述等价转换命题可得. 或者另证如下:

$\forall\varepsilon>0,\exists M>0$,当 $x>M$ 时,$|\varphi(x)+\varphi'(x)|<\dfrac{\varepsilon}{2}$,

$$\left|e^{-x}\int_M^x e^t[\varphi(t)+\varphi'(t)]dt\right|<\frac{\varepsilon}{2}e^{-x}(e^x-e^M)<\frac{\varepsilon}{2},$$

又欲使 $|e^{-x}f(M)|<\dfrac{\varepsilon}{2}$,只要 $x>\ln\left|\dfrac{2f(M)}{\varepsilon}\right|$,

故取 $X=\max\left\{M;\ln\dfrac{2|f(M)|}{\varepsilon}\right\}$,当 $x>X$ 时,一定有 $|\varphi(x)|<\varepsilon$.

证法二 $\lim\limits_{x\to+\infty}\varphi(x)=\lim\limits_{x\to+\infty}\dfrac{e^x\varphi(x)}{e^x}=\lim\limits_{x\to+\infty}[\varphi(x)+\varphi'(x)]=A.$

浓缩:定性分析是重点,每个题目能给我们一两点启示足矣!

例 3 设 f 在 x_0 附近有 $n+1$ 阶连续导数且 $f^{(n+1)}(x_0)\neq0$,又

$$f(x_0+h)=f(x_0)+hf'(x_0)+\cdots+\frac{h^n}{n!}f^{(n)}(x_0+\theta h),0<\theta<1,$$

求证 $\lim\limits_{h\to0}\theta=\dfrac{1}{n+1}$.

证明 可将 $f(x)$ 在 x_0 近旁作到 n 阶 Taylor 展开:

$$f(x_0+h)=f(x_0)+hf'(x_0)+\cdots+\frac{h^n}{n!}f^{(n)}(x_0)$$

$$+\frac{h^{n+1}}{(n+1)!}f^{(n+1)}(x_0+\theta_1 h)(0<\theta_1<1)$$

两个 Taylor 展开必相等,于是有

$$\frac{h^n}{n!}f^{(n)}(x_0+\theta h)=\frac{h^n}{n!}f^{(n)}(x_0)+\frac{h^{n+1}}{(n+1)!}f^{(n+1)}(x_0+\theta_1 h),$$

化简为
$$f^{(n)}(x_0+\theta h)-f^{(n)}(x_0)=\frac{h}{n+1}f^{(n+1)}(x_0+\theta_1 h),$$

左边用 Lagrange 中值定理:$\exists\, 0<\theta_2<1$,使得

$$f^{(n)}(x_0+\theta h)-f^{(n)}(x_0)=f^{(n+1)}(x_0+\theta_2 h)\theta h,$$

$$\theta=\frac{1}{n+1}\frac{f^{(n+1)}(x_0+\theta_1 h)}{f^{(n+1)}(x_0+\theta_2 h)},$$

令 $h\to0$ 立得 $\theta\to\dfrac{1}{n+1}$.

例 4 设 $f(x)\in C'[1,\infty)$,且 $f'(x)=\dfrac{1}{x^2+f^2(x)}$,$f(1)=1$,证明 $\lim\limits_{x\to\infty}f(x)$ 存在.

分析 因为 $f'(x)>0$,$f(x)$ 单调增加,故只要证明 $f(x)$ 有上界.
从题给的微分方程要解出 $f(x)$ 的解析式,无疑有一定困难,故采用放缩技术.

证 $f(x)=f(1)+\displaystyle\int_1^x f'(t)\mathrm{d}t=f(1)+\int_1^x\frac{\mathrm{d}t}{t^2+f^2(t)}$

$$<1+\int_1^x\frac{\mathrm{d}t}{t^2+1}=1+\arctan x-\frac{\pi}{4}<1+\frac{\pi}{4}.$$

例 5 证明方程 $x^n+x=1$ 在 $(0,1)$ 上存在唯一的根 x_n;并且 $\lim\limits_{n\to\infty}x_n=1$.
可参见 §3.4 例 7.

二、积分式的极限(初步)

积分式的极限题是综合性较高的题目,有多种解题路径,分别介绍如下:

1. 洛必达法则

预备公式:变限积分的求导法. 如果函数 $f(x,t)$ 以及 $\dfrac{\partial f}{\partial x}$ 都连续,而函数 $\alpha(x),\beta(x)$ 都一阶连续可导,则 $F(x)=\displaystyle\int_{\alpha(x)}^{\beta(x)}f(x,t)\mathrm{d}t$ 关于 x 可微,且

$$F'(x)=\int_{\alpha(x)}^{\beta(x)}\frac{\partial f}{\partial x}\mathrm{d}t+f[x,\beta(x)]\beta'(x)-f[x,\alpha(x)]\alpha'(x) \tag{1}$$

例 6 设 $f(x)$ 连续可微,$f(0)=0$,$f'(0)=1$,$F(x)=\displaystyle\int_0^x tf(x^2-t^2)\mathrm{d}t$,试求 $\lim\limits_{x\to0}\dfrac{F(x)}{x^4}$.

解 直接用公式(1),

$$F'(x)=\int_0^x t\cdot f'(x^2-t^2)\cdot 2x\mathrm{d}t+xf(x^2-x^2)$$

$$=2x\int_0^x t\cdot f'(x^2-t^2)\cdot\mathrm{d}t=xf(x^2),$$

或先将 $F(x)$ 化为 $F(x)=\dfrac{1}{2}\displaystyle\int_0^{x^2}f(u)\mathrm{d}u$,$F'(x)=xf(x^2)$.

故

$$\lim_{x\to 0}\frac{F(x)}{x^4}=\lim_{x\to 0}\frac{F'(x)}{4x^3}=\cdots=\frac{1}{4}$$

例 7　设 $f(x)=\int_x^{x^2}\left(1+\frac{1}{2t}\right)^t\sin\frac{1}{\sqrt{t}}dt\,(x>0)$，求 $\lim_{n\to\infty}f(n)\sin\frac{1}{n}$.

解　$n\to\infty$ 时，$\frac{1}{n}\to 0$，转化为求 $\lim_{x\to\infty}f(x)\sin\frac{1}{x}=\lim_{x\to\infty}\frac{f(x)}{x}$.

因为 $\lim_{x\to\infty}\left(1+\frac{1}{2x}\right)^x=\sqrt{e}$，$x$ 充分大时，$\left(1+\frac{1}{2x}\right)^x>\frac{\sqrt{e}}{2}$.

$x<t<x^2$ 时，$\sin\frac{1}{\sqrt{t}}>\sin\frac{1}{x}>\frac{2}{\pi}\frac{1}{x}>0$.

所以 $f(x)>\frac{\sqrt{e}}{2}\frac{2}{\pi x}\int_x^{x^2}dt=\frac{\sqrt{e}}{\pi}(x-1)\to+\infty$.

用洛必达法则：

原极限 $=\lim_{x\to\infty}\dfrac{f(x)}{x}=\lim_{x\to\infty}f'(x)$

$\qquad=\lim_{x\to\infty}\left[\left(1+\dfrac{1}{2x^2}\right)^{x^2}\sin\dfrac{1}{x}2x-\left(1+\dfrac{1}{2x}\right)^x\sin\dfrac{1}{\sqrt{x}}\right]=2\sqrt{e}$.

2. 放缩法或两边夹

例 8　求极限 $\lim_{x\to\infty}\dfrac{1}{x}\int_{\frac{1}{x}}^1\dfrac{\cos 2t}{4t^2}dt$.

解一　洛必达法则，因为瑕积分 $\int_0^1\dfrac{\cos 2t}{t^2}dt$ 发散，故适用 $\dfrac{\infty}{\infty}$ 型的法则.

解二　因为 $1-\dfrac{x^2}{2}\leqslant\cos x\leqslant 1$（利用 Taylor 展开可知）

$$\text{所以}\int_{\frac{1}{x}}^1\frac{\cos 2t}{4t^2}dt\leqslant-\left.\frac{1}{4t}\right|_{\frac{1}{x}}^1=\frac{1}{4}(x-1),$$

$$\text{又}\int_{\frac{1}{x}}^1\frac{\cos 2t}{4t^2}dt\geqslant\int_{\frac{1}{x}}^1\frac{1-2t^2}{4t^2}dt=\frac{x-1}{4}-\frac{1}{2}\left(1-\frac{1}{x}\right)>\frac{x-3}{4},$$

$$\text{所以}\frac{1}{4}\left(1-\frac{3}{x}\right)\leqslant\frac{1}{x}\int_{\frac{1}{x}}^1\frac{\cos 2t}{4t^2}dt\leqslant\frac{1}{4}\left(1-\frac{1}{x}\right).$$

故原极限 $=\dfrac{1}{4}$.

例 9　求 $\lim_{n\to\infty}\left[\int_0^{\frac{\pi}{2}}(1+\sin t)^n dt\right]^{\frac{1}{n}}$.

解　$t\in\left[0,\dfrac{\pi}{2}\right]$ 时，$\dfrac{2t}{\pi}\leqslant\sin t\leqslant 1$，得 $1+\dfrac{2}{\pi}t\leqslant 1+\sin t\leqslant 2$，而

$$\int_0^{\frac{\pi}{2}}\left(1+\frac{2t}{\pi}\right)^n dt\xlongequal{u=1+\frac{2t}{\pi}}\int_1^2 u^n\frac{\pi}{2}du=\frac{\pi(2^{n+1}-1)}{2(n+1)},$$

得

$$\sqrt[n]{\frac{\pi(2^{n+1}-1)}{2(n+1)}} < \left[\int_0^{\frac{\pi}{2}}(1+\sin t)^n \mathrm{d}t\right]^{\frac{1}{n}} < 2\sqrt[n]{\frac{\pi}{2}},$$

令 $n\to\infty$ 得知,所求极限值为 2.

下面的例 10 是例 9 的推广形式.

例 10　设 $f(x)\geqslant 0, g(x)>0$,皆为 $[a,b]$ 上的连续函数,求证:

$$\lim_{n\to\infty}\left[\int_a^b f^n(x)g(x)\mathrm{d}x\right]^{\frac{1}{n}} = \max_{a\leqslant x\leqslant b}f(x).$$

证　设 $f(x_0) = \max f(x) \triangleq M$,并记 $I_n = \left[\int_a^b f^n(x)g(x)\mathrm{d}x\right]^{\frac{1}{n}}$,于是

$$\int_a^b f^n(x)g(x)\mathrm{d}x \leqslant M^n\int_a^b g(x)\mathrm{d}x, \ I_n \leqslant M\left[\int_a^b g(x)\mathrm{d}x\right]^{\frac{1}{n}}.$$

又 $\forall\varepsilon>0, \exists$ 子区间 $[\alpha,\beta]\subset[a,b]$,当 $x\in[\alpha,\beta]$ 时,$f(x)\geqslant M-\varepsilon$,于是

$$I_n \geqslant (M-\varepsilon)\left[\int_\alpha^\beta g(x)\mathrm{d}x\right]^{\frac{1}{n}} \to M-\varepsilon.$$ 从而原极限得证.

3. 换序

定理　若函数列 $\{f_n(x)\}$ 每一项都在 $[a,b]$ 连续,且一致收敛,则有

$$\lim_{n\to\infty}\int_a^b f_n(x)\mathrm{d}x = \int_a^b \lim_{n\to\infty}f_n(x)\mathrm{d}x \tag{2}$$

如何判定函数列的一致收敛性?

当连续函数序列 $\{f_n(x)\}$ 在 $[a,b]$ 上一致收敛于 $f(x)$ 时,$f(x)$ 也是连续函数.但其逆命题不真,即连续函数序列收敛于连续函数时,此种收敛未必一致.

反例如:$f_n(x)=\begin{cases}2nx & 0\leqslant x\leqslant\dfrac{1}{2n} \\ 2-2nx & \dfrac{1}{2n}<x\leqslant\dfrac{1}{n} \\ 0 & \dfrac{1}{n}<x\leqslant 1\end{cases}$,

$f_n(x)$ 点态收敛于 0 但不一致收敛于 0.

但加上 $\{f_n(x)\}$ 对任一 $x\in[a,b]$ 是单调数列的条件时,$f_n(x)$ 就一定一致收敛于 $f(x)$,此为 Dini 定理.

例 11　求 $\displaystyle\lim_{n\to\infty}\int_0^1 \frac{\mathrm{d}x}{1+\left(1+\dfrac{x}{n}\right)^n}$.

解　$\dfrac{1}{1+\left(1+\dfrac{x}{n}\right)^n} \to \dfrac{1}{1+\mathrm{e}^x}$ 且 $\forall x\in(0,1), \left(1+\dfrac{x}{n}\right)^n$ 是递增的序列,符合 Dini 定理之条件,故上述收敛是一致收敛,从而

$$原极限 = \int_0^1 \lim_{n\to\infty}\frac{1}{1+\left(1+\dfrac{x}{n}\right)^n}\mathrm{d}x = \int_0^1 \frac{\mathrm{d}x}{1+e^x} = \ln\frac{2\mathrm{e}}{\mathrm{e}+1}.$$

关于极限和积分换序的更深刻的结论,参阅本教材 §5.3.下面再罗列一下在勒贝格积

分意义之下的换序定理.

勒维定理 设可测集 E 上的可测函数列满足 $0 \leqslant f_1(x) \leqslant f_2(x) \leqslant \cdots, \lim\limits_n f_n(x) = f(x)$,则

$$\lim_n \int_E f_n(x)\,\mathrm{d}x = \int_E f(x)\,\mathrm{d}x \tag{3}$$

勒贝格控制收敛定理 设 $\{f_n(x)\}$ 点态收敛于 $f(x)$,且存在可积函数 $g(x)$ 使在 E 上几乎处处有 $|f_n(x)| \leqslant g(x)$,则(3)式亦成立.

若 f 为 $[a,b]$ 上的黎曼可积函数,则 f 一定是 $[a,b]$ 上的勒贝格可积函数,且极限值相等,故对 R-积分的极限问题,不妨视作为 L-积分来解决.这样,换序就不要求一致收敛性.如 $\int_0^{\frac{\pi}{2}} \sin^n x\,\mathrm{d}x$,函数列 $\{\sin^n x\}$ 的极限函数是

$$f(x) = \begin{cases} 0 & 0 \leqslant x < \dfrac{\pi}{2} \\ 1 & x = \dfrac{\pi}{2} \end{cases}, \quad 得出 \int_0^{\frac{\pi}{2}} \sin^n x\,\mathrm{d}x \to 0 \,(n \to +\infty).$$

读者朋友们,若限定在数学分析的知识范围内,又如何解决上述问题呢?

4. 分段技术

例 12 求 $\lim\limits_{n \to \infty} \int_0^{\frac{\pi}{2}} \sin^n x\,\mathrm{d}x$.

解一 $\forall \varepsilon > 0$,由于 $\cos \dfrac{\varepsilon}{2} < 1$,$\exists N$,使得 $n > N$ 时,$\cos^n \dfrac{\varepsilon}{2} < \dfrac{\varepsilon}{\pi}$,

$$I_n = \int_0^{\frac{\pi}{2}-\frac{\varepsilon}{2}} \sin^n x\,\mathrm{d}x + \int_{\frac{\pi}{2}-\frac{\varepsilon}{2}}^{\frac{\pi}{2}} \sin^n x\,\mathrm{d}x < \left(\frac{\pi}{2} - \frac{\varepsilon}{2}\right) \sin^n \left(\frac{\pi}{2} - \frac{\varepsilon}{2}\right) + \frac{\varepsilon}{2}$$

$$< \frac{\pi}{2}\cos^n \frac{\varepsilon}{2} + \frac{\varepsilon}{2} < \varepsilon \,(n > N).$$

解二 $I_{2n} = \int_0^{\frac{\pi}{2}} \sin^{2n} x\,\mathrm{d}x = \dfrac{(2n-1)!!}{(2n)!!} \dfrac{\pi}{2}$,

故 $\lim I_n$ 和 $\lim \dfrac{(2n-1)!!}{(2n)!!}$ 是同一个问题的不同形式.

§1.1 的例 4 中已证得后一极限是 0,当然也可以反向运用积分的极限来证明乘积式的极限.

解三 利用分部积分法易求得 I_n 的递推关系式 $I_n = \left(1 - \dfrac{1}{n}\right) I_{n-2}$

于是 $\dfrac{I_{2n}}{I_{2n-2}} = 1 - \dfrac{1}{2n}$,$\ln \dfrac{I_{2n}}{I_{2n-2}} = \ln\left(1 - \dfrac{1}{2n}\right) \sim -\dfrac{1}{2n}$,

故 $\sum \ln \dfrac{I_{2n}}{I_{2n-2}}$ 发散到 $-\infty \Leftrightarrow \ln I_{2n} \to -\infty$(部分和首尾相消法),所以 $I_{2n} \to 0^+$,又由于 $I_{2n} < I_{2n-1} < I_{2n-2}$,得 $I_n \to 0$.

最后,介绍一下著名的 Wallis(瓦利斯)公式

$$\frac{\pi}{2} = \frac{2}{1} \frac{2}{3} \frac{4}{3} \frac{4}{5} \frac{\cdots}{\cdots} \frac{2n}{(2n-1)} \frac{2n}{(2n+1)} \cdots = \lim_{n \to \infty} \left[\frac{(2n)!!}{(2n-1)!!}\right]^2 \frac{1}{2n+1},$$

对 $I_n = \int_0^{\frac{\pi}{2}} \sin^n x \, \mathrm{d}x$，从 $\lim \dfrac{I_{2n}}{I_{2n-2}} = \lim\left(1 - \dfrac{1}{2n}\right) = 1$，以及 $I_{2n} < I_{2n-1} < I_{2n-2}$ 可知：

$\lim\limits_{n\to\infty} \dfrac{I_{2n}}{I_{2n-1}} = 1$ 亦成立，将 I_n 的表达式代入即得.

例 13 设 $f(x)$ 是周期为 T 的连续函数，求 $\lim\limits_{x\to\infty} \dfrac{1}{x}\int_0^x f(t)\mathrm{d}t$.

解 该题不适用洛必达法则，首先分析一下，极限值大概是什么？

特值取代的方法，令 $x = nT, n \to \infty$ 易得

$$\lim_{n\to\infty} \frac{1}{nT}\int_0^{nT} f(t)\mathrm{d}t = \frac{1}{T}\int_0^T f(t)\mathrm{d}t$$

当 $x \neq nT$ 时，设 $x = nT + \alpha (0 < \alpha < T)$

$$\frac{1}{x}\int_0^x f(t)\mathrm{d}t = \frac{1}{x}\left[\int_0^{nT} + \int_{nT}^{nT+\alpha} f(t)\mathrm{d}t\right] = \frac{n}{x}\int_0^T f(t)\mathrm{d}t + \frac{1}{x}\int_0^\alpha f(t)\mathrm{d}t,$$

又

$$\frac{n}{x} = \frac{n}{nT+\alpha} \in \left(\frac{n}{n+1}\frac{1}{T}, \frac{1}{T}\right) \to \frac{1}{T} (x\to\infty \text{时}),$$

所以有

$$\lim_{x\to\infty}\int_0^x \frac{f(t)\mathrm{d}t}{x} = \frac{1}{T}\int_0^T f(t)\mathrm{d}t,$$

注 特取 $f(t) = |\sin t|$，得

$$\lim_{x\to\infty} \frac{1}{x}\int_0^x |\sin t|\,\mathrm{d}t = \frac{2}{\pi},$$

或用放缩法：$\forall x > 0, \exists n$ 使得 $n\pi \leqslant x < (n+1)\pi$，

$$\frac{2n}{(n+1)\pi} \leqslant \frac{1}{x}\int_0^x |\sin t|\,\mathrm{d}t \leqslant \frac{2(n+1)}{n\pi}.$$

请大家想一想，此法是否具有一般性？

例 14 （峰值权函数）设 $f(x)$ 是 $[0, +\infty)$ 上的有界连续函数，证明

$$\lim_{u\to 0^+}\int_0^\infty \frac{u}{u^2+x^2}f(x)\mathrm{d}x = \frac{\pi}{2}f(0).$$

分析 积分权函数 $\varphi_u(x) = \dfrac{u}{u^2+x^2}$ 有什么特征呢？首先

$$\int_0^\infty \varphi_u(x)\mathrm{d}x = \frac{\pi}{2}, \text{故} \frac{\pi}{2}f(0) = \int_0^\infty \varphi_u(x)f(0)\mathrm{d}x,$$

要证的式子等价于

$$\lim_{u\to 0^+}\int_0^\infty \varphi_u(x)[f(x)-f(0)]\mathrm{d}x = 0,$$

$\lim\limits_{u\to 0^+}\varphi_u = \begin{cases} +\infty & x=0 \\ 0 & x>0 \end{cases}$，$\varphi_u(x)$ 最大值为 $\varphi_u(0) = \dfrac{1}{u}$，

分段技术：$\left|\int_0^\infty \varphi_u(x)f(x)\mathrm{d}x - \dfrac{\pi}{2}f(0)\right| = \left|\int_0^\infty \varphi_u(x)[f(x)-f(0)]\mathrm{d}x\right|$

$$\leqslant \left|\int_0^\delta \cdots \mathrm{d}x\right| + \left|\int_\delta^\infty \cdots \mathrm{d}x\right|$$

在 $[0,\delta]$ 上，由 $f(x)$ 在 $x=0$ 处的连续性，$|f(x)-f(0)|<\dfrac{\varepsilon}{\pi}$，

$$\left|\int_0^{\delta}\varphi_u(x)(f(x)-f(0))\mathrm{d}x\right|<\frac{\varepsilon}{\pi}\int_0^{+\infty}\varphi_u(x)\mathrm{d}x=\frac{\varepsilon}{2}$$

在 $[\delta,+\infty)$ 上，因为 $f(x)$ 有界，所以 $\exists M>0$，使得 $|f(x)-f(0)|\leqslant 2M$，

$$\left|\int_{\delta}^{\infty}\varphi_u(x)[f(x)-f(0)]\mathrm{d}x\right|<2M\int_{\delta}^{+\infty}\varphi_u(x)\mathrm{d}x$$
$$=2M\left(\frac{\pi}{2}-\arctan\frac{\delta}{u}\right)\to 0(u\to 0^+),$$

当 $0<u<\delta\tan\dfrac{\varepsilon}{4M}$ 时，必有 $2M\left(\dfrac{\pi}{2}-\arctan\dfrac{\delta}{u}\right)<\dfrac{\varepsilon}{2}$。

注 1.峰值权函数类似于概率密度如 $\varphi_\sigma(x)=\dfrac{1}{\sqrt{2\pi}\sigma}\mathrm{e}^{-\frac{x^2}{2\sigma^2}}$，当参数 σ 的值变化时，其几何图形怎样变化？ 特征是什么？

2.题目中极限的离散化：令 $u=\dfrac{1}{n}$，得到

$$\lim_{n\to\infty}n\int_0^{\infty}\frac{1}{1+n^2x^2}f(x)\mathrm{d}x=\frac{\pi}{2}f(0).$$

3.题中积分上限改为 1 如何？ 积分下限改为任意小的数 η 如何？

习题 1.3

1. 设 $f(x)$ 在 $x=a$ 附近二阶连续可导,求极限

$$\lim_{x\to a}\left[\frac{1}{f(x)-f(a)}-\frac{1}{(x-a)f'(a)}\right].$$

2. $f(x)$ 一阶连续可导,$f(0)=f'(0)=1$,求极限 $\lim\limits_{x\to 0}\dfrac{f(\sin x)-1}{\ln f(x)}$.

3. 设 $f(x)$ 在 $[0,\infty)$ 上递增有界连续,$f''(x)$ 存在且为负,证明 $\lim\limits_{x\to\infty}f'(x)=0$（如 $y=\arctan x$）.

4. $f\in C^2(\mathbf{R})$,$\lim\limits_{x\to 0}\dfrac{f(x)}{x}=0$,$f''(0)=4$,求极限 $\lim\limits_{x\to 0}\left[1+\dfrac{f(x)}{x}\right]^{\frac{1}{x}}$.

5. 设 $f(x)$ 在 x_0 附近 n 阶连续可微,$f''(x_0)=f'''(x_0)=\cdots=f^{(n-1)}(x_0)=0$. 但是

   $f^{(n)}(x_0)\neq 0$,且 $f(x_0+h)-f(x_0)=f'(x_0+\theta h)h(0<\theta<1)$. 证明 $\lim\limits_{h\to 0}\theta=\sqrt[n-1]{\dfrac{1}{n}}$.

   （特取满足题设的多项式函数 $f(x)=(x-x_0)^n$,易求得 $\theta=\sqrt[n-1]{\dfrac{1}{n}}$. 又特取 n 值,得到

   一些具体的题目. 如 $n=3$ 时,$f''(x_0)=0$,$f'''(x_0)\neq 0$,$\lim\limits_{h\to 0}\theta=\dfrac{1}{\sqrt{3}}$.）

6. 若 $f(x)$ 在 $(0,\infty)$ 内可微,且 $\lim\limits_{x\to+\infty}\dfrac{f(x)}{x}=0$,则 $\exists\{x_n\}\to+\infty$,使得 $f'(x_n)\to 0$.

7. 求常数 a,b,使得 $\lim\limits_{x\to 0}\dfrac{1}{bx-\sin x}\displaystyle\int_0^x\dfrac{t^2}{\sqrt{a+t}}dt=1$.

8. 确定常数 a,b,使得 $\lim\limits_{x\to 0}\left(\dfrac{a}{x^2}+\dfrac{1}{x^4}+\dfrac{b}{x^5}\displaystyle\int_0^x e^{-t^2}dt\right)$ 存在,并求出该极限值.

9. 设 $f(x)\in C[A,B]$,且 $A<a<b<B$,证明

$$\lim_{h\to 0^+}\frac{1}{h}\int_a^b(f(t+h)-f(t))dt=f(b)-f(a).$$

10. 设 $a>0$,求 $\lim\limits_{a\to 0}\dfrac{1}{a}\displaystyle\int_{-a}^a\left(1-\dfrac{|x|}{a}\right)\cos(b-x)dx$.

11. 已知 $f(x)\in C[0,+\infty)$,$f(x)>0$,且 $\lim\limits_{x\to+\infty}f(x)=a$,求 $\lim\limits_{n\to\infty}\displaystyle\int_0^1 f(nx)dx$.

12. $f(x)\in C[0,1]$,试证 $\lim\limits_{n\to\infty}\sqrt{n}\displaystyle\int_0^1 e^{-nt^2}f(t)dt=\dfrac{\sqrt{\pi}}{2}f(0)$.

13. $f(x)\in C[0,+\infty)$,且 $\lim\limits_{x\to+\infty}f(x)=a$,则 $\lim\limits_{t\to 0^+}t\displaystyle\int_0^\infty e^{-tx}f(x)dx=a$.

14. 设 $f(x)$ 在 $[0,1]$ 上连续严格递减,$f(0)=1$,$f(1)=0$,试证明

   $\forall 0<\delta<1$,当 $n\to+\infty$ 时,$\displaystyle\int_\delta^1(f(x))^n dx=o\left(\displaystyle\int_0^\delta(f(x))^n dx\right)$.

15. 设 f 在 $[a,+\infty)$ 上可导,$\lim\limits_{x\to+\infty}\dfrac{f(x)}{x}=C$. 求证存在数列 $\{x_n\}\to+\infty(n\to+\infty)$,

   s.t. $\lim\limits_{n\to+\infty}f'(x_n)=C$.

   （北师大 2007 年）

§1.4 上极限与下极限

在本节中,我们着重讨论未必收敛的有界数列的趋势性质,如数列 $\left\{(-1)^{n-1}\dfrac{n}{n+1}\right\}$ 虽然发散,但其奇子列和偶子列分别收敛于 1 和 -1。从 Bolzano-Weierstrass 致密性定理知,任何有界数列必有收敛子列. 收敛子列的极限其理论意义固然弱于数列极限本身,但对于发散数列而言,却是深入研究其性质的敲门砖. 有时数列收敛性的讨论也依赖于本节将要讨论的上极限和下极限的工具,而有些问题如无穷级数收敛性的 Cauchy 根式判别法、幂级数的收敛半径的 Cauchy-Hadamard 公式等知识点,反而用上极限和下极限才能表达得更加到位和精确.

一、部分极限的概念及其性质

定义 1　数列 $\{x_n\}$ 的任何收敛子列的极限称为 $\{x_n\}$ 的部分极限.

如有子列 $\{x_{n_k}\}$ 收敛于 ξ,则 ξ 即为数列 $\{x_n\}$ 的一个部分极限.

部分极限还可以等价地表述为

定义 1′　若对于任意的 $\varepsilon>0$,存在 $\{x_n\}$ 的无限多个项属于点 ξ 的 ε -领域,则称 ξ 为数列 $\{x_n\}$ 的部分极限.

思考:部分极限和极限的 ε -语言表述的细微差别有哪些?

根据 Bolzano-Weierstrass 致密性定理,任何有界数列一定有部分极限. 发散的有界数列必存在至少两个子列收敛到不同的部分极限. 记 E 为有界数列的部分极限的全体组成的集合. 显见 E 有界非空,从而 E 存在上确界和下确界,记 $H=\sup E,h=\inf E$.

定理 1　E 的上确界 H 和下确界 h 均属于 E,即 $H=\max E,\ h=\min E$.

换言之,非空有界数列必存在最大部分极限与最小部分极限.

证明一　以 $H=\max E$ 为例,$\exists\ \{\xi_k\}\subset E$, s. t. $\lim\limits_{k\to\infty}\xi_k=H$,

因为 ξ_1 是 $\{x_n\}$ 的部分极限,

对 $\varepsilon_1=1$,在 $U(\xi_1,\varepsilon_1)$ 中,存在 $\{x_n\}$ 的无限多项,取出一项 $x_{n_1}\in U(\xi_1,\varepsilon_1)$;

又 ξ_2 是 $\{x_n\}$ 的部分极限,

对 $\varepsilon_2=\dfrac{1}{2}$,在 $U(\xi_2,\varepsilon_2)$ 中,存在 $\{x_n\}$ 的无限多项,取出异于 x_{n_1} 一项

$$x_{n_2}\in U(\xi_1,\varepsilon_1)(n_2>n_1);$$

$$\cdots$$

如此下去,取出子列 $\{x_{n_k}\}$, s. t.　$x_{n_k}\in U\left(\xi_k,\dfrac{1}{k}\right)$,

所以 $\lim\limits_{k\to\infty}x_{n_k}=\lim\limits_{k\to\infty}\xi_k=H$,说明 H 也是 $\{x_n\}$ 的部分极限,故 $H\in E$.

证明二　利用闭区间套定理

$\{x_n\}$ 为有界数列,设 $\{x_n\}\subset[a,b]$.将区间 $[a,b]$ 二等分: $[a,c]$, $[c,b]$,其中 $c=\dfrac{a+b}{2}$,若右半区间含有 $\{x_n\}$ 的无限多项,取 $[a_1,b_1]$ 为 $[c,b]$;若右半区间仅含 $\{x_n\}$ 的有限多项,取 $[a_1,b_1]$ 为 $[a,c]$;进一步,对 $[a_1,b_1]$ 作二等分,克隆上述方法,取出 $[a_2,b_2]$,…,得到区间套 $\{[a_n,b_n]\}$,在所有 b_n 的右侧,都仅含 $\{x_n\}$ 的有限多项,而在 $[a_n,b_n]$ 内,则有 $\{x_n\}$ 的无限多项,依区间套定理,存在唯一的 $\xi\in[a_n,b_n]$,可证此 ξ 就是 $\{x_n\}$ 的最大部分极限.

二、上极限、下极限的定义

上极限、下极限有两种完全不同的定义方式,正应了苏东坡"横看成岭侧成峰,远近高低各不同"的意境.下面我们分别列举之.

定义 2　有界数列 $\{x_n\}$ 的最大部分极限称为 $\{x_n\}$ 的上极限,记为 $\varlimsup\limits_{n\to\infty}x_n$;

有界数列 $\{x_n\}$ 的最小部分极限称为 $\{x_n\}$ 的下极限,记为 $\varliminf\limits_{n\to\infty}x_n$.

为了介绍上极限、下极限的第二定义,我们先引入一些记号.

令 $h_n=\inf\limits_{k\geqslant n}\{x_k\}$, $H_n=\sup\limits_{k\geqslant n}\{x_k\}$,显见有

$$h_n\leqslant h_{n+1}\leqslant H_{n+1}\leqslant H_n,$$

即 $\{h_n\}$ 单调递增,上方有界;$\{H_n\}$ 单调递减,下方有界,从而都收敛.

定义 $2'$　设 $\{x_n\}$ 为给定的有界数列,定义上极限

$$\varlimsup_{n\to\infty}x_n=\lim_{n\to\infty}H_n=\limsup_{k\geqslant n}\{x_k\}=\inf_{n\geqslant 1}\sup_{k\geqslant n}\{x_k\} \tag{1}$$

定义下极限

$$\varliminf_{n\to\infty}x_n=\lim_{n\to\infty}h_n=\liminf_{n\to\infty}\{x_k\}=\sup_{n\geqslant 1}\inf_{k\geqslant n}\{x_k\} \tag{2}$$

注:此两种看上去截然不同的定义方式的等价性,先请大家思考,容本节末再叙.

三、上极限、下极限的充要条件

本段我们将用 $\varepsilon-N$ 语言给出上极限、下极限的严格表述.先以上极限为例.

定理 2　设 $\{x_n\}$ 为有界数列,H 为 $\{x_n\}$ 的上极限的充要条件是: $\forall\varepsilon>0$,

ⅰ.存在 N, s. t. $n\geqslant N$ 时,$x_n<H+\varepsilon$;

ⅱ.存在 $\{x_n\}$ 中的无限多项,满足 $x_n>H-\varepsilon$.即存在子列 $\{x_{n_k}\}$, $x_{n_k}>H-\varepsilon$.

证明　必要性　设 H 为 $\{x_n\}$ 的上极限,则 $H+\varepsilon$ 就不是 $\{x_n\}$ 的部分极限,从而大于 $H+\varepsilon$ 的 $\{x_n\}$ 的项至多有限项,但 H 为 $\{x_n\}$ 的部分极限,故在 $U(H,\varepsilon)$ 中有 $\{x_n\}$ 的无限项.

充分性　由条件 ⅱ, $U(H,\varepsilon)$ 中有 $\{x_n\}$ 的无限多项,知 H 为 $\{x_n\}$ 的部分极限,下证此 H 为 $\{x_n\}$ 的部分极限的最大者.

$\forall H_1>H$,令 $\varepsilon=\dfrac{H_1-H}{2}$,由条件 ⅰ,$U(H_1,\varepsilon)$ 中至多有 $\{x_n\}$ 的有限项,从而 H_1 不是 $\{x_n\}$ 的部分极限.

浅显地表述: H 为 $\{x_n\}$ 的上极限意味着两层意思:

$\forall\beta>H$, $\{x_n\}$ 中大于 β 的项至多有限个;

$\forall\alpha<H$, $\{x_n\}$ 中大于 α 的项有无限多个.

依据对偶性,类似可得下极限的 $\varepsilon-N$ 语言表述.

定理 2′　设 $\{x_n\}$ 为有界数列,h 为 $\{x_n\}$ 的下极限的充要条件是:$\forall \varepsilon > 0$,

ⅰ.存在 N,s.t. $n \geqslant N$ 时,$x_n > h - \varepsilon$;

ⅱ.存在 $\{x_n\}$ 中的无限多项,满足 $x_n < h + \varepsilon$. 即存在子列 $\{x_{n_k}\}$,$x_{n_k} < h + \varepsilon$.

浅显地表述:h 为 $\{x_n\}$ 的下极限意味着两层意思:

$\forall \beta > h$,$\{x_n\}$ 中小于 β 的项有无限多个;

$\forall \alpha < h$,$\{x_n\}$ 中小于 α 的项至多有限个.

四、上极限、下极限的运算性质和极限存在的判据

上下极限具有以下若干性质:

1.存在唯一性:有界数列的上极限、下极限存在且分别唯一;

2.数列 $\{x_n\}$ 收敛当且仅当 $\varliminf_{n\to\infty} x_n = \varlimsup_{n\to\infty} x_n$ 且此时有

$$\varliminf_{n\to\infty} x_n = \varlimsup_{n\to\infty} x_n = \lim_{n\to\infty} x_n \tag{3}$$

3.$\varliminf_{n\to\infty} x_n \leqslant \varlimsup_{n\to\infty} x_n$ \hfill (4)

4.$\varliminf_{n\to\infty}(-x_n) = -\varlimsup_{n\to\infty} x_n$ \hfill (5)

5.保不等式性

设 $\{x_n\}$,$\{y_n\}$ 为两个有界数列,且 $\exists N$,$n > N$ 时,$x_n \leqslant y_n$,则

$$\varliminf_{n\to\infty} x_n \leqslant \varliminf_{n\to\infty} y_n,\ \varlimsup_{n\to\infty} x_n \leqslant \varlimsup_{n\to\infty} y_n \tag{6}$$

6.$\varliminf_{n\to\infty} x_n + \varliminf_{n\to\infty} y_n \leqslant \varliminf_{n\to\infty}(x_n + y_n) \leqslant \varliminf_{n\to\infty} x_n + \varlimsup_{n\to\infty} y_n$

$$\leqslant \varlimsup_{n\to\infty}(x_n + y_n) \leqslant \varlimsup_{n\to\infty} x_n + \varlimsup_{n\to\infty} y_n \tag{7}$$

特别地,当其中一个数列收敛(如 $\varliminf_{n\to\infty} x_n = \varlimsup_{n\to\infty} x_n = \lim_{n\to\infty} x_n$)时,(7)式中最左、最右两端的等号成立,如:

$$\varlimsup_{n\to\infty}(x_n + y_n) = \lim_{n\to\infty} x_n + \varlimsup_{n\to\infty} y_n \tag{8}$$

7. 若 $x_n > 0$,$y_n > 0$,则

$$\varliminf_{n\to\infty} x_n \cdot \varliminf_{n\to\infty} y_n \leqslant \varliminf_{n\to\infty}(x_n \cdot y_n) \leqslant \varliminf_{n\to\infty} x_n \cdot \varlimsup_{n\to\infty} y_n \leqslant \varlimsup_{n\to\infty}(x_n \cdot y_n) \leqslant \varlimsup_{n\to\infty} x_n \cdot \varlimsup_{n\to\infty} y_n \tag{9}$$

特别地,当其中一个数列收敛(如 $\varliminf_{n\to\infty} x_n = \varlimsup_{n\to\infty} x_n = \lim_{n\to\infty} x_n$)时,(9)式中最左、最右两端的等号成立,如:

$$\varlimsup_{n\to\infty}(x_n \cdot y_n) = \lim_{n\to\infty} x_n \cdot \varlimsup_{n\to\infty} y_n \tag{10}$$

8. 若 $x_n > 0$,且 $\varliminf_{n\to\infty} x_n > 0$,则 $\varlimsup_{n\to\infty}\dfrac{1}{x_n} = \dfrac{1}{\varliminf_{n\to\infty} x_n}$ \hfill (11)

证明　我们选取后三条性质作为示范,其余留待读者自行思考.

性质 6 证明一　利用上确界不等式 $\sup\limits_{k\geqslant n}\{x_k + y_k\} \leqslant \sup\limits_{k\geqslant n}\{x_k\} + \sup\limits_{k\geqslant n}\{y_k\}$,

令 $n \to \infty$ 立得 $\varlimsup_{n\to\infty}(x_n + y_n) \leqslant \varlimsup_{n\to\infty} x_n + \varlimsup_{n\to\infty} y_n$ \hfill ①

再利用确界不等式 $\inf\limits_{k\geqslant n}\{x_k\} + \sup\limits_{k\geqslant n}\{y_k\} \leqslant \sup\limits_{k\geqslant n}\{x_k + y_k\}$,令 $n \to \infty$ 立得

$$\varliminf_{n\to\infty}x_n+\varlimsup_{n\to\infty}y_n\leqslant\varlimsup_{n\to\infty}(x_n+y_n) \qquad\qquad ②$$

证明二 记 $\varlimsup\limits_{n\to\infty}x_n=A,\varlimsup\limits_{n\to\infty}y_n=B$ 依据上极限的 $\varepsilon-N$ 充要条件(定理 2),$\forall\varepsilon>0$,存在 N,s.t. $n\geqslant N$ 时,$x_n<A+\varepsilon$；$y_n<B+\varepsilon$ 从而 $x_n+y_n<A+B+2\varepsilon$ 利用上极限的保不等式性,立得 $\varlimsup\limits_{n\to\infty}(x_n+y_n)\leqslant A+B=\varlimsup\limits_{n\to\infty}x_n+\varlimsup\limits_{n\to\infty}y_n$. 又

$$\varlimsup_{n\to\infty}y_n=\varlimsup_{n\to\infty}(x_n+y_n-x_n)\leqslant\varlimsup_{n\to\infty}(x_n+y_n)+\varlimsup_{n\to\infty}(-x_n)=\varlimsup_{n\to\infty}(x_n+y_n)-\varliminf_{n\to\infty}x_n,$$移项仍

得②式. 有了上述结论,(8)式就可以顺水推舟地得到.

性质 7 证明 利用前述类似方法,易证得 $\varlimsup\limits_{n\to\infty}(x_n\cdot y_n)\leqslant\varlimsup\limits_{n\to\infty}x_n\cdot\varlimsup\limits_{n\to\infty}y_n$；

欲证(10)式,只需证反向不等式 $\varliminf\limits_{n\to\infty}x_n\cdot\varlimsup\limits_{n\to\infty}y_n\leqslant\varlimsup\limits_{n\to\infty}(x_n\cdot y_n)$.

利用确界不等式 $\inf\limits_{k\geqslant n}\{x_k\}\cdot\sup\limits_{k\geqslant n}\{y_k\}\leqslant\sup\limits_{k\geqslant n}\{x_k\}\cdot\sup\limits_{k\geqslant n}\{y_k\}$,再令 $n\to\infty$ 立得.

或 $\varlimsup\limits_{n\to\infty}y_n=\varlimsup\limits_{n\to\infty}(x_ny_n\dfrac{1}{x_n})\leqslant\varlimsup\limits_{n\to\infty}(x_ny_n)\varlimsup\limits_{n\to\infty}\dfrac{1}{x_n}=\varlimsup\limits_{n\to\infty}(x_ny_n)\lim\limits_{n\to\infty}\dfrac{1}{x_n}$,

故 $\varliminf\limits_{n\to\infty}x_n\cdot\varlimsup\limits_{n\to\infty}y_n\leqslant\varlimsup\limits_{n\to\infty}(x_ny_n)$.

性质 8 证明 利用确界不等式

$$1=\inf_{k\geqslant n}(x_k\cdot\frac{1}{x_k})\leqslant\inf_{k\geqslant n}x_k\cdot\sup_{k\geqslant n}(\frac{1}{x_k})\leqslant\sup_{k\geqslant n}(x_k\cdot\frac{1}{x_k})=1,$$

即 $\inf\limits_{k\geqslant n}x_k\cdot\sup\limits_{k\geqslant n}(\dfrac{1}{x_k})=1$,令 $n\to\infty$ 立得 $\varlimsup\limits_{n\to\infty}\dfrac{1}{x_n}=\dfrac{1}{\varliminf\limits_{n\to\infty}x_n}$.

或直接用上下极限的运算性质

$$1=\varliminf_{n\to\infty}(x_n\cdot\frac{1}{x_n})\leqslant\varliminf_{n\to\infty}x_n\varlimsup_{n\to\infty}\frac{1}{x_n}\leqslant\varlimsup_{n\to\infty}(x_n\cdot\frac{1}{x_n})=1.$$

五、利用上下极限研究数列的收敛性

例 1 从上下极限推证 Cauchy 收敛准则.

证明 必要性易,主要证明充分性,即但凡基本列一定收敛.

设 $\{x_n\}$ 为 Cauchy 基本序列,$\forall\varepsilon>0,\exists N$,s.t. $\forall n,m\geqslant N$ 时,$|x_n-x_m|<\varepsilon$,

特取 $m=N$,得 $x_N-\varepsilon<x_n<x_N+\varepsilon$,由上、下极限的保不等式性,

$$x_N-\varepsilon\leqslant\varliminf_{n\to\infty}x_n\leqslant\varlimsup_{n\to\infty}x_n\leqslant x_N+\varepsilon.$$

于是 $0\leqslant\varlimsup\limits_{n\to\infty}x_n-\varliminf\limits_{n\to\infty}x_n\leqslant2\varepsilon$,由 $\varepsilon>0$ 之任意性知 $\varliminf\limits_{n\to\infty}x_n=\varlimsup\limits_{n\to\infty}x_n$,故 $\{x_n\}$ 收敛.

例 2 设 $y_n=x_n+2x_{n+1},n\geqslant1$,证明若 $\{y_n\}$ 收敛,则 $\{x_n\}$ 也收敛.

证明一 首先证明 $\{x_n\}$ 有界. 既然 $\{y_n\}$ 收敛,则 $\{y_n\}$ 有界,$\exists M_1>0$,s.t. $|y_n|\leqslant M_1$,又 $|x_{n+1}|\leqslant\dfrac{1}{2}(|y_n|+|x_n|)$,令 $M=\max\{M_1,|x_1|\}$,依据归纳法可证出 $|x_{n+1}|\leqslant M$.

于是 $\varliminf\limits_{n\to\infty}x_n,\varlimsup\limits_{n\to\infty}x_n$ 都存在,分别记 $\varliminf\limits_{n\to\infty}x_n=A,\varlimsup\limits_{n\to\infty}x_n=B,\lim\limits_{n\to\infty}y_n=C$. 在 $x_n=y_n-2x_{n+1}$ 两边分别取上极限、下极限,并利用上下极限的性质 4(5 式)、性质 6(8 式)知,

$B=C-2A,A=C-2B$,立得 $A=B$,所以 $\{x_n\}$ 收敛.

证明二　沿用上述 A,B,C 的记号,

$$C=\varliminf_{n\to\infty}(x_n+2x_{n+1})\leqslant\varliminf_{n\to\infty}x_n+\varliminf_{n\to\infty}2x_{n+1}\leqslant\varlimsup_{n\to\infty}(x_n+2x_{n+1})=C$$

得 $A+2B=C$　　　　　　　　　　　　　　　　　　　　　　　　　③

又 $C=\varliminf_{n\to\infty}(x_n+2x_{n+1})\leqslant\varlimsup_{n\to\infty}x_n+2\varliminf_{n\to\infty}x_{n+1}\leqslant\varlimsup_{n\to\infty}(x_n+2x_{n+1})=C$

得 $B+2A=C$　　　　　　　　　　　　　　　　　　　　　　　　　④

从③、④ 知 $A=B$,所以 $\{x_n\}$ 收敛.

例 3　若 $x_n\geqslant 0$, $\forall\ \{y_n\}$ 有 $\varlimsup_{n\to\infty}(x_n\cdot y_n)=\varlimsup_{n\to\infty}x_n\cdot\varlimsup_{n\to\infty}y_n$,则 $\{x_n\}$ 收敛.

证明　设法构造特殊的 $\{y_n\}$.存在子列 $\{x_{n_k}\}$,$\lim_{k\to\infty}x_{n_k}=\varlimsup_{n\to\infty}x_n$,引入

$$y_n=\begin{cases}1 & n=n_k\\0 & n\neq n_k\end{cases},\text{则 }\varlimsup_{n\to\infty}y_n=1,\text{又 }x_ny_n=\begin{cases}x_{n_k} & n=n_k\\0 & n\neq n_k\end{cases},$$

则 $\varlimsup_{n\to\infty}(x_n\cdot y_n)=\varlimsup_{k\to\infty}x_{n_k}$ 条件式化为 $\varlimsup_{k\to\infty}x_{n_k}=\varlimsup_{n\to\infty}x_n$,又 $\lim_{k\to\infty}x_{n_k}=\varliminf_{n\to\infty}x_n$,

故 $\varliminf_{n\to\infty}x_n=\varlimsup_{n\to\infty}x_n$,则 $\{x_n\}$ 收敛.

例 4　设数列 $\{x_n\}$ 满足条件:$0\leqslant x_{n+m}\leqslant x_n+x_m$,证明 $\lim_{n\to\infty}\dfrac{x_n}{n}=\inf_{n\geqslant 1}\dfrac{x_n}{n}$.

证明　先证 $\{x_n\}$ 有界,$x_2\leqslant x_1+x_1=2x_1$,

$$x_3\leqslant x_2+x_1=2x_1+x_1=3x_1,$$

归纳易知

$$x_n\leqslant x_{n-1}+x_1\leqslant (n-1)x_1+x_1=nx_1,$$

于是 $0\leqslant\dfrac{x_n}{n}\leqslant x_1$,记 $\varliminf_{n\to\infty}\dfrac{x_n}{n}=\alpha$,$\varlimsup_{n\to\infty}\dfrac{x_n}{n}=\beta$,欲证 $\alpha=\beta$,只需证 $\beta\leqslant\alpha$.

为此,先取定 $m\in\natural$,而 n 充分大,令 $n=q_nm+r_n(0\leqslant r_n\leqslant m-1,q_n\in\natural)$,

$x_n\leqslant x_{q_nm}+x_{r_n}\leqslant q_nx_m+r_nx_1$,从而 $\dfrac{x_n}{n}\leqslant\dfrac{q_nx_m}{q_nm+r_n}+\dfrac{r_nx_1}{q_nm+r_n}\leqslant\dfrac{x_m}{m}+\dfrac{x_1}{q_n}$,令 $n\to\infty$,注意到

相应的 $q_n\to\infty$,则有 $\inf_{n\geqslant 1}\dfrac{x_n}{n}\leqslant\varliminf_{n\to\infty}\dfrac{x_n}{n}\leqslant\varlimsup_{n\to\infty}\dfrac{x_n}{n}\leqslant\dfrac{x_m}{m}$;关于 $m\geqslant 1$ 取下确界,得

$\inf_{n\geqslant 1}\dfrac{x_n}{n}\leqslant\varliminf_{n\to\infty}\dfrac{x_n}{n}\leqslant\varlimsup_{n\to\infty}\dfrac{x_n}{n}\leqslant\inf_{m\geqslant 1}\dfrac{x_m}{m}$,从而 $\varliminf_{n\to\infty}\dfrac{x_n}{n}=\varlimsup_{n\to\infty}\dfrac{x_n}{n}=\inf_{n\geqslant 1}\dfrac{x_n}{n}$.

六、上极限、下极限两种定义等价性的证明

鉴于上极限和下极限的对偶关系,或利用性质 $4:\varliminf_{n\to\infty}x_n=-\varlimsup_{n\to\infty}(-x_n)$ 转换,我们仅对

上极限讨论之.设 $\{x_n\}$ 是有界数列,第一种方式定义的上极限作为最大部分极限记为 $H=\max E$,第二种方式定义的上极限记为 $H^*=\limsup_{n\to\infty}\sup_{k\geqslant n}\{x_k\}$.我们给出两种证明方法.

证明一　先证 $H\leqslant H^*$. H 是最大部分极限,则存在数列 $\{x_n\}$ 子列 $\{x_{n_k}\}$ 收敛于 H,又 $H_n=\sup_{k\geqslant n}\{x_k\}$,从而 $x_{n_k}\leqslant H_{n_k}$,令 $k\to\infty$ 得 $H=\lim_{k\to\infty}x_{n_k}\leqslant\lim_{k\to\infty}H_{n_k}=H^*$;再证 $H\geqslant H^*$.由上极限的 $\varepsilon-N$ 充要条件,$\forall\varepsilon>0$,存在 N,s.t. $n\geqslant N$ 时,$x_n<H+\varepsilon$,进而 $H_n=\sup_{k\geqslant n}\{x_k\}\leqslant H+\varepsilon$,于是 $H^*=\lim_{n\to\infty}H_n\leqslant H+\varepsilon$,由 $\varepsilon>0$ 之任意性,知 $H\geqslant H^*$.

证明二　从 H^* 出发考虑,首先证明 H^* 是 $\{x_n\}$ 的所有部分极限的上界. $\forall\,\xi\in E$,即 ξ 为 $\{x_n\}$ 的一个部分极限,设 $\lim\limits_{k\to\infty}x_{n_k}=\xi$,如证明一,$\xi\leqslant H^*$;下证 H^* 本身也是 $\{x_n\}$ 的一个部分极限. $H^*=\lim\limits_{n\to\infty}H_n,H_n=\sup\limits_{k\geqslant n}\{x_k\}$,取 $\varepsilon_k=\dfrac{1}{k}$,

对 $\varepsilon_1=1$,由 $H_1=\sup\limits_{k\geqslant1}\{x_k\}$,$\exists\,n_1$, s. t. $H_1-1<x_{n_1}\leqslant H_1$;

$\varepsilon_2=\dfrac{1}{2}$,由 $H_{n_1}=\sup\limits_{k\geqslant n_1}\{x_k\}$,$\exists\,n_2>n_1$, s. t. $H_{n_1}-\dfrac{1}{2}<x_{n_2}\leqslant H_{n_1}$;

...

$\varepsilon_{k+1}=\dfrac{1}{k+1}$,由 $H_{n_k}=\sup\limits_{i\geqslant n_k}\{x_i\}$,$\exists\,n_{k+1}>n_k$, s. t. $H_{n_k}-\dfrac{1}{k+1}<x_{n_{k+1}}\leqslant H_{n_k}$;

这样就构造出 $\{x_n\}$ 的子列 $\{x_{n_k}\}$,由迫敛性,令 $k\to\infty$ 得 $\lim\limits_{k\to\infty}x_{n_k}=\lim\limits_{k\to\infty}H_{n_k}=H^*$,即 H^* 是 $\{x_n\}$ 的一个部分极限.

习题 1.4

1. 若对于每个数列 $\{y_n\}$ 成立 $\varlimsup_{n\to\infty}(x_n+y_n)=\varlimsup_{n\to\infty}x_n+\varlimsup_{n\to\infty}y_n$，证明 $\{x_n\}$ 收敛.

2. 设 $\{x_n\}$ 为正数列且有正下界，证明 $\varlimsup_{n\to\infty}\dfrac{x_{n+1}}{x_n}\geqslant 1$.

3. 设 $\{x_n\}$ 为正数列且 $\varliminf_{n\to\infty}x_n=0$，证明存在无限多个 n 使成立 $x_n<x_k$，$1\leqslant k\leqslant n-1$.

4. 设 $\{x_n\}$ 有界，且 $\{x_{2n}+2x_n\}$ 收敛，证明 $\{x_n\}$ 收敛.

5. 设 $\{a_n\}$ 恒正，则 $\varlimsup_{n\to\infty}\sqrt[n]{a_n}\leqslant 1$ 当且仅当 $\forall l>1$，$\lim_{n\to\infty}\dfrac{a_n}{l^n}=0$.

6. 设 $\{a_n\}$ 恒正，则 $\varliminf_{n\to\infty}\dfrac{a_{n+1}}{a_n}\leqslant\varliminf_{n\to\infty}\sqrt[n]{a_n}\leqslant\varlimsup_{n\to\infty}\sqrt[n]{a_n}\leqslant\varlimsup_{n\to\infty}\dfrac{a_{n+1}}{a_n}$.

7. 定义数列 $\{a_n\}$ 如下：$a_1=1$，$a_{n+1}=1+\dfrac{1}{a_n}$ $(n\geqslant 1)$，证明 $\{a_n\}$ 收敛.

8. 假设 $\{x_n\}$ 为非负数列，满足 $x_{n+1}\leqslant x_n+\dfrac{1}{n^2}$ $(n\geqslant 1)$，证明 $\{x_n\}$ 收敛.

9. 设 $\{x_n\}$ 为正数列且 $\varlimsup_{n\to\infty}x_n\varlimsup_{n\to\infty}\dfrac{1}{x_n}=1$，证明 $\{x_n\}$ 收敛.

10. 设 $0\leqslant c_{n+m}\leqslant c_n\cdot c_m$ $(n,m\geqslant 1)$，证明数列 $\{\sqrt[n]{c_n}\}$ 收敛.

第二章　连续性

§2.1　连续、间断的基本概念

函数的连续性分三个层次：在一点连续，在区间上逐点连续及一致连续．

在一点 x_0 处连续的叙述：

方式（一）　$\lim\limits_{x \to x_0} f(x) = f(x_0)$；

方式（二）　$\forall \varepsilon > 0, \exists \delta > 0$，当 $|x - x_0| < \delta$ 时，有 $|f(x) - f(x_0)| < \varepsilon$；

方式（三）　$\lim\limits_{\Delta x \to 0} \Delta y = 0$．

从方式（三）去理解：自变量的微小改变引起的函数值的改变也很微小．

间断点的分类：第一类（可去，跳跃）和第二类（$\lim\limits_{x \to x_0^+} f(x)$，$\lim\limits_{x \to x_0^-} f(x)$ 至少有一个不存在）．

题型一　　具体的连续性讨论（包括寻求间断点及其类别）

例 1　指出函数的所有间断点及其类型．

（1）$f(x) = (-1)^{[x^2]}$；

（2）$h(x) = \begin{cases} \sin\pi x & x \in \mathbf{Q} \\ 0 & x \notin \mathbf{Q} \end{cases}$，$\mathbf{Q}$ 为有理数集

（3）黎曼函数 $R(x) = \begin{cases} \dfrac{1}{p} & \text{当 } x = \dfrac{q}{p}, p, q \text{ 互质正整数，且 } 0 < x < 1 \text{ 时，} \\ 0 & \text{当 } x \text{ 为} (0,1) \text{ 中无理数或 } x = 0, 1 \text{ 时} \end{cases}$

例 2　构造满足如下条件的函数．

（1）仅在一个点 $x = a$ 处连续，而在其他点间断．

推广至：仅在有限点 $a_1, a_2, \cdots, a_n$ 连续；

　　　　仅在一个点可导，而在其他点间断；

　　　　仅在有限个点可导，而在其他点间断．

又问：有无仅在一个点可导的连续函数？

　　　有无处处不可导的连续函数？

（2）在无理点连续，在有理点间断（$R(x)$）．

上述两个例题的解答部分从略．请读者朋友自行思考．

题型二   形式函数连续性的讨论或证明.

例 3   设 $f(x),g(x)$ 均在 $[a,b]$ 连续,证明

$M(x)=\max\{f(x),g(x)\},m(x)=\min\{f(x),g(x)\}$ 也在 $[a,b]$ 连续.

证法一   当 $f(x_0)\neq g(x_0)$ 时,不妨设 $f(x_0)<g(x_0)$,$\exists U(x_0;\delta)$,s. t. 在其上,$f(x)<g(x)$,于是 $M(x)=g(x)$,$(x\in U(x_0;\delta))$,x_0 自然是 $M(x)$ 的连续点;

关键是当 $f(x_0)=g(x_0)$ 时,此时 $M(x_0)=f(x_0)=g(x_0)$,

各由 $f(x),g(x)$ 的连续性知,$\exists\delta_1,\delta_2$,当 $|x-x_0|<\delta_1$ 时,$|f(x)-f(x_0)|<\varepsilon$;当 $|x-x_0|<\delta_2$ 时,$|g(x)-g(x_0)|<\varepsilon$. 取 $\delta=\min\{\delta_1,\delta_2\}$,则当 $|x-x_0|<\delta$ 时,有

$$M(x_0)-\varepsilon<f(x),g(x)<M(x_0)+\varepsilon,$$

所以

$$M(x_0)-\varepsilon<M(x)<M(x_0)+\varepsilon.$$

$M(x)$ 在 x_0 点连续,由 x_0 的任意性知,$M(x)\in C[a,b]$.

证法二   利用公式

$$\max\{f(x),g(x)\}=\frac{1}{2}\{f(x)+g(x)+|f(x)-g(x)|\}$$

推广:设 $f_1(x),f_2(x),\cdots,f_n(x)$ 都连续,试考虑 $\max\limits_{1\leqslant i\leqslant n}\{f_i(x)\}$ 和 $\min\limits_{1\leqslant i\leqslant n}\{f_i(x)\}$ 的连续性.

例 4   设 $f(x)\in C[a,b]$,令 $h(x)=\max\limits_{a\leqslant t\leqslant x}f(t)(a\leqslant x\leqslant b)$,则 $h(x)$ 亦连续.

分析   当 $f(x_0)<h(x_0)$ 时,易证得在 x_0 的某邻域内,$h(x)\equiv h(x_0)$,故连续.

当 $f(x_0)=h(x_0)$ 时,$\forall\varepsilon>0$,$\exists\delta>0$,当 $|x-x_0|<\delta$ 时,$|f(x)-f(x_0)|<\varepsilon$,亦即

$h(x_0)-\varepsilon<f(x)<h(x_0)+\varepsilon$,故 $x\in[x_0-\delta,x_0+\delta]$ 时,$h(x)=\max\limits_{a\leqslant t\leqslant x}f(t)<h(x_0)+\varepsilon$,及 $h(x)>h(x_0)-\varepsilon$.

合起来即 $|h(x)-h(x_0)|<\varepsilon(|x-x_0|<\delta)$,所以 $h(x)$ 连续. 或证:

$|h(x_0+\Delta x)-h(x_0)|=|\max\limits_{a\leqslant t_1\leqslant x_0+\Delta x}f(t_1)-\max\limits_{a\leqslant t_2\leqslant x_0}f(t_2)|\leqslant\max\limits_{x_0\leqslant t\leqslant x_0+\Delta x}|f(t_1)-f(t_2)|\leqslant\varepsilon.$

例 5   截断函数的连续性. 设 $f(x)\in C[a,b]$,定义 $f_n(x)$ 如下:

$$f_n(x)=\begin{cases}n & f(x)>n\\ f(x) & |f(x)|\leqslant n.\\ -n & f(x)<-n\end{cases}$$

则证明 $f_n(x)$ 也是连续函数.

分析   若 $f(x)$ 非负,则 $f_n(x)=\min\{f(x),n\}$ 显然连续. 一般情形,$f_n(x)$ 可以看作是 $f(x),n,-n$ 三个函数的居中者,故是连续的.

证法一   关键当 $f(x_0)=n$ 或 $f(x_0)=-n$ 时,$f_n(x)$ 的连续性,证明的思路和例 3 类似. $\forall\varepsilon>0$,$\exists\delta>0$,当 $|x-x_0|<\delta$ 时,有 $n-\varepsilon<f(x)<n+\varepsilon$,

于是

$$n-\varepsilon<f_n(x)\leqslant n,$$

即有

$$|f_n(x)-f_n(x_0)|<\varepsilon,$$

证法二 利用复合函数,令 $h_n(u) = \begin{cases} n, & u \geqslant n \\ u, & |u| < n \\ -n, & u \leqslant -n \end{cases}$

显然 $h_n(u)$ 是连续函数,于是复合函数 $h_n \circ f = f_n$ 截断函数亦连续.

证法三 三个连续函数的居中者必连续(请读者证明之).

逆命题 若 $[a,b]$ 上定义的函数 $f(x)$,其任意 n 截断函数皆连续,则 $f(x)$ 也一定连续.
点态连续问题,首先要任取一个点 $x_0 \in [a,b]$.

证法一 若 $f(x)$ 在 x_0 的附近有界,如存在 $K > 0$ 和 $\delta_0 > 0$,当 $x \in U(x_0; \delta_0)$ 时,$|f| \leqslant K$,则取 $n = [K+1]$,在 $U(x_0; \delta_0)$ 上必有 $f_n(x) \equiv f(x)$,x_0 必是 f 的连续点,反证法设 x_0 是 $f(x)$ 的无穷间断点,不妨设 $\lim\limits_{x \to x_0^+} f(x) = +\infty$,$\forall G > 0$,$\exists \delta > 0$,使得 $x_0 < x < x_0 + \delta$ 时,$f(x) > G$.

特取 $G = [|f(x_0)|] + 2$,则 $f_G(x)$ 必在 x_0 处间断.

(因为 $f_G(x_0) = f(x_0)$,$f_G(x) = G > f(x_0)$($0 < x - x_0 < \delta$ 时),$\lim\limits_{x \to x_0^+} f_G(x) \neq f_G(x_0)$.)

证法二 直接证 $\forall x_0$,取 N,s.t. $-N < f(x_0) < N$. 进一步,取 $\varepsilon > 0$,使得
$-N < f(x_0) - \varepsilon < f(x_0) + \varepsilon < N$. 已知 $f_N(x)$ 在 x_0 处连续,$f_N(x_0) = f(x_0)$,对上述 $\varepsilon > 0$,$\exists \delta > 0$,当 $|x - x_0| < \delta$ 时,$|f_N(x) - f_N(x_0)| = |f_N(x) - f(x_0)| < \varepsilon$,即
$$-N < f(x_0) - \varepsilon < f_N(x) < f(x_0) + \varepsilon < N.$$

此时 $f_N(x) = f(x)$,所以 $|f(x) - f(x_0)| < \varepsilon$

证法三 利用定理:$\mathbf{R}$ 上(或开区间上)的函数连续的充要条件是任意开集的原像是开集. 由开集的构成定理,"任意开集"也可以置换成为"任意开区间"且为有限开区间. 任取开区间 (α, β),设 $f^{-1}(\alpha, \beta)$ 非空. 取 $n_0 > |\alpha| + |\beta|$,当 $x \in f^{-1}(\alpha, \beta)$ 即 $\alpha < f(x) < \beta$ 时,$f(x) \equiv f_{n_0}(x)$,所以 $f^{-1}(\alpha, \beta) = f_{n_0}^{-1}(\alpha, \beta)$,而 f_{n_0} 是连续函数,$f_{n_0}^{-1}(\alpha, \beta)$ 为开集. 当 (α, β) 是无限开区间时,可以转化为有限开区间的并集讨论.

例 6 设 $f(x)$ 是定义在区间 (a,b) 的凸函数,则 $f(x)$ 在 (a,b) 连续.
首先,复习凸函数的定义,f 定义于区间 I 上,$\forall x_1, x_2 \in I$ 以及 $\lambda \in [0,1]$,恒有
$$f[\lambda x_1 + (1-\lambda)x_2] \leqslant \lambda f(x_1) + (1-\lambda)f(x_2)$$

凸函数的明显几何特征:(1)割线恒位于曲线上方;(2)割线右移时(至少一个端点右移),其斜率递增.
设 $M_i(x_i, f(x_i))(i = 1,2,3)$ 是曲线上自左往右的三个点,$x_1 < x_2 < x_3$,
则有 $k_{M_1 M_2} \leqslant k_{M_1 M_3} \leqslant k_{M_2 M_3}$,即
$$\frac{f(x_2) - f(x_1)}{x_2 - x_1} \leqslant \frac{f(x_3) - f(x_1)}{x_3 - x_1} \leqslant \frac{f(x_3) - f(x_2)}{x_3 - x_2} \qquad (*)$$

证 $(*)$ 式:设 $x_2 = \lambda x_1 + (1-\lambda)x_3$,则 $\lambda = \dfrac{x_3 - x_2}{x_3 - x_1}$,
$$f(x_2) \leqslant \lambda f(x_1) + (1-\lambda)f(x_3),$$
从而
$$f(x_2) - f(x_1) \leqslant (1-\lambda)[f(x_3) - f(x_1)],$$
$$f(x_3) - f(x_2) \geqslant \lambda[f(x_3) - f(x_1)].$$

以 λ 代入即得（＊）式.

关于凸函数，还有一个重要的特性：

凸函数一定是单侧可导的（即处处存在左导数和右导数）.

证法一 以右导数为例，分析 $\lim\limits_{h \to 0^+} \dfrac{f(x_0 + h) - f(x_0)}{h}$，连接 $M_0(x_0, f(x_0))$ 和 $M(x_0 + h, f(x_0 + h))$ 的割线斜率 $F(h)$ 递增，$F(h) = \dfrac{f(x_0 + h) - f(x_0)}{h}$，当 $h \to 0$ 时为递减趋势. 下证有下界.

任取一点 $x' \in I$ 且 $x' < x_0$，则 $F(h) \geqslant \dfrac{f(x_0) - f(x')}{x_0 - x'}$，故 $f'_+(x_0)$ 存在. 于是 $f(x)$ 在 x_0 处一定连续.

或从图形分析，$F(h)$ 上方、下方有界.

证法二 $\forall x_0 \in (a, b)$，$\exists [\alpha, \beta] \subset (a, b)$. s. t. $x_0 \in (\alpha, \beta)$，考虑 $\lim\limits_{x \to x_0^+} f(x)$. 任取 x，$x_0 < x < \beta$，

因为 $\dfrac{f(x_0) - f(\alpha)}{x_0 - \alpha} \leqslant \dfrac{f(x) - f(x_0)}{x - x_0} \leqslant \dfrac{f(\beta) - f(x_0)}{\beta - x_0}$ 得

$$|f(x) - f(x_0)| \leqslant |x - x_0| \cdot \max\left\{ \left| \dfrac{f(\beta) - f(x_0)}{\beta - x_0} \right|, \left| \dfrac{f(x_0) - f(\alpha)}{x_0 - \alpha} \right| \right\},$$

故 $\lim\limits_{x \to x_0^+} f(x) = f(x_0)$，

类似得 $\lim\limits_{x \to x_0^-} f(x) = f(x_0)$.

所以 f 在 x_0 点连续.

注 本题针对的是开区间：开区间上的凸函数一定连续，但闭区间 $[a, b]$ 上的凸函数又如何呢？

只能得出在 (a, b) 连续，因为在端点 a、b 处可以旱地拔葱式地提升函数值而不影响凸性.

习题 2.1

1. 设 $f(x) = \begin{cases} \dfrac{x^4 + ax + b}{(x-1)(x+2)} & x \neq 1 \\ 2 & x = 1 \end{cases}$ 在 $x = 1$ 处连续,试求 a, b 之值.

2. 设 $f_1(x), f_2(x), f_3(x)$ 均在 $[a, b]$ 连续,定义 $h(x)$ 为上述三个函数值中居中的一个,则 $h(x)$ 也连续.

3. 设 $f(x)$ 在 (a, b) 内至多只有第一类间断点,且 $\forall x, y \in (a, b)$ 有

$$f\left(\frac{x+y}{2}\right) \leqslant \frac{f(x) + f(y)}{2} \text{(也叫 Jensen 凸)}.$$

求证 $f(x)$ 连续(亦即 Jensen 凸的函数必只可能有第二类间断点).

4. 设 $f(x)$ 在 $[a, b]$ 上连续,$r_n \to 0$ 是趋于零的数列. 若 $\forall x \in (a, b)$ 有

$$\lim_{n \to +\infty} \frac{f(x + r_n) + f(x - r_n) - 2f(x)}{r_n^2} = 0.$$

证明 $f(x)$ 是线性函数.

§2.2   闭区间上连续函数的性质

闭区间上的连续函数满足四个性质:有界性;最值性;介值性;一致连续性.

思考   开区间上的连续函数未必具备上述性质,但介值性如何?反之,若闭区间上的函数具备介值性,是否连续呢?未必.

如 $f(x) = \begin{cases} \sin\dfrac{1}{x} & 0 < x \leqslant 1 \\ 0 & x = 0 \end{cases}$.

在介值性之外,再加上什么条件可以保证连续呢?

例 1 $[a,b]$ 上具有介值性的单调函数一定连续(易证).

例 2   设 $f(x)$ 定义于 **R** 上具有介值性,当 r 为有理数时,$A_r = \{x \mid f(x) = r\}$ 为闭集. 求证:$f(x)$ 在 **R** 上连续.

证明   反证法:若 x_0 是间断点,$\exists \varepsilon_0 > 0$,以及一数列 $\{x_n\}$,$x_n \to x_0$,使得

$$| f(x_n) - f(x_0) | \geqslant \varepsilon_0.$$

故必有无穷多个 $f(x_{n_k})$ 落入 $f(x_0) - \varepsilon$ 的左侧或者 $f(x_0) + \varepsilon$ 的右侧. 不妨认为无穷多个 $f(x_{n_k}) \leqslant f(x_0) - \varepsilon < f(x_0)$,故存在有理数 r_1,使 $f(x_{n_k}) < r_1 < f(x_0)$,由介值性,$\exists$ 介于 x_{n_k} 与 x_0 之间的点 ξ_k,$f(\xi_k) = r_1$.

显然 $\xi_k \to x_0$,又 $\{x \mid f(x) = r_1\}$ 是闭的,所以 $x_0 \in A_{r_1}$,与 $r_1 < f(x_0)$ 矛盾.

特殊推论:若介值点唯一的话,亦必定连续.(参阅本节习题 10)

例 3   设 $f(x) \in C[0,1]$,$f(0) = f(1)$,证明 $\forall$ 自然数 n,$\exists \xi \in (0,1)$,s.t. $f\left(\xi + \dfrac{1}{n}\right) = f(\xi)$.

证法一   当 $n = 1$ 时,取 $\xi = 0$ 即可;当 $n > 1$ 时,不妨设 $f(0) = f(1) = 0$,且 $\exists x_0$ 使得 $f(x_0)$ 是 f 在 $[0,1]$ 上的最大值点,$f(x_0) = M > 0$,构造 $F(x) = f\left(x + \dfrac{1}{n}\right) - f(x)$,则

$$F\left(x_0 - \frac{1}{n}\right) = f(x_0) - f\left(x_0 - \frac{1}{n}\right) \geqslant 0,$$

$$F(x_0) = f\left(x_0 + \frac{1}{n}\right) - f(x_0) \leqslant 0,$$

于是存在 $\xi \in \left[x_0 - \dfrac{1}{n}, x_0\right] \subset (0,1)$,s.t. $F(\xi) = 0$.

注   必要时,可将 $f(x)$ 延拓定义,当 $x \overline{\in} [0,1]$ 时,$f(x) \equiv 0$,则 $f(x) \in C(\mathbf{R})$.

证法二   令 $g(x) = f(x) - f\left(x + \dfrac{1}{n}\right)$,若在 $\left[0, 1 - \dfrac{1}{n}\right]$ 上,$g(x) \neq 0$,不妨设 $g(x) > 0$,于是有 $f(0) > f\left(\dfrac{1}{n}\right) > f\left(\dfrac{2}{n}\right) > \cdots > f\left(\dfrac{n}{n}\right) = f(1)$,矛盾.

例 4   设 $f(x)$ 对一切 x 满足 $f(x^2) = f(x)$,且 $f(x)$ 在 $x = 0$ 及 $x = 1$ 处连续,证明 $f \equiv C$.

证　首先 $f(x)$ 是偶函数，$\forall\, 0 < x < 1$，

$$f(x) = f(x^2) = f(x^4) = \cdots = f(x^{2^n}),\ 令\ n \to +\infty, x^{2^n} \to 0,知$$

$$f(x) = \lim_{n \to \infty} f(x^{2^n}) = f(0).$$

当 $x > 1$ 时，$f(x) = f(\sqrt{x}) = f(\sqrt[4]{x}) = \cdots = f(\sqrt[2^n]{x})$，而 $x^{\frac{1}{2^n}} \to 1$，知

$$f(x) = \lim_{n \to \infty} f(x^{\frac{1}{2^n}}) = f(1)\ (0 < x < 1\ 时亦有效).$$

例 5　设 $f(x) \in C(\mathbf{R})$，$\forall\, x, y$，有 $f(x+y) = f(x) + f(y)$，证明 $f(x) = kx$（k 为常数）.

证　首先 $f(0) = 0$，$f(1-1) = f(1) + f(-1) = 0$，$f(-1) = -f(1)$.

当 $k \in N$ 时，$f(k) = kf(1)$，$f(-k) = kf(-1) = -kf(1)$.进一步地，$f\left(\dfrac{1}{n}\right) = \dfrac{1}{n}f(1)$，对一切有理数 r，$f(r) = rf(1)$.再利用连续性，得知 $f(x) = f(1)x$.

例 6　若 $f(x)$ 在 $\mathbf{R}$ 上连续且 $\forall\, x, y$ 有 $f\left(\dfrac{x+y}{2}\right) = \dfrac{f(x) + f(y)}{2}$，证明 $f(x)$ 为线性函数.

证法一　令 $y = 0$，$f\left(\dfrac{x}{2}\right) = \dfrac{f(x) + f(0)}{2}$，得

$$f\left(\frac{x}{2}\right) - f(0) = \frac{f(x) - f(0)}{2},$$

引入 $g(x) = f(x) - f(0)$，则上式写为

$$g\left(\frac{x}{2}\right) = \frac{1}{2}g(x),$$

从条件式两边减去 $f(0)$，又得

$$f\left(\frac{x+y}{2}\right) - f(0) = \frac{f(x) - f(0)}{2} + \frac{f(y) - f(0)}{2},$$

即

$$g\left(\frac{x+y}{2}\right) = \frac{g(x) + g(y)}{2} = g\left(\frac{x}{2}\right) + g\left(\frac{y}{2}\right).$$

此式可等价地写为 $g(x+y) = g(x) + g(y)$，由 $g(x)$ 连续易知（见 §2.2 例 5）

$$g(x) = kx \quad (k = g(1) = f(1) - f(0)),$$

所以 $f(x) = g(x) + f(0) = kx + b$ 其中 $b = f(0)$，$k = f(1) - f(0)$.

注　此法的实质是先令 $f(0) = 0$ 时，推得 $f(x) = f(1)x$.

证法二　记 $A(0, f(0))$，$B(1, f(1))$，连结 AB 的直线记为 L.

依条件，AB 的中点 M 在曲线 $f(x)$ 上，依次类推，A、M 的中点，M、B 的中点都在直线 L 上，一直均分.由于中点集在 $[0,1]$ 上稠密，再由连续性知，当 $x \in [0,1]$ 时，$f(x)$ 的曲线即为 AB.再记 $C(2, f(2))$，A、C 的中点必在直线 AC 上，等价于 C 必在 AB 的延长线上，即 A、B、C 三点共线，于是又得 $f(x)$ 在 $[0,2]$ 的图形是直线段 L.依次类推，$f(x)$ 在 $[0,2^n]$ 上的图形即为直线 L.往 x 左半轴完全类似推得.

例 7　设 $f(x):[0,1] \to [0,1]$ 为连续函数，$f(0) = 0$，$f(1) = 1$，且 $f(f(x)) = x$.试证 $f(x) = x$.

分析   介值性、介值唯一性、一一对应性、单调性、连续性之间的关系错综复杂,现在已知 $f(x)$ 连续,故必有介值性,下证其一定严格单调.为此,只要证明其介值唯一性或一一对应性.$\forall x_1,x_2\in[0,1]$,若 $f(x_1)=f(x_2)$,则有 $f(f(x_1))=f(f(x_2))$,即 $x_1=x_2$,故 $f(x)$ 必为一一对应.

所以 $f(x)$ 严格单调,又由于 $f(0)=0,f(1)=1$,所以 $f(x)$ 单调递增.

证明   先证 $f(x)$ 为一一对应,如上得出 $f(x)$ 单调递增.

$$\left.\begin{array}{l}若\ f(x)\leqslant x,则\ f(x)\geqslant f(f(x))=x.\\ 若\ f(x)\geqslant x,则\ f(x)\leqslant f(f(x))=x\end{array}\right\}\Rightarrow f(x)\equiv x$$

研究题:将例 7 中的条件改为 $f(0)=1,f(1)=0$,其余不变.思考:找出满足要求的一个函数,如 $f(x)=1-x$.当然 $f(x)$ 必须是严格递减.再问:此 $f(x)$ 是否是唯一的满足要求的函数?答案是否定的.如曲线 $\sqrt{x}+\sqrt{y}=1$ 亦满足题设.

注   可归结为以下条件,$f(x)$ 严格递减且当 $x\leqslant 1-f(x)$ 时,有 $x\geqslant f(1-x)$;当 $x\geqslant 1-f(x)$ 时,有 $x\leqslant f(1-x)$.

习题 2.2

1. 证明:不存在 $\mathbf{R}$ 上连续函数,使对任一函数值都刚好只取到两次.

2. 设 $f(x) \in C(\mathbf{R})$,对任意 x,y,有 $f(x+y) = f(x)f(y)$,证明 $f(x) \equiv 0$ 或者 $f(x) = a^x$.

3. 设 $f(x) \in C(\mathbf{R})$,$\lim\limits_{x \to \infty} f(f(x)) = \infty$,求证 $\lim\limits_{x \to \infty} f(x) = \infty$.

4. 设 $f(x) \in C(\mathbf{R})$,$\lim\limits_{x \to \infty} f(x) = +\infty$,且 $f(x)$ 的最小值 $f(x_0) < x_0$,证明 $f(f(x))$ 至少有两点取到最小值. （哈尔滨工业大学 1999 年）

5. 证明:若 $f(x)$ 在区间 I 上连续,且为一一映射,则 $f(x)$ 在 I 上严格单调. （华东师大 1999 年）

6. 设连续函数 $y = f(x)$,$x \in [a,b]$,其值域 $\subseteq [a,b]$. 证明 $f(x)$ 在 $[a,b]$ 中一定有不动点. （复旦大学）

7. 设 $f(x)$ 在 $[a,a+2\lambda]$ 上连续,证明:存在 $\xi \in [a,a+\lambda]$,使得
$$f(\xi+\lambda) - f(\xi) = \frac{1}{2}[f(a+2\lambda) - f(a)].$$
（北京大学 2002 年）

§2.3　一致连续性

一、一致连续的概念

1. 一致连续的定义

设 I 是一个区间(有限、无限、开、闭、半开半闭等皆可), $f(x)$ 是定义于 I 上的函数. 若 $\forall \varepsilon > 0, \exists \delta > 0$, 当 $x', x'' \in I$, 且 $|x' - x''| < \delta$ 时, 有 $|f(x') - f(x'')| < \varepsilon$, 称 $f(x)$ 为 I 上的一致连续的函数.

2. 不一致连续的叙述

$\exists \varepsilon_0, \forall \delta = \dfrac{1}{n} > 0, \exists x'_n, x''_n \in I$, 虽然 $|x'_n - x''_n| < \dfrac{1}{n}$, 但

$$|f(x'_n) - f(x''_n)| \geqslant \varepsilon_0.$$

等价表叙:存在两个点列 $\{x'_n\}, \{x''_n\} \subset I$, 满足 $x'_n - x''_n \to 0 (n \to \infty)$, 但是

$$f(x'_n) - f(x''_n) \not\to 0.$$

二、一致连续的判定(充分条件)

1. Cantor 定理　　闭区间上连续的函数一定一致连续.

2. 有限开区间 (a,b) 上连续函数为一致连续当且仅当 $\lim\limits_{x \to a^+} f(x)$ 和 $\lim\limits_{x \to b^-} f(x)$ 存在有限.

(包括无穷端点情形在内吗? 如在 $[a, +\infty)$ 上一致连续, $\lim\limits_{x \to +\infty} f(x)$ 未必存在, 如 $f(x) = \sin x$, 故还是改写成充分条件之形式:

设 (a,b) 为任意开区间, $f \in C(a,b)$, 且 $\lim\limits_{x \to a^+} f(x)$, $\lim\limits_{x \to b^-} f(x)$ 存在, 则 f 在 (a,b) 上一致连续.

思考:反之如何?当 (a,b) 为有限区间时正确,否则不一定.)

3. 若 $f(x)$ 在 I 上可导且导函数有界, 或者 $f(x)$ 满足 Lipschitz 条件:

$\forall x', x'' \in I, |f(x') - f(x'')| \leqslant L|x' - x''|, L$ 为某常数, 则 $f(x)$ 一定一致连续.

三、一致连续函数的运算(四则运算和复合)

1. 两个一致连续函数的复合函数仍一致连续.(具体如何表述和证明?)

2. 两个一致连续函数和(差)仍一致连续(积商不然,如 $y = x^2, y = \dfrac{1}{x}$ 等).

但是两个都是定义于 I 上的有界一致连续函数的乘积是否一致连续?或 I 是有限区间时,自然,一个一致连续,另一个不一致连续,则其和一定不一致连续,其积又如何?试对周期函数作同样的思考:两个周期函数和是不是仍为周期函数?

关于一致连续性的题目,大致有如下三类题型:

题型 Ⅰ　证明具体函数的一致连续性或不一致连续性.

题型 Ⅱ　证明抽象函数的一致连续性.

题型 Ⅲ　一致连续性质的应用.

下面分别举例说明.

例 1　证明 $y = \sqrt{x}$ 在 $[0, +\infty)$ 上一致连续.

证明一　分段技术:$[0, +\infty) = \left[0, \dfrac{\varepsilon^2}{4}\right] \bigcup \left[\dfrac{\varepsilon^2}{4}, +\infty\right)$.

$\forall \varepsilon > 0$,取 $\delta = \varepsilon^2$,$\forall x', x'' \geqslant 0$ 且 $|x' - x''| < \delta$ 时,

(i)$x', x'' \in \left[0, \dfrac{\varepsilon^2}{4}\right]$,$|\sqrt{x'} - \sqrt{x''}| < \sqrt{x'} + \sqrt{x''} < \dfrac{\varepsilon}{2} + \dfrac{\varepsilon}{2} = \varepsilon$;

(ii)$x', x'' \in \left[\dfrac{\varepsilon^2}{4}, +\infty\right)$ 时,$|\sqrt{x'} - \sqrt{x''}| = \dfrac{|x' - x''|}{\sqrt{x'} + \sqrt{x''}} < \dfrac{\varepsilon^2}{\dfrac{\varepsilon}{2} + \dfrac{\varepsilon}{2}} = \varepsilon$;

(iii)$x' < \dfrac{\varepsilon^2}{4} < x''$ 时,$|\sqrt{x'} - \sqrt{x''}| = \sqrt{x''} - f\left(\dfrac{\varepsilon^2}{4}\right) + f\left(\dfrac{\varepsilon^2}{4}\right) - \sqrt{x'} < 2\varepsilon$(由(i)

和(ii)).

诸如:$f(x) \in C[a, +\infty)$ 且 $\lim\limits_{x \to +\infty} f(x) = a$,则 f 在 $[a, +\infty)$ 一致连续的证明,也是用分段技术,然后拼接.具体函数像 $f(x) = \mathrm{e}^{-x}, x \geqslant 0$.

证法二　利用不等式 $\forall 0 < a < b, \sqrt{b} - \sqrt{a} \leqslant \sqrt{b - a}$.

$\forall \varepsilon > 0, \exists \delta = \varepsilon^2$,当 $|x'' - x'| < \delta$ 时,有

$|\sqrt{x''} - \sqrt{x'}| < \varepsilon$.

例 2　证明 $f(x) = \sin^3 x + \sin x^3$ 在 **R** 上不一致连续.

分析　$f_1(x) = \sin^3 x = \dfrac{3\sin x - \sin 3x}{4}$ 无疑是一致连续的,故只要证明 $f_2(x) = \sin x^3$

在 **R** 不一致连续,为什么不一致连续呢?问题出在哪里?

证明　取 $x''_n = \sqrt[3]{2n\pi + \dfrac{\pi}{2}}$,$x'_n = \sqrt[3]{2n\pi}$,则易知 $x''_n - x'_n \to 0$. 但

$\sin x''^3_n - \sin x'^3_n = 1$ 不趋近于 $0(n \to +\infty)$,故 $f_2(x)$ 在 **R** 上不一致连续,所以 $f(x)$ 在 **R** 上也不一致连续.

例 3　周期连续函数的一致连续性.

设 $f(x)$ 是周期为 T 的连续函数,则 $f(x)$ 必在 **R** 上一致连续.

分析　$\forall \varepsilon > 0$,寻求 $\delta > 0$,s.t. 只要 x', x'' 满足 $|x' - x''| < \delta$,就有

$$|f(x') - f(x'')| < \varepsilon.$$

x' 和 x'' 很接近,有两种情形:处于同一个周期段或分处相邻两个周期段.

证明　因为 $f(x) \in C[0, 2T]$,所以 $f(x)$ 亦在 $[0, 2T]$ 上一致连续

$\forall \varepsilon > 0, \exists \delta > 0$, $\forall x', x'' \in [0, 2T]$ 且 $|x' - x''| < \delta$,就有

$$|f(x') - f(x'')| < \varepsilon.$$

现任取两点 x, y,满足 $|x - y| < \delta$,不妨认为 $x < y$,

情形(i):x, y 同处一个周期段 $[nT, (n+1)T]$,

则 $x = nT + x_1, y = nT + y_1$, 且 $|x_1 - y_1| = |x - y| < \delta, x_1, y_1 \in [0, T]$, 于是

$$|f(x) - f(y)| = |f(x_1) - f(y_1)| < \varepsilon;$$

情形(ii): x, y 分处两个相邻周期段, $x = nT + x_1, y = (n+1)T + y_2$, 则

$$|x_1 - (T + y_2)| = |x - y| < \delta, 且 x_1, T + y_2 \in [0, 2T],$$

类似有

$$|f(x) - f(y)| = |f(x_1) - f(T + y_2)| < \varepsilon.$$

据此结论立知, $f(x) = \sin^3 x + \sin x^3$ 必不是周期函数, $\sin x^3$ 也不是周期函数.

思考题: $\mathbf{R}$ 上非常值连续周期函数必有最小正周期.

1° $f(x) \equiv C$, 则 $f(x)$ 是没有最小正周期的连续的周期函数.

2° 没有最小正周期的非常值周期函数一定是间断的.

反证法思路: 若没有最小正周期, 设有一组正周期 $T_n (n \geqslant 1)$, 且 $T_n \to 0$.

又设 x_1 是 $f(x)$ 的一个最大值点, x_2 是 $f(x)$ 的一个最小值点, 且 $f(x_1) > f(x_2)$. 由周期性 $\forall n, x_1 + T_n$ 皆是 $f(x)$ 的最大值点, $x_2 + T_n$ 皆是 $f(x)$ 的最小值点. 记 A_1 为 $f(x)$ 的所有最大值点组成的集合, A_2 为 $f(x)$ 的最小值点组成集合. $\forall x_0 \in \mathbf{R}, \forall \delta > 0$, 在邻域 $U(x_0; \delta)$ 之中必有 A_1 中异于 x_0 的点, (因为 $T_n \to 0$) 如 x_0 属于 A_1 的闭包, 所以 A_1 的闭包等于 $\mathbf{R}$.

$\exists x_1^{(1)}, x_1^{(2)}, \cdots, x_1^{(n)}, \cdots \in A_1$ (全为 $f(x)$ 的最大值点), $x_1^{(n)} \to x_0 (n \to \infty)$,

所以 $f(x_0) = f(\lim_{n \to \infty} x_1^{(n)}) = \lim_{n \to \infty} f(x_1^{(n)}) = f(x_1)$, 得 $f(x)$ 恒为常数.

或思路: 设 $f(x)$ 不恒为常数, $f(x_1) = M, f(x_2) = m$, 且 $M - m > 0$

$\forall n$, 在 $[0, T_n]$ 内, 皆有 $f(x)$ 的最值点, 不妨记为 $x_1^{(n)}, x_2^{(n)} \in [0, T_n]$, 显然 $x_1^{(n)} - x_2^{(n)} \to 0$, 但 $f(x_1^{(n)}) - f(x_2^{(n)}) = M - m > 0$, 即 $f(x)$ 不一致连续, 矛盾.

事实上, $f(x)$ 的所有正周期构成一个数集 $D, T_0 = \inf_{T \in D} T = \inf D$ 仍然是 f 的周期, 由前所述, T_0 必大于 0. (存在一组正周期 T_n, s.t. $T_n \to T_0$, 此为下确界的含义)

例 4 设函数 $f(x)$ 在 $[a, +\infty)$ 上连续, 且有渐近线 $l: y = cx$. 证明 $f(x)$ 一致连续.

证法一 $\forall x', x'' \geqslant a$, 当 $|x' - x''| < \delta$ 时, 能否 $|f(x') - f(x'')| < \varepsilon$?

在任何有限区段上, $f(x)$ 显然是一致连续的, 关键处理无穷远点.

$\forall \varepsilon > 0, \exists X > 0$, 当 $x \geqslant X$ 时, $|f(x) - cx| < \dfrac{\varepsilon}{3}$ (渐近线).

分段技术: $[a, X] \bigcup [X, +\infty)$.

(1) $f(x) \in C[a, X]$, 故一致连续, $\exists \delta_1 > 0$, 当 $x', x'' \in [a, X]$ 且 $|x' - x''| < \delta_1$ 时, $|f(x') - f(x'')| < \varepsilon$.

(2) 当 $x', x'' > X$ 时,

$$|f(x') - f(x'')| \leqslant |f(x') - cx'| + |c||x' - x''| + |f(x'') - cx''|$$

只要取 $\delta_2 = \dfrac{\varepsilon}{3|c|+1}$, 上式当 $|x' - x''| < \delta_2$ 时必然 $< \varepsilon$.

(此处利用了直线 $y = cx$ 的一致连续性)

(3) 当 $x' < X, x'' \geqslant X$ 且 $|x'' - x'| < \varepsilon$, 由 $|x' - X| < \varepsilon$, $|x'' - X| < \delta$ 知,

$$|f(x') - f(x'')| \leqslant |f(x') - f(X)| + |f(X) - f(x'')|,$$

综合之, 对于 $\varepsilon > 0$, 取 $\delta = \min\{\delta_1, \delta_2\}$, 即符合要求.

注 更好的分段方法是采取有重叠的分段$[a, X+1] \bigcup [X, +\infty)$. 当$|x''-x'|<1$时，$x', x''$可以归属于同一个区段，只需讨论两种情形.

证法二 引入$F(x) = f(x) - cx$则$F(x) \in C[a, +\infty)$且$\lim\limits_{x \to +\infty} F(x) = 0$，于是由前述定理有$F(x)$在$[a, +\infty)$上一致连续，所以$f(x) = F(x) + cx$也一致连续.

例5 设$f(x)$在$[0, +\infty)$上一致连续，$\forall x \geqslant 0$，有$\lim\limits_{n \to \infty} f(x+n) = 0$，则$\lim\limits_{x \to +\infty} f(x) = 0$.

分析 $\lim\limits_{n \to \infty} f(x+n) = 0$是离散的极限，而$\lim\limits_{x \to +\infty} f(x) = 0$是连续的极限. 依 Heine 定理，若有$\lim\limits_{x \to +\infty} f(x) = 0$，则一定有$\lim\limits_{n \to \infty} f(x+n) = 0$. 但反之不然.

由条件，不妨限定$x \in [0, 1]$，$\forall \varepsilon > 0$，$\exists N = N(\varepsilon, x)$，当$n > N$时，
$$|f(x+n)| < \varepsilon.$$

注意N跟x有关，未必存在一个适用于所有$x \in [0, 1]$的N.

思考：若没有一致连续的条件，结论未必成立，反例如下：

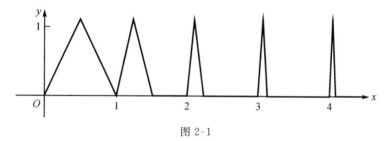

图 2-1

解析式：$f(x) = \begin{cases} 2^{n+1}(x-n) & n \leqslant x \leqslant n+2^{-n-1} \\ 2 - 2^{n+1}(x-n) & n+2^{-n-1} \leqslant x \leqslant n+2^{-n} (n \geqslant 0). \\ 0 & n+2^{-n} \leqslant x \leqslant n+1 \end{cases}$

证明 $f(x)$在$[0, +\infty)$上一致连续，$\forall \varepsilon > 0$，$\exists \delta > 0$，$\forall 0 \leqslant x_1 < x_2 < \infty$，只要$|x_1 - x_2| < \delta$就有$|f(x_1) - f(x_2)| < \varepsilon$. 现将$[0, 1]$ K等分，使得每一小段长度小于δ，故只要$K = \left[\dfrac{1}{\delta}\right] + 1$，记诸分点为$x_i = \dfrac{i}{K}(0 \leqslant i \leqslant K)$.

因为$\lim\limits_{n \to \infty} f(x_i + n) = 0$，

对上述$\varepsilon > 0$，$\exists N_i$，当$n > N_i$时，$|f(x_i + n)| < \varepsilon$，   （ * ）

取$N = \max\limits_{0 \leqslant i \leqslant K} \{N_i\}$，当$n > N$时，(*)式对于所有$i = 0, 1, 2, \cdots, K$皆真.

现对于任意的$x > N+1$，不妨设$n_0 = [x]$，则$n_0 \leqslant x < n_0 + 1$，

$\exists i_0$，s. t. $n_0 + \dfrac{i_0}{K} \leqslant x < n_0 + \dfrac{i_0 + 1}{K}$，
$$|f(x)| \leqslant \left|f(x) - f\left(n_0 + \frac{i_0}{K}\right)\right| + \left|f\left(n_0 + \frac{i_0}{K}\right)\right| < 2\varepsilon.$$

注 思路重于表达，透过解题步骤，看透解题的思想是至关重要的. 对一个命题，还应有多角度的发掘，知其然又知其所以然.

例6 设$f(x)$在 **R** 上一致连续，则$\exists$常数A和$B > 0$，使得
$$|f(x)| \leqslant A|x| + B(x \in \mathbf{R}).$$

证明   对 $\varepsilon_0 = 1$, $\exists \delta > 0$, s. t. $\mid x_1 - x_2 \mid \leqslant \delta$ 时, $\mid f(x_1) - f(x_2) \mid \leqslant 1$, 特别地,

$$\mid f(\delta) - f(0) \mid < 1, \mid f(2\delta) - f(\delta) \mid < 1, \cdots,$$

$$\mid f(n\delta) - f(n-1)\delta \mid < 1,$$

由三角不等式得

$$\mid f(n\delta) \mid \leqslant \mid f(0) \mid + \sum_{k=1}^{n} [f(k\delta) - f(k-1)\delta] < n + \mid f(0) \mid.$$

$\forall x \in \mathbf{R}^+$, $\exists n_0$, s. t. $(n_0 - 1)\delta \leqslant x < n_0\delta$, $\mid f(x) - f(n_0\delta) \mid < 1$,

$$\mid f(x) \mid < 1 + \mid f(n_0\delta) \mid < n_0 + 1 + \mid f(0) \mid \leqslant \frac{x}{\delta} + 2 + \mid f(0) \mid.$$

$\forall x \in \mathbf{R}^-$ 时, 完全类似, 可得 $\mid f(x) \mid \leqslant A \mid x \mid + B$.

式中 $A = \dfrac{1}{\delta}$, $B = 2 + \mid f(0) \mid$

注   思考一致连续和有界的关系, 有限区间上, 一致连续 $\Rightarrow$ 有界;

反之, 连续 + 有界 $\not\Rightarrow$ 一致连续, 如 $\sin \dfrac{1}{x}$, $0 < x < 1$. 无限区间上, 一致连续和有界没有关系. $y = x$; $y = \sin x^2$ 便是两个反例.

习题 2.3

1. 证明 $y = \cos\sqrt{x}$ 在 $[0, +\infty)$ 上一致连续.

2. 证明 $y = x\sin x$ 在 $[0, +\infty)$ 上不一致连续.（两个一致连续函数的乘积）

3. 设 $f(x)$ 定义于 $\mathbf{R}$ 上且在原点连续，$\forall x, y$，有 $f(x+y) = f(x) + f(y)$，证明 $f(x)$ 在 $\mathbf{R}$ 上一致连续（事实上 $f(x) = \lambda x$）.

4. $f(x)$ 在 $[a, +\infty)(a > 0)$ 上满足 Lipschitz 条件，证明 $\dfrac{f(x)}{x}$ 在 $[a, +\infty)$ 上一致连续.

5. 设 $f(x) = \dfrac{x+2}{x+1}\sin\dfrac{1}{x}, a > 0$，证明 $f(x)$ 在 $(0, a)$ 内不一致连续，在 $[a, +\infty)$ 内一致连续.

（兰州大学）

第三章   导数和微分

§3.1   基本概念

例1   讨论函数 $f(x) = (x^2 - x - 2) \mid x^3 - x \mid$ 不可导点的情形.

引理   设 $\varphi(x)$ 在 $x = a$ 连续,$f(x) = \mid x - a \mid \varphi(x)$,则当且仅当 $\varphi(a) = 0$ 时,$f'(a)$ 存在,且此时 $f'(a) = 0$.

现在给出的函数可能的不可导点为 $0, 1, -1$,相应于 $\varphi(x) = x^2 - x - 2$,知 $x = 0, 1$ 处函数不可导.

思考题:讨论 $f(x)$ 和 $\mid f(x) \mid$ 之可导性的相互关系.

当 $f(x_0) \neq 0$ 时,由保号性,$\exists U(x_0, \delta)$,s. t. 在该邻域内部,$\mid f(x) \mid \equiv f(x)$,或者 $\mid f(x) \mid \equiv -f(x)$,故 $\mid f(x) \mid$ 亦在 x_0 处可导.反之,若 $\mid f(x) \mid$ 可导,甚至 $f(x)$ 未必连续,故 $f(x)$ 在 x_0 处未必可导.但若 $f(x)$ 在 x_0 处连续,则从 $\mid f(x) \mid$ 在 x_0 处可导可推得 $f(x)$ 在 x_0 处可导.当 $f(x_0) = 0$ 时,$\mid f(x) \mid$ 在 x_0 处可导,$\mid f(x) \mid$ 在 x_0 处的导数必等于 0,于是 $\Rightarrow f'(x_0) = 0$.

又若 $f(x_0) = 0, f'(x_0) \neq 0$ 时,$\mid f(x) \mid$ 在 x_0 的左,右导数分别为 $-f'(x_0), f'(x_0)$,故 $\mid f(x) \mid$ 在 x_0 处必不可导.

例2   设 $f(x)$ 连续,$\varphi(x) = \displaystyle\int_0^1 f(xt) \mathrm{d}t$,且 $\displaystyle\lim_{x \to 0} \frac{f(x)}{x} = A$,求 $\varphi'(x)$,并讨论 $\varphi'(x)$ 在 $x = 0$ 的连续性.

解   因为 $f(x)$ 仅仅连续,对 $\varphi(x)$ 求导时,必须先将内变量 x 释放出来,令 $xt = u$,

当 $x \neq 0$ 时,$\varphi(x) = \dfrac{1}{x} \displaystyle\int_0^x f(u) \mathrm{d}u$,而 $\varphi(0) = f(0) = 0$,

当 $x \neq 0$ 时,$\varphi'(x) = \dfrac{1}{x^2} \left[xf(x) - \displaystyle\int_0^x f(u) \mathrm{d}u \right]$,

$$\varphi'(0) = \lim_{x \to 0} \frac{\displaystyle\int_0^x f(u) \mathrm{d}u}{x^2} = \lim_{x \to 0} \frac{f(x)}{2x} = \frac{A}{2},$$

不难判定 $\displaystyle\lim_{x \to 0} \varphi'(x) = \dfrac{A}{2} = \varphi'(0)$,所以 $\varphi'(x)$ 连续.

例3   假定 $f(x)$ 在 x_0 处可微,$\alpha_n < x_0 < \beta_n$,且 $\alpha_n \to x_0, \beta_n \to x_0$,试证:

$$\lim_{n\to\infty}\frac{f(\beta_n)-f(\alpha_n)}{\beta_n-\alpha_n}=f'(x_0).$$

证法一　$\dfrac{f(\beta_n)-f(\alpha_n)}{\beta_n-\alpha_n}=\dfrac{f(\beta_n)-f(x_0)+f(x_0)-f(\alpha_n)}{\beta_n-\alpha_n}$

$$=\frac{\beta_n-x_0}{\beta_n-\alpha_n}\frac{f(\beta_n)-f(x_0)}{\beta_n-x_0}+\frac{f(x_0)-f(\alpha_n)}{x_0-\alpha_n}\frac{x_0-\alpha_n}{\beta_n-\alpha_n}$$

$$=\frac{\beta_n-x_0}{\beta_n-\alpha_n}[f'(x_0)+o(1)]+\frac{x_0-\alpha_n}{\beta_n-\alpha_n}[f'(x_0)+o(1)]=f'(x_0)+o(1).$$

证法二　依微分定义

$$\begin{aligned}f(\beta_n)&=f(x_0)+f'(x_0)(\beta_n-x_0)+o(\beta_n-x_0)\\&=f(x_0)+f'(x_0)(\beta_n-x_0)+o(\beta_n-\alpha_n),\\f(\alpha_n)&=f(x_0)+f'(x_0)(\alpha_n-x_0)+o(\alpha_n-x_0)\\&=f(x_0)+f'(x_0)(\alpha_n-x_0)+o(\beta_n-\alpha_n),\end{aligned}$$

两式相减：$f(\beta_n)-f(\alpha_n)=f'(x_0)(\beta_n-\alpha_n)+o(\beta_n-\alpha_n).$

即证得　　　　　　　　$\displaystyle\lim_{n\to\infty}\frac{f(\beta_n)-f(\alpha_n)}{\beta_n-\alpha_n}=f'(x_0).$

例 4　（达布定理）导函数的介值性. 设 $f(x)$ 是区间 I 上的可导函数，$\forall\,\alpha<\beta$ 且 $\alpha,\beta\in I$，以及介于 $f'(\alpha)$ 和 $f'(\beta)$ 之间的任一个 μ，一定存在 $\xi\in[\alpha,\beta]$，使得 $f'(\xi)=\mu_0$.

等价叙述：导函数至多只有第二类间断点.

或叙述为：若 $f(x)$ 在 I 上有第一类间断点，则 f 在 I 上没有原函数.

证明　不失一般性，可设 $f'(\alpha)<0<f'(\beta)$，只要证 $\exists\,\xi\in(\alpha,\beta)$，s. t. $f'(\xi)=0$（否则，可令 $F(x)=f(x)-\mu x$）. 联想 Rolle 定理的证明，只需证明 f 在 (α,β) 内部取得极值.

因为 $f'(\alpha)=\displaystyle\lim_{x\to\alpha}\frac{f(x)-f(\alpha)}{x-\alpha}<0$，所以 $\exists\,\delta_1>0,\alpha<x<\alpha+\delta_1$ 时，$f(x)<f(\alpha)$，

因为 $f'(\beta)=\displaystyle\lim_{x\to\beta}\frac{f(x)-f(\beta)}{x-\beta}>0$，所以 $\exists\,\delta_2>0,\beta-\delta<x<\beta$ 时，$f(x)<f(\beta)$，

所以 $f(x)$ 必在 $[\alpha,\beta]$ 之内部取得其最小值，记 ξ 为最小值点，则 $f'(\xi)=0$.

例 5　定义 $f(x)=\displaystyle\int_0^x\sin\frac{1}{t}\mathrm{d}t,f(0)=0$，求 $f'(0)$.

分析　被积函数 $\sin\dfrac{1}{t}$ 在 $t=0$ 处无定义，涉及的积分仍可视作为 Riemann 积分. 只要补充在端点 $t=0$ 的值，则被积函数是只有一个间断点的有界函数，故一定 R- 可积. 若令代换 $u=\dfrac{1}{t}$，则 $f(x)=\displaystyle\int_{\frac{1}{x}}^{\infty}\frac{\sin u}{u^2}\mathrm{d}u$，该积分是绝对收敛的.

解　依导数定义 $f'(0)=\displaystyle\lim_{x\to0}\frac{1}{x}\int_0^x\sin\frac{1}{t}\mathrm{d}t$

$$\int_0^x\sin\frac{1}{t}\mathrm{d}t=\int_0^{x^2}+\int_{x^2}^x\sin\frac{1}{t}\mathrm{d}t=I_1+I_2,$$

$|\,I_1\,|\leqslant x^2,I_2\xrightarrow{u=\frac{1}{t}}\displaystyle\int_{\frac{1}{x}}^{\frac{1}{x^2}}\frac{\sin u}{u^2}\mathrm{d}u\xrightarrow{\text{第二中值定理}}x^2\displaystyle\int_{\frac{1}{x^2}}^{\xi}\sin u\,\mathrm{d}u$，从而 $|\,I_2\,|\leqslant2x^2$，

得知

$$f'(0) = \lim_{x \to 0} \frac{1}{x}(I_1 + I_2) = 0,$$

更一般的极限的结论是当 $m < 2$ 时,有 $\lim\limits_{x \to 0} \dfrac{1}{x^m} \int_0^x \sin\dfrac{1}{t} \mathrm{d}t = 0$.

附注   第二积分中值定理:$f(x)$ 在 $[a,b]$ 可积,$g(x)$ 在 $[a,b]$ 上单调,则 $\exists \xi \in [a,b]$,s. t. :

$$\int_a^b f(x)g(x)\mathrm{d}x = g(a)\int_a^\xi f(x)\mathrm{d}x + g(b)\int_\xi^b f(x)\mathrm{d}x.$$

特款 i. $g(x)$ 单调递增且 $g(a) \geqslant 0$ 时,$\int_a^b fg\mathrm{d}x = g(b)\int_\xi^b f(x)\mathrm{d}x$;

  ii. $g(x)$ 单调递减且 $g(b) \geqslant 0$ 时,$\int_a^b fg\mathrm{d}x = g(a)\int_a^\xi f(x)\mathrm{d}x$.

例 6   设 $f(x)$ 在 $[a,b]$ 可微,试证:$f'(x)$ 在 $[a,b]$ 上连续可微的充要条件是 $f(x)$ 在 $[a,b]$ 上一致可微,即 $\forall \varepsilon > 0, \exists \delta > 0$,s. t. :$0 < |h| < \delta$ 时,

$$\left| \frac{f(x+h) - f(x)}{h} - f'(x) \right| < \varepsilon, \forall x \in [a,b] \text{ 成立}.$$

注记   "一致可微"之含意是指极限 $\lim\limits_{h \to 0} \dfrac{f(x+h) - f(x)}{h} = f'(x)$ 的收敛速度是一致的.

证明   必要性   因为 $f'(x) \in [a,b]$,故 $f'(x)$ 在 $[a,b]$ 一致连续.
$\forall \varepsilon > 0, \exists \delta > 0$,使得 $\forall x_1, x_2 \in [a,b]$,只要 $|x_1 - x_2| < \delta$,便有
$$|f'(x_1) - f'(x_2)| < \varepsilon,$$
于是 $0 < |h| < \delta$ 时,有
$$\left| \frac{f(x+h) - f(x)}{h} - f'(x) \right| = |f'(\xi) - f'(x)| < \varepsilon (\xi = x + \theta h, 0 < \theta < 1).$$

充分性 $\forall x_0 \in [a,b], \forall \varepsilon > 0$,存在 $\delta > 0$,当 $0 < |h| < \delta$ 时,
$$|f'(x_0 + h) - f'(x_0)|$$
$$= \left| f'(x_0 + h) - \frac{f(x_0 + h) - f(x_0)}{h} + \frac{f(x_0 + h) - f(x_0)}{h} - f'(x_0) \right|$$
$$\leqslant \left| f'(x_0 + h) - \frac{f(x_0 + h - h) - f(x_0 + h))}{-h} \right| + \left| \frac{f(x_0 + h) - f(x_0)}{h} - f'(x_0) \right|$$
$$< 2\varepsilon.$$

例 7   求连续函数 $f(x) > 0$,使 $f^2(x) = \int_0^x f(t)\dfrac{\sin t}{\cos t}\mathrm{d}t + 1, x \in \left(-\dfrac{\pi}{2}, \dfrac{\pi}{2}\right)$.

解   显见 $f^2(x)$ 可导,在 $f(x) > 0$ 的条件下,一定有 $f(x)$ 也可导,
$$\left(\text{因为} \frac{f(x+h) - f(x)}{h} = \frac{f^2(x+h) - f^2(x)}{h} \frac{1}{f(x+h) + f(x)}\right).$$

题中条件式两边对 x 求导,得 $2f(x)f'(x) = f(x)\dfrac{\sin x}{\cos x}$,

解出 $f(x) = -\dfrac{1}{2}\ln\cos x + C$,因为 $f(0) = 1$ 得出待定系数 $C = 1$,所以

$$f(x) = 1 - \frac{1}{2}\ln\cos x.$$

例 8 设 $f(x)$ 定义域为 $\mathbf{R}^+$, $\forall\, x,y > 0$, $f(xy) = f(x) + f(y)$, 且 $f'(1)$ 存在, 试求 $f(x)$.

解一 先证明 $f(x)$ 在 $\mathbf{R}^+$ 上处处可导, $\forall\, x_0 > 0$ (从条件有 $f(1) = 0$).

$$f'(x_0) = \lim_{x \to x_0} \frac{f(x) - f(x_0)}{x - x_0} = \lim_{t \to 1} \frac{f(x_0 t) - f(x_0)}{x_0 t - x_0} = \lim_{t \to 1} \frac{f(t)}{x_0(t - 1)} = \frac{1}{x_0} f'(1),$$

即 $f'(x) = \dfrac{f'(1)}{x}$, 得知 $f(x) = f'(1)\ln x$,

或由 $f(x + \Delta x) = f\left[x\left(1 + \dfrac{\Delta x}{x}\right)\right] = f(x) + f\left(1 + \dfrac{\Delta x}{x}\right)$,

故 $\quad f'(x) = \lim\limits_{\Delta x \to 0} \dfrac{f(x + \Delta x) - f(x)}{\Delta x} = \lim\limits_{\Delta x \to 0} \dfrac{f\left(1 + \dfrac{\Delta x}{x}\right) - f(1)}{\Delta x} = \dfrac{1}{x} f'(1)$ \hfill (1)

注 函数方程 $f(x + y) = f(x) + f(y)$, 只要 $f(x)$ 在 $x = 0$ 点连续就有 $f(x) = kx$, 而不必可导的条件. 现在这个题目若缺少 $f'(1)$ 存在的条件, 能否得出 $f(x)$ 仍是对数函数?

解二 令 $y = x$, $f(x^2) = 2f(x)$, 依次得 $f(x^n) = nf(x)$, 再令 $x^n = t$, $x = \sqrt[n]{t}$,

得 $f(\sqrt[n]{t}) = \dfrac{1}{n} f(t)$, 对任意正有理数 $r = \dfrac{m}{n}$,

$$f(x^r) = f(x^{\frac{m}{n}}) = \frac{1}{n} f(x^m) = \frac{m}{n} f(x) = rf(x),$$

由连续性条件, $\forall$ 正无理数 y, 也有 $f(x^y) = yf(x)$. 再令 $y = \dfrac{1}{x}$,

$$0 = f(1) = f\left(x\,\frac{1}{x}\right) = f(x) + f\left(\frac{1}{x}\right),$$ 得出 $f\left(\dfrac{1}{x}\right) = -f(x)$.

于是 $\forall\, y \in \mathbf{R}$, 有 $f(x^y) = yf(x)$ $(x > 0)$, 特取 $x = \mathrm{e}$: $f(\mathrm{e}^y) = yf(\mathrm{e})$, 再令 $u = \mathrm{e}^y$, 则 $y = \ln u$. 所以 $f(u) = f(\mathrm{e})\ln u$ $(u > 0)$.

例 9 已知 $f(x)$ 满足方程 $f(x + y) = \mathrm{e}^x f(y) + \mathrm{e}^y f(x)$, $f'(0) = 2$, 求 $f(x)$.

分析 从 f 在 0 点可导, 可得出 $f(x)$ 处处可导, 并有导函数的微分方程.

解一 $\dfrac{f(x + \Delta x) - f(x)}{\Delta x} = \dfrac{\mathrm{e}^x f(\Delta x) + \mathrm{e}^{\Delta x} f(x) - f(x)}{\Delta x}$

$$= \mathrm{e}^x \frac{f(\Delta x)}{\Delta x} + f(x) \frac{\mathrm{e}^{\Delta x} - 1}{\Delta x},$$

以 $x = y = 0$ 代入原方程, 得知 $f(0) = 0$, $\lim\limits_{\Delta x \to 0} \dfrac{f(\Delta x)}{\Delta x} = f'(0) = 2$. 所以

$f'(x) = 2\mathrm{e}^x + f(x)$, 代入微分方程 $y' + p(x)y = Q(x)$ 的通解公式

$$y = \mathrm{e}^{-\int p(x)\mathrm{d}x}\left[C + \int Q(x)\mathrm{e}^{\int p(x)\mathrm{d}x}\mathrm{d}x\right].$$

解出 $f(x) = 2x\mathrm{e}^x$.

解二 题设式子的两边先对 y 求偏导, 再令 $y = 0$, 仍得关系式

$$f'(x) = f(x) + 2\mathrm{e}^x$$

即 $\mathrm{e}^{-x} f'(x) - \mathrm{e}^{-x} f(x) = 2$, 化为 $[\mathrm{e}^{-x} f(x)]' = 2$, 解出

$\mathrm{e}^{-x} f(x) = 2x + C$, $f(x) = \mathrm{e}^x(2x + C)$. 再由 $f'(0) = 2$ 可确定 $f(x) = 2x\mathrm{e}^x$.

习题 3.1

1. 已给函数 $f(x) = \begin{cases} x^2 e^{-x^2} & |x| \leqslant 1 \\ \dfrac{1}{e} & |x| > 1 \end{cases}$ 求 $f'(x)$.

2. 设 $a, b \in \mathbf{R}, b < 0, f(x) = \begin{cases} x^a \sin x^b & x > 0 \\ 0 & x \leqslant 0 \end{cases}$, 试确定 a, b 的取值范围, 使得

   (1) $f(x)$ 连续; (2) $f(x)$ 可导; (3) $f(x)$ 连续可导.

3. 设 $\varphi(x)$ 于 $\mathbf{R}$ 上有界, 连续可微, $f(x) = \begin{cases} |x|^\beta \varphi\left(\dfrac{1}{x^2}\right) & x \neq 0 \\ 0 & x = 0 \end{cases}$.

   (1) β 在什么范围取值时, f 在 $\mathbf{R}$ 上分别连续, 可微;

   (2) 是否存在非零的 $\varphi(x)$, 使得 $f(x)$ 对所有的 β 皆可微.

4. 设 $f(x)$ 连续可导, 定义 $F(x) = \begin{cases} \dfrac{\displaystyle\int_0^x t f(t) \, \mathrm{d}t}{x^2} & x \neq 0 \\ C & x = 0 \end{cases}$.

   (1) 求常数 C 使 $F(x)$ 连续; (2) 此时, $F'(x)$ 是否连续?

5. 设 $f \in C[a, b], f(a) = f(b) = 0; f'_+(a) f'_-(b) > 0$, 证明 $f(x)$ 在 (a, b) 内存在零点.

6. 设 $|f(x)|$ 在 a 处可导, $f(x)$ 在 a 处连续, 则 $f(x)$ 在 a 处必可导.

7. 设 $f(x) = a_1 \sin x + a_2 \sin 2x + \cdots + a_n \sin nx$, 若 $|f(x)| \leqslant |\sin x|, x \in \mathbf{R}$, 求证:
   $|a_1 + 2a_2 + \cdots + na_n| \leqslant 1$.

8. 若 $f(x)$ 在 $\mathbf{R}^+$ 有定义, 且 $f'(1) = 4, \forall x_1, x_2 > 0$, 有 $f(x_1 x_2) = x_1 f(x_2) + x_2 f(x_1)$, 试求 $f(x)$.

9. 若 $f(x)$ 在 $x = 0$ 处可微且 $f(x + y) = f(x) + f(y) + 2xy$, 求 $f(x)$.

10. 设 $f'(\ln x) = \begin{cases} 1 & 0 < x \leqslant 1 \\ x & x > 1 \end{cases}, f(0) = 0$, 求 $f(x)$. （浙江大学）

11. 设 f 连续, $f'(0)$ 存在, $\forall x, y \in \mathbf{R}$, 有
$$f(x + y) = \frac{f(x) + f(y)}{1 - 4f(x)f(y)}.$$

   证明: f 在 $\mathbf{R}$ 上可微. 又若 $f'(0) = \dfrac{1}{2}$, 求 $f(x)$. （中国人民大学 2001 年）

12. 设 $f(x) = \begin{cases} |x| & x \neq 0 \\ 1 & x = 0 \end{cases}$, 证明: 不存在一个函数 $F(x)$ 以 $f(x)$ 为导函数.

（中科院 1983 年）

13. 设函数 f 在 $[0,1]$ 上连续且 $f(0)=0$. 证明:若存在 $0<\alpha<\beta$,使得

$$\lim_{x\to 0^+}\frac{f(\beta x)-f(\alpha x)}{x}=C\in\mathbf{R},$$ 则 $f(x)$ 在点 $x=0$ 的右导数存在.

（北师大 2006 年）

§3.2 高阶导数

例 1 已知 $\begin{cases} x = \int_0^t f(u^2)\,\mathrm{d}u \\ y = [f(t^2)]^2 \end{cases}$，其中 $f(u)$ 二阶可导，试求 $\dfrac{\mathrm{d}^2 y}{\mathrm{d}x^2}$.

先复习参数方程表达的函数的求导方法，$x = \varphi(t)$，$y = \psi(t)$，利用"导数即微分之商"：

$$\frac{\mathrm{d}y}{\mathrm{d}x} = \frac{\mathrm{d}\psi(t)}{\mathrm{d}\varphi(t)} = \frac{\psi'(t)}{\varphi'(t)},$$

$$\frac{\mathrm{d}^2 y}{\mathrm{d}x^2} = \frac{\mathrm{d}\left(\dfrac{\mathrm{d}y}{\mathrm{d}x}\right)}{\mathrm{d}x} = \frac{\mathrm{d}\dfrac{\psi'(t)}{\varphi'(t)}}{\mathrm{d}\varphi(t)} = \frac{\psi''(t)\varphi'(t) - \varphi''(t)\psi'(t)}{[\varphi'(t)]^3}.$$

记忆公式是没有必要的，理解其推导的思想方法更为重要.

解 $\dfrac{\mathrm{d}y}{\mathrm{d}x} = \dfrac{\psi'(t)}{\varphi'(t)} = 4tf'(t^2),$

$\dfrac{\mathrm{d}^2 y}{\mathrm{d}x^2} = \dfrac{[4tf'(t^2)]'}{f(t^2)} = \dfrac{4}{f(t^2)}[f'(t^2) + 2t^2 f''(t^2)].$

例 2   设 $y = e^x \sin x$，求 $y^{(n)}$.

一般而言，乘积项的高阶求导可以利用莱布尼兹公式：

$$(uv)^{(n)} = \sum_{k=0}^{n} C_n^k u^{(k)} v^{(n-k)} \quad \text{（类似牛顿二项式展开）}$$

当 $u(x)$，$v(x)$ 中有一个是次数不高的多项式时，上式右边退化为少数几项，较适用.

解一   利用莱布尼兹公式得出：$(e^x \sin x)^{(n)} = e^x \sum_{k=0}^{n} C_n^k \sin\left(x + \dfrac{k\pi}{2}\right)$，形式繁杂.

解二   从特殊到一般，寻求形式规律

$$y' = e^x(\sin x + \cos x) = e^x \sqrt{2} \sin\left(x + \frac{\pi}{4}\right),$$

类推：

$$y'' = \sqrt{2} e^x \left[\sin\left(x + \frac{\pi}{4}\right) + \cos\left(x + \frac{\pi}{4}\right)\right] = 2e^x \sin\left(x + 2 \cdot \frac{\pi}{4}\right),$$

……

一般地，有 $y^{(n)} = 2^{\frac{n}{2}} e^x \sin\left(x + \dfrac{n\pi}{4}\right)$（可用数学归纳法严格证明之）.

解三   利用复数的欧拉公式 $e^{ix} = \cos x + i\sin x$，两边乘以 e^x 得

$$e^{(i+1)x} = e^x \cos x + ie^x \sin x, \text{ 故 } e^x \sin x = Im\, e^{(i+1)x},$$

而

$$[e^{(i+1)x}]^{(n)} = (i+1)^n e^{(i+1)x} = 2^{\frac{n}{2}} e^{\frac{n\pi}{4}i} e^{(i+1)x} = 2^{\frac{n}{2}} e^x e^{\left(\frac{n\pi}{4} + x\right)i},$$

于是

$$(e^x \sin x)^{(n)} = I_m [e^{(i+1)x}]^{(n)} = 2^{\frac{n}{2}} e^x \sin\left(x + \frac{n\pi}{4}\right).$$

例 3　证明 $f(x) = \begin{cases} \mathrm{e}^{-\frac{1}{x^2}} & x \neq 0 \\ 0 & x = 0 \end{cases}$，在 $x = 0$ 处任意阶可导且 $f^{(n)}(0) = 0$.

证　$f'(0) = \lim\limits_{x \to 0} \dfrac{\mathrm{e}^{-\frac{1}{x^2}} - 0}{x} = 0$，

当 $x \neq 0$ 时，$f'(x) = 2x^{-3} \mathrm{e}^{-\frac{1}{x^2}}$，

$f''(0) = \lim\limits_{x \to 0} \dfrac{2x^{-3} \mathrm{e}^{-\frac{1}{x^2}} - 0}{x} = \lim\limits_{x \to 0} \dfrac{2\mathrm{e}^{-\frac{1}{x^2}}}{x^4} \xlongequal{\text{令 } t = \frac{1}{x}} \lim\limits_{t \to \infty} \dfrac{2t^4}{\mathrm{e}^{t^2}} = 0$，

当 $x \neq 0$ 时，$f''(x) = 2[-3x^{-4} \mathrm{e}^{-\frac{1}{x^2}} + x^{-3} \mathrm{e}^{-\frac{1}{x^2}} 2x^{-3}] = 2(2x^{-6} - 3x^{-4}) \mathrm{e}^{-\frac{1}{x^2}}$，

……

一般地，有 $f^{(k)}(x) = P\left(\dfrac{1}{x}\right) \mathrm{e}^{-\frac{1}{x^2}}$，其中 $P(u)$ 是一个多项式. 这一点可以归纳证明，从略 （$x \neq 0$ 时）.

现在设 $f^{(k)}(0) = 0$，则

$$f^{(k+1)}(0) = \lim\limits_{x \to 0} \dfrac{f^{(k)}(x) - f^{(k)}(0)}{x - 0} = \lim\limits_{x \to 0} \dfrac{1}{x} P\left(\dfrac{1}{x}\right) \mathrm{e}^{-\frac{1}{x^2}} = 0,$$

依数学归纳法得证

$$\forall n \in \mathbf{N}, \text{有 } f^{(n)}(0) = 0.$$

注　若将此 $f(x)$ 在原点展开成 Maclaurin 公式，则得 $f(x) = 0 + R_n(x)$，余项即为 $f(x)$ 本身，和通常的 $f(x) = T_n(x) + o(x^n)$ 有点不相吻合. 换言之，$f(x)$ 在 0 处的 Taylor 级数恒为 0，并不收敛于 $f(x)$，故这是一个非常另类的奇异函数.

例 4　设 $f(x) = \arctan x$，求 $f^{(n)}(0)$（华中理工大学）.

分析　$f'(x) = \dfrac{1}{1 + x^2}$，而高阶导数则不易求得，利用 Taylor 展开，可以轻易地求得 $f^{(n)}(0)$（但仍难以求得 $f^{(n)}(x)$）.

解一　因为 $\dfrac{1}{1 + x^2} = 1 - x^2 + x^4 - \cdots + (-1)^n x^{2n} + \cdots \mid x \mid < 1$，

若记 $g(x) = \dfrac{1}{1 + x^2}$，则 $g^{(2n)}(0) = (-1)^n (2n)!$，$g^{(2n-1)}(0) = 0$，

而得 $f^{(2n+1)}(0) = g^{(2n)}(0) = (-1)^n (2n)!$，$f^{(2n)}(0) = 0$.

解二　$y' = \dfrac{1}{1 + x^2}$，等价变形为乘积形式（这一步很关键！）

$$(1 + x^2) y' = 1 \tag{1}$$

对（1）式使用莱布尼兹公式

$$[(1 + x^2) y']^{(n)} = (1 + x^2) y^{(n+1)} + n2x y^{(n)} + n(n-1) y^{(n-1)} = 0,$$

令 $x = 0$，$y^{n+1}(0) + n(n-1) y^{(n-1)}(0) = 0$，

得递推公式 $y^{n+1}(0) = -n(n-1) y^{(n-1)}(0)$，据此可得相同结论.

解三　利用复因式分解 $\dfrac{1}{1 + x^2} = \dfrac{1}{2i}\left(\dfrac{1}{x - i} - \dfrac{1}{x + i}\right)$.

$$\left(\frac{1}{x \pm i}\right)^{(n)} = (-1)^n n! (x \pm i)^{-n-1} = (-1)^n n! (x^2+1)^{-\frac{n+1}{2}} \mathrm{e}^{\mp(n+1)\theta} \ (\theta = \mathrm{arccot} x),$$

$$\left(\frac{1}{x^2+1}\right)^{(n)} = (-1)^n n! \sin[(n+1)\mathrm{arccot} x](1+x^2)^{-\frac{n+1}{2}}.$$

此解法利用复数知识,属高级技巧.

例 5 证明 Legender 多项式 $y(x) = \dfrac{1}{2^m m!} \dfrac{\mathrm{d}^m[(x^2-1)^m]}{\mathrm{d}x^m}$ 满足微分方程:

$$(x^2-1)y'' + 2xy' - m(m+1)y = 0 \tag{1}$$

证 令 $u(x) = (x^2-1)^m$,欲证之(2)式等价于

$$(x^2-1)u^{(m+2)} + 2xu^{(m+1)} - m(m+1)u^{(m)} = 0 \tag{2}$$

因为 $u'(x) = 2mx(x^2-1)^{m-1}$,此即 $(x^2-1)u'(x) - 2mxu = 0$ $\tag{3}$

利用莱布尼兹公式,对(3)式左边求 $m+1$ 阶导数即得(2)式.

习题 3.2

1. 求高阶导数 $y^{(n)}(x)$. $(1) y = \dfrac{3x+2}{x^2-1}$; $\quad (2) y = \dfrac{x^3}{1-x}$; $\quad (3) y = \sin^3 x$.

2. 设 $y = \arcsin x$, 证明: $(1-x^2) y^{(n+2)} - (2n+1) x y^{(n+1)} - n^2 y^{(n)} = 0$.

   (据此可以求得 $y^{(n)}(0)$)

3. 已知 $f(x) = (x^2-1)^n$, 求 $f^{(n)}(1)$ 和 $f^{(n)}(-1)$.

4. 证明: $(x^{n-1} e^{\frac{1}{x}})^{(n)} = (-1)^n x^{-n-1} e^{\frac{1}{x}}$. $\hfill$ (同济大学)

5. 设 $g(x)$ 是 $[-1,1]$ 上无穷次可微分函数, $\exists M > 0$, 使 $|g^{(n)}(x)| \leqslant n! M$. 并且

$$g\left(\frac{1}{n}\right) = \ln(1+2n) - \ln n, n = 1,2,3,\cdots$$

   试计算各阶导数 $g^{(k)}(0)$, $k = 0,1,2,\cdots$. $\hfill$ (中国科学院, 1999 年)

6. 设 $y = \dfrac{1}{\sqrt{1-x^2}} \arcsin x$, 求 $y^{(n)}(0)$.

7. 设 $y = \arctan \dfrac{1-x}{1+x}$, 求 $y^{(n)}(0)$. $\hfill$ (浙江省 2004 年高等数学竞赛题)

§3.3 微分中值定理

作为函数和它的导函数之间相互联结的桥梁和纽带,微分中值定理赋予导数以鲜活的生命力.Rolle 定理,Lagrange 中值定理,柯西中值定理的证明思想质朴,环环相扣,辅助函数的引入更体现了数学思维的灵动美.

跟微分中值定理相关的题目一般都是证明题.下面我们按证题思路分述之.

一、妙用几何图形证题

从 Rolle 定理的证明,以及过渡到 Lagrange 中值定理所使用的辅助函数,都有明显的几何特征,而一旦将抽象的证明和具体形象的几何图形结合起来时,将会使我们对定理理解得更加深刻.

例1 设 $f(x) \in C[a,b]$ (f 不为常数),且在 (a,b) 内可导,(以后我们将在闭区间 $[a,b]$ 连续,在开区间 (a,b) 可导两条件合并记为 $f(x) \in C^*[a,b]$),且 $f(a) = f(b)$.证明:

$$\exists \xi_1, \xi_2 \in (a,b), \text{s.t.} \quad f'(\xi_1) > 0, f'(\xi_2) < 0.$$

证法一 由于 $f(x) \in C[a,b]$,且 $f(a) = f(b)$,$f(x)$ 不为常数,则在 (a,b) 内部必取得最大值或最小值之一,不妨设在 $\xi \in (a,b)$ 处取得最大值 $f(\xi)$,于是

$f(\xi) > f(a) = f(b)$,在 $[a,\xi]$ 上利用 L- 中值定理,$\exists \xi_1 \in (a,\xi)$,s.t.

$$f'(\xi_1) = \frac{f(\xi) - f(a)}{\xi - a} > 0.$$

同理 $\exists \xi_2 \in (\xi, b)$,s.t. $f'(\xi_2) < 0$.

证法二 由 f 不为常数,知在 (a,b) 内,$f'(x)$ 不恒为 0,不妨设 $\exists \xi_1$,s.t. $f'(\xi_1) > 0$.下证 $\exists \xi_2$,s.t. $f'(\xi_2) < 0$.

若不然,$\forall x \in (a,b)$,有 $f'(x) \geqslant 0$,故 $f(x)$ 在 $[a,b]$ 上递增.从 $f'(\xi_1) > 0$,$\exists \delta_1$,s.t. $f(\xi_1 + \delta_1) > f(\xi_1) \geqslant f(a)$,于是 $f(b) > f(a)$ 矛盾.

故必 $\exists \xi_2$,s.t. $f'(\xi_2) < 0$,命题得证.

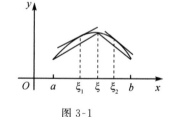

图 3-1

例2 假设 $f(x) \in C^*[a,b]$,且 $f(x)$ 非线性,证明:$\exists \xi \in (a,b)$,s.t.

$$\left| f'(\xi) \right| > \left| \frac{f(b) - f(a)}{b - a} \right|.$$

证法一 此题和例1是异曲同工的,正如 L- 中值定理和 Rolle 中值定理的联系一样.为了去掉绝对值,先假设 $f(b) > f(a)$ 时,构造辅助函数

$$F(x) = f(x) - f(a) - \frac{f(b) - f(a)}{b - a}(x - a).$$

那么 $F(x)$ 不恒为 0,$F(x) \in C^*[a,b]$.不妨设 $\exists x_0 \in (a,b)$,s.t. $F(x_0) > 0$ 在 $[a,x_0]$ 上运用 L- 中值定理,知 $\exists \xi \in (a,x_0)$,s.t.

$$F'(\xi) = \frac{F(x_0) - F(a)}{x_0 - a} > 0.$$

据此即有 $\qquad f'(\xi) > \dfrac{f(b) - f(a)}{b - a} > 0.$

若 $F(x_0) < 0$，在 $[x_0, b]$ 上运用 L- 中值定理，一样得到所要求的 ξ，

$$f'(\xi) > \frac{f(b) - f(a)}{b - a},$$

而当 $f(a) > f(b)$ 情形，取 $g(x) = -f(x)$，则依上述过程，$\exists \xi$，s.t.

$g'(\xi) > \dfrac{g(b) - g(a)}{b - a} > 0$，此即 $f'(\xi) < \dfrac{f(b) - f(a)}{b - a} < 0.$

综合两种情况，皆有 $|f'(\xi)| > \left| \dfrac{f(b) - f(a)}{b - a} \right|.$

证法二　依 L- 中值定理，$\exists x^* \in (a, b)$，s.t.

$f'(x^*) = \dfrac{f(b) - f(a)}{b - a}$，

在 $[a, x^*]$ 和 $[x^*, b]$ 上分别应用 L- 中值定理，
$\exists \xi_1, \xi_2$，s.t.

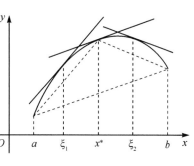

$$f'(\xi_1) = \frac{f(x^*) - f(a)}{x^* - a}, f'(\xi_2) = \frac{f(b) - f(x^*)}{b - x^*},$$

由几何意义易知，

$$\max\left\{ \left| \frac{f(x^*) - f(a)}{x^* - a} \right|, \left| \frac{f(b) - f(x^*)}{b - x^*} \right| \right\} \geqslant \left| \frac{f(b) - f(a)}{b - a} \right|,$$

亦即 ξ_1, ξ_2 之中必有一个满足题目要求.

图 3-2

证法三　（反证法）记 $k = \left| \dfrac{f(b) - f(a)}{b - a} \right|$，若不然，$\forall x \in (a, b)$，有 $|f'(x)| \leqslant k$. 因
为 $f(x)$ 非线性，$\exists \xi \in (a, b)$，s.t.

$$\left| \frac{f(\xi) - f(a)}{\xi - a} \right| = |f'(\xi_1)| < k, \qquad \left| \frac{f(b) - f(\xi)}{b - \xi} \right| = |f'(\xi_2)| < k,$$

故有

$$|f(\xi) - f(a)| < k(\xi - a), \qquad |f(b) - f(\xi)| < k(b - \xi),$$

所以

$$|f(b) - f(a)| < |f(b) - f(\xi)| + |f(\xi) - f(a)| < k(b - a),$$

这与 k 的定义矛盾.

例 3　设 $f(x)$ 在 $[a, b]$ 连续，在 (a, b) 二阶可导，连结端点 A, B 的弦与曲线 $y = f(x)$
相交于点 $C(c, f(c))$. 证明：$\exists \xi$，s.t. $f''(\xi) = 0$.　　　　　　　　（华中师范大学 2003 年）

这个题目本身就以几何形态的条件出发，而欲证明的 $f''(\xi) = 0$ 无非提示点 $M(\xi, f(\xi))$
是曲线的拐点.

证法一　若 $f''(x) > 0$，$\forall x \in (a, b)$ 恒成立（为什么可以
做这样的反证假定？）

则 $f(x)$ 在 $[a, b]$ 上严格凸，
$f(\lambda_1 x_1 + \lambda_2 x_2) \leqslant \lambda_1 f(x_1) + \lambda_2 f(x_2)$，
则割线 AB 不可能与曲线 $y = f(x)$ 再相交于第三点 C.

证法二　在 $[a, c]$ 上用 L- 中值定理，$\exists \xi_1$：

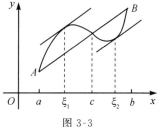

图 3-3

$$f'(\xi_1) = \frac{f(c) - f(a)}{c - a} = \frac{f(b) - f(a)}{b - a},$$

在 $[c,b]$ 上用 L- 中值定理，$\exists \xi_2 : f'(\xi_2) = \frac{f(b) - f(c)}{b - c} = \frac{f(b) - f(a)}{b - a}$，

在 $[\xi_1, \xi_2]$ 上用 Rolle 中值定理于 $f'(x)$，就得 $\exists \xi \in (\xi_1, \xi_2)$，s. t. $f''(\xi) = 0$.

二、构建辅助函数

从 Rolle 中值定理到 L- 中值定理，证明中使用了辅助函数

$$F(x) = f(x) - f(a) - \frac{f(b) - f(a)}{b - a}(x - a).$$

目的是将斜置的"弓形"转化为水平的"弓形". 依据不同的目的，构建恰当的辅助函数达成证明的目标，是数学中极为常用的手段，犹如几何学中添加辅助线.

例 4　设 $f(x)$ 在 (a,b) 内可导，且 $f(a+0) = f(b-0)$，则 $\exists \xi \in (a,b)$，s. t. $f'(\xi) = 0$.

（广义 Rolle 定理）

注　本题的开区间可以取无限区间.

证　情形 $1°$　当 (a,b) 为有限开区间时，可以添加 f 在端点处的值使之成为在闭区间 $[a,b]$ 上连续的函数，就可以应用 Rolle 中值定理.

情形 $2°$　当 $(a,b) = (-\infty, +\infty)$ 时，令 $x = \tan t, t \in \left(-\frac{\pi}{2}, \frac{\pi}{2}\right)$，

$g(t) = f(\tan t)$，则 $g(t)$ 在 $\left(-\frac{\pi}{2}, \frac{\pi}{2}\right)$ 内连续、可导，符合情形 $1°$ 的条件，

$\exists t_0 \in \left(-\frac{\pi}{2}, \frac{\pi}{2}\right)$，s. t. $g'(t_0) = f'(\tan t_0) \sec^2 t_0 = 0$，

由于 $\sec^2 t_0 \neq 0$，得出 $f'(\tan t_0) = 0$，取 $\xi = \tan t_0$ 即行.

或证　设存在 $x_0, f'(x_0) > 0$，则一定存在 x_1，s. t. $f'(x_1) < 0$，
（若不然，$\forall x \in \mathbf{R}$，有 $f'(x) > 0$，则 $f(x)$ 单调递增. 于是当 $x > 1$ 时，有
$$f(-x) < f(0) < f(1) < f(x),$$
则 $\lim_{x \to -\infty} f(x) \leqslant f(0)$，$\lim_{x \to +\infty} f(x) \geqslant f(1)$，得出矛盾），由达布定理知结论成立.

情形 $3°$　当 $(a,b) = (a, +\infty)$ 时，（单边无限的开区间），类似可以讨论

例 5　假定 $f(x), g(x) \in C^*[a,b]$，$f(a) = f(b) = 0$，$g(x)$ 保号，试证：$\exists \xi \in (a,b)$，s. t.

$$f'(\xi)g(\xi) = g'(\xi)f(\xi).$$

证明　对 $F(x) = \frac{f(x)}{g(x)}$ 运用 Rolle 定理.

注　若 $g(x)$ 不保号，结论不真. 如 $f(x) = x^2 - 1, g(x) = x, x \in [-1,1]$.

例 6　设 $f(x), g(x)$ 满足 Cauchy 中值定理条件，证明：$\exists \xi \in (a,b)$，s. t.

$$\frac{f'(\xi)}{g'(\xi)} = \frac{f(\xi) - f(a)}{g(b) - g(\xi)}.$$

分析　欲证之式化为

$$f'(\xi)g(\xi) + f(\xi)g'(\xi) = f(a)g'(\xi) + f'(\xi)g(b),$$

构造函数

$$F(x) = f(x)g(x) - f(a)g(x) - f(x)g(b),$$

或

$$F(x) = [f(x) - f(a)][g(x) - g(b)].$$

例 7　设 $f(x)$ 在 $[0,\infty)$ 上可导，且 $0 \leqslant f(x) \leqslant \dfrac{x}{1+x^2}$，证明：存在 $\xi > 0$，s. t.

$$f'(\xi) = \frac{1-\xi^2}{(1+\xi^2)^2}.$$

证　欲证之式转化为 $f'(\xi) - \dfrac{1-\xi^2}{(1+\xi^2)^2} = 0$.

引入辅助函数 $F(x) = f(x) - \dfrac{x}{1+x^2}$，则 $F(0) = 0, F(+\infty) = 0$. 用广义 Rolle 定理得证.

或证　见上，$F(x) \leqslant 0$，若 $F(x) \equiv 0$，则 $f(x) \equiv \dfrac{x}{1+x^2}$，$\forall \xi > 0$ 都满足. 若 $F(x)$ 不恒为 0，则 $\exists x_0, F(x_0) < 0$，由 $F(0) = F(+\infty) = 0$，存在 $0 < x_1 < x_0 < x_2$，s. t. $F(x_1) = F(x_2)$ 介于 $F(x_0)$ 和 $F(0) = 0$ 之间. 在 $[x_1, x_2]$ 上直接使用 Rolle 定理得证.

例 8　设 f 在 $[0,1]$ 上可微，且 $f(1) - 2\displaystyle\int_0^{\frac{1}{2}} xf(x)\mathrm{d}x = 0$，则 $\exists \xi \in (0,1)$，s. t.

$$f'(\xi) = -\frac{f(\xi)}{\xi}.$$

分析　欲证之式等价于 $\xi f'(\xi) + f(\xi) = 0$. 引入 $F(x) = xf(x)$，显然 $F(0) = 0$，相当于证 $\exists \xi \in (0,1)$，s. t. $F'(\xi) = 0$，故只要在 $(0,1)$ 中找两个点使得 $F(x)$ 在该两个点函数值相等.

证明　$2\displaystyle\int_0^{\frac{1}{2}} xf(x)\mathrm{d}x$ 是 $F(x) = xf(x)$ 在区间 $\left[0, \dfrac{1}{2}\right]$ 上的积分平均，依积分第一中值定理，$\exists x_0 \in \left(0, \dfrac{1}{2}\right)$，s. t. $F(x_0) = 2\displaystyle\int_0^{\frac{1}{2}} xf(x)\mathrm{d}x = f(1) = F(1)$，在 $[x_0, 1]$ 上用 Rolle 定理.

例 9　设 f 在 $[x, x+h]$ 上二次可微，$\tau \in [0,1]$，则存在 $\theta \in (0,1)$，使得

$$f(x+\tau h) = \tau f(x+h) + (1-\tau)f(x) + \frac{h^2}{2}\tau(\tau-1)f''(x+\theta h).$$

证明　不妨假定 $0 < \tau < 1$，设 M（依赖于 x, h, τ）满足

$$f(x+\tau h) - \tau f(x+h) - (1-\tau)f(x) - \frac{h^2}{2}\tau(\tau-1)M = 0,$$

引入辅助函数（将上式中的 τ 置换成变量 t）：

$$F(t) = f(x+th) - tf(x+h) - (1-t)f(x) - \frac{h^2}{2}t(t-1)M, t \in [0,1].$$

那么 $F(0) = F(\tau) = F(1) = 0$，又由 f 在 $[x, x+h]$ 上二阶可微，得知 $F(t)$ 在 $(0,1)$ 上亦二阶可微，连续用两次 Rolle 定理知存在 $\theta \in (0,1)$，s. t. $F''(\theta) = 0$，此即 $f''(x+\theta h) = M$.

例 10　设 f 在 $[a,b]$ 上三阶可导,证明:存在 $\xi \in (a,b)$,s.t.

$$f(b) = f(a) + \frac{b-a}{2}(f'(a) + f'(b)) - \frac{1}{12}(b-a)^3 f'''(\xi) \tag{1}$$

证法一　欲证之式可改成

$$\frac{f(b) - f(a) - \dfrac{b-a}{2}(f'(a) + f'(b))}{(b-a)^3} = -\frac{1}{12}f'''(\xi) \tag{2}$$

常数变易思路:上式左边的 b 改成变量 x,引入

$$F(x) = f(x) - f(a) - \frac{x-a}{2}[f'(a) + f'(x)]; G(x) = (x-a)^3.$$

易见　$F(a) = G(a) = 0$,

$$F'(x) = \frac{f'(x) - f'(a)}{2} - \frac{(x-a)f''(x)}{2},$$

$$F'(a) = 0,$$

$$G'(x) = 3(x-a)^2,$$

$$G'(a) = 0,$$

$$F''(x) = -\frac{1}{2}(x-a)f'''(x),$$

$$G''(x) = 6(x-a),$$

由 Cauchy 中值定理

(2) 式之左边 $= \dfrac{F(b)}{G(b)} = \dfrac{F(b) - F(a)}{G(b) - G(a)}$

$$\xrightarrow{\exists\,\eta \in (a,b)} \frac{F'(\eta)}{G'(\eta)} = \frac{F'(\eta) - F'(a)}{G'(\eta) - G'(a)} \xrightarrow{\exists\,\xi \in (a,b)} \frac{F''(\xi)}{G''(\xi)} = -\frac{1}{12}f'''(\xi).$$

证法二　令 M 满足

$$f(b) = f(a) + \frac{1}{2}(b-a)[f'(a) + f'(b)] - \frac{1}{12}(b-a)^3 M,$$

作辅助函数

$$F(x) = f(x) - f(a) - \frac{1}{2}(x-a)[f'(x) + f'(a)] + \frac{1}{12}(x-a)^3 M,$$

$$F'(x) = \frac{1}{2}[f'(x) - f'(a) - (x-a)f''(x)] + \frac{M}{4}(x-a)^2$$

$$F''(x) = \frac{x-a}{2}[M - f'''(x)].$$

则 $F(a) = F(b) = 0$,由 Rolle 定理,$\exists\,x_1 \in (a,b)$,s.t. $F'(x_1) = 0$,整理得

$$f'(a) = f'(x_1) + f''(x_1)(a-x_1) + \frac{1}{2}(x_1-a)^2 M \tag{3}$$

再由 Taylor 公式,$\exists\,\xi \in (a,x_1)$,s.t.

$$f'(a) = f'(x_1) + f''(x_1)(a-x_1) + \frac{1}{2}(x_1-a)^2 f'''(\xi) \tag{4}$$

比较 (3),(4) 两式即得知.

或从 $F'(a) = 0, F'(x_1) = 0$,$\exists\,\xi \in (a,x_1)$,s.t. $F''(\xi) = 0$. 即得 $M = f'''(\xi)$.

例 11 设 $f(x)$ 在有限区间 (a,b) 内可导但无界,证明 $f'(x)$ 在 (a,b) 内也无界,其逆不真.

证法一 反证法,逆命题不真的反例如 $y=\sqrt{x}$ 在 $(0,1)$ 上.

证法二 取点 $x_0\in(a,b)$,$\forall M>0$,$\exists x_1\in(a,b)$,s.t.
$$|f(x_1)|\geqslant\max\{2|f(x_0)|,2(b-a)M\}.$$

在以 x_0,x_1 为端点的区间上运用 L- 中值定理,存在介于 x_0,x_1 之间的 ξ,使得
$$|f'(\xi)|=|\frac{f(x_1)-f(x_0)}{x_1-x_0}|\geqslant\frac{|f(x_1)|-|f(x_0)|}{|x_1-x_0|}\geqslant\frac{|f(x_1)|}{2|x_1-x_0|}\geqslant M.$$

故 $f'(x)$ 在 (a,b) 上无界.

例 12 设 $f(x)\in C^*[0,1]$,且 $f(0)=0$,若 $\forall x\in[0,1]$,有 $|f'(x)|\leqslant|f(x)|$,证明:$f(x)\equiv 0$.

证明 $\forall 0<x<1$,$|f(x)|=|f'(\xi_1)|x\leqslant|f(\xi_1)|x\leqslant\cdots\leqslant|f(\xi_n)|x^n$,其中 $0<\xi_n<\xi_{n-1}<\cdots<\xi_1<x$,令 $n\to+\infty$,得 $f(x)=0$,继而由 $f(x)$ 在 $x=1$ 点的连续性得知 $f(1)=0$,所以 $f(x)$ 在 $[0,1]$ 上恒等于 0.

推广:设 $f(x)$ 在 $[0,\infty)$ 内可微,$f(0)=0$,并且 $\exists A>0$,s.t. $|f'(x)|\leqslant A|f(x)|$ 恒成立.试证明 $f(x)\equiv 0$(中科院 2003 年).

证法一 当 $x\in\left[0,\frac{1}{2A}\right]$ 时,
$$|f(x)|=|f(x)-f(0)|=|f'(\xi_1)|x\leqslant A|f(\xi_1)|x\leqslant\frac{1}{2}|f(\xi_1)|,$$

依次类推得
$$|f(x)|\leqslant\frac{1}{2^2}|f(\xi_2)|\leqslant\cdots\leqslant\frac{1}{2^n}|f(\xi_n)|,$$

在 $\left[0,\frac{1}{2A}\right]$ 上,$f(x)$ 连续,故必有界,于是令 $n\to\infty$,知 $x\in\left[0,\frac{1}{2A}\right]$ 时,$f(x)\equiv 0$.

既然 $f\left(\frac{1}{2A}\right)=0$,如法炮制上述过程于区间 $\left[\frac{1}{2A},\frac{1}{A}\right]$,仍得 $f(x)\equiv 0$,$\cdots$,在 $\left[\frac{i-1}{2A},\frac{i}{2A}\right]$ $(i=1,2,\cdots)$ 上,皆有 $f(x)\equiv 0$.

证法二 令 $M=\max\limits_{0\leqslant x\leqslant\frac{1}{2A}}\{|f(x)|\}=|f(x_0)|$,对 $|f(x_0)|$ 使用上述技巧,
$$\exists\eta\in(0,x_0),\text{s.t. }M=|f(x_0)|=|f(x_0)-f(0)|=|f'(\eta)|\cdot|x_0|\leqslant A|f(\eta)|x_0$$
$\leqslant\frac{1}{2}|f(\eta)|\leqslant\frac{M}{2}$,矛盾,或直接推得 $M=0$.

证法三 反证法,若 $\exists x_0>0$,s.t. $f(x_0)\neq 0$,不妨设 $f(x_0)>0$,记 $x_1=\inf\{x\mid(x,x_0)$ 上 $f(x)>0\}$,显然 $f(x_1)=0$.在 (x_1,x_0) 内定义,$g(x)=\ln f(x)$,则 $|g'(x)|=\left|\frac{f'(x)}{f(x)}\right|\leqslant A$,故 $g(x)$ 在有限区间 (x_1,x_0) 上有界,但由于 $\lim\limits_{x\to x_1^+}f(x)=0$,应有 $\lim\limits_{x\to x_1^+}g(x)=\lim\limits_{x\to x_1^+}\ln f(x)=-\infty$,矛盾.

注 逆否命题:设 f 在 $[a,b]$ 连续,在 (a,b) 可导,$f(a)=0$,$f(x)>0$ $(a<x<b)$,则不存在常数 $M>0$,使 $\forall a<x<b$ 有 $\left|\frac{f'(x)}{f(x)}\right|\leqslant M$.

例 13　设 f,g 在 $\mathbf{R}$ 内有定义，$f(x)$ 二阶可导，且满足

$$f''(x)+f'(x)g(x)-f(x)=0.$$

如果 $f(a)=f(b)=0$. 求证：在 $[a,b]$ 上，$f(x)=0$.

证明　题设对于函数 $g(x)$ 的限定较模糊，若 $g(x)$ 可以任取，则令 $g(x)\equiv0$，原题中条件简化为 $f''(x)-f(x)=0$，其通解为 $f(x)=C_1\mathrm{e}^x+C_2\mathrm{e}^{-x}$.

利用 $f(a)=f(b)=0$，得出待定系数 $C_1=C_2=0$，假若 $g(x)$ 是一个特定的函数，设法令 $f'(\xi)g(\xi)$ 项消失.

反证法：若 $\exists\,x_0\in(a,b)$，s. t. $f(x_0)\neq0$，不妨设 $f(x_0)>0$，那么 $f(x)$ 在 (a,b) 内有最大值点 ξ，于是 $f'(\xi)=0$，代入条件式知 $f''(\xi)=f(\xi)>0$. 这说明 $f(x)$ 在 ξ 处只能是最小值（极小值），矛盾.

例 14　设 $f(x)$ 在 $(0,a]$ 上可导，且 $\lim\limits_{x\to0^+}\sqrt{x}f'(x)$ 存在且有限，试证 $f(x)$ 在区间 $[0,a]$ 上一致连续.

分析　归结为证明 $\lim\limits_{x\to0^+}f(x)$ 存在即可以了. 利用极限存在的 Cauchy 收敛准则和 Cauchy 微分中值定理来证：$\forall\,x',x''\in(0,a]$，$x'<x''$，$\exists$ 介于 x'，x'' 之间的 ξ，s. t.

$$\frac{f(x'')-f(x')}{\sqrt{x''}-\sqrt{x'}}=\frac{f'(\xi)}{\dfrac{1}{2\sqrt{\xi}}}=2\sqrt{\xi}f'(\xi),$$

$$f(x'')-f(x')=2\sqrt{\xi}f'(\xi)(\sqrt{x''}-\sqrt{x'}),$$

利用 $\sqrt{x}f'(x)$ 在 0 附近的局部有界性及在 $(0,\varepsilon^2)$ 内，

$$|\sqrt{x''}-\sqrt{x'}|\leqslant\sqrt{x''}-\sqrt{x'}<\varepsilon$$ 充分小即可.

习题 3.3

1. $f(x)$ 在 $[a,b]$ 内连续，$f(a)=f(b)=0$；$f(x)$ 在 $[a,b)$ 内可导，且 $f'_+(a)>0$；$f(x)$ 在 (a,b) 内二阶可微，证明存在 $C\in(a,b)$，使得 $f''(c)<0$.

2. 设 $f(x)$ 二阶可导，$f''(c)\neq 0$，试证 $\exists x_1,x_2$，s.t. $f'(c)=\dfrac{f(x_2)-f(x_1)}{x_2-x_1}$.

3. 设 $f\in C'(\mathbf{R})$，$f(a)=f(b)=0$，$f'(a)<0$，$f'(b)<0$，证明至少存在两点 ξ_1,ξ_2，s.t. $f'(\xi_1)=f'(\xi_2)=0$.

4. 设 $f(x)\in C^*[0,1]$，$f'(x)>0(0<x<1)$，$f(0)=0$. 证明存在 $\lambda,\mu\in(0,1)$，$\lambda+\mu=1$，满足 $\dfrac{f'(\lambda)}{f(\lambda)}=\dfrac{f'(\mu)}{f(\mu)}$. 　　　　　　　　（华中理工 1998 年）

5. 设 $f(x)\in C^*[0,1]$，且满足 $f(1)=3\int_0^{\frac{1}{3}}\mathrm{e}^{1-x^2}f(x)\mathrm{d}x$，证明存在 $\xi\in(0,1)$，使得 $f'(\xi)=2\xi f(\xi)$. 　　　　　　　　　　（2001 年数学（四））

6. 设 $f(x)\in C^*[a,b]$，且 $f(a)=f(b)=1$，证明 $\exists \xi,\eta\in(a,b)$，s.t.
$\mathrm{e}^{\eta-\xi}(f(\eta)+f'(\eta))=1$. 　　　　　　　（1998 年数学（四））

7. 设 $f\in C^*[0,1]$，$f(0)=f(1)=0$，$f\left(\dfrac{1}{2}\right)=1$. 试证：

(1) $\exists \eta\in\left(\dfrac{1}{2},1\right)$，s.t. $f(\eta)=\eta$；

(2) $\forall \lambda\in\mathbf{R}$，$\exists \xi\in(0,\eta)$，s.t. $f'(\xi)-\lambda(f(\xi)-\xi)=1$. 　　（1999 年数学（三））

8. 设 $f\in C^*[a,b]$ 且 $f'(x)\neq 0$. 试证 $\exists \xi,\eta\in(a,b)$，s.t.
$$\frac{f'(\xi)}{f'(\eta)}=\frac{\mathrm{e}^b-\mathrm{e}^a}{b-a}\cdot \mathrm{e}^{-\eta}$$ 　　　　（1998 年数学（三））

9. 设函数 f 在点 a 的某个邻域内具有二阶导数. 证明：对充分小的 h，存在 θ，$0<\theta<1$，使得
$$\frac{f(a+h)+f(a-h)-2f(a)}{h^2}=\frac{f''(a+\theta h)+f''(a-\theta h)}{2}.$$

10. 已知 f 在 $[0,1]$ 上三阶可导，$f(0)=-1$，$f(1)=0$，$f'(0)=0$. 试证至少存在一点 $\xi\in(0,1)$，s.t.
$$f(x)=-1+x^2+\frac{x^2(x-1)}{3!}f'''(\xi),\forall x\in(0,1).$$ 　　（浙江省高等数学竞赛 2004 年）

11. 设 f 在 $\mathbf{R}$ 上可导，$\forall x\neq y$，有 $f'\left(\dfrac{x+y}{2}\right)=\dfrac{f(y)-f(x)}{y-x}$，求证
$$f(x)=ax^2+bx+c.$$

12. 设函数 $f(x)$ 处处有连续的二阶导数，试证：
$$\lim_{h\to 0}\frac{\dfrac{f(a+h)-f(a)}{h}-f'(a)}{h}=\frac{1}{2}f''(a).$$

13. 设 $f(x)$ 在 $[a,b]$ 连续，在 (a,b) 有二阶导数，证明，$\exists \xi \in (a,b)$，s.t.

$$f(b) - 2f\left(\frac{a+b}{2}\right) + f(a) = \frac{(b-a)^2}{4} f''(\xi).$$

（南开大学 1982 年）

14. 函数 $f(x)$ 在 $[0,x]$ 上的拉格朗日公式为 $f(x) - f(0) = f'(\theta x)x$，其中 $0 < \theta < 1$，对 $f(x) = \arctan x$，求 $x \to 0^+$ 时 θ 的极限值。

（武汉大学 2000 年）

15. 设 f 在 $[0,1]$ 可微，$f(0) = 0$，$f(1) = 1$，$\lambda_i \in (0,1)$ 且 $\sum\limits_{i=1}^{n} \lambda_i = 1$，证明：存在一组互不相等的 $x_1, x_2, \cdots, x_n$，s.t.

$$\sum_{i=1}^{n} \lambda_i \frac{1}{f'(x_i)} = 1.$$

（中国科技大学；浙江省数学竞赛 2003 年）

§3.4 函数零点与方程根的讨论

相关知识点和工具:Rolle 中值定理;闭区间上连续函数的零点存在定理;函数单调性;Rolle 定理的推广:设 $f(x)$ 为 n 阶可导,且有 $n+1$ 个零点,则 $f^{(n)}(x)$ 至少有一个零点.但此结果不能逆推!

例 1 证明方程 $2^x-x^2-1=0$ 恰有三个不同实根.

证 首先证有三个不同实根,不妨结合几何图形分析根的大概位置.

$x_1=0, x_2=1, x_3$ 介于 4 和 5 之间.再证仅此三根.

反证法,若有第四个根,则 $f(x)=2^x-x^2-1$ 的三阶导数 $f'''(x)=2^x(\ln 2)^3$ 应有至少一个零点,矛盾.

注 最好不要用图形代替证明,即严密化证题.

例 2 已知 $C_0+\dfrac{C_1}{2}+\cdots+\dfrac{C_n}{n+1}=0$,则方程 $C_0+C_1x+\cdots+C_nx^n=0$ 在 $(0,1)$ 内有根.

分析 设根为 ξ,则 $C_0+C_1\xi+\cdots+C_n\xi^n=0$,联系 Rolle 定理,构造一个函数 $f(x)$,s. t. $f'(\xi)=C_0+C_1\xi+\cdots+C_n\xi^n$ 即可.

证明 引入辅助函数 $f(x)=C_0x+\dfrac{C_1}{2}x^2+\cdots+\dfrac{C_n}{n+1}x^{n+1}$,于是 $f(0)=f(1)=0$,在 $[0,1]$ 上对 $f(x)$ 运用 Rolle 中值定理即可.

例 3 设 $f(x)\in[a,b]$,且当 $0\leqslant k\leqslant n$ 时,$\int_a^b x^k f(x)\mathrm{d}x=0$,求证 $f(x)$ 在 $[a,b]$ 上至少有 $n+1$ 个零点.

分析 从 $n=1$ 情形入手,$\int_a^b f(x)\mathrm{d}x=0$ 说明 $f(x)$ 至少有一个零点,x_0 且 $f(x)$ 要变号.若 $f(x)$ 仅有 x_0 唯一的零点,则 f 在 $[a,x_0)$ 和 $(x_0,b]$ 上符号相反.又若 $\int_a^b x f(x)\mathrm{d}x=0$,则必有 $\int_a^b(x-x_0)f(x)\mathrm{d}x=0$,由于 $f(x)$ 在 x_0 的两侧只变号一次,则 $(x-x_0)f(x)$ 在 $[a,x_0)\bigcup(x_0,b]$ 上恒正或恒负,矛盾.

证明 反证法.若不然,$f(x)$ 在 $[a,b]$ 上只有 $m(m\leqslant n)$ 个零点:

$a\leqslant c_1<c_2<\cdots<c_m\leqslant b$,令

$P_m(x)=\pm(x-c_1)(x-c_2)\cdots(x-c_m)$,选取正、负号使 $P_m(x)$ 与 $f(x)$ 在 $[a,b]$ 上同号即可得.

例 4 若 $f(x)$ 在 **R** 上可导,且 $f(x)+f'(x)>0$,试证 $f(x)$ 至多只有一个零点.

分析 条件 $f(x)+f'(x)>0$ 不易应用,联想本讲义 §1.3 之例 2.作辅助函数 $F(x)=\mathrm{e}^x f(x)$,则有 $F'(x)=\mathrm{e}^x[f(x)+f'(x)]$.

证法一 引入 $F(x)=\mathrm{e}^x f(x)$,从条件知 $F'(x)>0$,于是 $F(x)$ 是 R 上严格递增函数.则 $F(x)$ 至多有一个零点,而 $\mathrm{e}^x>0$,故 $f(x)$ 至多只有一个零点.

证法二 反证法.若 $f(x)$ 有两个零点,x_1,x_2,则 $F(x_1)=F(x_2)=0$,由 Rolle 定理,$\exists\xi\in(x_1,x_2)$,s. t. $F'(\xi)=\mathrm{e}^\xi[f(\xi)+f'(\xi)]=0$,但 $\mathrm{e}^\xi>0$,故 $f(\xi)+f'(\xi)=0$,矛盾.

注 反证法其实证明了原命题的逆否命题,在 $f(x)$ 的两个零点之间,一定有 $f(x)+f'$

(x)的零点.

派生题 1:设 f 在 $[a,b]$ 上连续,在 (a,b) 内可导,且 $f(a)=f(b)=0$,求证:

$\forall$ 实数 λ,$\exists c \in (a,b)$,s. t. $f'(c)=\lambda f(c)$.

关键:构造辅助函数 $F(x)=e^{-\lambda x}f(x)$.

派生题 2:设 $f(x),g(x) \in C^*[a,b]$,$f(a)=f(b)=0$,试证 $\exists \xi \in (a,b)$,s. t.

$$f'(\xi)+f(\xi)g'(\xi)=0.$$

关键:引入 $F(x)=f(x)e^{g(x)}$,$F'(x)=e^{g(x)}[f'(x)+f(x)g'(x)]$.

思考:在同样的条件下,证明存在一个 η,使得 $f'(\eta)+f(\eta)g(\eta)=0$.

置换思路,此处 $g(\eta)$ 相当于题目中的 $g'(\xi)$,构造 $G(x)=f(x)\exp[\int_a^x g(t)dt]$.

例5 设 $f(x) \in C[a,b]$,且 $\forall x \in [a,b]$,有 $f(x) \leqslant \int_a^x f(t)dt$,试证 $f(x) \leqslant 0$.

分析 反证法,若 $\exists x_0 \in [a,b]$,s. t. $f(x_0)>0$,存在邻域 $U(x_0,\delta)$ 在其上 $f(x)>0$ 似乎推不出矛盾.

联想:$f(x)$ 是 $\int_a^x f(t)dt$ 的导函数,换个写法,则积分的条件转化为导数的条件.

证明 令 $F(x)=\int_a^x f(t)dt$,则原条件变为 $F'(x)-F(x) \leqslant 0$,再引入辅助函数 $G(x)=e^{-x}F(x)$,$G'(x)=e^{-x}(F'(x)-F(x)) \leqslant 0$,于是 $G(x)$ 是递减函数,$\forall a<x \leqslant b$,$G(x) \leqslant G(a)=e^{-a}F(a)=0 \Rightarrow F(x) \leqslant 0$,由原条件 $f(x) \leqslant F(x)$,立知 $f(x) \leqslant 0$.

注 凡 $f'(x)+\lambda f(x)$ 类型的项一般联想到 $e^{\lambda x}f(x)$ 的导数.

例6 证明方程 $\sum_{k=0}^{2n+1} \dfrac{x^k}{k!}=0$ 有且仅有一个实根.

证法一 为简便,引入记号 $F_n(x)=\sum_{k=0}^{n} \dfrac{x^k}{k!}$,由于

$F_{2n+1}(+\infty)=+\infty$,$F_{2n+1}(-\infty)=-\infty$,故 $F_{2n+1}(x)=0$ 显然有解.

下证解的唯一性.易知 $F'_{2n+1}(x)=F_{2n}(x)$,而 $\lim_{x \to \infty} F_{2n}(x)=+\infty$.故 $F_{2n}(x)$ 在 **R** 上必有最小值,欲证 $F_{2n+1}(x)$ 严格递增只需证 $F_{2n}(x)>0$ 恒成立 $\Leftrightarrow \min_{x \in \mathbf{R}} F_{2n}(x)>0$.

设 ξ 是 $F_{2n}(x)$ 的最小值点,则 ξ 一定是其极小值点,于是 $F'_{2n}(\xi)=0$,即 $F_{2n-1}(\xi)=0$,$F_{2n}(\xi)=F_{2n-1}(\xi)+\dfrac{\xi^{2n}}{(2n)!}=\dfrac{\xi^{2n}}{(2n)!}>0$.

严格的书写可以采用归纳法.

$F_1(x)=0$ 有唯一的零点,$F_2(x)=1+x+\dfrac{x^2}{2}$,由于判别式 $\Delta<0$,故无零点.且 $F_2(x)>0$,于是 $F_3(x)$ 有唯一的零点,$\cdots$

证法二 令 $G(x)=e^{-x}F_{2n+1}(x)$,易推得 $G'(x)=-\dfrac{x^{2n+1}e^{-x}}{(2n+1)!}$.

当 $x>0$ 时,$G'(x)<0$,$G(x)$ 单调递减,且由 $G(0)=1$,$G(+\infty)=0$ 知 $G(x)$ 在 $(0,+\infty)$ 上没有根.当 $x<0$ 时,$G'(x)>0$,$G(x)$ 单调递增,且 $G(-\infty)=-\infty$,故有唯一的根.但 e^{-x} 恒正,于是 $F_{2n+1}(x)$ 有唯一的根.

例7 证明 $x^n+x=1$ 在 $(0,1)$ 上存在唯一的根 x_n,并且 $x_n \to 1(n \to \infty)$.

分析 从几何图形转化为两曲线 $y=x^n$ 和 $y=1-x$ 相交的问题.

令 $F_n(x)=x^n+x-1$.从 $F'_n(x)>0$ 易推知根的存在唯一性.下证 $\lim_{n \to \infty} x_n=1$.

证明　首先证 $\{x_n\}$ 单调递增, $F_n(x_n) = F_{n+1}(x_{n+1}) = 0$.

$F_{n+1}(x_n) = x_n^{n+1} + x_n - 1 < x_n^n + x_n - 1 = 0 = F_{n+1}(x_{n+1})$, 且 $F_{n+1}(x)$ 递增. 故有 $x_n < x_{n+1}$; 又 $0 < x_n < 1$, 推出 $\lim\limits_{n \to \infty} x_n = l$ 存在.

其次证明 $l = 1$. 反证法, 若不然, 设 $l < 1$, $\exists \varepsilon_0$, s. t. $l + \varepsilon_0 < 1$, $\exists N$, 当 $n > N$ 时, $x_n < l + \varepsilon_0 < 1$, 所以 $x_n^n < (l + \varepsilon_0)^n \to 0$. 由 $x_n^n + x_n = 1$, 令 $n \to \infty$ 又应当有 $l = 1$, 得出矛盾.

例 8　设 $f(x)$ 在 $\mathbf{R}$ 上二阶可导且 $f''(x) > 0$, $\lim\limits_{x \to -\infty} f'(x) = \beta < 0$, $\lim\limits_{x \to +\infty} f'(x) = \alpha > 0$, 且 $\exists x_0$, s. t. $f(x_0) < 0$, 求证 $f(x)$ 在 $\mathbf{R}$ 上有且仅有两个零点.

分析　$f''(x) > 0 \Rightarrow f'(x)$ 单调递增, 结合条件 $\exists c$, s. t. $f'(c) = 0$.

在 $(-\infty, c)$ 上, $f'(x) < 0$, $f(x)$ 单调递减, 在 $(c, +\infty)$ 上, $f'(x) > 0$, $f(x)$ 单调递增, 故 $f(c)$ 必是 $f(x)$ 的最小值点, 且 $f(c) < 0$. 然后证当 $|x|$ 充分大时, $f(x) > 0$ 即可.

例 9　设 $f(x)$ 在 $[0,1]$ 可微, $\forall x \in [0,1]$, $0 < f(x) < 1$, 且 $f'(x) \neq 1$. 试证存在唯一的 $\xi \in (0,1)$, s. t. $f(\xi) = \xi$, 亦即 $f(x)$ 存在不动点.

证明　引入 $F(x) = f(x) - x$, $F(0) > 0$, $F(1) < 0$, 且 $F(x)$ 连续, 推出 $\exists \xi$, s. t. $F(\xi) = 0$. 下证唯一性.

若不然, 还存在另一个 η, 使得 $f(\eta) = \eta$, 不妨设 $0 < \xi < \eta < 1$, 在区间 $[\xi, \eta]$ 上用 Lagrange 中值定理, $\exists x_0 \in (\xi, \eta)$, s. t. $f(\eta) - f(\xi) = f'(x_0)(\eta - \xi)$.

所以 $f'(x_0) = 1$, 与题设矛盾.

或用 $f'(x_0) \neq 1 \Rightarrow F'(x) \neq 0$, 且 $F(1) < F(0)$ 知, $F(x)$ 必为严格递减. 故其零点唯一.

例 10　设 $f(x) = a_0 + a_1 \cos x + \cdots + a_n \cos nx$, 其中 $a_i \in \mathbf{R}$, 且
$$a_n > |a_0| + |a_1| + \cdots + |a_{n-1}|.$$
证明: $f^{(n)}(x)$ 在 $[0, 2\pi]$ 内至少有 n 个零点.

分析　鉴于事实 "求导一次, 零点少一个", 猜测 $f(x)$ 必至少有 $2n$ 个零点. 而条件 $a_n > \sum\limits_{i=0}^{n-1} |a_i|$ 表明 $f(x)$ 的构成项中, 末项 $a_n \cos nx$ 是龙头老大, 有多少零点它说了算. 显然 $\cos nx$ 在 $[0, 2\pi]$ 中完成了 n 个周期, 故有 $2n$ 个零点. 剩下的是证明 $f(x)$ 亦有 $2n$ 个零点.

证明　$\cos nx$ 在 $[0, 2\pi]$ 内的极值点是 $\dfrac{k\pi}{n}$ $(k = 0, 1, \cdots, 2n)$, 由条件知 $f\left(\dfrac{k\pi}{n}\right)$ 与末项 $a_n \cos k\pi = (-1)^k a_n$ 同号, 因此当 $k = 0, 1, 2, \cdots, 2n$ 时, $f\left(\dfrac{k\pi}{n}\right)$ 依次变号, 故存在 $x_1, x_2, \cdots, x_{2n} \in (0, 2\pi)$ 使 $f(x_k) = 0$, $k = 1, 2, \cdots, 2n$. 连续运用 Rolle 定理得 $f^{(n)}(x)$ 在 $[0, 2\pi]$ 内至少有 n 个零点.

例 11　设 $u_n(x) = (x^2 - 1)^n$.

(1) 求 $u_n^{(n)}(1)$, $u_n^{(n)}(-1)$;

(2) 证明 $u_n^{(n)}(x)$ 的一切根全在 $(-1, 1)$ 之内.

证明　(1) **法一**: 利用莱布尼兹乘积求导公式 $u_n(x) = (x-1)^n (x+1)^n$.
$$u_n^{(n)}(x) = \sum_{k=0}^{n} C_n^k [(x-1)^n]^{(k)} [(x+1)^n]^{(n-k)}$$

$$= (x-1)^n n! + \sum_{k=1}^{n-1} \cdots + (x+1)^n n!.$$

式中 $\sum_{k=1}^{n-1}$ 项含有因式 $(x-1)(x+1)$，故 $u_n^{(n)}(\pm 1) = (\pm 2)^n n!$.

法二：利用 Taylor 展开式，先考虑 $u_n^{(n)}(1)$，

$$u_n(x) = (x-1)^n (x+1)^n = (x-1)^n (x-1+2)^n$$

$$= (x-1)^n \sum_{k=0}^{n} C_n^k 2^{n-k} (x-1)^k$$

$$= \sum_{k=0}^{n} C_n^k 2^{n-k} (x-1)^{n+k} = 2^n (x-1)^n + n 2^{n-1} (x-1)^{n+1} + \cdots$$

仍推知 $u_n^{(n)}(1) = 2^n n!$.

(2) ± 1 是 $u_n(x)$ 的两个 n 阶零点，继而是 $u'_n(x)$ 的 $n-1$ 阶零点，由 Rolle 定理，$\exists \xi_1^{(1)} \in (-1,1)$, s. t. $u'_n(\xi_1^{(1)}) = 0$. 仍由 Rolle 定理，$\exists \xi_1^{(2)} \in (-1, \xi_1^{(1)})$ 和 $\xi_2^{(2)} \in (\xi_1^{(1)}, 1)$ s. t. $u''_n(\xi_i^{(2)}) = 0 (i=1,2)$. 且 ± 1 是 $u''_n(x)$ 的 $n-2$ 阶零点，$\cdots$，反复 n 次得知 $u_n^{(n)}(x)$ 不再以 ± 1 为零点，而 n 个零点全位于 $(-1,1)$ 之内. 注意到 $u_n^{(n)}(x)$ 是 n 次多项式，上述 n 个零点构成其全部零点.

注　$L_n(x) = \dfrac{1}{2^n n!} \dfrac{\mathrm{d}^n}{\mathrm{d} x^n} (x^2 - 1)^n$ 即为勒让德多项式.

习题 3.4

1. 讨论方程 $4^x - 3x^3 - 1 = 0$ 的根.

2. 给出 $g_n(x) = 1 - x + \dfrac{x^2}{2} - \cdots + (-1)^n \dfrac{x^n}{n}$，证明当 n 为奇数时，$g_n(x)$ 恰有一个零点；当 n 为偶数时，$g_n(x)$ 无零点.

3. 设在 $[1, +\infty)$ 上，$f''(x) < 0$，$f(1) = 2$，$f'(1) = -3$，证明 $f(x)$ 在 $[1, \infty)$ 上仅有一个零点.

4. 设 $f(x)$ 在 $\mathbf{R}$ 上二次可微，且有界，试证 $f''(x)$ 有零点.

5. 若 $f(x)$ 在 $\mathbf{R}$ 可导，且 $\exists\, 0 < \lambda < 1$，s.t. $\mid f'(x) \mid \leqslant \lambda$，证明 $f(x)$ 存在不动点.

6. 设 $f(x) \in C^*[a, +\infty)$，且 $f(a) < 0$，证明：若 $\forall\, x > a$，$f'(x) > c > 0$，则 $f(x)$ 在 $(a, +\infty)$ 内必有唯一的零点.

$$T_n(x) = \sum_{k=1}^{n} \cos^k x - 1$$

又问：条件 $f'(x) > c > 0$，削弱为 $f'(x) > 0$，结论是否仍然成立？

7. $f_n(x) = x + x^2 + \cdots + x^n$，证 $f_n(x) = 1$ 在 $[0, \infty)$ 上有唯一实根 x_n，且 $\lim x_n$ 存在，并求其值. （北师大 1997 年）

8. 令 $T_n(x) = \displaystyle\sum_{k=1}^{n} \cos^k x - 1$，证明 $T_n(x)$ 在 $\left[0, \dfrac{\pi}{3}\right)$ 内存在唯一零点 x_n，并证明 $x_n \to \dfrac{\pi}{3}$.

9. $f_n(x) = \sin x + \sin^2 x + \cdots + \sin^n x$，证明 $f_n(x) = 1$ 在 $\left[\dfrac{\pi}{6}, \dfrac{\pi}{2}\right)$ 内存在唯一解 x_n，且 $x_n \to \dfrac{\pi}{6}\ (n \to \infty)$. （北师大 1999 年）

10. 证明 $f(x) = x^{2n} \mathrm{e}^{-x}$ 的 n 阶导数 $f^{(n)}(x)$ 在 $x > 0$ 范围内至少有 n 个零点.

11. $\forall\, a, b, c \in \mathbf{R}$，证明方程 $\mathrm{e}^x = ax^2 + bx + c$ 至多有三个根. （浙江大学 2000 年）

§3.5 Taylor 公式及其应用

设 $f(x)$ 在 x_0 处连续,则有 $f(x) = f(x_0) + o(1)(x \to x_0)$.

设 $f(x)$ 在 x_0 处可导,则有 $f(x) = f(x_0) + f'(x_0)(x - x_0) + o(x - x_0)(x \to x_0)$,即在 x_0 的附近,$f(x)$ 可以用一个线性函数 $p_1(x) = f(x_0) + f'(x_0)(x - x_0)$ 代替,而误差是比 $x - x_0$ 高阶的无穷小.

函数 $f(x)$ 性质越好,越光滑,就可以用更高次数的多项式逼近 $f(x)$,误差亦为更高阶的无穷小量,即 $f(x) = P_n(x) + o((x - x_0)^n)(x \to x_0)$.

此即 Taylor 展开的思想实质.

一、基本结果

1. 带有皮亚诺余项的 Taylor 展开

定理 1 若 $f(x)$ 在 x_0 的邻域 $U(x_0)$ 内 $n - 1$ 阶可导,且 $f^{(n)}(x_0)$ 存在,则

$$f(x) = \sum_{k=0}^{n} \frac{f^{(k)}(x_0)}{k!}(x - x_0)^k + o(x - x_0)^n \tag{1}$$

本质:将 $f(x)$ 分解成 $f(x) = P_n(x) + R_n(x)$,如(1)式中的 $P_n(x)$ 称之为 $f(x)$ 在 x_0 处的 n 阶 Taylor 多项式.

定理 1 的核心在于余项的刻画

$$R_n(x) = o((x - x_0)^n)(x \to x_0).$$

特别,当 $x_0 = 0$ 时,得到的 Taylor 公式也叫作 Maclaurin 公式

$$f(x) = \sum_{k=0}^{n} \frac{f^{(n)}(0)}{k!}x^k + o(x^n) \quad (x \to 0) \tag{1'}$$

两种情形的转化:平移变换,在(1)中,令 $x = x_0 + t, F(t) = f(x_0 + t)$,只要求 $F(t)$ 在 $t = 0$ 处的 Maclaurin 展开式即可.

2. 带有 Lagrange 型余项的 Taylor 展开公式

定理 2 设 $f(x)$ 在 x_0 的某邻域 $U(x_0)$ 内 $n + 1$ 阶可导,$\forall x \in U(x_0)$,$\exists$ 介于 x_0, x 之间的 ξ,使得

$$f(x) = P_n(x) + \frac{f^{(n+1)}(\xi)}{(n+1)!}(x - x_0)^{n+1} \tag{2}$$

不难发现,该定理是 Lagrange 微分中值定理(相当于 $n = 0$ 的推广.

(2)式中的余项 $R_n(x) = \frac{f^{(n+1)}(\xi)}{(n+1)!}(x - x_0)^{n+1}$ 称为 L- 型余项.

注1° 两类余项的比较:皮亚诺型余项刻画的是在 x_0 点附近的局部性质,用于求极限时比较方便;拉格朗日型余项刻画的是某区间内的整体性质. 在考虑用多项式逼近函数作近似计算的误差时,或 Taylor 级数展开的有效性以及证明不等式等

场合,拉格朗日型余项无疑用处更大.

2° 在定理 2 的条件之下,还有积分型余项公式

$$R_n(x) = \frac{1}{n!}\int_{x_0}^{x} f^{(n+1)}(t)(x-t)^n dt.$$

从积分型余项可以推出 L- 型余项.

3. Taylor 多项式的唯一性

定理 3 设 $f(x)$ 在 x_0 处有直到 n 阶导数.则满足关系式

$$f(x) = P_n^*(x) + o((x-x_0)^n)(x \to x_0).$$

的 n 阶多项式 $P_n^*(x)$ 一定就是上述的 $P_n(x) = \sum_{k=0}^{n} \frac{f^{(k)}(x_0)}{k!}(x-x_0)^k$. 即 $f(x)$ 的 Taylor 多项式是唯一确定的.

证明留作练习.

4. 五大基本展开公式

$e^x, \sin x, \cos x, \ln(1+x), (1+x)^a$

需牢牢记住上述五个函数的 Taylor 多项式及其皮亚诺型余项,或记住其幂级数展开式及收敛域.在此不再罗列,读者可参阅 §1.1 第五条款.

二、Taylor 展开式的求法

一般而言,求 $f(x)$ 的高阶导数是挺烦难的,故依定义式出发去求函数 $f(x)$ 的 Taylor 展开属于下下策,且往往只能求出前几项.当题目只要求展开至前三项,前五项等时,才可使用此法.且没有什么技术性(若说有技术性,亦该隶属于求高阶导数的技巧).

Taylor 多项式的唯一性定理确保我们在求解 Taylor 展开时可以使用形形色色的技巧和方法,不必拘泥于其定义式.那么较常用的展开方法有:代入法(利用基本的五大展开式),待定系数法,先微后积法.

例 1 将 $f(x) = \sqrt{\cos x}$ 在 $x=0$ 处 Taylor 展开至含 x^4 的项.

解一 代入法 $f(x) = [1-(1-\cos x)]^{\frac{1}{2}}$,令 $u = 1-\cos x$,

$$(1-u)^{1/2} = 1 - \frac{u}{2} - \frac{1}{8}u^2 + o(u^2),$$

$$1 - \cos x = \frac{x^2}{2} - \frac{x^4}{24} + o(x^5),$$

$$f(x) = 1 - \frac{1}{2}\left[\frac{x^2}{2} - \frac{x^4}{24} + o(x^5)\right] - \frac{1}{8}\left[\frac{x^2}{2} + o(x^3)\right]^2 + o(x^4)$$

$$= 1 - \frac{x^2}{4} - \frac{x^4}{96} + o(x^4).$$

利用代入法,还可以较方便地展开至 x^6 项或 x^8 项等等.

解二 依定义,求 $\sqrt{\cos x}$ 的前四阶导数,阶数越高,运算量将翻番,且易出错,是一种没有办法的笨办法.具体求解过程从略.

解三 待定系数法,设 $\sqrt{\cos x} = a_0 + a_1 x + a_2 x^2 + a_3 x^3 + a_4 x^4 + o(x^4)$.

两边平方并利用 $\cos x$ 的已知展开式可定出 $a_i(0 \leqslant i \leqslant 4)$. 但首先观察 $\sqrt{\cos x}$ 是偶函数,故其展开式中不含有奇次项(为什么?),于是可令

$$\sqrt{\cos x} = a_0 + a_2 x^2 + a_4 x^4 + o(x^4),$$
$$\cos x = [a_0 + a_2 x^2 + a_4 x^4 + o(x^4)]^2,$$

故有

$$1 - \frac{x^2}{2!} + \frac{x^4}{4!} - \frac{x^6}{6!} + \frac{x^8}{8!} + \cdots = a_0^2 + 2a_0 a_2 x^2 + (2a_0 a_4 + a_2^2)x^4 + o(x^4).$$

(三个待定系数只要写出三项,比较相应的系数)

于是 $a_0^2 = 1, 2a_0 a_2 = -\dfrac{1}{2}, 2a_0 a_4 + a_2^2 = \dfrac{1}{24}$,

解出 $a_0 = 1, a_2 = -\dfrac{1}{4}, a_4 = -\dfrac{1}{96}$.

例 2 将 $\tan x$ 展开至 x^5 项.

解 因为 $\tan x = \dfrac{\sin x}{\cos x}$ 且为奇函数,故可设 $\tan x = a_1 x + a_3 x^3 + a_5 x^5 + o(x^6)$,

$$\sin x = (a_1 x + a_3 x^3 + a_5 x^5 + o(x^6))\cos x$$

$$\frac{\sin x}{x} = (a_1 + a_3 x^2 + a_5 x^4 + o(x^5))\cos x$$

将 $\sin x, \cos x$ 的 Taylor 展开式代入,并相乘可以得出 a_1, a_3, a_5(只需三项):

$$\tan x = x + \frac{x^3}{3} + \frac{2}{15}x^5 + o(x^6).$$

例 3 求 $\arctan x$ 的 Taylor 展开式.

解 $f'(x) = \dfrac{1}{1+x^2}$,利用 $\dfrac{1}{1-t} = 1 + t + t^2 + \cdots$ 易得,先微后积法.

$\dfrac{1}{1+x^2} = 1 - x^2 + x^4 - \cdots$ 两边在 $[0, x]$ 上求积分($|x| < 1$).

$$\arctan x = x - \frac{x^3}{3} + \frac{x^5}{5} - \cdots + (-1)^{n-1}\frac{x^{2n-1}}{2n-1} + o(x^{2n}).$$

当然这种运算的合理性还需要用幂级数理论及 Taylor 展开式的唯一性才能说明. 读者可参阅本教材 §5.4.

例 4 设 $f(x) = (x^2 - 1)^n$,求 $f(x)$ 在 $x = 1$ 处的 Taylor 展开式.

解 要将 $f(x)$ 写成 $\sum a_k (x-1)^k$ 的形式,鉴于 $f(x)$ 本身是 $2n$ 次多项式,故其 Taylor 展开式只有有限项. 若用定义先求 $f^{(n)}(1)$,显得很烦(莱布尼兹公式). 现将 $f(x)$ 变形, $f(x) = (x-1)^n (x+1)^n$,因式 $(x-1)^n$ 现成不必去动了.

$$(x+1)^n = (x-1+2)^n = \sum_{k=0}^{n} C_n^k (x-1)^k 2^{n-k},$$

所以 $f(x) = \sum_{k=0}^{n} C_n^k 2^{n-k} (x-1)^{n+k}$.

注 倒用 Taylor 展开式,可以求 $f(x)$ 的高阶导数值 $f^{(k)}(1)$.

当 $1 \leqslant k < n$ 时,$f^{(k)}(1) = 0$;

当 $n \leqslant k \leqslant 2n$ 时，$\dfrac{f^{(k)}(1)}{k!} = C_n^{k-n} 2^{2n-k}$.

所以 $f^{(k)}(1) = k! C_n^{k-n} 2^{2n-k}$.

当 $k > 2n$ 时，$f^{(k)}(1) \equiv 0$.

类似得 $f(x)$ 在 $x_0 = -1$ 处的 Taylor 展开式是

$$f(x) = \sum_{k=0}^{n} C_n^k (-2)^{n-k} (x+1)^{n+k},$$

进而可求得 $f^{(k)}(-1)$.

例 5　求函数 $f(x) = \dfrac{x}{e^x - 1}$ 的 Maclaurin 展开式.

第一层次：展开至含有 x^4 的项（留待作业）.

第二层次：猜测各系数有什么特征？

第三层次：一般展开式 $\dfrac{x}{e^x - 1} = \sum\limits_{n=0}^{\infty} \dfrac{\beta_n}{n!} x^n$，令 $B_n = (-1)^{n-1} \beta_{2n} = |\beta_{2n}|$，$B_n$ 称作为伯努利（Bernoulli）数，前几个伯努利数是：$\dfrac{1}{6}, \dfrac{1}{30}, \dfrac{1}{42}, \dfrac{1}{30}, \dfrac{5}{66}, \dfrac{691}{2730}, \cdots$，

β_n 的递推关系：

$\beta_0 = 1$,

$\beta_0 + 2\beta_1 = 0$,

$\beta_0 + 3\beta_1 + 3\beta_2 = 0$,

$\beta_0 + 4\beta_1 + 6\beta_2 + 4\beta_3 = 0$,

$\cdots$

符号表达式 $(1+\beta)^{n+1} - \beta^{n+1} = 0$，按二项展开，将指数皆改为下标即得，且由于 $g(x) = \dfrac{x}{e^x - 1} + \dfrac{x}{2}$ 为偶函数，知 $\beta_{2k+1} = 0 (k \geqslant 1)$.

附带介绍一下，利用 Bernoulli 数，可以表示出 $x\cot x$ 和 $\tan x$ 的完整的展开式

$$x\cot x = 1 - \sum_{k=1}^{\infty} \frac{2^{2k} B_k}{(2k)!} x^{2k} = 1 - \frac{x^2}{3} - \frac{x^4}{45} - \cdots$$

$$\tan x = \sum_{k=1}^{+\infty} \frac{2^{2k}(2^{2k}-1) B_k}{(2k)!} x^{2k-1} = x + \frac{x^3}{3} + \frac{2}{15} x^5 + \frac{7}{315} x^7 + \cdots$$

（技术：复数欧拉公式的应用 $e^{ix} = \cos x + i\sin x$，$e^{-ix} = \cos x - i\sin x$，以及 $\tan x = \cot x - 2\cot 2x$）参阅 [6] 第二卷 449 目，$417 - 420$ 页.

例 6　$\ln 2$ 的近似求值.

　　分析　$\ln(1+x) = x - \dfrac{x^2}{2} + \cdots + (-1)^{n-1} \dfrac{x^n}{n} + o(x^n)$ 交错级数的余项分析（有公式）或考虑拉格朗日余项：

$$[\ln(1+x)]^{(n)} = \frac{(-1)^{n-1}(n-1)!}{(1+x)^n},$$

当 $0 \leqslant x \leqslant 1$ 时，

$$|R_n(x)| \leqslant \frac{|x|^{n+1}}{n+1} \to 0 (n \to +\infty),$$

故 $\ln 2 = 1 - \dfrac{1}{2} + \dfrac{1}{3} - \cdots + (-1)^{n-1} \dfrac{1}{n} + \varepsilon_n$,

收敛速度 $\varepsilon_n \leqslant \dfrac{1}{n+1}$ 显得缓慢.

正解 考虑 $\ln \dfrac{1+x}{1-x}$ 的 Taylor 展开,

因为 $\ln(1-x) = -x - \dfrac{x^2}{2} - \dfrac{x^3}{2} - \cdots$

所以 $\ln \dfrac{1+x}{1-x} = \ln(1+x) - \ln(1-x)$

$$= 2\left[x + \dfrac{x^3}{3} + \dfrac{x^5}{5} + \cdots + \dfrac{x^{2n-1}}{2n-1} \right] + o(x^{2n}),$$

令 $\dfrac{1+x}{1-x} = 2$,得 $x = \dfrac{1}{3}$,代入上式得

$$\ln 2 = 2\left[\dfrac{1}{3} + \dfrac{1}{3}\left(\dfrac{1}{3}\right)^3 + \dfrac{1}{5}\left(\dfrac{1}{3}\right)^5 + \cdots \right].$$

以此式计算 $\ln 2$ 近似值的收敛速度非常之快!

思考:依上述两种不同的算法欲达到不超过万分之一的误差(精确到 10^{-4}),分别需要多少求和项?从中仔细体会数学思想的奥妙!

三、利用 Taylor 展开式求极限

在第一章第一节中,我们已略加介绍用 Taylor 展开求极限的方法.

题目的特征:用洛必达法则将会越用越麻烦,故算是一类较有难度的题目. 一般来说,此时的 Taylor 展开只需求出前面几项(以三阶,四阶居多,通常不会超过五阶),并且选用 Peano 型余项. 再举几例:

例 7 求 $\lim\limits_{x \to 0^+} \dfrac{\mathrm{e}^{x^3} - 1}{1 - \cos\sqrt{x - \sin x}}$.

解一 $\mathrm{e}^{x^3} - 1 = x^3 + o(x^3)$,$x - \sin x = \dfrac{x^3}{3!} + o(x^3)$,令 $u = \sqrt{x - \sin x}$,

$$1 - \cos u = \dfrac{u^2}{2!} - \dfrac{u^4}{4!} + o(u^5) = \dfrac{1}{2!}(x - \sin x) - \dfrac{1}{4!}(x - \sin x)^2 + o(x^3)$$

$$= \dfrac{1}{2!}\left(\dfrac{x^3}{3!} + o(x^3)\right) - \dfrac{1}{4!}\left(\dfrac{x^3}{3!} + o(x^3)\right)^2 + o(x^3) = \dfrac{x^3}{12} + o(x^3).$$

代入原极限式可得所求极限值为 12.

解二 利用等价无穷小代换. $u \to 0$ 时,$1 - \cos u \sim \dfrac{u^2}{2}$.

当 $x \to 0$ 时,$1 - \cos\sqrt{x - \sin x} \sim \dfrac{1}{2}(x - \sin x) \sim \dfrac{x^3}{12}$.

代入原极限式立得结果.

例 8 求极限 $\lim\limits_{x \to +\infty}\left[\left(x^3 - x^2 + \dfrac{x}{2}\right)\mathrm{e}^{\frac{1}{x}} - \sqrt{x^6 + 1} \right]$.

解 作代换 $t = \dfrac{1}{x}$,原式 $= \lim\limits_{t \to 0} \dfrac{1}{t^3}\Big[\Big(1 - t + \dfrac{t^2}{2}\Big)\mathrm{e}^t - \sqrt{1 + t^6}\Big]$,

因为 $\mathrm{e}^t = 1 + t + \dfrac{t^2}{2!} + \dfrac{t^3}{3!} + o(t^3)$,$(1 + t^6)^{\frac{1}{2}} = 1 + \dfrac{t^6}{2} + o(t^6)$,$\cdots$

代入计算可得原极限 $= \dfrac{1}{6}$.

例 9 设 $\varphi(x)$ 在 $[0, +\infty)$ 上二次连续可微,如果 $\lim\limits_{x \to +\infty} \varphi(x)$ 存在,且 $\varphi''(x)$ 有界,试证 $\lim\limits_{x \to +\infty} \varphi'(x) = 0$.

分析 联想知识点 $\lim\limits_{x \to +\infty} \varphi(x)$ 存在,但 $\lim\limits_{x \to +\infty} \varphi'(x)$ 未必存在,若 $\lim\limits_{x \to +\infty} \varphi(x)$ 和 $\lim\limits_{x \to +\infty} \varphi'(x)$ 都存在,则一定有 $\lim\limits_{x \to +\infty} \varphi(x) = A$ 及 $\lim\limits_{x \to +\infty} \varphi'(x) = 0$.现在题目给出的条件是 $\varphi''(x)$ 有界,如何联系 $\varphi(x)$、$\varphi'(x)$、$\varphi''(x)$?

证明 $\varphi(x + h) = \varphi(x) + \varphi'(x)h + \dfrac{1}{2}\varphi''(x + \theta h)h^2\,(0 < \theta < 1)$,故

$$\varphi'(x) = \frac{\varphi(x + h) - \varphi(x)}{h} - \frac{1}{2}\varphi''(x + \theta h)h,$$

设 $h > 0$,于是

$$|\varphi'(x)| \leqslant \frac{1}{h}|\varphi(x + h) - \varphi(x)| + \frac{1}{2}|\varphi''(x + \theta h)|h,$$

因 $\varphi''(x)$ 有界,设 $|\varphi''(x)| \leqslant M$,现特取 $h = \dfrac{\varepsilon}{M}$,上式第二项 $< \dfrac{\varepsilon}{2}$,而 $\lim\limits_{x \to +\infty} \varphi(x)$ 存在,由 Cauchy 收敛准则,$\forall \varepsilon > 0$,$\exists\, G > 0$,当 $x', x'' > G$ 时,$|\varphi(x'') - \varphi(x')| < \dfrac{\varepsilon^2}{2M}$.

现在 $x > G$ 且 $h > 0$,所以

$$|\varphi'(x)| \leqslant \frac{1}{h}\frac{\varepsilon^2}{2M} + \frac{\varepsilon}{2} = \frac{\varepsilon}{2} + \frac{\varepsilon}{2} = \varepsilon.$$

四、关于导数的不等式

当题目中同时涉及 $f(x)$,$f'(x)$ 以及 $f''(x)$ 相关性质或不等式时,除了联系函数的递增性,凸凹性等解题外,Taylor 展开式的使用也是一大工具,如上面的例 9.在本段中,我们专就用 Taylor 展开式(一般至二阶)证明不等式作一些探讨.

例 10 设 $f(x)$ 在 $(a, +\infty)$ 内有连续的二阶导数,且 $f(x) > 0$,$f''(x) < 0$,试证 $f'(x) \geqslant 0$.

分析 试用几何图形,转化为 $f(x)$ 严格凹,则 $f(x)$ 必然单调不减.

如 $y = \ln x\,(x \geqslant 1)$,$y = \arctan x\,(x > 0)$ 等等.

证明一 因为 $f''(x) < 0$,故 $f'(x)$ 严格递减.反证法若 $\exists x_0$,s.t. $f'(x_0) < 0$,

则依凹函数之意义,曲线 $y = f(x)$ 一定位于点 $M(x_0, f(x_0))$ 处切线之下方,切线方程是 $y = f(x_0) + f'(x_0)(x - x_0)$.当 $x \to +\infty$ 时,$y \to -\infty$,故由 $f(x) < f(x_0) + f'(x_0)(x - x_0)$ 知,$f(x) \to -\infty$.与条件矛盾.

证明二 若 $\exists x_0 > a$,s.t. $f'(x_0) < 0$,由 Taylor 展开知:

$$f(x) = f(x_0) + f'(x_0)(x - x_0) + \frac{1}{2}f''(\xi)(x - x_0)^2. \quad (\xi \text{ 介于 } x_0, x \text{ 之间})$$

故当 $x \to +\infty$ 时，$f(x) \to -\infty$，同样得出矛盾.

例 11　设 $f(x)$ 在 $[0,1]$ 上二阶可导，且有 $|f(x)| \leqslant 1$，$|f''(x)| < 2$，试证 $|f'(x)| \leqslant 3$.

证明　x 作为展开的基点，存在 $\eta \in (0,x)$ 及 $\xi \in (x,1)$，使得

$$f(1) = f(x) + f'(x)(1 - x) + \frac{1}{2}f''(\xi)(1 - x)^2,$$

$$f(0) = f(x) - f'(x)x + \frac{1}{2}f''(\eta)(0 - x)^2,$$

两式相减得，

$$f(1) - f(0) = f'(x) + \frac{1}{2}f''(\xi)(1 - x)^2 - \frac{1}{2}f''(\eta)x^2,$$

$$f'(x) = f(1) - f(0) + \frac{1}{2}f''(\eta)x^2 - \frac{1}{2}f''(\xi)(1 - x)^2,$$

所以

$$|f'(x)| \leqslant 2 + x^2 + (1 - x)^2 \leqslant 3.$$

例 12　若 $f(x)$ 在 $[0,1]$ 上二阶可导，$f(0) = f(1) = 0$，$\min\limits_{0 \leqslant x \leqslant 1} f(x) = -1$. 则 $\exists \xi \in (0,1)$，s.t. $f''(\xi) \geqslant 8$.

证　设 x_0 是 f 在 $[0,1]$ 上的最小值点，$f(x_0) = -1$，则 $x_0 \in (0,1)$，以 x_0 为基点，对 $f(x)$ 作 Taylor 展开（一阶），因为 $f'(x_0) = 0$.

$$f(x) = f(x_0) + f'(x_0)(x - x_0) + \frac{f''(\xi)}{2!}(x - x_0)^2$$

$$= f(x_0) + \frac{f''(\xi)}{2!}(x - x_0)^2.$$

特以 $x = 0,1$ 代入得

$$0 = -1 + \frac{1}{2}f''(\xi_1)x_0^2, \qquad 0 < \xi_1 < x_0,$$

$$0 = -1 + \frac{1}{2}f''(\xi_2)(1 - x_0)^2, \quad x_0 < \xi_2 < 1,$$

即 $f''(\xi_1) = \dfrac{2}{x_0^2}$，$f''(\xi_2) = \dfrac{2}{(1 - x_0)^2}$，此二者中必有一个 $\geqslant 8$.

事实上，$x_0 \leqslant \dfrac{1}{2}$ 时，$f''(\xi_1) \geqslant 8$；$x_0 > \dfrac{1}{2}$ 时，$f''(\xi_2) \geqslant 8$，或 $f''(\xi_1) + f''(\xi_2) \geqslant 16$.

注　此类内部最值点一定是极值点，故为稳定点.

关键信息：利用 $f'(x_0) = 0$ 在 Taylor 展开中就可以少去一项.

例 13　设 $f(x)$ 在 $[a,b]$ 二阶可导，且 $f'(a) = f'(b) = 0$，则 $\exists c \in (a,b)$，使得

$$|f''(c)| \geqslant \frac{4}{(b - a)^2}|f(b) - f(a)|,$$

分析　条件 $f'(a) = f'(b) = 0$ 作何用？几何意义甚难联系，而作为 Taylor 展开的基点时，特别简化.

证明 将 $f(x)$ 分别在 $x = a, x = b$ 作 Taylor 展开,利用 $f'(a) = f'(b) = 0$,得

$$f(x) = f(a) + \frac{f''(\xi_1)}{2}(x-a)^2, f(x) = f(b) + \frac{f''(\xi_2)}{2}(x-b)^2,$$

令 $x = \frac{a+b}{2}$ 代入并相减得

$$f(a) - f(b) + \frac{1}{2}\left(\frac{b-a}{2}\right)^2 [f''(\xi_1) - f''(\xi_2)] = 0,$$

即

$$\frac{1}{2}[f''(\xi_1) - f''(\xi_2)] = \frac{4}{(b-a)^2}[f(b) - f(a)],$$

只要证明 $\exists c$,使得 $|f''(c)| \geqslant \frac{1}{2}|f''(\xi_1) - f''(\xi_2)|$ 即可.

令 $|f''(c)| = \max\{|f''(\xi_1)|, |f''(\xi_2)|\}$ 即可以得到,

$$|f(b) - f(a)| \leqslant \frac{(b-a)^2}{4}|f''(c)|.$$

例 14 若 $f(x)$ 在 $\mathbf{R}^+$ 上二次可微,$\forall x > 0$,有 $|f(x)| \leqslant A$,$|f''(x)| \leqslant B$,求证:$|f'(x)| \leqslant 2\sqrt{AB}$.

证明 此题和例 11 有点类似,以 x 作为展开的基点,

$$f(x+h) = f(x) + f'(x)h + \frac{f''(\xi)}{2}h^2 (h > 0),$$

得出

$$f'(x) = \frac{f(x+h) - f(x)}{h} - \frac{f''(\xi)}{2}h,$$

所以
$$|f'(x)| \leqslant \frac{|f(x+h)| + |f(x)|}{h} + \frac{|f''(\xi)|}{2}h \leqslant \frac{2A}{h} + \frac{Bh}{2} \qquad (*)$$

分析 希望证出 $|f'(x)| \leqslant 2\sqrt{AB}$,现问:是否有 $\frac{2A}{h} + \frac{Bh}{2} \leqslant 2\sqrt{AB}$?

遗憾的是恰恰相反.唯一的切入点是:$(*)$ 式左边跟 h 无关,故

$$|f'(x)| \leqslant \min_{h > 0}\left\{\frac{2A}{h} + \frac{Bh}{2}\right\} \xlongequal{h = 2\sqrt{A/B}} 2\sqrt{AB},$$

思考或推广:设 $f(x)$ 在 $\mathbf{R}$ 上二次可微,$M_k = \sup\limits_{x \in \mathbf{R}}\{|f^{(k)}(x)|\}$,则 $M_1^2 \leqslant 2M_0 M_2$.(比起例子来,此时条件强,结论也强了).

例 15 函数 $f(x)$ 在 $[-1, 1]$ 上三次可微,且 $f(-1) = f(0) = 0, f(1) = 1$,$f'(0) = 0$,则 $\exists \xi \in (-1, 1)$,使得 $f'''(\xi) \geqslant 3$.

证 在 $x = 0$ 处作二阶 Taylor 展开,$f(x) = \frac{f''(0)}{2}x^2 + \frac{1}{3!}f'''(\eta)x^3$,

以 $x = -1$ 代入:$0 = \frac{f''(0)}{2} + \frac{1}{3!}f'''(\eta)(-1)^3$,得 $f'''(\eta) = 3f''(0)$. 以 $x = 1$ 代入解得 $f'''(\eta_1) = 6 - 3f''(0)$,此两者中必有一个大于等于 3.

习题 3.5

1. 求以下各函数的 Taylor 展开:

    (1) $\dfrac{1+x+x^2}{1-x+x^2}$ 到含 x^4 项;　　　　　　(2) e^{2x-x^2} 到含 x^5 的项;

    (3) $\dfrac{x}{e^x-1}$ 到含 x^4 的项;　　　　　　(4) $y=\dfrac{x}{1+x-2x^2}$;

    (5) $(1+x)\ln(1+x)$ 展开为 Taylor 级数;

    (6) $(x^2-1)^n$ 在 $x=-1$ 处的 Taylor 展开式,并求 $f^{(n+2)}(-1)$.

2. 利用 Taylor 展开式求下列各极限:

    (1) 求 $\lim\limits_{x\to 0^+}\dfrac{(1+x)^x-1}{x^2}$;　　　　　　(2) $\lim\limits_{x\to 0^+}\dfrac{x^x-(\sin x)^x}{x^3}$;

    (3) $\lim\limits_{x\to 0}\dfrac{(\sqrt{1+x^2}+x)^x-(\sqrt{1+x^2}-x)^x}{x^2}$;

    (4) $\lim\limits_{x\to 0}\dfrac{\sin(\sin x)-\tan(\tan x)}{\sin x-\tan x}$.

3. 试分析 $\sin(\tan x)-\tan(\sin x)$ 当 $x\to 0^+$ 时是几阶无穷小? 并写出其主部.

4. 已知 $f(x)$ 二阶可微, $f(0)=f(1)=0$, $\max\limits_{0\leqslant x\leqslant 1}f(x)=2$, 试证: $\min f''(x)\leqslant -16$.

5. $f(x)\in C^{(3)}[0,2]$, 且 $f(0)=1$, $f(2)=2$, $f'(1)=0$, 证明 $\exists\,\xi\in(0,2)$, s.t.
$|f'''(\xi)|\geqslant 3$.

6. 设 $f(x)$ 二阶可导, $f(x)\leqslant\dfrac{f(x-h)+f(x+h)}{2}$, 证明 $f''(x)\geqslant 0$

    (即 $f(x)$ 为凸函数).　　　　　　　　　　　　　　　　　　　　　　　(北师大 2004 年)

7. 设 $f(x)$ 在 $[a,b]$ 上二次可微, $f'\left(\dfrac{a+b}{2}\right)=0$, 试证存在 $c\in(a,b)$, s.t.

$$|f''(c)|\geqslant\frac{4}{(b-a)^2}|f(b)-f(a)|.$$

(南开大学 1981 年)

8. 若 $\lim\limits_{x\to+\infty}\varphi(x)$ 和 $\lim\limits_{x\to+\infty}\varphi''(x)$ 都存在,则 $\lim\limits_{x\to+\infty}\varphi''(x)=\lim\limits_{x\to+\infty}\varphi'(x)=0$.

    推广: 若 $\lim\limits_{x\to+\infty}\varphi(x)$ 和 $\lim\limits_{x\to+\infty}\varphi^{(k)}(x)(k\geqslant 2)$ 都存在,则

$$\lim\limits_{x\to+\infty}\varphi^{(j)}(x)=0\,(1\leqslant j\leqslant k).$$

§3.6 函数的单调性、凸凹性等几何性质研究

知识点：1. 单调性判别法.

2. 极值的必要条件、充分条件.

3. 凸凹性和拐点

(1)定义式；(2)几何式定义法(割线、切线)；(3)$f'(x)$单调；(4)$f''(x)$保号.

4. 渐近线(铅垂渐近线、水平渐近线、斜渐近线)：

若 $\lim\limits_{x \to +\infty} \dfrac{f(x)}{x} = a$，$\lim\limits_{x \to +\infty} [f(x) - ax] = b$ 都存在，则 $y = ax + b$ 是曲线 $y = f(x)$ 的渐近线.

5. 函数作图，基本步骤如下：

(1)确定定义域，奇偶性，周期性，连续性；

(2)求 $f'(x)$，确定驻点和不可导点，求出单调区间和极值；

(3)求 $f''(x)$，确定凸凹区间和拐点(列一个表格)；

(4)求渐近线；

(5)再描若干个特殊点(如和坐标轴的交点等等).

例 1 设定义于 $[a,b]$ 上的函数具有介值性，且 $f(x)$ 在 (a,b) 内可微，导函数有界，则 $f(x)$ 必然在 $[a,b]$ 连续.

分析 关键证在端点处的单边连续性，$f(x)$ 在 (a,b) 上连续，可微，且导函数有界，故 $f(x)$ 必在 (a,b) 上有界，那么 $f((a,b))$ 是不是一个区间呢？

证明 依题意，$\exists M > 0$，s.t. $|f'(x)| \leqslant M$，$x \in (a,b)$，

$\forall \varepsilon > 0$，取 $\delta = \dfrac{\varepsilon}{2M}$. 不妨设 $f(x)$ 在 $[a, a+\delta]$ 上不恒为常数.

由介值性知，$\exists r \in (a, a+\delta)$，使 $|f(r) - f(a)| < \dfrac{\varepsilon}{2}$.

于是对 $\forall x \in (a, a+\delta)$，有

$$|f(x) - f(a)| \leqslant |f(x) - f(r)| + |f(r) - f(a)|$$

$$= |f'(\xi)||x - r| + |f(r) - f(a)| < M \frac{\varepsilon}{2M} + \frac{\varepsilon}{2} = \varepsilon$$

故 $f(x)$ 在 a 点右连续. 在 b 点左连续的证明完全类似，读者不妨一试.

例 2 设 $x > 0$，求证 $\sqrt{x+1} - \sqrt{x} = \dfrac{1}{2\sqrt{x + \theta(x)}}$，其中 $\theta(x)$ 满足

$$\frac{1}{4} < \theta(x) < \frac{1}{2}.$$

证明 $f(u) = \sqrt{u}$，$f'(u) = \dfrac{1}{2\sqrt{u}}$，对 $f(u)$ 在区间 $[x, x+1]$ 上用 L-中值定理知

$\exists 0 < \theta < 1$，s.t.

$$\sqrt{x+1}-\sqrt{x}=\frac{1}{2\sqrt{x+\theta}},$$

以下主要证明$\frac{1}{4}<\theta(x)<\frac{1}{2}$.

法一　从上式解出$\theta(x)=\frac{1}{4}+\frac{1}{2}\left[\sqrt{x(x+1)}-x\right]$,易知

$$\lim_{x\to0^{+}}\theta(x)=\frac{1}{4},\ \lim_{x\to+\infty}\theta(x)=\frac{1}{2},$$

下证$\theta(x)$单调递增:

$$\theta'(x)=\frac{1}{2}\left[\frac{x+\frac{1}{2}}{\sqrt{x(x+1)}}-1\right]>0,$$

故$\theta(x)$在$(0,+\infty)$上严格增加,进而有$\frac{1}{4}<\theta(x)<\frac{1}{2}$.

法二　分子有理化,由$0<\sqrt{x(x+1)}-x=\frac{x}{\sqrt{x(x+1)}+x}<\frac{1}{2}$立得.

例3　$f(x)$在$[0,c]$上可微,$f'(x)$在$[0,c]$上单调减,$f(0)=0$,试证
　　　　$\forall\,0\leqslant x_1<x_2<x_1+x_2\leqslant c$有$f(x_1+x_2)\leqslant f(x_1)+f(x_2)$.

证　欲证不等式移项并利用$f(0)=0$,得
$$f(x_1+x_2)-f(x_2)\leqslant f(x_1)-f(0),$$
由L-中值定理知$\exists\,\xi_1\in(0,x_1),\xi_2\in(x_2,x_1+x_2)$,s.t.
$$f(x_1+x_2)-f(x_2)=f'(\xi_2)x_1,\ f(x_1)-f(0)=f'(\xi_1)x_1.$$
利用$f'(x)$的递减性有$f'(\xi_1)\geqslant f'(\xi_2)$,立得所要证明不等式.

例4　设函数$y=y(x)$由隐函数方程$2y^3-2y^2+2xy-x^2=1$决定,试求$y=y(x)$的驻点并判定其是否为极值点以及最值点.

解　用隐函数微分法,求出$y'=\frac{x-y}{3y^2-2y+x}$,令$y'=0$,得$x=y$,

代入原方程,解出驻点$x_0=1$,用二阶导数来判断$x_0=1$是否为极值点.
$$(3y^2-2y+x)y''+y'(6yy'-2y'+1)=1-y',$$

当$x=1$时,$y=1,y'=0$代入得$y''(1)=\frac{1}{2}>0$,故$y(1)=1$为极小值,整理原方程关于x的一元二次方程,$x^2-2xy+1+2y^2-2y^3=0$,判别式$\Delta=4[2y^3-y^2-1]\geqslant0,2y^3\geqslant y^2+1$,又$y>0,2y^2\geqslant y+\frac{1}{y}\geqslant2$.所以$y^2\geqslant1$,从而得$y\geqslant1$,故$y(1)=1$也是最小值.

例5　已知$a>0$,曲线$f(x)=ax-(1+a^4)x^3$与轴交于点(c,o),其中$c>0$.问:a取何值时,$s(a)=\int_0^c f(x)\mathrm{d}x$最大?

解　解出$c=\sqrt{\frac{a}{1+a^4}}$,$s(a)=\frac{1}{4}\frac{a^2}{1+a^4}$,

$s'(a)=\frac{1}{2}\frac{a(1-a^4)}{(1+a^4)^2}$,令$s'(a)=0$,得$a=0,\pm1,s(1)=\frac{1}{8}$为最大值.

例6　已知$x\geqslant0,f(x)=\int_0^x(t-t^2)\sin^{2n}t\,\mathrm{d}t,n\in\mathbf{N}$,证明

$$f(x) \leqslant \frac{1}{(2n+2)(2n+3)}.$$

证　$f'(x)=(x-x^2)\sin^{2n}x$，稳定点为 $x=0,1,k\pi,(k\in\mathbf{N})$，不难判定 $x=1$ 是唯一的极大值点，$x>1$ 时，$f'(x)<0$，$x<1$ 时，$f'(x)>0$，故 $f(1)$ 也是最大值.

所以　$f(x)\leqslant f(1)=\int_0^1(t-t^2)\sin^{2n}t\,\mathrm{d}t\leqslant\int_0^1(t-t^2)t^{2n}\mathrm{d}t=\dfrac{1}{(2n+2)(2n+3)}.$

例 7　设 $f(x)=\int_x^{x+\frac{\pi}{2}}|\sin t|\,\mathrm{d}t$，求 f 的最值.

解　首先确定 f 是周期 π 的函数，故只需在 $[0,\pi]$ 上求最值. 又

$$f'(x)=\left|\sin\left(x+\frac{\pi}{2}\right)\right|-|\sin x|=|\cos x|-|\sin x|$$

得稳定点 $x_1=\dfrac{\pi}{4}$，$x_2=\dfrac{3\pi}{4}$，比较 $f(0),f\left(\dfrac{\pi}{4}\right),f\left(\dfrac{3\pi}{4}\right),f(\pi)$ 大小，得知 $f\left(\dfrac{\pi}{4}\right)=\sqrt{2}$ 为最大值，$f\left(\dfrac{3\pi}{4}\right)=2-\sqrt{2}$ 为最小值.

例 8　分别讨论函数 $f(x)=\left(1+\dfrac{1}{x}\right)^x$ 和 $g(x)=\left(1+\dfrac{1}{x}\right)^{x+1}$ 在 $\mathbf{R}^+$ 上的单调性.

解　先讨论 $f(x)$. $f'(x)=\left(1+\dfrac{1}{x}\right)^x\left[\ln\left(1+\dfrac{1}{x}\right)-\dfrac{1}{1+x}\right]>0$，从而 $f(x)$ 增加.

注　$\dfrac{1}{1+x}<\ln\left(1+\dfrac{1}{x}\right)<\dfrac{1}{x}$ 是一个较常用的不等式，可以用微分中值定理推出

结合 $\lim\limits_{x\to0^+}f(x)=\lim\limits_{x\to0^+}\left(1+\dfrac{1}{x}\right)^x=1$ 和 $\lim\limits_{x\to+\infty}f(x)=\mathrm{e}$，知 $1<f(x)<\mathrm{e}$.

再讨论 $g(x)$，类似求得

$$g'(x)=\left(1+\frac{1}{x}\right)^{x+1}\left[\ln\left(1+\frac{1}{x}\right)-\frac{1}{x}\right]<0,$$

于是 $g(x)$ 在 $\mathbf{R}^+$ 单调递减. 又 $\lim\limits_{x\to0^+}g(x)=+\infty$ 以及 $\lim\limits_{x\to+\infty}g(x)=\mathrm{e}$，知 $g(x)>\mathrm{e}$ 恒成立.

例 9　考虑一般含参数 a 的函数簇 $\varphi_a(x)=\left(1+\dfrac{1}{x}\right)^{x+a}$（$a>0$）的单调性.

$\lim\limits_{x\to0^+}\varphi_a(x)=+\infty$，$\lim\limits_{x\to+\infty}\varphi_a(x)=\mathrm{e}$，若 $\varphi_a(x)$ 单调递减，则一定有 $\varphi(x)>\mathrm{e}$.

转换形式：求集合 $A=\left\{a\,\Big|\,\left(1+\dfrac{1}{x}\right)^{x+a}>\mathrm{e},x>0\right\}$ 中的最小数（或下确界）.

关键技术：不等式 $\ln^2\left(1+\dfrac{1}{x}\right)<\dfrac{1}{x(x+1)}$　　$(x>0)$　　　　　　　　　　(1)

此不等式的证明参阅下一节（§3.7）的例 2.

解一　不等式等价变形，突出 a 的地位，类似于例 2 中对 $\theta(x)$ 的讨论.

$\left(1+\dfrac{1}{x}\right)^{x+a}>\mathrm{e}$ 两边取对数，$(x+a)\ln\left(1+\dfrac{1}{x}\right)>1$，得

$$a>\frac{1}{\ln\left(1+\dfrac{1}{x}\right)}-x(\forall\,x>0\text{ 成立}),$$

令 $h(x)=\dfrac{1}{\ln\left(1+\dfrac{1}{x}\right)}-x$，只需求出 $h(x)$ 在 $(0,+\infty)$ 的上确界或最大值.

$$h'(x)=\frac{1}{\ln^2\left(1+\frac{1}{x}\right)}\frac{1}{x(1+x)}-1,$$

结合上述基础不等式(1)知 $h'(x)>0$,故 $h(x)$ 在 $(0,+\infty)$ 上递增,

$$\sup_{x\in\mathbf{R}^+}h(x)=\lim_{x\to+\infty}h(x)=\lim_{x\to+\infty}\left[\frac{1}{\ln\left(1+\frac{1}{x}\right)}-x\right].$$

(此为 $\infty-\infty$ 型不定式,通分后用洛必达法则显然麻烦,故采用变量代换,令 $\frac{1}{x}=t$)

$$原式=\lim_{t\to0^+}\frac{t-\ln(1+t)}{t\ln(1+t)}=\lim_{t\to0^+}\frac{t-\ln(1+t)}{t^2}=\lim_{t\to0^+}\frac{1-\frac{1}{1+t}}{2t}=\frac{1}{2},$$

或进行 Taylor 展开,

$$\lim_{x\to+\infty}\left[\frac{1}{\frac{1}{x}-\frac{1}{2}\left(\frac{1}{x}\right)^2+o\left(\frac{1}{x^2}\right)}-x\right]$$

$$=\lim_{x\to+\infty}\left[\frac{x}{1-\frac{1}{2x}+o\left(\frac{1}{x}\right)}-x\right]=\lim_{x\to+\infty}\frac{x-x\left[1-\frac{1}{2x}+o\left(\frac{1}{x}\right)\right]}{1-\frac{1}{2x}+o\left(\frac{1}{x}\right)}=\frac{1}{2},$$

解二 分析 $\varphi_a(x)=\left(1+\frac{1}{x}\right)^{x+a}$ 的单调性,或说求最小的能使 $\varphi_a(x)$ 单调减的 a 的值.

令 $g(x)=\ln\varphi_a(x)=(x+a)\ln\left(1+\frac{1}{x}\right)$,因 $g(x)$ 和 $\varphi_a(x)$ 有相同的单调性,转而讨论 $g(x)$ 即可.

$$g'(x)=\ln\left(1+\frac{1}{x}\right)-\frac{x+a}{(x+1)x}\quad(a=0,1\text{ 时例 }8\text{ 已经讨论清楚})$$

希望 $g'(x)<0$ 对 $x>0$ 成立,即

$$\ln\left(1+\frac{1}{x}\right)<\frac{x+a}{(x+1)x}\tag{2}$$

若已知有不等式(1),则(2)成立的充分条件是

$$\frac{1}{x(x+1)}<\left[\frac{x+a}{x(x+1)}\right]^2$$

即等价于

$$x(x+1)<(x+a)^2\quad\forall x>0$$

于是 $a=\frac{1}{2}$ 时,(2)式一定成立;$a<\frac{1}{2}$ 时,(2)式一定不恒成立.

若不知有不等式(1)又该如何?

分析 $\lim_{x\to+\infty}g'(x)=0$,欲要 $g'(x)$ 从 x 轴下方趋于 0,相当于

$g'(x)$ 是单调增加,于是再求 $g''(x)=\frac{a-(1-2a)x}{[x(x+1)]^2}$.

欲使 $g''(x)>0(\forall x>0)$,则当 $a\geqslant\frac{1}{2}$ 时,恒成立.

上面分析说明了，$a = \dfrac{1}{2}$ 可以使 $\varphi_a(x)$ 单调递减.

如何说明 $a < \dfrac{1}{2}$ 时，原不等式不能对于所有的 $x > 0$ 恒成立呢？

分析 当 $a < \dfrac{1}{2}$ 时，$\exists\, x_0 > 0$，s.t. $g'(x_0) = 0$，即

$$\ln\left(1 + \frac{1}{x_0}\right) = \frac{x_0 + a}{x_0(x_0 + 1)},$$

此时 $g(x_0) = (x_0 + a)\ln\left(1 + \dfrac{1}{x_0}\right) = \dfrac{(x_0 + a)^2}{x_0(x_0 + 1)} < 1$，

所以 $\varphi(x_0) = \mathrm{e}^{g(x_0)} < \mathrm{e}$，证毕.

补充：$a < \dfrac{1}{2}$ 时，求得 $g''(x)$ 的零点是 $x_0 = \dfrac{a}{1 - 2a} > 0$；$0 < x < x_0$ 时，$g''(x) > 0$；$x_0 < x < \infty$ 时，$g''(x) < 0$. 即在 $(0, x_0)$ 上，$g'(x)$ 单调递增，(x_0, ∞) 上，$g'(x)$ 单调递减. x_0 是 $g'(x)$ 的最大值点. 结合 $\lim\limits_{x \to 0^+} g'(x) = -\infty$，$\lim\limits_{x \to +\infty} g'(x) = 0$，一定 $\exists\, x^* \in (0, x_0)$，s.t. $g'(x^*) = 0$，$0 < x < x^*$ 时，$g'(x) < 0$，即得 $g(x)$ 从而 $\varphi_a(x)$ 在 $(0, x^*)$ 上递减；$x^* < x < \infty$ 时，$g'(x) > 0$，$g(x)$ 从而 $\varphi_a(x)$ 在 (x^*, ∞) 上递增. 能在 $\mathbf{R}^+$ 上保持纯递增的函数只有 $a = 0$ 时一个.（因为 $a > 0$ 时，$\lim\limits_{x \to 0^+} \varphi_a(x) = +\infty$，故 $\varphi_a(x)$ 无法递增）

解三 欲要 $g(x) > 1$，即得 $\ln^2\left(1 + \dfrac{1}{x}\right) > \dfrac{1}{(x + a)^2}$，因为

$$\ln^2\left(1 + \frac{1}{x}\right) < \frac{1}{x(x + 1)},$$

又得 $\dfrac{1}{x(x + 1)} > \dfrac{1}{(x + a)^2}$ 即 $(x + a)^2 > x(x + 1) \Rightarrow a \geqslant \dfrac{1}{2}$.

（此为 $g(x) > 1\ \forall\, x > 0$ 成立的必要条件）

再证亦是充分条件，当 $a = \dfrac{1}{2}$ 时，令 $g(x) = \left(x + \dfrac{1}{2}\right)\ln\left(1 + \dfrac{1}{x}\right)$，如解二得 $g'(x) < 0$，所以 $g(x) > g(+\infty) = 1$.

或等价于证明：

$$\ln\left(1 + \frac{1}{x}\right) > \frac{1}{x + \dfrac{1}{2}}.$$

取 $f(x) = \ln\left(1 + \dfrac{1}{x}\right) - \dfrac{1}{x + \dfrac{1}{2}}$，

求得 $f'(x) < 0$，又 $\lim\limits_{x \to +\infty} f(x) = 0$，所以 $f(x) > 0$ 得证.

思考题：求最大的 α，使得 $\left(1 + \dfrac{1}{n}\right)^{n + \alpha} \leqslant \mathrm{e}$ 对所有整数 n 成立.

或更一般地，给出集合 $B = \left\{\alpha \mid \left(1 + \dfrac{1}{x}\right)^{x + \alpha} \leqslant \mathrm{e},\ \forall\, x \geqslant \dfrac{1}{2}\right\}$，求 B 的最大元.

由解一，知 $\alpha \leqslant \dfrac{1}{\ln\left(1 + \dfrac{1}{x}\right)} - x\ (x \geqslant 1)$，而由右边函数之递增性，

上式 $\Leftrightarrow \alpha \leqslant g(1) = \dfrac{1}{\ln 2} - 1$,而 B 的最大元是 $\dfrac{1}{\ln 3} - \dfrac{1}{2}$.

例 10   设 $f(x)$ 在 $x = x_0$ 处存在 n 阶导数,且 $f^{(k)}(x_0) = 0 (1 \leqslant k \leqslant n-1)$,
$f^{(n)}(x_0) \neq 0$. 试证

(1)n 为奇数时,$f(x_0)$ 不是极值;

(2)n 为偶数时,则当 $f^{(n)}(x_0) < 0$ 时,$f(x_0)$ 为极大值;

$$f^{(n)}(x_0) > 0 \text{ 时},f(x_0) \text{ 为极小值}.$$

联想:极值的第二充分条件.

证明   由 Taylor 展开(带皮亚诺余项)

$$f(x) - f(x_0) = \frac{f^{(n)}(x_0)}{n!}(x - x_0)^n + o((x - x_0)^n),\text{容易看出}.$$

(此式类似于微分式($n = 1$ 时)).

推广:二元函数的 Taylor 展开和极值判定.

定理 1   若函数 $f(x, y)$ 在点 $P_0(x_0, y_0)$ 的某邻域内有直到 $n+1$ 阶连续偏导数,则对
邻域内任一点 $P(x_0 + h, y_0 + k)$,$\exists \, 0 < \theta < 1$, s. t.

$$
\begin{aligned}
f(x_0 + h, y_0 + k) = {} & f(x_0, y_0) + \left(h\frac{\partial}{\partial x} + k\frac{\partial}{\partial y} \right) f(x_0, y_0) \\
& + \frac{1}{2!}\left(h\frac{\partial}{\partial x} + k\frac{\partial}{\partial y} \right)^2 f(x_0, y_0) + \cdots \\
& + \frac{1}{n!}\left(h\frac{\partial}{\partial x} + k\frac{\partial}{\partial y} \right)^n f(x_0, y_0) \\
& + \frac{1}{(n+1)!}\left(h\frac{\partial}{\partial x} + k\frac{\partial}{\partial y} \right)^{n+1} f(x_0 + \theta h, y_0 + \theta k) \quad (3)
\end{aligned}
$$

为简化,可以引入记号 $D^{(j)} = \left(h\dfrac{\partial}{\partial x} + k\dfrac{\partial}{\partial y} \right)^j$,则二元函数的 Taylor 公式具备和一元函
数相应公式类似形式:

$$f(x_0 + h, y_0 + k) = \sum_{j=0}^{n} \frac{D^{(j)} f(x_0, y_0)}{j!} + \frac{D^{(n+1)} f(x_0 + \theta h, y_0 + \theta k)}{(n+1)!}.$$

其中 $D^{(0)} f(x_0, y_0) = f(x_0, y_0)$

若 $f(x, y)$ 在 $U(P_0)$ 中存在直到 n 阶连续偏导数,余项可以表示为 $o(\rho^n)$,其中
$\rho = \sqrt{h^2 + k^2}$.

定理 2   设 $f(x, y)$ 在 P_0 的邻域内有二阶连续偏导数,且 P_0 为 f 的稳定点,即
$f_x(P_0) = f_y(P_0) = 0$,引入 $A = f_{xx}(P_0), B = f_{xy}(P_0), C = f_{yy}(P_0), \Delta^* = AC - B^2$,则

$\Delta^* < 0$ 时,P_0 不是极值点;

$\Delta^* > 0$ 时,P_0 是极值点;$A > 0$ 时为极小,$A < 0$ 时为极大.

证明   依皮亚诺余项的 Taylor 展开公式以及 $f_x(P_0) = f_y(P_0) = 0$,

$$\Delta z = f(x_0 + h, y_0 + k) - f(x_0, y_0) = \frac{1}{2}(Ah^2 + 2Bhk + Ck^2) + o(h^2 + k^2).$$

当 $h \neq 0$ 时,记 $\lambda = \dfrac{k}{h}$,则 $\lambda \in \mathbf{R}$,

$$\Delta z = \frac{h^2}{2}(A + 2B\lambda + C\lambda^2) = \frac{h^2}{2}H(\lambda) + o(h^2 + k^2),$$

当 $h = 0$ 时，$\Delta z = \frac{1}{2}(k^2 + o(k^2))$。

Δz 的符号取决于 $H(\lambda)$ 的符号，当 $H(\lambda)$ 的判别式 $\Delta = -4\Delta^* < 0$ 时，$H(\lambda)$ 保号，此时相当于 $\Delta^* > 0$，于是 $z = f(x, y)$ 有极值。

例 11 若 $f(x)$ 在 $\mathbf{R}$ 上三阶连续可导，且 $\forall h > 0$，有

$$f(x + h) - f(x) = hf'\left(x + \frac{h}{2}\right) \tag{4}$$

证明函数 $f(x)$ 至多是二次多项式。

分析思路 若 $f(x)$ 是二次多项式，则 $f'''(x) = 0$，对二次多项式，自然满足（4）式。

证法一 由 Taylor 展开，对 $f(x + h)$ 在 x 处展开至二阶：

$$f(x + h) = f(x) + f'(x)h + \frac{f''(x)}{2}h^2 + \frac{1}{3!}f'''(x + \theta_1 h)h^3 \tag{5}$$

对 $f'\left(x + \frac{h}{2}\right)$ 在 x 处展开至一阶：

$$f'\left(x + \frac{h}{2}\right) = f'(x) + f''(x)\frac{h}{2} + \frac{1}{2!}f'''\left(x + \frac{\theta_2 h}{2}\right)\left(\frac{h}{2}\right)^2 \tag{6}$$

利用条件 $\qquad f(x + h) = f(x) + hf'\left(x + \frac{h}{2}\right) \tag{7}$

将（6）代入（7）并与（5）式比较（两式相减），得知

$$4f'''(x + \theta_1 h) = 3f'''\left(x + \theta_2 \frac{h}{2}\right)(0 < \theta_1, \theta_2 < 1)。$$

令 $h \to 0^+$，并由 f''' 的连续性得 $4f'''(x) = 3f'''(x)$，

所以 $\quad f'''(x) = 0$。

证法二 （4）式等价于 $\quad f(x + h) - f(x - h) = 2hf'(x)$，

$\left(\text{联想 } f'(x) = \lim\limits_{h \to 0}\frac{f(x + h) - f(x - h)}{2h}\right)$。

对 h 求导两次得 $f''(x + h) = f''(x - h)$，再令 $x = h$ 得 $f''(2x) = f''(0)$ 为常数。

证法三 （4）式两边对 h 求导，$f'(x + h) = \frac{h}{2}f''\left(x + \frac{h}{2}\right) + f'\left(x + \frac{h}{2}\right)$，

令 $x + \frac{h}{2} = 0$ 得 $f'\left(\frac{h}{2}\right) = \frac{h}{2}f''(0) + f'(0)$。再在（4）中令 $x = 0$，得

$$f(h) = \frac{f''(0)}{2}h^2 + f'(0)h + f(0)，\text{证毕}。$$

例 12 凸函数不等式，若函数 $f(x)$ 在 (a, b) 内二阶可微，$f''(x) > 0$，则对于 (a, b) 内任意 n 个点 $x_1, x_2, \cdots, x_n$ 恒有

$$f\left(\frac{1}{n}\sum_{i=1}^{n}x_i\right) \leqslant \frac{1}{n}\sum_{i=1}^{n}f(x_i) \tag{8}$$

等号成立当且仅当诸 x_i 相同。

证明 令 $x_0 = \frac{1}{n}\sum_{i=1}^{n}x_i$，将 f 在 x_0 处展为：

$$f(x) = f(x_0) + f'(x_0)(x - x_0) + \frac{f''(\xi)}{2}(x - x_0)^2 \,(\xi \text{ 介于 } x_0, x \text{ 之间}),$$

分别以 $x_1, x_2, \cdots, x_n$ 代入上式,得到 $f(x_i) \geqslant f(x_0) + f'(x_0)(x_i - x_0), i = 1, 2, \cdots, n$ 诸式相加即得欲证之结论.

注　$f''(x) > 0$ 是 f 为 (a, b) 上严格凸函数的充分条件,对于严凸函数,其定义式是
$\forall x_1 < x_2, x_1, x_2 \in (a, b), 0 < \lambda < 1,$ 恒成立

$$f(\lambda x_1 + (1 - \lambda)x_2) < \lambda f(x_1) + (1 - \lambda)f(x_2) \tag{9}$$

对于凸函数从归纳法(纯初等推导)可得出 Jensen 不等式:

$\forall x_i \in [a, b], 0 < \lambda_i < 1, \sum\limits_{i=1}^{n} \lambda_i = 1,$ 有

$$f\left(\sum_{i=1}^{n} \lambda_i x_i\right) \leqslant \sum_{i=1}^{n} \lambda_i f(x_i) \tag{10}$$

证明　用归纳法. 关键步骤: $n = k + 1$ 时

$$f\left(\sum_{i=1}^{k+1} \lambda_i x_i\right) = f\left((1 - \lambda_{k+1})\frac{\lambda_1 x_1 + \cdots + \lambda_k x_k}{1 - \lambda_{k+1}} + \lambda_{k+1} x_{k+1}\right)$$

$$\leqslant (1 - \lambda_{k+1})f(\alpha_1 x_1 + \cdots + \alpha_k x_k) + \lambda_{k+1} f(x_{k+1}),$$

而 $\alpha_k = \dfrac{\lambda_k}{1 - \lambda_{k+1}}$ 且 $\sum\limits_{i=1}^{k} \alpha_i = 1.$

自然用 Taylor 展开的方法一样可证,只需在 $\overline{x} = \sum\limits_{i=1}^{n} \lambda_i x_i$ 处作 Taylor 展开.

推广: 若 $\varphi(t)$ 在 $[0, a]$ 连续, $f(x)$ 二阶可导,且 $f''(x) \geqslant 0$,则有

$$\frac{1}{a}\int_0^a f[\varphi(t)]dt \geqslant f\left(\frac{1}{a}\int_0^a \varphi(t)dt\right) \tag{11}$$

首先要明了,积分是离散求和的拓广,即无穷微分之和. 从本质上讲,(11)式和(8)式是同源的,如何证呢?

证法一　先写出(11)式积分的黎曼和数形式,因为 $f[\varphi(t)] \in C[0, a]$,故可积性没有问题,对区间 $[0, a]$ 采用 n 等分,分点 $t_i = \dfrac{i}{n}a \,(0 \leqslant i \leqslant n).$

(11)式相当于

$$\frac{1}{a}\frac{a}{n}\sum f[\varphi(t_i)] \geqslant f\left[\frac{1}{a}\frac{a}{n}\sum \varphi(t_i)\right],$$

视 $x_i = \varphi(t_i)$ 就是(8)式,故成立,然后令 $n \to \infty$,过渡到(11)式.

证法二　记 $x_0 = \dfrac{1}{a}\int_0^a \varphi(t)dt$,将 $f(x)$ 在 x_0 近旁作 Taylor 展开:

$$f(x) = f(x_0) + f'(x_0)(x - x_0) + \frac{f''(\xi)}{2}(x - x_0)^2,$$

由于 $f''(x) \geqslant 0$,故 $f(x) \geqslant f(x_0) + f'(x_0)(x - x_0)$,
两边以 $x = \varphi(t)$ 代入:

$$f[\varphi(t)] \geqslant f(x_0) + f'(x_0)[\varphi(t) - x_0],$$

$$\int_0^a f[\varphi(t)]\mathrm{d}t \geqslant \int_0^a f(x_0)\mathrm{d}t + f'(x_0)\int_0^a (\varphi(t)-x_0)\mathrm{d}t = \int_0^a f(x_0)\mathrm{d}t = af(x_0),$$

即
$$\frac{1}{a}\int_0^a f[\varphi(t)]\mathrm{d}t \geqslant f(x_0) = f\Big[\frac{1}{a}\int_0^a \varphi(t)\mathrm{d}t\Big].$$

习题 3.6

1. 若 $f(x)$ 为 $[a,b]$ 上正值连续函数, 则有
$$\ln\left(\frac{1}{b-a}\int_a^b f(x)\mathrm{d}x\right) \geqslant \frac{1}{b-a}\int_a^b \ln f(x)\mathrm{d}x.$$

2. 若 $f(x)$ 在 $[0,1]$ 上二阶可导, $f'' < 0$, 证明 $\int_0^1 f(x^n)\mathrm{d}x \leqslant f\left(\frac{1}{n+1}\right)$ (n 为正整数).

3. 设 $f(x)$ 在 $\mathbf{R}$ 上二阶连续可导, 且
$$xf''(x) + 3x(f'(x))^2 = 1 - \mathrm{e}^{-x},$$

　(1) 若 $f(x)$ 在 $x = c(c \neq 0)$ 处有极值, 证明该极值是极小值;

　(2) 若 $f(x)$ 在 $x = 0$ 处有极值, 它是极小值还是极大值? 为什么?

4. 设 $g(x)$ 在 $[a,b]$ 连续, 在 (a,b) 内二阶可导, 且 $|g''(x)| \geqslant \lambda > 0, g(a) = g(b) = 0$. 证明
$$\max_{a \leqslant x \leqslant b} |g(x)| \geqslant \frac{\lambda}{8}(b-a)^2.$$

5. 设 $f(x)$ 在 $[a,b]$ 上二阶导数连续, $f''(x) \leqslant 0$, 证明 $\int_a^b f\mathrm{d}x \leqslant (b-a)f\left(\frac{a+b}{2}\right)$.

6. 设 $f(x)$ 在 $\mathbf{R}$ 上三阶可导, 并且 f 和 f''' 有界, 证明 f' 和 f'' 也有界.

7. 设 f 在 $(a, +\infty)$ 二阶连续可导, 且 $\lim\limits_{x \to a^+} f(x) = \lim\limits_{x \to +\infty} f(x) = 0$. 证明

　(1) $\exists\ x_n \in (a, +\infty), x_n \to +\infty$, s. t. $\lim\limits_{n \to +\infty} f'(x_n) = 0$;

　(2) $\exists\ \xi > a$, s. t. $f''(\xi) = 0$.

8. 设 $f(x)$ 在 $[0, +\infty)$ 上一阶可微, 且 $f(0) = 0, f'(x)$ 在 $(0, +\infty)$ 上单调递减. 试证 $\frac{f(x)}{x}$ 也在 $(0, +\infty)$ 上单调递减.　　　　　　　　　　　　　（中科院 1985 年）

§3.7　不等式的证明

主要方法:(1) 利用微分中值定理;

　　　　　(2) 利用 Taylor 公式(尤其是关于导函数的不等式);

　　　　　(3) 利用函数的增减性、极值、最值;

　　　　　(4) 利用凸函数不等式;

　　　　　(5) 已知不等式的运用.

前提准备:作差法,作商法,等价变形技术.

例 1　证明不等式:当 $0 < x < \dfrac{\pi}{2}$ 时,$\dfrac{x^2}{2} > 1 - \cos x > \dfrac{x^2}{\pi}$.

证法一　利用函数的单调性,如证 $1 - \cos x > \dfrac{x^2}{\pi}$.

作差法　构造辅助函数

$$f(x) = 1 - \cos x - \frac{x^2}{\pi}, f(0) = 0,$$

$$f'(x) = \sin x - \frac{2x}{\pi},$$

若 $f'(x) > 0$,则 $f(x)$ 单调递增,所以 $f(x) > f(0) = 0$,

进一步分析:$f''(x) = \cos x - \dfrac{2x}{\pi}$,不保号,$f'(x)$ 非递增.

但注意到 $f'(0) = f'\left(\dfrac{\pi}{2}\right) = 0$, 在 $\left[0, \arccos \dfrac{2}{\pi}\right]$ 上 $f'(x)$ 单调递增, 在 $\left[\arccos \dfrac{2}{\pi}, \dfrac{\pi}{2}\right]$ 上 $f'(x)$ 单调递减,所以在 $\left(0, \dfrac{\pi}{2}\right)$ 上 $f'(x) > 0$.

(或 $f'''(x) = -\sin x < 0$,说明 $f'(x)$ 在 $\left(0, \dfrac{\pi}{2}\right]$ 上为严格凹函数,故曲线恒在割线上方,$f'(x) > 0$).

作商法　只要证 $\dfrac{\sin x}{x} \geqslant \dfrac{2}{\pi}$,令 $h(x) = \dfrac{\sin x}{x}$,

$$h'(x) = \frac{x\cos x - \sin x}{x^2} = \frac{\cos x}{x^2}(x - \tan x) < 0,$$

而 $h(0^+) = 1, h\left(\dfrac{\pi}{2}\right) = \dfrac{2}{\pi}$,知 $\dfrac{2}{\pi} < \dfrac{\sin x}{x} < 1$　　　　　　　　(＊)

证法二　利用 Cauchy 中值定理,改写原不等式为 $\dfrac{1}{\pi} < \dfrac{1 - \cos x}{x^2} < \dfrac{1}{2}$.

$\dfrac{1 - \cos x}{x^2} = -\dfrac{\cos x - \cos 0}{x^2 - 0^2} = \dfrac{\sin \xi}{2\xi}$,利用 Jordan 不等式(＊)亦可得证.

证法三　用带 Lagrange 型余项的 Taylor 展开式:

$$\cos x = 1 - \frac{x^2}{2} + \frac{x^4}{4!}\cos\xi, \frac{1-\cos x}{x^2} = \frac{1}{2} - \frac{x^2}{24}\cos\xi > \frac{1}{2} - \frac{\pi^2}{96} > \frac{1}{\pi},$$

例 2　证明 $\ln^2\left(1+\dfrac{1}{x}\right) < \dfrac{1}{x(1+x)}(x>0)$.

在 §3.6 的例 9 中,我们曾经不加证明地使用过该不等式.

分析　先令 $\dfrac{1}{x} = t$ 原不等式化为 $\ln^2(1+t) < \dfrac{t^2}{1+t}(t>0)$.

用作差法还是作商法呢?

证　方向之一:化除为乘,等价于 $(1+t)\ln^2(1+t) < t^2$,再作差…

　　方向之二:两边开方,等价于 $\sqrt{1+t}\ln(1+t) < t$,再作差…

令 $f(t) = t - \sqrt{1+t}\,\ln(1+t)$ 或 $\dfrac{t}{\sqrt{1+t}} - \ln(1+t)$,

$$f'(t) = 1 - \left[\frac{\ln(1+t)}{2\sqrt{1+t}} + \frac{1}{\sqrt{1+t}}\right] = \frac{2\sqrt{1+t} - \ln(1+t) - 2}{2\sqrt{1+t}},$$

或

$$f'(t) = \frac{\sqrt{1+t} - t\dfrac{1}{2\sqrt{1+t}}}{1+t} - \frac{1}{1+t} = \frac{(\sqrt{1+t}-1)^2}{2(1+t)^{3/2}} > 0.$$

而 $f(0) = 0$,所以 $f(t) > 0$(当 $t > 0$ 时).

注　当有若干种不同的构造辅助函数的方式时,如何从中选择较简的路径是值得推敲的问题.当然,动机高于技巧,只有具备了求简求巧的动机,才会搜肠刮肚去思索方法,学习才有原动力.大家不妨就本题的其他辅助函数形式仔细去求解一遍并加以体会.

例 3　设集合 $A = \left\{a \mid \left(1+\dfrac{1}{x}\right)^{x+a} > e, \forall\, x > 0 \text{ 成立}\right\}$,试求 A 的最小元.

此题请参阅 §3.6 之例 9.

例 4　求证 $\dfrac{\tan x}{x} > \dfrac{x}{\sin x}, x \in \left(0, \dfrac{\pi}{2}\right)$.　　　　　　　　(上海师大 1985 年)

分析　原不等式必须变形,否则求导会太麻烦.那如何变形呢?$\sin x \cdot \tan x > x^2$ 作差 $f(x) = \sin x\tan x - x^2$,或 $\dfrac{\sin^2 x}{\cos x} > x^2$ 作差 $g(x) = \sin^2 x - x^2\cos x$ 或 $h(x) = \dfrac{\sin^2 x}{\cos x} - x^2$,或

先开方:$\dfrac{\sin x}{\sqrt{\cos x}} > x$ 再作差 $\varphi(x) = \dfrac{\sin x}{\sqrt{\cos x}} - x$,或 $\psi(x) = \sin x - x\sqrt{\cos x}$.

证法一　$\varphi'(x) = \dfrac{1}{\cos x}\left[\cos x\sqrt{\cos x} - \sin x\dfrac{-\sin x}{2\sqrt{\cos x}}\right] - 1$

$$= \frac{2\cos^2 x + \sin^2 x}{2\sqrt{\cos x}\cos x} - 1$$

$$= \frac{1 + \cos^2 x - 2\sqrt{\cos x}\cos x}{2\sqrt{\cos x}\cos x}$$

$$> \frac{1 + \cos^2 x - 2\cos x}{2\sqrt{\cos x}\cos x}$$

$$= \frac{(1-\cos x)^2}{2\sqrt{\cos x}\cos x} > 0.$$

$\varphi(x)$ 单调递增，$\varphi(x) > \varphi(0) = 0$，得证.

证法二 对 $f(x) = \sin x\tan x - x^2$,

$$f'(x) = \sin x(1+\sec^2 x) - 2x \geqslant 2\sin x \cdot \sec x - 2x = 2(\tan x - x) > 0 \left(0 < x < \frac{\pi}{2}\right),$$

所以 　　　　$f(x) > f(0) = 0 \quad \left(0 < x < \frac{\pi}{2}\right).$

注 若此处未留意到不等式 $1 + \sec^2 x \geqslant 2\sec x$，则还要继续往下求导数：

$$f''(x) = \cos x + \sec x + 2\sin^2 x\sec^3 x - 2,$$

$$f'''(x) = \sin x(5\sec^2 x - 1) + 6\sin^3 x\sec^4 x > 0,$$

$f'(0) = f''(0) = 0,\cdots$ 得 $f(x) > 0$.

显然多了许多无谓的计算.

证法三 用 Taylor 公式，从 $\sin x = x - \dfrac{x^3}{3!} + \dfrac{x^5}{5!} - \cdots$

$$\tan x = x + \frac{x^3}{3} + \frac{2}{15}x^5 + \cdots$$

猜想当 $0 < x < \dfrac{\pi}{2}$ 时，$\sin x > x - \dfrac{x^3}{3!}$ 易证

$$\tan x > x + \frac{x^3}{3}$$

令 　　　　$\alpha(x) = \tan x - x - \dfrac{x^3}{3}, \alpha(0) = 0,$

$\quad\quad\quad \alpha'(x) = \sec^2 x - 1 - x^2, \alpha'(0) = 0,$

$\quad\quad\quad \alpha''(x) = 2\sec^2 x\tan x - 2x = 2(\sec^2 x\tan x - x) > 2(\tan x - x) > 0.$

可往上推得 $\tan x > x + \dfrac{x^3}{3}$. 于是

$$\sin x\tan x > \left(x - \frac{x^3}{6}\right)\left(x + \frac{x^3}{3}\right) = x^2 + \frac{x^4}{6}\left(1 - \frac{x^2}{3}\right),$$

当 $0 < x < \dfrac{\pi}{2}$ 时，$1 - \dfrac{x^2}{3} > 1 - \dfrac{1}{3}\left(\dfrac{\pi}{2}\right)^2 = 1 - \dfrac{\pi^2}{12} > 0$，得证 $\sin x\tan x > x^2$.

证法四 原不等式等价化为 $\dfrac{\sin^2 x}{x^2} > \cos x$,

因为 $\dfrac{\sin x}{x} > 1 - \dfrac{x^2}{3!}$，$\cos x < 1 - \dfrac{x^2}{2!} + \dfrac{x^4}{4!}$.

只要证 $\left(1 - \dfrac{x^2}{3!}\right)^2 > 1 - \dfrac{x^2}{2!} + \dfrac{x^4}{4!}$.

此不等式化简后，归结为 $x^2 < 12$,

当 $0 < x < \dfrac{\pi}{2}$ 时，此式显然成立.

注 依据类似方法，还可以推证 $0 < x < \dfrac{\pi}{2}$ 时，$\left(\dfrac{\sin x}{x}\right)^3 > \cos x$. 读者不妨一试.

例 5 设 $a > 0$,试证 $x^2 - 2ax + 1 < e^x (x > 0$ 时$)$.

证 $f(x) = e^x - x^2 + 2ax - 1, f(0) = 0$

$$f'(x) = e^x - 2x + 2a, f'(0) = 1 + 2a > 0$$

$f''(x) = e^x - 2$ 不恒正,当 $x = x_0 = \ln 2$ 时,$f''(x_0) = 0$. 验证出 $\ln 2$ 是 $f'(x)$ 的极小值点,极小值为

$$f'(\ln 2) = 2 - 2\ln 2 + 2a,$$

与在端点的值比较,$f'(\ln 2) < f'(0)$,且 $f'(+\infty) = +\infty$,知 $f'(\ln 2) = 2 - 2\ln 2 + 2a$ 是 $f'(x)$ 的最小值且为正. 所以 $f'(x)$ 恒正,得出 $f(x)$ 严格递增,$f(x) > f(0)(x > 0$ 时$)$.

注 $a > 0$ 是 $f'(\ln 2) > 0$ 的充分条件. 事实上,$a > \ln 2 - 1$ 即有 $f'(\ln 2) > 0$,从而原不等式亦能成立.

拓广题:求使得该不等式对 $x > 0$ 恒成立的 a 的范围,或 a 的最小值 $\left(a = 1 - \dfrac{e}{2}\right)$.

分析 将不等式改写为 $2a > \dfrac{x^2 + 1 - e^x}{x}$,引入 $g(x) = \dfrac{x^2 + 1 - e^x}{x}$,

$$g'(x) = \frac{x-1}{x^2}(x + 1 - e^x),$$

因为 $1 + x \leqslant e^4$,所以 $g(x)$ 在 $x = 1$ 处取最大值 $g(1) = 2 - e$.

从而 $a > \dfrac{2 - e}{2}$. 此时 a 有下确界,无最小值. 只有将原不等式的"$<$"改为"$\leqslant$"时,a 方有最小值 $1 - \dfrac{e}{2}$.

例 6 设 n 为自然数,试证当 $t \leqslant n$ 时,$e^{-t} - \left(1 - \dfrac{t}{n}\right)^n \leqslant \dfrac{t^2}{n}e^{-t}$ \hfill (1)

分析 不等式等价变形为

$$1 - \left(1 - \frac{t}{n}\right)^n e^t \leqslant \frac{t^2}{n} \tag{2}$$

或

$$\left(1 - \frac{t}{n}\right)^n e^t \geqslant 1 - \frac{t^2}{n}$$

再令 $\dfrac{t}{n} = u$,则 $u \leqslant 1$,上式又可以化为

$$(1 - u)^n e^{nu} \geqslant 1 - nu^2 (u \leqslant 1) \tag{3}$$

证法一 经转换,原不等式等价于(3)式. 当 $n = 1$ 时,欲证:$(1 - u)e^u \geqslant 1 - u^2$,用 $e^u = 1 + u + \dfrac{u^2}{2!} + \cdots$ 得出 $e^u \geqslant 1 + u$,代入即得.

设 $n = k$ 时,有(3)式成立,则当 $n = k + 1$ 时

$$(1 - u)^{k+1} e^{(k+1)u} = (1 - u)e^u[(1-u)^k e^{ku}] \geqslant (1 - u)e^u(1 - ku^2)$$
$$\geqslant (1 - u^2)(1 - ku^2) = 1 - u^2 - ku^2 + ku^4 > 1 - (k+1)u^2.$$

证法二 令 $f(u) = (1 - u)^n e^{nu} - 1 + nu^2, u \leqslant 1, f(1) = n - 1 \geqslant 0$.

$f(-\infty) = \lim\limits_{u \to -\infty} f(u) = +\infty$,然后分析 $f(u)$ 是否递减或考虑其最小值. 又

$f'(u) = nu[2 - (1-u)^{n-1}e^{nu}]$ 未必小于 0. 驻点是 $u_1 = 0$,u_2 则是 $2 - (1-u)^{n-1}e^{nu}$ 的零点

（见下面注）.

因 $f(0) = 0, f(u_2) = (1 - u_2)^n \mathrm{e}^{m_2} - 1 + nu_2^2$

$$= (1 - u_2)(1 - u_2)^{n-1} \mathrm{e}^{m_2} - 1 + nu_2^2$$

$$= (1 - u_2)2 - 1 + nu_2^2 = 1 - 2u_2 + nu_2^2 > 0.$$

从上必知 $\min\limits_{u \leqslant 1} f(u) \geqslant 0$, 证毕.

注 其实仔细分析 $2 - (1 - u)^{n-1} \mathrm{e}^{m}$ 在 $(-\infty, 1]$ 上是恒正的, 即 u_2 点并不存在, 无须考虑.

令 $g(u) = (1 - u)^{n-1} \mathrm{e}^{m}, g'(u) = (1 - u)^{n-2}(1 - nu) \mathrm{e}^{m}$, 求得其稳定点 $u = 1, \dfrac{1}{n}$; 由 $g(1) = g(-\infty) = 0$, 知 $g\left(\dfrac{1}{n}\right) = \left(1 - \dfrac{1}{n}\right)^{n-1} \mathrm{e}$ 是 $g(u)$ 的最大值. 易验证 $g\left(\dfrac{1}{n}\right) < 2$, 从而 $g(u) < 2$ 恒正.

例 7 设 $a \neq b$, 试证明 $\mathrm{e}^{\frac{a+b}{2}} \leqslant \dfrac{\mathrm{e}^b - \mathrm{e}^a}{b - a} \leqslant \dfrac{\mathrm{e}^a + \mathrm{e}^b}{2}$.

分析 左边形态联想拉格朗日微分中值定理, 但 $2\mathrm{e}^\xi \leqslant \mathrm{e}^a + \mathrm{e}^b$, 不起作用. 若要用函数单调性, 需定义辅助函数, 将 a 或 b 以 x 代, (因涉及两个对称的量 a, b) 仍不方便求证.

关键技术: 令 $b - a = t$ 消元 (降维), 原不等式化为

$$\mathrm{e}^{\frac{t}{2}} \leqslant \dfrac{\mathrm{e}^t - 1}{t} \leqslant \dfrac{1 + \mathrm{e}^t}{2} (t > 0).$$

证法一 利用 Taylor 展开, 上式易验证.

证法二 引入辅助函数 $f(t) = t(1 + \mathrm{e}^t) - 2(\mathrm{e}^t - 1), f(0) = 0$;

$$f'(t) = 1 + t\mathrm{e}^t - \mathrm{e}^t, f'(0) = 0, f''(t) = t\mathrm{e}^t > 0.$$

例 8 设 $x > 0, y > 0$, 且 $0 < \alpha < \beta$, 求证 $(x^\alpha + y^\alpha)^{1/\alpha} > (x^\beta + y^\beta)^{1/\beta}$.

分析 消元, 单变量化, 令 $\dfrac{x}{y} = t$, 欲证 $(1 + t^\alpha)^{1/\alpha} > (1 + t^\beta)^{1/\beta}$,

证明 引入 $\varphi(z) = (1 + t^z)^{1/z}$, 希望证出 $\varphi(z)$ 单调递减. 留待读者练习.

例 9 设 p 为正数, n 为自然数, 证明

$$\dfrac{n^{p+1}}{p+1} < 1^p + 2^p + \cdots + n^p < \dfrac{(n+1)^{p+1}}{p+1},$$

证法一 利用微分中值定理, $\dfrac{k^{p+1} - (k-1)^{p+1}}{p+1} < k^p < \dfrac{(k+1)^{p+1} - k^{p+1}}{p+1} (1 \leqslant k \leqslant n)$. 对 k 从 1 到 n 求和.

证法二 转化为积分和. 考虑函数 $f(x) = x^p$ 在 $[0, 1]$ 上的积分. 将 $[0, 1]$ n 等分, 在 $\Delta_i = \left[\dfrac{i-1}{n}, \dfrac{i}{n}\right]$ 上取介点 $\xi_i = \dfrac{i}{n}$, 得 Riemann 和数为 $\dfrac{1}{n} \sum\limits_1^n \left(\dfrac{i}{n}\right)^p > \int_0^1 x^p \mathrm{d}x$. 再将 $[0, 1]$ 区间 $n+1$ 等分, 在每个小段上限左端点为介点, 得

$$\dfrac{1}{n+1} \sum\limits_{i=1}^n \left(\dfrac{i}{n+1}\right)^p < \int_0^1 x^p \mathrm{d}x.$$

证法三 (数学归纳法) 假定 n 时成立, 推 $n+1$ 时亦成立.

先看左边一个不等式, 欲证

$$1^p + 2^p + \cdots + n^p + (n+1)^p > \frac{(n+1)^{p+1}}{p+1},$$

由归纳假设,只要证

$$\frac{n^{p+1}}{p+1} + (n+1)^p > \frac{(n+1)^{p+1}}{p+1} \text{(该不等式是原不等式之充分不等式)},$$

令 $n+1=k,(k-1)^{p+1}+(p+1)k^p > k^{p+1}$ 两边同除以 k^{p+1} 得

$$\left(1-\frac{1}{k}\right)^{p+1} + \frac{p+1}{k} > 1.$$

再令 $\frac{1}{k}=t$,显然 $t \leqslant \frac{1}{2} < 1$

令 $\qquad g(t) = (1-t)^{p+1} + (p+1)t - 1, g(1) = p > 0$

$g'(t) = (p+1)[1-(1-t)^p] > 0, g(t)$ 单调递增,$g(0)=0$ 所以 $g(t) > 0$,

再看右边部分,类似推导得出一个充分不等式

$$(n+1)^{p+1} + (p+1)(n+1)^p < (n+2)^{p+1}.$$

令 $t = \frac{1}{n+1}$,上式化为 $1+(p+1)t < (1+t)^{p+1}$,此式显然成立.

拓广思考:引入 $\lambda_n = \frac{1^p + 2^p + \cdots + n^p}{n^{p+1}}$,已证得 $\lambda_n > \frac{1}{p+1}$,且 $\lambda_n \rightarrow \frac{1}{p+1}$(用 stolz 公式). 既然 $\{\lambda_n\}$ 是从 $\frac{1}{p+1}$ 的右侧趋近于 $\frac{1}{p+1}$ 的,那么,是否必有 $\{\lambda_n\}$ 单调减?

从 Riemann 积分的达布上和考虑,似乎有 $\{\lambda_n\}$ 的递减性,但是对 $[0,1]$ 的 $n+1$ 等分并非是 n 等分的加细,故达布上和随着分割加细后的递减趋势不能直接套用.

仍考虑使用归纳法证明.

证 $I_n = 1^p + 2^p + \cdots + n^p$,欲要 λ_n 递减,即要求 $\frac{I_n + (n+1)^\alpha}{(n+1)^{\alpha+1}} < \frac{I_n}{n^{\alpha+1}}$,化简

$$\frac{1}{n+1} < I_n\left(\frac{1}{n^{\alpha+1}} - \frac{1}{(n+1)^{\alpha+1}}\right),$$

即

$$I_n > \frac{1}{n+1}\frac{1}{\frac{1}{n^{\alpha+1}} - \frac{1}{(n+1)^{\alpha+1}}} = \frac{(n+1)^\alpha}{\left(1+\frac{1}{n}\right)^{\alpha+1} - 1} \qquad (\triangle)$$

下面数学归纳法证明 $(\triangle)$ 式. $n=1$,$(\triangle)$ 式即 $1 > \frac{2^\alpha}{2^{\alpha+1}-1}$,即 $2^{\alpha+1} - 2^\alpha > 1$.

对函数 $f(x) = 2^x$ 在 $[\alpha,\alpha+1]$ 上用微分中值定理即得上式成立. 设 n 时成立 $(\triangle)$ 式,则当 $n+1$ 时,

$$I_{n+1} = I_n + (n+1)^\alpha > \frac{(n+1)^\alpha}{\left(1+\frac{1}{n}\right)^{\alpha+1} - 1} + (n+1)^\alpha = \frac{(n+1)^\alpha}{1 - \frac{1}{\left(1+\frac{1}{n}\right)^{\alpha+1}}},$$

若能证得充分不等式

$$\frac{(n+1)^\alpha}{1 - \frac{1}{\left(1+\frac{1}{n}\right)^{\alpha+1}}} > \frac{(n+2)^\alpha}{\left(1+\frac{1}{n+1}\right)^{\alpha+1} - 1} \qquad (*)$$

则($\triangle$)得证(当 $n+1$ 时).

变形($*$)式:

$$\frac{1}{1-\dfrac{1}{\left(1+\dfrac{1}{n}\right)^{\alpha+1}}} > \frac{\left(1+\dfrac{1}{n+1}\right)^{\alpha}}{\left(1+\dfrac{1}{n+1}\right)^{\alpha+1}-1},$$

等价于

$$\frac{1}{n+1} \cdot \frac{1}{1-\dfrac{1}{\left(1+\dfrac{1}{n}\right)^{\alpha+1}}} > \frac{1}{n+2}\frac{1}{1-\dfrac{1}{\left(1+\dfrac{1}{n+1}\right)^{\alpha+1}}} \qquad (**)$$

将左边数列记为 α_n,即证 $\{\alpha_n\}$ 的单调递减性质,令 $\dfrac{1}{n}=t$,化为函数的增减性来处理.

$$g(t) = \frac{t}{1+t}\frac{1}{1-\dfrac{1}{(1+t)^{\alpha+1}}} = \frac{t}{1+t-\dfrac{1}{(1+t)^{\alpha}}},$$

$$g'(t) = \frac{1}{[\text{分母}]^2}\left\{1+t-\frac{1}{(1+t)^{\alpha}}-\left[1+\alpha(1+t)^{-\alpha-1}\right]t\right\}$$

$$= \frac{1}{[\text{分母}]^2}\left[1-\frac{1+(\alpha+1)t}{(1+t)^{\alpha+1}}\right]$$

$$= \frac{(1+t)^{\alpha-1}}{\left[(1+t)^{\alpha+1}-1\right]^2}\left[(1+t)^{\alpha+1}-(1+(\alpha+1)t)\right].$$

已经可见得 $g'(t)>0$,($t>0$ 时),故 $g(t)$ 在 $\mathbf{R}^+$ 上为递增.

所以 $\alpha_n = g\left(\dfrac{1}{n}\right)$ 关于 n 是递减的.($**$)式得证.

下面讨论凸函数不等式及其在不等式证明中的运用.

设 $f''(x)>0$,则 $f\left(\dfrac{1}{n}\sum_1^n x_i\right)\leqslant \dfrac{1}{n}\sum_1^n f(x_i)$ 及一般加权形式:

$$0<\lambda_i<1,\sum_{i=1}^n\lambda_i=1,f\left(\sum_{i=1}^n\lambda_i x_i\right)\leqslant\sum_{i=1}^n\lambda_i f(x_i).$$

当 $f''(x)<0$ 时,反向不等式成立.

例 10　证明:当 $0\leqslant x\leqslant 1,p>1$ 时,$2^{1-p}\leqslant x^p+(1-x)^p\leqslant 1$.

证法一　令 $F(x)=x^p+(1-x)^p$,研究 $F(x)$ 在 $[0,1]$ 上的最大,最小值,先求出唯一的稳定点 $x_0=\dfrac{1}{2}$,然后比较端点的值.

证法二　利用凸凹性,取 $f(t)=t^p$,在 $[0,1]$ 上为下凸,得

$$\frac{x^p+(1-x)^p}{2}\geqslant\left[\frac{x+1-x}{2}\right]^p = 2^{-p},$$

而 $F(x)$ 在 $[0,1]$ 亦下凸,故最大值在端点取得.

例 11　设 $x,y>0$,证明 $x\ln x+y\ln y\geqslant(x+y)\ln\dfrac{x+y}{2}$.

证明　令 $f(t)=t\ln t,f''(t)=\dfrac{1}{t}>0(t\in\mathbf{R}^+)$.

注 取 $f(x) = \ln x$ 为 $\mathbf{R}^+$ 上的凹函数,可得算术几何平均不等式.采用加权形式,

$$\ln(\sum_{i=1}^{n} \lambda_i x_i) \geqslant \sum_{i=1}^{n} \lambda_i \ln x_i,$$

化简得

$$x_1^{\lambda_1} x_2^{\lambda_2} \cdots x_n^{\lambda_n} \leqslant \lambda_1 x_1 + \lambda_2 x_2 + \cdots + \lambda_n x_n (0 \leqslant \lambda_i \leqslant 1, \sum \lambda_i = 1) \tag{4}$$

当 $\lambda_1 = \lambda_2 = \cdots = \lambda_n = \dfrac{1}{n}$ 时,即得算术几何平均不等式.

若取 $f(x) = \dfrac{1}{x}$,又能得到另一不等式:$\displaystyle\sum_{i=1}^{n} x_i \sum_{i=1}^{n} \frac{1}{x_i} \geqslant n^2$.

例 12 Hölder 不等式,设 $p > 1, q > 1, \dfrac{1}{p} + \dfrac{1}{q} = 1, (a_i、b_i > 0)$ 试证

$$\sum a_i b_i \leqslant (\sum a_i^p)^{1/p} (\sum b_i^q)^{1/q} \tag{5}$$

证明 我们分三个步骤叙述之.

(一) 在(4)式中令 $\lambda_1 = \dfrac{1}{p}, \lambda_2 = \dfrac{1}{q}$,得

$$A^{1/p} B^{1/q} \leqslant \frac{A}{p} + \frac{B}{q}, \tag{6}$$

或在习题 2 中已证得的不等式 $\dfrac{x^p}{p} + \dfrac{1}{q} \geqslant x$ 中令 $x = \left(\dfrac{A}{B}\right)^{1/p}$ 亦得(6)式.再在(6)式中令 $x = A^{1/p}, y = B^{1/q}$,又得另一形式:

$$xy \leqslant \frac{x^p}{p} + \frac{y^q}{q} \tag{7}$$

其推广可得 Young 积分不等式(参阅 §4.5(3)式).

(二) 依(7)式,有 $a_i b_i \leqslant \dfrac{a_i^p}{p} + \dfrac{b_i^q}{q}$,若直接相加仅能得到

$$\sum a_i b_i \leqslant \frac{1}{p} \sum a_i^p + \frac{1}{q} \sum b_i^q,$$

但注意到若 $\sum a_i^p = \sum b_i^q = 1$,则(5)式已然成立.

(三) 将(5)式等价变形成 $\dfrac{\sum a_i b_i}{(\sum a_i^p)^{1/p}(\sum b_i^q)^{1/q}} \leqslant 1$,从第(二)步骤启发

$$\sum \frac{a_i}{(\sum a_i^p)^{1/p}} \frac{b_i}{(\sum b_i^q)^{1/q}} \leqslant 1,$$

单位化变换   令 $a_i^* = \dfrac{a_i}{(\sum a_i^p)^{1/p}}, \quad b_i^* = \dfrac{b_i}{(\sum b_i^q)^{1/q}},$

满足

$$\sum (a_i^*)^p = \sum (b_i^*)^q = 1.$$

注 1. 分析上述证明过程,可以发现 Hölder 不等式成立等号的充要条件是:$a_1^p, a_2^p, \cdots, a_n^p$ 和 $b_1^q, b_2^q, \cdots, b_n^q$ 对应成比例.

     2. 对一般未必正值的 $a_i、b_i$,只需在(5)中加上绝对值即可:

$$\sum \mid a_i b_i \mid \leqslant \left(\sum \mid a_i \mid^p \right)^{1/p} \left(\sum \mid b_i \mid^q \right)^{1/q}.$$

3. 当 $p = q = 2$ 时,相应的不等式叫作柯西－施瓦兹不等式.此情形最常见的证法是用二次三项式的判别式去证明:

令 $F(t) = \sum (a_i t + b_i)^2 = \left(\sum a_i^2 \right) t^2 + 2 \left(\sum a_i b_i \right) t + \sum b_i^2$,

则 $\forall t \in \mathbf{R}, F(t) \geqslant 0$ 恒成立.于是判别式 $\Delta \leqslant 0$.

4. 积分形式的 Hölder 不等式:

设 $f(x), g(x) \geqslant 0$,且可积. $p > 0, q > 0, \dfrac{1}{p} + \dfrac{1}{q} = 1$.则有

$$\int_a^b f(x) g(x) \mathrm{d}x \leqslant \left(\int_a^b f^p(x) \mathrm{d}x \right)^{1/p} \left(\int_a^b g^q(x) \mathrm{d}x \right)^{1/q} \qquad (5')$$

证明与离散和式情形的证明手法类似,从略.

例 13　设 $x_1, x_2, \cdots x_n$ 为正数,证明

当 $0 < \alpha < 1$ 时, $(x_1 + x_2 + \cdots + x_n)^\alpha < x_1^\alpha + x_2^\alpha + \cdots + x_n^\alpha$;

当 $\alpha > 1$ 时, $(x_1 + x_2 + \cdots + x_n)^\alpha > x_1^\alpha + x_2^\alpha + \cdots + x_n^\alpha$.

分析　用凸函数不等式,得出的是当 $\alpha > 1$ 时,

$$\left(\frac{x_1 + x_2 + \cdots + x_n}{n} \right)^\alpha < \frac{x_1^\alpha + x_2^\alpha + \cdots + x_n^\alpha}{n},$$

即　　　　　　　　$(x_1 + x_2 + \cdots + x_n)^\alpha < n^{\alpha-1}(x_1^\alpha + x_2^\alpha + \cdots + x_n^\alpha).$

而非所要证明的不等式.

证明　以 $\alpha > 1$ 为例,原不等式等价于 $\sum\limits_{i=1}^n \left(\dfrac{x_i}{x_1 + x_2 + \cdots + x_n} \right)^\alpha < 1$(单位化技术).

记 $p_i = \dfrac{x_i}{\sum x_i}$,则 $0 < p_i < 1$,且 $\sum p_i = 1$. 又 $\alpha > 1$,故 $p_i^\alpha < p_i$,于是

$$\sum_{i=1}^n p_i^\alpha < \sum_1^n p_i = 1, 证毕.$$

注　若不用单位化技巧,当 α 不为整数时,似乎又是挺难入手的,这就是解题之窍门.

习题 3.7

1. 证明不等式 $\mathrm{e}^{\frac{a+b}{2}} \leqslant \dfrac{\mathrm{e}^b - \mathrm{e}^a}{b-a} \leqslant \dfrac{\mathrm{e}^b + \mathrm{e}^a}{2}$.

2. 设 $p,q > 1$ 且 $\dfrac{1}{p} + \dfrac{1}{q} = 1$,证明 $\forall x > 0$,有 $\dfrac{x^p}{p} + \dfrac{1}{q} \geqslant x$.

3. 证明 $\forall x > 0$,$\mathrm{e}^x - 1 > (1+x)\ln(1+x)$.

4. 证明 $\dfrac{\ln x}{x-1} \leqslant \dfrac{1}{\sqrt{x}} (x > 0, x \neq 1)$.

5. 证明 $\dfrac{b-a}{b} \leqslant \ln \dfrac{b}{a} \leqslant \dfrac{b-a}{a}$.

6. 当 $0 < x < 1$ 时,有 $x^n(1-x) < \dfrac{1}{n\mathrm{e}}$.

7. 证明 $\dfrac{x(1-x)}{\sin \pi x} < \dfrac{1}{\pi} (x \in (0,1))$.

8. 设 $0 < x < y < 1$ 或 $1 < x < y$,则 $\dfrac{y}{x} > \dfrac{y^x}{x^y}$. （中科院 2003 年）

9. 比较 π^{e} 与 e^{π} 的大小,并说明理由.

10. $\forall 0 < x < 1$,证明 $\sum\limits_{i=1}^{n} x^i(1-x)^{2i} < \dfrac{4}{23}$. （$n$ 为任意自然数）

11. 证明当 $x \in \left(\dfrac{\pi}{2}, \pi\right)$ 时,$\sqrt{\dfrac{1-\sin x}{1+\sin x}} < \dfrac{\ln(1+\sin x)}{\pi - x}$.

（浙江省高等数学竞赛 2007 年）

12. 证明当 $0 < x < \dfrac{\pi}{2}$ 时,$\tan x > x + \dfrac{x^3}{3} + \dfrac{2}{15}x^5 + \dfrac{1}{63}x^7$. （浙江省高数竞赛 2005 年）

13. 设 $0 < x < 1, 0 < a < b < 1$ 且 $a+b < 1$.证明不等式 $a^x(1-ax) < b^x(1-bx)$.

14. 已知在 $x > -1$ 定义的可微分函数 $f(x)$ 满足条件

$$f'(x) + f(x) - \frac{1}{x+1}\int_0^x f(t)\,dt = 0 \text{ 和 } f(0) = 1.$$

(1) 求 $f'(x)$;

(2) 证明:$f(x)$ 在 $x \geqslant 0$ 满足 $\mathrm{e}^{-x} \leqslant f(x) \leqslant 1$.

15. 设 $f(x)$ 在 $(0, +\infty)$ 上单调下降,可微.如果当 $x > 0$ 时,$0 < f(x) < |f'(x)|$ 成立,则当 $0 < x < 1$ 时,必有

$$xf(x) > \frac{1}{x}f\left(\frac{1}{x}\right).$$ （北京大学 1991 年）

16. 求所有实数 α 的集合,使得对于任何 $x, y > 0$,不等式 $x \leqslant \dfrac{\alpha-1}{\alpha}y + \dfrac{1}{\alpha}\dfrac{x^\alpha}{y^{\alpha-1}}$ 成立.

17. $\forall n \in \mathbf{N}$,证明 $\dfrac{\mathrm{e}}{\left(1+\dfrac{1}{n}\right)^n} - 1 < \dfrac{1}{2n}$.

18. $\forall n \in \mathbf{N}$,证明 $0 < \sum_1^n \dfrac{1}{k} - \ln(n+1) \leqslant \dfrac{1}{2}\sum_1^n \dfrac{1}{k^2} < 1$. 　　　　（北师大 2004 年）

19. 求使得下列不等式对所有的自然数 n 都成立的最小的数 β:$\mathrm{e} \leqslant \left(1 + \dfrac{1}{n}\right)^{n+\beta}$.

（浙江省高等数学竞赛题 2003 年）

20. 对于给定的一组正数 $x_1, x_2, \cdots x_n$,讨论其 α 次幂平均 $m_\alpha = \left[\dfrac{1}{n}\sum_{i=1}^n x_i^\alpha\right]^{1/\alpha}$ 关于 α 的单调性 $(\alpha > 0)$.

21. 证明 $\lim\limits_{\alpha \to 0^+} \left(\dfrac{x_1^\alpha + \cdots + x_n^\alpha}{n}\right)^{1/\alpha} = \sqrt[n]{x_1 x_2 \cdots x_n}$.

22. 已知 $f(x)$ 二阶可导,且 $f(x) > 0, f''(x)f(x) - (f'(x))^2 \geqslant 0, x \in \mathbf{R}$.

(1) 证明 $f(x_1)f(x_2) \geqslant f^2\left(\dfrac{x_1 + x_2}{2}\right), \forall x_1, x_2 \in \mathbf{R}$;

(2) 若 $f(0) = 1$,证明 $f(x) \geqslant \mathrm{e}^{f'(0)x}, \forall x \in \mathbf{R}$.

23. 设 $a_k \geqslant 0, (1 \leqslant k \leqslant n)$,试证 $\left| \sum\limits_{k=1}^n a_k \sin kx \right| \leqslant |\sin x|$ 的充分必要条件是

$$\sum_{k=1}^n k a_k \leqslant 1.$$ 　　　　（浙江省高等数学竞赛 2006 年）

24. 设 $0 \leqslant a_k < 1, k = 1, 2, \cdots, n$,令 $S_n = \sum\limits_{k=1}^n a_k$. 证明不等式

$$\sum_{k=1}^n \frac{a_k}{1 - a_k} \geqslant \frac{n S_n}{n - S_n}.$$ 　　　　（浙江大学 1999 年）

25. $\forall x > 0, y > 0$,证明不等式 $x^y + y^x > 1$. 　　　　（中科院 2007 年）

26. 已知实数 $a \neq 0$,设函数 $f(x) = a\ln(x + \sqrt{1+x}), x > 0$.

(1) 当 $a = -\dfrac{3}{4}$ 时,求函数 $f(x)$ 的单调区间;

(2) 对任意 $x \in \left[\dfrac{1}{e^2}, +\infty\right)$ 均有 $f(x) \leqslant \dfrac{\sqrt{x}}{2a}$,求 a 的取值范围.

（浙江省 2019 年高考试题）

第四章　定积分

积分学在大的层次上分为一元积分和多元积分. 多元积分又包含多重积分(二重、三重等),曲线积分,曲面积分(Ⅰ型、Ⅱ型). 内容丰富,是考研的重点板块. 而一元函数积分学是基础,不定积分的计算又是基础的第一阶段. 求积分常见的方法有换元法,分部积分法,有理式的部分分式法,以及三角式、无理式的一些置换方法. 需多加训练,熟能生巧.

当然,特别难的、繁的或需要怪异技巧的不定积分,限于时间紧张,在复习阶段一般不必投入太多的精力. 在本章我们侧重于定积分,主要内容如下:

(Ⅰ) 积分计算;(Ⅱ) 积分性质;(Ⅲ) 可积条件.

§4.1　积分的计算

积分计算中的常规方法如第一、第二换元法,分部积分法,牛顿－莱布尼兹公式等等,相信读者都已相当熟悉了,在此不再赘述. 本节我们主要介绍一些非常规但又很实用的方法. 这些方法充分体现出数学思维的灵动美,有的反映出定积分计算特有的奥妙之处. 希望读者朋友细加体会,领悟其中的奥妙进而熟练自如地应用.

一、分段技巧

例 1　求 $\displaystyle\int_a^b x\mathrm{e}^{-|x|}\,\mathrm{d}x$.

分析　关键是去掉绝对值,记积分为 I.

解一　当 $0\leqslant a<b$ 时,由分部积分法,得
$$I=(a+1)\mathrm{e}^{-a}-(b+1)\mathrm{e}^{-b},$$
$a<b<0$ 时,由分部积分法,得
$$I=(b-1)\mathrm{e}^{b}-(a-1)\mathrm{e}^{a},$$
$a<0<b$ 时,由分部积分法,得
$$I=\int_a^0+\int_0^b x\mathrm{e}^{-|x|}\,\mathrm{d}x=-(b+1)\mathrm{e}^{-b}-(a-1)\mathrm{e}^{a}.$$

解二　先求不定积分 $\displaystyle\int x\mathrm{e}^{-|x|}\,\mathrm{d}x$,然后套用牛顿－莱布尼兹公式.
$$F(x)=\int x\mathrm{e}^{-|x|}\,\mathrm{d}x=\begin{cases}-x\mathrm{e}^{-x}-\mathrm{e}^{-x}+c_1, & x\geqslant 0\ \text{时}\\ x\mathrm{e}^{x}-\mathrm{e}^{x}+c_2, & x<0\ \text{时}\end{cases},$$

要求 $F(x)$ 在 $x = 0$ 处可导,至少必须连续,$F(0+) = F(0-)$,推出

$$c_1 = c_2,$$

所以 $F(x) = -|x|\mathrm{e}^{-|x|} - \mathrm{e}^{-|x|} + c$,

最后得 $I = F(b) - F(a) = (|a|+1)\mathrm{e}^{-|a|} - (|b|+1)\mathrm{e}^{-|b|}$.

例 2　计算 $\displaystyle\int_0^1 \mathrm{sgn}[\sin(\ln x)]\mathrm{d}x$.

解　记 $f(x) = \mathrm{sgn}[\sin(\ln x)]$,易知 $f(x)$ 在 $x = 0$ 处无定义,在 $(0,1]$ 上不连续点是 $\mathrm{e}^{-k\pi}(k = 0,1,2,\cdots)$,任意补充一个 $f(0)$,由于 f 在 $[0,1]$ 上的有界性及其不连续点集仅有一个聚点,故 $f(x)$ 在 $[0,1]$ 上 $\mathbf{R}$ — 可积.

当 $x \in [\mathrm{e}^{-(k+1)\pi}, \mathrm{e}^{-k\pi}]$ 时,$f(x) = (-1)^{k+1}$,

$$\int_0^1 f(x)\mathrm{d}x \xlongequal{\text{此处并非瑕积分}} \lim_{n\to\infty}\int_{\mathrm{e}^{-n\pi}}^1 f(x)\mathrm{d}x$$

$$= \lim_{n\to\infty}\sum_{k=0}^{n-1}\int_{\mathrm{e}^{-(k+1)\pi}}^{\mathrm{e}^{-k\pi}} f\mathrm{d}x$$

$$= \lim_{n\to\infty}\sum_{k=0}^{n-1}(-1)^{k+1}(\mathrm{e}^{-k\pi} - \mathrm{e}^{-(k+1)\pi}) = \frac{\mathrm{e}^{-\pi}-1}{\mathrm{e}^{-\pi}+1}.$$

例 3　求 $\displaystyle\int_0^1\left(\left[\frac{2}{x}\right] - 2\left[\frac{1}{x}\right]\right)\mathrm{d}x$.

解　分析 $\left[\dfrac{2}{x}\right] - \left[\dfrac{1}{x}\right] = \begin{cases} 0, & \dfrac{1}{n+\frac{1}{2}} < x \leqslant \dfrac{1}{n} \\[3mm] 1, & \dfrac{1}{n+1} < x \leqslant \dfrac{1}{n+\frac{1}{2}} \end{cases}$.

被积函数有界且仅有可数个间数点.

间断点集的聚点唯一为 0,故补充定义 $f(0) = 1$,得知 $f(x)$ 在 $[0,1]$ 上 $\mathbf{R}$ — 可积. 故此类积分形式上是广义瑕积分,实质上仍是 $\mathbf{R}$ — 积分.

因此,$\displaystyle\int_0^1 f(x)\mathrm{d}x = \sum_{n=1}^\infty\int_{\frac{1}{n+1}}^{\frac{1}{n}} f(x)\mathrm{d}x = \sum_{n=1}^\infty\int_{\frac{1}{n+1}}^{\frac{1}{n+\frac{1}{2}}} 1\mathrm{d}x = \sum_{n=1}^\infty\left(\frac{1}{n+\frac{1}{2}} - \frac{1}{n+1}\right)$.

思考:能否算出此级数的和?

分析　级数展开出来是 $\dfrac{2}{3} - \dfrac{1}{2} + \dfrac{2}{5} - \dfrac{1}{3} + \dfrac{2}{7} - \dfrac{1}{4} + \dfrac{2}{9} - \dfrac{1}{5} + \dfrac{2}{11} - \dfrac{1}{6} + \cdots$

若换序,得出 $\dfrac{1}{3} - \dfrac{1}{2} + \dfrac{1}{5} - \dfrac{1}{4} + \dfrac{1}{7} - \dfrac{1}{6} + \cdots$ 此级数和为 $\ln 2 - 1 < 0$,但原条件收敛级数不能随意地换序. 换一种方式处理如下:

$$\text{原级数} = \frac{2}{3} - \frac{2}{4} + \frac{2}{5} - \frac{2}{6} + \frac{2}{7} - \frac{2}{8} + \cdots$$

$$= 2\left[\frac{1}{3} - \frac{1}{4} + \frac{1}{5} - \cdots\right]$$

$$= 2\left(1 - \frac{1}{2} + \frac{1}{3} - \frac{1}{4} + \cdots - 1 + \frac{1}{2}\right)$$

$$= 2\left(\ln 2 - \frac{1}{2}\right) = 2\ln 2 - 1,$$

所以原积分 $= 2\ln 2 - 1$.

例 4   计算 $\int_0^\pi \dfrac{x}{1+\cos^2 x}\mathrm{d}x$.

分析   凡属于 $\int_0^\pi xf(\sin x)\mathrm{d}x$ 或 $\int_0^\pi xf(\cos x)\mathrm{d}x$ 的一类积分,通法是令 $x = \pi - t$.

解   记原积分为 I,令 $x = \pi - t$,

$$I = \int_0^\pi \frac{\pi}{1+\cos^2 t}\mathrm{d}t - I;\ 于是\ I = \frac{\pi}{2}\int_0^\pi \frac{\mathrm{d}t}{1+\cos^2 t}.$$

再令万能置换 $u = \tan t$,但当 $t = \dfrac{\pi}{2}$ 时,变换失效,故必须分段考虑,

$$\int_{\frac{\pi}{2}}^\pi \frac{\mathrm{d}t}{1+\cos^2 t} \xlongequal{令 t = \pi - x} \int_0^{\frac{\pi}{2}} \frac{\mathrm{d}t}{1+\cos^2 x}\ 故得,$$

$$I = \pi\int_0^{\frac{\pi}{2}} \frac{\mathrm{d}t}{1+\cos^2 t} = \pi\int_0^{\frac{\pi}{2}} \frac{\mathrm{d}t}{\cos^2 t(2+\tan^2 t)}$$

$$= \pi\int_0^{\frac{\pi}{2}} \frac{\mathrm{d}\tan t}{2+\tan^2 t} = \frac{\sqrt{2}}{4}\pi^2.$$

二、递推关系的应用

著名的积分 $\displaystyle\int_0^{\frac{\pi}{2}} \sin^n x\,\mathrm{d}x = \int_0^{\frac{\pi}{2}} \cos^n x\,\mathrm{d}x = \begin{cases} \dfrac{(2k-1)!!}{(2k)!!}\dfrac{\pi}{2}, & n = 2k \\[2mm] \dfrac{(2k)!!}{(2k+1)!!}, & n = 2k+1 \end{cases},$

就是用递推关系式 $I_n = \dfrac{n-1}{n}I_{n-1}$ 得出的.

在建立递推关系的过程中,分部积分法是关键技术手段.

例 5   计算积分 $I_n = \displaystyle\int_{-1}^1 (x^2-1)^n\mathrm{d}x$.

解   由对称性,显然有 $I_n = 2\displaystyle\int_0^1 (x^2-1)^n\mathrm{d}x$

$$J_n = \int_0^1 (x^2-1)^n\mathrm{d}x \xlongequal{x=\sin t} \int_0^{\frac{\pi}{2}} (-1)^n\cos^{2n}t\cos t\,\mathrm{d}t = (-1)^n\frac{(2n)!!}{(2n+1)!!},$$

或

$$J_n = x(x^2-1)^n\ \big|_0^1 - \int_0^1 x\mathrm{d}(x^2-1)^n = -2n\int_0^1 x^2(x^2-1)^{n-1}\mathrm{d}x$$

$$= -2n(J_n + J_{n-1}).$$

得

$$J_n = -\frac{2n}{2n+1}J_{n-1} = \cdots$$

例 6   计算积分 $I_n = \displaystyle\int_0^{\frac{\pi}{2}} \cos^n x\cos nx\,\mathrm{d}x$.

解 $I_n = \int_0^{\frac{\pi}{2}} \cos^{n-1}x \cos x \cos nx \, dx = \frac{1}{2}\int_0^{\frac{\pi}{2}} \{\cos^{n-1}x[\cos(n+1)x + \cos(n-1)x]\} dx$

$= \frac{1}{2}\Big[I_{n-1} + \int_0^{\frac{\pi}{2}} \cos^{n-1}x \cos(n+1)x \, dx\Big]$

$= \frac{1}{2}\Big[I_{n-1} + I_n - \int_0^{\frac{\pi}{2}} \cos^{n-1}x \sin nx \sin x \, dx\Big]$

$= \frac{1}{2}\Big[I_{n-1} + I_n + \frac{1}{n}\int_0^{\frac{\pi}{2}} \sin nx \, d\cos^n x\Big] = \frac{1}{2}\Big(I_{n-1} + I_n - \int_0^{\frac{\pi}{2}} \cos^n x \cos nx \, dx\Big)$

$= \frac{1}{2}I_{n-1} = \frac{1}{2^2}I_{n-2} = \cdots = \frac{1}{2^{n-1}}I_1 = \frac{1}{2^n}I_0 = \frac{\pi}{2^{n+1}}.$

例 7 计算狄利克雷积分 $I_n = \int_0^{\frac{\pi}{2}} \dfrac{\sin\left(n+\frac{1}{2}\right)x}{\sin\frac{x}{2}} dx; J_n = \int_0^{\pi} \dfrac{\sin\left(n+\frac{1}{2}\right)x}{\sin\frac{x}{2}} dx.$

解一 利用积化和差易得 $\dfrac{1}{2} + \cos x + \cos 2x + \cdots + \cos nx = \dfrac{\sin\left(n+\frac{1}{2}\right)x}{2\sin\frac{x}{2}},$

$I_n = 2\int_0^{\frac{\pi}{2}} \Big(\frac{1}{2} + \cos x + \cos 2x + \cdots + \cos nx\Big) dx = 2\Big(\frac{\pi}{4} + 1 - \frac{1}{3} + \frac{1}{5} - \frac{1}{7} + \cdots\Big),$

最后一项视 n 奇偶性定夺. 易算出 $J_n = \pi.$

解二 $J_n = \int_0^{\pi} \dfrac{\sin nx \cos\frac{x}{2} + \cos nx \sin\frac{x}{2}}{\sin\frac{x}{2}} dx$

$= \int_0^{\pi} \dfrac{\sin nx \cos\frac{x}{2} - \cos nx \sin\frac{x}{2} + 2\cos nx \sin\frac{x}{2}}{\sin\frac{x}{2}} dx$

$= \int_0^{\pi} \dfrac{\sin\left(n-\frac{1}{2}\right)x}{\sin\frac{x}{2}} dx + 2\int_0^{\pi} \cos nx \, dx = J_{n-1} = J_0 = \pi.$

解三 因为 $\sin\left(n+\frac{1}{2}\right)x - \sin\left(n-\frac{1}{2}\right)x = 2\cos nx \sin\frac{x}{2},$

$J_n - J_{n-1} = \int_0^{\pi} 2\cos nx \, dx = 0,$

所以 $J_n = J_{n-1} = \cdots = J_0 = \pi.$

例 8 计算 $J_n = \int_0^{\frac{\pi}{2}} \dfrac{\sin nx}{\sin x} dx; T_n = \int_0^{\frac{\pi}{2}} \Big(\dfrac{\sin nx}{\sin x}\Big)^2 dx.$

分析 当 n 是奇数时, 此 J_n 相当于例 7 中的 J_n 除以 2, 即 $J_n = \dfrac{\pi}{2}.$

关键是当 n 为偶数时, 联想和差化积公式:

$$\sin nx - \sin(n-2)x = 2\sin x \cos(n-1)x.$$

解　$J_n - J_{n-2} = \displaystyle\int_0^{\frac{\pi}{2}} \cos(n-1)x \mathrm{d}x = \frac{2}{n-1} \sin(n-1)x \Big|_0^{\frac{\pi}{2}}$

$$= \begin{cases} 0, & n = 2m-1 \\ \dfrac{2}{2m-1}(-1)^{m-1}, & n = 2m \end{cases},$$

故　$J_{2m-1} = J_{2m-3} = \cdots = J_1 = \dfrac{\pi}{2}$,

$$J_{2m} = J_{2m-2} + \frac{2}{2m-1}(-1)^{m-1} = \cdots = 2\Big[1 - \frac{1}{3} + \cdots + \frac{(-1)^{m-1}}{2m-1}\Big],$$

而 $T_{n+1} - T_n = J_{2n+1} = \dfrac{\pi}{2}$,得 $T_n = \dfrac{n\pi}{2}$.

三、对称性原则

众所周知,若 $f(x)$ 为 $[-a,a]$ 上的奇函数时,$\displaystyle\int_{-a}^{a} f(x)\mathrm{d}x = 0$;

若 $f(x)$ 为 $[-a,a]$ 上的偶函数时,$\displaystyle\int_{-a}^{a} f\mathrm{d}x = 2\int_0^{a} f\mathrm{d}x$.

在本段我们将对上述公式加以推广,得到另外两个公式(1)和(2),并结合实例说明其应用.

1. 对一般的 $[-a,a]$ 上的可积函数,有

$$\int_{-a}^{a} f\mathrm{d}x = \int_0^{a} [f(x) + f(-x)]\mathrm{d}x \tag{1}$$

例 9　计算积分　$(1) \displaystyle\int_{-\frac{\pi}{4}}^{\frac{\pi}{4}} \frac{1}{1+\sin x}\mathrm{d}x$; $(2) \displaystyle\int_{-2}^{2} x\ln(1+\mathrm{e}^x)\mathrm{d}x$.

解　(1) 原式 $= \displaystyle\int_0^{\frac{\pi}{4}} \Big(\frac{1}{1+\sin x} + \frac{1}{1-\sin x}\Big)\mathrm{d}x = 2\int_0^{\frac{\pi}{4}} \frac{\mathrm{d}x}{\cos^2 x} = 2$;

$(2) \displaystyle\int_{-2}^{2} x\ln(1+\mathrm{e}^x)\mathrm{d}x = \int_0^{2} [x\ln(1+\mathrm{e}^x) - x\ln(1+\mathrm{e}^{-x})]\mathrm{d}x = \int_0^{2} x^2 \mathrm{d}x = \frac{8}{3}$,

或令 $x = -t$ 代换亦可得.

2. 区间 $[0,a]$ 上的对称性公式

$$\int_0^{a} f(x)\mathrm{d}x = \frac{1}{2} \int_0^{a} [f(x) + f(a-x)]\mathrm{d}x \tag{2}$$

例 10　求积分　$(1) \displaystyle\int_0^{\frac{\pi}{2}} \frac{\sin x}{\sin x + \cos x}\mathrm{d}x$; $(2) \displaystyle\int_0^{2\pi} \frac{\mathrm{d}x}{(2+\cos x)(3+\cos x)}$.

解　(1) 原式 $= \dfrac{1}{2}\displaystyle\int_0^{\frac{\pi}{2}} \Big[f(x) + f\Big(\frac{\pi}{2} - x\Big)\Big]\mathrm{d}x = \frac{1}{2}\int_0^{\frac{\pi}{2}} \frac{\sin x + \cos x}{\sin x + \cos x}\mathrm{d}x = \frac{\pi}{4}$;

(2) 原式 $= \displaystyle\int_0^{2\pi} \Big(\frac{1}{2+\cos x} - \frac{1}{3+\cos x}\Big)\mathrm{d}x$.

化归为求积分 $\displaystyle\int_0^{2\pi} \frac{\mathrm{d}x}{a+\cos x}$. 利用分段技术

$$\int_0^{2\pi} \frac{\mathrm{d}x}{a+\cos x} = 2\int_0^{\pi} \frac{\mathrm{d}x}{a+\cos x} = \int_0^{\pi} \Big[\frac{1}{a+\cos x} + \frac{1}{a+\cos(\pi-x)}\Big]\mathrm{d}x$$

$$= 2a\int_0^\pi \frac{\mathrm{d}x}{a^2 - \cos^2 x} = 4a\int_0^{\frac{\pi}{2}} \frac{\mathrm{d}x}{a^2 - \cos^2 x}(\text{再令}\ \tan x = t)$$

$$= 4a\int_0^{+\infty} \frac{\mathrm{d}x}{a^2 - 1 + a^2 t^2} = \frac{2\pi}{\sqrt{a^2 - 1}} \quad (\text{当}\ |a| > 1\ \text{时}).$$

故原积分 $= 2\pi\left(\dfrac{1}{\sqrt{3}} - \dfrac{1}{2\sqrt{2}}\right).$

例 11 计算积分 $\displaystyle\int_0^{\frac{\pi}{4}} \ln(1 + \tan x)\mathrm{d}x$（亦即 $\displaystyle\int_0^1 \frac{\ln(1 + u)}{1 + u^2}\mathrm{d}u$）.

解一 考虑含参变量积分 $I(\alpha) = \displaystyle\int_0^1 \frac{\ln(1 + \alpha u)}{1 + u^2}\mathrm{d}u.$

$$I'(\alpha) = \int_0^1 \frac{u}{(1 + u^2)(1 + \alpha u)}\mathrm{d}u \xlongequal{\text{部分分式法}} \frac{1}{1 + \alpha^2}\left[\frac{\pi}{4}\alpha + \frac{1}{2}\ln 2 - \ln(1 + \alpha)\right],$$

$$\left(\frac{u}{(1 + u^2)(1 + \alpha u)} = \frac{1}{1 + \alpha^2}\left(\frac{\alpha + u}{1 + u^2} - \frac{\alpha}{1 + \alpha u}\right)\right)$$

又 $I(0) = 0$，故 $I(1) = \displaystyle\int_0^1 I'(\alpha)\mathrm{d}\alpha = \frac{\pi}{4}\ln 2 - I(1)$，得 $I(1) = \dfrac{\pi}{8}\ln 2.$

此种引入参变量的方法在求一类特别难求的积分如 $\displaystyle\int_0^\infty \frac{\sin x}{x}\mathrm{d}x$ 等时特别有效. 但对本题而言显得大材小用, 有点烦琐.

解二
$$\int_0^{\frac{\pi}{4}} \ln(1 + \tan x)\mathrm{d}x = \int_0^{\frac{\pi}{4}} \ln \frac{\sin x + \cos x}{\cos x}\mathrm{d}x$$

$$= \int_0^{\frac{\pi}{4}} \ln(\sin x + \cos x)\mathrm{d}x - \int_0^{\frac{\pi}{4}} \ln\cos x\,\mathrm{d}x$$

$$= \frac{\pi}{4}\ln\sqrt{2} + \int_0^{\frac{\pi}{4}} \ln\sin\left(\frac{\pi}{4} + x\right)\mathrm{d}x - \int_0^{\frac{\pi}{4}} \ln\cos x\,\mathrm{d}x,$$

而 $\displaystyle\int_0^{\frac{\pi}{4}} \ln\sin\left(\frac{\pi}{4} + x\right)\mathrm{d}x \xlongequal{\text{令}\ x = \frac{\pi}{4} - t} \int_0^{\frac{\pi}{4}} \ln\cos t\,\mathrm{d}t$，故原积分等于 $\dfrac{\pi}{8}\ln 2.$

解三
$$\int_0^{\frac{\pi}{4}} \ln(1 + \tan x)\mathrm{d}x = \frac{1}{2}\int_0^{\frac{\pi}{4}} \left\{\ln(1 + \tan x) + \ln\left[1 + \tan\left(\frac{\pi}{4} - x\right)\right]\right\}\mathrm{d}x$$

$$= \frac{1}{2}\int_0^{\frac{\pi}{4}} \ln\left\{(1 + \tan x)\left[1 + \tan\left(\frac{\pi}{4} - x\right)\right]\right\}\mathrm{d}x = \frac{1}{2}\int_0^{\frac{\pi}{4}} \ln 2\,\mathrm{d}x = \frac{\pi}{8}\ln 2.$$

注 将上述三种解法作一个对比是很有意思的, 学数学需要一些豁然开朗的事情才会有趣, 才能提高.

例 12 计算积分 $\displaystyle\int_0^{\frac{\pi}{2}} \frac{\mathrm{d}x}{1 + (\tan x)^{\sqrt{2}}}.$

解 仅凭观察该积分的外形, 就知常规手法一定不行, 故用对称性原则一试.

引入 $\varphi(x) = \dfrac{1}{1 + (\tan x)^{\sqrt{2}}}$，易验证 $\varphi(x) + \varphi\left(\dfrac{\pi}{2} - x\right) = 1.$

（请思考一下上式的几何含义是什么？事实是 $\varphi(x)$ 关于点 $M\left(\dfrac{\pi}{4}, \dfrac{1}{2}\right)$ 呈中心对称状）

故原积分 $= \dfrac{1}{2} \displaystyle\int_0^{\frac{\pi}{2}} \left[\varphi(x) + \varphi\left(\dfrac{\pi}{2} - x\right)\right] \mathrm{d}x = \dfrac{\pi}{4}$.

注　上述解法的本质就是拼图游戏，即将两块对称的复杂图形拼成了一个矩形.

习题 4.1

1. 求 $\int_0^{n\pi} x\mid\sin x\mid\mathrm{d}x$.

2. 假设 $f(x)$ 满足 $f(x)=f(x-\pi)+\sin x$，且 $x\in[0,\pi]$ 时，$f(x)=x$，计算 $\int_\pi^{3\pi} f(x)\mathrm{d}x$.

3. 计算 $\int_{-2}^2 \min\left\{\dfrac{1}{\mid x\mid}, x^2\right\}\mathrm{d}x$.

4. 计算积分 (1) $I_n=\int_0^\pi \dfrac{\sin nx}{\sin x}\mathrm{d}x$；

$\qquad$ (2) $J_n=\int_0^{\frac{\pi}{2}} \cos^n x\sin nx\,\mathrm{d}x$.

5. 记 $T_n=\int_0^{\frac{\pi}{4}} \tan^n x\,\mathrm{d}x$，证明 $T_n+T_{n-2}=\dfrac{1}{n-1}(n\geqslant 2)$，

$\qquad$ 并且有 $\dfrac{1}{2(n+1)}<T_n<\dfrac{1}{2(n-1)}$.

6. 求以下各积分的值

$\qquad$ (1) $\int_0^{2\pi} \dfrac{\mathrm{d}x}{(2+\cos x)(3+\cos x)}$；

$\qquad$ (2) $\int_{-1}^1 \dfrac{\mathrm{d}x}{x^2-2x\cos\alpha+1}(0<\alpha<\pi)$；

$\qquad$ (3) $\int_0^{\frac{\pi}{2}} \dfrac{\sin^p x}{\sin^p x+\cos^p x}\mathrm{d}x(p>0)$；

$\qquad$ (4) $\int_0^a \dfrac{\mathrm{d}x}{x+\sqrt{a^2-x^2}}$；

$\qquad$ (5) $\int_0^{\frac{\pi}{2}} \ln\sin x\,\mathrm{d}x$.

7. 已知 $f(x)$ 连续，$\int_0^x tf(x-t)\mathrm{d}t=1-\cos x$，求 $\int_0^{\frac{\pi}{2}} f(x)\mathrm{d}x$ 的值. （1999 年数学（四））

8. 设 $f(x)\in C^3(\mathbf{R})$，证明

$$f(x)-\left\{f(0)+f'(0)x+\frac{1}{2}f''(0)x^2\right\}=\frac{1}{2}\int_0^x f'''(t)(x-t)^2\mathrm{d}t.$$

$\qquad\qquad\qquad\qquad\qquad\qquad\qquad\qquad\qquad$ （北师大 2004 年）

9. 设 $I_n=\int_0^{\frac{\pi}{2}} \dfrac{\sin^2 nt}{\sin t}\mathrm{d}t$，计算极限 $\lim\limits_{n\to\infty}\dfrac{I_n}{\ln n}$.

§4.2　可积性

一、黎曼积分的定义和相关记号

1. 黎曼积分的定义

设 f 是区间 $[a,b]$ 上的函数,对 $[a,b]$ 作分割 T

$a = x_0 < x_1 < \cdots < x_n = b$,小区段 $[x_{i-1},x_i] \triangleq \Delta_i$,其长度 $\Delta x_i = x_i - x_{i-1}$,分割细度 $\|T\| = \max\limits_{1 \leqslant i \leqslant n}\{\Delta x_i\}$. 在 Δ_i 中任取一个点 $\xi_i \in \Delta_i$,作 Riemann 和数

$$\sum\nolimits_f(T) = \sum_{i=1}^{n} f(\xi_i)\Delta x_i \tag{1}$$

当分割 T 越来越细,即 $\|T\| \to 0$ 时,和数(1)趋于一个定数 J. 且极限值 J 不依赖于分割法和介点的选取法,称 $f(x)$ 在 $[a,b]$ 上 (R) 可积.

$$J = \lim_{\|T\| \to 0} \sum f(\xi_i)\Delta x_i = \int_a^b f(x)\mathrm{d}x.$$

2. R- 可积的 ε-δ 语言表达

若存在一个定数 J,$\forall \varepsilon > 0$,$\exists \delta > 0$,s.t. 当 $\|T\| < \delta$ 时,有

$$\left| \sum\nolimits_f(T) - J \right| < \varepsilon$$

3. 达布上和,达布下和

记 $M_i = \sup\limits_{\Delta_i} f(x)$;$m_i = \inf\limits_{\Delta_i} f(x)$;$w_i = M_i - m_i$ 为 $f(x)$ 在小区段 Δ_i 上的振幅,

上和 $S(T) = \sum M_i \Delta x_i$;下和 $s(T) = \sum m_i \Delta x_i$;

$S(T) - s(T) = \sum w_i \Delta x_i$,及其几何意义.

上和、下和具有如下性质:

(1) 对同一个分割 T 而言,上和是所有积分和的上确界,下和是所有积分和的下确界.

(2) 设 T' 为 T 的加细,则 $S(T') \leqslant S(T)$,$s(T') \geqslant s(T)$,即当分割细化时,上和不增,下和不减(几何意义?)

(3) 对任意两个不同的分割 T_1,T_2,恒有 $s(T_1) \leqslant S(T_2)$.

(证:将 T_1,T_2 合并成新的分割 T,则 $s(T_1) \leqslant s(T) \leqslant S(T) \leqslant S(T_2)$).

推论:所有下和有上界,进而必有上确界,记 $s = \sup\limits_T s(T)$.

所有上和有下界,进而必有下确界,记 $S = \inf\limits_T S(T)$.

4. 上积分,下积分

承接上述第 3 条,

$s = \int_{\underline{a}}^b f\mathrm{d}x$,$S = \int_a^{\overline{b}} f(x)\mathrm{d}x$ 分别称为 f 在 $[a,b]$ 上的下积分和上积分.

显见有 $s \leqslant S$.

达布定理：$S = \inf_{T}\{S(T)\} = \lim_{\|T\| \to 0} S(T)$

$$s = \sup_{T}\{s(T)\} = \lim_{\|T\| \to 0} s(T)$$

二、可积必要条件

$f(x)$ 在 $[a,b]$ 上 **R** 可积，则 $f(x)$ 必有界（证：反证思路）．

注 对无界函数考虑的积分，是广义积分或叫作瑕积分．

三、可积的充要条件

以下列举的四个条款都是 $[a,b]$ 上有界函数 $f(x)$ 可积的充要条件．

1. 第一充要条件：$\underline{\int_a^b} f(x)\mathrm{d}x = \overline{\int_a^b} f(x)\mathrm{d}x$

变形：$\forall \varepsilon > 0, \exists \delta > 0, \mathrm{s.\,t.}$ 当 $\|T\| < \delta$ 时，有 $S(T) - s(T) < \varepsilon$.

证明 必要性：设 $f \in [a,b]$，$\forall \varepsilon > 0, \exists \delta > 0, \mathrm{s.\,t.}$ 当 $\|T\| < \delta$ 时，有

$$\left| \sum_f(T) - J \right| < \varepsilon,$$

分别取关于介点集 $\{\xi_i\}$ 的上、下确界，得出

$$| S(T) - J | \leqslant \varepsilon, \ | s(T) - J | \leqslant \varepsilon,$$

故 $\lim_{\|T\| \to 0} S(T) = \lim_{\|T\| \to 0} s(T) = J$，即 $\underline{\int_a^b} f\mathrm{d}x = \overline{\int_a^b} f\mathrm{d}x$.

充分性：基于 $s(T) \leqslant \sum_f(T) \leqslant S(T)$，由迫敛性即得

$$\lim_{\|T\| \to 0} \sum_f(T) = J.$$

2. 第二充要条件

$\forall \varepsilon > 0, \exists$ 分割 $T_0, \mathrm{s.\,t.} \sum w_i \Delta x_i = S(T_0) - s(T_0) < \varepsilon$,

证明 充分性，由于 $s(T) \leqslant s \leqslant S \leqslant S(T)$，推得

$$0 \leqslant S - s \leqslant S(T) - s(T) < \varepsilon,$$

由 ε 之任意性得出 $S = s$，故 $f(x) \in \mathbf{R}[a,b]$.

3. 第三充要条件

$\forall \varepsilon > 0, \forall \sigma > 0, \exists \delta > 0, \mathrm{s.\,t.}$ 对任一分割 T，只要 $\|T\| < \delta$，凡振幅 $w_i \geqslant \varepsilon$ 的那些小区段之总长度 $\sum_i \Delta x_i' < \sigma$.

4. 第四充要条件：$f(x)$ 在 $[a,b]$ 上几乎处处连续，即 $f(x)$ 之不连续点构成零测度集．

注 此条款属于实变函数知识范畴，从较直观的角度分析刻画了可积性和连续性的关系．

四、可积函数类(充分条件)

1. 连续函数必可积.

2. 仅有有限个间断点的有界连续函数必可积.

3. 虽有无限个间断点,但这些间断点集只有一个聚点(注:可拓广到有限个聚点),且 $f(x)$ 有界,则 $f(x)$ 一定可积.(用可积的第三充要条件证明之)

4. 闭区间上的单调函数可积.

例 1　设 $f(x) = \begin{cases} x(1-x), & \text{当 } x \text{ 是有理数} \\ 0, & \text{当 } x \text{ 是无理数} \end{cases}$

问 $f(x)$ 是否在 $[0,1]$ 可积?

解　完全类似于狄利克雷函数的不可积性(有理介点,无理介点)的证明,从略.

例 2　讨论 Riemann 函数在 $[0,1]$ 上的可积性.

分析思路　Riemann 函数在无理点连续,在有理点间断,间断点集零测度,故一定可积.

严格证明　适用第三充要条件,关键分析 $R(x)$ 的振幅.

$\forall \varepsilon > 0$,使得 $R(x) \geqslant \varepsilon$ 的点构成的集合 E 是有限集(为什么?)

不妨记为 $E = \{x_1^*, x_2^*, \cdots, x_k^*\}$,现在 $\forall \sigma > 0$,要寻求一个 $\delta > 0$,使得当分割的细度 $\|T\| < \delta$ 时,振幅 $w_i \geqslant \varepsilon$ 的小区段总长度不超过 σ.

对 $[0,1]$ 分割 $T: 0 = x_0 < x_1 < \cdots < x_n = 1$,$\Delta_i = [x_{i-1}, x_i]$,所有 $\{\Delta_i\}$ 被分作两类:

第一类小区间 Δ_i':不含有任何一个 x_j^* $(1 \leqslant j \leqslant k)$;

第二类小区间 Δ_i'':含有某个 x_j^*,这一类区间至少 k 个,至多 $2k$ 个.

在第一类小区间 Δ_i' 上,$R(x)$ 的振幅 $< \varepsilon$,故凡振幅 $\geqslant \varepsilon$ 必出现在第二类小区间 Δ_i'' 上,其总长 $\sum \Delta_i'' \leqslant 2k\|T\|$,所以只要取 $\delta = \dfrac{\sigma}{2k}$,就满足可积的第三充要条件.证毕.

五、可积函数的运算

除了两个可积函数之和、差仍可积这条比较显而易见的性质外,我们着重介绍可积的以下几条运算性质:

1. $[a,b]$ 上两个可积函数之乘积一定可积.

2. $f(x)$ 可积 $\Rightarrow |f(x)|$ 可积 $\Leftrightarrow f^2(x)$ 可积

亦即 $f(x)$ 和 $f^2(x)$ 的可积性不等价,仅当 $f(x)$ 非负时,两者等价.

3. 设 $f(x), g(x) \in \mathbf{R}[a,b]$,则 $\max\{f(x), g(x)\}, \min\{f(x), g(x)\}$ 仍可积.

4. 设 $\varphi(x) \in \mathbf{R}[a,b]$,$f(x)$ 连续,则复合函数 $f \circ \varphi$ 仍可积.

额外条件:复合之可行性.

证明　1. 首先介绍一个振幅的公式:$w_i = \sup\limits_{x \in \Delta_i} f(x) - \inf\limits_{x \in \Delta_i} f(x)$ 是定义式,转化为

$$w_i = \sup_{x', x'' \in \Delta_i} |f(x') - f(x)''|. (证明自行解决)$$

由积分的第二充要条件，现设 $f(x),g(x) \in \mathbf{R}[a,b], \forall \varepsilon > 0, \exists$ 分割 T', s.t. $\sum w_i^f \Delta x_i < \varepsilon, \exists$ 分割 T'', s.t. $\sum w_i^g \Delta x_i < \varepsilon.$

由 T', T'' 合并成一个新的细分：$T = T' \bigcup T''$，其小区段记为 Δ_i，

$$w_i^{fg} = \sup_{x', x'' \in \Delta_i} | f(x')g(x') - f(x'')g(x'') |$$
$$\leqslant \sup | f(x') || g(x') - g(x'') | + \sup | g(x'') || f(x') - f(x'') |$$
$$\leqslant Mw_i^g + Kw_i^f. (M,K \text{ 分别是 } f(x),g(x) \text{ 的上界})$$

往下易证.

2. 在同一区间上，$| f(x) |$ 的振幅 $w_i^{|f|}$ 一定不超过 $f(x)$ 的振幅 w_i^f，故由 $f(x)$ 的可积性易知 $| f(x) |$ 可积. 反之不然，请举个反例. 现从 $f^2(x)$ 的可积性证 $| f(x) |$ 的可积性，因为

$$| f^2(x') - f^2(x'') | = || f(x') | - | f(x'') | | \cdot | | f(x') | + | f(x'') | |$$
$$\geqslant (| f(x') | - | f(x'') |)^2.$$

故在同一个区间上 $w^2(| f |) \leqslant \omega(f^2).$

利用可积分的第三充要条件：$\forall \varepsilon > 0, \forall \sigma > 0, \exists \delta > 0,$ s.t. 对任意分法 T，只要 $\| T \| < \delta$，使振幅 $w_i(f^2) > \varepsilon^2$ 的小区间之长 $\sum_i \Delta x_i < \sigma.$

此即：使得 $w_i(| f(x) |) > \varepsilon$ 的小区间之长度 $\sum_{i'} \Delta x_{i'} \leqslant \sum_i \Delta x_i < \sigma$，所以 $| f(x) |$ 在 $[a,b]$ 可积.

注　对 Lebesgue 积分而言，$f(x)$ 可积 $\Leftrightarrow | f(x) |$ 可积. 这一点和 Riemann 积分有本质不同.

3. 记 $h(x) = \max\{f(x),g(x)\}$，易见

$$| h(x') - h(x'') | \leqslant | f(x') - f(x'') | + | g(x') - g(x'') |,$$

即

$$w(h) \leqslant w(f) + w(g),$$

或由 $h(x) = \frac{1}{2}\{f + g + | f - g |\}$ 得证. 再从 $\min\{f(x),g(x)\} = - \max\{-f(x), -g(x)\}$，

或由　$\min\{f(x),g(x)\} = \frac{1}{2}\{f(x) + g(x) - | f(x) - g(x) |\}$ 可得知 $\min\{f(x), g(x)\}$ 的可积性.

4. 利用可积的第三充要条件

考虑复合函数 $f \circ \varphi$ 的振幅. 目标：

$\forall \varepsilon > 0, \sigma > 0, \exists \delta > 0,$ s.t. 对任一分割 T，只要 $\| T \| < \delta$，则所有使得 $w_i(f \circ \varphi) > \varepsilon$ 的小区间之总长度小于 σ，而 $f \circ \varphi$ 的振幅主要源于 $\varphi(x)$，而 f 在 $[m,M]$ 上一致连续，有平缓性能. m,M 分别是函数 $\varphi(x)$ 在 $[a,b]$ 上的下界和上界.

$\forall \varepsilon > 0, \exists \eta > 0, \forall y', y'' \in [m,M]$，当 $| y' - y'' | < \eta$ 时，有 $| f(y') - f(y'') | < \varepsilon.$

又 $\varphi(x) \in \mathbf{R}[a,b]$，对于 $\eta > 0, \sigma > 0, \exists \delta > 0$，使对 $[a,b]$ 的任一分法 T，只要 $\| T \| < \delta$，所有使得 φ 的振幅 $w_i(\varphi) > \eta$ 的区间总长度 $\sum' \Delta x_i < \sigma.$

对于 $f \circ \varphi$ 来说,其振幅 $> \varepsilon$ 的小区间必在上述小区间中,因此这些小区间的总长 $\sum'' \Delta x_i < \sigma$. 由第三充要条件知,$f \circ \varphi \in \mathbf{R}[a,b]$.

注 若外函数和内函数都仅仅可积,复合函数未必可积. 如 $\varphi(x)$ 取为 Riemann 函数 $R(x)$,$f(u) = |\operatorname{sgn} u|$,则 $f(\varphi(x)) = D(x)$ 为不可积的 Dirichlet 函数.

思考:若外函数 $f(u)$ 可积而内函数 $\varphi(x)$ 连续,复合函数 $f \circ \varphi$ 是否仍然可积呢?

习题 4.2

1. 判定函数 $f(x) = \begin{cases} x(1-x), & x \in \mathbf{Q} \\ 0, & x \notin \mathbf{Q} \end{cases}$，在 $[0,1]$ 上的可积性.

2. 设 $f \in \mathbf{R}[a,b]$ 且满足 $|f(x)| \geqslant m > 0$（m 为常数），证明 $\dfrac{1}{f(x)} \in \mathbf{R}[a,b]$.

3. 设 $f \in \mathbf{R}[a,b]$ 且非负，证明 $\sqrt{f(x)} \in \mathbf{R}[a,b]$.

4. 若 $f(x)$ 在 $[a,b]$ 有界，所有间断点构成收敛点列，则 $f(x)$ 在 $[a,b]$ 可积.

5. 若 $\varphi(x)$ 在 $[a,b]$ 可积，值域含于 $[m,M]$. 而 $f(u)$ 在 $[m,M]$ 上可积. 试问复合函数 $y = f(\varphi(x))$ 在 $[a,b]$ 上是否可积，为什么？

6. 若 $f(x)$ 在 $[a,b]$ 可积，证明其连续点在 $[a,b]$ 内稠密.

7. 设 $f \in \mathbf{R}[a,b]$ 且 $\displaystyle\int_a^b f(x)\mathrm{d}x > 0$，则 $\exists [\alpha,\beta] \subset [a,b]$ 以及 $\mu > 0$，使得 $f(x) \geqslant \mu$，$\forall x \in [\alpha,\beta]$ 成立.

8. 设 $f(x)$ 在 $[a,b]$ 可积且恒正，试证明 $\displaystyle\int_a^b f(x)\mathrm{d}x > 0$.

9. 设 $f(x)$ 在区间 $[a,b]$ 每一点处的极限都存在且为 0，证明 $f \in \mathbf{R}[a,b]$ 且 $\displaystyle\int_a^b f(x)\mathrm{d}x = 0$.

§4.3 定积分的性质

定积分的性质主要包括以下几类:四则运算;中值定理;逼近性质;积分的连续性;可加性;变限积分求导法,微积分学基本定理;跟定积分有关的极限等等,兹介绍如下:

一、积分中值定理

1. 积分第一中值定理

设 $f(x)$ 在 $[a,b]$ 连续,$g(x)$ 在 $[a,b]$ 可积且不变号,则存在一点 $\xi \in [a,b]$,使得

$$\int_a^b f(x)g(x)\mathrm{d}x = f(\xi)\int_a^b g(x)\mathrm{d}x. \tag{1}$$

特例:$g(x) \equiv 1$ 时,$\int_a^b f(x)\mathrm{d}x = f(\xi)(b-a).$

(1) $\dfrac{1}{b-a}\int_a^b f\mathrm{d}x$ 叫作 $f(x)$ 在 $[a,b]$ 上的积分平均值.

2. 积分第二中值定理

若在 $[a,b]$ 上 $f(x)$ 单调,$g(x)$ 可积,则 $\exists \xi \in [a,b]$,使得

$$\int_a^b f(x)g(x)\mathrm{d}x = f(a)\int_a^\xi g(x)\mathrm{d}x + f(b)\int_\xi^b g(x)\mathrm{d}x. \tag{2}$$

特例 1　若 $f(x)$ 在 $[a,b]$ 上非负递减且 $f(b) \geqslant 0$,则 $\int_a^b f(x) \cdot g(x)\mathrm{d}x = f(a)\int_a^\xi g(x)\mathrm{d}x$;

　　　　2　若 $f(x)$ 在 $[a,b]$ 上非负递增且 $f(a) \geqslant 0$,则 $\int_a^b f(x) \cdot g(x)\mathrm{d}x = f(b)\int_\xi^b g(x)\mathrm{d}x.$

二、积分连续性

若函数 $f(x)$ 在 $[A,B]$ 可积,则有

$$\lim_{h \to 0}\int_a^b |f(x+h) - f(x)|\,\mathrm{d}x = 0,\text{其中} A < a < b < B.$$

三、微积分学基本定理

$f(x) \in C[a,b]$,$F(x)$ 是 $f(x)$ 的原函数,则

$$\int_a^b f\mathrm{d}x = F(b) - F(a),$$

$$\text{变形式}:f(x) = f(x_0) + \int_{x_0}^x f'(t)\mathrm{d}t \tag{3}$$

四、可积函数的逼近

设 $f(x)$ 是 $[a,b]$ 上的 $\mathbf{R}$-可积函数，在 L^1 空间范数之下，有以下三种不同的逼近方式：

1. 阶梯函数逼近

$\forall \varepsilon > 0, \exists$ 阶梯函数 $s(x)$, s. t. $\int_a^b \mid f(x) - s(x) \mid \mathrm{d}x < \varepsilon.$

2. 连续函数逼近

$\forall \varepsilon > 0, \exists$ 连续函数 $g(x)$, s. t. $\int_a^b \mid f(x) - g(x) \mid \mathrm{d}x < \varepsilon.$

3. 多项式逼近

$\forall \varepsilon > 0, \exists$ 多项式 $p(x)$, s. t. $\int_a^b \mid f(x) - p(x) \mid \mathrm{d}x < \varepsilon.$

证明思路：

1° 利用达布上和、下和及可积第二充要条件.

2° 先对阶梯函数证明可以用连续函数逼近.

对于最简单的阶梯函数如设 $[\alpha,\beta] \subset [a,b]$,

$$s_0(x) = \begin{cases} 1, & \alpha < x < \beta, \\ 0, & \text{其他 } x. \end{cases}$$

只需作线性连接即可以了，对一般的阶梯函数，类似推广即得. 结合已证的 1° 就得出一般的可积函数可以用连续函数逼近.

3° 注意到闭区间 $[a,b]$ 上的连续函数可以用多项式一致逼近（Weierstrass 逼近定理），立即得知.

五、跟定积分有关的极限

关于这一内容最初的介绍可参见 §1.2 的第二段. 在此我们将介绍一些更深刻的结果. 设 $f(x)$ 在 $[a,b]$ 上 R-可积，将 $[a,b]$ 等分并取端点作为介点.

引入记号 $\Delta_n = \int_a^b f(x)\mathrm{d}x - \dfrac{b-a}{n}\sum\limits_{k=1}^n f\left(a + k\dfrac{b-a}{n}\right)$ 表示定积分与黎曼和数的差，则有 $\Delta_n \to 0 (n \to +\infty)$，若对 $f(x)$ 再加上一些条件，就可得到以下深刻的结果.

1. 设 $f(x)$ 在 $[a,b]$ 上可导，且 $f'(x)$ 在 $[a,b]$ 上可积，则

$$\lim_{n \to \infty} n\Delta_n = \frac{b-a}{2}[f(a) - f(b)] \tag{4}$$

证明　由 $f'_{(x)}$ 的可积性，于是达布上和、达布下和有相同极限证之.

记 $x_k = a + k\dfrac{b-a}{n}(k = 1,2,\cdots,n)$,

$m_k = \inf\limits_{x_{k-1} \leqslant x \leqslant x_k} \{f'(x)\}, M_k = \sup\limits_{x_{k-1} \leqslant x \leqslant x_k} \{f'(x)\}.$

$\Delta_n = \left[\sum\limits_{k=1}^n \int_{x_{k-1}}^{x_k} f(x)\mathrm{d}x - \sum\limits_{k=1}^n f(x_k)\dfrac{b-a}{n}\right] = \sum\limits_{k=1}^n \int_{x_{k-1}}^{x_k} [f(x) - f(x_k)]\mathrm{d}x$

$= \sum\limits_{k=1}^n \int_{x_{k-1}}^{x_k} f'(\xi_k)(x - x_k)\mathrm{d}x.$

式中 $\xi_k \in (x_{k-1}, x_k)$ 由 Lagrange 中值定理得出.

因为 $m_k \leqslant f'(\xi_k) \leqslant M_k$,

$$M_k \int_{x_{k-1}}^{x_k} (x - x_k)\mathrm{d}x \leqslant \int_{x_{k-1}}^{x_k} f'(\xi_k)(x - x_k)\mathrm{d}x \leqslant m_k \int_{x_{k-1}}^{x_k} (x - x_k)\mathrm{d}x,$$

即

$$-\frac{M_k}{2}(x_k - x_{k-1})^2 \leqslant \int_{x_{k-1}}^{x_k} f'(\xi_k)(x - x_k)\mathrm{d}x \leqslant -\frac{m_k}{2}(x_k - x_{k-1})^2,$$

$$-\frac{b-a}{2}\sum M_k \frac{b-a}{n} \leqslant n\Delta_n \leqslant -\frac{b-a}{2}\sum m_k \frac{b-a}{n},$$

令 $n \to \infty$ 得,$\lim\limits_{n\to\infty} n\Delta_n = -\frac{b-a}{2}\int_a^b f'(x)\mathrm{d}x = \frac{b-a}{2}[f(a) - f(b)]$,

2. 记 $\Delta_n' = \int_a^b f(x)\mathrm{d}x - \frac{b-a}{n}\sum\limits_{k=1}^n f(a + (2k-1)\frac{b-a}{2n})$,

则当 $f'' \in \mathbf{R}[a,b]$ 时,有

$$\lim_{n\to\infty} n^2 \Delta_n' = \frac{(b-a)^2}{24}[f'(b) - f'(a)] \tag{5}$$

分析:此时对区间 $[a,b]$ n 等分,取每个小区段的中点为介点.

证明从略,可参阅[11]P148 − 150.

例 1   求出正值连续函数 $f(x) > 0$,使得

$$f^2(x) = \int_0^x f(t)\tan t\mathrm{d}t + 1 \tag{6}$$

解   从条件知 $f^2(x)$ 可导,又由 $f(x) > 0$,且 $f(x)$ 连续

$$\frac{f(x+h) - f(x)}{h} = \frac{f^2(x+h) - f^2(x)}{h} \cdot \frac{1}{f(x+h) + f(x)},$$

得出 $f(x)$ 亦可导,(6) 式两边关于 x 求导,得出 $f'(x) = \frac{1}{2}\tan x$,

故 $f(x) = -\frac{1}{2}\ln\cos x + c$, $x \in \left(-\frac{\pi}{2}, \frac{\pi}{2}\right)$.

令 $x = 0$,知 $c = f(0) = 1$,所以 $f(x) = 1 - \frac{1}{2}\ln\cos x$.

例 2   设 $f(x) \in C[a,b]$,若下述三个条件之任一个成立,证明 $f(x) \equiv 0$.

1. $\forall \varphi(x) \in C[a,b]$,有 $\int_a^b f\varphi\mathrm{d}x = 0$;

2. $\forall \varphi(x) \in C[a,b]$,且 $\varphi(a) = \varphi(b) = 0$,有 $\int_a^b f\varphi\mathrm{d}x = 0$;

3. $\forall n = 0,1,2,\cdots$,有 $\int_a^b x^n f\mathrm{d}x = 0$.

证明   1. 只要取 $\varphi(x) = f(x)$.

2. 反证法,若 $\exists x_0 \in [a,b]$,s. t. $f(x_0) \neq 0$,不妨设 $x_0 \in (a,b)$,由连续函数的性质(极限保号性),存在 x_0 的一个 $\delta -$ 邻域 $U(x_0, \delta)$,使得在其上 $f(x) > \frac{1}{2}f(x_0)$ 恒成立,

构造 $\varphi(x)$ 为折线函数 $\varphi(x) = \begin{cases} \dfrac{f(x_0)}{\delta}(\delta - |x - x_0|), & |x - x_0| \leqslant \delta; \\ 0, & |x - x_0| > \delta. \end{cases}$

3. 利用连续函数的多项式一致逼近,存在多项式序列 $\{p_n(x)\}$,在 $[a,b]$ 上 $p_n(x) \Rightarrow f(x)$,立得 $\int_a^b f^2 \mathrm{d}x = \lim_{n \to \infty} \int_a^b f(x) p_n(x) \mathrm{d}x = 0$.

例 3　设 $f(x)$ 在 $[a,b]$ 可积,试证 $\int_a^b f^2(x) \mathrm{d}x = 0$ 的充要条件为 $f(x)$ 在连续点上为 0.

证明　必要性:反证法易证.

充分性:

证法一　用实变函数知识去证明,由可积的第四充要条件,$f(x)$ 的不连续点 E 的测度为 0,而在 $[a,b] - E \triangleq E^c$ 上,$f(x)$ 恒为 0,故

$$(R)\int_a^b f^2(x) \mathrm{d}x = (L)\int_a^b f^2(x) \mathrm{d}x = \int_E f^2(x) \mathrm{d}m + \int_{E^c} f^2(x) \mathrm{d}m = 0.$$

法二　设法证明 $f(x)$ 的连续点处处稠密,即证 $\forall [\alpha, \beta] \subset [a,b]$,$f(x)$ 在 $[\alpha, \beta]$ 上必有连续点. 当取连续点作为介点时,黎曼和数恒为 0,故得知 $\int_a^b f^2(x) \mathrm{d}x = 0$.

等价转化:证明可积函数 $f(x)$ 在 $[a,b]$ 内至少有一个连续点. 下面分析函数 $f(x)$ 在某一点 x_0 处连续的振幅特征.

以 $w_\delta(f)$ 表示 $f(x)$ 在 $(x_0 - \delta, x_0 + \delta)$ 上的振幅,即

$$w_\delta(f) = \sup_{x', x'' \in U(x_0, \delta)} |f(x') - f(x'')|,$$

则有如下刻画 $f(x)$ 点态连续性的结论.

引理　$f(x)$ 在 x_0 连续 $\Leftrightarrow \lim_{\delta \to 0^+} w_\delta(f) = 0$.

引理的证明从略. 下面继续充分性的证明. 依据 $f(x)$ 的可积性,$\forall \varepsilon > 0$,$\exists$ 分法 T, s. t.

$$\sum w_i \Delta x_i < \varepsilon,$$

由抽屉原则,至少有一个 $\Delta_\tau = [x_{\tau-1}, x_\tau] \triangleq [a_1, b_1]$,在其上,振幅 $w_\tau < \varepsilon/(b-a)$;再由 $f(x)$ 在 $[a_1, b_1]$ 上可积,可有 $[a_2, b_2] \subset [a_1, b_1]$,$f(x)$ 在 $[a_2, b_2]$ 上的振幅充分地小.

先取 $\varepsilon = b - a$,存在某个 Δ_τ,在其上 $w_\tau(f) < 1$,再在 $[x_{\tau-1}, x_\tau]$ 上取一个子区间 $[a_1, b_1]$,使得 $b_1 - a_1 < 1$,自然 $w_{[a_1, b_1]}(f) < 1$.

由于 f 在 $[a_1, b_1]$ 上仍可积,继续上述步骤,可选出 $[a_2, b_2] \subset [a_1, b_1]$,使得

$$b_2 - a_2 < \frac{1}{2}, w_{[a_2, b_2]}(f) < \frac{1}{2},$$

$$\cdots$$

$$b_n - a_n < \frac{1}{n}, w_{[a_n, b_n]}(f) < \frac{1}{n}.$$

由区间套定理,存在唯一 $c \in [a_n, b_n]$,于是依据上述引理知 $f(x)$ 必在 c 点连续.

注　此例说明,$[a,b]$ 上恒为正值之可积函数的积分必为正值.

例 4　设 $f \in C[a,b]$,若 $\forall \varphi \in C[a,b]$,同时 $\int_a^b \varphi(x) \mathrm{d}x = 0$ 的 $\varphi(x)$,有 $\int_a^b f(x)\varphi(x) \mathrm{d}x = 0$. 证明 $f(x)$ 恒为常数.

证明　若 $f(x)$ 已经满足 $\int_a^b f(x) \mathrm{d}x = 0$,则特取 φ 即为 $f(x)$ 可得 $\int_a^b f^2(x) \mathrm{d}x = 0$.

若 $\int_a^b f(x)\mathrm{d}x \neq 0$,构造新函数 $\varphi(x) = f(x) - \dfrac{1}{b-a}\int_a^b f(x)\mathrm{d}x$,必有 $\int_a^b f(x) \cdot \varphi(x)\mathrm{d}x =$
0,

又 $$\int_a^b \Big[\frac{1}{b-a}\int_a^b f\mathrm{d}x\Big]\varphi(x)\mathrm{d}x = 0,$$

得出 $$\int_a^b \Big[f - \frac{1}{b-a}\int_a^b f\mathrm{d}x\Big]\varphi(x)\mathrm{d}x = \int_a^b \varphi^2(x)\mathrm{d}x = 0,$$

所以 $\varphi(x) \equiv 0$,即 $f(x) \equiv \dfrac{1}{b-a}\int_a^b f(x)\mathrm{d}x$.

例 5 设 $f \in C[a,b]$,且 $\int_a^b f(x)\mathrm{d}x = 0$,$\int_a^b xf(x)\mathrm{d}x = 0$,证明至少存在两点
$x_1, x_2 \in [a,b]$,使得 $f(x_1) = f(x_2) = 0$.

证明 显见至少有一个零点. 反证,若恰有一个零点 x_1,$\int_a^b (x - x_1)f(x)\mathrm{d}x = 0$,
但 $(x-x_1)f(x)$ 在 $[a,b] - \{x_1\}$ 上保号,从而积分 $\int_a^b (x-x_1)f(x)\mathrm{d}x$ 必为正值或负值.
矛盾.

推广:设 $f \in C[a,b]$,$\forall n \leqslant N$,有 $\int_a^b x^n f\mathrm{d}x = 0$,试证 $f(x)$ 在 $[a,b]$ 上至少有 $N+1$ 个
互异的零点.

(分析:$N = 2$ 时,先证明,引入 $g(x) = (x-x_1)(x-x_2)$,$f(x)$,$g(x)$ 除去 x_1, x_2 之外
保号,⋯)

思考:若 $\forall n = 1, 2, \cdots$ 皆有 $\int_a^b x^n f(x)\mathrm{d}x = 0$,则 $f(x) \equiv 0$(不仅是有可数多个零点而
已).

例 6 设 $f(x) \in C[0,1]$,$\int_0^1 f(x)\mathrm{d}x = 0$,$\int_0^1 xf(x)\mathrm{d}x = 1$,证明 $\exists x_0 \in [0,1]$,使得 $|$
$f(x_0) | \geqslant 4$.

证明 反证法,若 $\forall x \in [0,1]$,$| f(x) | < 4$,于是
$$1 = \int_0^1 \Big(x - \frac{1}{2}\Big)f(x)\mathrm{d}x \leqslant \int_0^1 \Big|x - \frac{1}{2}\Big| \, | f(x) | \, \mathrm{d}x < 4\int_0^1 \Big|x - \frac{1}{2}\Big| \mathrm{d}x = 1,$$
得出矛盾.

推广:条件改为 $\int_0^1 f(x)\mathrm{d}x = \int_0^1 xf(x)\mathrm{d}x = \cdots = \int_0^1 x^{m-1}f(x)\mathrm{d}x = 0$,$\int_0^1 x^m f(x)\mathrm{d}x = 1$,
则
$$\exists x_0 \in [0,1], \text{s. t. } | f(x_0) | \geqslant 2^m(m+1).$$

证明 仍用反证法
$$1 = \int_0^1 \Big(x - \frac{1}{2}\Big)^m f(x)\mathrm{d}x \leqslant \int_0^1 \Big|x - \frac{1}{2}\Big|^m | f(x) | \mathrm{d}x < \cdots = 1.$$

例 7 设 $f(x) \in C(R)$,$T > 0$,试证 $f(x)$ 是以 T 为周期的函数的充分必要条件是积分
$\int_a^{a+T} f(x)\mathrm{d}x$ 的值 $\forall \alpha$ 恒为常数.

证明 必要性易证.

充分性:令 $F(\alpha) = \int_\alpha^{\alpha+T} f() \mathrm{d}x$,则 $F(\alpha) \equiv C, F'(\alpha) = 0$

所以 $f(\alpha + T) - f(\alpha) = 0, \forall \alpha \in \mathbf{R}$ 成立,即知 $f(x)$ 为周期函数.

例 8 设 $v_n = \dfrac{2}{2n+1} + \dfrac{2}{2n+3} + \cdots + \dfrac{2}{4n-1}$.

求 $(1)\ \lim\limits_{n\to\infty} v_n$; $(2)\ \lim\limits_{n\to\infty} n^2(\ln 2 - v_n)$.

解 (1) 对 $[0,1]$ n 等分,分点为 $x_i = \dfrac{i}{n}(i = 1, 2, \cdots, n)$,在每个小段上取 ξ_i 为中点,得

到 $f(x) = \dfrac{1}{1+x}$ 的黎曼和数是

$$\frac{1}{n}\left[\frac{1}{1+\dfrac{1}{2n}} + \frac{1}{1+\dfrac{3}{2n}} + \cdots + \frac{1}{1+\dfrac{2n-1}{2n}} \right] = v_n,$$

于是 $\lim\limits_{n\to\infty} v_n = \displaystyle\int_0^1 \frac{1}{1+x}\mathrm{d}x = \ln 2$.

$(2)\ f'' = \dfrac{2}{(1+x)^3} \in \mathbf{R}[0,1], \Delta_n' = \ln 2 - v_n$,于是由本节(5)式知

$$\lim_{n\to\infty} n^2(\ln 2 - v_n) = \frac{1}{24}[f'(1) - f'(0)] = \frac{1}{32},$$

或解 利用 $\dfrac{0}{0}$ 型的 Stolz 变换公式. 令 $t_n = \dfrac{1}{n^2} \to 0, y_n = \ln 2 - v_n$

$$t_n - t_{n-1} \sim -\frac{2}{n^3},$$

$$y_n - y_{n-1} = v_{n-1} - v_n = \frac{2}{2n-1} - \frac{2}{4n-3} - \frac{2}{4n-1}$$

$$= -\frac{2}{(2n-1)(4n-3)(4n-1)} \sim -\frac{1}{16n^3}.$$

从而 $\quad \lim\limits_{n\to\infty} \dfrac{y_n - y_{n-1}}{t_n - t_{n-1}} = \dfrac{1}{32}$,

所以 $\quad \lim\limits_{n\to\infty} \dfrac{y_n}{t_n} = \dfrac{1}{32}$.

习题 4.3

1. 设 $f(x) \in C[a,b]$ 且 $f(x)\int_a^x f(t)\mathrm{d}t \equiv 0$,证明 $f(x) \equiv 0$.

2. 设 $f(x) \in C[a,b]$ 且 $f(x) \leqslant \int_a^x f(t)\mathrm{d}t$,则 $f(x) \leqslant 0$.

3. 设 $f(x) \in C(\mathbf{R}^+)$, $\forall \alpha > 0$, $g(x) = \int_x^{\alpha x} f(t)\mathrm{d}t \equiv$ 常数$(x > 0)$,

   证明 $f(x) = \dfrac{c}{x}(x > 0, c$ 常数$)$.

4. 设 $f(x)$ 是连续的周期函数,周期为 p,证明

$$\lim_{x \to +\infty} \frac{1}{x}\int_0^x f(t)\mathrm{d}t = \frac{1}{p}\int_0^p f(t)\mathrm{d}t.$$

5. 设 $f(x)$ 在 $\left[0, \dfrac{\pi}{2}\right]$ 连续,$\int_0^{\frac{\pi}{2}} f(x)\cos x\mathrm{d}x = \int_0^{\frac{\pi}{2}} f(x)\sin x\mathrm{d}x = 0$,

   证明:$f(x)$ 在 $\left(0, \dfrac{\pi}{2}\right)$ 内至少有两个零点.

6. 设函数 $f(x)$ 在 $[0,\pi]$ 上连续,且 $\int_0^{\pi} f(x)\mathrm{d}x = 0$, $\int_0^{\pi} f(x)\cos x\mathrm{d}x = 0$.试证明:

   在 $(0,\pi)$ 内至少存在两个不同的点 ξ_1、ξ_2,使得 $f(\xi_1) = f(\xi_2) = 0$.

   (2000 年数学(三)、(四))

7. 设在 $[-1,1]$ 上连续的函数 $f(x)$ 满足如下条件:对 $[-1,1]$ 上任意的偶连续函数

   $g(x)$,积分 $\int_{-1}^1 f(x)g(x)\mathrm{d}x = 0$.试证:$f(x)$ 是 $[-1,1]$ 上的奇函数.

8. 设 $u_n = \dfrac{1}{n+1} + \dfrac{1}{n+2} + \cdots + \dfrac{1}{2n}$,求证 $\lim_{x \to +\infty} n(\ln 2 - u_n) = \dfrac{1}{4}$.

9. 设 $f(x)$ 在 $[0,1]$ 上可微,且 $\exists M > 0$ s.t. $|f'(x)| \leqslant M$.求证 $|\Delta_n| \leqslant \dfrac{M}{n}$.

10. 设 f 在 $[1,+\infty)$ 上连续、递减、恒正,令

$$A_k = \sum_{i=1}^k f(i) - \int_1^k f(x)\mathrm{d}x.$$

   证明 $\{A_k\}$ 收敛.

11. 设函数 $f(x)$ 在 $[0,a]$ 上严格递增,且有连续导数,$f(0) = 0$.又 $g(x)$ 是 $f(x)$ 的反函

   数.求证 $\forall x \in [0,a]$,有 $\int_0^{f(x)} [x - g(u)]\mathrm{d}u = \int_0^x f(t)\mathrm{d}t$.   (华东师大 2002 年)

12. 设 f 在 $[-1,1]$ 上二阶导数连续,证明

$$\exists \xi \in (-1,1), \text{s.t.} \int_{-1}^1 xf(x)\mathrm{d}x = \frac{2}{3}f'(\xi) + \frac{1}{3}\xi f''(\xi).$$

   (浙江省高等数学竞赛 2005 年)

§4.4 积分值的估计

有些函数虽然可积,但原函数无法用初等函数的有限形式表达,无法应用牛顿－莱布尼兹公式计算;另一种情形是,只知道被积函数的结构或某种性质(如微分性质等),欲对积分值给出某种估计.

例 1 若 $f(x)$ 在 $[a,b]$ 上可积,$f(x)>0$,试证 $\int_a^b f(x)\mathrm{d}x>0$.

比较知识点:若 $f(x)$ 在 $[a,b]$ 上非负可积,且 $\int_a^b f(x)\mathrm{d}x=0$,则 $f(x)$ 在其连续点上等于 0,进而由可积函数的几乎处处连续性质,知 $f(x)$ 几乎处处为 0.

证明 从 $f(x)>0$,易知 $\int_a^b f(x)\mathrm{d}x\geqslant 0$,只要证明等号不能成立.

反证法,若 $\int_a^b f(x)\mathrm{d}x=0$,则 $f(x)$ 不可能恒正.

注 本例和上节之例 3 是同本质之题目.

例 2 证明 $\int_0^{\sqrt{2\pi}}\sin x^2\mathrm{d}x>0$.

证 令 $x^2=y$,得原积分

$$I=\frac{1}{2}\left(\int_0^\pi+\int_\pi^{2\pi}\right)\frac{\sin y}{\sqrt{y}}\mathrm{d}y=\frac{1}{2}\int_0^\pi\left(\frac{\sin y}{\sqrt{y}}-\frac{\sin y}{\sqrt{y+\pi}}\right)\mathrm{d}y>0,$$

例 3 设 $f(x)$ 在 $[a,b]$ 上二次连续可微,$f\left(\dfrac{a+b}{2}\right)=0$,试证

$$\left|\int_a^b f(x)\mathrm{d}x\right|\leqslant\frac{M(b-a)^3}{24}\quad(M=\sup|f''(x)|).$$

证明 涉及高阶导数时,尝试 Taylor 公式,记 $x_0=\dfrac{a+b}{2}$,将 $f(x)$ 在 x_0 处展开:

$$f(x)=f'(x_0)(x-x_0)+\frac{1}{2}f''(\xi)(x-x_0)^2,$$

故 $|\int_a^b f(x)\mathrm{d}x|\leqslant\dfrac{1}{2}M\int_a^b\left(x-\dfrac{a+b}{2}\right)^2\mathrm{d}x=\dfrac{M}{24}(b-a)^3.$

例 4 假设 $f(x)$ 在 $[a,b]$ 上连续可微,且 $f(a)=f(b)=0$,证明

$$\int_a^b|f(x)|\mathrm{d}x\leqslant\frac{1}{4}(b-a)^2\max_{a\leqslant x\leqslant b}\{|f'(x)|\}.$$

分析 记 $M=\max\{|f'(x)|\}$,$|f'(x)|\leqslant M$ 的几何意义是什么呢?
$$-M\leqslant f'(x)\leqslant M,$$

$f(x)=f(a)+\int_a^x f'(t)\mathrm{d}t=\int_a^x f'(t)\mathrm{d}t$,得出 $|f(x)|\leqslant M(x-a)$,

又从 $f(b)=f(x)+\int_x^b f'(t)\mathrm{d}t$ 及 $f(b)=0$,即有 $f(x)=-\int_x^b f'(t)\mathrm{d}t$,

得出 $| f(x) | \leqslant M(b-x)$.

用面积比较法即知. 见图 4-1.

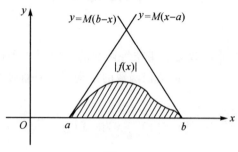

图 4-1

或用微分中值定理　　　$f(x) = f(x) - f(a) = f'(\xi)(x-a),$

$$-f(x) = f(b) - f(x) = f'(\eta)(b-x),$$

$$\int_a^b | f(x) | \mathrm{d}x \leqslant \int_a^{\frac{a+b}{2}} M(x-a)\mathrm{d}x + \int_{\frac{a+b}{2}}^b M(b-x)\mathrm{d}x = \frac{M}{4}(b-a)^2.$$

注　$f(x)$ 不恒为 0 时,式中严格不等号成立.

例 4′　设 $f(x) \in C^*[a,b]$ 且 $| f'(x) | \leqslant M, f(a) = 0$,试证

$$\int_a^b | f(x) | \mathrm{d}x \leqslant \frac{M}{2}(b-a)^2.$$

证明　因为 $f(a) = 0, f(x) = f(x) - f(a) = f'(\xi)(x-a),$

所以 $| f(x) | \leqslant M | x-a |,$

$$\int_a^b | f(x) | \mathrm{d}x \leqslant M\int_a^b (x-a)\mathrm{d}x = \frac{M}{2}(b-a)^2.$$

例 5　(Hadamard 定理)设 $f(x)$ 是 $[a,b]$ 上连续的下凸函数,则有

$$f\left(\frac{a+b}{2}\right) \leqslant \frac{1}{b-a}\int_a^b f(x)\mathrm{d}x \leqslant \frac{f(a)+f(b)}{2}.$$

分析　几何定义不妨认为 $f(x) > 0$ 时,凸函数恒在割线之下方,或者恒在切线之上方. 曲边梯形之面积介于两个直边梯形面积之间.

证明　$\dfrac{1}{b-a}\int_a^b f(x)\mathrm{d}x \xlongequal{x = a + (b-a)t} \int_0^1 f[a+(b-a)t]\mathrm{d}t$

$= \int_0^1 f[(1-t)a+tb]\mathrm{d}t \leqslant \int_0^1 [(1-t)f(a) + tf(b)]\mathrm{d}t = \dfrac{f(a)+f(b)}{2},$

又记 $x_0 = \dfrac{a+b}{2}, f(x) \geqslant f(x_0) + f'(x_0)(x-x_0),$

$$\int_a^b f(x)\mathrm{d}x \geqslant \int_a^b f(x_0)\mathrm{d}x + f'(x_0)\int_a^b (x-x_0)\mathrm{d}x = (b-a)f(x_0).$$

思考　若不用切线(或者切线根本不存在),如何证明?

令 $x = a + (b-a)t$,如上,再令 $x = b - (b-a)t$,得出

$$\frac{1}{b-a}\int_a^b f(x)\mathrm{d}x = \frac{1}{2}\int_0^1 \{f[a+(b-a)t] + f[b-(b-a)t]\}\mathrm{d}t \geqslant f\left(\frac{a+b}{2}\right).$$

例 6　设 $f(x)$ 在 $[0,1]$ 一阶连续可导,证明:

$$\mid f(x)\mid\leqslant\int_0^1\mid f(x)\mid\mathrm{d}x+\int_0^1\mid f'(x)\mid\mathrm{d}x.$$

证法一　首先联想牛顿－莱布尼兹公式,$f(x)=f(x_0)+\int_{x_0}^x f'(t)\mathrm{d}t$,

易得

$$\mid f(x)\mid\leqslant\mid f(x_0)\mid+\int_{x_0}^x\mid f'(t)\mid\mathrm{d}t\leqslant\mid f(x_0)\mid+\int_0^1\mid f'(t)\mid\mathrm{d}t,$$

如何取 x_0,使得 $\mid f(x_0)\mid\leqslant\int_0^1\mid f(x)\mid\mathrm{d}x$?

因为 $f(x)\in C[0,1]$,$\exists$ 最小值 m 和最大值 M. $m\leqslant\int_0^1 f\mathrm{d}x\leqslant M$,所以 $\exists x_0\in[0,1]$, s. t.

$$f(x_0)=\int_0^1 f(x)\mathrm{d}x,\text{于是}\mid f(x_0)\mid\leqslant\int_0^1\mid f(x)\mid\mathrm{d}x.$$

证法二　$\mid f(x)\mid=\int_0^1\mid f(x)\mid\mathrm{d}y=\int_0^1\mid f(y)+\int_y^x f'(t)\mathrm{d}t\mid\mathrm{d}y,$

$$\leqslant\int_0^1\mid f(y)\mid\mathrm{d}y+\int_0^1\mid f'(y)\mid\mathrm{d}y.$$

例 7　设 $f(x)\in C'[a,b]$ 且 $f(a)=0$,试证

$$\int_a^b\mid f(x)f'(x)\mid\mathrm{d}x\leqslant\frac{b-a}{2}\int_a^b[f'(x)]^2\mathrm{d}x.$$

证明　如何去掉绝对值?令 $g(x)=\int_a^x\mid f'(t)\mid\mathrm{d}t$,$g'(x)=\mid f'(x)\mid$,且 $f(a)=0$,知

$$f(x)=\int_a^x f'(t)\mathrm{d}t\Rightarrow\mid f(x)\mid\leqslant g(x),\text{因而}$$

$$\int_a^b\mid f(x)f'(x)\mid\mathrm{d}x\leqslant\int_a^b g(x)g'(x)\mathrm{d}x=\frac{1}{2}g^2(x)\mid_a^b=\frac{1}{2}g^2(b)$$

$$=\frac{1}{2}(\int_a^b\mid f'(t)\mid\mathrm{d}t)^2\leqslant\frac{b-a}{2}\int_a^b[f'(t)]^2\mathrm{d}t(\text{柯西－施瓦兹不等式}).$$

习题 4.4

1. 设 $f'(x)$ 在 $[a,b]$ 上连续,试证

   (1) $\max\limits_{x \in [a,b]} |f(x)| \leqslant \dfrac{1}{b-a} \int_a^b |f(x)| \, \mathrm{d}x + \int_a^b |f'(x)| \, \mathrm{d}x$;

   (2) $f\left(\dfrac{a+b}{2}\right) \leqslant \dfrac{1}{b-a} \int_a^b |f(x)| \, \mathrm{d}x + \dfrac{1}{2} \int_a^b |f'(x)| \, \mathrm{d}x$.   (北师大 2007 年)

2. 设 $f(x) \in C'[0,1]$,则有

$$\int_0^1 |f(x)| \, \mathrm{d}x \leqslant \max\left\{\int_0^1 |f'(x)| \, \mathrm{d}x, \left| \int_0^1 f(x) \mathrm{d}x \right|\right\}$$

3. 证明 $\int_0^1 \dfrac{\cos x}{\sqrt{1-x^2}} \mathrm{d}x \geqslant \int_0^1 \dfrac{\sin x}{\sqrt{1-x^2}} \mathrm{d}x$.

4. 设 $f(x) \in \mathbf{R}[0,1]$ 且 $\int_0^1 f(x) \mathrm{d}x > 0$. 证明存在区间 $[\alpha,\beta] \subset [0,1]$,使得 $f(x)$ 在区间 $[\alpha,\beta]$ 上恒正.

5. 在 $[0,2]$ 上是否存在这样的函数,连续可微,$f(0) = f(2) = 1$,$|f'(x)| \leqslant 1$ 并且 $\left| \int_0^2 f(x) \mathrm{d}x \right| \leqslant 1$.

6. 设 $f(x)$ 是 $[0,+\infty)$ 上的凸函数,证明 $F(x) = \dfrac{1}{x} \int_0^x f(t) \mathrm{d}t$ 亦为 $(0,+\infty)$ 上的凸函数.

7. 证明 (1) $0 < \dfrac{\pi}{2} - \int_0^{\frac{\pi}{2}} \dfrac{\sin x}{x} \mathrm{d}x < \dfrac{\pi^3}{144}$;

   (2) $\dfrac{2\pi^2}{9} \leqslant \int_{\frac{\pi}{6}}^{\frac{\pi}{2}} \dfrac{2x}{\sin x} \mathrm{d}x \leqslant \dfrac{4\pi^2}{9}$.

8. 设 $f(x) \in C'[0,1]$,且 $f(1) - f(0) = 1$,试证 $\int_0^1 [f'(x)]^2 \mathrm{d}x \geqslant 1$.

9. 假设 $f(x) \in C'[a,b]$,$f(a) = 0$,则有 $\int_a^b f^2(x) \mathrm{d}x \leqslant \dfrac{(b-a)^2}{2} \int_a^b |f'(x)|^2 \mathrm{d}x$.

10. 假若 $f(x)$ 在 $[a,b]$ 上二阶可导,且 $f''(x) > 0$,证明当 $f(x) \leqslant 0$ 时,恒有

$$f(x) \geqslant \dfrac{2}{b-a} \int_a^b f(x) \mathrm{d}x.$$

11. 设 $f(x)$ 为 $[0,2\pi]$ 上的单调递减函数,证明 $\forall n$,有 $\int_0^{2\pi} f(x) \sin nx \, \mathrm{d}x \geqslant 0$.

12. 设 $f(x) = \int_x^{x+1} \sin t^2 \mathrm{d}t$,求证当 $x > 0$ 时,$|f(x)| \leqslant \dfrac{1}{x}$.

13. 设 $f(x)$ 在 $[a,b]$ 上连续可微,$f(a) = f(b) = 0$,$\int_a^b f(x) \mathrm{d}x = 0$,$M = \max\limits_{a \leqslant x \leqslant b} \{|f'(x)|\}$.

证明 $\forall x \in [a,b]$ 有 $\qquad | \int_a^x f(t)\mathrm{d}t | \leqslant \dfrac{M}{8}(b-a)^2.$

14. 证明对任意连续函数 $f(x)$，有

$$\max\{\int_{-1}^1 | x - \sin^2 x - f(x) | \mathrm{d}x, \int_{-1}^1 | \cos^2 x - f(x) | \mathrm{d}x\} \geqslant 1.$$

（浙江省高等数学竞赛 2005 年）

15. 求最小的实数 C，使得满足 $\int_0^1 | f(x) | \mathrm{d}x = 1$ 的连续函数 $f(x)$ 都有

$$\int_0^1 f(\sqrt{x})\mathrm{d}x \leqslant C. \qquad\qquad （浙江省高等数学竞赛 2006 年）$$

16. 证明 $\displaystyle\int_0^{\frac{\pi}{2}} \dfrac{| \sin(2n+1)t |}{\sin t}\mathrm{d}t \leqslant \pi\left(1 + \dfrac{1}{2}\ln n\right).$

17. 证明 $\dfrac{1}{2}\ln(2n+1) < \displaystyle\int_0^{\frac{\pi}{2}} \dfrac{\sin^2 nx}{\sin x}\mathrm{d}x < 1 + \dfrac{1}{2}\ln(2n-1).$

18. 证明 $\displaystyle\int_0^{\frac{\pi}{2}} t\left(\dfrac{\sin nt}{\sin t}\right)^4 \mathrm{d}t \leqslant \dfrac{\pi^2 n^2}{4}.$

§4.5   定积分不等式

一、基本不等式及其证明

Hölder 不等式   设 $p, q > 1$ 且 $\dfrac{1}{p} + \dfrac{1}{q} = 1$（此 p, q 被称为共轭指数），则有

$$\left| \int_a^b fg \, dx \right| \leqslant \left\{ \int_a^b |f(x)|^p dx \right\}^{\frac{1}{p}} \left\{ \int_a^b |g(x)|^q dx \right\}^{\frac{1}{q}} \tag{1}$$

引入记号 $\| f \|_p = \left\{ \int_a^b |f|^p dx \right\}^{\frac{1}{p}}$（$L^p$ 空间的范数），则 Hölder 不等式可以写成

$$\| fg \|_1 \leqslant \| f \|_p \| g \|_q \tag{1'}$$

特例当 $p = q = 2$ 时，得出柯西 - 施瓦兹不等式.

闵可夫斯基不等式   设 $f(x), g(x) \in L^p, p \geqslant 1$，则有如下的三角不等式

$$\| f + g \|_p \leqslant \| f \|_p + \| g \|_p \tag{2}$$

W·H·Young 不等式   设 $f(x)$ 在 $[0, +\infty)$ 上连续且递增，$f(0) = 0, a, b > 0, f^{-1}(y)$ 为 $f(x)$ 的反函数，则有

$$ab \leqslant \int_0^a f(x) dx + \int_0^b f^{-1}(y) dy \tag{3}$$

分析   几何意义

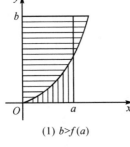 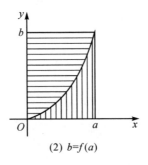 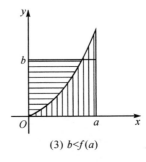

(1) $b > f(a)$ (2) $b = f(a)$ (3) $b < f(a)$

图 4-2

从图 4-2 易知等号当且仅当 $f(a) = b$ 时成立.

凸函数不等式   设 $f(x) \in \mathbf{R}[a, b]$，且 $m \leqslant f(x) \leqslant M, \varphi(u)$ 是 $[m, M]$ 上的下凸函数，则有

$$\varphi\left(\frac{1}{b-a} \int_a^b f(x) dx \right) \leqslant \frac{1}{b-a} \int_a^b \varphi(f(x)) dx \tag{4}$$

即积分平均值的一个关系式：

$$\varphi(\overline{f}) \leqslant \overline{\varphi \circ f} \tag{4'}$$

此处 $\overline{f} = \dfrac{1}{b-a} \int_a^b f(x) dx$ 表示函数 $f(x)$ 在 $[a, b]$ 上的积分平均值，$\varphi \circ f$ 表示复合函数 $\varphi(f(x))$.

比较离散情形的凸函数不等式

$$\varphi\left(\frac{x_1 + x_2 + \cdots + x_n}{n}\right) \leqslant \frac{1}{n}\left[\varphi(x_1) + \varphi(x_2) + \cdots + \varphi(x_n)\right],$$

或
$$\varphi\left(\sum \lambda_i x_i\right) \leqslant \sum \lambda_i \varphi(x_i) \text{(其中 } \lambda_i \geqslant 0 \text{ 且 } \sum \lambda_i = 1\text{)}.$$

若离散型的公式记牢,连续情形的公式就易记.

推广:$p(x) > 0$,则有

$$\varphi\left(\frac{\displaystyle\int_a^b p(x)f(x)\mathrm{d}x}{\displaystyle\int_a^b p(x)\mathrm{d}x}\right) \leqslant \frac{\displaystyle\int_a^b p(x)\varphi(f(x))\mathrm{d}x}{\displaystyle\int_a^b p(x)\mathrm{d}x}.$$

证明思路回顾(参见本书 §3.6 例 12 之推广,稍加注意的是那里的函数记号和现在略有不同).

解一　从 Riemann 积分定义出发,对$[a,b]$等分,离散型不等式 → 连续型不等式.

解二　Taylor 展开方法,记 $u_0 = \dfrac{1}{b-a}\displaystyle\int_a^b f\mathrm{d}x$,将 φ 在 u_0 处作 Taylor 展开,并利用 $\varphi(u)$ 的凸性.(此时要求 $\varphi(u)$ 是二阶可导函数,$\varphi(u) \geqslant \varphi(u_0) + \varphi'(u_0)(u - u_0)$).

延伸:当 $\varphi(u)$ 是凹函数时,不等式(4)要反向.

又特取 $\varphi(u) = \ln u, \varphi(u) = \mathrm{e}^u$ 等时,得到一些特殊的不等式,如

$$\exp\left\{\int_0^1 \ln f(x)\mathrm{d}x\right\} \leqslant \int_0^1 f(x)\mathrm{d}x, \text{其中 } f(x) \text{ 为正值连续函数}.$$

例 1　Hölder 不等式的证明

(1) 加权幂平均 $\leqslant$ 加权和平均:$A^{\frac{1}{p}}B^{\frac{1}{q}} \leqslant \dfrac{1}{p}A + \dfrac{1}{q}B$,

(2) 单位化:令 $f_1 = f/\|f\|_p$，$g_1 = g/\|g\|_q$,则 $\|f_1\|_p = \|g_1\|_q = 1$.

先证明 $\left|\displaystyle\int_a^b f_1 g_1 \mathrm{d}x\right| \leqslant 1$. 参见 §3.7 之例 11.

例 2　Minkowski 不等式:设 $f(x), g(x) \in L^p (p \geqslant 1)$,则有 $\|f+g\|_p \leqslant \|f\|_p + \|g\|_p$.

对 $|f|$ 和 $|f+g|^{\frac{p}{q}}$ 应用 Hölder 不等式得

$$\int_a^b |f||f+g|^{\frac{p}{q}}\mathrm{d}x \leqslant \|f\|_p \|f+g\|_p^{\frac{p}{q}},$$

同理

$$\int_a^b |g||f+g|^{\frac{p}{q}}\mathrm{d}x \leqslant \|g\|_p \|f+g\|_p^{\frac{p}{q}},$$

两式相加,得$\left(\text{因为 } p-1 = \dfrac{p}{q}\right)$

$$\int_a^b |f+g|^p\mathrm{d}x \leqslant \int_a^b |f||f+g|^{p-1}\mathrm{d}x + \int_a^b |g||f+g|^{p-1}\mathrm{d}x$$

$$\leqslant (\|f\|_p + \|g\|_p)\|f+g\|_p^{\frac{p}{q}}.$$

Minkowski 不等式当 $p = q = 2$ 时即为柯西—施瓦兹不等式,此不等式还有一个简易的证明方法,令 $u(x) = [f(x) - \lambda g(x)]^2 \geqslant 0$,则 $\displaystyle\int_a^b u(x)\mathrm{d}x \geqslant 0$,即

$$\lambda^2 \int_a^b g^2(x)\mathrm{d}x - 2\lambda \int_a^b f(x)g(x)\mathrm{d}x + \int_a^b f^2(x)\mathrm{d}x \geqslant 0, \forall \lambda \in \mathbf{R} \ \text{成立}.$$

由二次三项式的判别式 $\Delta \leqslant 0$, 立得欲证之不等式.

例 3 Young 不等式的证明

(i) 当 $f(a) = b$ 时, 要证的不等式转化为

$$\int_0^a f(x)\mathrm{d}x + \int_0^{f(a)} f^{-1}(y)\mathrm{d}y = af(a) \tag{3'}$$

几何意义非常明显, 见图 4-2-(2).

若加强条件 $f(x)$ 连续可微, 可用常数变易法证得 $(3')$, 视 a 为变量 t, 一般情形, 可用定积分定义.

$f(x)$ 在 $[0, a]$ 上连续且单调递增, 则 $f(x)$ 在 $[0, a]$ 上一致连续. 又得 $f^{-1}(y)$ 在 $[0, f(a)]$ 上连续且单调递增. 将 $[0, a]n$ 等分, $0 = x_0 < x_1 < \cdots < x_n = a$, 相应地 $0 = y_0 < y_1 < \cdots < y_n = f(a)$. 当 $n \to +\infty$ 时, $\Delta = \max\limits_{1 \leqslant i \leqslant n}\{y_i - y_{i-1}\} \to 0$.

$$\int_0^a f(x)\mathrm{d}x + \int_0^{f(a)} f^{-1}(y)\mathrm{d}y = \lim_{n \to \infty}\Big[\sum f(x_i)\Delta x_i + \sum f^{-1}(y_{i-1})\Delta y_i\Big]$$

$$= \lim_{n \to \infty}\Big[\sum f(x_i)(x_i - x_{i-1}) + \sum x_{i-1}(f(x_i) - f(x_{i-1}))\Big] \text{(首尾相消)}$$

$$= \lim_{n \to \infty}[x_n f(x_n) - x_0 f(x_0)] = af(a).$$

(ii) 当 $b < f(a)$ 时, 不妨设 $b = f(x^*), x^* < a$,

从 (i) 知

$$\int_0^{x^*} f(x)\mathrm{d}x + \int_0^b f^{-1}(y)\mathrm{d}y = x^* f(x^*) = x^* b,$$

所以

$$\int_0^a f(x)\mathrm{d}x + \int_0^b f^{-1}(y)\mathrm{d}y = \int_{x^*}^a f(x)\mathrm{d}x + x^* f(x^*)$$

$$> f(x^*)(a - x^*) + x^* f(x^*).$$

(iii) 当 $b > f(a)$ 时, 左边 $= \int_0^a f(x)\mathrm{d}x + \int_0^{f(a)} f^{-1}(y)\mathrm{d}y + \int_{f(a)}^b f^{-1}(y)\mathrm{d}y$

$$> af(a) + f^{-1}(f(a))[b - f(a)] = ab. \ \text{证毕}.$$

特取 $f(x) = x^{p-1}$, 当 $p > 1$ 时, 满足 Young 不等式的要求 $f^{-1}(y) = y^{q-1}$, 可得

$$ab \leqslant \frac{a^p}{p} + \frac{b^q}{q}.$$

这个不等式在 §3.7 例 12 证明 Hölder 不等式时曾被引用.

二、积分不等式的证明方法

1. 利用基本不等式法

例 4 假设 $f(x) \in C[a, b], f(x) > 0$, 证明 $\displaystyle\int_a^b f(x)\mathrm{d}x \int_a^b \frac{\mathrm{d}x}{f(x)} \geqslant (b-a)^2$.

证明 利用柯西 - 施瓦兹不等式, $\left[\displaystyle\int_a^b \sqrt{f(x)}\,\frac{1}{\sqrt{f(x)}}\mathrm{d}x\right]^2 \leqslant \cdots$

例 5 设 $f_i(x)(i = 1, 2, \cdots, n)$ 恒正连续, 证明

$$\int_a^b \sqrt[n]{f_1(x)f_2(x)\cdots f_n(x)}\,\mathrm{d}x \leqslant \sqrt[n]{\prod_{i=1}^n \int_a^b f_i(x)\,\mathrm{d}x} \tag{5}$$

(当 $n=2$ 时,即为柯西不等式)

证明 单位化,引入 $g_i(x) = \dfrac{f_i(x)}{\displaystyle\int_a^b f_i(x)\,\mathrm{d}x}$,则 $\displaystyle\int_a^b g_i(x)\,\mathrm{d}x = 1$,

原不等式化为 $\displaystyle\int_a^b \sqrt[n]{g_1(x)g_2(x)\cdots g_n(x)}\,\mathrm{d}x \leqslant 1$,

因为 $[g_1 g_2 \cdots g_n]^{\frac{1}{n}} \leqslant \dfrac{1}{n}\sum g_i(x)$,

所以 $\displaystyle\int_a^b [g_1 g_2 \cdots g_n]^{\frac{1}{n}}\,\mathrm{d}x \leqslant \dfrac{1}{n}\sum \int_a^b g_i(x)\,\mathrm{d}x = 1$.

注 此证法本质即为将不等式的右边去除左边,起化简作用.

不等式的变形:$f_i(x)$ 不一定非负时,可以用 $|f_i|$ 代替 f_i.

又将开方转换成乘方形式:

$$\int_a^b \prod f_i(x)\,\mathrm{d}x \leqslant \Big[\prod \int_a^b f_i^n(x)\,\mathrm{d}x\Big]^{\frac{1}{n}} \tag{5'}$$

再在 $(5')$ 中令 $f_1(x)=f(x), f_2=\cdots=f_n=1$,得出

$$\frac{1}{b-a}\int_a^b f(x)\,\mathrm{d}x \leqslant \Big[\frac{1}{b-a}\int_a^b f^n(x)\,\mathrm{d}x\Big]^{\frac{1}{n}} \tag{6}$$

引入记号 $J_n(f) = \Big[\dfrac{1}{b-a}\displaystyle\int_a^b f^n(x)\,\mathrm{d}x\Big]^{\frac{1}{n}}$,称为 f 的 n 次幂平均.

上述不等式可以简写为

$$J_1(f) \leqslant J_n(f) \tag{6'}$$

事实上,由不等式(4),取 $\varphi(u)=u^n$ 亦可得到不等式(6).

例6 设 $f(x)$ 为 $[a,b]$ 上连续正值函数,讨论 $f(x)$ 的 n 次幂平均序列 $J_n(f)$ 之单调性和极限.

解 取 $p=\dfrac{n+1}{n}, q=n+1$,则 p,q 为共轭指数,利用 Hölder 不等式

$$\int_a^b f^n(x)\,\mathrm{d}x = \int_a^b f^n(x)\cdot 1\,\mathrm{d}x \leqslant \Big(\int_a^b f^{n+1}(x)\,\mathrm{d}x\Big)^{\frac{n}{n+1}}\Big(\int_a^b 1\,\mathrm{d}x\Big)^{\frac{1}{n+1}},$$

于是

$$J_n(f) = \Big[\frac{1}{b-a}\int_a^b f^n(x)\,\mathrm{d}x\Big]^{\frac{1}{n}}$$

$$\leqslant \Big\{\frac{1}{(b-a)^{1-\frac{1}{n+1}}}\Big[\int_a^b f^{n+1}(x)\,\mathrm{d}x\Big]^{\frac{n}{n+1}}\Big\}^{\frac{1}{n}} = J_{n+1}(f),$$

故 $J_n(f)$ 单调递增,下面考虑 $J_n(f)$ 当 $n\to+\infty$ 时的极限. 因 $f(x)\in C[a,b], f(x_0)=M$ 为 f 的最大值,$J_n(f)\leqslant M$ 较明显.

$\forall \varepsilon>0, \exists \delta>0$, s. t. $U(x_0;\delta)\subset [a,b]$ (当 x_0 即为端点时,$U(x_0)$ 取单边邻域),且 $x\in U(x_0;\delta)$ 时,$M-\varepsilon \leqslant f(x) \leqslant M$,由

$$\int_a^b f^n(x)\,\mathrm{d}x \geqslant \int_{x_0-\delta}^{x_0+\delta} f^n(x)\,\mathrm{d}x \geqslant \delta(M-\varepsilon)^n,$$

得知

$$J_n(f) = \left\{ \frac{1}{b-a} \int_a^b f^n \mathrm{d}x \right\}^{\frac{1}{n}} \geqslant \left[\frac{\delta}{b-a} \right]^{\frac{1}{n}} \cdot (M-\varepsilon) > M - 2\varepsilon (n \text{ 充分大时}),$$

于是

$$\lim_{n \to \infty} J_n(f) = \max_{a \leqslant x \leqslant b} f(x).$$

注1° 对照离散情形,设 $x_1, x_2, \cdots, x_k$ 是 k 个正数,$m_a = \left(\frac{1}{k} \sum_{i=1}^k x_i^a \right)^{\frac{1}{a}}$ 叫作数组 $\{x_i\}_{i=1}^k$ 的 α 次幂平均,则 m_a 是递增的,且 $\lim_{a \to +\infty} m_a = \max_{1 \leqslant i \leqslant k} \{x_i\}$.

2° 在相同条件下,$\lim_{n \to \infty} \left\{ \int_a^b f^n(x) \mathrm{d}x \right\}^{\frac{1}{n}} = \max_{a \leqslant x \leqslant b} f(x)$.

如 $\lim_{n \to +\infty} \left(\int_0^{\frac{\pi}{2}} \sin^n x \mathrm{d}x \right)^{\frac{1}{n}} = 1$. 剖析此结果

$$\int_0^{\frac{\pi}{2}} \sin^n x \mathrm{d}x = \begin{cases} \dfrac{(2k-1)!!}{(2k)!!} \cdot \dfrac{\pi}{2} & n = 2k \\[2mm] \dfrac{(2k)!!}{(2k+1)!!}, & n = 2k+1 \end{cases},$$

那么应该有

$$\lim_{n \to +\infty} \sqrt[n]{\frac{(2n-1)!!}{(2n)!!}} = 1,$$

记

$$I_n = \frac{(2n-1)!!}{(2n)!!} = \frac{1 \cdot 3 \cdot 5 \cdot \cdots \cdot (2n-1)}{2 \cdot 4 \cdot 6 \cdot \cdots \cdot 2n}$$

易得

$$\frac{1 \cdot 2 \cdot 4 \cdot \cdots \cdot (2n-2)}{2 \cdot 3 \cdot 5 \cdot \cdots \cdot (2n-1)} < I_n < \frac{2 \cdot 4 \cdot \cdots \cdot 2n}{3 \cdot 5 \cdot \cdots \cdot (2n+1)},$$

相乘知:$\dfrac{1}{4n} < I_n^2 < \dfrac{1}{2n+1}$,所以 $\sqrt[n]{I_n} \to 1$,得印证.

2. 常数变易法

一个常量的问题,如 $\sum_{n=1}^{\infty} (-1)^{n-1} \dfrac{1}{n}$ 的求和等,必得借助于引入适当的变量,如幂级数 $\sum (-1)^{n-1} \dfrac{x^n}{n}$,采用逐项求积分或逐项求微分等等技术求得其和. 这个变量的引入,恰如分牛问题:某农户有十七头牛,三个儿子分,大儿子得 $\dfrac{1}{2}$,二儿子得 $\dfrac{1}{3}$,三儿子得 $\dfrac{1}{9}$. 如何实施分割呢?只需借一头牛,则三个儿子依次各分得 9 头,6 头,2 头,仍多出一头牛. 这借来的一头号牛其实只是虚晃一枪,这就是数学的智慧.

在 Young 不等式的证明中,我们也已经提及常数变易法.

例7 假定 $f(x)$ 在 $[0,1]$ 上单调递减,试证 $\forall a \in (0,1), \int_0^a f(x) \mathrm{d}x \geqslant a \int_0^1 f(x) \mathrm{d}x$.

证法一 引入 $H(a) = \dfrac{1}{a} \int_0^a f(x) \mathrm{d}x$,转换命题证明 $H(a) \geqslant H(1)$,

这由 $f(x)$ 在 $[0,1]$ 上的递减性不难推得

$$H'(a) = \frac{f(a)a - \int_0^a f(x)\mathrm{d}x}{a^2} < 0.$$

证法二 分析法,欲证原不等式 $\int_0^1 f(x)\mathrm{d}x = \int_0^a f(x)\mathrm{d}x + \int_a^1 f(x)\mathrm{d}x$,

得出原不等式等价于

$$(1-\alpha)\int_0^a f(x)\mathrm{d}x \geqslant \alpha\int_a^1 f(x)\mathrm{d}x,$$

而 $f(x)$ 单调递减,故必有

$$\frac{1}{\alpha}\int_0^a f(x)\mathrm{d}x \geqslant f(\alpha) \geqslant \frac{1}{1-\alpha}\int_a^1 f(x)\mathrm{d}x.$$

证法三 令 $x = \alpha t$,则 $\int_0^a f(x)\mathrm{d}x = \alpha\int_0^1 f(\alpha t)\mathrm{d}t \geqslant \alpha\int_0^1 f(t)\mathrm{d}t$,

例8 假定 $f(x) \in C'[0,1]$,且 $0 < x < 1$ 时,$0 < f'(x) < 1, f(0) = 0$,试证

$$\left[\int_0^1 f(x)\mathrm{d}x\right]^2 > \int_0^1 f^3(x)\mathrm{d}x.$$

证法一 令 $F(x) = \left[\int_0^x f(t)\mathrm{d}t\right]^2 - \int_0^x f^3(t)\mathrm{d}t$, $F(0) = 0$,

$$F'(x) = f(x)\left[2\int_0^x f(t)\mathrm{d}t - f^2(x)\right],$$

记 $g(x) = 2\int_0^x f(t)\mathrm{d}t - f^2(x)$, $g'(x) = 2f(x)[1 - f'(x)] > 0.$

证法二 令 $F(x) = (\int_0^x f(t)\mathrm{d}t)^2$, $G(x) = \int_0^x f^3(t)\mathrm{d}t$,作商法且由柯西微分中值定理知,

$\exists \xi \in (0,1)$ 以及 $\eta \in (0,\xi)$ 使得

$$\frac{(\int_0^1 f(x)\mathrm{d}x)^2}{\int_0^1 f^3(x)\mathrm{d}x} = \frac{F(1) - F(0)}{G(1) - G(0)} = \frac{F'(\xi)}{G'(\xi)} = \frac{2\int_0^\xi f(t)\mathrm{d}t}{f^2(\xi)}$$

$$= \frac{2\int_0^\xi f(t)\mathrm{d}t - 2\int_0^0 f(t)\mathrm{d}t}{f^2(\xi) - f^2(0)} = \frac{2f(\eta)}{2f(\eta)f'(\eta)} = \frac{1}{f'(\eta)} > 1.$$

3. 升维法

通常高维的问题须降维,如化二重积分为累次积分.但偶尔也有例外,如广义积分 $\int_0^\infty e^{-x^2}\mathrm{d}x$ 的求值,就可采用升维技术先转化为第一象限的二重积分再利用极坐标变换求之.同样地,在不等式的证明方面,升维亦能起到柳暗花明的独特作用.

例9 设 $f(x), g(x)$ 是 $[a,b]$ 上严格递增的连续函数,则有

$$\int_a^b f(x)\mathrm{d}x\int_a^b g(x)\mathrm{d}x < (b-a)\int_a^b f(x) \cdot g(x)\mathrm{d}x.$$

证明一 作差法,令 $I = (b-a)\int_a^b f(x) \cdot g(x)\mathrm{d}x - \int_a^b f\mathrm{d}x \cdot \int_a^b g(x)\mathrm{d}x$,

作以下升维变形:记 $D = [a,b] \times [a,b]$

$$I = \int_a^b \mathrm{d}y\int_a^b f(x)g(x)\mathrm{d}x - \int_a^b f(y)\mathrm{d}y\int_a^b g(x)\mathrm{d}x$$

$$= \iint\limits_{D} [f(x) - f(y)]g(x)\mathrm{d}x\mathrm{d}y,$$

由对称性

$$I = \iint\limits_{D} [f(y) - f(x)]g(y)\mathrm{d}x\mathrm{d}y,$$

于是

$$2I = \iint\limits_{D} [f(x) - f(y)][g(x) - g(y)]\mathrm{d}x\mathrm{d}y > 0, 所以 I > 0.$$

或:$[f(x) - f(y)][g(x) - g(y)] \geqslant 0$ 称 $f(x), g(x)$ 为似序的.

上式先对 x 积分,后对 y 积分.

证法二   常数变易法. 将积分上限 b 置换为 t,引入辅助函数

$$F(t) = (t - a)\int_{a}^{t} f(x)g(x)\mathrm{d}x - \int_{a}^{t} f(x)\mathrm{d}x \cdot \int_{a}^{t} g(x)\mathrm{d}x$$

$$F(a) = 0,$$

$$F'(t) = \int_{a}^{t} (f(x) - f(t))(g(x) - g(t))\mathrm{d}x > 0$$

故 $F(t)$ 单调递增,从而 $F(t) > F(0) = 0(t > 0$ 时).

例 10   设 $f(x) \in C[0,1]$ 且严格递增,证明 $\dfrac{\int_{0}^{1} xf^{3}(x)\mathrm{d}x}{\int_{0}^{1} xf^{2}(x)\mathrm{d}x} \geqslant \dfrac{\int_{0}^{1} f^{3}(x)\mathrm{d}x}{\int_{0}^{1} f^{2}(x)\mathrm{d}x}.$

证 $I = \int_{0}^{1} xf^{3}(x)\mathrm{d}x\int_{0}^{1} f^{2}(x)\mathrm{d}x - \int_{0}^{1} f^{3}(x)\mathrm{d}x\int_{0}^{1} xf^{2}(x)\mathrm{d}x$

$$= \iint\limits_{D} xf^{3}(x)f^{2}(y)\mathrm{d}x\mathrm{d}y - \iint\limits_{D} f^{3}(x)yf^{2}(y)\mathrm{d}x\mathrm{d}y$$

$$= \iint\limits_{D} f^{3}(x)f^{2}(y)(x - y)\mathrm{d}x\mathrm{d}y \xed{对称性} \iint\limits_{D} f^{2}(x)f^{3}(y)(y - x)\mathrm{d}x\mathrm{d}y.$$

$$2I = \iint\limits_{D} f^{2}(x)f^{2}(y)(x - y)(f(x) - f(y))\mathrm{d}x\mathrm{d}y \geqslant 0$$

例 11   设 $a > 0$ 为给定正数. 是否存在 $[0,1]$ 上恒正的连续函数 $f(x)$ 满足条件

$$\int_{0}^{1} f(x)\mathrm{d}x = 1, \int_{0}^{1} xf(x)\mathrm{d}x = a, \int_{0}^{1} x^{2}f(x)\mathrm{d}x = a^{2}.$$

分析   不难验证幂函数形式的解 $f(x) = (\lambda + 1)x^{\lambda}$ 不存在. 故猜测题中的 $f(x)$ 并不存在.

证明   依据柯西 - 施瓦兹不等式有

$$a^{2} = \left(\int_{0}^{1} xf(x)\mathrm{d}x\right)^{2} = \left(\int_{0}^{1} \sqrt{f(x)}\ \sqrt{x^{2}f(x)}\mathrm{d}x\right)^{2}$$

$$\leqslant \int_{0}^{1} f(x)\mathrm{d}x \cdot \int_{0}^{1} x^{2}f(x)\mathrm{d}x = a^{2}.$$

因式中等号成立. 故 $\sqrt{f(x)}$ 和 $\sqrt{x^{2}f(x)}$ 之间应存在比例关系,显然不可能.

从而符合题设要求的函数 $f(x)$ 不存在.

习题 4.5

1. 证明当 $a,b \geqslant 1$ 时，$ab \leqslant \mathrm{e}^{a-1} + b \ln b$.

2. $f(x)$ 在 $[0,1]$ 上非负连续，单减，$0 < a < b < 1$，证明：
$$\int_0^a f \mathrm{d}x \geqslant \frac{a}{b} \int_a^b f \mathrm{d}x.$$

3. 设 $f(x) \in C[0,1]$，证明
$$\left(\int_0^1 \frac{f(x)}{t^2 + x^2} \mathrm{d}x \right)^2 \leqslant \frac{\pi}{2t} \int_0^1 \frac{f^2(x)}{t^2 + x^2} \mathrm{d}x \, (t > 0).$$

4. 设 $p(x)$ 为 $[a,b]$ 上的正值可积函数，$f(x), g(x)$ 是 $[a,b]$ 上的不减函数，则有：
$$\int_a^b p(x) f(x) \mathrm{d}x \int_a^b p(x) g(x) \mathrm{d}x \leqslant \int_a^b p(x) \mathrm{d}x \int_a^b p(x) f(x) g(x) \mathrm{d}x.$$

5. 设 $f(x)$ 是在 $[a,b]$ 上的正值连续函数，试求 $\lim\limits_{n \to -\infty} \left[\int_a^b f^n(x) \mathrm{d}x \right]^{\frac{1}{n}}$.

   或 $f(x)$ 的 n 次幂平均 $J_n(f)$ 中，允许 n 取负整数时，考虑 $J_n(f)$ 的单调性和极限 $\lim\limits_{n \to -\infty} J_n(f) (n$ 从 $-1, -2, \cdots$，往下取时，$J_{-1}(f) > J_{-2}(f) > J_{-3}(f) > \cdots)$

6. 设 $f(x), g(x)$ 都是连续且非负，则 $\lim\limits_{n \to \infty} \left[\int_a^b g(x) f^n(x) \mathrm{d}x \right]^{\frac{1}{n}} = \max\{f(x)\}$.

   若记 $\lambda_n = \int_a^b g(x) f^n(x) \mathrm{d}x$，证明 $\lambda_n^2 \leqslant \lambda_{n-1} \lambda_{n+1}$，进而 $\lim\limits_{n \to \infty} \dfrac{\lambda_n}{\lambda_{n+1}}$ 存在.

7. 设 $f(x)$ 在 $[a,b]$ 上连续、正值，则 $\ln \left(\dfrac{1}{b-a} \int_a^b f(x) \mathrm{d}x \right) \geqslant \dfrac{1}{b-a} \int_a^b \ln f(x) \mathrm{d}x$.

8. 设 $f(x)$ 在 $[a,b]$ 上连续、正值，则 $\dfrac{1}{b-a} \int_a^b \sqrt[n]{f(x)} \mathrm{d}x \leqslant \sqrt[n]{\dfrac{1}{b-a} \int_a^b f(x) \mathrm{d}x}$.

9. 设 $f(x)$ 在 $[0,1]$ 上连续且 $0 \leqslant f < 1$. 证明
$$\int_0^1 \frac{f(x)}{1 - f(x)} \mathrm{d}x \geqslant \frac{\int_0^1 f(x) \mathrm{d}x}{1 - \int_0^1 f(x) \mathrm{d}x}.$$

10. 设 $x > 0$ 时，$f_0(x) > 0$，定义 $f_n(x) = \int_0^x f_{n-1}(t) \mathrm{d}t$. 证明 $n f_{n+1}(x) < x f_n(x)$.

11. 设 $f(x)$、$g(x)$ 在 $[0,1]$ 上的导数连续，且 $f(0) = 0$，$f'(x) \geqslant 0$，$g'(x) \geqslant 0$. 证明：
    对任何 $a \in [0,1]$ 有
$$\int_0^a g(x) f'(x) \mathrm{d}x + \int_0^1 f(x) g'(x) \mathrm{d}x \geqslant f(a) g(1).$$

(2005 年数学(三))

12. 设 f 在 $[a,b]$ 上连续、单调递增. 证明 $\int_a^b x f(x) \mathrm{d}x \geqslant \dfrac{a+b}{2} \int_a^b f(x) \mathrm{d}x$. 并且等号仅当 $f(x)$ 为常值时成立.

(北师大 2004 年)

第五章   无穷级数

级数是研究函数的重要工具,在理论和应用上都处于重要地位.判断一个级数的敛散性、级数求和以及函数项级数之和函数的性质研究是级数研究的三大内容.从研究对象入手,我们可以作如下划分:

$$
级数
\begin{cases}
数项级数
\begin{cases}
正项级数 \\
一般项级数
\end{cases} \\
\\
函数项级数
\begin{cases}
幂级数 \\
傅立叶级数 \\
一般情形级数
\end{cases}
\end{cases}
$$

§5.1   数项级数的收敛性

一、收敛的概念和运算性质

1.包括收敛、绝对收敛、条件收敛。

2.和、差运算: $\displaystyle\sum_{n=0}^{\infty}(a_n+b_n)=\sum_{n=0}^{\infty}a_n\pm\sum_{n=0}^{\infty}b_n$.

3.乘积运算:

设 $\displaystyle\sum_{n=0}^{\infty}a_n,\sum_{n=0}^{\infty}b_n$ 是两个数项级数,称 $\displaystyle\sum_{n=0}^{\infty}(\sum_{n=0}^{\infty}a_nb_{n-k})$ 为级数 $\displaystyle\sum_{n=0}^{\infty}a_n$ 和 $\displaystyle\sum_{n=0}^{\infty}b_n$ 的柯西乘积,并有如下定理.

柯西定理   若级数 $\displaystyle\sum_{n=0}^{\infty}a_n$ 和 $\displaystyle\sum_{n=0}^{\infty}b_n$ 都绝对收敛,其和分别为 A 和 B .则它们各项之积 $a_ib_j(i,j=0,1,2,\cdots)$ 按照任何顺序排列所构成的级数也绝对收敛,且其和为 AB .即有

$$(\sum_{n=0}^{\infty}a_n)(\sum_{n=0}^{\infty}b_n)=\sum_{n=0}^{\infty}(\sum_{k=0}^{n}a_kb_{n-k}).$$

思考:当两个级数仅仅收敛时,相应结论是否仍成立?

4.数项级数 $\displaystyle\sum_{n=1}^{\infty}a_n$ 收敛的必要条件:通项 $a_n\to0$,

* 功用:(1)判定发散级数;(2)求特殊数列的极限(通过级数收敛的判别法).

5.项的重排

(1)$\sum u_n$ 绝对收敛 $\Rightarrow$ 对 $\sum u_n$ 可以任意重排,且和不变.

(2)$\sum u_n$ 条件收敛 $\Rightarrow$ 对 $\sum u_n$ 适当重排,其和可以变为任意其他的数,也可以得出发散级数(黎曼定理).

二、收敛性判别法

1.Cauchy 收敛准则.

2.正负部分拆:$u_n^+ = \begin{cases} u_n, & u_n \geqslant 0 \\ 0, & u_n < 0 \end{cases}$,　　$u_n^- = \begin{cases} 0, & u_n \geqslant 0 \\ -u_n, & u_n < 0 \end{cases}$,

关系式 $u_n = u_n^+ - u_n^-$,$|u_n| = u_n^+ + u_n^-$,称 $\sum u_n^+$ 为 $\sum u_n$ 的正部,$\sum u_n^-$ 为 $\sum u_n$ 的负部.

结论:(1)$\sum u_n$ 绝对收敛 $\Leftrightarrow$ $\sum u_n^+$、$\sum u_n^-$ 皆收敛;

　　　(2)$\sum u_n$ 条件收敛 $\Rightarrow$ $\sum u_n^+$、$\sum u_n^-$ 皆发散.

逆否命题:$\sum u_n^+$、$\sum u_n^-$ 中有一个收敛而另一个发散时,必有 $\sum u_n$ 发散.

3.正项级数的比较判别法(关键是通项无穷小量阶的分析)及其新形式.

4.正项级数的 D'Alembert 判别法,Cauchy 根式的判别法.

稍加留意的是 Cauchy 根式判别法可以采用上极限形式:

$$\overline{\lim} \sqrt[n]{u_n} = \rho.$$

当 $\rho < 1$ 时,$\sum u_n$ 收敛;$\rho > 1$ 时,$\sum u_n$ 发散.

而 $\rho = 1$ 时,无法断定.

5.正项级数的积分判别法(转化为无穷积分).

6.Raabe 判别法　　$\lim\limits_{n \to \infty} n\left(\dfrac{u_n}{u_{n+1}} - 1\right) = \rho$　$\begin{cases} \rho > 1 \text{ 时},\sum u_n \text{ 收敛} \\ \rho < 1 \text{ 时},\sum u_n \text{ 发散}. \\ \rho = 1 \text{ 时},\sum u_n \text{ 未定} \end{cases}$

此法是对于达朗贝尔检比法的深化.当 $\lim \dfrac{u_{n+1}}{u_n} = 1$ 时,达氏法就无法处理.须特别注意在达朗贝尔判别法和柯西根式判别法中,$\rho < 1$ 时收敛,$\rho > 1$ 时发散;而在拉贝判别法中,$\rho > 1$ 时收敛,$\rho < 1$ 时发散.刚好反了个儿.

7.交错级数的莱布尼兹判别法.

8.乘积项级数 $\sum a_n b_n$ 的 Abel 法和 Dirichlet 法.

9.夹逼定理,设 $\sum a_n$,$\sum b_n$ 均收敛且 $a_n \leqslant c_n \leqslant b_n$,则 $\sum c_n$ 也收敛.

10.加括号去括号技巧.

对于收敛级数,其项可以任意方式加上括号,所得新级数仍收敛且和值不变.

但反之不然.何时其逆为真?

在以下两种情形,若加括号的新级数收敛,则去括号后的原级数也收敛.

情形 $1°$　当每个括号中的项皆同号时;

情形 $2°$　当每个括号中的项数相同或都不超过某固定值 k,且通项趋于 0.

关于 Raabe 判别法的证明思路.

引理　设 $\sum u_n,\sum v_n$ 皆为正项级数,$\exists N$,当 $n>N$ 时,恒有 $\dfrac{u_{n+1}}{u_n}\leqslant\dfrac{v_{n+1}}{v_n}$,则当 $\sum v_n$ 收敛时,$\sum u_n$ 也收敛.(问:逆否形式如何叙述?)

引理证明:

$$u_{N+k}=u_N\frac{u_{N+1}}{u_N}\frac{u_{N+2}}{u_{N+1}}\cdots\frac{u_{N+k}}{u_{N+k-1}}\leqslant u_N\frac{v_{N+1}}{v_N}\cdots\frac{v_{N+k}}{v_{N+k-1}}=\frac{u_N}{v_N}v_{N+k}$$

由正项级数比较判别法立得结论成立.

Raabe 判别法的证明:关键在于极限条件的释放(见缝插针技术).

如当 $\lim n\left(\dfrac{u_n}{u_{n+1}}-1\right)=\rho<1$ 时,一定 $\exists N$,以及 $\rho<\rho'<1$,s.t. $n>N$ 时,

$$n\left(\frac{u_n}{u_{n+1}}-1\right)\leqslant\rho'<1\Rightarrow\frac{u_{n+1}}{u_n}>\frac{n}{n+1}=\frac{\dfrac{1}{n+1}}{\dfrac{1}{n}},$$

而 $\sum\dfrac{1}{n}$ 发散,得知 $\sum u_n$ 也发散.

当 $\lim\limits_{n\to\infty}n\left(\dfrac{u_n}{u_{n+1}}-1\right)=\rho>1$ 时,$\exists N$,以及 $1<\gamma<\rho$,s.t. $n>N$ 时,恒有

$$n\left(\frac{u_n}{u_{n+1}}-1\right)\geqslant\gamma,$$

即 $\dfrac{u_n}{u_{n+1}}\geqslant1+\dfrac{\gamma}{n}$ 仿上情形,依葫芦画瓢是行不通了,解题"手筋"何在?要在 $\gamma>1$ 上下功夫,见缝插针.

$\exists\alpha$,s.t. $1<\alpha<\gamma<\rho$,且 n 充分大时,有

$$\frac{u_n}{u_{n+1}}\geqslant1+\frac{\gamma}{n}>\left(1+\frac{1}{n}\right)^\alpha\quad\left(=1+\frac{\alpha}{n}+o\left(\frac{1}{n}\right)\right),$$

化为

$$\frac{u_{n+1}}{u_n}<\frac{\dfrac{1}{(n+1)^\alpha}}{\dfrac{1}{n^\alpha}}(n\geqslant N\text{ 时}),$$

取 $v_n=\dfrac{1}{n^\alpha}$,当 $\alpha>1$ 时,$\sum v_n$ 显然收敛.

例 1　判定下述级数的收敛性

(1) $\displaystyle\sum_{n=1}^{\infty}\frac{n!}{(x+1)(x+2)\cdots(x+n)}(x>0)$;

(2) $\displaystyle\sum_{n=1}^{\infty}\frac{1}{\ln n!}$;

（3）$\displaystyle\sum_{n=1}^{\infty}\frac{1}{n!}\left(\frac{n}{e}\right)^n$.

解 （1）达氏法失效，利用 Raabe 法

$$R_n = n\left(\frac{u_n}{u_{n+1}}-1\right) = n\,\frac{x}{n+1} \to x,$$

故 $0 < x < 1$ 时，级数发散，$x > 1$ 时，级数收敛；而 $x = 1$ 时，由代入法得知发散.

（2）$\ln n! = \displaystyle\sum_{k=1}^{n}\ln k < n\ln n$，故 $\dfrac{1}{\ln n!} > \dfrac{1}{n\ln n}$，

由比较法，知级数发散，或利用不等式

$$\left(\frac{n}{e}\right)^n < n! < e\left(\frac{n}{2}\right)^n,$$

（3）用柯西根式法失效，尝试用 Raabe 法

$$R_n = n\left[\frac{e}{\left(1+\dfrac{1}{n}\right)^n}-1\right],$$

参阅第一章习题 1.1 第 2(4) 题，用洛必达法则计算出

$$R_n \to \frac{1}{2} < 1.$$

知原级数发散.

例 2 研究级数的收敛性

（1）$\displaystyle\sum_{n=1}^{\infty}\sin\pi\ \sqrt{n^2+a^2}$ ；（2）$\displaystyle\sum_{n=2}^{\infty}\sin\left(n\pi+\frac{1}{\ln n}\right)$；（3）$\displaystyle\sum_{n=2}^{\infty}\ln\left(1+\frac{(-1)^n}{n^p}\right)$.

分析 这些级数都不是正项级数，且通项 $\to 0$

解 （1）$\sin\pi\ \sqrt{n^2+a^2} = (-1)^n\sin\pi(\sqrt{n^2+a^2}-n)$

$$= (-1)^n\sin\frac{a^2\pi}{\sqrt{n^2+a^2}+n}$$

结合莱布尼兹法，归结为判断 $\sin\dfrac{a^2\pi}{\sqrt{n^2+a^2}+n}$ 单调趋于 0，此易证.

原级数条件收敛.

（2）通项 $\sin\left(n\pi+\dfrac{1}{\ln n}\right) = (-1)^n\sin\dfrac{1}{\ln n}$，显见是条件收敛的.

（3）$\displaystyle\sum_{n=2}^{\infty}\ln\left[1+\frac{(-1)^n}{n^p}\right]$，

首先，该级数是一个交错级数，可先考虑何时绝对收敛，因 $|a_n| \sim \dfrac{1}{n^p}$，

故 $p > 1$ 时，绝对收敛. $p \leqslant 1$ 时，用 Taylor 展开分析：

$$\ln(1+x) = x - \frac{1}{2}x^2 + o(x^2)\ (x \to 0),$$

$$\ln\left(1+\frac{(-1)^n}{n^p}\right) = \frac{(-1)^n}{n^p} - \frac{1}{2n^{2p}} + o\left(\frac{1}{n^{2p}}\right)(n \to \infty),$$

$0 < p \leqslant \dfrac{1}{2}$ 时，原级数发散；$\dfrac{1}{2} < p \leqslant 1$ 时，原级数条件收敛.

例 3   讨论级数 $\dfrac{1}{1^p} - \dfrac{1}{2^q} + \dfrac{1}{3^p} - \dfrac{1}{4^q} + \cdots$ 的敛散性 $(p,q > 0)$

（复旦大学 1982 年；上海大学 1999 年）

解   正部 $\sum u_n^+ = \dfrac{1}{1^p} + \dfrac{1}{3^p} + \dfrac{1}{5^p} + \cdots$，负部 $\sum u_n^- = \dfrac{1}{2^q} + \dfrac{1}{4^q} + \dfrac{1}{6^q} + \cdots$

（1）$p > 1, q > 1$ 时，原级数绝对收敛.

（2）$p > 1, 0 < q \leqslant 1$ 或 $0 < p \leqslant 1, q > 1$ 时，正部、负部一个收敛一个发散，故此时原级数发散.

（条件可改写为 $\min(p,q) \leqslant 1 < \max(p,q)$ 时）

（3）$0 < p, q \leqslant 1$ 时，

① $p = q$ 时，由莱布尼兹法知条件收敛；

② $0 < p < q \leqslant 1$ 时，加括号，通项 $b_k = \dfrac{1}{(2k-1)^p} - \dfrac{1}{(2k)^q} \sim \dfrac{1}{(2k-1)^p}$；

③ $0 < q < p \leqslant 1$ 时，加括号，通项 $c_k = -\left[\dfrac{1}{(2k)^q} - \dfrac{1}{(2k+1)^p} \right]$.

即

$$\frac{1}{1^p} - \left(\frac{1}{2^q} - \frac{1}{3^p} \right) - \left(\frac{1}{4^q} - \frac{1}{5^p} \right) - \cdots - c_k - \cdots \qquad (*)$$

当 k 充分大时，由于 $q < p$，故

$$c_k = \frac{1}{(2k)^q} - \frac{1}{(2k+1)^p} \sim \frac{1}{(2k)^q}.$$

故（ $*$ ）可认为是一个负项级数，适用正项级数的判定法则，知原级数发散.

例 4   试证若正项级数 $\sum a_n$ 收敛，则 $\sum \sqrt{a_n a_{n+1}}$ 也收敛，反之如何？

证明   因为 $0 \leqslant \sqrt{a_n a_{n+1}} \leqslant \dfrac{1}{2}(a_n + a_{n+1})$，易知 $\sum \sqrt{a_n a_{n+1}}$ 收敛. 或由施瓦兹不等式 $\left[\sum a_n b_n \right]^2 \leqslant \sum a_n^2 \sum b_n^2$ 得证. 反之不然，如 $a_n = \dfrac{1 - (-1)^n}{2}$. 加上 $\{a_n\}$ 单调不增的条件时，逆命题成立. 因为此时 $a_{n+1} \leqslant \sqrt{a_n a_{n+1}}$，由比较判别法立得.

例 5   设 $\{a_n\}$ 单调递减，$a_n > 0$，则 $\displaystyle\sum_{n=1}^{\infty} a_n$ 收敛 $\Leftrightarrow \displaystyle\sum_{k=0}^{\infty} 2^k a_{2^k}$ 收敛.

分析 $\displaystyle\sum_{n=1}^{\infty} a_n = a_1 + a_2 + a_3 + a_4 + a_5 + \cdots + a_8 + a_9 + \cdots$

$\displaystyle\sum_{k=0}^{\infty} 2^k a_{2^k} = a_1 + 2a_2 + 4a_4 + 8a_8 + \cdots$

证明   充分性   将 $\displaystyle\sum_{n=1}^{\infty} a_n$ 缩小：$\displaystyle\sum_{n=1}^{\infty} a_n > \cdots > a_1 + a_2 + 2a_4 + 4a_8 + \cdots$ 仍收敛，乘以 2 得证.

必要性   将 $\displaystyle\sum_{n=1}^{\infty} a_n$ 放大：$a_1 + a_2 + a_3 + a_4 + a_5 + \cdots + a_8 + a_9 + \cdots$

$< a_1 + 2a_2 + 4a_4 + \cdots$（加括号）.

推广：设 $f(x)$ 单调下降且非负，$\alpha > 1$，试证：$\sum f(k)$ 与 $\sum \alpha^k f(\alpha^k)$ 同敛散.

例 6 设 x_n 为方程 $x^n + nx - 1 = 0$ 的正根,求 α 的范围使 $\displaystyle\sum_{n=1}^{\infty} x_n^{\alpha}$ 收敛.

解 $f(x) = x^n + nx - 1, f(0) = -1 < 0, f\left(\dfrac{1}{n}\right) > 0$,且 $f'(x) > 0$,即 $f(x)$ 严格递增,故有 $0 < x_n < \dfrac{1}{n}$.

(1) 当 $\alpha > 1$ 时,$\displaystyle\sum x_n^{\alpha}$ 必收敛,

(2) 当 $\alpha = 1$ 时,$x_n^n + nx_n - 1 = 0$ 得出

$$x_n = \frac{1 - x_n^n}{n} > \frac{1}{n} - \frac{1}{n^{n+1}},$$

由比较判别法知 $\displaystyle\sum x_n^{\alpha} = \sum x_n$ 必发散.

(3) 当 $\alpha < 1$ 时,发散.

所以当且仅当 $\alpha > 1$ 时,级数 $\displaystyle\sum x_n^{\alpha}$ 收敛.

例 7 设级数 $\displaystyle\sum a_n (a_n > 0)$ 发散,则存在收敛于 0 的正数列 $\{b_n\}$ 使 $\displaystyle\sum a_n b_n$ 仍发散. 即:对任一个发散的正项级数,都存在一个正项级数比它发散得慢. 或说没有最慢的发散级数.

分析 抽象的知识要尽可能具体化,以便于记忆或发掘证明思路. 调和级数 $\displaystyle\sum \frac{1}{n}$ 是著名的发散级数,而 $\displaystyle\sum \frac{1}{n\ln n}$ 则较之发散得慢,如此下去,得到 $\displaystyle\sum \frac{1}{n\ln n \ln(\ln n)}$,$\displaystyle\sum \frac{1}{n\ln n \ln(\ln n)\ln[\ln(\ln n)]}$,$\cdots$ 皆是发散速度越来越慢的级数. 并且 $\displaystyle\sum_{k=1}^{n} \frac{1}{k} = \ln n + C + \varepsilon_n$ (C 为欧拉常数,$\varepsilon_n = o(1), n \to \infty$)

猜测 $b_n = 1/S_n$,而 $S_n = \displaystyle\sum_{k=1}^{n} a_k$ 为原发散级数的第 n 个部分和.

证明 利用 Canchy 收敛准则证明 $\displaystyle\sum_{n=1}^{\infty} \frac{a_n}{S_n}$ 发散.

分析
$$\frac{a_{n+1}}{S_{n+1}} + \cdots + \frac{a_{n+p}}{S_{n+p}} \geqslant \frac{a_{n+1} + a_{n+2} + \cdots + a_{n+p}}{S_{n+p}}$$
$$= \frac{S_{n+p} - S_n}{S_{n+p}} = 1 - \frac{S_n}{S_{n+p}},$$

令 n 定而 $p \to +\infty$,上式 $\to 1$

所以 $\exists \varepsilon_0 = \dfrac{1}{2}, \forall N, \exists n_0, p_0 (n_0 > N, p_0 \geqslant 1),$ s. t.

$$\sum_{k=1}^{p_0} \frac{a_{n_0+k}}{S_{n_0+k}} \geqslant \frac{1}{2}.$$

引申 注意到 $\displaystyle\sum \frac{1}{n\ln^p n}$,当 $p > 1$ 时收敛,据此推广成:$\displaystyle\sum \frac{a_n}{S_n^p}$ 收敛$(p > 1)$.

证明 分析积分

$$\int_{S_{n-1}}^{S_n} \frac{\mathrm{d}x}{x^p} = \frac{1}{p-1}(S_{n-1}^{1-p} - S_n^{1-p}) > \frac{S_n - S_{n-1}}{S_n^p} = \frac{a_n}{S_n^p}.$$

而 $p > 1$ 时，$\sum\limits_{n=2}^{\infty} (S_{n-1}^{1-p} - S_n^{1-p}) = a_1^{1-p}$ 收敛(首尾相消法).

例 8 (与例 7 对称的结论)设级数 $\sum a_n$ 收敛，$(a_n > 0)$，则存在发散到 $+\infty$ 的数列 $\{b_n\}$ 使 $\sum a_n b_n$ 仍收敛.

即：对任一个收敛的正项级数，恒存在一个比其收敛得慢的级数.亦就是说，不存在收敛得最慢的级数.

注 级数收敛得快或慢可以用余和收敛于零的速度快慢来衡量和理解.

证明 令 $r_n = \sum\limits_{k=n}^{\infty} a_k$ 为原级数的第 n 余项，因为 $\sum a_n$ 收敛，故 $r_n \to 0$，取 $b_n = \dfrac{1}{\sqrt{r_n}}$，知

$$a_n b_n = \frac{a_n}{\sqrt{r_n}} = \frac{r_n - r_{n+1}}{\sqrt{r_n}} = \frac{(\sqrt{r_n} - \sqrt{r_{n+1}})(\sqrt{r_n} + \sqrt{r_{n+1}})}{\sqrt{r_n}}$$
$$\leqslant 2(\sqrt{r_n} - \sqrt{r_{n+1}}).$$

以下容易证明.

引申 $\sum\limits_{n=1}^{\infty} \dfrac{a_n}{r_n^p}$ 当 $p < 1$ 时收敛，当 $p \geqslant 1$ 时发散.

略证 $\dfrac{a_n}{r_n^p} = \dfrac{r_n - r_{n+1}}{r_n^p} \leqslant \displaystyle\int_{r_{n+1}}^{r_n} \dfrac{\mathrm{d}x}{x^p} = \dfrac{1}{1-p}(r_n^{1-p} - r_{n+1}^{1-p})$，

当 $0 < p < 1$ 时，由于 $r_n \to 0$，可由首尾相消法得出 $\sum \dfrac{a_n}{r_n^p}$ 收敛；

当 $p = 1$ 时，要证 $\sum \dfrac{a_n}{r_n}$ 发散，仍用 Cauchy 收敛准则，

对任意正整数 $m, n, m < n$，

$$\frac{a_m}{r_m} + \cdots + \frac{a_{n-1}}{r_{n-1}} > \frac{1}{r_m}(a_m + \cdots + a_{n-1}) = \frac{r_m - r_n}{r_m} = 1 - \frac{r_n}{r_m} \to 1 (n \to \infty, m \text{ 固定}).$$

于是对 $\varepsilon_0 = \dfrac{1}{2}$，和任意 m，$\exists n$, s.t. $\sum\limits_{k=m}^{n-1} \dfrac{a_k}{r_k} > \dfrac{1}{2}$.

例 9 设 $\{a_n\}$ 是著名的斐波那契数列：$1, 1, 2, 3, 5, 8, \cdots, a_{n+1} = a_n + a_{n-1} (n \geqslant 2)$，试分析其倒数和构成的级数 $\sum \dfrac{1}{a_n}$ 的收敛性.

分析 尝试比较法，将其跟一个已知收敛的正项级数比较，等比级数显然不行，不失一般性，记 $b_1 = 5, b_2 = 8, \cdots, b_{n+2} = b_{n+1} + b_n$(即 $b_n = a_{n+4}$).

猜测如下结论：$b_1 > 1 \times 2, b_2 > 2 \times 3, b_3 > 3 \times 4, \cdots, b_n > n \times (n+1)$.

证法一 归纳法证明上式，显然上式前四个式子都成立.设当 $n, n+1$ 时皆成立，即有
$$b_n > n(n+1), b_{n+1} > (n+1)(n+2),$$
则 $n \geqslant 3$ 时
$$b_{n+2} = b_{n+1} + b_n > (n+1)(n+2) + n(n+1)$$
$$= 2(n+1)^2 > (n+2)(n+3)(\text{易证得最后一个不等号对 } n \geqslant 3 \text{ 成立}).$$

于是 $\sum\limits_{n=1}^{\infty} \dfrac{1}{b_n} < \sum\limits_{n=1}^{\infty} \dfrac{1}{n(n+1)}$ 右边级数首尾相消法知收敛.

证法二　显见 $\{a_n\}$ 单调递增, $a_{n+1}=a_n+a_{n-1}<2a_n$,据此式 $a_n<2a_{n-1}$,即 $a_{n-1}>\dfrac{1}{2}a_n$,

代入递推关系又得 $a_{n+1}>\dfrac{3}{2}a_n$,所以 $\dfrac{3}{2}a_n<a_{n+1}<2a_n$.

变形:

$$\frac{1}{2}<\frac{\dfrac{1}{a_{n+1}}}{\dfrac{1}{a_n}}=\frac{a_n}{a_{n+1}}<\frac{2}{3}\Rightarrow\frac{1}{a_n}\leqslant\left(\frac{2}{3}\right)^{n-1},$$

依据达朗贝尔判别法

$$\varlimsup_{n\to\infty}\frac{\dfrac{1}{a_{n+1}}}{\dfrac{1}{a_n}}\leqslant\frac{2}{3}<1,知\sum\frac{1}{a_n}\text{ 收敛}.$$

证法三　利用裴波那契数列通项公式 $a_n=\dfrac{1}{\sqrt{5}}\left[\left(\dfrac{1+\sqrt{5}}{2}\right)^n-\left(\dfrac{1-\sqrt{5}}{2}\right)^n\right]$,

$$\lim_{n\to\infty}\frac{\dfrac{1}{a_{n+1}}}{\dfrac{1}{a_n}}=\frac{2}{1+\sqrt{5}}<1,$$

注:上述极限还可以参见本书 §1.1 之例 14(P12).

推广思考:若数列的递推式修改为 $a_{n+2}=\lambda a_{n+1}+\mu a_n(0<\lambda,\mu<1)$,是否仍有相应的结论?或者敛散性是否和 λ,μ 的值相关?

例 10　试讨论当 α 取何值时,级数 $\displaystyle\sum_{n=1}^{\infty}\frac{(-1)^{[\sqrt{n}]}}{n^{\alpha}}(\alpha>0)$ 绝对收敛、条件收敛或发散?

(浙江大学 2001 年,浙江省高等数学竞赛 2005 年)

解　**情形 1°**　$\alpha>1$,易见原级数绝对收敛.

情形 2°　$\alpha=1$,原级数是

$$-1-\frac{1}{2}-\frac{1}{3}+\frac{1}{4}+\frac{1}{5}+\cdots+\frac{1}{8}-\frac{1}{9}-\cdots-\frac{1}{15}+\frac{1}{16}+\cdots$$

当 $k^2\leqslant n<(k+1)^2$ 时, u_n 同号,将符号相同的项加括号视为一个新项,得到一个与原级数敛散性相同的交错级数 $\displaystyle\sum_{k=1}^{\infty}(-1)^kA_k$,其中

$$A_k=\frac{1}{k^2}+\frac{1}{k^2+1}+\cdots+\frac{1}{k^2+2k},$$

关键落实到是否有 A_k 单调递减趋于 0?

法一　考虑单调递减函数 $f(x)=\dfrac{1}{x}$ 在区间 $[n,n+p]$ 上的 R—积分,易知

$$\sum_{i=n}^{n+p-1}\frac{1}{i}>\int_n^{n+p}\frac{1}{x}\mathrm{d}x=\ln\left(1+\frac{p}{n}\right),$$

$$\sum_{i=n}^{n+p-1}\frac{1}{i}<\int_{n-1}^{n+p-1}\frac{\mathrm{d}x}{x}=\ln\left(1+\frac{p}{n-1}\right),$$

于是

$$A_k > \int_{k^2}^{(k+1)^2} \frac{\mathrm{d}x}{x} = 2\ln\left(1 + \frac{1}{k}\right) > \ln\left(1 + \frac{2}{k}\right),$$

$$A_k < \int_{k^2-1}^{k^2+2k} \frac{\mathrm{d}x}{x} = \ln\frac{(k+1)^2 - 1}{k^2 - 1}.$$

欲证 $A_{k+1} < A_k$，只需证明

$$\frac{(k+2)^2 - 1}{(k+1)^2 - 1} < 1 + \frac{2}{k}\left(\text{或}\left(1 + \frac{1}{k}\right)^2\right), \text{此式易验证.}$$

这样证得 $\{A_k\}$ 单调递减. 由莱布尼兹判别法知 $\sum\limits_{k=1}^{\infty}(-1)^k A_k$ 收敛，从而原级数也收敛.

法二　将 A_k 分作两部分，$A_k = A_k' + A_k''$，其中

$$A_k' = \frac{1}{k^2} + \frac{1}{k^2 + 1} + \cdots + \frac{1}{k^2 + k - 1},$$

$$A_k'' = \frac{1}{k^2 + k} + \cdots + \frac{1}{k^2 + 2k},$$

放缩法易证得

$$\frac{1}{k+1} < A_k', A_k'' < \frac{1}{k},$$

所以

$$\frac{2}{k+1} < A_k < \frac{2}{k}, \tag{$*$}$$

用夹逼定理亦知 $\sum\limits_{k=1}^{\infty}(-1)^k A_k$ 收敛.

(思考:此处用于夹逼的两个级数分别是怎样的?)

法三　从 $(*)$ 式又知 $k \geqslant 2$ 时，

$$\frac{2}{k+1} < A_k < \frac{2}{k} < A_{k-1} < \frac{2}{k-1},$$

于是也证得 $\{A_k\}$ 单调递减. 与法一相比，此种证法更加快捷、优越.

法四　对 A_k 首尾两项相加大于中项的两倍:

$$\frac{1}{k^2} + \frac{1}{k^2 + 2k} > \frac{2}{k^2 + k}, \quad \frac{1}{k^2 + i} + \frac{1}{k^2 + 2k - i} > \frac{2}{k^2 + k},$$

故 $A_k > \frac{2k+1}{k^2 + k}$，而 $A_{k+1} < \frac{2k+3}{(k+1)^2}$ 易得，据此得出 $A_{k+1} < A_k$，即 $\{A_k\}$ 单调递减.

情形 3°　$0 < \alpha < 1$，

记 $B_k = \sum\limits_{i=0}^{2k} \frac{1}{(k^2 + i)^\alpha} = \sum\limits_{i=0}^{k-1} + \sum\limits_{i=k}^{2k} \frac{1}{(k^2 + i)^\alpha} \triangleq B'_k + B''_k$，

$$\frac{k}{(k^2 + k)^\alpha} < B'_k = \sum\limits_{i=0}^{k-1} \frac{1}{(k^2 + i)^\alpha} < \frac{1}{k^{2\alpha - 1}},$$

$$\frac{1}{(k+1)^{2\alpha - 1}} < B''_k = \sum\limits_{i=k}^{2k} \frac{1}{(k^2 + i)^\alpha} < \frac{k+1}{(k^2 + k)^\alpha},$$

合成，稍作化简得

$$\frac{1}{(k+1)^{2\alpha-1}}\left[1+\left(\frac{k}{k+1}\right)^{1-\alpha}\right]<B_k<\frac{1}{k^{2\alpha-1}}\left[1+\left(\frac{k+1}{k}\right)^{1-\alpha}\right],$$

而 $\left(\dfrac{k+1}{k}\right)^{1-\alpha}=\left(1+\dfrac{1}{k}\right)^{1-\alpha}<1+\dfrac{1-\alpha}{k}$ （$0<\alpha<1$ 时），

$$\left(\frac{k}{k+1}\right)^{1-\alpha}=\left(1-\frac{1}{k+1}\right)^{1-\alpha}=1-\frac{1-\alpha}{k+1}-\frac{\alpha(1-\alpha)}{2}\frac{1}{(k+1)^2}+\cdots$$

于是

$$\frac{2}{(k+1)^{2\alpha-1}}-\frac{1-\alpha}{(k+1)^{2\alpha}}+O\left(\frac{1}{(k+1)^{2\alpha+1}}\right)<B_k<\frac{2}{k^{2\alpha-1}}+\frac{1-\alpha}{k^{2\alpha}},$$

忽略掉上式左边的 $O\left(\dfrac{1}{(k+1)^{2\alpha+1}}\right)$ 项（不影响以下讨论的收敛性问题）.

$$-\frac{2}{(2k-1)^{2\alpha-1}}-\frac{1-\alpha}{(2k-1)^{2\alpha}}<-B_{2k-1}<-\frac{2}{(2k)^{2\alpha-1}}+\frac{1-\alpha}{(2k)^{2\alpha}}+o\left(\frac{1}{(2k)^{2\alpha+1}}\right),$$

$$\frac{2}{(2k+1)^{2\alpha-1}}-\frac{1-\alpha}{(2k+1)^{2\alpha}}+\cdots<B_{2k}<\frac{2}{(2k)^{2\alpha-1}}+\frac{1-\alpha}{(2k)^{2\alpha}}(k=1,2,3,\cdots),$$

$$\alpha-3-2(1-\alpha)\sum_1^\infty\frac{1}{(2k+1)^{2\alpha}}+\cdots<\sum_{n=1}^\infty(-1)^nB_n<2(1-\alpha)\sum_{k=1}^\infty\frac{1}{(2k)^{2\alpha}},$$

可见当 $\dfrac{1}{2}<\alpha\leqslant1$ 时，左右两边皆收敛，原级数条件收敛；

当 $\alpha\leqslant\dfrac{1}{2}$ 时，$B_k=\displaystyle\sum_{i=0}^{2k}\frac{1}{(k^2+i)^\alpha}>\frac{2k+1}{(k+1)^{2\alpha}}>\frac{2k+1}{k+1}>1.$

故原级数必发散.

例 11 证明级数

$$1-\frac{1}{3}\left(1+\frac{1}{2}\right)+\frac{1}{5}\left(1+\frac{1}{2}+\frac{1}{3}\right)-\frac{1}{7}\left(1+\frac{1}{2}+\frac{1}{3}+\frac{1}{4}\right)+\cdots$$ 收敛

证法一 级数的通项是 $u_n=(-1)^{n-1}\dfrac{1}{2n-1}\left(1+\dfrac{1}{2}+\cdots+\dfrac{1}{n}\right),$

又 $1+\dfrac{1}{2}+\cdots+\dfrac{1}{n}=\ln n+c+\varepsilon_n,$ 由第一章之例 12，知 $\varepsilon_n\to0$

原级数可以写为

$$\sum(-1)^{n-1}\frac{1}{2n-1}(\ln n+c+\varepsilon_n),$$

分析 $\displaystyle\sum\frac{(-1)^{n-1}}{2n-1}\ln n,$ 依莱布尼兹法，只要证出 $\dfrac{\ln n}{2n-1}$ 单调递减趋于 0，则收敛.

（$f(x)=\dfrac{\ln x}{2x-1},$ 证 $f'(x)<0$ 即可）.

$\displaystyle\sum(-1)^{n-1}\frac{\varepsilon_n}{2n-1},$ 依 Abel 法 $a_n=\dfrac{(-1)^{n-1}}{2n-1},b_n=\varepsilon_n$ 知亦收敛，所以原级数收敛.

证法二 依莱布尼兹判别法，只要证 $|u_n|=\dfrac{1}{2n-1}\left(1+\dfrac{1}{2}+\cdots+\dfrac{1}{n}\right)$ 单调递减

（$u_n\to0$ 显见）.

$|u_{n+1}|<|u_n|\Leftrightarrow\dfrac{2n-1}{n+1}<2\left(1+\dfrac{1}{2}+\cdots+\dfrac{1}{n}\right),$ 此式显然.

习题 5.1

1.证明下列级数收敛:

(1) $\sum\limits_{n=1}^{\infty}\left[\dfrac{1}{n}-\ln\left(1+\dfrac{1}{n}\right)\right]$;

(2) $\sum\limits_{n=1}^{\infty}\left[\mathrm{e}-\left(1+1+\dfrac{1}{2!}+\dfrac{1}{3!}+\cdots+\dfrac{1}{n!}\right)\right]$;

(3) $\sum\limits_{n=2}^{\infty}\dfrac{1}{(\ln n)^{\ln n}}$.

2.证明下列级数发散:

(1) $1+\dfrac{1}{2}-\dfrac{1}{3}+\dfrac{1}{4}+\dfrac{1}{5}-\dfrac{1}{6}+\cdots$

(2) $1+\dfrac{1}{\sqrt{3}}-\dfrac{1}{\sqrt{2}}+\dfrac{1}{\sqrt{5}}+\dfrac{1}{\sqrt{7}}-\dfrac{1}{\sqrt{4}}+\cdots$

3.讨论下列级数的收敛性($p>0$):

(1) $\sum\limits_{n=1}^{\infty}\dfrac{1}{(\sqrt[n]{n!})^{p}}$;(2) $\sum\limits_{n=2}^{\infty}\dfrac{(-1)^{n}}{(n+(-1)^{n})^{p}}$;(3) $\sum\limits_{n=1}^{\infty}\dfrac{(-1)^{n-1}}{(\sqrt{n}+(-1)^{n-1})^{p}}$.

4.讨论下列级数的绝对收敛及条件收敛性:

(1) $\sum\limits_{n=2}^{\infty}\dfrac{\sin\dfrac{n\pi}{12}}{\ln n}$;(2) $\sum\limits_{n=1}^{\infty}\dfrac{(-1)^{n-1}}{n^{p+\frac{1}{n}}}(p>0)$.

5.研究级数 $\sqrt{2}+\sqrt{2-\sqrt{2}}+\sqrt{2-\sqrt{2+\sqrt{2}}}+\sqrt{2-\sqrt{2+\sqrt{2+\sqrt{2}}}}+\cdots$ 的敛散性.

(中山大学 2008 年)

6.判定下列级数的敛散性

(1) $\sum\limits_{n=1}^{\infty}\left|\int_{n}^{n+1}\dfrac{\sin\pi x}{x^{p}+1}\mathrm{d}x\right|,p>1$;   (2) $\sum\limits_{n=1}^{\infty}\int_{n}^{n+1}\dfrac{\sin\pi x}{x^{p}+1}\mathrm{d}x,0<p\leqslant1$.

(中山大学 2008 年)

7.(夹逼定理)设 $\sum a_{n},\sum b_{n}$ 均收敛且 $a_{n}\leqslant c_{n}\leqslant b_{n}$,则证明 $\sum c_{n}$ 也收敛.

8.(对数判别法)给定正项级数 $\sum a_{n}$,若有 $\lambda>0$ 及 n_{0},使得

$n\geqslant n_{0}$ 时有 $\dfrac{\ln\dfrac{1}{a_{n}}}{\ln n}\geqslant1+\lambda$,则 $\sum a_{n}$ 收敛;

$n\geqslant n_{0}$ 时有 $\dfrac{\ln\dfrac{1}{a_{n}}}{\ln n}\leqslant1$,则 $\sum a_{n}$ 发散.

(注:请读者叙述对数判别法的极限形式)

9. 正项级数 $\sum a_n$ 收敛的充要条件是 $\sum \dfrac{a_n}{1+a_n}$ 收敛. （上海师大 1987 年）

10. 设正项级数 $\sum a_n$ 收敛，余项和 $r_n = \sum\limits_{k=n+1}^{\infty} a_k$，证明级数 $\sum\limits_{n=1}^{\infty} \dfrac{a_n}{\sqrt{r_{n-1}} + \sqrt{r_n}}$ 收敛.

11. 若正项级数 $\sum a_n$ 收敛，且 $\mathrm{e}^{a_n} = a_n + \mathrm{e}^{a_n + b_n}(n = 1, 2, \cdots)$. 证明 $\sum\limits_{n=1}^{\infty} b_n$ 收敛.

12. 设 x_n 是方程 $x = \tan x$ 的正根且依递增顺序排列，试讨论级数 $\sum\limits_{n=1}^{\infty} \dfrac{1}{x_n^2}$ 的敛散性.

13. 设 $0 < x_1 < \pi, x_n = \sin x_{n-1}(n = 2, 3, \cdots)$，证明：级数 $\sum\limits_{n=1}^{\infty} x_n^p$ 当 $p > 2$ 时收敛；当 $p \leqslant 2$ 时发散.

14. 设 $0 < p_1 < p_2 < \cdots$，求证 $\sum \dfrac{1}{p_n}$ 收敛的充要条件为如下级数收敛：

$$\sum_{n=1}^{\infty} \frac{n}{p_1 + p_2 + \cdots + p_n}.$$

15. 给定发散的正项级数 $\sum a_n$，记 $S_n = a_1 + a_2 + \cdots + a_n$，试证 $\sum\limits_{n=1}^{\infty} \dfrac{a_n}{S_n^2}$ 收敛.

16. 已知 $\sum a_n$ 为一般项发散级数，证明 $\sum \left(1 + \dfrac{1}{n}\right) a_n$ 也发散. （华东师大 1998 年）

17. 设 $a_n \neq 0 (n = 1, 2, \cdots)$ 且 $\lim\limits_{n \to \infty} a_n = a (a \neq 0)$. 求证：下列两级数

$$\sum_{n=1}^{\infty} |a_{n+1} - a_n| \quad \text{与} \quad \sum_{n=1}^{\infty} \left| \frac{1}{a_{n+1}} - \frac{1}{a_n} \right|$$

同时收敛或同时发散.

18. 设级数 $\sum a_n$ 收敛，$\sum (b_{n+1} - b_n)$ 绝对收敛，试证级数 $\sum a_n b_n$ 也收敛.

19. 设 $\{na_n\}$ 收敛，$\sum\limits_{n=1}^{\infty} n(a_n - a_{n-1})$ 收敛，则 $\sum a_n$ 收敛.

20. 如果级数 $\sum a_n$ 的所有子级数都收敛，则 $\sum a_n$ 绝对收敛.

21. 设 $a_n > 0 (n = 1, 2, \cdots)$，证明级数 $\sum a_n$ 收敛的充分必要条件是连乘积数列 $\{(1+a_1)(1+a_2)\cdots(1+a_n)\}$ 收敛.

22. 如果 u_n 是正的单调递增数列，则级数 $\sum\limits_{n=1}^{\infty} \left(1 - \dfrac{u_n}{u_{n+1}}\right)$ 当 u_n 有界时收敛，而当 u_n 无界时发散.

23. 设 $a_n > 0$，且 $\lim\limits_{n \to \infty} n\left(\dfrac{a_n}{a_{n+1}} - 1\right) = \rho > 0$，则级数 $\sum\limits_{n=1}^{\infty} (-1)^{n-1} a_n$ 收敛.

24. 若正项级数 $\sum a_n$ 收敛且 $\{a_n\}$ 单调减小，则有 $\lim\limits_{n \to \infty} na_n = 0$.

25. 若正项级数 $\sum a_n$ 收敛且 $\{na_n\}$ 单调减小，则有 $\lim\limits_{n \to \infty} na_n \ln n = 0$.

26. 给定级数 $\sum\limits_{n=1}^{\infty} \dfrac{\sin n}{n}$. 将其前 n 项部分和 S_n 分成正部 S_n^+ 和负部 S_n^- 的差，即

$$S_n = \sum_{k=1}^{n} \frac{\sin k}{k} = S_n^+ - S_n^-.$$

证明 $\lim\limits_{n \to \infty} \dfrac{S_n^+}{S_n^-}$ 存在并求其值.

（并思考：对一般条件收敛级数是否有相应结论？）

27. 假设 $\sum\limits_{n=1}^{\infty} a_n$ 发散，且 $\{a_n\}$ 是正的递减数列，试证：

$$\lim_{n \to \infty} \frac{a_2 + a_4 + \cdots + a_{2n}}{a_1 + a_3 + \cdots + a_{2n-1}} = 1.$$

28. 若 $\forall$ 数列 $\{x_n\}$，只要 $x_n \to 0 (n \to \infty)$，就有 $\sum\limits_{n=1}^{\infty} a_n x_n$ 收敛，则有 $\sum\limits_{n=1}^{\infty} a_n$ 绝对收敛.

29. 按以下要求分别构造出相应级数 $\sum a_n$.

(1) $\sum a_n$ 收敛但 $a_n \neq o\left(\dfrac{1}{n}\right)$；

(2) $\sum a_n$ 收敛，但 $\sum a_n \ln n$ 发散；

(3) $\sum a_n$ 收敛，$b_n \sim a_n (n \to \infty)$ 但 $\sum b_n$ 却发散.

30. 证明 $\lim\limits_{n \to \infty} \left(\sum\limits_{k=2}^{n} \dfrac{1}{k \ln k} - \ln \ln n \right)$ 存在.

31. 试证：弃掉调和级数

$$1 + \frac{1}{2} + \frac{1}{3} + \cdots + \frac{1}{n} + \cdots$$

中分母含有数字 9 的项（如 $\dfrac{1}{19}, \dfrac{1}{209}, \cdots$），所得级数收敛.   （浙江大学 1999 年）

§5.2　函数项级数的一致收敛性

通过部分和函数列 $S_n(x) = \sum\limits_{k=1}^{n} u_k(x)$ 的转换,函数项级数的一致收敛性和函数列的一致收敛性就化归于同一个概念. 但常常函数项级数的部分和难以求得,故对于函数项级数的一致收敛性,又有一套独特的判别法,即从通项 $u_n(x)$ 的分析入手.

在对具体的函数列或函数项级数作一致收敛的判定时,明确一致收敛性的内涵是极重要的.

一、一致收敛概念

1. 点态收敛复习

设函数列 $\{S_n(x)\}$ 定义于区间 I 上, $\forall x \in I$, 有 $\lim\limits_{n\to\infty} S_n(x) = S(x)$, 称 $\{S_n(x)\}$ 在 I 上点态收敛.

ε-N 语言: $\forall x \in I$, $\forall \varepsilon > 0$, $\exists N(\varepsilon; x)$, 当 $n > N$ 时, 有
$$| S_n(x) - S(x) | < \varepsilon.$$

对于函数项级数,点态收敛即为数项级数的收敛性,或将上述 $S_n(x)$ 理解为部分和即可以,并无什么新的内涵.

2. 函数列一致收敛定义

设 $\{S_n(x)\}$ 和 $S(x)$ 定义于同一个区间 I 上,假若 $\forall \varepsilon > 0$, $\exists N = N(\varepsilon)$, 当 $n > N$ 时, $\forall x \in I$ 有
$$| S_n(x) - S(x) | < \varepsilon,$$
称 $\{S_n(x)\}$ 在 I 上一致收敛于 $S(x)$, 记成 $S_n(x) \rightrightarrows S(x)(n \to \infty)$.

注　引入范数 $\| f \| = \sup\limits_{x \in I} | f(x) |$, 则 $S_n(x)$ 一致收敛于 $S(x)$ 可以表示为
$$\| S_n - S \| = \sup\limits_{x \in I} | S_n(x) - S(x) | \to 0(n \to \infty).$$

3. 函数项级数一致收敛定义

若 $\sum u_n(x)$ 的部分和 $\{S_n(x)\}$ 在 I 上一致收敛, 称 $\sum u_n(x)$ 在 I 上一致收敛.

注　引入尾项 $r_n(x) = \sum\limits_{k=n+1}^{\infty} u_k(x)$, 则 $\sum u_n(x)$ 一致收敛 $\Leftrightarrow r_n(x) \rightrightarrows 0(x \in I)$. 针对交错级数 $\sum (-1)^{n-1} u_n(x)$, 若 $u_n(x) \to 0(n \to +\infty)$, 则 $| r_n(x) | \leqslant u_{n+1}(x)$ 易处理.

二、不一致收敛的叙述

1. 设 $\{S_n(x)\}$ 在 I 上点态收敛于 $S(x)(n \to \infty)$. $S_n(x)$ 不一致收敛于 $S(x)$ 的含义是: $\exists \varepsilon > 0$, $\forall N$, $\exists n > N$ 及 $x_n \in I$, s.t. $| S_n(x_n) - S(x_n) | \geqslant \varepsilon_0$.

或等价表述为:

2. 存在一点列 $\{x_n\} \subset I$, 使得 $S_n(x_n) - S(x_n) \nrightarrow 0$,

通常在较简单的情形, 点列 $\{x_n\}$ 可以凭直觉尝试确定; 而在一般较复杂情形, 点列 $\{x_n\}$ 可取作 $S_n(x) - S(x)$ 的最大值点.

3. 对函数项级数 $\sum u_n(x)$ 而言, 不一致收敛可叙述为:

$$\exists \varepsilon_0 > 0, \forall N, \exists n > N \text{ 及 } x_n \in I, \text{s.t. } \left| \sum_{k=n+1}^{\infty} u_k(x_n) \right| = |r_n(x_n)| \geqslant \varepsilon_0,$$

4. 简言之, $\exists \{x_n\} \subset I, \text{s.t. } r_n(x_n) \nrightarrow 0 (n \to \infty)$.

由于牵涉到尾项 $r_n(x)$ 的估计, 除非在特殊场合, 一般情形下直接用定义证明函数项级数的不一致收敛是困难的, 往往寻求其他途径.

三、一致收敛判别法

$S_n(x)$ 可以是给定的函数列, 也可以认为是函数项级数的部分和序列.

$S(x) = \lim_{n \to \infty} S_n(x) = \sum_{n=1}^{\infty} u_n(x)$ 是极限函数或和函数 (假设点态收敛), 兹列举常用的一致收敛判别法如下:

1. 从定义出发 $\begin{cases} \text{正面}: \|S_n - S\| \to 0, \\ \text{反面}: \text{找一列} \{x_n\} \subset I, \text{s.t. } S_n(x_n) - S(x_n) \nrightarrow 0. \end{cases}$

2. Cauchy 准则

(1) 函数列: $\forall \varepsilon > 0, \exists N, \forall n > m > N, \forall x \in I$ 有 $|S_n(x) - S_m(x)| < \varepsilon$;

(2) 级数: $\forall \varepsilon > 0, \exists N, \forall n > N, p = 1, 2, \cdots, \forall x \in I$ 有 $\left| \sum_{k=1}^{p} u_{n+k}(x) \right| < \varepsilon$;

(3) 推论: $\sum u_n(x)$ 一致收敛的必要条件是 $u_n(x) \rightrightarrows 0 (n \to \infty)$.

3. Dini 定理

设 $\{S_n(x)\}, S(x)$ 皆在闭区间 $[a, b]$ 上连续, $S_n(x) \to S(x)$, 又 $\forall x \in [a, b], \{S_n(x)\}$ 单调, 则在 $[a, b]$ 上 $S_n(x) \rightrightarrows S(x)$.

级数情形: 若函数项级数 $\sum u_n(x)$ 每项 $u_n(x)$ 在 $[a, b]$ 上非负、连续且其和函数也在 $[a, b]$ 上连续, 则 $\sum u_n(x)$ 在 $[a, b]$ 上必一致收敛.

4. 设 $S_n(x)$ 在 c 点左连续, 且 $\{S_n(c)\}$ 发散, 则 $\forall \delta > 0, \{S_n(x)\}$ 在 $(c - \delta, c)$ 上不一致收敛.

注 1° 改为在 c 点右连续, 则 $\{S_n(x)\}$ 在 $(c, c + \delta)$ 上不一致收敛;

2° 级数情形有相应的结论.

5. 若 $S_n(x) \to S(x), S_n(x)$ 连续, 但 $S(x)$ 有间断, 则 $S_n(x)$ 不一致收敛于 $S(x)$.

6. Weierstrass 判别法.

7. 乘积项级数的 Abel 法、Dirichlet 法.

例 1 证明 $\sum_{n=0}^{\infty} x^3 (1 - x^2)^n$ 在 $[-1, 1]$ 上一致收敛.

证法一 此为等比级数, 公比 $q = 1 - x^2 (x \neq 0$ 时), 可从定义出发.

余项 $r_n(x) = \sum_{k=n}^{\infty} x^3 (1-x^2)^k = x(1-x^2)^n \quad (x \in [-1,1])$.

$r'_n(x) = (1-x^2)^n - 2x^2 n(1-x^2)^{n-1} = (1-x^2)^{n-1}[1-(2n+1)x^2]$,

得稳定点为 $\pm 1, \pm \dfrac{1}{\sqrt{2n+1}}$,

$\| r_n \| = \max_{-1 \leqslant x \leqslant 1} | r_n(x) | = r_n \left(\dfrac{1}{\sqrt{2n+1}} \right) = \dfrac{1}{\sqrt{2n+1}} \left(1 - \dfrac{1}{2n+1} \right)^n \to 0$,

故级数在 $[-1,1]$ 上一致收敛.

证法二　利用 Weierstrass 法　$u_n(x) = x^3(1-x^2)^n$,令 $u'_n(x) = 0$,
即 $(1-x^2)^{n-1}[3-(3+2n)x^2] = 0$,

得出最大值点为 $x_n = \sqrt{\dfrac{3}{3+2n}}$,

而

$$\| u_n \| = \left(\dfrac{3}{3+2n} \right)^{\frac{3}{2}} \left(1 - \dfrac{3}{3+2n} \right)^n < \dfrac{1}{2n^{\frac{3}{2}}}.$$

证法三　利用 Dini 定理　$S(x) = x$ 连续,$u_n(x)$ 同号($\forall x \in [-1,1]$)且连续.

证明四　$\forall \varepsilon > 0$,将 $[-1,1]$ 分作 $|x| < \varepsilon$ 和 $\varepsilon \leqslant |x| \leqslant 1$ 两部分,
当 $|x| < \varepsilon$ 时,$|r_n(x)| < \varepsilon$;当 $\varepsilon \leqslant |x| \leqslant 1$ 时,$|r_n(x)| \leqslant (1-\varepsilon^2)^n$,
$\exists N > 0$,s. t. $n > N$ 时,$(1-\varepsilon^2)^n < \varepsilon$.

例 2　判别级数 $\sum_{n=1}^{\infty} (-1)^{n-1} \dfrac{x^2}{(1+x^2)^n}$ 在 $\mathbf{R}$ 上的一致收敛性.

分析　级数在 $\mathbf{R}$ 上处处收敛易判别,且
$$S(x) = \dfrac{x^2}{2+x^2}(x \in \mathbf{R}),$$

则

$$r_n(x) = \sum_{k=n+1}^{\infty} (-1)^{k-1} \dfrac{x^2}{(1+x^2)^k} = (-1)^n \dfrac{x^2}{2+x^2} \dfrac{1}{(1+x^2)^n}.$$

证法一　分段级数:$|x| \leqslant \varepsilon$ 和 $|x| > \varepsilon$ 两个部分,

$$| r_n(x) | \leqslant \min \left\{ x^2, \dfrac{1}{(1+x^2)^n} \right\} \leqslant \begin{cases} \varepsilon^2 & |x| \leqslant \varepsilon, \\ \dfrac{1}{(1+\varepsilon^2)^n} & |x| > \varepsilon, \end{cases}$$

可见,$r_n(x) \rightrightarrows 0 (x \in \mathbf{R})$.

证法二　$u_n(x) = \dfrac{x^2}{(1+x^2)^n} \to 0$ 且非负,于是

$$| r_n(x) | \leqslant u_{n+1}(x) = \dfrac{x^2}{(1+x^2)^{n+1}},$$

而易求得

$$\| u_n(x) \| = u_n \left(\dfrac{1}{\sqrt{n}} \right) = \dfrac{1}{n} \dfrac{1}{\left(1 + \dfrac{1}{n} \right)^{n+1}} \to 0.$$

证法三   利用 Dirichlet 判别法.

注   该级数在 **R** 上不绝对一致收敛,但在任何不包含原点的闭区间上却是绝对一致收敛.详细证明请读者补上.

例 3   讨论 $\sum\limits_{n=1}^{\infty}\dfrac{n^2}{\left(x+\dfrac{1}{n}\right)^n}$ 的收敛性及一致收敛性.

解   当 $|x| \leqslant 1$ 时,$\left|x+\dfrac{1}{n}\right| \leqslant 1+\dfrac{1}{n}$,

$$|u_n(x)| = \frac{n^2}{\left|x+\dfrac{1}{n}\right|^n} \geqslant \frac{n^2}{\left(1+\dfrac{1}{n}\right)^n} \to \infty,$$ 级数发散.

当 $x > 1$ 时,$|u_n(x)| = \dfrac{n^2}{\left(x+\dfrac{1}{n}\right)^n} < \dfrac{n^2}{x^n}$,而 $\sum \dfrac{n^2}{x^n}$ 收敛,故原级数收敛.

当 $x < -1$ 时,可取 n 充分大时,$\left|x+\dfrac{1}{n}\right| > \dfrac{|x|+1}{2} > 1$,

$$|u_n(x)| < \frac{n^2}{\left(\dfrac{|x|+1}{2}\right)^n},$$

原级数亦收敛.

下面考虑一致收敛性.

在 $x = \pm 1$ 处,由原级数发散知在 $(-\infty, -1) \bigcup (1, +\infty)$ 上一定不一致收敛,下面证在其上是内闭一致收敛,$\forall \delta > 0$,先考虑在 $[1+\delta, \infty)$ 上的情形.

当 $x \geqslant 1+\delta$ 时,$|u_n(x)| < \dfrac{n^2}{(1+\delta)^n}$ 而 $\sum \dfrac{n^2}{(1+\delta)^n}$ 收敛.

由 Weierstrass 一法知,$\sum u_n(x)$ 在 $[1+\delta, \infty)$ 上一致收敛.再考虑 $x \leqslant -1-\delta$ 时,可取 n 充分大,使得 $x+\dfrac{1}{n} < -1-\dfrac{\delta}{2}$,$\left|x+\dfrac{1}{n}\right| > 1+\dfrac{\delta}{2}$,则 $|u_n(x)| < \dfrac{n^2}{\left(1+\dfrac{\delta}{2}\right)^n}$,余下类似.

当然可以合并当 $|x| \geqslant 1+\delta$ 时,有 $|u_n(x)| < \dfrac{n^2}{\left(1+\dfrac{\delta}{2}\right)^n}$(只要 n 充分大).

例 4   证明 $\sum \dfrac{1}{n}\left[e^x - \left(1+\dfrac{x}{n}\right)^n\right]$ 在 $(0, +\infty)$ 上非一致收敛,在任意有限区间上一致收敛(即在 $(0, +\infty)$ 内闭一致收敛).

证法一 $u_n(x) = \dfrac{1}{n}\left[e^x - \left(1+\dfrac{x}{n}\right)^n\right]$,$\forall x > 0$,$u_n(x) \to 0 (n \to +\infty)$,

但是 $u_n(x)$ 不一致收敛于 0,因为 $u_n(n) = \dfrac{1}{n}(e^n - 2^n) \to +\infty$.或说 $\|u_n\|_{(0,+\infty)} = \infty$,得知级数在 $(0, +\infty)$ 上非一致收敛.

在任意有限区间 $[a, b]$,由不等式证明一节 §3.7 例 6 知(这是难点所在):

设 $|a|$,$|b| \leqslant M$,则 $n > M$ 时,有 $e^x - \left(1+\dfrac{x}{n}\right)^n \leqslant \dfrac{x^2}{n}e^x \leqslant \dfrac{M^2}{n}e^M$,

则 $|u_n(x)| \leqslant \dfrac{M^2}{n^2}\mathrm{e}^M$，由 Weierstrass 法知原级数在 $[a,b]$ 上一致收敛.

注　1. 既然原级数在任意有限区间 $[a,b]$ 上都一致收敛，得知级数在 **R** 上处处收敛.

　　　2. 上述证法应用了 §3.7 例 6 的不等式，这是略显牵强的. 能否证明得更加"原生态"一点呢？下面我们就作一尝试.

证法二　　先考虑点态收敛性. 引入 $g_n(x) = \mathrm{e}^x - \left(1 + \dfrac{x}{n}\right)^n = \mathrm{e}^x - \mathrm{e}^{n\ln\left(1+\frac{x}{n}\right)}$，

因为 $\ln\left(1 + \dfrac{x}{n}\right) = \dfrac{x}{n} - \dfrac{x^2}{2n^2} + o\left(\dfrac{1}{n^2}\right)(n \to \infty)$，

$$g_n(x) = \mathrm{e}^x - \left(1 + \dfrac{x}{n}\right)^n = \mathrm{e}^x - \mathrm{e}^{x - \frac{x^2}{2n} + o\left(\frac{1}{n}\right)} = \mathrm{e}^x\left[1 - \mathrm{e}^{-\frac{x^2}{2n} + o\left(\frac{1}{n}\right)}\right],$$

$$= \mathrm{e}^x\left[\dfrac{x^2}{2n} + o\left(\dfrac{1}{n}\right)\right] \sim \dfrac{x^2}{2n}\mathrm{e}^x,$$

所以通项 $u_n(x) \sim \dfrac{x^2 \mathrm{e}^x}{2n^2}$. $\forall x \in \mathbf{R}$，$\sum u_n(x)$ 都收敛.

以下再考虑内闭一致收敛性.

先证 $g_n(x)$ 在 $(0, +\infty)$ 上递增.

$g'_n(x) = \mathrm{e}^x - \left(1 + \dfrac{x}{n}\right)^{n-1}$，欲 $g'_n(x) > 0$，当且仅当 $x > (n-1)\ln\left(1 + \dfrac{x}{n}\right)$，

利用 $\ln(1+t) < t$ 易知此结果成立. 现任取 $M > 0, x \in [0, M]$，

$$0 < u_n(x) \leqslant \dfrac{1}{n}g_n(M),$$

又 $g_n(M) \sim \dfrac{M^2}{2n}\mathrm{e}^M$，于是 n 充分大时，有

$$0 < u_n(x) \leqslant \dfrac{M^2}{n^2}\mathrm{e}^M,$$

从而级数 $\sum u_n(x)$ 在 $[0, M]$ 上一致收敛.

证法三　　在此我们用尝试法得出 $g_n(x) \sim \dfrac{x^2}{2n}\mathrm{e}^x$. 无穷级数 $\sum u_n$ 的敛散性判断关键在于通项 u_n 无穷小阶的分析. $g_n(x) \to 0(n \to \infty)$ 显然，但未知是多少阶的无穷小量. 尝试如下的极限式：

$$\lim_{n \to \infty}\dfrac{g_n(x)}{\dfrac{1}{n}} = \lim_{n \to \infty}\dfrac{\mathrm{e}^x - \left(1 + \dfrac{x}{n}\right)^n}{\dfrac{1}{n}} \xlongequal{\diamondsuit \frac{x}{n} = t} \lim_{t \to 0}x\,\dfrac{\mathrm{e}^x - (1+t)^{\frac{x}{t}}}{t} \quad \text{(用洛必达法则)}$$

$$= x\lim_{t \to 0}\{-(1+t)^{\frac{x}{t}}\}'_t = -x^2\lim_{t \to 0}(1+t)^{\frac{x}{t}} \cdot \dfrac{\dfrac{t}{1+t} - \ln(1+t)}{t^2}$$

$$= -x^2\mathrm{e}^x\lim_{t \to 0}\dfrac{t - (1+t)\ln(1+t)}{t^2(1+t)}$$

$$= -x^2\mathrm{e}^x\lim_{t \to 0}\dfrac{t - (1+t)\left(t - \dfrac{t^2}{2} + o(t^2)\right)}{t^2} = \dfrac{x^2}{2}\mathrm{e}^x.$$

所以 $g_n(x) \sim \dfrac{x^2}{2n} e^x$. 以下和证法二相同.

例 5   若函数 $\varphi_n(x)$ 在 $[a,b]$ 单调,且 $\sum |\varphi_n(a)|$, $\sum |\varphi_n(b)|$ 均收敛,则 $\sum \varphi_n(x)$ 在 $[a,b]$ 一致收敛.

证明   因为 $|\varphi_n(x)| \leqslant \max\{|\varphi_n(a)|, |\varphi_n(b)|\} \leqslant |\varphi_n(a)| + |\varphi_n(b)|$,
所以由 M $-$ 判别法知.

例 6   对任何 n, $f_n(x)$ 在 $[a,b]$ 上单调增加,且 $\{f_n(x)\}$ 收敛于连续函数 $f(x)$,证明

$$f_n(x) \to f_0(x \in [a,b]).$$

证   首先从 $f_n(x) \to f(x)$, $\forall \varepsilon > 0$, $\exists N = N(\varepsilon; x)$,当 $n > N$ 时,

$$|f_n(x) - f(x)| < \varepsilon.$$

如何找一个对所有 $x \in [a,b]$ 都适用的 $N = N(\varepsilon)$,使得上式成立呢?

因为 $f(x)$ 在 $[a,b]$ 连续,故一致连续,对 $\varepsilon > 0$, $\exists \delta > 0$,当 $|x' - x''| < \delta$ 时,

$$|f(x') - f(x'')| < \varepsilon,$$

取自然数 m, s. t. $\dfrac{b-a}{m} < \delta$,将 $[a,b]$ m 等分:

$$a = x_0 < x_1 < x_2 < \cdots < x_m = b,$$

由 $\lim\limits_{n \to \infty} f_n(x_k) = f(x_k) (0 \leqslant k \leqslant m$,点态收敛$)$ 知,存在一个公共的 N, s. t. $n > N$ 时,$\forall k = 0, 1, \cdots, m$ 皆有

$$|f_n(x_k) - f(x_k)| < \varepsilon,$$

$\forall x \in [a,b]$,设 $x \in [x_{k-1}, x_k]$,由 $f_n(x)$ 单调性知

$$f_n(x_{k-1}) - f(x) \leqslant f_n(x) - f(x) \leqslant f_n(x_k) - f(x),$$

而

$$f_n(x_k) - f(x) = f_n(x_k) - f(x_k) + f(x_k) - f(x) < 2\varepsilon (n > N),$$
$$f_n(x_{k-1}) - f(x) = f_n(x_{k-1}) - f(x_{k-1}) + f(x_{k-1}) - f(x) > -2\varepsilon,$$

所以 $n > N$ 时有

$$|f_n(x) - f(x)| < 2\varepsilon (\forall x \in [a,b] \text{ 成立}).$$

例 7   (Dini 定理) 若在有限区间 $[a,b]$ 上连续函数序列 $\{S_n(x)\}$ 收敛于连续函数 $S(x)$,而对每个 x, $\{S_n(x)\}_{n=1}^{\infty}$ 是单调数列,则 $S_n(x)$ 在 $[a,b]$ 上一致收敛于 $S(x)$.

证明   反证法,假设 $S_n(x)$ 不一致收敛于 $S(x)$,则 $\exists \varepsilon_0 > 0$, $\forall N$, $\exists n > N$ 及 $x_0 \in [a,b]$,满足

$$|S_n(x_0) - S(x_0)| \geqslant \varepsilon_0,$$

于是存在一列正整数 $n_1 < n_2 < \cdots$,和点列 $\{x_k\} \subset [a,b]$,满足

$$|S_{n_k}(x_k) - S(x_k)| \geqslant \varepsilon_0 (n_1 < n_2 < \cdots) \tag{1}$$

由 Weierstrass 定理,$\{x_k\}$ 有收敛子列,不妨就设其本身,$x_k \to \xi \in [a,b]$

由 $S_n(\xi) \to S(\xi)$,得 N,使

$$|S_N(\xi) - S(\xi)| < \varepsilon_0 \tag{2}$$

下面将从(1)(2)式中推出矛盾,由 $S_n(x)$, $S(x)$ 的连续性,得出

$$\lim\limits_{k \to \infty} |S_N(x_k) - S(x_k)| = |S_N(\xi) - S(\xi)| < \varepsilon_0$$

由保号性，$\exists K$，s.t. $k > K$ 时，
$$|S_N(x_k) - S(x_k)| < \varepsilon_0,$$
由 $\{S_n(x)\}$ 单调趋于 $S(x)$ 知，$n > N$ 时，更有
$$|S_n(x_k) - S(x_k)| < \varepsilon_0 \tag{3}$$
此与(1)式矛盾，事实上总可以取 $k > K$ 且 $n_k \geqslant N$ 同时成立.

例8　假设 $f(x) \in C(\mathbf{R})$，且 $x \neq 0$ 时，有 $|f(x)| < |x|$，依递推关系构造如下函数列：$f_1(x) = f(x), f_2(x) = f(f(x)), \cdots, f_n(x) = f(f_{n-1}(x))$，证明 $f_n(x)$ 在 $[-A, A]$ 上一致收敛(或说：$f_n(x)$ 在任何有限区间内一致收敛.)

证明　易推得 $f(0) = 0$，故在 $\mathbf{R}$ 上，$|f(x)| \leqslant |x|$ 等号仅在原点成立.

$\forall \varepsilon > 0$，当 $|x| \leqslant \varepsilon$ 时，$|f(x)| \leqslant \varepsilon$，

当 $|x| \geqslant \varepsilon$ 时，$\left| \dfrac{f(x)}{x} \right| < 1$，

由闭区间上连续函数的最大值定理 $q = \max\limits_{\varepsilon \leqslant |x| \leqslant A} \left| \dfrac{f(x)}{x} \right|$，则 $0 < q < 1$.

在 $[-A, -\varepsilon] \cup [\varepsilon, A]$ 上，$|f(x)| \leqslant q|x| \leqslant qA$.

总之，在 $[-A, A]$ 上，$|f(x)| \leqslant \max\{\varepsilon, qA\}$，$\forall x \in [-A, A]$，

若 $|f(x)| \leqslant \varepsilon$，则 $|f_2(x)| = |f(f(x))| \leqslant |f(x)| \leqslant \varepsilon$；

若 $|f(x)| \geqslant \varepsilon$，则 $|f_2(x)| \leqslant q|f(x)| \leqslant q^2 A$.

总之，$|f_2(x)| \leqslant \max\{\varepsilon, q^2 A\} \cdots$

一般地，有 $|f_n(x)| \leqslant \max\{\varepsilon, q^n A\} \leqslant \varepsilon(n > N$ 时，$\forall x \in [-A, A])$.

注　在 $\mathbf{R}$ 上相应结论未必成立.请举出反例.

例9　设 $\{f_n(x)\}$ 在 $[a, b]$ 上满足条件：存在正常数 K 使得
$$|f_n(x) - f_n(y)| \leqslant K|x - y| \quad x, y \in [a, b], n = 1, 2, \cdots$$
证明　(1) 若 $f_n(x)$ 点态收敛于 $f(x)$，则 $f_n(x)$ 必一致收敛于 $f(x)$.

(2) 若 $\forall x \in [a, b]$，$\{f_n(x)\}$ 有界，则必有 $\{f_n(x)\}$ 的子列一致收敛.

分析　(1) $\forall x \in [a, b]$，$\exists N(\varepsilon; x)$，$n, m > N$ 时，$|f_n(x) - f_m(x)| < \varepsilon$

注意到 $|f_n(x) - f_n(y)| \leqslant K|x - y|$ 的条件，$\exists \delta > 0$，使 $N(\varepsilon; x)$ 对于 $U(x_0; \delta)$ 内的一切点适用，于是可以选定有限个点 $x_1, x_2, \cdots, x_p$ 分别确定 $N(\varepsilon; x_i)$

(2) 由(1)可知，只要证明能选出 $\{f_n(x)\}$ 的子列，使其在有理点收敛.

证明　(1) $\forall \varepsilon > 0$，取 $\delta = \dfrac{\varepsilon}{3K}$，当 $|x - y| < \delta$ 时，$|f_n(x) - f_n(y)| < \dfrac{\varepsilon}{3}(n = 1, 2, \cdots)$

取正整数 p，s.t. $\dfrac{b-a}{p} < \delta$，对 $[a, b]$ 作 p 等分，$x_1 < x_2 < \cdots < x_p$，$f_n(x_i) \to f(x_i)(i = 0, 1, 2, \cdots p)$，因此存在 N，当 $m, n > N$ 时
$$|f_n(x_i) - f_m(x_i)| < \frac{\varepsilon}{3}(0 \leqslant i \leqslant p),$$
$\forall x \in [a, b]$，必有 i，使 $x \in U(x_i; \delta)$，从而
$$|f_n(x) - f_m(x)| \leqslant |f_n(x) - f_n(x_i)| + |f_n(x_i) - f_m(x_i)| + |f_m(x_i) - f_m(x)| < \varepsilon,$$
由 Cauchy 准则，$\{f_n(x)\}$ 一致收敛.

(2) 设 $E = \{x_1, x_2, \cdots\}$ 为 $[a,b]$ 的全体有理点,则 $f_n(x_1)$ 是有界数列,选出收敛子列 $\{f_{n,1}(x_1)\}$, $\lim\limits_{n\to\infty} f_{n,1}(x_1) = A_1$;

又 $\{f_{n,1}(x_2)\}$ 有界,选出子列 $\{f_{n,2}(x_2)\}$,使得 $\lim\limits_{n\to\infty} f_{n,2}(x_2) = A_2$;

……

如此下去,得出子列 $\{f_{n,m}(x_m)\}$,使得 $\lim\limits_{n\to\infty} f_{n,m}(x_m) = A_m$.

考虑对角线序线 $\{f_{n,n}(x)\}$,对固定的 k,$\{f_{n,n}(x_k)\}(n \geqslant k)$ 是 $\{f_{n,k}(x_k)\}(n \geqslant k)$ 的子列,故收敛于 A_k,因而 $\{f_{n,n}(x)\}$ 在 E 上点态收敛. 剩下只要证明:对任一 $[a,b]$ 上的无理点 z,$\{f_{n,n}(z)\}$ 也收敛,只要用(1)中的证明技巧即可.

注 1° 设 $\{f_n(x)\}$ 是区间 I 上的函数列,若 $\forall \varepsilon > 0$,$\exists \delta > 0$,使当 $|x-y| < \delta$ 时,有
$$|f_n(x) - f_n(y)| < \varepsilon \ (n = 1,2,\cdots),$$
则称 $\{f_n(x)\}$ 在 I 上等度连续. 本题中的条件 $|f_n(x) - f_n(y)| \leqslant K|x-y|$ 可以用等度连续代替,当然等度连续 ⇒ 一致连续 ⇒ 连续,且极限函数也一定是一致连续的,反之,闭区间上一致收敛的连续函数列必等度连续(见下节例 10).

2° 证明(2)中的方法,叫作 Cantor 对角线法.

例 10 设函数序列 $\{f_n(x)\}_{n=0}^{\infty}$ 在区间 I 上定义,满足

i) $|f_0(x)| \leqslant M$;

ii) $\sum\limits_{n=0}^{m} |f_n(x) - f_{n+1}(x)| \leqslant M$($\forall m = 0,1,2,\cdots$,成立);

iii) 数项级数 $\sum b_n$ 收敛.

试证明级数 $\sum\limits_{n=0}^{\infty} b_n f_n(x)$ 在 I 上一致收敛.

分析 题中条件 ii) 启发我们使用 Abel 变换,对于乘积项和式 $\sum\limits_{i=1}^{m} a_i b_i$,记 $B_1 = b_1, B_2 = b_1 + b_2, \cdots, B_m = b_1 + b_2 + \cdots + b_m$,则 $b_i = B_i - B_{i-1}$,代入得
$$\sum_{i=1}^{m} a_i b_i = \sum_{i=1}^{m-1} (a_i - a_{i+1}) B_i + a_m B_m,$$
即为 Abel 变换. 再结合 Cauchy 收敛准则.

证明 依 Cauchy 收敛准则,欲分析 $|\sum\limits_{k=n+1}^{n+p} b_k f_k(x)|$ 当 n 充分大时能否充分小.

改记 $B_1 = b_{n+1}, B_2 = b_{n+1} + b_{n+2} \cdots, B_i = \sum\limits_{j=1}^{i} b_{n+j}$,利用 Abel 变换,

$$\begin{aligned}
\left| \sum_{k=n+1}^{n+p} b_k f_k(x) \right| &= |[f_{n+1}(x) - f_{n+2}(x)]B_1 + [f_{n+2}(x) - f_{n+3}(x)]B_2 + \cdots \\
&\quad + (f_{n+p-1} - f_{n+p})B_{p-1} + f_{n+p}B_p| \\
&= \left| \sum_{i=1}^{p-1} (f_{n+i} - f_{n+i+1})B_i + f_{n+p}(x)B_p \right| \\
&\leqslant \sum_{i=1}^{p-1} |f_{n+i} - f_{n+i+1}| |B_i| + |f_{n+p}| |B_{n+p}|.
\end{aligned}$$

因 $\sum b_n$ 收敛,$\forall \varepsilon > 0$,$\exists N, n > N$,$\forall p = 1,2,\cdots$ 有

$$| \sum_{k=n+1}^{n+p} b_k | = | B_p | < \varepsilon,$$

又 $| f_{n+p} | \leqslant | f_0 | + \sum_{k=1}^{n+p} | f_k - f_{k-1} | \leqslant 2M,$

最终得 $\forall \varepsilon > 0, \exists N, n > N$ 时,$\forall x \in I,$有

$$| \sum_{k=n+1}^{n+p} b_k f_k | < \varepsilon (\sum_{i=1}^{p-1} | f_{n+i} - f_{n+i+1} | + | f_{n+p} |) \leqslant 3M\varepsilon,证毕.$$

例 11　设级数 $\sum u_n(x)$ 在 I 上一致收敛,则可以对其适当加括号,使得所得新级数在 I 上绝对一致收敛.

分析　只涉及级数本身性质,而跟和函数关系不大时,Cauchy 准则是首推工具.

证明　因 $\sum u_n(x)$ 在 I 上一致收敛,$\forall \varepsilon > 0, \exists N,$ s. t. $n > N, p = 1, 2, \cdots$ 时,

$$| \sum_{k=n+1}^{n+p} u_k(x) | < \varepsilon,$$

特取 $\varepsilon_1 = \dfrac{1}{2}, \exists N_1,$ s. t. $n > N_1$ 时,$\forall p = 1, 2, \cdots, \forall x \in I,$有 $| \sum_{n+1}^{n+p} u_k(x) | < \dfrac{1}{2},$

$\varepsilon_2 = \dfrac{1}{2^2}, \exists N_2 > N_1,$ s. t. $n > N_2$ 时,$\forall p = 1, 2, \cdots, \forall x \in I,$有 $| \sum_{n+1}^{n+p} u_k(x) | < \dfrac{1}{2^2},$

$\cdots$

$\varepsilon_j = \dfrac{1}{2^j}, \exists N_j > N_{j-1},$ s. t. $n > N_j$ 时,$\forall p = 1, 2, \cdots, \forall x \in I, | \sum_{n+1}^{n+p} u_k(x) | < \dfrac{1}{2^j} \cdots$

记 $N_0 = 1, F_j(x) = u_{N_{j-1}+1}(x) + \cdots + u_{N_j}(x)(j \geqslant 1),$则

$$| F_j(x) | < \frac{1}{2^j},$$

由 W-法知 $\sum_{j=1}^{\infty} F_j(x)$ 在 I 上一致收敛,也绝对收敛.

例 12　设 $\{a_n\}$ 是单调减少且趋于零的数列,则级数 $\sum a_n \sin nx$

(1) 在 **R** 上处处收敛;

(2) 在任何不含 $2k\pi(k \in \mathbf{Z})$ 的闭区间上一致收敛;

(3)* 在任何区间上都一致收敛的充分必要条件是 $\lim na_n = 0.$

证明　(1) 当 $x = 2k\pi$ 时,原级数通项为 0,收敛,现不妨设 $x \in (0, 2\pi)$,因

$$| \sum_{k=1}^{n} \sin kx | = \frac{\left| \cos \dfrac{x}{2} - \cos \left(n + \dfrac{1}{2} \right) x \right|}{\left| 2\sin \dfrac{x}{2} \right|} \leqslant \frac{1}{\left| \sin \dfrac{x}{2} \right|},$$

由狄利克雷判别法知 $\sum a_n \sin nx$ 在 $0 < x < 2\pi$ 收敛.

(2) 等价于证明在 $(0, 2\pi)$ 内闭一致收敛,$\forall 0 < \delta < \pi,$在 $[\delta, 2\pi - \delta]$ 上,

$| \sum_{k=1}^{n} \sin kx | \leqslant \dfrac{1}{\sin \dfrac{\delta}{2}}$ 为一致有界,得知在 $[\delta, 2\pi - \delta]$ 上一致收敛.

(3) 留待读者思考(此问题有相当难度,有兴趣的读者朋友可参阅[9],[11]).

习题 5.2

1. 讨论以下函数列或函数项级数的一致收敛性.

    (1) $f_n(x) = n\sin\dfrac{x}{n}$, (i) 在任意有限区间, (ii) 在 **R** 上;

    (2) $f_n(x) = \underbrace{\sin(\sin\cdots(\sin x))))}_{n\text{重}}$, $x \in \mathbf{R}$;

    (3) $f_n(x) = \dfrac{n^2 x^2 + 1}{2 + n^3 x}$, $x \in [0,1]$;

    (4) $f_n(x) = \displaystyle\int_a^x f_{n-1}(t)\mathrm{d}t$, $f_0(x)$ 是 $[a,b]$ 上的可积函数, 在 $[a,b]$ 上.

2. 可微函数序列 $\{f_n(x)\}$ 在 $[a,b]$ 上收敛, 且 $\exists M > 0$, 使 $|f'_n(x)| \leqslant M$, $(\forall n, \forall x \in [a,b])$. 试证: $\{f_n(x)\}$ 在 $[a,b]$ 上一致收敛.

3. 设 $f_n(x)$ 在 $[a,b]$ 可积, 一致有界, $F_n(x) = \displaystyle\int_a^x f_n(t)\mathrm{d}t$, 证明 $\{F_n(x)\}$ 存在子列在 $[a,b]$ 一致收敛.

4. 讨论以下函数项级数的一致收敛性

    (1) $\displaystyle\sum \left(1 - \cos\dfrac{x}{n}\right)$, $x \in \mathbf{R}$;
    (2) $\displaystyle\sum \dfrac{\sin x \sin nx}{\sqrt{n+x}}$, $(0, +\infty)$;

    (3) $\displaystyle\sum \dfrac{1}{(\sin x + \cos x)^n}$, $\left(0, \dfrac{\pi}{2}\right)$;
    (4) $\displaystyle\sum \dfrac{x + n(-1)^n}{x^2 + n^2}$, $x \in \mathbf{R}$;

    (5) $\displaystyle\sum 2^n \sin\dfrac{1}{3^n x}$, $0 < x < +\infty$;
    (6) $\displaystyle\sum_{n=1}^{\infty} x\mathrm{e}^{-(n-1)x}$, $[0,1]$;

    (7) $\displaystyle\sum x^2 \mathrm{e}^{-nx}$, $0 \leqslant x < +\infty$;
    (8) $\displaystyle\sum_{n=1}^{\infty} \dfrac{\mathrm{e}^{-nx}}{n}$, $(0,1]$;

    (9) $\displaystyle\sum \dfrac{(-1)^n}{n} \dfrac{\sin^n x}{(1 + \sin^n x)}$, (i) $0 \leqslant x \leqslant \dfrac{\pi}{2}$, (ii) $-\dfrac{\pi}{2} < x \leqslant \dfrac{\pi}{2}$.

5. 设一元函数 f 在 $x = 0$ 的邻域里有二阶连续导数, $f(0) = 0$, $0 < f'(0) < 1$, 函数 f_n 是 f 的 n 次复合, 证明级数 $\displaystyle\sum_{n=1}^{\infty} f_n(x)$ 在 $x = 0$ 的某邻域里一致收敛.

6. 证明: 若 $\displaystyle\sum u_n(x)$ 在区间 I 上收敛, 则其为一致收敛的充要条件是 $\forall \{x_n\} \subset I$, 有 $\displaystyle\lim_{n\to\infty} r_n(x_n) = 0$ (其中 $r_n(x) = \displaystyle\sum_{k=n+1}^{\infty} u_k(x)$ 为级数余和).

7. 设 f 与 f_n 在 $[a,b]$ 连续, 如果 $\forall x \in [a,b]$, $x_n \in [a,b]$, 只要 $\displaystyle\lim_{n\to\infty} x_n = x$, 就有 $\displaystyle\lim_{n\to\infty} f_n(x_n) = f(x)$, 则 $\{f_n\}$ 在 $[a,b]$ 上一致收敛于 f.

8. 设 $\{f_n(x)\}$ 为 $[a,b]$ 上连续函数序列, 且 $f_n(x) \Rightarrow f(x)$, $x \in [a,b]$.
    证明: 若 $f(x)$ 在 $[a,b]$ 上无零点, 则当 n 充分大时, $f_n(x)$ 在 $[a,b]$ 上也无零点. 并有

$$\frac{1}{f_n(x)} \Rightarrow \frac{1}{f(x)}, x \in [a,b].$$ （华东师大 2000 年）

9. 设 $f(x) \in C(\mathbf{R})$，作 $f_n(x) = \sum_{k=0}^{n-1} \frac{1}{n} f\left(x + \frac{k}{n}\right)$. 证明 $\{f_n(x)\}$ 在任何有限区间上一致收敛.

（北师大 2002 年）

10. 设 $f(x)$ 在 $[0,1]$ 上连续可导，$f(1) = 0$. 证明函数项级数 $\sum_{n=0}^{\infty} \int_0^x t^n f(t) \mathrm{d}t$ 在 $x \in [0,1]$ 上一致收敛.

（北师大 2003 年）

11. 设 $f(x) \in C[0,1]$，令 $f_n(t) = \int_0^t f(x^n) \mathrm{d}x, t \in [0,1], n = 1,2,\cdots$，证明函数列 $\{f_n(t)\}$ 在 $[0,1]$ 上一致收敛于函数 $g(t) = tf(0)$.

（中山大学 2007 年）

§5.3 一致收敛级数的性质

在 §5.2 中我们着重讨论了函数列和函数项级数一致收敛性的判别法,如此浓墨重彩地刻划一致收敛性,究竟有什么用处?

让我们回忆连续、可导、可积的线性性质:

区间 I 上两个连续函数(可导函数,可积函数)的和仍连续(可导,可积);

区间 I 上任意有限个连续函数(可导、可积函数)的和仍连续(可导,可积).

那么,推广到无限个连续函数的和即函数项级数又如何呢?

从级数 $\sum_{n=1}^{\infty}(x^{n-1}-x^{n})x\in[0,1]$ 可以很快得出否定的结论.

一致收敛性恰恰是保证无限多个函数的和仍保持同种性质的充分条件.

这对于讨论级数形式表达的函数(其和函数的初等解析式往往无法求得,如 $\zeta(x)=\sum_{n=1}^{\infty}\frac{1}{n^{x}}$) 的分析性质非常有意义.

由于函数项级数和函数列完全可以通过部分和序列转化,级数的和函数相应于函数列的极限函数,故讨论一致收敛的性质时,我们以级数形式代表.

一、和函数的连续性

定理 1   设 $u_n(x)$ 在区间 I 上连续,$\sum u_n(x)$ 在 I 上一致收敛,则和函数 $S(x)=\sum u_n(x)$ 在 I 上连续.

拓广定理之一:设 $u_n(x)$ 在 (a,b) 连续,$\sum u_n(x)$ 在 (a,b) 内闭一致收敛,则和函数在 (a,b) 连续.

对于 $\zeta(x)=\sum\frac{1}{n^{x}}$ 在 $(1,+\infty)$ 上的连续性证明,就用到拓广形式.

用极限形式表述连续性

$$\forall x_0 \in I,, \lim_{x\to x_0}S(x)=S(x_0),$$

即

$$\lim_{x\to x_0}\sum_{n=1}^{\infty}u_n(x)=\sum_{n=1}^{\infty}\lim_{x\to x_0}u_n(x),$$

本质就是极限运算和无限和运算的换序问题,有限和情形的换序就是大家熟悉的极限的线性性质.

例 1   证明 $S(x)=\sum_{n=1}^{\infty}\left(x+\frac{1}{n}\right)^{n}$ 在 $(-1,1)$ 内连续.

证明 $\forall 0<q<1$,考虑级数在 $[-q,q]$ 上的一致收敛性,当 $x\in[-q,q]$ 时,

$$\left|\left(x+\frac{1}{n}\right)^n\right|\leqslant\left(q+\frac{1}{n}\right)^n,$$

而由柯西根式判别法知 $\sum\left(q+\dfrac{1}{n}\right)^n$ 收敛.

故原级数在 $[-q,q]$ 上一致收敛. 由拓广形式立得 $S(x)$ 在 $(-1,1)$ 内连续.

利用和函数连续性定理的逆否形式,还可以证明不一致收敛.

例 2　试证级数 $\sum\limits_{n=1}^{\infty}x^{2n}\ln x$ 在 $(0,1)$ 内不一致收敛,但可以逐项积分.

证法一　级数余和 $r_n(x)=\sum\limits_{k=n+1}^{\infty}x^{2k}\ln x=\dfrac{x^{2(n+1)}}{1-x^2}\ln x,$

取 $x_n=\sqrt{1-\dfrac{1}{n}}$, $r_n(x_n)=\dfrac{n}{2}\left(1-\dfrac{1}{n}\right)^{n+1}\ln\left(1-\dfrac{1}{n}\right)\to-\dfrac{1}{2\mathrm{e}}(n\to\infty),$

故 $r_n(x)$ 在 $(0,1)$ 上不一致收敛于 0. $R_n(x)=\sum\limits_{k=n+1}^{\infty}x^{2k}\ln x=\dfrac{x^2\ln x}{1-x^2}x^{2n}$, $\dfrac{x^2\ln x}{1-x^2}$ 在 $(0,1)$ 连续,有界,知 $|R_n(x)|\leqslant Mx^{2n}$,从而

$$\left|\int_0^1 R_n(x)\mathrm{d}x\right|\leqslant\int_0^1|R_n(x)|\,\mathrm{d}x\leqslant M\int_0^1 x^{2n}\mathrm{d}x=\frac{M}{2n+1}\to 0.$$

又 $\int_0^1 x^{2n}\ln x\mathrm{d}x=-\dfrac{1}{(2n+1)^2}$,

故有 $\int_0^1 S(x)\mathrm{d}x=\int_0^1\dfrac{x^2\ln x}{1-x^2}\mathrm{d}x=-\sum\limits_{n=1}^{\infty}\dfrac{1}{(2n+1)^2}=1-\dfrac{\pi^2}{8}.$

原结论得证.

证法二　当 $0<x<1$ 时,$u_n(x)=x^{2n}\ln x$ 是以 x^2 为公比的等比级数.

和为 $S(x)=\dfrac{x^2\ln x}{1-x^2}(0<x<1)$,而 $S(1)=0$,

$$S(1-0)=\lim_{x\to 1^-}\frac{x^2\ln x}{1-x^2}=-\frac{1}{2}\neq S(1),$$

由于 $u_n(x)=x^{2n}\ln x$ 在 $x=1$ 连续,且级数在 $x=1$ 收敛,若在 $(0,1)$ 一致收敛的话,一定有 $S(1-0)=S(1)$,故矛盾. 其中道理参见下述拓广形式之二.

拓广定理之二　设 $u_n(x)$ 在 $[a,b]$ 连续,$\sum u_n(x)$ 在 (a,b) 内一致收敛,则其和函数在 $[a,b]$ 连续.

或依据下述的逐项取极限定理:

设级数 $\sum u_n(x)$ 在 x_0 的某个空心邻域 $U^0(x_0)$ 内一致收敛,$\lim\limits_{x\to x_0}u_n(x)=c_n$,则 $\sum c_n$ 收敛,且 $\lim\limits_{x\to x_0}\sum u_n(x)=\sum\lim\limits_{x\to x_0}u_n(x)=\sum c_n$.

注　该例若从和函数在开区间 $(0,1)$ 的连续性则推不出在 $(0,1)$ 内不一致收敛.

逐项取极限定理证明:

$1°$ 因 $\sum u_n(x)$ 在 $U^0(x_0)$ 内一致收敛,依 Cauchy 准则,$\forall\varepsilon>0$,$\exists N>0$,$n>N$ 时,

$\forall p=1,2,\cdots,\forall x\in U^0(x_0)$,有 $\left|\sum\limits_{k=n+1}^{n+p}u_k(x)\right|<\varepsilon$. 令 $x\to x_0$,得 $\left|\sum\limits_{k=n+1}^{n+p}c_k\right|\leqslant\varepsilon$.

仍由 Cauchy 准则知级数 $\sum c_n$ 收敛,其和记为 c.

$2°$ 补充定义 $u_n(x_0) = c_n$,则 $u_n(x)$ 在 x_0 处连续,依 $1°$ 证明,当 $n > N$ 时,$\forall p = 1,2,\cdots,\forall x \in U(x_0)$,恒有

$$\left| \sum_{k=n+1}^{n+p} u_k(x) \right| \leqslant \varepsilon,$$

此即 $\sum u_n(x)$ 在 $U(x_0)$ 内一致收敛,从而和函数 $S(x)$ 在 x_0 处连续.

或分析: $| S(x) - c | \leqslant | S(x) - S_n(x) | + | S_n(x) - \sum_{k=1}^{n} c_k | + | \sum_{k=1}^{n} c_k - c | < \cdots < \varepsilon$

(当 $0 < | x - x_0 | < \delta$ 时).

例 3 设函数列 $\{f_n\}$ 在 **R** 上一致收敛于 $f(x)$,且 $f_n(x)$ 在 **R** 上一致连续,证明极限函数 $f(x)$ 也在 **R** 上一致连续.

证明 $\forall \varepsilon > 0, \exists N, \text{s. t. } \forall x \in \mathbf{R}$,有 $| f_N(x) - f(x) | < \dfrac{\varepsilon}{3}$,

又 $f_N(x)$ 在 **R** 上一致连续知,$\exists \delta > 0, \forall x', x''$,只要 $| x' - x'' | < \delta$,就有

$$| f_N(x') - f_N(x'') | < \frac{\varepsilon}{3},$$

因此:

$| f(x') - f(x'') | \leqslant | f(x') - f_N(x') | + | f_N(x') - f_N(x'') | + | f_N(x'') - f(x'') | < \varepsilon,$

即 $f(x)$ 在 **R** 上一致连续.

例 4 设 $\varphi_n(x)$ 满足

(1) $\varphi_n(x) \in C[0,1], \varphi_n(x) \geqslant 0$;

(2) $\varphi_n(1) = 1$;

(3) $\forall x \in [0,1], \{\varphi_n(x)\}$ 关于 n 单调下降.

如果 $\sum a_n$ 收敛,则

$$\lim_{x \to 1^-} \sum a_n \varphi_n(x) = \sum a_n.$$

证明 只要证明 $\sum a_n \varphi_n(x)$ 在 $[0,1]$ 上一致收敛,由 $\sum a_n$ 收敛,又由(1)、(3) 知,$\forall x \in [0,1], \forall n$,有 $0 \leqslant \varphi_n(x) \leqslant \varphi_1(x) \leqslant \max_{0 \leqslant x \leqslant 1} \{\varphi_1(x)\}$,由 Abel 判别法知 $\sum a_n \varphi_n(x)$ 在 $[0,1]$ 上一致收敛,故

$$\lim_{x \to 1^-} \sum a_n \varphi_n(x) = \sum \lim_{x \to 1^-} a_n \varphi_n(x) = \sum a_n \varphi_n(1) = \sum a_n.$$

二、和函数的可积性及换序

定理 2 若函数项级数 $\sum u_n(x)$ 在 $[a,b]$ 一致收敛,每一项 $u_n(x)$ 连续,则和函数可积,且 $\displaystyle\int_a^b \sum u_n(x)\mathrm{d}x = \sum \int_a^b u_n(x)\mathrm{d}x$.

函数列情形:设 $f_n \in C[a,b]$ 且 $f_n \rightrightarrows f(x \in [a,b])$,则

$$\int_a^b f(x)\mathrm{d}x = \int_a^b \lim_{n \to \infty} f_n(x)\mathrm{d}x = \lim_{n \to \infty} \int_a^b f_n(x)\mathrm{d}x.$$

例 5　证明函数列

$$f_n(x) = \frac{1}{e^{\frac{x}{n}} + \left(1 + \frac{x}{n}\right)^n},$$

在 $[0,1]$ 上一致收敛并且求极限 $\lim\limits_{n\to\infty}\int_0^1 \frac{\mathrm{d}x}{e^{\frac{x}{n}} + \left(1 + \frac{x}{n}\right)^n}$.

证明　首先易求出 $\{f_n(x)\}$ 的极限函数是 $f(x) = \dfrac{1}{1 + e^x}, x \in [0,1]$.

该极限函数在 $[0,1]$ 上连续，$f_n(x)$ 也连续，故尝试用 Dini 定理或 §5.2 例 6 的结论来推证 $f_n(x) \rightrightarrows f(x)$，那么，判断 $\{f_n(x)\}\ \forall x \in [0,1]$ 关于 n 单调和 $\{f_n(x)\}\ \forall n = 1, 2, \cdots$ 是单调函数何者容易呢？

解一　令 $g_n(x) = \dfrac{1}{f_n(x)} = e^{\frac{x}{n}} + \left(1 + \frac{x}{n}\right)^n$,

$g'_n(x) = \dfrac{1}{n}e^{\frac{x}{n}} + \left(1 + \frac{x}{n}\right)^{n-1} > 0\quad (x \in [0,1])$，故 $g_n(x)$ 单调递增，

$f_n(x)$ 在 $[0,1]$ 上严格单调递减，收敛于连续函数 $f(x)$. 由 §5.2 例 6 知，$f_n(x) \rightrightarrows f(x)$. 于是，积分和极限可以换序：

$$\lim_{n\to\infty}\int_0^1 f_n(x)\mathrm{d}x = \int_0^1 \frac{\mathrm{d}x}{1 + e^x} = 1 + \ln\frac{2}{1 + e}.$$

解二　若 $\forall x \in [0,1]$，要考虑数列 $\{f_n(x)\}_{n=1}^\infty$ 或 $\{g_n(x)\}_{n=1}^\infty$ 的单调性将难以处理（试一试）.

因为 $\{e^{\frac{x}{n}}\}$ 关于 n 是单调递减，$\left\{\left(1 + \frac{x}{n}\right)^n\right\}$ 关于 n 又是单调递增，从而其和的单调性不明确.

若记 $g_n^*(x) = e^{\frac{x}{n}}, g_n^{**}(x) = \left(1 + \frac{x}{n}\right)^n$，则易知 $g_n^*(x)$ 单调递减 1，$g_n^{**}(x)$ 单调递增 $e^x\ (n \to +\infty)$.

由 Dini 定理知，$g_n^*(x) \rightrightarrows 1, g_n^{**} \rightrightarrows e^x$，进而由上一节 §5.2 习题 8 知

$$f_n(x) = \frac{1}{g_n(x)} \rightrightarrows \frac{1}{1 + e^x}(x \in [0,1], n \to +\infty).$$

这种证法充分利用了一致收敛的运算性质，值得大家留意.

注 1°　一致收敛只是积分号和极限可换序之充分条件，对于不一致收敛的函数列，结论可能真也可能不真.

如 $f_n(x)$ 作角状函数列，$f_n(x) = \begin{cases} 2n^2 x, & 0 \leqslant x < \dfrac{1}{2n} \\ 2n^2\left(\dfrac{1}{n} - x\right), & \dfrac{1}{2n} \leqslant x < \dfrac{1}{n}, \\ 0, & \dfrac{1}{n} \leqslant x \leqslant 1 \end{cases}$

$$\lim_{n\to\infty}\int_0^1 f_n(x)\mathrm{d}x = \frac{1}{2} \neq \int_0^1 \lim_{n\to+\infty}f_n(x)\mathrm{d}x = 0,$$

又如 $f_n(x) = nx\mathrm{e}^{-nx}$，$x \in [0,1]$，$f_n(x) \to 0$ 但不一致收敛.

（因 $\| f_n(x) - 0 \| = f_n\left(\dfrac{1}{n}\right) = \dfrac{1}{\mathrm{e}}$ 不趋近于 0），但

$$\lim_{n \to \infty}\int_0^1 f_n(x)\mathrm{d}x = \lim_{n \to \infty}\left(\frac{1 - \mathrm{e}^{-n}}{n} - \mathrm{e}^{-n}\right) = 0.$$

2° 逐项求积，逐项求导定理在级数求和（尤其是幂级数）中极为有用，以后详述.

三、和函数的可导性，逐项求导

定理 3　给定函数项级数 $\sum u_n(x)$，假若满足

(i) 每项 $u_n(x)$ 在 $[a,b]$ 上连续可导（即导函数连续）；

(ii) $\sum u_n(x)$ 至少在某点 x_0 收敛；

(iii) 导级数 $\sum u'_n(x)$ 在 $[a,b]$ 一致收敛.

则 $\sum u_n(x)$ 亦一致收敛，且

$$\left(\sum u_n(x)\right)' = \sum u'_n(x).$$

证明　转换成部分和函数列的等价命题如下：

$[a,b]$ 上函数列 $\{S_n(x)\}$ 每一项都有连续导数，$S_n(x_0) \to A$，$\{S'_n(x)\}$ 一致收敛于 $\sigma(x)$，则 $\{S_n(x)\}$ 也一致收敛于 $S(x)$，并且 $S'(x) = \sigma(x)$. 因为

$$S_n(x) = S_n(x_0) + \int_{x_0}^x S'_n(t)\mathrm{d}t\,(x \in [a,b]).$$

令 $n \to \infty$，由 $S'_n(x) \rightrightarrows \sigma(x)$ 得知 $S_n(x)$ 的极限函数 $S(x)$ 存在

$$S(x) = S(x_0) + \int_{x_0}^x \sigma(t)\mathrm{d}t,$$

故 $S'(x) = \sigma(x)$. 又由于

$$| S_n(x) - S(x) | \leqslant | S_n(x_0) - S(x_0) | + \int_{x_0}^x | S'_n(t) - \sigma(t) | \,\mathrm{d}t,$$

易得出 $S_n(x) \rightrightarrows S(x)\,(x \in [a,b])$.

注1　既然该定理的结论是 $\sum u_n(x)$ 一致收敛，那么条件 (ii) 在某点 x_0 收敛换为处处收敛无妨；

2　若少了条件 (iii)，哪怕 $\sum u_n(x)$ 一致收敛，仍得不出逐项可导结论.

反例 $\sum \dfrac{\sin(2^n \pi x)}{2^n}$ 在 $\mathbf{R}$ 上一致收敛，逐项求导以后的级数却发散.

例 6　给定级数 $\sum_{n=1}^{\infty} n\mathrm{e}^{-nx}\,(x > 0)$ 试讨论其收敛性及和函数的可导性；并求 $\int_{\ln 2}^{\ln 3} S(x)\mathrm{d}x$.

解一　先分析点态收敛性，易证 $n\mathrm{e}^{-nx} = o\left(\dfrac{1}{n^2}\right)\,(n \to \infty)$，故级数在 $(0,\infty)$ 上处处收敛. 又通项

$$u_n(x) = n\mathrm{e}^{-nx} \| u_n \| \geqslant u_n\left(\frac{1}{n}\right) = \frac{n}{\mathrm{e}} \to +\infty,$$

级数在 $(0,+\infty)$ 上不一致收敛,但 $\forall \delta > 0$,当 $x \in [\delta, +\infty)$ 时,

$$|u_n(x)| \leqslant n e^{-n\delta} = \frac{n}{1 + n\delta + \dfrac{n^2 \delta^2}{2!} + \dfrac{n^3 \delta^3}{3!} + \cdots} < \frac{6}{\delta^3} \frac{1}{n^2},$$

知级数在 $[\delta, +\infty)$ 一致收敛.

下面考虑导级数的一致收敛情况,类似上述处理方法得出 $\sum\limits_{n=1}^{\infty} n^2 e^{-nx}$ 亦在 $[\delta, +\infty)$ 上一致收敛.

故 $S(x)$ 在 $[\delta, +\infty)$ 上可导,由 δ 之任意性,立得 $S(x)$ 在 $(0, +\infty)$ 上可导(其实还是任意阶可导).

最后,逐项求积分 $\displaystyle\int_{\ln 2}^{\ln 3} \sum_{n=1}^{\infty} n e^{-nx} \mathrm{d}x = \sum_{n=1}^{\infty} \int_{\ln 2}^{\ln 3} n e^{-nx} \mathrm{d}x = \sum_{n=1}^{\infty} \left(\frac{1}{2^n} - \frac{1}{3^n} \right) = \frac{1}{2}.$

解二 此级数可以直接求出和函数,进而积分.令

$$t = e^{-x}, \quad \sum_{n=1}^{\infty} n t^n = t \left(\sum_{n=1}^{\infty} t^n \right)' = t \left(\frac{t}{1-t} \right)' = \frac{t}{(1-t)^2},$$

$$S(x) = \frac{e^{-x}}{(1 - e^{-x})^2} = \frac{e^x}{(e^x - 1)^2},$$

$$\int_{\ln 2}^{\ln 3} S(x) \mathrm{d}x = \int_2^3 \frac{\mathrm{d}u}{(u-1)^2} = \frac{1}{2}.$$

例 7 (复旦大学 1996 年) 设 $f(x) = \displaystyle\sum_{n=1}^{\infty} (-1)^{n-1} \frac{e^{-nx}}{n}$,试求:

(1) $f(x)$ 的连续范围;(2) $f(x)$ 的可导范围.

解 (1) 利用 Abel 判别法取 $a_n(x) = \dfrac{(-1)^{n-1}}{n}, b_n(x) = e^{-nx}$.

在 $[0, \infty)$ 上,$|e^{-nx}| \leqslant 1$ 一致有界,故在 $[0, \infty)$ 上原级数一致收敛,从而和函数在其定义域 $[0, \infty)$ 上处处连续.

(2) 导级数 $\displaystyle\sum_{n=1}^{\infty} (-1)^{n-1} e^{-nx} (-1) = \sum_{n=1}^{\infty} (-e^{-x})^n = -\frac{1}{1 + e^x} (x > 0),$

以下考虑导级数的一致收敛性,其余和记为 $r_n(x)$. 因为 $\left| u_n\left(\dfrac{1}{n}\right) \right| = \dfrac{1}{e} \nrightarrow 0$,故 $u_n(x)$ 在 $x > 0$ 上不一致收敛于 0,从而导级数在 $x > 0$ 上亦不一致收敛.

$|r_n(x)| \leqslant e^{-(n+1)x}$(因为 $\{e^{-nx}\}_{n=1}^{\infty}$ 关于 n 单调减趋于 0)

限定 $x \in [\delta, +\infty)$(δ 为任取之正数) 知

$$|r_n(x)| \leqslant e^{-(n+1)x} \leqslant e^{-(n+1)\delta} \to 0,$$

得知导级数在 $[\delta, +\infty)$ 上一致收敛.所以原级数的和函数 $f(x)$ 在 $[\delta, +\infty)$ 上可导,依 δ 之任意性得知 f 在 $(0, \infty)$ 上处处可导,且

$$f'(x) = -\frac{1}{1 + e^x}.$$

注 1. 在 $x = 0$ 处 $f(x)$ 是否右可导呢?

若 $\lim\limits_{x \to 0^+} f'(x) = k$,则 $f_+'(0) = k, f'(x) = -\dfrac{1}{1 + e^x}, \lim\limits_{x \to 0^+} f'(x) = -\dfrac{1}{2},$

所以 $f_+{}'(0) = -\dfrac{1}{2}$；

2. $f(x)$ 的解析式（即原级数的求和）.

$$f(0) = \sum_{n=1}^{\infty} (-1)^{n-1} \frac{1}{n} = \ln 2,$$

$$f(x) = f(0) + \int_0^x f'(u) \mathrm{d}u = \ln 2 + \int_0^x \frac{-\mathrm{d}u}{1 + \mathrm{e}^u} = \ln(1 + \mathrm{e}^x) - x.$$

3. 从 $\ln(1 + u) = \displaystyle\sum_{n=1}^{\infty} (-1)^{n-1} \frac{u^n}{n}$ $(-1 < u \leqslant 1)$.

令 $u = \mathrm{e}^{-x}$ 立得

$$\ln(1 + \mathrm{e}^{-x}) = \sum_{n=1}^{\infty} (-1)^{n-1} \frac{\mathrm{e}^{-nx}}{n},$$

即原级数的和函数是 $\ln(1 + \mathrm{e}^x) - x$.

通过比较发现，利用现成的 Taylor 展开式求和是最快捷的途径！

四、杂例

例 8　证明：若多项式序列 $\{p_n(x)\}$ 在 $(-\infty, +\infty)$ 上一致收敛于连续函数 $f(x)$，则 $f(x)$ 也必为多项式.

分析　由一致收敛性，$\exists N$，使 $n > N$ 时，$|p_n(x) - p_N(x)| < 1 (x \in \mathbf{R})$，

这表明 $p_n(x) (n > N)$ 与 $p_N(x)$ 只能相差一个常数.

证明　如上，$\exists c_n$，s.t. $p_n(x) - p_N(x) = c_n (n > N)$，

令 $n \to \infty$，$c = \lim_{n \to \infty} c_n = \lim_{n \to \infty}(p_n(x) - p_N(x))$

$$= \lim_{n \to \infty}(p_n(0) - p_N(0)) = f(0) - p_N(0),$$

$$f(x) = \lim_{n \to \infty} p_n(x) = \lim_{n \to \infty}(p_N(x) + c_n) = p_N(x) + f(0) - p_N(0).$$

注　此例说明 Weierstrass 逼近定理：闭区间 $[a, b]$ 上的连续函数可以用代数多项式 $p_n(x)$ 一致逼近，在无穷区间 $\mathbf{R}$ 上不再成立.

例 9　设 $\{x_n\} \subset \left(-\dfrac{\pi}{2}, \dfrac{\pi}{2}\right)$，且 $\{x_n\}$ 在 $\left(-\dfrac{\pi}{2}, \dfrac{\pi}{2}\right)$ 内部没有聚点，又 $\sum c_n$ 绝对收敛，讨论函数 $f(x) = \sum c_n |\sin(x - x_n)|$ 在 $\left(-\dfrac{\pi}{2}, \dfrac{\pi}{2}\right)$ 内的可微性.

解　易知级数 $\sum c_n |\sin(x - x_n)|$ 在 $\left(-\dfrac{\pi}{2}, \dfrac{\pi}{2}\right)$ 内一致收敛，

通项 $u_n(x) = c_n |\sin(x - x_n)|$ 仅在一个点 x_n 处不可微.

其部分和序列 $S_N(x) = \displaystyle\sum_{n=1}^{N} c_n |\sin(x - x_n)|$ 则仅在点 $x_1, x_2, \cdots, x_N$ 处不可微，在其他点皆可微.

由 x_N 是 $\{x_n\}$ 的孤立点知，$\exists \delta_N > 0$，使 $U(x_N, \delta_N) \subset \left(-\dfrac{\pi}{2}, \dfrac{\pi}{2}\right)$，且 $\forall n \neq N$，$x_n \notin U(x_N; \delta_N)$. 从而 $u_n(x) = c_n |\sin(x - x_n)|$（等于 $c_n \sin(x - x_n)$ 或 $-c_n \sin(x - x_n)$）在 $U(x_N, \delta_N)$ 内可微.

由 $\sum c_n$ 的绝对收敛性知,导级数 $\sum\limits_{n\neq N} c_n(\mid \sin(x-x_n)\mid)'$ 在 $U(x_N,\delta_N)$ 内一致收敛.

因此 $\sum\limits_{n\neq N} c_n\mid\sin(x-x_n)\mid$ 在 $U(x_N,\delta_N)$ 内可微,进而在 x_N 点可微,于是 $f(x)$ 在点 x_N 处不可微,$(N=1,2,\cdots)$.

$$\forall \widetilde{x}\in\left(-\frac{\pi}{2},\frac{\pi}{2}\right),\text{且}\ \widetilde{x}\neq x_n(n=1,2,\cdots),$$

由 $\widetilde{x}$ 不是 $\{x_n\}$ 的聚点知,$\exists\delta>0$,使得 $U(\widetilde{x},\delta)\bigcap\{x_n\}=\varnothing$,类似前面讨论知,$f(x)$ 在点 $\widetilde{x}$ 处可微.

例 10 设 $\{f_n(x)\}$ 为 $[a,b]$ 上一致收敛的连续函数列,则 $\{f_n(x)\}$ 在 $[a,b]$ 等度连续.

分析

$$\mid f_n(x)-f_n(y)\mid\leqslant\mid f_n(x)-f_N(x)\mid+\mid f_N(x)-f_N(y)\mid+\mid f_N(y)-f_n(y)\mid,$$

故由一致收敛的 Cauchy 准则,$\forall\varepsilon>0$,$\exists N,n\geqslant N$ 时,

$$\mid f_n(x)-f_N(x)\mid<\frac{\varepsilon}{3}(x\in[a,b]),$$

而 $f_N(x)$ 在 $[a,b]$ 上必一致连续,$\exists\delta_0>0$,当 $\mid x-y\mid<\delta_0$ 时,有

$$\mid f_N(x)-f_N(y)\mid<\frac{\varepsilon}{3},$$

这样,$n\geqslant N$ 时,$\exists\delta_0>0$,只要 $\mid x-y\mid<\delta_0$ 时,必有 $\mid f_n(x)-f_n(y)\mid<\varepsilon$,当 $1\leqslant n<N$ 时,每个 $f_n(x)$ 在 $[a,b]$ 连续,进而一致连续,从而存在 $\delta_n>0$,当 $\mid x-y\mid<\delta_n$ 时,

$$\mid f_n(x)-f_n(y)\mid<\varepsilon\ (n=1,2,\cdots,N-1),$$

取 $\delta=\min\{\delta_0,\delta_1,\cdots,\delta_{N-1}\}$,当 $\mid x-y\mid<\delta$ 时,$\forall n\geqslant 1$,有

$$\mid f_n(x)-f_n(y)\mid<\varepsilon,$$

综合此结果与 §5.2 例 9 的注记,可知:

定理 4 $[a,b]$ 上的连续函数列 $\{f_n(x)\}$ 一致收敛的充分必要条件是 $\{f_n(x)\}$ 是等度连续的.

在本节的最后,我们介绍一个由 Weierstrass 给出的处处连续却无处可导的函数的例子:

$$f(x)=\sum_{n=0}^{\infty}a^n\cos(b^n\pi x),$$

其中 $0<a<1$,b 是一个奇整数,且有 $ab>1+\frac{3}{2}\pi$.另外的一些例子还可以参阅[18].

习题 5.3

1. 证明 $S(x) = \sum_{n=1}^{\infty} \dfrac{x + n(-1)^n}{x^2 + n^2}$ 在 $\mathbf{R}$ 上处处连续.

2. 求级数 $\sum_{n=0}^{\infty} \dfrac{x^{2^n}}{1 - x^{2^{n+1}}}$ 的收敛域,并求和函数.

3. 设(1) $\sum u_n(x)$ 在 $[a, b]$ 收敛,在 $[a, b-\delta]$ 上一致收敛;

   (2) $u_n(x)$ 连续;

   (3) 部分和一致有界,

   则 $\sum u_n(x)$ 可以逐项求积

$$\int_a^b \sum u_n(x)\,\mathrm{d}x = \sum \int_a^b u_n(x)\,\mathrm{d}x.$$

4. 设 f 在 $\mathbf{R}$ 上任意阶可导,记 $g_n(x) = f^{(n)}(x)$,在任何区间内,$g_n(x) \Rightarrow \varphi(x)$. 证明 $\varphi(x) = ce^x$(c 为常数).

5. 设函数 f 在 $\mathbf{R}$ 上任意阶可导,且 $|f^{(n)}(x) - f^{(n-1)}(x)| < \dfrac{1}{n^2}$,求 $\lim\limits_{n \to \infty} f^{(n)}(x)$.

6. 假定 $\{\varphi_n(x)\}$ 满足:

   (1) $\varphi_n(x)$ 在 $[-1, 1]$ 非负连续且 $\lim\limits_{n \to \infty} \int_{-1}^{1} \varphi_n(x)\,\mathrm{d}x = 1$;

   (2) $\forall c \in (0, 1)$,$\{\varphi_n(x)\}$ 在 $[-1, -c] \cup [c, 1]$ 一致收敛于 0.

   证明:$\forall g \in C[-1, 1]$,有 $\lim\limits_{n \to \infty} \int_{-1}^{1} g(x)\varphi_n(x)\,\mathrm{d}x = g(0)$.

7. 设对任意 n,$f_n(x)$ 在 $[a, b]$ 有界,且 $f_n \Rightarrow f$,证明

   (1) $f_n(x)$ 在 $[a, b]$ 有界,(或等价命题 f_n 在 $[a, b]$ 一致有界)

   (2) $\lim\limits_{n \to \infty} \sup\limits_{a \leqslant x \leqslant b} f_n(x) = \sup\limits_{a \leqslant x \leqslant b} \lim\limits_{n \to \infty} f_n(x)$.　　　　　　　　　(华东师范大学 1999 年)

8. 设 $f_n(x)$ 在 $[a, b]$ 上 R- 可积,且在 $[a, b]$ 上一致收敛于 $f(x)$,则 $f(x)$ 在 $[a, b]$ 上也 R- 可积.

9. 设连续函数列 $f_n(x)$ 在 $[a, b]$ 处处收敛,$\forall \delta > 0$,$\{f_n\}$ 在 $[a, b-\delta]$ 上一致收敛,又存在 $[a, b]$ 上的 R- 可积函数 $g(x)$,使得 $|f_n(x)| \leqslant g(x)$. 试证:

$$\lim\limits_{n \to \infty} \int_a^b f_n(x)\,\mathrm{d}x = \int_a^b \lim\limits_{n \to \infty} f_n(x)\,\mathrm{d}x.$$

注　试比较实变函数中的勒贝格控制收敛定理:

设 E 上可测函数列 $\{f_n(x)\}$ 收敛于 $f(x)$,且存在 L- 可积函数 $g(x)$,使得

$$|f_n(x)| \leqslant g(x)\,(x \in E),$$

则 $f(x)$ 可积,且

$$\int_E f(x)\,\mathrm{d}m = \lim \int_E f_n(x)\,\mathrm{d}m.$$

没有一致收敛条件,却仍可以换序,这个结果当然更漂亮.

10. 设 $f(x)$ 与 $f_n(x)$ 都在 $[a,b]$ 上连续, $f_n(x)$ 在 $[a,b]$ 上一致收敛到 $f(x)$ 的充分必要条件是 $\forall x \in [a,b]$ 及 $\{x_n\} \subset [a,b]$,只要 $x_n \to x$,就有 $\lim\limits_{n \to \infty} f_n(x_n) = f(x)$.

11. 证明级数 $\sum\limits_{n=1}^{\infty} x^n(1-x)^{2n}$ 在 $[0,1]$ 上一致收敛并且 $\sum\limits_{n=1}^{\infty} x^n(1-x)^{2n} < \dfrac{2}{11}$.

（上海大学 1999 年）

12. 证明:(1) 级数 $\sum\limits_{n=1}^{\infty} \dfrac{\sin^n x}{2^n}$ 在 $\mathbf{R}$ 上一致收敛;

(2) 存在 $\xi \in \left(0, \dfrac{\pi}{2}\right)$,使得 $\sum\limits_{n=1}^{\infty} \dfrac{n\cos\xi \cdot \sin^{n-1}\xi}{2^n} = \dfrac{2}{\pi}$.　　（东南大学 1999 年）

13. 设 $f(x) = \sum\limits_{n=1}^{\infty} 2^{-n}\sin(2^n x)$. 证明 $f(x)$ 在 $x = 0$ 处不可导.

（又及:在其他点处的可导性如何?）

14. 设 $f(x) = \sum\limits_{n=1}^{\infty} \dfrac{x^n}{n^2\ln(1+n)}$,证明 $f'_-(1)$ 不存在.

§5.4 幂级数·级数求和法

幂级数 $\sum a_n(x-x_0)^n$ 和 $\sum a_n x^n$ 只相差一个平移变换,故只需讨论 $\sum a_n x^n$ 的性质、收敛性、求和法.

幂级数包含三方面内容:

1.已知函数 $f(x)$ 在 $x=0$ 或 $x=x_0$ 的幂级数展开;

2.幂级数的性质(收敛半径、逐项可导、逐项可微等等);

3.幂级数及数项级数求和法.

对第一项内容,在 Taylor 展开部分已作了一定讨论,现只要掌握几个重要的幂级数展开式:e^x,$\sin x$,$\cos x$,$(1+x)^a$,$\ln(1+x)$,并记牢它们的收敛域.

本节主要研究第二、三项内容.

一、幂级数的收敛性与一致收敛性

1.幂级数的收敛半径与收敛范围

(1)柯西－阿达玛公式:收敛半径

$$R=\frac{1}{\varlimsup\limits_{n\to\infty}\sqrt[n]{|a_n|}} \tag{1}$$

特别,当极限存在时,可将上极限置换成极限;公式(1)中的分母允许取到 0 或 $+\infty$.

(2)$R=\lim\limits_{n\to\infty}\left|\dfrac{a_n}{a_{n+1}}\right|$(条件是该极限式存在).

(3)对区间的端点,要单独进行讨论(往往用交错级数的莱布尼兹判别法,或拉阿伯判别法等).

例1 求幂级数 $\sum a_n x^n$ 的收敛域,其中系数 $\{a_n\}$ 如下:

(1) $a_n=\dfrac{b^n}{n^2}+\dfrac{a^n}{n}$ $(a>0,b>0)$;

(2) $a_n=(-1)^n\left(1+\dfrac{1}{2}+\cdots+\dfrac{1}{n}\right)$;

(3) a_n 表示正整数 n 的因子的个数;

(4) a_n 表示 $(1+\sqrt{3})^{2n}$ 与离它距离最近的整数之差.

解 (1)若 $b\geqslant a$,则 $\varlimsup\sqrt[n]{|a_n|}=b$,所以 $R=\dfrac{1}{b}$.

当 $b>a$ 时,验证在 $x=\pm\dfrac{1}{b}$ 级数收敛,收敛区间为 $\left[-\dfrac{1}{b},\dfrac{1}{b}\right]$;

当 $b=a$ 时,$x=\dfrac{1}{b}$ 处,级数为 $\sum\left(\dfrac{1}{n}+\dfrac{1}{n^2}\right)$,发散;

$x = -\dfrac{1}{b}$ 处,级数为 $\sum (-1)^n \left(\dfrac{1}{n} + \dfrac{1}{n^2} \right)$,收敛.

故收敛区间为 $\left[-\dfrac{1}{b}, \dfrac{1}{b} \right)$.

若 $b < a$ 时,类似讨论.

(2) $1 \leqslant \sqrt[n]{|a_n|} \leqslant \sqrt[n]{n}$,故 $\lim\limits_{n \to \infty} \sqrt[n]{|a_n|} = 1$,$x = \pm 1$ 时,级数一般项不趋于 0,发散,收敛区间是 $(-1, 1)$.

(3) $1 \leqslant a_n \leqslant n$,故 $\lim\limits_{n \to \infty} \sqrt[n]{|a_n|} = 1$,同(2)理,收敛区间是 $(-1, 1)$.

(4) 由二项式定理

$$(\sqrt{3} + 1)^{2n} + (\sqrt{3} - 1)^{2n} = \sum_{k=0}^{2n} C_{2n}^k (\sqrt{3})^{2n-k} [1 + (-1)^k]$$

$$= 2 \sum_{k=0}^{n} C_{2n}^{2k} 3^{n-k} = A_n.$$

因为 $\lim (\sqrt{3} - 1)^{2n} = 0$,当 n 充分大时,A_n 即是离 $(\sqrt{3} + 1)^{2n}$ 最近的整数. 从而 $a_n = (\sqrt{3} - 1)^{2n}$,且 $\lim \sqrt[n]{a_n} = (\sqrt{3} - 1)^2$. 故收敛半径

$$R = \frac{1}{(\sqrt{3} - 1)^2} = \frac{(\sqrt{3} + 1)^2}{4}$$

当 $x = \dfrac{(\sqrt{3} + 1)^2}{4}$ 时,$a_n x^n = 1$,级数发散;$x = -\dfrac{(\sqrt{3} + 1)^2}{4}$ 时,$a_n x^n = (-1)^n$,级数也发散,故收敛域是 $\left(-\dfrac{(\sqrt{3} + 1)^2}{4}, \dfrac{(\sqrt{3} + 1)^2}{4} \right)$.

例 2　求级数 $\sum\limits_{n=1}^{\infty} \dfrac{1^n + 2^n + \cdots + 50^n}{n^2} \left(\dfrac{1-x}{1+x} \right)^n$ 的收敛区间.

解　由于 $1 \leqslant \sqrt[n]{\left(\dfrac{1}{50} \right)^n + \left(\dfrac{2}{50} \right)^n + \cdots + \left(\dfrac{49}{50} \right)^n + 1} \leqslant \sqrt[n]{50} \to 1$,及 $\sqrt[n]{n} \to 1$,

因此 $\lim\limits_{n \to \infty} \sqrt[n]{\dfrac{1^n + 2^n + \cdots + 50^n}{n^2}} = 50$. 又因 $\sum\limits_{n=1}^{\infty} \dfrac{1^n + 2^n + \cdots + 50^n}{n^2} \left(\dfrac{1}{50} \right)^n$ 收敛,故

$\sum\limits_{n=1}^{\infty} \dfrac{1^n + 2^n + \cdots + 50^n}{n^2} t^n$ 在 $\left[-\dfrac{1}{50}, \dfrac{1}{50} \right]$ 上收敛.

解不等式 $-\dfrac{1}{50} \leqslant \dfrac{1-x}{1+x} \leqslant \dfrac{1}{50}$,得原级数收敛区间为 $\left[\dfrac{49}{51}, \dfrac{51}{49} \right]$.

例 3　(缺项级数) 求级数 $\sum\limits_{n=1}^{\infty} n^{n^2} x^{n^3}$ 的收敛范围.

解　令 $a_k = \begin{cases} n^{n^2}, & k = n^3, \\ 0, & k \neq n^3 \end{cases}$,$(k = 1, 2, \cdots)$

$\varlimsup\limits_{k \to \infty} \sqrt[k]{|a_k|} = \lim\limits_{n \to \infty} \sqrt[n^3]{n^{n^2}} = \lim\limits_{n \to \infty} \sqrt[n]{n} = 1$,易知原级数收敛域 $(-1, 1)$.

2. 幂级数的一致收敛性

Abel 第二定理:设幂级数 $\sum a_n x^n$ 的收敛半径为 R,则该幂级数在其收敛区间内闭一致

收敛,又若级数在端点 R 处收敛,则它必在 $[a,R]$ $(-R < a < R)$ 上一致收敛.

例 4   讨论级数 $1 + \dfrac{1}{\sqrt[2]{2}\,x} + \dfrac{1}{\sqrt[4]{3}\,x^2} + \cdots + \dfrac{1}{2^n\,\sqrt{n+1}\,x^n} + \cdots$ 的收敛区域与一致收敛区域.

解   令 $t = \dfrac{1}{2x}$,原级数转换为幂级数 $\displaystyle\sum_{n=0}^{\infty} \dfrac{t^n}{\sqrt{n+1}}$,易求得其收敛区间是 $-1 \leqslant t < 1$,

即当 $x > \dfrac{1}{2}$ 或 $x \leqslant -\dfrac{1}{2}$ 时,原级数收敛.

由 Abel 第二定理知原级数在 $\left(-\infty, -\dfrac{1}{2}\right]$ 及 $\left(\dfrac{1}{2}, +\infty\right)$ 的内闭区间上一致收敛.

二、幂级数的和函数的性质

设 $S(x) = \sum a_n x^n$,收敛半径为 R.

1.和函数连续性

Abel 定理 $S(x)$ 在收敛区间上连续.

（若幂级数在端点处收敛,则和函数在该端点亦单边连续).

2.逐项可积性

3.逐项可导性

从上述 Abel 定理知,如果 $S(x) = \sum a_n x^n$ 在 $x = 1$ 处收敛,即数项级数 $\sum a_n = S$,那么就存在极限 $\lim\limits_{x \to 1^-} S(x) = S$,这就是说,从数项级数 $\sum a_n$ 的收敛性可以推断下列极限式成立:

$$\lim_{x \to 1^-} \sum a_n x^n = \sum_{n=0}^{\infty} a_n.$$

这其实是一个极限和 $\sum$ 的换序问题. 现在考虑反面的问题:如果已经知道存在极限 $\lim\limits_{x \to 1^-} S(x) = S$,问:能否推断 $\sum a_n = S$?

试分析例子:$\dfrac{1}{1+x} = 1 - x + x^2 - \cdots = \displaystyle\sum_{n=0}^{\infty} (-1)^n x^n \ (-1 < x < 1)$.

显然 $\lim\limits_{x \to 1^-} \dfrac{1}{1+x} = \dfrac{1}{2}$,但 $\displaystyle\sum_{n=0}^{\infty} (-1)^n$ 却不收敛,故一般而言,逆命题不成立.

但只需对幂级数的系数 a_n 给以一定条件,则某种类型的"Abel 定性的逆定理"还是成立的,请看下述例子.

例 5   设对 $0 < x < 1$ 时,有 $\sum a_n x^n = S(x)$,且 $\lim\limits_{x \to 1^-} S(x) = S$ 存在,试证由下述每个条件均可推出 $\sum a_n$ 收敛于 S.

(1) $a_n \geqslant 0$;

(2) $\lim na_n = 0$;

(3) $\lim \dfrac{1}{n}(a_1+2a_2+\cdots+na_n)=0.$

证明　(1) 因为 $a_n\geqslant 0$,故只要证明 $S_n=\displaystyle\sum_{k=0}^{n}a_k$ 有界,而 $S_n=\lim_{x\to 1^-}S_n(x)$,

故只要证明 $S_n(x)=\displaystyle\sum_{k=0}^{n}a_kx^k$ 在 $x=1$ 的某左邻域一致有界.

注意到在 $(1-\delta,1)$ 上有 $0<S_n(x)<S(x)$,故只要证 $S(x)$ 在 $(1-\delta,1)$ 有界,而这正是 $\lim_{x\to 1^-}S(x)$ 存在的直接推论.

在证明了 $\sum a_nx^n$ 在 $x=1$ 收敛后,由 Abel 定理必有 $\sum a_n=S$.

(2)、(3) 款的证明读者可以参阅 $[3]\,\S 5.6$ 节.限于篇幅,在此不证.

例 6　给定级数 $\displaystyle\sum_{n=1}^{\infty}\dfrac{(2n-1)!!}{(2n)!!}(-x)^n$,证明:

(1) $\dfrac{(2n-1)!!}{(2n)!!}<\dfrac{1}{\sqrt{2n+1}}$;

(2) 此级数的收敛域为 $(-1,1]$;

(3) 在 $(-1,1]$ 上此级数不一致收敛.　　　　　　　　　　(武汉大学 1996 年)

证明　(1) 以前已经证得,参见 $\S 1.1$ 例 4.

(2) $R=\lim\dfrac{a_n}{a_{n+1}}=1$,在 $x=1$ 处是交错级数 $\{a_n\}\to 0$,由莱布尼兹判别法知收敛.

在 $x=-1$ 处,$\displaystyle\sum_{n=1}^{\infty}\dfrac{(2n-1)!!}{(2n)!!}$ 如何判定敛散性呢?

解一　拉阿伯判别法 $\lim_{n\to\infty}n\left(\dfrac{a_n}{a_{n+1}}-1\right)=\dfrac{1}{2}<1$ 发散.

解二　$a_n^2=\dfrac{(2n-1)!!}{(2n)!!}\dfrac{(2n-1)!!}{(2n)!!}>\dfrac{1\cdot 3\cdot\cdots\cdot(2n-1)}{2\cdot 4\cdot\cdots\cdot(2n)}\dfrac{1}{2}\dfrac{2\cdot 4\cdot\cdots\cdot(2n-2)}{3\cdot\cdots\cdot(2n-1)}=\dfrac{1}{4n}$,

$a_n>\dfrac{1}{2\sqrt{n}}$ 于是 $\sum a_n$ 发散.

或 $a_n=\dfrac{(2n-1)!!}{(2n-2)!!}\dfrac{1}{2n}>\dfrac{1}{2n}$,从而也能得出 $\sum a_n$ 发散.

(3) 由于级数在 $x=-1$ 处发散,易知在 $(-1,1]$ 不一致收敛.

若用不一致收敛的定义,则有一定难度:

首先,通项 $u_n(x)$ 在 $(-1,1]$ 上一致收敛于 0.余项和 $r_n(x)=\displaystyle\sum_{k=n+1}^{\infty}a_k(-x)^k$.不一致收敛问题出在 $x=-1$ 附近,寻找一列 $\{x_n\}\subset(-1,1]$,使得 $r_n(x_n)$ 不趋近于 $0(n\to\infty)$ 即可.

现取 $x_n=-\dfrac{n}{n+1}$,

$$r_n(x_n)=\sum_{k=n+1}^{\infty}a_k\left(\dfrac{n}{n+1}\right)^k>\sum_{k=n+1}^{2n}\dfrac{1}{2k}\left(\dfrac{n}{n+1}\right)^k$$

$$>\sum_{k=n+1}^{2n}\dfrac{1}{2n\times 2}\left(\dfrac{n}{n+1}\right)^{2n}=\dfrac{1}{4}\left(\dfrac{n}{n+1}\right)^{2n}\to\dfrac{1}{4e^2}.$$

例 7 求幂级数 $\sum\limits_{n=1}^{\infty}(-1)^{n}\dfrac{(x+2)^{2n}}{n\cdot 3^{n+1}}$ 的收敛域与和函数. （北京科技大学 2001 年）

解 令 $t=\dfrac{(x+2)^{2}}{3}$，则原级数表达为 $\dfrac{1}{3}\sum\limits_{n=1}^{\infty}(-1)^{n}\dfrac{t^{n}}{n}=-\dfrac{1}{3}\ln(1+t)$.

此处利用了 $\ln(1+t)$ 的幂级数展开式.收敛域是 $-1<t\leqslant 1$ 即 $0\leqslant(x+2)^{2}\leqslant 3$，解出 x 的收敛域是 $[-2-\sqrt{3},-2+\sqrt{3}]$，和函数为 $S(x)=-\dfrac{1}{3}\ln\Big[1+\dfrac{(x+2)^{2}}{3}\Big]$.

注 本例的变量代换化简技巧值得仿效与思考，巧用已知函数的 Taylor 展开式亦值得留意.

三、幂级数求和法

1. 利用逐项求导和逐项求积分

例 8 计算无穷级数 $\sum\limits_{n=2}^{\infty}(-1)^{n}\dfrac{x^{n}}{n(n-1)}$ 之和 （$|x|<1$）.

解 $\forall\,|x|<1$，逐项求导 $S'(x)=\sum\limits_{n=2}^{\infty}(-1)^{n}\dfrac{x^{n-1}}{n-1}$ 利用基本展式或者再求一次导数 $S''(x)=\sum\limits_{n=2}^{\infty}(-1)^{n}x^{n-2}=\dfrac{1}{1+x}$，易知 $S'(x)=\ln(1+x)$. 故

$$S(x)=S(0)+\int_{0}^{x}S'(t)\mathrm{d}t=\int_{0}^{x}\ln(1+t)\mathrm{d}t=(x+1)\ln(x+1)-x,$$

在端点 ± 1 处，另行计算出 $S(1)=2\ln 2-1,S(-1)=1$.

例 9 求 $\sum\limits_{n=2}^{\infty}n(n+1)x^{n}$ 的和函数 $S(x)$.

解 该级数收敛区间 $(-1,1)\ \forall\,|x|<1$，逐项积分得

$$\int_{0}^{x}S(t)\mathrm{d}t=\sum\limits_{n=1}^{\infty}\int_{0}^{x}n(n+1)t^{n}\mathrm{d}t=\sum\limits_{n=1}^{\infty}nx^{n+1}=x^{2}\sum\limits_{n=1}^{\infty}nx^{n-1}$$

$$=x^{2}\Big(\sum\limits_{n=1}^{\infty}x^{n}\Big)'=x^{2}\Big(\dfrac{x}{1-x}\Big)'=\dfrac{x^{2}}{(1-x)^{2}},$$

所以

$$S(x)=\dfrac{\mathrm{d}}{\mathrm{d}x}\int_{0}^{x}S(t)\mathrm{d}t=\Big[\dfrac{x^{2}}{(1-x)^{2}}\Big]'=\dfrac{2x}{(1-x)^{3}}\,(|x|<1).$$

2. 方程式法

要点：设法证明级数的和函数满足某个微分方程，然后解此方程.

例 10 求和 $S(x)=1+x+\dfrac{x^{2}}{2}+\dfrac{x^{3}}{1\times 3}+\dfrac{x^{4}}{2\times 4}+\dfrac{x^{5}}{1\times 3\times 5}+\dfrac{x^{6}}{2\times 4\times 6}+\cdots$.

解 收敛区间 $(-\infty,+\infty)$，逐项求导知

$$S'(x)=1+xS(x),\text{且 }S(0)=1$$

依据伯努利方程 $y'+p(x)y=Q(x)$ 的通解公式

$$y=\mathrm{e}^{-\int p(x)\mathrm{d}x}\Big[\int Q(x)\mathrm{e}^{\int p(x)\mathrm{d}x}\mathrm{d}x+c\Big].$$

现在 $p(x) = -x, Q(x) = 1$, 且 $S(0) = 1$, 得出 $S(x) = \mathrm{e}^{\frac{x^2}{2}}\left(\int_0^x \mathrm{e}^{-\frac{t^2}{2}}\mathrm{d}t + 1\right)$.

3. 三角级数求和法

例 11 求和 $\sum_{k=1}^{\infty} q^k \sin kx \mid q \mid < 1$, 及 $\sum_{k=1}^{\infty} \dfrac{\sin kx}{k!}$.

解 令 $z = \mathrm{e}^{\mathrm{i}x} = \cos x + \mathrm{i}\sin x$(欧拉公式),

$$H = \sum_{k=1}^{\infty} q^k z^k = \sum_{k=1}^{\infty} (q\mathrm{e}^{\mathrm{i}x})^k = \frac{q\mathrm{e}^{\mathrm{i}x}}{1 - q\mathrm{e}^{\mathrm{i}x}},$$

得知

$$\sum_{k=1}^{\infty} q^k \sin kx = \mathrm{Im}H(z) = \frac{q\sin x}{1 - 2q\cos x + q^2},$$

又由复函数 Taylor 展开式 $\mathrm{e}^z = \sum_{k=0}^{\infty} \dfrac{z^k}{k!}$ 知

$$\sum_{k=0}^{\infty} \frac{\sin kx}{k!} = \mathrm{Im}\mathrm{e}^z = \mathrm{Im}\mathrm{e}^{\cos x + \mathrm{i}\sin x} = \mathrm{e}^{\cos x}\sin(\sin x).$$

4. 利用级数的柯西乘积公式

例 12 求 $\sum_{n=1}^{\infty}\left(1 + \dfrac{1}{2} + \dfrac{1}{3} + \cdots + \dfrac{1}{n}\right)x^n$ 的和函数.

解 $a_n = 1 + \dfrac{1}{2} + \dfrac{1}{3} + \cdots + \dfrac{1}{n}, 1 < a_n < n$,

由迫敛性知

$$\lim \sqrt[n]{a_n} = 1,$$

从而收敛半径 $R = 1$, 端点 ± 1 处显然发散. 所以级数的收敛域是 $(-1, 1)$. 联想级数的乘积公式: $\forall x \in (-1, 1)$, 如下的两个幂级数

$$1 + x + x^2 + \cdots = \frac{1}{1-x},$$

$$x + \frac{x^2}{2} + \cdots + \frac{x^n}{n} + \cdots + = -\ln(1-x),$$

皆绝对收敛(乃幂级数之性质), 相乘立得:

$$\sum_{n=1}^{\infty}\left(1 + \frac{1}{2} + \frac{1}{3} + \cdots + \frac{1}{n}\right)x^n = -\frac{\ln(1-x)}{1-x}.$$

注 从 $\dfrac{\ln(1-x)}{1-x}$ 作幂级数展开要容易得多, 反向求和则难度较大. 这类似于将 $f(x) = \dfrac{\pi - x}{2}(0 < x < 2\pi)$ 作 Fourier 展开式, 以及反向问题: 求三角级数 $\sum \dfrac{\sin nx}{n}$ 之和函数.

若将题目改成:

$$\sum_{n=1}^{\infty}\left(1 + \frac{1}{2!} + \frac{1}{3!} + \cdots + \frac{1}{n!}\right)x^n$$

或

$$\sum_{n=1}^{\infty}(-1)^n\left(1+\frac{1}{2}+\frac{1}{3}+\cdots+\frac{1}{n}\right)x^n$$

又将如何求和？

四、数项级数求和法

1. 拆项相消法

例 13　求和 $\displaystyle\sum_{n=1}^{\infty}\frac{1}{n(n+1)(n+2)}$.

解　由 $\dfrac{1}{n(n+1)(n+2)}=\dfrac{1}{2}\left[\dfrac{1}{n(n+1)}-\dfrac{1}{(n+1)(n+2)}\right]$ 知和为 $\dfrac{1}{4}$.

一般地，设 $u_n=\dfrac{1}{a_n a_{n+1}\cdots a_{n+p}}$，其中 $\{a_n\}$ 是以 d 为公差的等差数列，那么利用

$$u_n=\frac{1}{pd}\left(\frac{1}{a_n a_{n+1}\cdots a_{n+p-1}}-\frac{1}{a_{n+1}a_{n+2}\cdots a_{n+p}}\right)$$

便可以拆项相消.

例 14　求和 $\displaystyle\sum_{n=1}^{\infty}\arctan\frac{1}{n^2+n+1}$.

解　由于

$$\arctan\frac{1}{n^2+n+1}=\arctan\frac{n+1-n}{1+n(n+1)}$$
$$=\arctan(n+1)-\arctan n,$$

易知

$$\sum_{n=1}^{\infty}\arctan\frac{1}{n^2+n+1}=\lim_{n\to\infty}[\arctan(n+1)-\arctan 1]=\frac{\pi}{4}.$$

2. 利用 Abel 第二定理即和函数连续性计算

欲求 $\displaystyle\sum a_n$，先求出幂级数 $\displaystyle\sum a_n x^n$ 在 $(-1,1)$ 内的和函数 $S(x)$，然后令 $x\to 1^-$，取极限得出 $\displaystyle\sum a_n=\lim_{x\to 1^-}S(x)$.

例 15　求 $S=1-\dfrac{1}{4}+\dfrac{1}{7}-\dfrac{1}{10}+\cdots$.

解　构造函数 $S(x)=x-\dfrac{x^4}{4}+\dfrac{x^7}{7}-\cdots$ 收敛区间 $(-1,1]$，当 $|x|<1$ 时，逐项求导

$$S'(x)=1-x^3+x^6-\cdots=\frac{1}{1+x^3},$$

所以

$$S(x)=\int_0^x\frac{\mathrm{d}t}{1+t^3}=\frac{1}{3}\ln(1+x)-\frac{1}{6}\ln(1-x+x^2)+\frac{1}{\sqrt{3}}\left(\arctan\frac{2x-1}{\sqrt{3}}+\frac{\pi}{6}\right)$$

$$S=S(1)=\frac{1}{3}\ln 2+\frac{\pi}{3\sqrt{3}}.$$

更一般地,笔者曾探讨一类所谓的等间距交错级数 $u_1 + u_2 + \cdots + u_q - u_{q+1} - u_{q+2} - \cdots - u_{2q} + u_{2q+1} + \cdots$(其中 q 为某自然数,$u_n \geqslant 0$)的收敛性及求和法,推广了莱布尼兹交错级数收敛性判别法,并就 u_n 是等差正整数列的倒数的情形推导了一般求和公式. 在此撷取两个结果:

$$1 + \frac{1}{2} + \frac{1}{3} - \frac{1}{4} - \frac{1}{5} - \frac{1}{6} + \frac{1}{7} + \frac{1}{8} + \frac{1}{9} - \cdots = \frac{2\pi}{3\sqrt{3}} + \frac{1}{3}\ln 2;$$

$$\frac{1}{2} + \frac{1}{3} + \frac{1}{4} - \frac{1}{5} - \frac{1}{6} - \frac{1}{7} + \frac{1}{8} + \frac{1}{9} + \frac{1}{10} - \cdots = 1 - \frac{1}{3}\ln 2.$$

对相关结论有兴趣的读者可以参阅[21].

例 16 求和 $S = \frac{1}{2 \times 3} - \frac{2}{3 \times 4} + \frac{3}{4 \times 5} - \frac{4}{5 \times 6} + \cdots$.

解 令 $f(x) = \sum\limits_{n=1}^{\infty} (-1)^{n+1} \frac{n}{(n+1)(n+2)} x^{n+2}, x \in (-1,1]$,

在 $(-1,1)$ 内逐项求导两次,得

$$f''(x) = \sum\limits_{n=1}^{\infty} (-1)^{n+1} n x^n = \frac{x}{(1+x)^2},$$

求积分两次得出 $f(x) = (x+2)\ln(1+x) - 2x$,所以所求的和 $S = f(1) = 3\ln 2 - 2$.

3. 利用欧拉常数

设 $H_n = 1 + \frac{1}{2} + \cdots + \frac{1}{n}$,则 $H_n = \ln n + C + \varepsilon_n$,其中 C 为欧拉常数,$\varepsilon_n \to 0 (n \to +\infty)$.

例 17 求 $S = \sum\limits_{k=1}^{\infty} \frac{1}{k(2k+1)}$.

解一 由 $\frac{1}{k(2k+1)} = \frac{1}{k} - \frac{2}{2k+1}$,

$$\sum\limits_{k=1}^{n} \frac{1}{2k+1} = H_{2n+1} - \frac{1}{2} H_n - 1,$$

$$S_n = \sum\limits_{k=1}^{n} \frac{1}{k(2k+1)} = H_n - 2\left(H_{2n+1} - \frac{1}{2} H_n - 1\right)$$

$$= 2H_n - 2H_{2n+1} + 2$$

$$= 2[\ln n - \ln(2n+1) + 1 + o(1)] \to 2(1 - \ln 2).$$

解二 令

$$f(x) = \sum\limits_{k=1}^{\infty} \frac{x^{2k+1}}{k(2k+1)} x \in [-1,1]$$

逐项求导方法亦可以解得.

4. 利用 Fourier 级数

Fourier 级数的相关知识将在下一节中详加叙述,本段仅提供一个用 Fourier 级数求解数项级数和的例子.

例 18 将 $[0,\pi]$ 上的函数 $f(x) = x$ 展成余弦级数,并求和 $\sum\limits_{n=1}^{\infty} \frac{1}{n^2}, \sum\limits_{n=1}^{\infty} \frac{1}{n^4}$.

解 先将 $f(x)$ 扩充成 $[-\pi, \pi]$ 上的偶函数 $f(x) = |x|$,依

$$a_n = \frac{2}{\pi} \int_0^\pi x \cos nx \, dx = \frac{2}{n^2 \pi} [(-1)^n - 1] (n \geqslant 1), a_0 = \pi,$$

$$x = \frac{\pi}{2} - \frac{4}{\pi} \sum_1^\infty \frac{\cos(2n-1)x}{(2n-1)^2} (0 \leqslant x \leqslant \pi),$$

令 $x = 0$,同样得出

$$\sum_1^\infty \frac{1}{(2n-1)^2} = \frac{\pi^2}{8},$$

若记

$$S_1 = \sum_{n=1}^\infty \frac{1}{(2n-1)^2}, S_2 = \sum_{n=1}^\infty \frac{1}{(2n)^2}, S = \sum_{n=1}^\infty \frac{1}{n^2},$$

则

$$S_1 + S_2 = S, S_2 = \frac{1}{4} S \Rightarrow S = \frac{4}{3} S_1 = \frac{4}{3} \times \frac{\pi^2}{8} = \frac{\pi^2}{6}.$$

而利用 Parseval 等式 $\quad \dfrac{a_0^2}{2} + \sum_{n=1}^\infty (a_n^2 + b_n^2) = \dfrac{1}{\pi} \int_{-\pi}^\pi f^2(x) \, dx$,得

$$\frac{\pi^2}{2} + \frac{16}{\pi^2} \sum_{n=1}^\infty \frac{1}{(2n-1)^4} = \frac{1}{\pi} \int_{-\pi}^\pi x^2 \, dx,$$

化简得出

$$\sum_{n=1}^\infty \frac{1}{(2n-1)^4} = \frac{\pi^4}{96}.$$

同上求 $\sum \dfrac{1}{n^2}$ 的拆分法,可得 $\displaystyle\sum_{n=1}^\infty \frac{1}{n^4} = \frac{\pi^4}{90}.$

习题 5.4

1. 试求三角级数 $\sum\limits_{n=1}^{\infty} \dfrac{\sin nx}{n}$ 的和.（思考：$\sum\limits_{n=1}^{\infty} \dfrac{\cos nx}{n}$ 的和又如何求？）

2. 求和 $\sum\limits_{n=1}^{\infty} \dfrac{(-1)^n(n^2-n+1)}{2^n}$. 　　　　　　　　　　（1993 年数学（一））

3. 求幂级数 $\sum\limits_{n=2}^{\infty} \dfrac{(-1)^n}{n(n-1)} x^n$ 的和函数.

4. 求幂级数 $\sum\limits_{n=1}^{\infty} (-1)^n \left(1+\dfrac{1}{2}+\cdots+\dfrac{1}{n}\right) x^n$ 的和函数.

5. 设有级数 $\sum\limits_{n=2}^{\infty} \dfrac{b^n}{n(n-1)} (x+1)^n \,(0<b<1)$，求收敛域及和函数.

6. 求级数 $\sum\limits_{n=0}^{\infty} \dfrac{n^2+1}{2^n n!}$ 的和.

7. 求级数 $\sum\limits_{n=1}^{\infty} \dfrac{(3+(-1)^n)^n}{n} x^n$ 的和函数.

8. 求函数项级数 $\sum\limits_{1}^{\infty} \dfrac{(n+1)3^n}{n(x+1)^n}$ 的收敛域及和函数.

9. 将 $f(x)=x(\pi-x)$ 　$(x\in(0,\pi))$ 展开成正弦级数并求和 $\sum\limits_{n=1}^{\infty} \dfrac{(-1)^{n-1}}{(2n-1)^3}$.

10. 验证 $y(x)=\sum\limits_{0}^{\infty} \dfrac{x^{3n}}{(3n)!}$ 满足微分方程 $y''+y'+y=\mathrm{e}^x$，据此求出 $y(x)$.

　　　　　　　　　　　　　　　　　　　　　　　　（2002 年数学（一））

11. 将级数 $1-\dfrac{1}{2}+\dfrac{1}{3}-\dfrac{1}{4}+\cdots$ 的各项重排，使先依次出现 p 个正项，再出现 q 个负项，

　　然后如此交替，试证新级数的和为 $\ln 2+\dfrac{1}{2}\ln\dfrac{p}{q}$.

12. 设 $f(x)$ 在 $\mathbf{R}$ 上无穷次可微且 $\exists M>0.$ s.t. $\forall k\geqslant 0,\forall x\in\mathbf{R}$ 有 $|f^{(k)}(x)|\leqslant M$，以及 $\exists$ 点列 $\{x_n\}, x_n\to 0$，有 $f(x_n)\equiv 0(n=1,2,3,\cdots)$. 则 $f(x)\equiv 0(x\in\mathbf{R})$.

　　思考：若 $\{x_n\}$ 两两互异，但缺少 $x_n\to 0$ 的条件，相应结论是否仍能成立？

§5.5 Fourier 级数的收敛性、逐项积分等

函数项级数的一致收敛性在研究和函数的性质时非常有效. 如函数的连续性、可导性以及逐项积分、逐项求导等等. 对幂级数的一致收敛性, 我们已经有了清晰的了解. 本节将要介绍 Fourier 级数的相应知识点尤其将着重关注一致收敛性、逐项积分等, 并给出 Fourier 级数的一些重要应用.

一、Fourier 级数基本概念暨点态收敛性等

1. Fourier 系数

设 $f(x)$ 是 $[-\pi, \pi]$ 上按段连续的函数, 其 Fourier 系数是

$$a_n = \frac{1}{\pi} \int_{-\pi}^{\pi} f(x) \cos nx \, dx \, (n = 0, 1, 2, \cdots) \tag{1}$$

$$b_n = \frac{1}{\pi} \int_{-\pi}^{\pi} f(x) \sin nx \, dx \, (n = 1, 2, 3, \cdots) \tag{2}$$

则 $f(x)$ 导出的 Fourier 级数为

$$f(x) \sim \frac{a_0}{2} + \sum_{n=1}^{\infty} (a_n \cos nx + b_n \sin nx) \tag{3}$$

2. 正弦(余弦) 级数

当 $f(x)$ 是 $[-\pi, \pi]$ 上偶函数时, $b_n = 0$, 得余弦级数;

当 $f(x)$ 是 $[-\pi, \pi]$ 上奇函数时, $a_n = 0$, 得正弦级数.

3. 正弦(余弦) 展开

当 $f(x)$ 是定义于 $[0, \pi]$ 上的函数, 则可分别作奇延拓或偶延拓, 将 $f(x)$ 展开成正弦级数或余弦级数, 如欲展成余弦级数, 可先作偶延拓再作周期延拓, 利用下面公式

$$a_n = \frac{2}{\pi} \int_0^{\pi} f(x) \cos nx \, dx \, (n = 0, 1, 2, \cdots).$$

即可.

4. Fourier 级数之收敛性.

定理 1　如果 $f(x)$ 是在 $[-\pi, \pi]$ 上按段光滑的以 2π 为周期的周期函数, 则从 $f(x)$ 导出的 Fourier 级数处处收敛, 且

$$\frac{f(x+0) + f(x-0)}{2} = \frac{a_0}{2} + \sum_{n=1}^{\infty} (a_n \cos nx + b_n \sin nx) \tag{4}$$

特别地, 在 $f(x)$ 的连续点处则收敛于 $f(x)$ 本身(回归).

5. Parseval 等式

定理 2　若周期 2π 的函数 $f(x)$ 满足上述收敛性定理的条件, 则有

$$\frac{a_0^2}{2} + \sum_{n=1}^{\infty} (a_n^2 + b_n^2) = \frac{1}{\pi} \int_{-\pi}^{\pi} f^2(x) \, dx \tag{5}$$

(5) 式称为 Parseval 等式,也称为封闭性公式.其实它从本质上反映的是正交三角函数系 $1,\cos x,\sin x,\cos 2x,\sin 2x,\cdots$ 的完备性.

读者不妨在 $f(x)$ 的 Fourier 级数一致收敛或者 f 处处连续的条件下证明(5)式.

注 若 $f(x)$ 仅仅可积的条件,则成立如下的 Bessel 不等式

$$\frac{a_0^2}{2} + \sum_{n=1}^{\infty}(a_n^2 + b_n^2) \leqslant \frac{1}{\pi}\int_{-\pi}^{\pi} f^2(x)\mathrm{d}x \qquad (6)$$

Bessel 不等式的证明只需从下式出发并利用三角函数系的正交性

$$\int_{-\pi}^{\pi}\left[f(x) - \frac{a_0}{2} - \sum_{n=1}^{\infty}(a_n\cos nx + b_n\sin nx)\right]^2\mathrm{d}x \geqslant 0.$$

由此可以看出,可积函数 $f(x)$ 的 Fourier 系数 $a_n \to 0, b_n \to 0(n \to +\infty)$.

二、Fourier 级数的一致收敛性

依据函数项级数一致收敛性的 Weierstrass 判别法,易得如下两个有关 Fourier 级数一致收敛性的判别法则.

命题 1 若 $f(x)$ 的 Fourier 系数满足 $\sum(|a_n|+|b_n|)<+\infty$,则 $f(x)$ 的 Fourier 级数在 $\mathbf{R}$ 上一致收敛.

命题 2 若 $f(x)$ 以 2π 为周期且二阶连续可导,则 $f(x)$ 的 Fourier 级数一致收敛.

证 以 $a_n, b_n; a'_n, b'_n; a''_n, b''_n$ 分别代表函数 $f(x), f'(x), f''(x)$ 的傅里叶系数,则有(见本节习题10):

因为 $\qquad a'_0 = a''_0 = 0,\ a'_n = nb_n,\ b'_n = -na_n,$

$\qquad\qquad\qquad a''_n = nb'_n = -n^2 a_n,$

$\qquad\qquad\qquad b''_n = -na'_n = -n^2 b_n,$

所以 $\qquad a_n = -\dfrac{1}{n^2}a''_n,\ b_n = -\dfrac{1}{n^2}b''_n,$

因为 $\qquad\qquad \sum[(a''_n)^2 + (b''_n)^2] < +\infty,$

所以 $\qquad\qquad \{a''_n\}, \{b''_n\}$ 必有界

从而 $\sum(|a_n|+|b_n|)<+\infty.$

证得 $f(x)$ 的 Fourier 级数一致收敛.

上述两个结论的不足之处在于条件偏强,适用面狭窄,而且命题 1 必须先求出 f 的 Fourier 系数.我们当然希望寻求更为一般的一致收敛性判据.

欲证 $f(x)$ 的 Fourier 级数一致收敛,和函数 $f(x)$ 的连续性是必要的.

又对于点态收敛而言,按段光滑又是"少不了的",我们自然关注这种按段光滑的连续函数其 Fourier 级数是否一致收敛.

定理 3 以 2π 为周期的,按段光滑的连续函数 $f(x)$ 的 Fourier 级数,在 $\mathbf{R}$ 上一致收敛于 $f(x)$.

证明 因为 $a_n = -\dfrac{1}{n}b'_n,\ b_n = \dfrac{1}{n}a'_n,$

$$|a_n|+|b_n| = \frac{1}{n}(|a'_n|+|b'_n|) \leqslant \frac{1}{2n^2} + (|a'_n|^2 + |b'_n|^2),$$

所以 $\sum(\mid a_n \mid + \mid b_n \mid) < +\infty.$

从而 $f(x)$ 的 Fourier 级数一致收敛.

三、Fourier 级数的逐项可积性

Fourier 级数作为函数项级数的特殊情形,当一致收敛时,自然逐项可积分,但是对 Fourier 级数却有如下的结果:

定理 4 设 $f(x)$ 是按段连续的以 2π 为周期的函数.

$$f(x) \sim \frac{a_0}{2} + \sum_{n=1}^{\infty}(a_n \cos nx + b_n \sin x),$$

则对任意的 a 和 x,都有

$$\int_a^x f(t)\mathrm{d}t = \int_a^x \frac{a_0}{2}\mathrm{d}t + \sum_{n=1}^{\infty}\int_a^x(a_n\cos nt + b_n\sin nt)\mathrm{d}t \tag{7}$$

分析 (7) 式即为

$$\int_a^x f(t)\mathrm{d}t = \frac{a_0}{2}(x-a) + \sum_{n=1}^{\infty}\left[\frac{a_n}{n}(\sin nx - \sin na) - \frac{b_n}{n}(\cos nx - \cos na)\right],$$

不妨设 $a=0$,上式又简化为

$$\int_0^x f(t)\mathrm{d}t = \frac{a_0}{2}x + \sum_{n=1}^{\infty}\left[-\frac{b_n}{n}(\cos x - 1) + \frac{a_n}{n}\sin nx\right]$$

$$= \frac{a_0}{2}x + \sum_{n=1}^{\infty}\frac{b_n}{n} + \sum_{n=1}^{\infty}\left(-\frac{b_n}{n}\cos nx + \frac{a_n}{n}\sin nx\right),$$

但右边函数并不是周期的.

若令 $F(x) = \int_0^x f(t)\mathrm{d}t - \frac{a_0}{2}x,$

则上式就成了

$$F(x) = \sum_{n=1}^{\infty}\frac{b_n}{n} + \sum_{n=1}^{\infty}\left(-\frac{b_n}{n}\cos nx + \frac{a_n}{n}\sin nx\right).$$

此为 $F(x)$ 的 Fourier 级数展开式.

证明 令 $F(x) = \int_0^x\left[f(t) - \frac{a_0}{2}\right]\mathrm{d}t,$

则 $F(\pi) = F(-\pi)$,且 $F(x)$ 就是 2π 的周期函数.

(因为 $F(\pi) - F(-\pi) = \int_{-\pi}^{\pi}f(t)\mathrm{d}t - \pi a_0 = 0$)

因为 $f(x)$ 按段连续,即在 $(-\pi,\pi)$ 上除去有限个点外,$F'(x) = f(x)$. 于是 $F(x)$ 是 2π 为周期的、按段光滑的连续函数.

所以 $$F(x) = \frac{A_0}{2} + \sum_{n=1}^{\infty}(A_n\cos nx + B_n\sin nx) \tag{8}$$

A_n, B_n 为 $F(x)$ 的 Fourier 系数,易知:$A_n = -\frac{b_n}{n}$,$B_n = \frac{a_n}{n}$,

在 (8) 中,令 $x=0$,$F(0)=0$ 代入:

$$\frac{A_0}{2} = -\sum_{n=1}^{\infty}A_n = \sum_{n=1}^{\infty}\frac{b_n}{n},$$

所以　$F(x) = \sum\limits_{n=1}^{\infty} \dfrac{a_n \sin nx + b_n(1 - \cos nx)}{n} = \sum\limits_{n=1}^{\infty} \int_0^x (a_n \cos nt + b_n \sin nt)\mathrm{d}t$，

最终得

$$\int_0^x f(t)\mathrm{d}t = \int_0^x \frac{a_0}{2}\mathrm{d}t + \sum_{n=1}^{\infty} \int_0^x (a_n \cos nt + b_n \sin nt)\mathrm{d}t.$$

例 1　利用 $f(x) = x(-\pi < x < \pi)$ 的 Fourier 级数展开式求 $g(x) = x^2(-\pi \leqslant x \leqslant \pi)$ 的 Fourier 级数展开式.

解　已知 $x = 2\sum\limits_{n=1}^{\infty} \dfrac{(-1)^{n-1}}{n}\sin nx\,(-\pi < x < \pi)$，

两边求积分：

$$\int_0^x t\,\mathrm{d}t = 2\int_0^x \sum_{n=1}^{\infty} \frac{(-1)^{n-1}}{n}\sin nt\,\mathrm{d}t$$

$$= 2\sum_{n=1}^{\infty} \frac{(-1)^{n-1}}{n} \cdot \int_0^x \sin nt\,\mathrm{d}t = 2\sum_{n=1}^{\infty} \frac{(-1)^{n-1}}{n^2}(1 - \cos nx)，$$

所以　　　　　　　$x^2 = 4\sum\limits_{n=1}^{\infty} \dfrac{(-1)^{n-1}}{n^2} - 4\sum\limits_{n=1}^{\infty} \dfrac{(-1)^{n-1}}{n^2}\cos nx$，

即有　　　　　　　$x^2 = \dfrac{\pi^2}{3} - 4\sum\limits_{n=1}^{\infty} \dfrac{(-1)^{n-1}}{n^2}\cos nx\,(-\pi \leqslant x \leqslant \pi).$

注　定理 4 的条件可以放宽为只要 $f(x)$ 可积即行，即凡是 Fourier 级数都是逐项可积分的.

四、Fourier 级数的逐项可导性

定理 5　设 $f(x)$ 是以 2π 周期的可导函数，并且导函数 $f'(x)$ 按段光滑

$$f(x) = \frac{a_0}{2} + \sum_{n=1}^{\infty}(a_n \cos nx + b_n \sin nx)，$$

则 $\forall x \in \mathbf{R}$，有

$$\frac{1}{2}\left[f'(x+0) + f'(x-0)\right] = \sum_{n=1}^{\infty}(nb_n \cos nx - na_n \sin nx) \tag{9}$$

即 $f'(x)$ 的 Fourier 级数展开可由 $f(x)$ 的 Fourier 级数逐项求导而得.

证明　从 $f(x)$ 和 $f'(x)$ 的 Fourier 系数的关系，可得

$$f'(x) \sim \sum_{n=1}^{\infty}(nb_n \cos nx - na_n \sin nx)，$$

利用 Fourier 级数的收敛性定理，立知(9)式成立.

例 2　证明 $\sum\limits_{k=0}^{\infty} \dfrac{\cos(2k+1)x}{(2k+1)^2} = \dfrac{\pi}{8}(\pi - 2\,|\,x\,|)(-\pi \leqslant x \leqslant \pi).$

分析　左右两边都是偶函数，故只要证明 $0 \leqslant x \leqslant \pi$ 时成立.

证法一　直接作 $f(x) = \dfrac{\pi}{8}(\pi - 2x)(0 \leqslant x \leqslant \pi)$ 的余弦展开.

证法二　记 $S(x) = \sum\limits_{k=0}^{\infty} \dfrac{\cos(2k+1)x}{(2k+1)^2}$，

由 Weierstrass 判别法知级数一致收敛,但导级数不一致收敛,故而未必逐项可导.尝试作形式导级数 $-\sum\limits_{k=0}^{\infty} \dfrac{\sin(2k+1)x}{2k+1} = -\dfrac{\pi}{4}, 0 < x < \pi$ 时,逐项积分之,可得所要结论.

正解　　因为 $\dfrac{\pi}{4} = \sum\limits_{k=0}^{\infty} \dfrac{\sin(2k+1)x}{2k+1}(0 < x < \pi)$,

两边逐项积分之:

$$\int_0^x \dfrac{\pi}{4} \mathrm{d}t = \sum\limits_{k=0}^{\infty} \int_0^x \dfrac{\sin(2k+1)t}{2k+1} \mathrm{d}t = \sum\limits_{k=0}^{\infty} \dfrac{1 - \cos(2k+1)x}{(2k+1)^2},$$

即 $\dfrac{\pi}{4}x = \dfrac{\pi^2}{8} - \sum\limits_{0}^{\infty} \dfrac{\cos(2k+1)x}{(2k+1)^2}$,移项立得所要证结论.

证法三　　先考虑函数 x^2 在两个不同区间上的 Fourier 级数展开:

当 $-\pi \leqslant x \leqslant \pi$ 时,$x^2 = \dfrac{\pi^2}{3} + 4 \sum\limits_{1}^{\infty} (-1)^n \cdot \dfrac{1}{n^2} \cos nx$,

当 $0 < x < 2\pi$ 时,$x^2 = \dfrac{4\pi^2}{3} + 4 \sum\limits_{1}^{\infty} \left(\dfrac{\cos nx}{n^2} - \dfrac{\pi \sin nx}{n} \right)$,

限定在 $0 < x < \pi$ 上时,上述两式的右边相等.

并利用

$$\sum\limits_{n=1}^{\infty} \dfrac{\sin nx}{n} = \dfrac{\pi - x}{2},$$

化简可得

$$\sum\limits_{k=0}^{\infty} \dfrac{\cos(2k+1)x}{(2k+1)^2} = \dfrac{\pi(\pi - 2x)}{8}(0 < x < \pi),$$

进一步地将上述级数再逐项积分,得

$$\sum\limits_{k=0}^{\infty} \dfrac{\sin(2k+1)x}{(2k+1)^3} = \dfrac{\pi}{8}x(\pi - x)(0 \leqslant x \leqslant \pi),$$

利用正弦级数的奇性,可得在 $[-\pi, \pi]$ 上

$$\sum\limits_{k=0}^{\infty} \dfrac{\sin(2k+1)x}{(2k+1)^3} = \dfrac{\pi}{8}x(\pi - |x|)(|x| \leqslant \pi),$$

在上式中,令 $x = \dfrac{\pi}{2}$ 得到

$$\sum\limits_{k=0}^{\infty} \dfrac{(-1)^k}{(2k+1)^3} = \dfrac{\pi^3}{32}.$$

奇怪的是,$\sum\limits_{k=0}^{\infty} \dfrac{1}{(2k+1)^3}$ 以及 $\sum\limits_{n=1}^{\infty} \dfrac{1}{n^3}$ 的和还求不出来.

注　　证法二、证法三采用的都是逐项积分,关键是对 Fourier 级数进行逐项积分,看不清时,不妨作形式的导级数.只要导级数收敛,则原 Fourier 级数一定可以逐项求导数.和一般函数项级数的逐项可导相比,少了"导级数要一致收敛"条件.对于这样有个性的知识点,读者要特别关注.

五、Parseval 等式在级数求和中的应用

例3　　利用 x^2 在 $[-\pi, \pi]$ 上的展开式,求和 $\sum\limits_{n=1}^{\infty} \dfrac{1}{n^4}$.

解一　因为 $x^2 = \dfrac{\pi^2}{3} + 4\displaystyle\sum_{n=1}^{\infty} \dfrac{(-1)^n}{n^2}\cos nx\,(-\pi \leqslant x \leqslant \pi)$,

所以 $\dfrac{1}{\pi}\displaystyle\int_{-\pi}^{\pi} x^4 \mathrm{d}x = \dfrac{1}{2}\left(\dfrac{2}{3}\pi^2\right)^2 + 16\displaystyle\sum_{n=1}^{\infty} \dfrac{1}{n^4}$,

解得 $\displaystyle\sum_{n=1}^{\infty} \dfrac{1}{n^4} = \dfrac{\pi^4}{90}$.

解二　从 $\dfrac{\pi-x}{2} = \displaystyle\sum_{n=1}^{\infty} \dfrac{\sin nx}{n}\,(0 < x < 2\pi)$ 逐项积分,

可得 $\displaystyle\sum_{n=1}^{\infty} \dfrac{\cos nx}{n^2} = \dfrac{\pi^2}{6} - \dfrac{\pi}{2}x + \dfrac{x^2}{4}\,(0 \leqslant x \leqslant 2\pi)$,

在 $[0, x]$ 上继续积分:

$$\dfrac{\pi^2}{6}x - \dfrac{1}{4}\pi x^2 + \dfrac{x^3}{12} = \sum_{n=1}^{\infty} \dfrac{1}{n^3}\sin nx\,(0 \leqslant x \leqslant 2\pi),$$

再积分:

$$\dfrac{\pi^2}{12}x^2 - \dfrac{\pi}{12}x^3 + \dfrac{x^4}{48} = \sum_{n=1}^{\infty} \dfrac{1 - \cos nx}{n^4},$$

令 $x = \pi$, 代入得

$$\dfrac{\pi^4}{48} = 2\sum_{k=1}^{\infty} \dfrac{1}{(2k-1)^4},$$

于是

$$\sum_{k=1}^{\infty} \dfrac{1}{(2k-1)^4} = \dfrac{\pi^4}{96} = I',$$

又记 $\displaystyle\sum_{k=1}^{\infty} \dfrac{1}{(2k)^4} = I'' = \dfrac{1}{16}(I' + I'')$ 得 $I'' = \dfrac{I'}{15}$,

所以

$$I = \sum_{n=1}^{\infty} \dfrac{1}{n^4} = I' + I'' = \dfrac{16}{15}I' = \dfrac{\pi^4}{90}$$

六、Fourier 级数的综合应用举例

最后, 我们举两个例子说明 Fourier 级数的其他一些应用.

先介绍函数 $\cos ax\,(|x| \leqslant \pi, 0 < a < 1)$ 的 Fourier 级数展开式:

$$\cos ax = \dfrac{\sin a\pi}{\pi}\left[\dfrac{1}{a} + \sum_{n=1}^{\infty} (-1)^n \dfrac{2a}{a^2 - n^2}\cos nx\right].$$

具体推导请读者完成.

例 4　设 $0 < a < 1$, 求证:

(1) $\dfrac{\pi}{\sin a\pi} = \dfrac{1}{a} + \displaystyle\sum_{n=1}^{\infty} (-1)^n \dfrac{2a}{a^2 - n^2}$;

(2) $\dfrac{1}{\sin x} = \dfrac{1}{x} + \displaystyle\sum_{n=1}^{\infty} (-1)^n \dfrac{2x}{x^2 - n^2\pi^2}\,(0 < x < \pi)$;

(3) $\displaystyle\int_{-\infty}^{\infty} \dfrac{\sin x}{x}\mathrm{d}x = \pi$.

证明　（1）在 $\cos ax$ 的 Fourier 级数展开式中令 $x = 0$ 即得.

（2）$\forall\, 0 < x < \pi$，取 $a = \dfrac{x}{\pi}$，代入（1）问结论立得.

（3）将（2）的结果改写为 $1 = \dfrac{\sin x}{x} + \sum\limits_{n=1}^{\infty} (-1)^n \dfrac{2x\sin x}{x^2 - n^2\pi^2}$，

由 Weierstrass 判别法，上式右端级数在 $0 \leqslant x \leqslant \pi$ 上一致收敛，故在 $[0,\pi]$ 上可以逐项积分

$$\int_0^\pi \frac{\sin x}{x}\mathrm{d}x + \sum_{n=1}^{\infty} (-1)^n \int_0^\pi \frac{2x\sin x}{x^2 - n^2\pi^2}\mathrm{d}x = \pi,$$

于是 $\displaystyle\int_{-\infty}^{\infty} \frac{\sin x}{x}\mathrm{d}x = \int_0^\pi \frac{\sin x}{x}\mathrm{d}x + \sum_{n=1}^{\infty}\int_{n\pi}^{(n+1)\pi} \frac{\sin x}{x}\mathrm{d}x + \sum_{n=1}^{\infty}\int_{-n\pi}^{-(n-1)\pi} \frac{\sin x}{x}\mathrm{d}x,$

$$= \int_0^\pi \frac{\sin x}{x}\mathrm{d}x + \sum_{n=1}^{\infty} (-1)^n \int_0^\pi \left(\frac{\sin x}{x + n\pi} + \frac{\sin x}{x - n\pi} \right)\mathrm{d}x,$$

$$= \int_0^\pi \frac{\sin x}{x}\mathrm{d}x + \sum_{n=1}^{\infty} (-1)^n \int_0^\pi \frac{2x\sin x}{x^2 - n^2\pi^2}\mathrm{d}x = \pi.$$

注　积分 $\displaystyle\int_0^\infty \frac{\sin x}{x}\mathrm{d}x = \frac{\pi}{2}$ 被称为 Dirichlet 积分. 通常是通过对含参量积分

$I(\alpha) = \displaystyle\int_0^\infty \mathrm{e}^{-\alpha x} \frac{\sin x}{x}\mathrm{d}x\,(\alpha \geqslant 0)$ 求导数，先计算 $I'(\alpha)$，再求出 $I(\alpha)$，然后令 $\alpha = 0$ 算得. 在一般数学分析教材如[7]中都有介绍. 而本例中用 Fourier 级数的转换方法有点剑走偏锋的感觉，却不失其独特的品味.

例 5　设 $f(x)$ 在 $[a,b]$ 可积，证明 $\lim\limits_{n\to\infty}\displaystyle\int_a^b f(x)\,|\sin nx|\,\mathrm{d}x = \dfrac{2}{\pi}\int_a^b f(x)\mathrm{d}x.$

证明　先将 $|\sin nx|$ 展开为 Fourier 级数.

因为 $|\sin x| = \dfrac{2}{\pi} - \dfrac{4}{\pi}\sum\limits_{k=1}^{\infty} \dfrac{\cos 2kx}{(2k)^2 - 1}$，$\forall\, x \in \mathbf{R}$，

所以 $|\sin nx| = \dfrac{2}{\pi} - \dfrac{4}{\pi}\sum\limits_{k=1}^{\infty} \dfrac{\cos 2knx}{(2k)^2 - 1}$，

且级数一致收敛.

$$f(x)\,|\sin nx| = \frac{2}{\pi}f(x) - \frac{4}{\pi}\sum_{k=1}^{\infty} f(x)\cdot\frac{\cos 2knx}{4k^2 - 1},$$

因 $f(x)$ 有界，从而上述级数仍一致收敛，可逐项积分：

$$\int_a^b f(x)\,|\sin nx|\,\mathrm{d}x = \frac{2}{\pi}\int_a^b f(x)\mathrm{d}x - \frac{4}{\pi}\sum_{k=1}^{\infty}\int_a^b f(x)\frac{\cos 2knx}{4k^2 - 1}\mathrm{d}x \qquad (*)$$

又因 $\left| \displaystyle\int_a^b f(x)\cdot\frac{\cos 2knx}{4k^2 - 1}\mathrm{d}x \right| \leqslant \dfrac{M\cdot(b-a)}{4k^2 - 1}$，故级数（$*$）关于 n 一致收敛.

在（$*$）中令 $n \to \infty$，并利用 Riemann 引理，知

$$\lim_{n\to\infty}\int_a^b f(x)\cdot\frac{\cos 2knx}{4k^2 - 1}\mathrm{d}x = \frac{1}{4k^2 - 1}\lim_{n\to\infty}\int_a^b f(x)\cos 2knx\,\mathrm{d}x = 0,$$

所以　$\lim\limits_{n\to\infty}\displaystyle\int_a^b f(x)\,|\sin nx|\,\mathrm{d}x = \dfrac{2}{\pi}\int_a^b f(x)\mathrm{d}x.$

习题 5.5

1. 证明 $\displaystyle\sum_{n=1}^{\infty}\frac{\cos nx}{n^2}=\frac{1}{12}(2\pi^2-6\pi\mid x\mid+3x^2)(\mid x\mid\leqslant\pi)$

2. 利用 Fourier 级数的逐项积分求 $f(x)=x^3(\mid x\mid\leqslant\pi)$ 的 Fourier 展开式，并求

$$\sum_{n=1}^{\infty}\frac{(-1)^{n-1}}{(2n-1)^3}\text{ 与 }\sum_{n=1}^{\infty}\frac{1}{n^6}\text{ 的和.}$$

3. 写出 $f(x)=\begin{cases}1,\mid x\mid\leqslant\alpha,\\0,\alpha<\mid x\mid\leqslant\pi\end{cases}(0<\alpha<\pi)$ 的 Fourier 级数展开式，并依据 Parseval

等式求和 $\displaystyle\sum_{n=1}^{\infty}\frac{\sin^2 n\alpha}{n^2},\sum_{n=1}^{\infty}\frac{\sin^4 n\alpha}{n^4}.$

4. 求证：

(1) $\dfrac{\pi}{\tan a\pi}=\dfrac{1}{a}+\displaystyle\sum_{n=1}^{\infty}\dfrac{2a}{a^2-n^2}(0<a<1)$；

(2) $\cot x=\dfrac{1}{x}+\displaystyle\sum_{n=1}^{\infty}\dfrac{2x}{x^2-n^2\pi^2}(0<x<\pi)$；

(3) $\dfrac{1}{\sin^2 x}=\dfrac{1}{x^2}+\displaystyle\sum_{n=1}^{\infty}\left(\dfrac{1}{(x-n\pi)^2}+\dfrac{1}{(x+n\pi)^2}\right)(0<x<\pi).$

5. 设 $0<a<1$，证明

(1) $\displaystyle\int_0^1\frac{x^{a-1}+x^{-a}}{1+x}\mathrm{d}x=\frac{\pi}{\sin a\pi}$；　　　　(2) $\displaystyle\int_0^{\infty}\frac{x^{a-1}}{1+x}\mathrm{d}x=\frac{\pi}{\sin a\pi}.$

6. 求三角级数 $\displaystyle\sum_{n=1}^{\infty}\frac{\sin(2n-1)x}{2n-1}$ 的和函数.

7. 分别通过构建幂级数和傅立叶级数的方法求和：

$$1+\frac{1}{3}-\frac{1}{5}-\frac{1}{7}+\frac{1}{9}+\frac{1}{11}-\cdots$$

8. 设 $f(x)$ 在 $[-\pi,\pi]$ 上可积，试确定三角多项式

$$T_n(x)=\frac{\alpha_0}{2}+\sum_{k=1}^{n}(\alpha_k\cos kx+\beta_k\sin kx)$$

的系数以使积分 $\displaystyle\int_{-\pi}^{\pi}(f(x)-T_n(x))^2\mathrm{d}x$ 为最小.

9. 设 $f(x)$ 在任何有限区间 $[0,a]$ 上可积，在 $[0,+\infty)$ 上绝对可积，则

$$\lim_{n\to\infty}\int_0^{+\infty}f(x)\mid\sin nx\mid\mathrm{d}x=\frac{2}{\pi}\int_0^{+\infty}f(x)\mathrm{d}x.$$

10. 设 f 为 $[-\pi,\pi]$ 上光滑函数，且 $f(-\pi)=f(\pi)$. a_n、b_n 为 f 的傅里叶系数，a'_n、b'_n 为 f 的导函数 f' 的傅里叶系数. 证明：$a'_0=0,a'_n=nb_n,b'_n=-na_n(n=1,2,\cdots).$

§5.6   无穷乘积

一、基本概念

定义 1   给定一个数列 $u_1, u_2, \cdots, u_n, \cdots$，令

$$P_1 = u_1, P_2 = u_1 u_2, \cdots, P_n = u_1 u_2 \cdots u_n = \prod_{k=1}^{n} u_k \tag{1}$$

称上述 P_n 为部分乘积,而 $\prod\limits_{k=1}^{\infty} u_k$ 称为无穷乘积.

当 u_n 中有一个为 0 时,如 $u_{n_0} = 0$,则 $\forall n \geqslant n_0, P_n \equiv 0$.

不失一般性,我们可以假定 $\forall n \geqslant 1, u_n \neq 0$.

定义 2   (无穷乘积的收敛性)若 $\lim\limits_{n \to \infty} P_n = P \neq 0$,称无穷乘积收敛.

当 $\lim\limits_{n \to \infty} P_n$ 不存在或者存在等于 0 时,称无穷乘积发散.

请读者思考一下,为什么 $\lim\limits_{n \to \infty} P_n = 0$ 时,称 $\prod\limits_{n=1}^{\infty} u_n$ 是发散的呢?

例 1 $\prod\limits_{n=1}^{\infty} \left(1 - \dfrac{1}{n^2} \right)$ 收敛于 $\dfrac{1}{2}$.

解   部分乘积 $p_n = \dfrac{n+1}{2n}$.

例 2 $\prod\limits_{n=1}^{\infty} \left(1 - \dfrac{1}{2n} \right)$ 发散到 0,其部分积为 $\dfrac{(2n-1)!!}{(2n)!!}$.

例 3 $2 \times \dfrac{1}{2} \times 3 \times \dfrac{1}{3} \times 4 \times \dfrac{1}{4} \times \cdots$ 发散

从例 3 看出,对于无穷乘积,结合律不真. 当然,交换律也未必真.

二、收敛无穷乘积的性质

1. 设 $\prod\limits_{n=1}^{\infty} u_n$ 收敛,则 $\lim\limits_{n \to \infty} u_n = 1$.

证 $\lim\limits_{n \to \infty} = \lim\limits_{n \to \infty} \dfrac{P_n}{P_{n-1}} = 1$.

2. 若 $\prod\limits_{n=1}^{\infty} u_n$ 收敛,令 $\pi_m = \prod\limits_{n=m+1}^{\infty} u_n$,称为余乘积,则 $\pi_m \to 1 (m \to \infty)$.

此条性质类似于收敛级数的余和 $r_n \to 0$.

3. 若 $\prod\limits_{n=1}^{\infty} u_n$ 收敛,任意删去有限项或添加有限个非零项,无穷乘积的敛散性不变.

三、无穷乘积和无穷级数敛散性的相互转化(无穷乘积收敛的判别法)

1. **定理 1** 设 $u_n > 0 (n = 1, 2, \cdots)$, $\prod\limits_{n=1}^{\infty} u_n$ 收敛 $\Leftrightarrow \sum\limits_{n=1}^{\infty} \log u_n$ 收敛. 并且满足 $\prod\limits_{n=1}^{\infty} u_n$ $= \mathrm{e}^{\sum\limits_{n=1}^{\infty} \log u_n}$.

推论 无穷乘积 $\prod\limits_{n=1}^{\infty} u_n$ 发散到 $0 \Leftrightarrow \sum\limits_{n=1}^{\infty} \log u_n$ 发散到 $-\infty$.

例 2 的无穷乘积之发散到 0 通过上述推论易验证.

2. 形如 $\prod\limits_{n=1}^{\infty} (1 + a_n)$ 无穷乘积敛散性判别法.

定理 2 若对充分大的 n, 有 $a_n > 0$(或 $\forall n \geqslant N$, 恒有 $a_n < 0$), 则

$$\prod (1 + a_n) \text{ 收敛} \Leftrightarrow \sum a_n \text{ 收敛}.$$

证明 不失一般性, 假设 $\forall n = 1, 2, \cdots, a_n > 0$. 由定理 1,

$$\prod (1 + a_n) \text{ 收敛} \Leftrightarrow \sum \log(1 + a_n) \text{ 收敛}.$$

而 $\log(1 + a_n) \sim a_n (n \to \infty)$(因为 $a_n \to 0$),

由正项级数敛散性的比较判别法知 $\sum a_n$ 收敛.

反之亦然.

当 $\forall n = 1, 2, \cdots, a_n < 0$ 时, $\sum \log(1 + a_n)$ 为负项级数.

仍适用上述方法.(比较原理)

思考 定理 2 中如果没有 a_n 保号的条件, 结论是否为真?

推论 $\prod\limits_{n=1}^{\infty} (1 + a_n)(a_n < 0)$ 发散到 $0 \Leftrightarrow \sum a_n$ 发散到 $-\infty$.

例 4 证明: 当 $a < b$ 时, $\lim\limits_{n \to \infty} \dfrac{a(a+1)\cdots(a+n)}{b(b+1)\cdots(b+n)} = 0$.

证 通项 $\dfrac{a+n}{b+n} = 1 + \dfrac{a-b}{b+n}$, 而 $\sum \dfrac{a-b}{a+n} = -\infty$.

结论得证.

例 5 讨论乘积序列 $\dfrac{2}{1}$, $\dfrac{2 \times 2 \times 4}{1 \times 3 \times 3}$, $\dfrac{2 \times 2 \times 4 \times 4 \times 6}{1 \times 3 \times 3 \times 5 \times 5}$, $\dfrac{2 \times 2 \times 4 \times 4 \times 6 \times 6 \times 8}{1 \times 3 \times 3 \times 5 \times 5 \times 7 \times 7}$, 一般地,

$$P_n = \frac{(2n)!!(2n-2)!!}{[(2n-1)!!]^2}, \text{当 } n \to \infty \text{ 时的敛散性}.$$

解 若记 $u_1 = \dfrac{2}{1}$, $u_2 = \dfrac{2}{3}$, $u_3 = \dfrac{4}{3}$, $u_4 = \dfrac{4}{5}$, $\cdots$

则 $u_{2k-1} > 1$, $u_{2k} < 1$, 无法直接利用定理 2.

应记 $u_1 = \dfrac{2}{1}$, $u_2 = \dfrac{2 \times 4}{3 \times 3}$, $u_3 = \dfrac{4 \times 6}{5 \times 5}$, $u_4 = \dfrac{6 \times 8}{7 \times 7}$, $\cdots$

$$u_k = \frac{(2k-1)^2 - 1}{(2k-1)^2} = 1 - \frac{1}{(2k-1)^2}.$$

则利用定理 2 得知 $\sum a_k = -\sum \dfrac{1}{(2k-1)^2}$ 收敛.

从而 $\prod(1+a_k) = \prod u_k$ 收敛.

下面从另一途径得出此无穷乘积的值.

记 $I_n = \displaystyle\int_0^{\frac{\pi}{2}} \sin^n x \, \mathrm{d}x$, 显见 $I_{2n+1} < I_{2n} < I_{2n-1} < I_{2n-2}$.

$$I_{2n} = \frac{(2n-1)!!}{(2n)!!} \cdot \frac{\pi}{2}, \quad I_{2n-1} = \frac{(2n-2)!!}{(2n-1)!!} \quad (n \geqslant 1),$$

从 $\dfrac{I_{2n}}{I_{2n-2}} \to 1$ 及 I_n 单调递减知 $\dfrac{I_{2n}}{I_{2n-1}} \to 1$.

此即 $\dfrac{\dfrac{(2n-1)!!}{(2n)!!} \cdot \dfrac{\pi}{2}}{\dfrac{(2n-2)!!}{(2n-1)!!}} \to 1$, 得证 $\dfrac{\pi}{2} = \lim\limits_{n \to \infty} \left[\dfrac{(2n)!! \cdot (2n-2)!!}{[(2n-1)!!]^2} \right]$,

于是我们得到了 Wallis 公式:

$$\frac{\pi}{2} = \frac{2 \times 2 \times 4 \times 4 \times 6 \times 6 \times 8 \times \cdots}{1 \times 3 \times 3 \times 5 \times 5 \times 7 \times 7 \times \cdots}$$

注   在 §1.3 中, 我们也已经接触过 Wallis 公式.

四、无穷乘积的绝对收敛性

定义 2   若 $\sum \log u_n$ 绝对收敛, 则称无穷乘积 $\prod\limits_{n=1}^{\infty} u_n$ 绝对收敛.

易证得如下定理.

定理 3   无穷乘积 $\prod\limits_{n=1}^{\infty}(1+a_n)$ 绝对收敛 $\Leftrightarrow$ 级数 $\sum a_n$ 绝对收敛.

并且绝对收敛之无穷乘积可以任意换序.

例 6   Riemann Zeta 函数 $\zeta(s) = \sum\limits_1 \dfrac{1}{n^s}$ 的欧拉乘积表示.

记 P_k 为第 k 个素数 (如 $P_4 = 7, P_7 = 17, \cdots$), 当 $s > 1$ 时,

$$\zeta(s) = \sum_{n=1}^{\infty} \frac{1}{n^s} = \prod_{k=1}^{\infty} \frac{1}{1 - P_k^{-s}} \text{ 且无穷乘积绝对收敛.}$$

证明   考虑部分乘积 $P_m = \prod\limits_{k=1}^{m} (1 - P_k^{-s})^{-1}$, 只要证明 $P_m \to \zeta(s)$.

因为 $\dfrac{1}{1 - P_k^{-s}} = 1 + \dfrac{1}{P_k^s} + \dfrac{1}{P_k^{2s}} + \cdots$ 绝对收敛 (正项)

所以 $P_m = \prod\limits_{k=1}^{m} \left(1 + \dfrac{1}{P_k^s} + \dfrac{1}{P_k^{2s}} + \cdots \right)$ 为有限个正项级数之积.

乘出来且重排项的顺序: 其一般项的特征是

$$\frac{1}{P_1^{a_1 s} P_2^{a_2 s} \cdots P_m^{a_m s}} = \frac{1}{n^s}, \text{其中 } n = P_1^{a_1} P_2^{a_2} \cdots P_m^{a_m} \text{ (每个 } a_i \geqslant 0 \text{)},$$

因此,我们有 $P_m = \sum{'} \dfrac{1}{n^s}$.

记号 $\sum{'}$ 表示对于所有素因子 $\leqslant P_m$ 的自然数求和

$$\zeta(s) - P_m = \sum{''} \frac{1}{n^s},$$

$\sum{''}$ 为关于至少有一个素因子 $> P_m$ 的自然数 n 求和.

则此种 $n > P_m$,从而

$$0 < \zeta(s) - P_m \leqslant \sum_{n > P_m} \frac{1}{n^s}.$$

因为 $\sum\limits_{n=1}^{\infty} \dfrac{1}{n^s}$ 收敛,从而上式右端当 $m \to \infty$ 时收敛于 0.

为证无穷乘积绝对收敛,改写其为 $\prod (1 + a_k)$,其中 $a_k = \dfrac{1}{P_k^s} + \dfrac{1}{P_k^{2s}} + \cdots$

而级数 $\sum a_k$ 收敛(被 $\sum\limits_{1}^{\infty} \dfrac{1}{n^s}$ 所控制).

习题 5.6

1. 判定下列各无穷乘积的敛散性. 若可能的话, 求出其值.

(1) $\prod_{2}^{\infty} \left[1 - \dfrac{2}{n(n+1)} \right]$;

(2) $\prod_{0}^{\infty} (1 + a^{2^{n}}) (\,|\,a\,|\,< 1)$;

(3) $\prod_{n=2}^{\infty} \left(1 - \dfrac{1}{\sqrt{n}} \right)$;

(4) $\prod_{n=2}^{\infty} \dfrac{n^{3}-1}{n^{3}+1}$;

(5) $\prod_{n=2}^{\infty} \left(1 + \dfrac{1}{2^{n}-2} \right)$.

2. 决定 x 的范围, 使 $\prod_{n=1}^{\infty} \cos \left(\dfrac{x}{2^{n}} \right)$ 收敛. 当收敛时, 求出积的值.

3. (1) 令 $a_{n} = \dfrac{(-1)^{n}}{\sqrt{n}}$. 证 $\prod_{n=2}^{\infty} (1 + a_{n})$ 发散但是 $\sum_{n=2}^{\infty} a_{n}$ 收敛.

(2) 令 $a_{n} = \begin{cases} -\dfrac{1}{\sqrt{2k-1}}, & n = 2k-1 \\[2mm] \dfrac{1}{\sqrt{2k}} + \dfrac{1}{2k}, & n = 2k \end{cases}$, 证明: $\prod_{n=2}^{\infty} (1 + a_{n})$ 收敛但 $\sum_{n=2}^{\infty} a_{n}$ 发散.

4. 证明: 若 $\sum x_{n}^{2}$ 收敛, 则 $\prod \cos x_{n}$ 收敛.

第六章　　多元函数微分学

§6.1　多元函数的极限与连续

一、二重极限的概念及计算

1.二重极限：$\lim\limits_{(x,y)\to(x_0,y_0)} f(x,y)$ 的 $\varepsilon-\delta$ 定义(方形邻域或圆形邻域).

2.海因定理：$\lim\limits_{P\to P_0} f(P) = A$ 的充分必要条件是：P 以任何点列、任何方式趋于 P_0 时，$f(P)$ 的极限都是 A.

注　当动点 P 以不同方式或路径趋于 P_0 时，$f(P)$ 的极限不相等，则可以判定二重极限不存在.

3.若两个累次极限 $\lim\limits_{x\to x_0}\lim\limits_{y\to y_0} f(x,y)$ 和 $\lim\limits_{y\to y_0}\lim\limits_{x\to x_0} f(x,y)$ 都存在但不等，则可以判定二重极限不存在.

例 1　利用 $\varepsilon-\delta$ 语言证明 $\lim\limits_{(x,y)\to(0,0)} xy\dfrac{x^2-y^2}{x^2+y^2} = 0$.

证法一　显而易见 $\left| xy\dfrac{x^2-y^2}{x^2+y^2} \right| \leqslant |\, xy\,| \leqslant \dfrac{1}{2}\sqrt{x^2+y^2}$

$\forall\,\varepsilon > 0$，若采用方形邻域，$\exists\,\delta = \sqrt{\varepsilon}$，s. t.

当 $|\,x\,| < \delta$，$|\,y\,| < \delta$，且 $x^2+y^2 \neq 0$ 时，必有 $|\,f(x,y) - 0\,| < \varepsilon$.

若采用圆形邻域，$\exists\,\delta = 2\varepsilon$，s. t.

当 $0 < \sqrt{x^2+y^2} < \delta = 2\varepsilon$ 时，有 $|\,f(x,y) - 0\,| < \varepsilon$，证得 $\lim\limits_{(x,y)\to(0,0)} xy\dfrac{x^2-y^2}{x^2+y^2} = 0$.

证法二　利用极坐标变换 $\begin{cases} x = r\cos\theta \\ y = r\sin\theta \end{cases}$，$(x,y)\to(0,0)$ 等价于 $r\to0$，

$$|\,f(x,y) - 0\,| = \left| xy\dfrac{x^2-y^2}{x^2+y^2} \right| = \dfrac{1}{4}r^2\,|\sin4\theta\,| \leqslant \dfrac{r^2}{4}.$$

$\forall\,\varepsilon > 0$，$\exists\,\delta = 2\sqrt{\varepsilon}$，当 $0 < r < \delta$ 时，有 $|\,f(x,y) - 0\,| < \varepsilon$ 成立.

例 2　讨论 $f(x,y) = \dfrac{xy^2}{x^2+y^4}$ 在原点处的极限.

解　尝试 $P(x,y)$ 沿着不同路径趋于原点时的极限

沿直线 $L:y=kx$ 趋于 $(0,0)$ 时,易知

$$\lim_{\substack{(x,y)\to(0,0)\\ y=kx}}\frac{xy^2}{x^2+y^4}=\lim_{x\to0}\frac{k^2x^3}{x^2+k^4y^4}=k^2\lim_{x\to0}\frac{x}{1+k^4x^2}=0,$$

沿抛物线 $C:x=y^2$ 趋于 $(0,0)$ 时

$$\lim_{\substack{(x,y)\to(0,0)\\ x=y^2}}\frac{xy^2}{x^2+y^4}=\lim_{y\to0}\frac{y^4}{2y^4}=\frac{1}{2}\ne0,$$

所以二重极限 $\lim\limits_{(x,y)\to(0,0)}f(x,y)$ 不存在. 再讨论一下两个累次极限,易知

$$\lim_{x\to0}\lim_{y\to0}\frac{xy^2}{x^2+y^4}=\lim_{y\to0}\lim_{x\to0}\frac{xy^2}{x^2+y^4}=0.$$

例 3　求下列极限

(1) $\lim\limits_{\substack{x\to0\\ y\to0}}(x^2+y^2)^{x^2y^2}$;　　　　　　(2) $\lim\limits_{\substack{x\to\infty\\ y\to\infty}}\dfrac{x^2+y^2}{x^4+y^4}$;

(3) $\lim\limits_{\substack{x\to+\infty\\ y\to+\infty}}(x^2+y^2)\mathrm{e}^{-(x+y)}$;　　　　(4) $\lim\limits_{\substack{x\to\infty\\ y\to a}}\left(1+\dfrac{1}{x}\right)^{\frac{x^2}{x+y}}$;

(5) $\lim\limits_{\substack{x\to0\\ y\to0}}(x+y)\ln(x^2+y^2)$.

解　(1) 取对数,记 $u=(x^2+y^2)^{x^2y^2}$,$\ln u=x^2y^2\ln(x^2+y^2)$,

利用极坐标变换 $\ln y=r^4\cos^2\theta\sin^2\theta\ln r^2$,

$|\ln u|<\left|\dfrac{r^4}{2}\ln r\right|\to0$(当 $r\to0^+$ 时),

故原极限 $=\mathrm{e}^0=1$.

(2) $\left|\dfrac{x^2+y^2}{x^4+y^4}\right|\leqslant\dfrac{x^2+y^2}{2x^2y^2}=\dfrac{1}{2}\left(\dfrac{1}{x^2}+\dfrac{1}{y^2}\right)\to0(x,y\to\infty)$,

或利用极坐标:$\dfrac{x^2+y^2}{x^4+y^4}=\dfrac{1}{r^2}\dfrac{1}{\cos^4\theta+\sin^4\theta}\leqslant\dfrac{2}{r^2}\to0$

(3) 对于充分大的 x 和 y,

$$\frac{x^2+y^2}{\mathrm{e}^{x+y}}<\frac{\mathrm{e}^x+\mathrm{e}^y}{\mathrm{e}^{x+y}}=\mathrm{e}^{-x}+\mathrm{e}^{-y}\to0,$$

或 $x^2+y^2<(x+y)^2(x>0,y>0)$,

令 $x+y=u$,

$$\frac{x^2+y^2}{\mathrm{e}^{x+y}}<\frac{(x+y)^2}{\mathrm{e}^{x+y}}=\frac{u^2}{\mathrm{e}^u},$$

$u\to+\infty$ 时,上式趋于 0.

(4) 原极限 $=\lim\limits_{\substack{x\to\infty\\ y\to a}}\left(1+\dfrac{1}{x}\right)^{x\frac{x}{x+y}}=\mathrm{e}$.

(5) 利用极坐标变换 $\begin{cases}x=r\cos\theta\\ y=r\sin\theta\end{cases}$,

$$|(x+y)\ln(x^2+y^2)|=r|\cos\theta+\sin\theta||\ln r^2|<4r|\ln r|\to0.$$

或利用不等式:$|x+y|\leqslant|x|+|y|=\sqrt{(|x|+|y|)^2}\leqslant\sqrt{2(x^2+y^2)}$.

二、累次极限以及与二重极限的相互关系

1.累次极限的概念

2.累次极限面面观

(1) 两个累次极限存在且相等,如 $f(x,y) = \dfrac{xy}{x^2+y^2}$ 在 $P_0(0,0)$ 处;

(2) 两个累次极限存在但不相等,如 $f(x,y) = \dfrac{x-y}{x+y}$ 在 $P_0(0,0)$ 处;

(3) 仅一个累次极限存在,如 $f(x,y) = x\sin\dfrac{1}{y}$ 在 $P_0(0,0)$ 处;

(4) 两个累次极限都不存在,如 $f(x,y) = x\sin\dfrac{1}{y} + y\sin\dfrac{1}{x}$ 在 $P_0(0,0)$ 处.

3.累次极限和二重极限之关系

(1) 两个累次极限存在且相等,重极限未必存在,如 $f(x,y) = \dfrac{xy}{x^2+y^2}$ 在 $P_0(0,0)$ 处;

(2) 重极限存在,累次极限可以不存在,如 $f(x,y) = (x+y)\sin\dfrac{1}{x}\sin\dfrac{1}{y}$ 在 $P_0(0,0)$ 处;

(3) 若已知重极限和某个累次极限存在,则两者一定相等.

(4) 若 $f(x)$ 在 P_0 的两个累次极限皆存在但不等,则二重极限一定不存在.

例 4　讨论下列函数在 $(0,0)$ 的重极限与累次极限

$(1) f(x,y) = \dfrac{x^2 y^2}{x^3 + y^3}$;　　$(2) f(x,y) = \dfrac{e^x - e^y}{\sin xy}$.

解　(1)易知两个累次极限皆等于0,下面考虑二重极限.若二重极限存在的话,其值一定等于0;但在直线 $L: y = -x$ 上,$f(x,y)$ 没有定义,故 $\lim\limits_{\substack{x\to 0 \\ y\to 0}} f(x,y)$ 不存在.

以极坐标变换解之:

$f(x,y) = r\dfrac{\cos^2\theta\sin^2\theta}{\cos^3\theta + \sin^3\theta}$,虽然 $r \to 0^+$ 但 $\dfrac{\cos^2\theta\sin^2\theta}{\cos^3\theta + \sin^3\theta}$ 未必有界,亦得知二重极限不存在.

注　若限制动点 $P(x,y)$ 在第一象限范围趋于 $(0,0)$,则 $\lim\limits_{\substack{(x,y)\to(0,0) \\ x>0,y>0}} \dfrac{x^2 y^2}{x^3 + y^3} = 0$ 存在.

(2) $\forall y \neq 0$,先考虑 $\lim\limits_{x\to 0}\dfrac{e^x - e^y}{\sin xy} = \infty$,知累次极限 $\lim\limits_{y\to 0}\lim\limits_{x\to 0} f(x,y)$ 不存在,类似地,另一个累次极限亦不存在.再讨论二重极限.

沿着直线 $L: y = 2x$ 趋于 $(0,0)$ 时,

$$\lim_{x\to 0} f(x,2x) = \lim_{x\to 0}\frac{e^x - e^{2x}}{\sin 2x^2} = \lim_{x\to 0}\frac{e^x(1 - e^x)}{2x^2} = \infty,$$

得知二重极限也不存在.

三、连续性

1.定义　设 f 为定义在平面点集 $D \subset \mathbf{R}^2$ 上的二元函数,$P_0 \in D$,若 $\forall\varepsilon > 0$,$\exists\delta > 0$,

只要 $P \in U(P_0, \delta) \bigcap D$，就有
$$| f(P) - f(P_0) | < \varepsilon.$$
则称 $f(x)$ 关于集合 D 在点 P_0 连续. 若 $f(x)$ 在 D 上任何点都连续，称 $f(x)$ 为 D 上的连续函数.

注1. 通常 D 为平面区域(开区域，闭区域，及一般区域).

当 P_0 是 D 的边界点时，上述定义中的 $P \in U(P_0, \delta) \bigcap D$ 就显得必不可少.

2. 有界闭区域上连续函数的性质.(类似一元函数)

3. 连续函数的复合函数的连续性.(复合运算的保连续性)

例 5 研究下列函数的连续性

$(1) f(x, y) = \begin{cases} \dfrac{x}{y^2} \mathrm{e}^{-\frac{x^2}{y^2}}, & y \neq 0 \\ 0, & y = 0 \end{cases}$;

$(2) f(x, y) = \begin{cases} \dfrac{\ln(1 + xy)}{x}, & x \neq 0 \\ y, & x = 0 \end{cases}$.

解 (1) 只要讨论 f 在 x 轴上的连续性，$\forall x_0 \neq 0$，在 $(x_0, 0)$ 点
$$\lim_{\substack{x \to x_0 \\ y \to 0}} f(x, y) = \frac{1}{x_0} \lim_{u \to \infty} u \mathrm{e}^{-u} = 0 = f(x_0, 0),$$
知 $f(x, y)$ 在点 $(x_0, 0)$ 处连续. 在 $(0, 0)$ 点沿 $L: y = x$ 趋于 $(0, 0)$ 时，
$$\lim_{x \to 0} f(x, x) = \frac{1}{x} \mathrm{e}^{-1} = \infty$$ 不存在极限，函数仅在原点 $(0, 0)$ 有间断.

(2) 函数的定义域是
$$D = \left\{ x > 0, y > -\frac{1}{x} \right\} \bigcup \left\{ x < 0, y < -\frac{1}{x} \right\} \bigcup \{ x = 0, -\infty < y < +\infty \},$$
只要考虑其在 y 轴上的连续性.

$\forall y$ 轴上的点 $P_0(0, y_0)$ 处，当 $(x, y) \to (0, y_0)$ 时，$xy \to 0$，利用等价无穷小量 $\ln(1 + u) \sim u (u \to 0)$，得知
$$\lim_{(x, y) \to (0, y_0)} \frac{\ln(1 + xy)}{x} = \lim_{(x, y) \to (0, y_0)} \frac{xy}{x} = y_0 = f(0, y_0),$$
于是 $f(x, y)$ 在 y 轴上处处连续，而在定义域的其他点处连续性显见，总之 $f(x)$ 在定义域内处处连续.

例 6 根据下面的每一个条件证明 $f(x, y)$ 在区域 G 连续.

$(1) f(x, y)$ 在区域 G 内对 x 连续，且对 y 满足 Lipschitz 条件
$$| f(x, y') - f(x, y'') | \leqslant L | y' - y'' |,$$
其中 $(x, y'), (x, y'') \in G, L$ 为常数.

$(2) f(x, y)$ 在 G 内对 x 连续，且关于 x 对 y 一致连续.

$(3) f(x, y)$ 对 x 和 y 分别连续，并对其中一个单调.

证明 (1) $\forall P_0(x_0, y_0) \in G$，分析
$$| f(x, y) - f(x_0, y_0) | \leqslant L | f(x, y) - f(x, y_0) | + | f(x, y_0) - f(x_0, y_0) |,$$
$\forall \varepsilon > 0$，由于 $f(x, y_0)$ 是 x 的连续函数，$\exists \delta_1 > 0$，当 $| x - x_0 | < \delta_1$ 时，

$$| f(x,y_0) - f(x_0,y_0) | < \frac{\varepsilon}{2},$$

又由 Lipschitz 条件,取 $\delta_2 = \frac{\varepsilon}{2L}$,当 $| y - y_0 | < \delta_2$ 时,

$$| f(x,y) - f(x,y_0) | \leqslant L | y - y_0 | < \frac{\varepsilon}{2}, \text{对 } \forall x \in U(x_0;\delta_1) \text{ 成立}.$$

于是取 $\delta = \min\{\delta_1,\delta_2\}$,当 $| x - x_0 | < \delta$,$| y - y_0 | < \delta$ 时,有

$$| f(x,y) - f(x_0,y_0) | < \varepsilon,$$

证得 $f(x)$ 在 G 内处处连续.

(2) 和(1) 类似,关键在于对条件"$f(x,y)$ 关于 x 对 y 一致连续"的理解:

$\forall \varepsilon > 0, \exists \delta > 0$,当 $| y - y_0 | < \delta$ 时,有

$$| f(x,y) - f(x,y_0) | < \varepsilon,$$

$\forall x$ 成立,即 δ 对于所有的 x 是一致通用的.

(3) 设 f 对 x 单调增加,$\forall \varepsilon > 0$,首先 $\exists \delta_1 > 0$,s. t. $| x - x_0 | \leqslant \delta_1$ 时,

$$| f(x,y_0) - f(x_0,y_0) | < \frac{\varepsilon}{2},$$

又 $f(x_0 \pm \delta_1,y)$ 关于 y 连续,$\exists \delta_2 > 0$,当 $| y - y_0 | < \delta_2$ 时,有

$$| f(x_0 \pm \delta_1,y) - f(x_0 \pm \delta_1,y_0) | < \frac{\varepsilon}{2},$$

故当 $| x - x_0 | \leqslant \delta_1$,$| y - y_0 | < \delta_2$ 时,有

$$f(x,y) - f(x_0,y_0) < f(x_0 + \delta_1,y) - f(x_0,y_0)$$
$$< f(x_0 + \delta_1,y_0) + \frac{\varepsilon}{2} - f(x_0,y_0) < \varepsilon,$$
$$f(x,y) - f(x_0,y_0) > f(x_0 - \delta_1,y) - f(x_0,y_0)$$
$$> f(x_0 - \delta_1,y_0) - \frac{\varepsilon}{2} - f(x_0,y_0) > -\varepsilon,$$

综合之:

$$| f(x,y) - f(x_0,y_0) | < \varepsilon.$$

所以 $f(x,y)$ 在 G 中任一点 (x_0,y_0) 处连续. 证毕.

注　二元函数 $f(x,y)$ 关于两个单变量分别连续(甚至可偏导)时,并不能推得二元连续,如 $f(x,y) = \begin{cases} \dfrac{xy}{x^2 + y^2}, & x^2 + y^2 \neq 0 \\ 0, & x^2 + y^2 = 0 \end{cases}$.

例 7　设 $f(x)$ 在单位元上有定义,$f(x,0)$ 在 $x = 0$ 连续,且 f_y' 在 G 上有界,则 $f(x)$ 在 $(0,0)$ 处连续.　　　　　　　　　　　　　　　　　　(北京大学 1998 年)

证明　$| f(x,y) - f(0,0) | \leqslant | f(x,y) - f(x,0) + f(x,0) - f(0,0) |$
$$\leqslant | f(x,y) - f(x,0) | + | f(x,0) - f(0,0) |.$$

习题 6.1

1. 求以下各二重极限

(1) $\lim\limits_{(x,y)\to(0,0)} x^2 y^2 \ln(x^2 + y^2)$;

(2) $\lim\limits_{(x,y)\to(\infty,\infty)} (1 + \dfrac{1}{xy})^{x\sin y}$;

(3) $\lim\limits_{(x,y)\to(\infty,0)} (1 + \dfrac{1}{x})^{\frac{x^2}{x+y}}$;

(4) $\lim\limits_{(x,y)\to(0,0)} \dfrac{x^2 + y^2}{|x| + |y|}$.

2. 证明以下各二重极限不存在

(1) $\lim\limits_{(x,y)\to(0,0)} (1 + xy)^{\frac{1}{x+y}}$;

(2) $\lim\limits_{(x,y)\to(0,0)} \dfrac{x^3 y + xy^4 + x^2 y}{x + y}$;

(3) $\lim\limits_{(x,y)\to(0,0)} \dfrac{x^2 y^2}{x^2 y^2 + (x - y)^2}$;

(4) $\lim\limits_{(x,y)\to(0,0)} \dfrac{(y^2 - x)^2}{y^4 + x^2}$.

3. 讨论下列函数在原点处的二重极限、累次极限

(1) $f(x,y) = \begin{cases} (x^2 + y^2)\sin\dfrac{1}{x}\sin\dfrac{1}{y}, & xy \neq 0 \\ 0, & xy = 0 \end{cases}$;

(2) $f(x,y) = \begin{cases} \dfrac{x^3 + y}{x^2 + y}, & (x,y) \neq (0,0) \\ 0, & (x,y) = (0,0) \end{cases}$.

4. 证明 $f(x,y) = \begin{cases} \dfrac{x^2 y}{x^4 + y}, & (x,y) \neq (0,0) \\ 0, & (x,y) = (0,0) \end{cases}$ 在原点沿任何一条射线连续,但在原点不

连续.

5. 设 $f(x,y)$ 在开单位圆盘 $D:x^2 + y^2 < 1$ 上有定义,满足(1) $f(x,0)$ 在 $x = 0$ 连续;
(2) $f'_y(x,y)$ 在 D 上有界,证明 $f(x,y)$ 在原点连续.

6. 设 $f(x,y)$ 在 $\mathbf{R}^2$ 连续,且 $\lim\limits_{x^2+y^2\to+\infty} f(x,y) = 0$,证明 $f(x,y)$ 在 $\mathbf{R}^2$ 上的最大值或最小
值至少存在一个.

7. 设 $D \subset \mathbf{R}^2$ 是平面的有界闭域,$f(x,y)$ 在 D 上连续,证明 $f(x,y)$ 在 D 上一致连续.

8. 设 f 在 $\mathbf{R}^n$ 上连续,满足(1) 当 $x \neq 0$ 时,$f(x) > 0$;
(2) $\forall x \in \mathbf{R}^n$,与 $c > 0$,$f(c)x = cf(x)$;
证明:$\exists a > 0, b > 0$, s.t. $a\|x\| \leqslant f(x) \leqslant b\|x\|$.

§6.2　偏导数与全微分

一、基本概念

1. 偏导数(包括高阶)

2. 可微与全微分

定义　若 $f(x,y)$ 在 $P_0(x_0,y_0)$ 的近旁有定义,存在两个常数 A,B,使得

$$\Delta z = f(x_0 + \Delta x, y_0 + \Delta y) - f(x_0,y_0) = A\Delta x + B\Delta y + o(\rho) \tag{1}$$

$$\text{式中 } \rho = \sqrt{\Delta x^2 + \Delta y^2} \quad (\rho \to 0).$$

称 $f(x)$ 在 P_0 处可微,而 Δz 的线性主部 $A\Delta x + B\Delta y$ 就叫作 $f(x)$ 在 P_0 点的全微分, 记为 $\mathrm{d}z$,即

$$\mathrm{d}z = A\Delta x + B\Delta y \tag{2}$$

注　自变量的微分即为自变量的增量: $\mathrm{d}x = \Delta x, \mathrm{d}y = \Delta y$ 于是,

$$\mathrm{d}z = A\mathrm{d}x + B\mathrm{d}y \tag{2'}$$

二、可微的条件

在一元函数情形,可微即可导,二者是等价的. 但对于多元函数,可偏导和可微分不是 一回事.

1. 可微的必要条件是可偏导

若 $f(x,y)$ 在 $P_0(x_0,y_0)$ 处可微,则 $f(x)$ 在 P_0 点一定可偏导且(1)中的常数

$$A = f_x(P_0), B = f_y(P_0),$$

于是全微分的形式是

$$\mathrm{d}z = f_x(P_0)\mathrm{d}x + f_y(P_0)\mathrm{d}y \tag{3}$$

或

$$\mathrm{d}z = \frac{\partial z}{\partial x}\mathrm{d}x + \frac{\partial z}{\partial y}\mathrm{d}y \tag{3'}$$

反之,一个可偏导的函数未必连续,当然更谈不上可微分. 如

$$f(x,y) = \begin{cases} \dfrac{xy}{x^2 + y^2}, & (x,y) \neq (0,0) \\ 0, & (x,y) = (0,0) \end{cases}.$$

2. 可微的充分条件是:连续可偏导(即 f_x, f_y 连续)

证明思路: $\Delta z = f(x_0 + \Delta x, y_0 + \Delta y) - f(x_0,y_0)$

$$= [f(x_0 + \Delta x, y_0 + \Delta y) - f(x_0, y_0 + \Delta y)] + [f(x_0, y_0 + \Delta y) - f(x_0,y_0)].$$

再利用一维的微分中值定理及 f_x, f_y 的连续性可证,思想的本质是降维. 但可微函数的

偏导数未必连续,如

$$f(x,y) = \begin{cases} (x^2 + y^2)\sin\dfrac{1}{\sqrt{x^2 + y^2}}, & x^2 + y^2 \neq 0 \\ 0, & x^2 + y^2 = 0 \end{cases}.$$

偏导数连续情形所致的可微性亦叫作"连续可微".

三、连续、可偏导、可微等的相互关系

$$\boxed{\text{偏导数连续}} \rightarrow \boxed{\text{可微}} \rightarrow \boxed{\text{连续}}$$

单调递减　　　　　　　↓

$$\boxed{\text{可偏导}}$$

上述图表中没有箭头表示不可逆推.请大家补充上反例.

近年考研中,有相当一部分题目是关于一个给出具体解析式的二元函数连续性,可偏导性,可微性的性质讨论.

例 1　设 $f(x,y) = \begin{cases} \dfrac{\sqrt{|\,xy\,|}}{x^2 + y^2}\sin(x^2 + y^2), & x^2 + y^2 \neq 0 \\ 0, & x^2 + y^2 = 0 \end{cases}.$

试问:(1) $f(x,y)$ 在点 $(0,0)$ 是否连续?

(2) $f(x,y)$ 在点 $(0,0)$ 是否可微?

解　(1) 连续性易证.

(2) 在原点的两个偏增量 $\Delta_x z = \Delta_y z = 0$,故 $f_x(0,0) = f_y(0,0) = 0$.全增量

$$\Delta z = f(0 + \Delta x, 0 + \Delta y) - f(0,0) = \frac{\sqrt{|\,\Delta x\Delta y\,|}}{\Delta x^2 + \Delta y^2}\sin(\Delta x^2 + \Delta y^2),$$

于是

$$\lim_{\rho \to 0}\frac{\Delta z - [f_x(0,0)\Delta x + f_y(0,0)\Delta y]}{\rho}$$

$$= \lim_{\rho \to 0}\frac{\sqrt{|\,\Delta x\Delta y\,|}\sin(\Delta x^2 + \Delta y^2)}{(\Delta x^2 + \Delta y^2)^{3/2}} = \lim_{\rho \to 0}\sqrt{\frac{|\,\Delta x\Delta y\,|}{\Delta x^2 + \Delta y^2}},$$

令 $\Delta y = \Delta x$,上极限 $= \dfrac{\sqrt{2}}{2} \neq 0$,即函数在 $(0,0)$ 点不可微.

注　当 $f(x)$ 在 $P_0(x_0, y_0)$ 处可偏导时,若仍记

$$\mathrm{d}z = f_x(P_0)\Delta x + f_y(P_0)\Delta y,$$

欲判定 $f(x)$ 在 P_0 是否可微归结为验证以下极限式

$$\lim_{\substack{\Delta x \to 0 \\ \Delta y \to 0}}\frac{\Delta z - \mathrm{d}z}{\rho} = 0 \tag{4}$$

是否成立.

若点 P_0 即为原点 $(0,0)$ 时,为了简化,在求极限时,不妨将 $\Delta x, \Delta y$ 置换成 x, y 的记号.

例2　设二元函数

$$f(x,y) = \begin{cases} (x^2 + y^2)\cos\dfrac{1}{\sqrt{x^2 + y^2}}, & x^2 + y^2 \neq 0 \\ 0, & x^2 + y^2 = 0 \end{cases}.$$

(1) 求 $f'_x(0,0), f'_y(0,0)$；

(2) 证明：$f'_x(x,y), f'_y(x,y)$ 在 $(0,0)$ 不连续；

(3) 证明：$f(x,y)$ 在 $(0,0)$ 处可微.　　　　　　　　　　（武汉大学 1995 年）

解　(1) $f'_x(0,0) = f'_y(0,0) = 0$，易得.

(2) $(x,y) \neq (0,0)$ 时，

$$f'_x(x,y) = 2x\cos\frac{1}{\sqrt{x^2 + y^2}} + \frac{x}{\sqrt{x^2 + y^2}}\sin\frac{1}{\sqrt{x^2 + y^2}},$$

利用极坐标变换

$$\lim_{(x,y)\to(0,0)} f'_x(x,y) = \lim_{r\to 0}\left(2r\cos\theta\cos\frac{1}{r} + \cos\theta\sin\frac{1}{r}\right)$$

$$= \lim_{r\to 0}\cos\theta\sin\frac{1}{r}，显然不存在.$$

故 f'_x 在 $(0,0)$ 不连续，类似可得 f'_y 在 $(0,0)$ 不连续.

(3) **证**　$\displaystyle\lim_{\rho\to 0}\frac{\Delta z - f'_x(0,0)\Delta x - f'_y(0,0)\Delta y}{\rho} = 0,$

即化为

$$\lim_{(x,y)\to(0,0)}\frac{(x^2 + y^2)\cos\dfrac{1}{\sqrt{x^2 + y^2}}}{\sqrt{x^2 + y^2}} = \lim_{\rho\to 0}\rho\cos\frac{1}{\rho} = 0,$$

此式显然成立.（以 (x,y) 代替 $(\Delta x, \Delta y)$ 即可以）.

例3　证明：若 $f'_x(x_0,y_0)$ 存在，f'_y 在 $P_0(x_0,y_0)$ 连续，则 $f(x)$ 在 P_0 可微.

证　$f'_x(x_0,y_0)$ 存在，故依一元函数的可微性，有

$$f(x_0 + \Delta x, y_0) - f(x_0,y_0) = f'_x(x_0,y_0)\Delta x + \varepsilon_1\Delta x$$

$$\lim_{\Delta x\to 0}\varepsilon_1 = 0,$$

又在 (x_0,y_0) 的邻域 f'_y 存在，依微分中值定理：

$$f(x_0 + \Delta x, y_0 + \Delta y) - f(x_0 + \Delta x, y_0) = f'_y(x_0 + \Delta x, y_0 + \theta\Delta y)\Delta y (0 < \theta < 1),$$

再依据 f'_y 在 (x_0,y_0) 连续，上式又等于 $f'_y(x_0,y_0)\Delta y + \varepsilon_2\Delta y, \displaystyle\lim_{\rho\to 0}\varepsilon_2 = 0,$

取 $\varepsilon = \dfrac{\varepsilon_1\Delta x + \varepsilon_2\Delta y}{\sqrt{\Delta x^2 + \Delta y^2}}$，就有 $\displaystyle\lim_{\rho\to 0}\varepsilon = 0$，于是

$$\Delta z = [f(x_0 + \Delta x, y_0 + \Delta y) - f(x_0 + \Delta x, y_0)]$$

$$+ [f(x_0 + \Delta x, y_0) - f(x_0,y_0)]$$

$$= f'_x(x_0,y_0)\Delta x + f'_y(x_0,y_0)\Delta y + \varepsilon\rho.$$

此即 f 在 (x_0,y_0) 可微.

四、复合函数求偏导的链式法则

设由 $z = f(x,y), x = \varphi(s,t), y = \psi(s,t)$,复合而得 $z = f[\varphi(s,t), \psi(s,t)]$,只要外函数 $f(x)$ 可微,内函数 φ、ψ 存在偏导数,则复合函数是可偏导的,且有如下的链式法则:

$$\frac{\partial z}{\partial s} = \frac{\partial z}{\partial x}\frac{\partial x}{\partial s} + \frac{\partial z}{\partial y}\frac{\partial y}{\partial s},$$

$$\frac{\partial z}{\partial t} = \frac{\partial z}{\partial x}\frac{\partial x}{\partial t} + \frac{\partial z}{\partial y}\frac{\partial y}{\partial t} \tag{5}$$

注1. 内外层函数都可微的话,复合函数亦可微.

2. 内外层函数仅仅存在偏导数的话,链式法则未必成立. 如:

$$f(x,y) = \begin{cases} \dfrac{x^2 y}{x^2 + y^2}, & x^2 + y^2 \neq 0 \\ 0, & x^2 + y^2 = 0 \end{cases}.$$

再令 $x = y = t, f(t,t) = \dfrac{t}{2}, \dfrac{dz}{dt} = \dfrac{1}{2}$,但 $f_x(0,0) = f_y(0,0) = 0$,依(5)式就得出 $\dfrac{dz}{dt} = 0$ 的错误结论.

运用链式法则求复合函数的二阶偏导数是一类常见的题目.

在求导过程中需注意的是函数对某个中间变量的偏导数仍旧是多元复合函数,其结构与原来的函数相同. 在弄清函数的复合关系基础上,确保运算不重复,不遗漏.

例 4 设 $f(x)$ 具有二阶连续偏导数 $z = f\left(x, \dfrac{y}{x}\right)$,求 $\dfrac{\partial^2 z}{\partial x^2}, \dfrac{\partial^2 z}{\partial y^2}$.

解 设 $u = x, v = \dfrac{y}{x}$,则 $z = f(u,v)$,

$$\frac{\partial z}{\partial x} = \frac{\partial z}{\partial u}\frac{du}{dx} + \frac{\partial z}{\partial v}\frac{\partial v}{\partial x} = f'_1 + f'_2 \cdot \left(-\frac{y}{x^2}\right),$$

$$\begin{aligned}
\frac{\partial^2 z}{\partial x^2} &= \frac{\partial f'_1}{\partial x} - y\frac{\partial}{\partial x}\left(\frac{f'_2}{x^2}\right) \\
&= \frac{\partial f'_1}{\partial u}\frac{du}{dx} + \frac{\partial f'_1}{\partial v}\frac{\partial v}{\partial x} + y\frac{2f'_2}{x^3} - \frac{y}{x^2}\frac{\partial f'_2}{\partial x} \\
&= f''_{11} - \frac{y}{x^2}f''_{12} + \frac{2y}{x^3}f'_2 - \frac{y}{x^2}\left(f''_{21} + f''_{22}\left(-\frac{y}{x^2}\right)\right) \\
&= f''_{11} - \frac{2y}{x^2}f''_{12} + \frac{y^2}{x^4}f''_{22} + \frac{2y}{x^3}f'_2,
\end{aligned}$$

$$\frac{\partial z}{\partial y} = \frac{\partial z}{\partial v}\frac{\partial v}{\partial y} = \frac{1}{x}f'_2,$$

$$\frac{\partial^2 z}{\partial y^2} = \frac{1}{x}\frac{\partial f'_2}{\partial y} = \frac{1}{x}\left(\frac{\partial f'_2}{\partial v}\frac{\partial v}{\partial y}\right) = \frac{1}{x^2}f''_{22}.$$

注 只有 $f(x)$ 具有二阶连续偏导数时,才有 $f''_{12} = f''_{21}$,混合偏导数项才能合并. 在求混合偏导数时,就涉及一个计算顺序的选择问题,选择好可以简化运算. 请看下面例子.

例 5　设二元函数 $f(x)$ 有二阶连续偏导数，$z = xf\left(2x, \dfrac{y^2}{x}\right)$，求 $\dfrac{\partial^2 z}{\partial x \partial y}$.

解　令 $u = 2x, v = \dfrac{y^2}{x}$，则 $z = xf(u, v)$.

$$\frac{\partial z}{\partial y} = x\frac{\partial f}{\partial v}\frac{\partial v}{\partial y} = x\frac{\partial f}{\partial v}\frac{2y}{x} = 2yf'_2,$$

$$\frac{\partial^2 z}{\partial x \partial y} = \frac{\partial}{\partial x}\left(\frac{\partial z}{\partial y}\right) = \frac{\partial}{\partial x}(2yf'_2) = 2y\frac{\partial f'_2}{\partial x}$$

$$= 2y\left(f''_{21}\frac{\partial u}{\partial x} + f''_{22}\frac{\partial v}{\partial x}\right) = 4yf''_{21} - \frac{2y^3}{x^2}f''_{22}.$$

注　若先求 $\dfrac{\partial z}{\partial x}$，再求 $\dfrac{\partial^2 z}{\partial x \partial y}$，运算将非常烦冗，有兴趣的读者不妨一试.

五、全微分的形式不变性

若以 x, y 为自变量的函数 $z = f(x, y)$ 可微，则其全微分为

$$\mathrm{d}z = \frac{\partial z}{\partial x}\mathrm{d}x + \frac{\partial z}{\partial y}\mathrm{d}y,$$

当 x, y 是中间变量，而 s, t 是自变量时，设 $x = \varphi(s, t), y = \psi(s, t)$ 可微.
则复合函数 $z = f(\varphi(s, t), \psi(s, t))$ 可微，其全微分

$$\mathrm{d}z = \frac{\partial z}{\partial s}\mathrm{d}s + \frac{\partial z}{\partial t}\mathrm{d}t.$$

将链式法则(5)式代入上式，并利用 $\mathrm{d}x = \dfrac{\partial x}{\partial s}\mathrm{d}s + \dfrac{\partial x}{\partial t}\mathrm{d}t, \mathrm{d}y = \dfrac{\partial y}{\partial s}\mathrm{d}s + \dfrac{\partial y}{\partial t}\mathrm{d}t$，仍得到当 x、y 为中间变量时，$\mathrm{d}z = \dfrac{\partial z}{\partial x}\mathrm{d}x + \dfrac{\partial z}{\partial y}\mathrm{d}y$ 仍成立. 这就是一阶全微分的形式不变性. 在一阶微分运算面前，自变量和中间变量没有任何区别. 这种不变性质使得微分运算在求隐函数组的导数时显得非常方便.

习题 6.2

1. 设

$$f(x,y) = \begin{cases} \dfrac{(x+y)\sin(xy)}{x^2+y^2}, & x^2+y^2 \neq 0 \\ 0, & x^2+y^2 = 0 \end{cases}.$$

证明：$f(x,y)$ 在点 $(0,0)$ 处连续但不可微. (南开大学 1999 年)

2. 设二元函数

$$f(x,y) = \begin{cases} (x^2+y^2)\sin\dfrac{1}{\sqrt{x^2+y^2}}, & x^2+y^2 \neq 0 \\ 0, & x^2+y^2 = 0 \end{cases}.$$

(1) 求 $f'_x(0,0), f'_y(0,0)$；

(2) 证明：$f'_x(x,y), f'_y(x,y)$ 在 $(0,0)$ 不连续；

(3) 证明：$f(x,y)$ 在 $(0,0)$ 处可微. (武汉大学 1995 年)

3. 设函数

$$f(x,y) = \begin{cases} (x+y)^p\sin\dfrac{1}{\sqrt{x^2+y^2}}, & x^2+y^2 \neq 0 \\ 0, & x^2+y^2 = 0 \end{cases}.$$

其中 p 为正整数，试问对于 p 的哪些值：

(1) $f(x,y)$ 在原点连续；

(2) $f'_x(0,0), f'_y(0,0)$ 存在；

(3) f 在原点有一阶连续偏导数. 证明你的结论. (中山大学)

4. 设 $u = f(x-y, y-z, z-x)$，假定 $f(x)$ 对其中变量有直到二阶的连续偏导数，求 $\dfrac{\partial^2 u}{\partial x^2}, \dfrac{\partial^2 u}{\partial y \partial z}$. (上海交大)

5. 设函数 $\varphi(z)$ 和 $\psi(z)$ 具有二阶连续导数，并设 $u = x\varphi(x+y) + y\psi(x+y)$.

试证：$\dfrac{\partial^2 u}{\partial x^2} - 2\dfrac{\partial^2 u}{\partial x \partial y} + \dfrac{\partial^2 u}{\partial y^2} = 0$. (中国科学院 2000 年)

6. 设 $\varphi(u)$、$\psi(u)$ 皆为二阶连续可导函数，$z = y\varphi\left(\dfrac{x}{y}\right) + x\psi\left(\dfrac{y}{x}\right)$.

试求 $x\dfrac{\partial^2 z}{\partial x^2} + y\dfrac{\partial^2 z}{\partial x \partial y}$.

7. 设 $f(x)$ 为二阶连续可偏导函数，$u = f(x, xy, xyz)$，求 $\dfrac{\partial^2 u}{\partial y \partial x}$.

§6.3　隐函数微分法

隐函数可分为由单个方程确定的隐函数以及由隐函数组确定的隐函数,隐函数可以是一元的,也可以是多元的.对这部分内容,我们首先要掌握隐函数的存在唯一性定理,然后再熟悉隐函数求导的公式和程序.而隐函数(组)的存在唯一性定理,一般数学分析教材上都有,在此不再罗列.

一、单个方程确定的隐函数偏导数的求法

我们以隐函数

$$F(x,y,z) = 0 \tag{1}$$

为代表作分析.

1. 公式法

若 $F(x)$ 对各个变量皆存在连续的一阶偏导数,且 $F'_z \neq 0$,则由 $F(x,y,z) = 0$ 确定的隐函数 $z = z(x,y)$ 也是连续可偏导的,并且有公式

$$\frac{\partial z}{\partial x} = -\frac{F'_x}{F'_z}, \frac{\partial z}{\partial y} = -\frac{F'_y}{F'_z} \tag{2}$$

2. 链式法则的应用

在方程 $F(x,y,z) = 0$ 中,视 $z = z(x,y)$,即

$$F(x,y,z(x,y)) = 0 \tag{3}$$

上述(3)式的两边分别对 x,y 求偏导数:

$$\frac{\partial F}{\partial x} + \frac{\partial F}{\partial z}\frac{\partial z}{\partial x} = 0,$$

$$\frac{\partial F}{\partial y} + \frac{\partial F}{\partial z}\frac{\partial z}{\partial y} = 0,$$

立得(2)式.

3. 全微分法

一阶全微分具有形式不变性的优点,可广泛应用于求隐函数的微分以及各个偏导数,且不易出错,希望读者能掌握其精髓.现对方程(1)的两边求微分:

$$F'_x \mathrm{d}x + F'_y \mathrm{d}y + F'_z \mathrm{d}z = 0 \tag{4}$$

只要 $F'_z \mathrm{d}z \neq 0$,立得

$$\mathrm{d}z = -\frac{F'_x}{F'_z}\mathrm{d}x - \frac{F'_y}{F'_z}\mathrm{d}y \tag{5}$$

据此仍有(2)式成立.

例 1　由方程 $\frac{x}{z} = \ln\frac{z}{y}$ 确定隐函数 $z = f(x,y)$,求 $\frac{\partial z}{\partial x}, \frac{\partial z}{\partial y}$.

解一（公式法）　取 $F(x,y,z) = x - z\ln\dfrac{z}{y}$.

视 x, y, z 为三个独立变量求偏导数，代入公式（2）可得

$$F'_x = 1, F'_y = \frac{z}{y}, F'_z = -1 - \ln\frac{z}{y} = -1 - \frac{x}{z},$$

$$\frac{\partial z}{\partial x} = -\frac{F'_x}{F'_z} = \frac{1}{1 + \dfrac{x}{z}} = \frac{z}{x+z}, \frac{\partial z}{\partial y} = \frac{z^2}{y(z+x)}.$$

解二　原方程改写为 $x = z\ln\dfrac{z}{y}$，两边对 x 求偏导：

$$1 = \frac{\partial z}{\partial x}\ln\frac{z}{y} + z\frac{1}{z}\frac{\partial z}{\partial x} = \left(1 + \ln\frac{z}{y}\right)\frac{\partial z}{\partial x},$$

$$\frac{\partial z}{\partial x} = \frac{1}{1 + \ln\dfrac{z}{y}} = \frac{1}{1 + \dfrac{x}{z}} = \frac{z}{x+z},$$

两边对 y 偏导，视 $z = z(x, y)$，

$$0 = \frac{\partial z}{\partial y}\ln\frac{z}{y} + z\frac{y}{z}\frac{y\dfrac{\partial z}{\partial y} - z}{y^2},$$

整理得 $\left(1 + \ln\dfrac{z}{y}\right)\dfrac{\partial z}{\partial y} = \dfrac{z}{y}$，以下同解一.

解三　全微分法对 $x = z\ln\dfrac{z}{y}$ 两边求微分：

$$\mathrm{d}x = \ln\frac{z}{y}\mathrm{d}z + z\left(\frac{\mathrm{d}z}{z} - \frac{\mathrm{d}y}{y}\right),$$

即

$$\left(1 + \ln\frac{z}{y}\right)\mathrm{d}z = \mathrm{d}x + \frac{z}{y}\mathrm{d}y,$$

$$\mathrm{d}z = \frac{1}{1 + \ln\dfrac{z}{y}}\mathrm{d}x + \frac{1}{1 + \ln\dfrac{z}{y}}\frac{z}{y}\mathrm{d}y,$$

以 $\ln\dfrac{z}{y} = \dfrac{x}{z}$ 代入立得结论.

下面举例说明单个方程确定的隐函数的二阶偏导数的求解方法.

例 2　设 $z = z(x, y)$ 由方程 $z^5 - xz^4 + yz^3 = 1$ 确定，求 $\dfrac{\partial^2 z}{\partial x\partial y}\Big|_{(0,0)}$.

解　在原方程两边对 x, y 求偏导，分别得到：

$$5z^4\frac{\partial z}{\partial x} - z^4 - 4xz^3\frac{\partial z}{\partial x} + 3yz^2\frac{\partial z}{\partial x} = 0 \tag{6}$$

$$5z^4\frac{\partial z}{\partial y} - 4xz^3\frac{\partial z}{\partial y} + z^3 + 3yz^2\frac{\partial z}{\partial y} = 0 \tag{7}$$

以 $x = y = 0$ 代入原方程得 $z = 1$，再以 $x = y = 0, z = 1$ 代入以上的两个偏导数方程（6），（7）得出

$$\frac{\partial z}{\partial x}\Big|_{(0,0)} = \frac{1}{5}, \frac{\partial z}{\partial y}\Big|_{(0,0)} = -\frac{1}{5},$$

然后对(6)式两边关于 y 再求偏导,得到:

$$2z(10z^2 - 6xz + 3y)\frac{\partial z}{\partial x}\frac{\partial z}{\partial y} + z^2(5z^2 - 4xz + 3y)\frac{\partial^2 z}{\partial x \partial y} - 4z^3\frac{\partial z}{\partial y} + 3z^2\frac{\partial z}{\partial x} = 0 \quad (8)$$

以 $x = y = 0, z = 1, \dfrac{\partial z}{\partial x} = \dfrac{1}{5}, \dfrac{\partial z}{\partial y} = -\dfrac{1}{5}$ 代入(8)式,得到

$$\frac{\partial^2 z}{\partial x \partial y}\Big|_{(0,0)} = -\frac{3}{25}.$$

注　隐函数的二阶偏导数一般不是直接对一阶偏导数再求一次偏导数,而是对方程直接求两次偏导运算,而且特殊值的代入时机亦须准确把握.

例 3　已知 $z = z(x, y)$ 由 $x^2 + y^2 + h^2(z) = 1$ 确定,且 $h(z)$ 具有所需的性质,求 $\dfrac{\partial^2 z}{\partial x \partial y}$.

（北京师范大学 2003 年）

解　原方程两边对 x 求偏导

$$2x + 2h(z)h'(z)\frac{\partial z}{\partial x} = 0 \tag{9}$$

解出

$$\frac{\partial z}{\partial x} = -\frac{x}{h(z)h'(z)} \tag{10}$$

由 x, y 的对称性类似得

$$\frac{\partial z}{\partial y} = -\frac{y}{h(z)h'(z)} \tag{11}$$

对(9)式两边再关于 y 求偏导

$$2[h'(z)]^2\frac{\partial z}{\partial y}\frac{\partial z}{\partial x} + 2h(z)h''(z)\frac{\partial z}{\partial y}\frac{\partial z}{\partial x} + 2h(z)h'(z)\frac{\partial^2 z}{\partial x \partial y} = 0 \tag{12}$$

将(10)、(11)代入(12)解得

$$\frac{\partial^2 z}{\partial x \partial y} = -\frac{[h'(z)]^2 + h(z)h''(z)}{[h(z)h'(z)]^3}xy.$$

二、隐函数组微分法

对于多变量多个方程确定的隐函数偏导数的求法,亦如单个方程的情形,有公式法、利用复合函数偏导数的链式法以及全微分的方法.

1. 公式法

以四个变量两个方程的隐函数组说明.

定理　设隐函数组方程 $\begin{cases} F(x, y, u, v) = 0 \\ G(x, y, u, v) = 0 \end{cases}$　　　　　　　　　　(13)

满足

(1) $F(x_0, y_0, u_0, v_0) = 0, G(x_0, y_0, u_0, v_0) = 0$(初始条件);

(2) 在 $P_0(x_0, y_0, u_0, v_0)$ 的某邻域内,函数 F, G 以及它们各个偏导数皆连续;

(3) $J = \dfrac{\partial(F, G)}{\partial(u, v)}$ 在点 P_0 不等于零.

则在点 P_0 的某邻域内,由方程组(13)唯一地确定了两个二元隐函数

$$u = u(x,y), v = v(x,y),$$

并且 $u(x,y), v(x,y)$ 连续可偏导，求导公式是

$$\frac{\partial u}{\partial x} = -\frac{1}{J}\frac{\partial(F,G)}{\partial(x,v)}, \frac{\partial v}{\partial x} = -\frac{1}{J}\frac{\partial(F,G)}{\partial(u,x)},$$

$$\frac{\partial u}{\partial y} = -\frac{1}{J}\frac{\partial(F,G)}{\partial(y,v)}, \frac{\partial v}{\partial y} = -\frac{1}{J}\frac{\partial(F,G)}{\partial(u,y)}.$$

(14)

2. 复合函数链式法则的应用

在推导公式(14)时，使用的就是对方程组(13)的两边关于 x,y 分别求偏导数的方法，视 u 和 v 为 x,y 的函数.

$$\begin{cases} F_x + F_u u_x + F_v v_x = 0 \\ G_x + G_u u_x + G_v v_x = 0 \end{cases}.$$

依据线性方程组的克兰姆法则立得(14)，我们在解题时只要掌握了其中的数学思想，就不必去死记硬背某些公式，这样在减轻负担的同时反而提高了学习效率.

3. 全微分法

对方程组(13)的两边求微分，利用微分的形式不变性，立得关于 dx, dy, du, dv 的方程

$$\begin{cases} F_u du + F_v dv + F_x dx + F_y dy = 0 \\ G_u du + G_v dv + G_x dx + G_y dy = 0 \end{cases}.$$

当 $J = \dfrac{\partial(F,G)}{\partial(u,v)} \neq 0$ 时，可得唯一解 du, dv，从而一步到位地获得 $\dfrac{\partial u}{\partial x}, \dfrac{\partial u}{\partial y}$ 和 $\dfrac{\partial v}{\partial x}, \dfrac{\partial v}{\partial y}$，这是一种单纯的不易出错并且勿需记忆的方法，希望各位读者悉心掌握.

例 4　求方程组 $\begin{cases} u^3 + xv = y \\ v^3 + yu = x \end{cases}$ 所确定隐函数 $u(x,y), v(x,y)$ 的偏导数 $\dfrac{\partial u}{\partial x}, \dfrac{\partial v}{\partial x}$.

(天津大学)

解一　原方程组两边关于 x 求偏导，得

$$\begin{cases} 3u^2 \dfrac{\partial u}{\partial x} + v + x\dfrac{\partial v}{\partial x} = 0 \\ 3v^2 \dfrac{\partial v}{\partial x} + y\dfrac{\partial u}{\partial x} = 1 \end{cases},$$

解得

$$\frac{\partial u}{\partial x} = -\frac{x + 3v^3}{9u^2 v^2 - xy}, \frac{\partial v}{\partial x} = \frac{3u^2 + vy}{9u^2 v^2 - xy}.$$

解二　原方程组两边求微分并移项

$$\begin{cases} 3u^2 du + xdv = dy - vdx \\ ydu + 3v^2 dv = dx - udy \end{cases},$$

同时解得 $du = \dfrac{1}{9u^2 v^2 - xy}[-(3v^3 + x)dx + (3v^2 + xu)dy]$,

$$dv = \frac{1}{9u^2 v^2 - xy}[(3u^2 + vy)dx - (3u^2 + y)dy],$$

可同时算得四个偏导数 $\dfrac{\partial u}{\partial x}, \dfrac{\partial u}{\partial y}, \dfrac{\partial v}{\partial x}, \dfrac{\partial v}{\partial y}$.

例 5　设函数 $u(x)$ 是由方程组 $\begin{cases} u = f(x, y) \\ g(x, y, z) = 0 \\ h(x, z) = 0 \end{cases}$ 所确定,且 $\dfrac{\partial h}{\partial z} \neq 0, \dfrac{\partial g}{\partial y} \neq 0$,求 $\dfrac{\mathrm{d}u}{\mathrm{d}x}$.

(清华大学)

分析　方程组含三个方程,四个变量 x, y, z, u,故应该有一个是自由变量.通过直观判断或由雅可比行列式不能为 0 分析,可选取 x 作为自变量,y, z, u 皆是 x 的一元函数,这样,求导数或是求偏导数时才不致出错.

解一　对 $\begin{cases} g(x, y, z) = 0 \\ h(x, z) = 0 \end{cases}$,两边关于 x 求导数,视 $y = y(x), z = z(x)$,得

$$\begin{cases} g_x + g_y y' + g_z z' = 0, \\ h_x + h_z z' = 0 \end{cases},$$

解出

$$y' = -\frac{g_x}{g_y} + \frac{g_z h_x}{g_y h_z},$$

于是

$$\frac{\mathrm{d}u}{\mathrm{d}x} = f_x + f_y y' = f_x - \frac{g_x f_y}{g_y} + \frac{g_z f_y h_x}{g_y h_z}.$$

解二　原方程组求全微分:$\begin{cases} \mathrm{d}u = f_x \mathrm{d}x + f_y \mathrm{d}y \\ g_x \mathrm{d}x + g_y \mathrm{d}y + g_z \mathrm{d}z = 0, \\ h_x \mathrm{d}x + h_z \mathrm{d}z = 0 \end{cases}$

从第 3 式解出 $\mathrm{d}z = -\dfrac{h_x}{h_z}\mathrm{d}x$ 代入第 2 式得出

$$\mathrm{d}y = \frac{1}{g_y}\left(\frac{h_x g_z}{h_z} - g_x\right)\mathrm{d}x,$$

再代入第 1 式:

$$\mathrm{d}u = f_x \mathrm{d}x + f_y \frac{1}{g_y}\left(\frac{h_x g_z}{h_z} - g_x\right)\mathrm{d}x.$$

一样得出结论.

将两种解法做一个比较,不难看出,利用全微分方法简便易行,仿佛用自动傻瓜相机拍照一般,会按快门即行.

最后说一下反函数组及坐标变换,以三维为例.设有坐标变换

$$T : \begin{cases} x = x(u, v, w) \\ y = y(u, v, w) \\ z = z(u, v, w) \end{cases} \tag{15}$$

假若变换式(15)的雅可比行列式 $J = \dfrac{\partial(x, y, z)}{\partial(u, v, w)} \neq 0$,那么变换 T 就有唯一的逆变换

$$T^{-1} : \begin{cases} u = u(x, y, z) \\ v = v(x, y, z) \\ w = w(x, y, z) \end{cases} \tag{16}$$

反函数组的微分法是一般隐函数组微分法的特例,不再赘述.在此只需陈述关于坐标变换雅可比行列式的一个非常有用的性质:

$$\frac{\partial(x,y,z)}{\partial(u,v,w)}\frac{\partial(u,v,w)}{\partial(x,y,z)} = 1 \tag{17}$$

公式(17)告诉我们,不必求得逆变换(16),我们亦可以轻松地通过原变换的雅可比行列式算得逆变换的雅可比行列式:

$$\frac{\partial(u,v,w)}{\partial(x,y,z)} = \frac{1}{\dfrac{\partial(x,y,z)}{\partial(u,v,w)}} \tag{18}$$

这一性质在计算重积分时经常使用,谨记!

习题 6.3

1. 设 $\begin{cases} x = \mathrm{e}^u \cos v \\ y = \mathrm{e}^u \sin v \\ z = uv \end{cases}$，求 $\dfrac{\partial z}{\partial x}, \dfrac{\partial z}{\partial y}$.　　　　　　　　　　　　　（上海交大）

2. 已知 $\begin{cases} y = f(x, z) \\ F(x, y, z) = 0 \end{cases}$，试求 $y(x), z(x)$ 的导数.　　　　　　（西北电讯）

3. 设方程组 $\begin{cases} u = f(x, y, z) \\ g(x^2, \mathrm{e}^y, z) = 0 \\ y = \sin x \end{cases}$，求 $\dfrac{\mathrm{d}u}{\mathrm{d}x}$.　　　　　　　　（北京大学）

4. 设 $y = y(x), z = z(x)$ 由方程 $\begin{cases} z = xf(x + y) \\ F(x, y, z) = 0 \end{cases}$ 确定，试求 $\dfrac{\mathrm{d}z}{\mathrm{d}x}$.　　（1999 数学（一））

5. 设 $u = xy^2z^3$，若 $z = z(x, y)$ 由方程 $x^2 + y^2 + z^2 = 3xyz$ 确定，求 $\dfrac{\partial u}{\partial x}\Big|_{(1,1,1)}$.

6. 由 $\mathrm{e}^z - xyz = 0$ 确定 $z = z(x, y)$，求 $\dfrac{\partial^2 z}{\partial x^2}$.

7. $z + \ln z = \displaystyle\int_y^x \mathrm{e}^{-t^2}\,\mathrm{d}t$，求 $\dfrac{\partial^2 z}{\partial x \partial y}$.

8. $z^3 - 3xyz = a^3$，求 $\dfrac{\partial^2 z}{\partial x \partial y}$.　　　　　　　　　　（北京科技大学 1998 年）

9. $z = z(x, y)$ 是 $F(xyz, x^2 + y^2 + z^2) = 0$ 所确定的可微隐函数，试求 $\mathrm{grad}\, z$.

　　　　　　　　　　　　　　　　　　　　　　　　　　　（华师大 2000 年）

10. 设 f 可微，$u = f(x^2 + y^2 + z^2)$，方程 $3x + 2y^2 + z^3 = 6xyz$

　　(1) 确立了 $z = z(x, y)$，求 $\dfrac{\partial u}{\partial x}\Big|_{(1,1,1)}$;

　　(2) 确立了 $y = y(x, z)$，求 $\dfrac{\partial u}{\partial x}\Big|_{(1,1,1)}$.

§6.4 偏微分方程及其变换

变量代换思想在数学中被广泛应用,体现了一种转化矛盾,从繁到简直至解决问题的思路.无论在求极限,还是求积分包括二重、三重积分等问题,经常要使用变量代换.同样,对一个包含未知函数偏导数的方程,适当地引入变换,就可以使方程得以简化进而求得其解.

现设有二元函数 $z = f(x, y)$,满足一个偏微分方程(一阶或二阶)

$$F\left(x, y, \frac{\partial z}{\partial x}, \frac{\partial z}{\partial y}\right) = 0 \text{ 或 } F\left(x, y, \frac{\partial z}{\partial x}, \frac{\partial z}{\partial y}, \frac{\partial z^2}{\partial x^2}, \frac{\partial^2 z}{\partial x \partial y}, \frac{\partial^2 z}{\partial y^2}\right) = 0,$$

引入变换 $\begin{cases} x = x(u, v) \\ y = y(u, v) \end{cases}$,逆变换 $\begin{cases} u = u(x, y) \\ v = v(x, y) \end{cases}$,

称 (u, v) 为新变量,(x, y) 为原变量,我们面临的任务是要将关于原变量 x, y 的方程变换为关于新变量 u, v 的新方程,或是证明一个新旧变量之间的偏导数恒等关系.

如何实现偏导数之间的变换呢?一个基本的工具是链式法则,解题时须特别留意变换的方向选择.通常我们视 z 是以 x, y 为中间变量以 u, v 为自变量的复合函数

依链式法则:$\dfrac{\partial z}{\partial u} = \dfrac{\partial z}{\partial x} \dfrac{\partial x}{\partial u} + \dfrac{\partial z}{\partial y} \dfrac{\partial y}{\partial u}$,

$$\frac{\partial z}{\partial v} = \frac{\partial z}{\partial x} \frac{\partial x}{\partial v} + \frac{\partial z}{\partial y} \frac{\partial y}{\partial v},$$

或若视 (u, v) 为中间变量,x, y 为自变量,于是有

$$\frac{\partial z}{\partial x} = \frac{\partial z}{\partial u} \frac{\partial u}{\partial x} + \frac{\partial z}{\partial v} \frac{\partial v}{\partial x},$$

$$\frac{\partial z}{\partial y} = \frac{\partial z}{\partial u} \frac{\partial u}{\partial y} + \frac{\partial z}{\partial v} \frac{\partial v}{\partial y},$$

将 $x = x(u, v), y = y(u, v), \dfrac{\partial u}{\partial x}, \dfrac{\partial v}{\partial x}, \dfrac{\partial u}{\partial y}, \dfrac{\partial v}{\partial y}$ 都用 u, v 表示.代入上式,以及原偏微分方程,就可以得关于 (u, v) 变量的新的偏微分方程.

例 1 证明:在变换 $u = x, v = x^2 + y^2$ 下,方程

$$y \frac{\partial z}{\partial x} - x \frac{\partial z}{\partial y} = 0,$$

可转化成

$$\frac{\partial z}{\partial u} = 0.$$

证一

$$\frac{\partial z}{\partial x} = \frac{\partial z}{\partial u} \frac{\partial u}{\partial x} + \frac{\partial z}{\partial v} \frac{\partial v}{\partial x} = \frac{\partial z}{\partial u} + \frac{\partial z}{\partial v} 2x,$$

$$\frac{\partial z}{\partial y} = \frac{\partial z}{\partial u} \frac{\partial u}{\partial y} + \frac{\partial z}{\partial v} \frac{\partial v}{\partial y} = 2y \frac{\partial z}{\partial v},$$

代入原方程立得 $\dfrac{\partial z}{\partial u}=0$.

证二　因为已告知目标方程为 $\dfrac{\partial z}{\partial u}=0$,我们也可以采用执果索因证法,视 (u,v) 为自变量, (x,y) 为中间变量.

$$\frac{\partial z}{\partial u}=\frac{\partial z}{\partial x}\frac{\partial x}{\partial u}+\frac{\partial z}{\partial y}\frac{\partial y}{\partial u},$$

从原变换易解出 $x=u,y=\sqrt{v-u^2}$.

(如不去解逆变换,则可以使用反函数组的求导法,解出 $\dfrac{\partial x}{\partial u},\dfrac{\partial y}{\partial u}$)

故

$$\frac{\partial x}{\partial u}=1,\frac{\partial y}{\partial u}=-\frac{u}{\sqrt{v-u^2}}=-\frac{x}{y},$$

$$\frac{\partial z}{\partial u}=\frac{\partial z}{\partial x}+\frac{\partial z}{\partial y}\left(-\frac{x}{y}\right),$$

所以方程 $\dfrac{\partial z}{\partial u}=0$ 即化为 $y\dfrac{\partial z}{\partial x}-x\dfrac{\partial z}{\partial y}=0$.

注　1.证明时可以从原方程出发,也可以从新方程出发,原则上可以选择从较简的一个方程出发.

2.证明时应选用偏导数易算的变换式,如极坐标变换 $\begin{cases}x=r\cos\theta\\ y=r\sin\theta\end{cases}$ 就应视 (r,θ) 为新变量, (x,y) 为中间变量.

$$\frac{\partial z}{\partial r}=\frac{\partial z}{\partial x}\cos\theta+\frac{\partial z}{\partial y}\sin\theta,$$

$$\frac{\partial z}{\partial\theta}=\frac{\partial z}{\partial x}(-r\sin\theta)+\frac{\partial z}{\partial y}r\cos\theta,$$

然后容易证明 $\left(\dfrac{\partial z}{\partial r}\right)^2+\dfrac{1}{r^2}\left(\dfrac{\partial z}{\partial\theta}\right)^2=\left(\dfrac{\partial u}{\partial x}\right)^2+\left(\dfrac{\partial u}{\partial y}\right)^2$.

3.变换后得以简化的方程往往极易求解.

由于 $\dfrac{\partial z}{\partial u}=0$ 的解是 $z=g(v)$ 即得微分方程 $y\dfrac{\partial z}{\partial x}-x\dfrac{\partial z}{\partial y}=0$ 的通解是 $z=g(x^2+y^2)$.

可以说微分方程变换的目的仍是求解微分方程.

例 2　设 φ 为二元可微函数,给出变换 $u=x+at,v=x-at$ 试把弦振动方程 $a^2\dfrac{\partial^2\varphi}{\partial x^2}=\dfrac{\partial^2\varphi}{\partial t^2}(a>0)$ 变换成以 u,v 为自变量的形式,进而求出弦振动方程的解.

解　因为变换后的新方程未知,我们只能从原方程出发,视 (x,t) 为自变量 (u,v) 为中间变量.

$$\frac{\partial\varphi}{\partial x}=\frac{\partial\varphi}{\partial u}\frac{\partial u}{\partial x}+\frac{\partial\varphi}{\partial v}\frac{\partial v}{\partial x}=\frac{\partial\varphi}{\partial u}+\frac{\partial\varphi}{\partial v},$$

$$\frac{\partial\varphi}{\partial t}=a\left(\frac{\partial\varphi}{\partial u}-\frac{\partial\varphi}{\partial v}\right),$$

$$\frac{\partial^2\varphi}{\partial x^2}=\frac{\partial}{\partial x}\left(\frac{\partial\varphi}{\partial x}\right)=\frac{\partial}{\partial x}\left(\frac{\partial\varphi}{\partial u}+\frac{\partial\varphi}{\partial v}\right)=\frac{\partial^2\varphi}{\partial u^2}+2\frac{\partial^2\varphi}{\partial u\partial v}+\frac{\partial^2\varphi}{\partial v^2},$$

$$\frac{\partial^2 \varphi}{\partial t^2} = \frac{\partial}{\partial t}\left(\frac{\partial \varphi}{\partial t}\right) = a\frac{\partial}{\partial t}\left(\frac{\partial \varphi}{\partial u} - \frac{\partial \varphi}{\partial v}\right) = a^2\left(\frac{\partial^2 \varphi}{\partial u^2} - 2\frac{\partial^2 \varphi}{\partial u \partial v} + \frac{\partial^2 \varphi}{\partial v^2}\right).$$

代入原弦振动方程化简得以 u,v 为变量的新方程是 $\dfrac{\partial^2 \varphi}{\partial u \partial v} = 0$,进而易求得此方程的解为 $\varphi = f(u) + g(v)$,从而原方程解的形式为 $\varphi(x,y) = f(x+at) + g(x-at)$.

还有一类题型是除了自变量变换外,因变量(函数)亦同时代换,要求出新函数对新变量的偏导数所满足的方程. 为求出此方程,将新函数看成通过中间变量(新变量)而为原变量的函数,并实施以下步骤:

(1)在新函数表示式两端分别对原变量求偏导数;

(2)解出原函数对原变量的一阶偏导数的表示式;

(3)再求出其二阶偏导的表示式;

(4)将它们代入所给出的原方程,化简整理即可得到新函数对新变量的偏导数所满足的方程.

例 3　设函数 $z = z(x,y)$ 满足方程 $x\dfrac{\partial^2 z}{\partial x^2} + 2\dfrac{\partial z}{\partial x} = \dfrac{2}{y}$,试以 $\xi = \dfrac{y}{x}$,$\eta = y$ 为新的自变量,$w = yz - x$ 为 ξ,η 的函数,把方程变换为 $w = w(\xi,\eta)$ 所满足的方程.(浙江大学 2001 年)

解　在 $w = yz - x$ 的两边都对 x 求偏导:

$$\frac{\partial w}{\partial \xi}\frac{\partial \xi}{\partial x} + \frac{\partial w}{\partial \eta}\frac{\partial \eta}{\partial x} = y\frac{\partial z}{\partial x} - 1,$$

以 $\dfrac{\partial \xi}{\partial x} = -\dfrac{y}{x^2}$,$\dfrac{\partial \eta}{\partial x} = 0$ 代入上式可解得 $\dfrac{\partial z}{\partial x} = \dfrac{1}{y} - \dfrac{1}{x^2}\dfrac{\partial w}{\partial \xi}$.

上式再对 x 求偏导:

$$\frac{\partial^2 z}{\partial x^2} = \frac{2}{x^3}\frac{\partial w}{\partial \xi} - \frac{1}{x^2}\left(\frac{\partial^2 w}{\partial \xi^2}\frac{\partial \xi}{\partial x} + \frac{\partial^2 w}{\partial \xi \partial \eta}\frac{\partial \eta}{\partial x}\right)$$

$$= \frac{2}{x^3}\frac{\partial w}{\partial \xi} + \frac{y}{x^4}\frac{\partial^2 w}{\partial \xi^2},$$

代入原方程并化简得

$$\frac{\partial^2 w}{\partial \xi^2} = 0.$$

思考　上述方程的解如何?

$$\frac{\partial w}{\partial \xi} = \varphi(\eta),$$

$$\omega = \xi\varphi(\eta) + \psi(\eta),$$

代回原来 x,y 变量,解出微分方程的解为:

$$z = \frac{x}{y} + \frac{1}{x}\varphi(y) + \psi(y) \hspace{3em} ①$$

又若只引入新自变量 ξ,y,而不引入新因变量 w,则

$$\frac{\partial z}{\partial x} = -\frac{y}{x^2}\frac{\partial z}{\partial \xi},$$

$$\frac{\partial^2 z}{\partial x^2} = \frac{2y}{x^3}\frac{\partial z}{\partial \xi} + \frac{y^2}{x^4}\frac{\partial^2 z}{\partial \xi^2},$$

代入原方程 $\dfrac{y^2}{x^3}\dfrac{\partial^2 z}{\partial \xi^2}=\dfrac{2}{y}$，即 $\dfrac{\partial^2 z}{\partial \xi^2}=\dfrac{2}{\xi^3}$，

$$\frac{\partial z}{\partial \xi}=-\frac{1}{\xi^2}+\Phi(y),$$

$$z=\frac{1}{\xi}+\xi\Phi(y)+\Psi(y),$$

还原回 x,y：

$$z=\frac{x}{y}+\frac{y}{x}\Phi(y)+\Psi(y) \tag{②}$$

比较 ①、② 两式，视 $y\Phi(y)$ 为 $\varphi(y)$，本质上是一样的解.

例 4　设 $u=u(x,y)$ 可微，在极坐标变换之下，$\begin{cases} x=r\cos\theta \\ y=r\sin\theta \end{cases}$，证明：

$$\left(\frac{\partial u}{\partial r}\right)^2+\frac{1}{r^2}\left(\frac{\partial u}{\partial \theta}\right)^2=\left(\frac{\partial u}{\partial x}\right)^2+\left(\frac{\partial u}{\partial y}\right)^2.$$

证法一　从左往右证，u 可以看作 r,θ 的复合函数，即以 x,y 为中间变量.

$$\frac{\partial u}{\partial r}=\frac{\partial u}{\partial x}\frac{\partial x}{\partial r}+\frac{\partial u}{\partial y}\frac{\partial y}{\partial r}=\frac{\partial u}{\partial x}\cos\theta+\frac{\partial u}{\partial y}\sin\theta,$$

$$\frac{\partial u}{\partial \theta}=\frac{\partial u}{\partial x}\frac{\partial x}{\partial \theta}+\frac{\partial u}{\partial y}\frac{\partial y}{\partial \theta}=\frac{\partial u}{\partial x}(-r\sin\theta)+\frac{\partial u}{\partial y}r\cos\theta,$$

于是 　　　　$$\left(\frac{\partial u}{\partial r}\right)^2+\frac{1}{r^2}\left(\frac{\partial u}{\partial \theta}\right)^2=\cdots=\left(\frac{\partial u}{\partial x}\right)^2+\left(\frac{\partial u}{\partial y}\right)^2.$$

证法二　从右往左证，即视 r,θ 为中间变量.

$$\frac{\partial u}{\partial x}=\frac{\partial u}{\partial r}\frac{\partial r}{\partial x}+\frac{\partial u}{\partial \theta}\frac{\partial \theta}{\partial x},$$

$$\frac{\partial u}{\partial y}=\frac{\partial u}{\partial r}\frac{\partial r}{\partial y}+\frac{\partial u}{\partial \theta}\frac{\partial \theta}{\partial y}.$$

如何求 $\dfrac{\partial r}{\partial x},\dfrac{\partial r}{\partial y},\dfrac{\partial \theta}{\partial x},\dfrac{\partial \theta}{\partial y}$ 呢？

若从极坐标变换解出逆变换 $r=\sqrt{x^2+y^2}$，$\theta=\begin{cases}\arctan\dfrac{y}{x}, & x>0 \\[2mm] \pi+\arctan\dfrac{y}{x}, & x<0, \\[2mm] \dfrac{\pi}{2}\mathrm{sgn}y, & x=0\end{cases}$

得到 $\dfrac{\partial r}{\partial x}=\dfrac{x}{\sqrt{x^2+y^2}}$，$\dfrac{\partial r}{\partial y}=\dfrac{y}{\sqrt{x^2+y^2}}$；$\dfrac{\partial \theta}{\partial x}=-\dfrac{y}{x^2+y^2}$，$\dfrac{\partial \theta}{\partial y}=\dfrac{x}{x^2+y^2}$.

但一般而言，我们不必去显化，而可直接依赖隐函数的微分技巧.

对 $\begin{cases} x=r\cos\theta \\ y=r\sin\theta \end{cases}$ 两边求微分：$\begin{cases} \mathrm{d}x=\cos\theta\mathrm{d}r-r\sin\theta\mathrm{d}\theta & \tag{①} \\ \mathrm{d}y=\sin\theta\mathrm{d}r+r\cos\theta\mathrm{d}\theta & \tag{②}\end{cases}$

① $\times\cos\theta+$ ② $\times\sin\theta$ 得，$\mathrm{d}r=\cos\theta\mathrm{d}x+\sin\theta\mathrm{d}y$，

① $\times\sin\theta-$ ② $\times\cos\theta$ 得，$\mathrm{d}\theta=-\dfrac{\sin\theta}{r}\mathrm{d}x+\dfrac{\cos\theta}{r}\mathrm{d}y$，

即得 $\dfrac{\partial r}{\partial x} = \cos\theta, \dfrac{\partial r}{\partial y} = \sin\theta; \dfrac{\partial \theta}{\partial x} = -\dfrac{\sin\theta}{r}, \dfrac{\partial \theta}{\partial y} = \dfrac{\cos\theta}{r}.$

所以
$$\begin{cases} \dfrac{\partial u}{\partial x} = \dfrac{\partial u}{\partial r}\cos\theta + \dfrac{\partial u}{\partial \theta}\left(-\dfrac{\sin\theta}{r}\right) \\[2mm] \dfrac{\partial u}{\partial y} = \dfrac{\partial u}{\partial r}\sin\theta + \dfrac{\partial u}{\partial \theta}\dfrac{\cos\theta}{r} \end{cases},$$

从而易验证
$$\left(\dfrac{\partial u}{\partial x}\right)^2 + \left(\dfrac{\partial u}{\partial y}\right)^2 = \left(\dfrac{\partial u}{\partial r}\right)^2 + \dfrac{1}{r^2}\left(\dfrac{\partial u}{\partial \theta}\right)^2.$$

注   在原极坐标变换中，r, θ 处于自变量地位，从而在变换之时，将 x, y 视作中间变量的方法(从左往右化简)更显简单.

例 5   设 n 为正整数，若 $\forall t > 0, f(rx, ty) = t^n f(x, y)$，称 $f(x)$ 是 n 次齐次函数. 证明：若 $f(x)$ 可微，则 $f(x)$ 是 n 次齐次函数的充要条件是

$$x\frac{\partial f}{\partial x} + y\frac{\partial f}{\partial y} = nf \qquad\qquad (*)$$

证明   必要性：在 $f(tx, ty) = t^n (f(x, y)$ 的两边关于 t 求导.

$f'_1 \cdot x + f'_2 \cdot y = nt^{n-1} f(x, y)$，令 $t = 1$ 立得 $(*)$ 式

充分性：

先讨论 $n = 0$ 时，$f(tx, ty) = f(x, y)$，

令 $t = \dfrac{1}{x}$ 代入得 $f\left(1, \dfrac{y}{x}\right) = f(x, y).$

于是零次齐次函数 $f(x, y)$ 应该是 $F\left(\dfrac{y}{x}\right)$ 的形式.

令变量代换 $\xi = x, \eta = \dfrac{y}{x}$，并以 ξ, η 为中间变量：

$$u = f(x, y) = f(\xi, \xi\eta) = g(\xi, \eta),$$

$$\frac{\partial f}{\partial x} = \frac{\partial u}{\partial x} = \frac{\partial u}{\partial \xi} \cdot \frac{\partial \xi}{\partial x} + \frac{\partial u}{\partial \eta} \cdot \frac{\partial \eta}{\partial x} = \frac{\partial u}{\partial \xi} - \frac{\partial u}{\partial \eta} \cdot \frac{y}{x^2},$$

$$\frac{\partial f}{\partial y} = \frac{\partial u}{\partial y} = \frac{\partial u}{\partial \eta}\frac{\partial \eta}{\partial y} = \frac{\partial u}{\partial \eta} \cdot \frac{1}{x},$$

于是
$$x\frac{\partial f}{\partial x} + y\frac{\partial f}{\partial y} = x\frac{\partial u}{\partial \xi}.$$

原微分方程化简为 $x \cdot \dfrac{\partial u}{\partial \xi} = 0$，即 $\dfrac{\partial u}{\partial \xi} = 0$，从而 $g(\xi, \eta) = g(\eta)$，即有 $f(x, y) = g\left(\dfrac{y}{x}\right).$

以下讨论一般情形

在 $f(tx, ty) = t^n f(x, y)$ 中令 $t = \dfrac{1}{x}$，可得

$$f(x, y) = x^n f\left(1, \frac{y}{x}\right) = x^n F\left(\frac{y}{x}\right).$$

于是引入中间变量 $\xi = x^n, \eta = \dfrac{y}{x}$，

$$\frac{\partial f}{\partial x} = \frac{\partial u}{\partial x} = \frac{\partial u}{\partial \xi} \cdot nx^{n-1} - \frac{\partial u}{\partial \eta} \cdot \frac{y}{x^2},$$

$$\frac{\partial f}{\partial y} = \frac{\partial u}{\partial y} = \frac{\partial u}{\partial \eta} \cdot \frac{1}{x}.$$

原方程 $x\dfrac{\partial f}{\partial x} + y\dfrac{\partial f}{\partial y} = nf$ 转化为 $\xi\dfrac{\partial u}{\partial \xi} = u$.

因为这个方程只含有 ξ 和 u, 而不含有 η, 故可视 η 为参量, 改而求解常微分方程 $\xi\dfrac{\mathrm{d}u}{\mathrm{d}\xi} = u$, 得出 $u = C\xi$.

但此中常数 C 应是可以依赖于 η 的, 记 $C = F(\eta)$, 得到

$$u = f(x,y) = g(\xi,\eta) = \xi F(\eta) = x^n F\left(\frac{y}{x}\right)$$

得知 $u = f(x,y)$ 为 n 次齐次函数.

或证　引入辅助函数 $\varPhi(x,y,t) = \dfrac{f(tx,ty)}{t^n}(t \neq 0)$, 求 $\dfrac{\partial \varPhi}{\partial t} = 0$.

例 6　若 $u(x,y)$ 的二阶导数存在, 证明 $u(x,y) = f(x)g(y)$ 的充要条件是

$$u\frac{\partial^2 u}{\partial x \partial y} = \frac{\partial u}{\partial x} \cdot \frac{\partial u}{\partial y}(u \neq 0). \qquad\qquad (清华大学)$$

证法一　只证充分性, 回忆二阶常微分方程 $y'' = f(x,y')$ 及 $y'' = f(y,y')$ 的降阶解法.

现令 $v = \dfrac{\partial u}{\partial x}$, 原方程化为 $u\dfrac{\partial v}{\partial y} = v\dfrac{\partial u}{\partial y}$.

视 x 为参量, y 为变量. (亦即将上述方程视为常微分方程)

分离变量: $\dfrac{\dfrac{\partial u}{\partial y}}{u} = \dfrac{\dfrac{\partial v}{\partial y}}{v}$,

上式两边关于 y 积分: $\ln|u(x,y)| = \ln|v(x,y)| + C_1(x)$,

$$u(x,y) = C_2(x,y)v(x,y) = C_2(x)\frac{\partial u}{\partial x},$$

再分离变量: $\dfrac{\dfrac{\partial u}{\partial x}}{u} = C_3(x)$,

两边关于 x 积分: $\ln|u(x,y)| = \displaystyle\int C_3(x)\mathrm{d}x + C_4(y)$,

所以 $u(x,y) = e^{\int C_3(x)\mathrm{d}x + C_4(y)} = f(x)g(y)$.

证法二　从 $u\dfrac{\partial v}{\partial y} = v\dfrac{\partial u}{\partial y}$, 即 $u\dfrac{\partial v}{\partial y} - v\dfrac{\partial u}{\partial y} = 0$,

等价化为 $\dfrac{u\dfrac{\partial v}{\partial y} - v\dfrac{\partial u}{\partial y}}{u^2} = 0$ ($\dfrac{1}{u^2}$ 为积分因子或称恰当因子),

即　　　$\dfrac{\partial}{\partial y}\left(\dfrac{v}{u}\right) = 0$, 知 $\dfrac{v}{u} = \varphi_1(x)$. 又因 $v = \dfrac{\partial u}{\partial x}$, 上式凑微分又得

$$\frac{\partial \ln u}{\partial x} = \varphi_1(x)$$

解得　　　$\ln u = \displaystyle\int \varphi_1(x)\mathrm{d}x + \varphi_2(y)$,

从而　　　$u = e^{\int \varphi_1(x)\mathrm{d}x} \cdot e^{\varphi_2(y)} = f(x)g(y)$.

习题 6.4

1. 设变换 $u = x - 2y, v = x + ay$ 可把方程 $6\dfrac{\partial^2 z}{\partial x^2} + \dfrac{\partial^2 z}{\partial x \partial y} - \dfrac{\partial^2 z}{\partial y^2} = 0$ 化为

$\dfrac{\partial^2 z}{\partial u \partial v} = 0$，试求 a.   (1996 年(数学一))

2. 证明：在变换 $\xi = x, \eta = \dfrac{y}{x}$ 之下，方程 $x^2 \dfrac{\partial^2 u}{\partial x^2} + 2xy \dfrac{\partial^2 u}{\partial x \partial y} + y^2 \dfrac{\partial^2 u}{\partial y^2} = 0$ 可以化为

$\dfrac{\partial^2 u}{\partial \xi^2} = 0$. 进而求解此方程.

3. 在极坐标变换下，证明

$$\frac{\partial^2 u}{\partial x^2} + \frac{\partial^2 u}{\partial y^2} = \frac{\partial^2 u}{\partial r^2} + \frac{1}{r^2}\frac{\partial^2 u}{\partial \theta^2} + \frac{1}{r}\frac{\partial u}{\partial r}.$$

4. 给出变换 $\begin{cases} x = \mathrm{e}^s \sin t \\ y = \mathrm{e}^s \cos t \end{cases}$，证明 $\left(\dfrac{\partial u}{\partial x}\right)^2 + \left(\dfrac{\partial u}{\partial y}\right)^2 = \mathrm{e}^{-2s}\left[\left(\dfrac{\partial u}{\partial s}\right)^2 + \left(\dfrac{\partial u}{\partial t}\right)^2\right]$.

5. 设 $u = x + y, v = \dfrac{y}{x}, w = \dfrac{z}{x}$. 变换方程

$$\frac{\partial^2 z}{\partial x^2} - 2\frac{\partial^2 z}{\partial x \partial y} + \frac{\partial^2 z}{\partial y^2} = 0.$$

6. 设 $z = f(x-y, x+y) + g(x+ky)$，$f(x)$、$g(x)$ 具有二阶连续偏导数，且 $g'' \not\equiv 0$，如果

$\dfrac{\partial^2 z}{\partial x^2} + 2\dfrac{\partial^2 z}{\partial x \partial y} + \dfrac{\partial^2 z}{\partial y^2} \equiv 4f''_{22}$，求常数 k 的值.   (浙江省高等数学竞赛 2005 年)

7. 令 $u = \dfrac{y}{x}, v = z + \sqrt{x^2 + y^2 + z^2}$，变换方程

$$x\frac{\partial z}{\partial x} + y\frac{\partial z}{\partial y} = z + \sqrt{x^2 + y^2 + z^2}.$$ (北师大 2001 年)

8. 已知 $z = z(x, y)$ 满足微分方程

$$\frac{1}{x}\frac{\partial z}{\partial x} + \frac{1}{y}\frac{\partial z}{\partial y} = \frac{z}{y^2},$$

引入变换，$\xi = x^2 - y^2, \eta = y$，将上述方程变换为关于 ξ, η 的形式，然后求解之.

9. 若 $u = f(x, y)$ 满足拉普拉斯方程 $\dfrac{\partial^2 u}{\partial x^2} + \dfrac{\partial^2 u}{\partial y^2} = 0$，证明 $v = f\left(\dfrac{x}{x^2 + y^2}, \dfrac{y}{x^2 + y^2}\right)$

也满足此方程.

10. 若三元函数 $f(x, y, z)$ 可微，证明 $f(x)$ 为 n 次齐次函数的充要条件是

$$x\frac{\partial f}{\partial x} + y\frac{\partial f}{\partial y} + z\frac{\partial f}{\partial z} = nf.$$

11. 设 Ω 为含原点的凸区域，$u = f(x,y)$ 在 Ω 上可微，且满足 $x\dfrac{\partial f}{\partial x} + y\dfrac{\partial f}{\partial y} = 0$.

求证：$f(x,y)$ 在 Ω 上恒为常数.

12. 试求 $\left(\dfrac{\partial u}{\partial x}\right)^2 + \left(\dfrac{\partial u}{\partial y}\right)^2 + \left(\dfrac{\partial u}{\partial z}\right)^2$ 在球面坐标变换之下的新形式.

13. 若 $\dfrac{\partial^2 u}{\partial x \partial y} + \dfrac{\partial u}{\partial y} = 0$，且 $u(0,y) = y^2$，$u(x,1) = \cos x$，求 $u(x,y)$.

（浙江省大学生高等数学竞赛 2013 年）

§6.5　极值与条件极值

函数的极值和条件极值是函数性态的一个重要方面.在实际应用中更是占有重要的地位.在本节中,我们首先对函数极值的判定作一些回顾性叙述,然后重点讲解条件极值和拉格朗日乘数法.

一、一元函数极值

为了方便,恒设函数 $f(x)$ 在 x_0 的某领域 $U(x_0;\delta)$ 内一阶可导,在 $x=x_0$ 处二阶可导.

1. 极值必要条件

定理 1　(费马)函数在 x_0 处取得极值的必要条件是 $f'(x_0)=0$.

或说成:在可导的假设之下,极值点必是稳定点.

2. 极值充分条件

定理 2　若 $f'(x_0)=0,f''(x_0)\neq 0$,则 x_0 为 f 的极值点.具体地,

当 $f''(x_0)>0$ 时,$f(x)$ 在 x_0 处取得极小值;

当 $f''(x_0)<0$ 时,$f(x)$ 在 x_0 处取得极大值.

为了推广和形式统一的需要,我们将上述极值第二充分条件的关键语句 $f''(x_0)>0$ 或 $f''(x_0)<0$ 用二阶微分的形式表示之.

定理 2′　设 x_0 为 $f(x)$ 的稳定点,则

当 $\mathrm{d}^2 f\big|_{x_0}>0$ 时,x_0 为 $f(x)$ 的极小值点;

当 $\mathrm{d}^2 f\big|_{x_0}<0$ 时,x_0 为 $f(x)$ 的极大值点.

事实上,$\mathrm{d}^2 f=f''(x)\mathrm{d}x$,故二阶导数和二阶微分同号.

二、二元函数极值

设二元函数 $f(x,y)$ 在 $P_0(x_0,y_0)$ 的某领域内有二阶连续偏导数.

1. 极值必要条件

定理 3　$f(x,y)$ 在 $P_0(x_0,y_0)$ 处取得极值的必要条件是:
$$f'_x(P_0)=f'_y(P_0)=0.$$
满足上式的 P_0 仍称为 $f(x)$ 的稳定点.

和一元函数相同的是:在可偏导的前提下,极值点一定是稳定点.

这样,极值点的搜索范围将大为缩小.

2. 极值充分条件

定理 4　设 $f(x,y)$ 在 P_0 的邻域内有二阶连续偏导数,且 P_0 为 $f(x)$ 的稳定点,引入 $A=f''_{xx}(P_0),B=f''_{xy}(P_0),C=f''_{yy}(P_0),\Delta^*=AC-B^2$,则

$\Delta^* < 0$ 时, P_0 不是极值点;

$\Delta^* > 0$ 时, P_0 是极值点:当 $A > 0$ 时为极小, $A < 0$ 时为极大.

注　该定理及其证明在 §3.6 中有介绍.

下面我们将二元函数极值的充分条件用二阶微分的形式来表达,并设法寻求其和一元函数极值充分条件相一致的表达方式.

在 §6.2 节,已经讲过了全微分及其不变性.接下来我们介绍高阶微分.

三、高阶微分

设二元函数 $z = f(u,v)$ n 阶连续可偏导,其一阶微分

$$\mathrm{d}z = \frac{\partial z}{\partial u}\mathrm{d}u + \frac{\partial z}{\partial v}\mathrm{d}v \tag{1}$$

二阶微分 $\mathrm{d}^2 z = \mathrm{d}\left(\frac{\partial z}{\partial u}\mathrm{d}u + \frac{\partial z}{\partial v}\mathrm{d}v\right)$

$$= \mathrm{d}\frac{\partial z}{\partial u} \cdot \mathrm{d}u + \mathrm{d}\frac{\partial z}{\partial v} \cdot \mathrm{d}v$$

$$= \left(\frac{\partial^2 z}{\partial u^2}\mathrm{d}u + \frac{\partial^2 z}{\partial u \partial v}\mathrm{d}v\right)\mathrm{d}u + \left(\frac{\partial^2 z}{\partial v \partial u}\mathrm{d}u + \frac{\partial^2 z}{\partial v^2}\mathrm{d}v\right)\mathrm{d}v$$

$$= \frac{\partial^2 z}{\partial u^2}\mathrm{d}u^2 + 2\frac{\partial^2 z}{\partial u \partial v}\mathrm{d}u\mathrm{d}v + \frac{\partial^2 z}{\partial v^2}\mathrm{d}v^2 \tag{2}$$

一般地, n 阶微分

$$\mathrm{d}^n z = \mathrm{d}(\mathrm{d}^{n-1}z) = \sum_{k=0}^{n} C_n^k \frac{\partial^n z}{\partial u^{n-k}\partial v^k}\mathrm{d}u^{n-k}\mathrm{d}v^k \tag{3}$$

注意:上式中 $\mathrm{d}u^{n-k} = (\mathrm{d}u)^{n-k}, \mathrm{d}v^k = (\mathrm{d}v)^k$ 是约定的记法.

现在问,二阶微分有没有形式不变性呢?

设 u,v 是中间变量,而 x,y 是自变量. $u = \varphi(x,y), v = \varphi(x,y)$, $z = f(u,v) = f(\varphi(x,y),\psi(x,y))$ 是 (x,y) 的函数.

由一阶微分的形式不变性

$$\mathrm{d}z = \frac{\partial z}{\partial u}\mathrm{d}u + \frac{\partial z}{\partial v}\mathrm{d}v \text{ 仍成立}.$$

$$\mathrm{d}^2 z = \mathrm{d}(\mathrm{d}z) = \mathrm{d}\left(\frac{\partial z}{\partial u}\mathrm{d}u + \frac{\partial z}{\partial v}\mathrm{d}v\right)$$

$$= \mathrm{d}\frac{\partial z}{\partial u} \cdot \mathrm{d}u + \frac{\partial z}{\partial u}\mathrm{d}(\mathrm{d}u) + \mathrm{d}\frac{\partial z}{\partial v} \cdot \mathrm{d}v + \frac{\partial z}{\partial v}\mathrm{d}(\mathrm{d}v)$$

$$= \left(\frac{\partial^2 z}{\partial u^2}\mathrm{d}u + \frac{\partial^2 z}{\partial u \partial v}\mathrm{d}v\right)\mathrm{d}u + \left(\frac{\partial^2 z}{\partial u \partial v}\mathrm{d}u + \frac{\partial^2 z}{\partial v^2}\mathrm{d}v\right)\mathrm{d}v$$

$$+ \frac{\partial z}{\partial u}\mathrm{d}^2 u + \frac{\partial z}{\partial v}\mathrm{d}^2 v.$$

即

$$\mathrm{d}^2 z = \frac{\partial^2 z}{\partial u^2}\mathrm{d}u^2 + 2\frac{\partial^2 z}{\partial u \partial v}\mathrm{d}u\mathrm{d}v + \frac{\partial^2 z}{\partial v^2}\mathrm{d}v^2 + \frac{\partial z}{\partial u}\mathrm{d}^2 u + \frac{\partial z}{\partial v}\mathrm{d}^2 v. \tag{4}$$

将(4)式和(2)式作一个比较,就发现 u,v 作为中间变量时, z 的二阶微分中多出了两项

$$\frac{\partial z}{\partial u}d^2 u + \frac{\partial z}{\partial v}d^2 v.$$

而 $d^2 u, d^2 v$ 分别代表 $u = \varphi(x,y), v = \psi(x,y)$ 的二阶微分,此时公式(2)仍适用. 如

$$d^2 u = \frac{\partial^2 u}{\partial x^2}dx^2 + 2\frac{\partial^2 u}{\partial x \partial y}dxdy + \frac{\partial^2 u}{\partial y^2}dy^2,$$

而当 u,v 作为自变量时,$du = \Delta u, dv = \Delta v, d^2 u = d(du) = 0, d^2 v = d(dv) = 0.$
所以,二阶微分不再具有形式不变性.

四、微分形式的极值充分条件

应用二阶微分的形式,我们可以将定理 4 改写成:

定理 4′ 设 $f(x,y)$ 在 P_0 的邻域内有二阶连续偏导数,且 $f'_x(P_0) = f'_y(P_0) = 0.$ 则
  $d^2 f |_{P_0} > 0$ 时,P_0 必为 f 的极小值点;
  $d^2 f |_{P_0} < 0$ 时,P_0 必为 f 的极大值点.
事实上,由于 $dx = \Delta x, dy = \Delta y, f(x,y)$ 在 P_0 处的二阶微分是

$$d^2 f |_{P_0} = f''_{xx}(P_0)(\Delta x)^2 + 2f''_{yy}(P_0)\Delta x \Delta y + f''_{yy}(P_0)(\Delta y)^2$$
$$= A(\Delta x)^2 + 2B\Delta x \Delta y + C(\Delta y)^2,$$

当 $\Delta^* = AC - B^2 > 0$ 时,$d^2 f |_{P_0}$ 一定保号且和 A 同号.

为使读者更好地理解二阶微分和极值的关系,我们以微分形式的语句给出定理 4′ 的证明.

证明 $z = f(x,y)$ 在 $P_0(x_0, y_0)$ 处对应于 $\Delta x, \Delta y$ 的全增量,
$\Delta z = f(x_0 + \Delta x, y_0 + \Delta y) - f(x_0, y_0)$;又 $dx = \Delta x, dy = \Delta y.$
一阶微分 $dz = f'_x(P_0)\Delta x + f'_y(P_0)\Delta y,$
二阶微分 $d^2 z = f''_{xx}(P_0)(\Delta x)^2 + 2f''_{xy}(P_0)\Delta x \Delta y + f''_{yy}(P_0)(\Delta y)^2,$
由多元 Taylor 公式(参见 §3.6 之定理 1),有

$$\Delta z = dz + \frac{1}{2!}d^2 z + o(\rho^2),\text{其中}\ \rho^2 = (\Delta x)^2 + (\Delta y)^2 \tag{5}$$

而当 $P_0(x_0, y_0)$ 是 $f(x,y)$ 的稳定点时,$dz = 0,$
于是

$$\Delta z = \frac{1}{2}d^2 z + o(\rho^2) = \frac{1}{2}(A(\Delta x)^2 + 2B\Delta x \Delta y + C(\Delta y)^2) + o((\Delta x)^2 + (\Delta y)^2).$$

若 $d^2 z$ 保号,则当 ρ 充分小时,Δz 必和 $d^2 z$ 同号.
而二次齐次式 $A(\Delta x)^2 + 2B\Delta x \Delta y + C(\Delta y)^2$ 的判别式为

$$\Delta = 4(B^2 - AC),$$

当 $\Delta < 0$ 即 $\Delta^* = AC - B^2 > 0$ 时,$d^2 z$ 保号.
  $A > 0$ 时,$d^2 z > 0$,在 P_0 的某领域内,$\Delta z > 0$,得 P_0 为极小值点;
  $A < 0$ 时,$d^2 z < 0$,在 P_0 的某领域内,$\Delta z < 0$,得 P_0 为极大值点.
当 $\Delta > 0$ 即 $\Delta^* < 0$ 时,$d^2 z$ 变号,从而 Δz 在 P_0 的近旁也要变号,P_0 不是极值点.
当 $\Delta = 0$ 时,存在无限多组 $(\Delta x, \Delta y)$ 使得 $d^2 z = 0.$
此时,Δz 的符号取决于误差项 $o(\rho^2)$,故无法判定 P_0 是否极值点. 需要更高阶的微分性

质才可能判定.

对一元函数来说,类似的结果可参见 §3.6 之例 10.

比较定理 $2'$、定理 $4'$ 不难发现,在微分语句之下,一元函数和二元函数极值的充分条件就实现了形式上的统一.

五、条件极值、拉格朗日乘数法

1. 条件极值问题的一般形式

在条件

$$\varphi_k(x_1,x_2,\cdots,x_n)=0(1\leqslant k\leqslant m,m<n) \tag{6}$$

的限制下,求目标函数 $z=f(x_1,x_2,\cdots,x_n)$ 的极值.

为通俗易懂,我们选取 $n=4,m=2$ 情形为代表,记号上稍作变动.

求四元函数 $f(x,y,u,v)$ 在两个约束条件

$$\begin{cases} \varphi(x,y,u,v)=0 \\ \psi(x,y,u,v)=0 \end{cases} \tag{7}$$

之下的条件极值.

2. 条件极值必要条件·拉格朗日乘数法

拉格朗日函数为

$$L(x,y,u,v,\alpha,\beta)=f(x,y,u,v)+\alpha\varphi(x,y,u,v)+\beta\psi(x,y,u,v)=f+\alpha\varphi+\beta\psi$$

其中 α,β 被称作是拉格朗日乘数.

令 $L'_x=L'_y=L'_u=L'_v=L'_\alpha=L'_\beta=0$.

解得作为六元函数的 L 的稳定点 $M_0(x_0,y_0,u_0,v_0,\alpha_0,\beta_0)$,而 $P_0(x_0,y_0,u_0,v_0)$ 则是 $f(x,y,u,v)$ 的条件极值候选点.

简洁而稍逊严谨地讲,$f(x,y,u,v)$ 的条件极值点一定是其拉格朗日函数 $L(x,y,u,v,\alpha,\beta)$ 的稳定点.

仔细地加以甄别,$P_0(x_0,y_0,u_0,v_0)$ 和 $M_0(x_0,y_0,u_0,v_0,\alpha_0,\beta_0)$ 的维度是不一样的,在条件极值的求解过程中,拉格朗日乘数 α,β 的确定也是非常重要的一环!

3. 条件极值充分条件

在实际运用时,人们往往按第 2 段的方法求得了条件极值候选点 P_0 后,直接依据问题的实际意义如极值一定存在,极值候选点的唯一性等判定 P_0 即为所求的条件极值点. 理论上的严密性比较疏忽. 结合前述二阶微分和极值的关系,本段我们重点论述二阶微分和条件极值的关系,建立如下条件极值的充分条件. 仍回到一般形式,拉格朗日函数为

$$L(x_1,x_2,\cdots,x_n)=f(x_1,\cdots,x_n)+\sum_{k=1}^m\lambda_k\varphi_k(x_1,x_2,\cdots,x_n),$$

解方程组(共 $n+m$ 个方程)

$$\frac{\partial L}{\partial x_i}=0(1\leqslant i\leqslant n),\text{以及 } \varphi_k(x_1,x_2,\cdots,x_n)=0(1\leqslant k\leqslant m),$$

得出一组特定的拉格朗日乘数 $(\lambda_1^0,\lambda_2^0,\cdots,\lambda_m^0)$,以及 f 的条件极值稳定点 $P_0(x_1^0,x_2^0,\cdots,x_n^0)$.

现仍记

$$L(x_1,x_2,\cdots,x_n)=f+\sum_{k=1}^m\lambda_k^0\varphi_k,$$

L 作为普通 n 元函数的二阶微分,

$$\mathrm{d}^2 L = \sum_{k,j=1}^{n} \frac{\partial^2 L}{\partial x_k \partial x_j} \mathrm{d}x_k \mathrm{d}x_j \tag{8}$$

而自变量的微分即为自变量的增量.

$$\mathrm{d}x_i = \Delta x_i (1 \leqslant i \leqslant n),$$

但当 $x_1, x_2, \cdots, x_n$ 受到条件组 $\varphi_k(x_1, x_2, \cdots, x_n) = 0$ 的约束时,$\mathrm{d}x_i (1 \leqslant i \leqslant n)$ 之间也将受限于方程:

$$\mathrm{d}\varphi_k(x_1, x_2, \cdots, x_n)\mid_{P_0} = 0 (1 \leqslant k \leqslant m) \tag{9}$$

有了上述准备工作,我们可将条件极值的充分条件简述为:

定理 5　设目标函数为 f,拉格朗日函数为 L,P_0 为 f 的条件极值候选点,则

$\mathrm{d}^2 L \mid_{P_0} > 0$ 时,P_0 是 f 的条件极小值点;

$\mathrm{d}^2 L \mid_{P_0} < 0$ 时,P_0 是 f 的条件极大值点.

$\mathrm{d}^2 L$ 如(8)式所示,而 $\mathrm{d}x_i (1 \leqslant i \leqslant n)$ 则受到方程组(9)的限制.

证明　仍以 $n = 4, m = 2$ 情形为例.

设从约束条件(7)中确定了唯一的一组函数 $u = u(x,y), v = v(x,y)$ 代入拉格朗日函数中,所得函数记为 $F(x,y)$:

$$F(x,y) \xlongequal{\Delta} L(x,y,u(x,y),v(x,y)),$$

利用一阶微分的形式不变性

$$\mathrm{d}F = \mathrm{d}L = L_x \mathrm{d}x + L_y \mathrm{d}y + L_u \mathrm{d}u + L_v \mathrm{d}v,$$

二阶微分

$$\mathrm{d}^2 F = \mathrm{d}^2 L = \mathrm{d}L_x \cdot \mathrm{d}x + \mathrm{d}L_y \cdot \mathrm{d}y + \mathrm{d}L_u \cdot \mathrm{d}u + \mathrm{d}L_v \cdot \mathrm{d}v + L_u \mathrm{d}^2 u + L_v \mathrm{d}^2 v,$$

因为在 P_0 处,$L_u = L_v = 0$

所以 $\mathrm{d}^2 F \mid_{P_0} = \mathrm{d}L_x \cdot \mathrm{d}x + \mathrm{d}L_y \cdot \mathrm{d}y + \mathrm{d}L_u \cdot \mathrm{d}u + \mathrm{d}L_v \cdot \mathrm{d}v = \mathrm{d}^2 L(x,y,u,v) \mid_{P_0}.$

等式右端是视 x, y, u, v 为独立变量时,L 的二阶全微分. f 在约束条件(7)之下的条件极值即是 F 的无条件极值. 依定理 $4'$,只需判定 $\mathrm{d}^2 F$ 的符号. 从上面推导可知,$\mathrm{d}^2 F$ 即 $\mathrm{d}^2 L$,但 $\mathrm{d}x, \mathrm{d}y, \mathrm{d}u, \mathrm{d}v$ 必须受 $\mathrm{d}\varphi = \mathrm{d}\psi = 0$,即

$$\begin{cases} \varphi_x(P_0)\mathrm{d}x + \varphi_y(P_0)\mathrm{d}y + \varphi_u(P_0)\mathrm{d}u + \varphi_v(P_0)\mathrm{d}v = 0 \\ \psi_x(P_0)\mathrm{d}x + \psi_y(P_0)\mathrm{d}y + \psi_u(P_0)\mathrm{d}u + \psi_v(P_0)\mathrm{d}v = 0 \end{cases} \tag{9'}$$

的限制.

这样,从定理 $4'$ 立得定理 5.

下面我们举一些条件极值及其应用(如证明不等式等)的例子.

例 1　求 $f = x + y + z + t$ 在限制条件 $xyzt = c^4$ 下的极值. $(x, y, z, t > 0)$

解　(一)求出条件稳定点 $M_0(c, c, c, c)$,$\lambda = -\dfrac{1}{c^3}$.

$$L(x,y,z,t) = x + y + z + t - \frac{1}{c^3}(xyzt - c^4),$$

(二)$\mathrm{d}L = \mathrm{d}x + \mathrm{d}y + \mathrm{d}z + \mathrm{d}t - \dfrac{1}{c^3}(yzt\,\mathrm{d}x + xzt\,\mathrm{d}y + xyt\,\mathrm{d}z + xyz\,\mathrm{d}t)$

在 $M_0(c, c, c, c)$ 处,L 的二阶微分

$$d^2 L \mid_{M_0} = -\frac{2}{c}\left[dxdy + dydz + dxdz + dt(dx + dy + dz)\right] \qquad (\triangle)$$

将 $xyzt = c^4$ 两边微分：$dx + dy + dz + dt = 0$（在 $M_0(c,c,c,c)$ 处）.

亦即 $dt = -(dx + dy + dz)$，代入（$\triangle$）式：

$$d^2 L = \frac{1}{c}\left[(dx + dy + dz)^2 + dx^2 + dy^2 + dz^2\right] > 0,$$

因此函数 f 在点 (c,c,c,c) 达到极小值，极小值为 $4c$.

注　也可由几何意义判定 M_0 为极小值点，或代数判定无极大值，或降维考虑：$x + y$ 在 $xy = c^2$ 之下的条件极值.

例 2　求 $f(x,y,z) = xyz$ 在条件 $\dfrac{1}{x} + \dfrac{1}{y} + \dfrac{1}{z} = \dfrac{1}{r}(x > 0, y > 0, z > 0, r > 0)$ 下的极小值，并证明不等式 $3\left(\dfrac{1}{a} + \dfrac{1}{b} + \dfrac{1}{c}\right)^{-1} \leqslant \sqrt[3]{abc}$. a,b,c 为任意正数.

证法一　令 $L(x,y,z) = xyz + \lambda\left(\dfrac{1}{x} + \dfrac{1}{y} + \dfrac{1}{z} - \dfrac{1}{r}\right)$.

利用 $\dfrac{\partial L}{\partial x} = \dfrac{\partial L}{\partial y} = \dfrac{\partial L}{\partial z} = 0$，解得稳定点 $M_0(3r, 3r, 3r)$，$\lambda = (3r)^4$.

证法二　令 $x' = \dfrac{1}{x}, y' = \dfrac{1}{y}, z' = \dfrac{1}{z}, r' = \dfrac{1}{r}$ 原条件化为 $x' + y' + z' = r'$.

$$f(x,y,z) = \frac{1}{x'y'z'} \text{（问题的变换转化）},$$

即在约束条件 $x' + y' + z' = r'$ 之下，求 $\dfrac{1}{x'y'z'}$ 的最小值.

再转化为求 $g(x',y',z') = x'y'z'$ 的条件极大值.

令 $L(x',y',z',\lambda) = x'y'z' + \lambda(x' + y' + z' - r')$.

或从约束条件解出 $z' = r' - x' - y'$，

$$x'y'z' = x'y'(r' - x' - y'),$$ 化为显函数的极值问题解得.

（或利用算术－几何平均不等式亦可）

现有不等式：$xyz \geqslant (3r)^3 = \left[3\left(\dfrac{1}{x} + \dfrac{1}{y} + \dfrac{1}{z}\right)^{-1}\right]^3$，

立得

$$\frac{3}{\dfrac{1}{x} + \dfrac{1}{y} + \dfrac{1}{z}} \leqslant \sqrt[3]{xyz},$$

此为调和－几何平均不等式.

现以二阶微分来验证 $M_0(3r, 3r, 3r)$ 为极小值点.

$$L(x,y,z) = xyz + (3r)^4\left(\frac{1}{x} + \frac{1}{y} + \frac{1}{z} - \frac{1}{r}\right),$$

$$dL = yz\,dx + xz\,dy + xy\,dz - (3r)^4\left(\frac{dx}{x^2} + \frac{dy}{y^2} + \frac{dz}{z^2}\right),$$

$$d^2 L = 2z\,dxdy + 2x\,dydz + 2y\,dxdz + 2(3r)^4\left[\frac{(dx)^2}{x^3} + \frac{(dy)^3}{y^3} + \frac{(dz)^3}{z^3}\right]$$

在点 M_0 处，

$$d^2 L \mid_{M_0} = 6r[dxdy + dydz + dzdx + (dx)^2 + (dy)^2 + (dz)^2]$$
$$= 3r[(dx + dy)^2 + (dy + dz)^2 + (dz + dx)^2] > 0.$$

从而 M_0 点为条件极小值点,且是唯一的极小值点,易判定其为最小值点.

注   此处约束条件 $\dfrac{1}{x} + \dfrac{1}{y} + \dfrac{1}{z} = \dfrac{1}{r}$ 的微分没有用到.

若用转换以后 $g(x', y', z') = x'y'z'$ 在 $x' + y' + z' = c$ 之下的极值. 仍记

$L(x, y, z) = xyz - \dfrac{c^2}{9}(x + y + z - c)$,得 $P_0\left(\dfrac{c}{3}, \dfrac{c}{3}, \dfrac{c}{3}\right)$.

$$d^2 L \mid_{P_0} = \frac{2}{3}c(dxdy + dydz + dzdx)$$

但因为 $x + y + z = c$,所以 $dx + dy + dz = 0$. $dz = -(dx + dy)$,

$$d^2 L \mid_{P_0} = \frac{2c}{3}[dxdy - (dx + dy)^2] = \frac{2c}{3}[-(dx)^2 - (dy)^2 - dxdy]$$
$$= -\frac{2c}{3}\left[\left(dx + \frac{1}{2}dy\right)^2 + \frac{3}{4}(dy)^2\right] < 0.$$

从而 P_0 为函数 g 的条件极大值点.

例 3   求 $u = \sqrt{x^2 + y^2 + z^2}$ 在条件 $(x - y)^2 - z^2 = 1$ 之下的条件极值.

分析   此题即求曲面 $(x - y)^2 - z^2 = 1$ 上的点到原点的最短距离.

解法一   转化为求 $u^2 = x^2 + y^2 + z^2$ 的条件极值.

令 $L(x, y, z) = x^2 + y^2 + z^2 + \lambda[(x - y)^2 - z^2 - 1]$,

从 $L'_z = 0$ 知 $(\lambda - 1)z = 0$,得 $\lambda = 1$ 或 $z = 0$,

$\lambda = 1$ 舍去(方程组 $L'_x = L'_y = L'_z = 0$ 无解).

$$\begin{cases} L'_x = 2x + 2\lambda(x - y) = 0 \\ L'_y = 2y - 2\lambda(x - y) = 0, \\ L'_z = 2z - 2\lambda z = 0 \end{cases}$$

所以 $z = 0$,代入其他式子得驻点 $P_1\left(\dfrac{1}{2}, -\dfrac{1}{2}, 0\right)$,$P_2\left(-\dfrac{1}{2}, \dfrac{1}{2}, 0\right)$,相应的乘数 $\lambda = -\dfrac{1}{2}$.

$L''_{xx} = 2(1 + \lambda)$,$L''_{xy} = -2\lambda$,$L''_{yy} = 2(1 + \lambda)$,$L''_{zz} = 2(1 - \lambda)$,$L''_{yz} = L''_{zx} = 0$

所以 $d^2 L \mid_{\lambda = -\frac{1}{2}} = dx^2 + dy^2 + 3dz^2 + 2dxdy > 0$.

P_1,P_2 为极小值点,极小值为 $u(P_i) = \dfrac{\sqrt{2}}{2}$.

解法二   以 $z^2 = (x - y)^2 - 1$ 代入 $u^2 = x^2 + y^2 + z^2$ 中得

$$v = x^2 + y^2 + (x - y)^2 - 1,$$

令 $\dfrac{\partial v}{\partial x} = \dfrac{\partial v}{\partial y} = 0$ 解点为 $(0, 0)$,但此时 z 无解.

于是极值应当在边界上取得.

曲面 $\sum : (x - y)^2 - z^2 = 1$ 定义于 xy 平面的区域 $D : |x - y| \geqslant 1$ 之上.

即 $z^2 = (x - y)^2 - 1$ 或写为 $z = \pm \sqrt{(x - y)^2 - 1}$,

D 的边界 $\partial D : |x - y| = 1$,代入曲面方程知 $z = 0$.

这样，$u = \sqrt{x^2 + y^2 + z^2} = \sqrt{x^2 + y^2}$ 为直线 $|x - y| = 1$ 上的点到坐标原点的距离，其最小值应为 $\frac{\sqrt{2}}{2}$.

解法三 $(x - y)^2 - z^2 = 1$ 分解因式 $(x - y - z)(x - y + z) = 1$.

令 $\begin{cases} x - y + z = k \\ x - y - z = \dfrac{1}{k} \end{cases} (k \neq 0)$，

则 $x - y = \dfrac{1}{2}\left(k + \dfrac{1}{k}\right)$，$z = \dfrac{1}{z}\left(k - \dfrac{1}{k}\right)$，

以 y 和 k 为变量，可将 $u^2 = x^2 + y^2 + z^2$ 改写为

$$u^2 = 2\left[y + \frac{1}{4}\left(k + \frac{1}{k}\right)\right]^2 + \frac{3}{8}\left(k^2 + \frac{1}{k^2}\right) - \frac{1}{4} \geqslant 0 + \frac{3}{4} - \frac{1}{4} = \frac{1}{2}.$$

特别当 $k = \pm 1$ 时，取得 $u^2 = \dfrac{1}{2}$，$u = \dfrac{\sqrt{2}}{2}$.

例 4 若 x, y, z 为满足 $x^2 + y^2 + z^2 = 8$ 的正数，证明：

$$x^3 + y^3 + z^3 \geqslant 16\sqrt{\frac{2}{3}}.$$

证 令 $F(x, y, z) = x^3 + y^3 + z^3$，

转化为求 $F(x, y, z)$ 在条件 $x^2 + y^2 + z^2 = 8$，$x > 0, y > 0, z > 0$ 之下的条件极值.

$$L(x, y, z) = F(x, y, z) + \lambda(x^2 + y^2 + z^2 - 8),$$

令 $\dfrac{\partial L}{\partial x} = \dfrac{\partial L}{\partial y} = \dfrac{\partial L}{\partial z} = \dfrac{\partial L}{\partial \lambda} = 0$，从 $\dfrac{\partial L}{\partial x} = 0$ 即 $3x^2 + 2\lambda x = 0$ 知 $3x + 2\lambda = 0$.

依对称性得 $x = y = z = \sqrt{\dfrac{8}{3}}$，驻点为 $P_0\left(\sqrt{\dfrac{8}{3}}, \sqrt{\dfrac{8}{3}}, \sqrt{\dfrac{8}{3}}\right)$.

下求 $\mathrm{d}^2 L \mid_{P_0}$，

$$L''_{xx} \mid_{P_0} = (6x + 2\lambda) \mid_{P_0} = 3x \mid_{P_0} = 2\sqrt{6}$$

$$L''_{yy} = L''_{zz} = 2\sqrt{6}, \quad L''_{xy} = L''_{yz} = L''_{zx} = 0,$$

$$\mathrm{d}^2 L = L''_{xx} \mathrm{d}x^2 + L''_{yy} \mathrm{d}y^2 + L''_{zz} \mathrm{d}z^2 \mid_{P_0} = \cdots > 0.$$

所以 $F(x, y, z)$ 在 P_0 处取得极小值，唯一的在定义区域的内点取得的极小值必是最小值.

问：最大值在哪儿取得？答：在边界圆周上，如 $M_0(2\sqrt{2}, 0, 0)$ 处.

例 5 求 $x > 0, y > 0, z > 0$ 时，函数

$$f(x, y, z) = \ln x + 2\ln y + 3\ln z$$

在球面 $x^2 + y^2 + z^2 = 6r^2$ 上的极大值.并证明：a, b, c 为正数时

$$ab^2c^3 \leqslant 108\left(\frac{a + b + c}{6}\right)^6. \qquad \text{（清华大学 1981 年）}$$

解 设 $L(x, y, z) = \ln x + 2\ln y + 3\ln z + \lambda(x^2 + y^2 + z^2 - 6r^2)$，

令 $L_x = L_y = L_y = L_r = 0$，解得 $P_0(r, \sqrt{2}r, \sqrt{3}r)$.

当 $P(x, y, z)$ 靠近第一卦限的边界即三个坐标面时，$f(x, y, z)$ 趋于 $-\infty$.

从而唯一的稳定点 P_0 必是 $f(x)$ 的最大值点.

所以

$$f(x,y,z) \leqslant f(r,\sqrt{2}\,r,\sqrt{3}\,r).$$

两边取指数 $\mathrm{e}^{f(x,y,z)} \leqslant \mathrm{e}^{f(r,\sqrt{2}\,r,\sqrt{3}\,r)}$.

得
$$xy^2z^3 \leqslant 6\sqrt{3}\,r^6 = 6\sqrt{3}\left(\frac{x^2+y^2+z^2}{6}\right)^3,$$

再令 $x^2=a,y^2=b,z^2=c$ 代入上式立得

$$ab^2c^3 \leqslant 108\left(\frac{a+b+c}{6}\right)^6.$$

或解（初等解法）

$$6r^2 = x^2+y^2+z^2 = x^2+\frac{y^2}{2}+\frac{y^2}{2}+\frac{z^2}{3}+\frac{z^2}{3}+\frac{z^2}{3} \geqslant 6\sqrt[6]{\frac{x^2y^4z^6}{108}}.$$

所以　　$xy^2z^3 \leqslant 6\sqrt{3}\,r^6$.

注　1. 当且仅当 $a:b:c=1:2:3$ 时上述不等式中等号成立.

　　　2. 这种方法可用来证明许多的不等式（包括 Hölder 不等式），还可以自行构建出一些新的不等式.

例 6　抛物面 $x^2+y^2=z$ 被平面 $x+y+z=1$ 截得一个椭圆. 求这个椭圆到原点的最长与最短距离.

解　求 $f(x)=x^2+y^2+z^2$ 在条件 $\begin{cases} x^2+y^2-z=0 \\ x+y+z-1=0 \end{cases}$ 之下的最值.

令 $L(x,y,z,\lambda,\mu)=x^2+y^2+z^2+\lambda(x^2+y^2-z)+\mu(x+y+z-1)$.

令 $L_x=L_y=L_z=0$ 并结合约束条件解得：

$$\lambda=-3\pm\frac{5}{3}\sqrt{3},\mu=-7\pm\frac{11}{3}\sqrt{3};\quad x=y=\frac{-1\pm\sqrt{3}}{2},\ z=2\mp\sqrt{3}$$

（注：注意到曲面方程关于字母的轮换对称性，在极值点处应有 $x=y$，或从几何意义出发分析亦可以）.

结合问题实际意义，$f(x)$ 在有界闭集（椭圆）上必有最值.

而 $f(x)$ 的最值只能在上述两个稳定点处取得（椭圆并无端点概念，故最值点一定是稳定点）.

从而算得最大距离为 $\sqrt{9+5\sqrt{3}}$，最短距离为 $\sqrt{9-5\sqrt{3}}$.

又问：如何求此椭圆的长、短轴？

解一　从上面求解过程已知，椭圆长轴的两个端点是

$$A\left(\frac{-1+\sqrt{3}}{2},\frac{-1+\sqrt{3}}{2},2-\sqrt{3}\right) \text{和} B\left(\frac{-1-\sqrt{3}}{2},\frac{-1-\sqrt{3}}{2},2+\sqrt{3}\right),$$

利用两点间距离公式立得长轴长为 $|AB|=\sqrt{18}=3\sqrt{2}$.

相对来说，短轴长较难求一点.

椭圆的中心在 AB 的中点 $O'\left(-\frac{1}{2},-\frac{1}{2},2\right)$ 处. 以下求短轴所在直线方程.

长轴 AB 的方向数是 $\{x_A-x_B,y_A-y_B,z_A-z_B\}$ 化为 $\{1,1,-2\}$，平面 $x+y+z=1$ 的

法向量 $\boldsymbol{n} = \{1,1,1\}$. 短轴 CD 同时垂直于 AB 和 $\vec{n}$, 从而 CD 的方向数为:

$$\vec{AB} \times \boldsymbol{n} = \begin{vmatrix} \boldsymbol{i} & \boldsymbol{j} & \boldsymbol{k} \\ 1 & 1 & -2 \\ 1 & 1 & 1 \end{vmatrix} = \{1, -1, 0\}.$$

短轴 CD 的方程是 $\dfrac{x + \frac{1}{2}}{1} = \dfrac{y + \frac{1}{2}}{-1} = \dfrac{z - 2}{0}$, 亦即 $\begin{cases} y + \dfrac{1}{2} = -x - \dfrac{1}{2}, \\ z = 2 \end{cases}$

联立 $z = x^2 + y^2$, 解得交点 $C\left(\dfrac{-1+\sqrt{3}}{2}, \dfrac{-1-\sqrt{3}}{2}, 2\right), D\left(\dfrac{-1-\sqrt{3}}{2}, \dfrac{-1+\sqrt{3}}{2}, 2\right),$

于是短轴长 $|CD| = \sqrt{6}$.

解二　先求椭圆在 xy 平面上的投影曲线.

解方程组 $\begin{cases} x^2 + y^2 = z & \text{①} \\ x + y + z = 1 & \text{②} \end{cases}$

由 ② 得, $z = 1 - x - y$, 代入 ①: $x^2 + y^2 = 1 - x - y$

整理为圆方程　　　　　　　$\left(x + \dfrac{1}{2}\right)^2 + \left(y + \dfrac{1}{2}\right)^2 = \dfrac{3}{2}$　　　　　　③

此圆的半径为 $r = \sqrt{\dfrac{3}{2}}$.

记平面 $x + y + z = 1$ 和 xy 面的交角为 θ.

利用几何图形或利用法向量的内积, 易得

$$\cos\theta = \frac{\boldsymbol{n}_1 \cdot \boldsymbol{n}_2}{|\boldsymbol{n}_1| \cdot |\boldsymbol{n}_2|} = \frac{\{1,1,1\} \cdot \{0,0,1\}}{\sqrt{3}} = \frac{1}{\sqrt{3}}.$$

所以, 长轴长 $|AB| = \dfrac{2r}{\cos\theta} = \sqrt{6} \times \sqrt{3} = 3\sqrt{2}$.

短轴 CD 平行于 xy 坐标面, 故其投影即为圆 ③ 的直径, 从而 $|CD| = 2r = \sqrt{6}$.

习题 6.5

1. 求椭圆 $5x^2 + 4xy + 2y^2 = 1$ 的长半轴、短半轴长.

2. 试求平面 $\alpha x + \beta y + \gamma z = 0$ 与圆柱面 $\dfrac{x^2}{A^2} + \dfrac{y^2}{B^2} = 1$ 相交所成椭圆的面积.

3. 求函数 $f(x,y,z) = \dfrac{x^2 + yz}{x^2 + y^2 + z^2}$ 在 $D:1 \leqslant x^2 + y^2 + z^2 \leqslant 4$ 上的最大值、最小值.

   (浙江省高等数学竞赛 2007 年)

4. 求函数 $f(x,y,z) = x^5 + y^5 + z^5$ 在 $x^2 + y^2 + z^2 = 8, x \geqslant 0, y \geqslant 0, z \geqslant 0$ 之下的条件极值.

5. 求方程 $x^3 + y^3 - 3axy = 0 (a > 0)$ 所确定的隐函数 $y(x)$ 的极值.

6. 求曲面 $z = xy - 1$ 上与原点最近的点的坐标. (中山大学 1983 年)

7. 给定椭球面 $\dfrac{x^2}{a^2} + \dfrac{y^2}{b^2} + \dfrac{z^2}{c^2} = 1$, 求第一卦限中椭球面的切平面, 使它与坐标平面围成的四面体体积最小.

8. 已知三角形的周长为 $2p$, 求出这样的三角形, 当它绕着自己的一边旋转时所得旋转体的体积最大.

9. 分解已知正数 a 为 n 个正的因数, 使得它们的倒数的和为最小.

第七章　　多元函数积分学

　　多元函数积分学是建立在一元积分学基础之上、种类繁多、关系远为复杂的内容,重点在于计算积分,对于各类型积分的定义,必须和一元黎曼定积分作对照,找出其本质的相同之处和外形的不同之处.

　　定性的东西理解透彻,对于选择简捷有效的计算方法亦是很有益的.

　　比如三重积分,可以化为三个累次积分,也可以化为一个一重积分和一个二重积分;变量代换可以用球面坐标,也可以用柱面坐标;如何抉择,需要一定的直觉.而定义掌握的好坏,直接影响我们解题的效率,有时甚至会产生可解与不可解的本质差异,有时好的解法会产生四两拨千斤的奇效.

　　本章我们讨论的是二重积分和三重积分的计算,曲线积分、曲面积分的计算以及不同类型积分之相互转化.

§7.1　　重积分的计算

一、二重积分与三重积分的定义

　　重积分有深刻的几何与物理背景,我们生活在一个三维空间,很多现象用一维的知识是难以解决的,故对重积分的背景问题必须稍有认识,二重积分的背景是如何计算曲顶柱体的体积;三重积分的背景可以是三维物体对其外部一点的引力等等.

　　重积分的定义完全类似于 Riemann 积分的定义:分割,取点并作和,求极限.

　　重积分的积分区域通常是平面或空间的有界闭区域,而被积函数往往是连续函数.可积性的讨论往往显得不甚重要,关键是如何计算.

　　详细的定义在此不再罗列.

二、重积分的计算之一 — 化为累次积分

　　1.设平面闭区域 D 为 $X-$型区域:$\varphi_1(x) \leqslant y \leqslant \varphi_2(x)$,$a \leqslant x \leqslant b$,则
$$\iint\limits_{D} f(x,y)\mathrm{d}\sigma = \int_a^b \mathrm{d}x \int_{\varphi_1(x)}^{\varphi_2(x)} f(x,y)\mathrm{d}y.$$

　　2.设平面闭区域 D 为 $Y-$型区域:$\varphi_1(y) \leqslant x \leqslant \varphi_2(y)$,$c \leqslant y \leqslant d$,则

$$\iint_D f(x,y)\mathrm{d}\sigma = \int_c^d \mathrm{d}y \int_{\psi_1(y)}^{\psi_2(y)} f(x,y)\mathrm{d}x.$$

3.设 Ω 为空间的有界闭区域,其在 xy 平面上的投影为 D,Ω 是由定义在 D 上的两个连续曲面 $z = \varphi(x,y)$ 和 $z = \psi(x,y)(\varphi(x,y) < \psi(x,y))$,以及过 D 的边界竖起的垂直于 xy 平面的柱面所围成,则

$$\iiint_\Omega f(x,y,z)\mathrm{d}v = \iint_D \mathrm{d}x\mathrm{d}y \int_{\varphi(x,y)}^{\psi(x,y)} f(x,y,z)\mathrm{d}z.$$

而对于右边的 D 上的二重积分,则可据第 1、2 条继续化为累次积分. 如设

$$\Omega = \{(x,y,z) \mid a \leqslant x \leqslant b, y_1(x) \leqslant y \leqslant y_2(x), z_1(x,y) \leqslant z \leqslant z_2(x,y)\}$$

则有

$$\iiint_\Omega f(x,y,z)\mathrm{d}v = \int_a^b \mathrm{d}x \int_{y_1(x)}^{y_2(x)} \mathrm{d}y \int_{z_1(x,y)}^{z_2(x,y)} f(x,y,z)\mathrm{d}z,$$

积分顺序是先写后积.

4.如果积分区域与某坐标轴相垂直的截面面积(这是关于这个坐标变量的函数)易求而被积函数又只含此坐标变量,那么此三重积分可化为二重积分再定积分计算.

设 $\Omega = \{(x,y,z) \mid c \leqslant z \leqslant d, (x,y) \in D_z\}$,则

$$\iiint_\Omega f(x,y,z)\mathrm{d}v = \int_c^d \mathrm{d}z \iint_{D_z} f(x,y,z)\mathrm{d}x\mathrm{d}y,$$

特别当 $f(x)$ 仅是 z 的函数时,

$$\iiint_\Omega f(z)\mathrm{d}v = \int_c^d f(z) \mid D_z \mid \mathrm{d}z.$$

式中 $\mid D_z \mid$ 代表截面 D_z 的面积.

5.对称性的运用,当且仅当积分区域与被积函数都具有对称性时,才可用此性质.

几点说明:

1.有时同一区域既是 $X-$ 型又是 $Y-$ 型,则要合理地选取某种型号,对于三重积分,更具有选择余地.

2.有时积分区域既不是 $X-$ 型又不是 $Y-$ 型,则须将其进行恰当分割,成为若干个简单区域之并.

3.当被积函数是分"段"函数(即在不同区块内表达式不同)时,亦该将积分化为几个分区域积分之和.

4.当积分区域和被积函数都具有某种对称性时,可实现简化.

例 1   计算下列重积分

(1) $\displaystyle\iint_D \mathrm{e}^{-y^2}\mathrm{d}x\mathrm{d}y$ D 是以 $(0,0),(0,1),(1,1)$ 为顶点的三角形区域;

(2) $\displaystyle\iint_{|x|+|y|\leqslant 1} (\mid x \mid + \mid y \mid)\mathrm{d}x\mathrm{d}y;$

(3) $\displaystyle\iint_{x^2+y^2\leqslant 5} \mathrm{sgn}(x^2 - y^2 + 3)\mathrm{d}x\mathrm{d}y.$

解   (1)D 既是 $X-$ 型又是 $Y-$ 型区域,但视为 $X-$ 型区域则积不出,必须视为 $Y-$ 型区域

$$\iint\limits_{D} e^{-y^2}\,\mathrm{d}x\mathrm{d}y = \int_0^1 \mathrm{d}y \int_0^y e^{-y^2}\,\mathrm{d}x = \frac{1}{2}\left(1 - \frac{1}{e}\right).$$

（2）利用对称性，原积分 $= 4\iint\limits_{\substack{x+y\leqslant 1 \\ x,y\geqslant 0}}(x+y)\mathrm{d}x\mathrm{d}y = 8\iint\limits_{D_1} x\mathrm{d}x\mathrm{d}y.$

（3）分析，被积函数

$$\mathrm{sgn}(x^2 - y^2 + 3) = \begin{cases} 1, & y^2 - x^2 < 3 \\ 0, & y^2 - x^2 = 3. \\ -1, & y^2 - x^2 > 3 \end{cases}$$

又被积函数与积分区域都关于坐标轴对称，因此只要计算第一象限之部分.

$$\text{原式} = 4\iint\limits_{\substack{x^2+y^2\leqslant 5 \\ x,y\geqslant 0}} \mathrm{sgn}(x^2 - y^2 + 3)\mathrm{d}x\mathrm{d}y$$

$$= 4\left(\int_0^1 \mathrm{d}x \int_0^{\sqrt{x^2+3}}\mathrm{d}y - \int_0^1 \mathrm{d}x \int_{\sqrt{x^2+3}}^{\sqrt{5-x^2}}\mathrm{d}y + \int_1^{\sqrt{5}}\mathrm{d}x \int_0^{\sqrt{5-x^2}}\mathrm{d}y\right)$$

$$= 6\ln 3 + 5\pi - 20\arcsin\frac{1}{\sqrt{5}}.$$

（双曲线 $y^2 - x^2 = 3$ 与圆周 $x^2 + y^2 = 5$ 在第一象限之交点为 $M(1,2)$；涉及一重积分的计算内容非我们现在之重点，故不详细写出）

例 2　设 $f(t)$ 为连续函数，$D = \left\{(x,y)\,\middle|\, |x|\leqslant \frac{A}{2},\ |y|\leqslant \frac{A}{2}\right\}$，证明

$$\iint\limits_{D} f(x-y)\mathrm{d}x\mathrm{d}y = \int_{-A}^{A} f(t)(A - |t|)\mathrm{d}t.$$

证明　$\displaystyle\iint\limits_{D} f(x-y)\mathrm{d}x\mathrm{d}y = \int_{-\frac{A}{2}}^{\frac{A}{2}}\mathrm{d}x \int_{-\frac{A}{2}}^{\frac{A}{2}} f(x-y)\mathrm{d}y$

$$\xlongequal{\text{令 } t = x-y} \int_{-\frac{A}{2}}^{\frac{A}{2}}\mathrm{d}x \int_{x-\frac{A}{2}}^{x+\frac{A}{2}} f(t)\mathrm{d}t$$

$$\xlongequal{\text{换序}} \int_{-A}^{0} f(t)\mathrm{d}t \int_{-\frac{A}{2}}^{t+\frac{A}{2}}\mathrm{d}x + \int_0^A f(t)\mathrm{d}t \int_{t-\frac{A}{2}}^{\frac{A}{2}}\mathrm{d}x$$

$$= \int_{-A}^{0} f(t)(t+A)\mathrm{d}t + \int_0^A f(t)(A-t)\mathrm{d}t$$

$$= \int_{-A}^{A} f(t)(A - |t|)\mathrm{d}t.$$

例 3　计算下述三重积分

（1）$\displaystyle\iiint\limits_{\Omega} xy^2z^3\,\mathrm{d}x\mathrm{d}y\mathrm{d}z$，$\Omega$ 由曲面 $z = xy,\ y = x,\ x = 1,\ z = 0$ 所围成；

（2）$\displaystyle\iiint\limits_{\Omega} \frac{\mathrm{d}x\mathrm{d}y\mathrm{d}z}{(x+y+z+1)^3}$，$\Omega$ 是四面体：$x,y,z \geqslant 0,\ x+y+z \leqslant 1$；

（3）$\displaystyle\iiint\limits_{\Omega} z\mathrm{d}x\mathrm{d}y\mathrm{d}z$，$\Omega$ 是椭球体：$\dfrac{x^2}{a^2} + \dfrac{y^2}{b^2} + \dfrac{z^2}{c^2} \leqslant 1$ 之上半部分；

（4）$\displaystyle\iiint\limits_{\Omega}\left(\dfrac{x^2}{a^2} + \dfrac{y^2}{b^2} + \dfrac{z^2}{c^2}\right)\mathrm{d}x\mathrm{d}y\mathrm{d}z$，$\Omega$ 是上小题中的整个椭球；

(5) $\iiint\limits_{\Omega} x \, \mathrm{d}v$, Ω 是由曲面 $z = xy$ 和平面 $x + y + z = 1$, 及 $z = 0$ 所围成；

(6) $\iiint\limits_{\Omega} \dfrac{\mathrm{d}v}{y^2 + z^2}$, Ω 为棱台, 六个顶点为 $A(0,0,1), B(0,1,1), C(1,1,1)$; $A_1(0,0,2)$,

$B_1(0,2,2), C_1(2,2,2)$.

解　(1) Ω 在 xOy 平面上的投影区域是
$$D = \{(x,y) \mid 0 \leqslant x \leqslant 1, 0 \leqslant y \leqslant x\},$$

底面即为 $z = 0$, 顶面 $z = xy$,

原积分 $= \iint\limits_{D} \mathrm{d}x\mathrm{d}y \int_0^{xy} xy^2 z^3 \, \mathrm{d}z = \dfrac{1}{4} \int_0^1 \mathrm{d}x \int_0^x x^5 y^6 \, \mathrm{d}y = \dfrac{1}{364}$,

或解：先定出高度 $z = z_0$ 时, Ω 的截面
$$D_{z_0} = \left\{ (x,y) \mid \sqrt{z_0} \leqslant x \leqslant 1, \dfrac{z_0}{x} \leqslant y \leqslant x \right\},$$

依第四款化为先二重积分再定积分：

原积分 $= \displaystyle\int_0^1 \mathrm{d}z \iint\limits_{D_z} xy^2 z^3 \, \mathrm{d}y\mathrm{d}x$

$= \displaystyle\int_0^1 z^3 \mathrm{d}z \int_{\sqrt{z}}^1 \mathrm{d}x \int_{\frac{z}{x}}^x xy^2 \, \mathrm{d}y = \dfrac{1}{3} \int_0^1 z^3 \mathrm{d}z \int_{\sqrt{z}}^1 x \left(x^3 - \dfrac{z^3}{x^3} \right) \mathrm{d}x$

$= \displaystyle\int_0^1 \dfrac{1}{3} z^3 \left(\dfrac{1}{5} + z^3 - \dfrac{6}{5} z^{\frac{5}{2}} \right) \mathrm{d}z = \dfrac{1}{364}.$

(2) 原积分 $= \displaystyle\int_0^1 \mathrm{d}x \int_0^{1-x} \mathrm{d}y \int_0^{1-x-y} \dfrac{\mathrm{d}z}{(x+y+z+1)^3}$ (令 $x+y+z+1 = t$)

$= \displaystyle\int_0^1 \mathrm{d}x \int_0^{1-x} \mathrm{d}y \int_{x+y+1}^2 \dfrac{\mathrm{d}t}{t^3} = \dfrac{1}{2} \iint\limits_{D} \left(\dfrac{1}{(x+y+1)^2} - \dfrac{1}{4} \right) \mathrm{d}x\mathrm{d}y$

$= \dfrac{1}{2} \displaystyle\int_0^1 \mathrm{d}x \int_0^{1-x} \dfrac{\mathrm{d}y}{(x+y+1)^2} - \dfrac{1}{8} D$ 的面积(令 $x+y+1 = s$)

$= \dfrac{1}{2} \displaystyle\int_0^1 \mathrm{d}x \int_{1+x}^2 \dfrac{\mathrm{d}s}{s^2} - \dfrac{1}{16} = \dfrac{1}{2} \int_0^1 \left(\dfrac{1}{1+x} - \dfrac{1}{2} \right) \mathrm{d}x - \dfrac{1}{16} = \dfrac{1}{2}\ln 2 - \dfrac{5}{16}$

(3) 高为 z 的平面去截积分区域, 截面在平面上的投影 D_z 是一个椭圆：
$$\dfrac{x^2}{a^2 \left(1 - \dfrac{z^2}{c^2} \right)} + \dfrac{y^2}{b^2 \left(1 - \dfrac{z^2}{c^2} \right)} \leqslant 1,$$

原积分 $= \displaystyle\int_0^c \mathrm{d}z \iint\limits_{D_z} z \, \mathrm{d}x\mathrm{d}y = \int_0^c z \mid D_z \mid \mathrm{d}z = \int_0^c z\pi ab \left(1 - \dfrac{z^2}{c^2} \right) \mathrm{d}z = \dfrac{\pi abc^2}{4}.$

(4) 依结构对称性, 先算 $\iiint\limits_{\Omega} \dfrac{z^2}{c^2} \mathrm{d}x\mathrm{d}y\mathrm{d}z$, 方法如上, 得出值为 $\dfrac{4}{15} abc\pi$, 由对称性知

原积分 $= \dfrac{4}{5} \pi abc$.

注　(3)(4) 两题用广义球坐标变换求解之法见后.

(5) 由上述图形看出, 积分区域的底在 xy 平面内, 为三角形底面, 顶由两部分构成, 一部分为平顶: $z = 1 - x - y$ (当 $(x,y) \in D_1$ 时)；另一部分为曲顶: $z = xy$ (当 $(x,y) \in D_2$ 时).

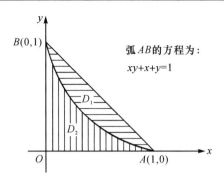

图 7-1

$$D_1 = \left\{ 0 \leqslant x \leqslant 1, \frac{1-x}{1+x} \leqslant y \leqslant 1-x \right\}, D_2 = \left\{ 0 \leqslant x \leqslant 1, 0 \leqslant y \leqslant \frac{1-x}{1+x} \right\},$$

于是原积分 $= \int_0^1 dx \int_0^{\frac{1-x}{1+x}} dy \int_0^{xy} x dz + \int_0^1 dx \int_{\frac{1-x}{1+x}}^{1-x} dy \int_0^{1-x-y} x dz.$

剩下的是定积分的计算,省略.

(6)作为棱台,其上底面即顶为大三角形 $A_2 B_2 C_2$,下底面即为底三角形 $A_1 B_1 C_1$. 以高为 z 的平面去截,得截口区域 $D_z = \{(x,y) \mid 0 \leqslant x \leqslant y, 0 \leqslant y \leqslant z\}$ 为 $Y-$ 型区域.

原积分 $= \int_1^2 dz \iint\limits_{D_z} \frac{dx dy}{y^2+z^2} = \int_1^2 dz \int_0^z dy \int_0^y \frac{dx}{y^2+z^2} = \frac{\ln 2}{2}.$

或解:视梯形 $A_1 B_1 B_2 A_2$ 为底,梯形 $A_1 C_1 C_2 A_2$ 为顶,则底区域为 yz 平面上的

$$D = \{(y,z) \mid 0 \leqslant y \leqslant z; 1 \leqslant z \leqslant 2\},$$

顶面方程为 $x = y$,亦即积分区域可以写为

$$\Omega = \{(x,y,z) \mid 0 \leqslant x \leqslant y, 0 \leqslant y \leqslant z, 1 \leqslant z \leqslant 2\},$$

原积分 $= \iint\limits_D dy dz \int_0^y \frac{dx}{y^2+z^2} = \int_1^2 dz \int_0^z \frac{y}{y^2+z^2} dy = \frac{1}{2} \ln 2.$

三、重积分计算之变量替换

1. 二重积分的变量替换

设变换 T 为 $\begin{cases} x = x(u,v), \\ y = y(u,v) \end{cases}$,将 u,v 平面上的有界闭区域 D' 一对一地变换成 xy 平面的有界闭区域 D,并且函数 $x(u,v), y(u,v)$ 在 D' 上有连续的一阶偏导数,雅可比行列式 $J = \frac{\partial(x,y)}{\partial(u,v)}$ 在 D' 上恒不为 0,则有如下的二重积分变换公式:

$$\iint\limits_D f(x,y) dx dy = \iint\limits_{D'} f[x(u,v),y(u,v)] \mid J \mid du dv,$$

特取极坐标变换 $x = r\cos\theta, y = r\sin\theta$,就得

$$\iint\limits_D f(x,y) dx dy = \iint\limits_{D'} f[r\cos\theta, r\sin\theta] r dr d\theta,$$

2. 三重积分的变量替换

设有三维空间的变量代换 $T: \begin{cases} x = x(u,v,w) \\ y = y(u,v,w), \\ z = z(u,v,w) \end{cases}$

在与情形 1 完全类似的变换条件下,有

$$\iiint\limits_{\Omega} f(x,y,z)\mathrm{d}x\mathrm{d}y\mathrm{d}z = \iiint\limits_{\Omega} f[x(u,v,w),y(u,v,w),z(u,v,w)] \mid J \mid \mathrm{d}u\mathrm{d}v\mathrm{d}w,$$

$$J = \frac{\partial(x,y,z)}{\partial(u,v,w)}.$$

3. 柱坐标变换

$$\begin{cases} x = r\cos\theta, & 0 \leqslant r < +\infty \\ y = r\sin\theta, & 0 \leqslant \theta \leqslant 2\pi \qquad \mid J \mid = r,, \\ z = z, & -\infty < z < +\infty \end{cases}$$

$$\iiint\limits_{\Omega} f(x,y,z)\mathrm{d}x\mathrm{d}y\mathrm{d}z = \iiint\limits_{\Omega} f(r\cos\theta,r\sin\theta,z)r\mathrm{d}r\mathrm{d}\theta\mathrm{d}z.$$

注   请大家思考柱坐标网的几何含义:$r =$ 常数、$\theta =$ 常数、$z =$ 常数各代表什么样的曲面,或了解柱坐标系中的"长方体"的几何形状.

4. 球坐标变换

$$\begin{cases} x = r\sin\varphi\cos\theta, & 0 \leqslant r < +\infty \\ y = r\sin\varphi\sin\theta, & 0 \leqslant \varphi \leqslant \pi, \qquad \mid J \mid = r^2\sin\varphi, \\ z = r\cos\varphi, & 0 \leqslant \theta \leqslant 2\pi \end{cases}$$

变量 φ 从 z 轴的正向起算(若从 xy 平面起算,则 $-\frac{\pi}{2} \leqslant \varphi \leqslant \frac{\pi}{2}$,变换式要改).

$$\iiint\limits_{\Omega} f(x,y,z)\mathrm{d}x\mathrm{d}y\mathrm{d}z = \iiint\limits_{\Omega} f(r\sin\varphi\cos\theta,r\sin\varphi\sin\theta,r\cos\varphi)r^2\sin\varphi\mathrm{d}r\mathrm{d}\varphi\mathrm{d}\theta.$$

球面坐标网:$r =$ 常数是以原点为中心的球面;

$\qquad\qquad\quad \varphi =$ 常数是以原点为顶点,z 轴为中心轴的锥面;

$\qquad\qquad\quad \theta =$ 常数是过 z 轴的半平面.

注   了解球坐标中"长方体"的含义(几何形态).

5. 广义球坐标变换

$$\begin{cases} x = a\,r\sin\varphi\cos\theta, & 0 \leqslant r < +\infty \\ y = b\,r\sin\varphi\sin\theta, & 0 \leqslant \varphi \leqslant \pi, \qquad \mid J \mid = abcr^2\sin\varphi, \\ z = c\,r\cos\varphi, & 0 \leqslant \theta \leqslant 2\pi \end{cases}$$

在广义球坐标下,三重积分的变量替换公式:

$$\iiint\limits_{\Omega} f(x,y,z)\mathrm{d}x\mathrm{d}y\mathrm{d}z = \iiint\limits_{\Omega} f(ar\sin\varphi\cos\theta,br\sin\varphi\sin\theta,cr\cos\varphi) \cdot abcr^2\sin\varphi\mathrm{d}r\mathrm{d}\varphi\mathrm{d}\theta.$$

重积分变量替换的要点是:

i) 使被积函数得到简化,或者积分区域变得易于定限;

ii) 关键在于定出变换 T 的原像区域 D' 或 Ω';

iii) 实际操作中,常常会先给出逆变换 $T^{-1}: \begin{cases} u = u(x,y,z) \\ v = v(x,y,z) \\ w = w(x,y,z) \end{cases}$,

而雅可比行列式计算遵从如下公式:

$$J = \frac{\partial(x,y,z)}{\partial(u,v,w)} = \frac{1}{\dfrac{\partial(u,v,w)}{\partial(x,y,z)}}.$$

注　此式完全类似于一元反函数求导法,请阅 §6.3 末(18)式.

例 4　选择适当变量替换计算下列各二重积分:

(1) $\displaystyle\iint_D \frac{3x}{y^2 + xy^3}\mathrm{d}x\mathrm{d}y$, D 由平面曲线 $xy = 1, xy = 3, y^2 = x, y^2 = 3x$ 围成;

(2) $\displaystyle\iint_D \frac{x^2 - y^2}{\sqrt{x + y + 3}}\mathrm{d}x\mathrm{d}y$, $D = \{(x,y) \mid |x| + |y| \leqslant 1\}$;

(3) $\displaystyle\iint_D (x^2 - y^2)^p \mathrm{d}x\mathrm{d}y$, $D = \{(x,y) \mid |x| + |y| \leqslant 1\}$, p 为自然数;

(4) $\displaystyle\iint_D \sqrt{\sqrt{x} + \sqrt{y}}\,\mathrm{d}x\mathrm{d}y$, $D = \{(x,y) \mid \sqrt{x} + \sqrt{y} \leqslant 1\}$;

(5) $\displaystyle\iint_D (3x^3 + x^2 + y^2 + 2x - 2y + 1)\mathrm{d}x\mathrm{d}y$,

　　D 为 $1 \leqslant x^2 + (y-1)^2 \leqslant 2, x^2 + y^2 \leqslant 1$ 相交区域;

(6) $\displaystyle\iint_D \frac{(x+y)\ln\left(1 + \dfrac{y}{x}\right)}{\sqrt{1 - x - y}}\mathrm{d}x\mathrm{d}y$, $D = \{(x,y) \mid x > 0, y > 0$ 且 $x + y < 1\}$.

解　(1) 作代换 $u = xy, v = \dfrac{y^2}{x}$,则积分区域简化成 uv 平面中的矩形

$$D' = \{(u,v) \mid 1 \leqslant u \leqslant 3, 1 \leqslant v \leqslant 3\},$$

$$J = \frac{1}{\dfrac{\partial(u,v)}{\partial(x,y)}} = 3^{-1}\frac{x}{y^2} = \frac{1}{3v},$$

原积分 $= \displaystyle\iint_{D'} \frac{\mathrm{d}u\mathrm{d}v}{v^2(1 + u)} = \frac{2}{3}\ln 2$;

(2) 令 $u = x + y, v = x - y, J = -\dfrac{1}{2}, D' = [-1, 1; -1, 1]$ 得

原积分 $= \dfrac{1}{2}\displaystyle\int_{-1}^1 \frac{u\mathrm{d}u}{\sqrt{u+3}}\int_{-1}^1 v\mathrm{d}v = 0.$

注　本题可直接从对称性分析得出结果是 0(这叫作**不算之算**)!由方程 $|x| + |y| \leqslant 1$ 表示的斜置方形区域皆可采用此变换化为标准方形区域.

(3)同(2)题变换,原积分 $= \dfrac{1}{2}\displaystyle\int_{-1}^1 \mathrm{d}u\int_{-1}^1 u^p v^p \mathrm{d}v = \begin{cases} 0, & p \text{ 奇数} \\ \dfrac{2}{(p+1)^2}, & p \text{ 偶数} \end{cases}$,

通过代换,很难算的问题迎刃而解,请各位读者多多体会其中妙处.

（4）**法一**   令 $\begin{cases} x = r\cos^4\theta \\ y = r\sin^4\theta \end{cases}$,

易求出 $J = 4r\sin^3\theta\cos^3\theta, D' = \left\{ (r,\theta) \mid 0 \leqslant r \leqslant 1, 0 \leqslant \theta \leqslant \dfrac{\pi}{2} \right\}$,

原积分 $= \iint\limits_{D'} r^{\frac{1}{4}} 4r\sin^3\theta\cos^3\theta \mathrm{d}r\mathrm{d}\theta = \dfrac{4}{27}$.

法二   令 $u = \sqrt{x} + \sqrt{y}$, 而另一个变换式如何选取呢?尝试用 $v = \sqrt{y}$, 则有

$$\begin{cases} x = (u-v)^2 \\ y = v^2 \end{cases},$$

$$D' = \{ (u,v) \mid 0 \leqslant u \leqslant v, 0 \leqslant u \leqslant 1 \}, J = 4v(u-v),$$

原积分 $= \iint\limits_{D'} \sqrt{u}\, 4v(u-v)\mathrm{d}u\mathrm{d}v = \dfrac{4}{27}$,

或 $v = \sqrt{x} - \sqrt{y}$ 行不行呢?此时,算得 $J = \dfrac{v^2 - u^2}{2}$,

$$D'' = \{ (u,v) \mid |v| \leqslant u \text{ 而 } 0 \leqslant u \leqslant 1 \},$$

原积分 $= \iint\limits_{D'} \sqrt{u}\, \dfrac{u^2 - v^2}{2} \mathrm{d}u\mathrm{d}v = \int_0^1 \mathrm{d}u \int_0^u \sqrt{u}\,(u^2 - v^2)\mathrm{d}v = \dfrac{4}{27}$.

思考   若令 $u = \sqrt{x} + \sqrt{y}, v = y$ 行不行呢?此时区域 D' 难求一些.读者不妨一试.

（5）区域关于 y 轴对称,故被积函数中关于 x 的奇次幂项的积分等于 0.

于是原积分首先化简为

$$\iint\limits_{D} (x^2 + y^2 - 2y + 1)\mathrm{d}x\mathrm{d}y = \iint\limits_{D} [x^2 + (y-1)^2]\mathrm{d}x\mathrm{d}y,$$

为了使被积函数和积分区域都得以简化,先令 $\begin{cases} u = x \\ v = y - 1 \end{cases}$,

原积分 $= \iint\limits_{D'} (u^2 + v^2)\mathrm{d}u\mathrm{d}v$,

$$D' = \{ (u,v) \mid 1 \leqslant u^2 + v^2 \leqslant 2, (v+1)^2 + u^2 \leqslant 1 \},$$

此积分区域完全在 uv 平面 u 轴的下方(见图 7-2-(1)),由对称性,

原积分 $= 2\iint\limits_{D^*} (u^2 + v^2)\mathrm{d}u\mathrm{d}v$,

$$D^* = \{ (u,v) \mid 1 \leqslant u^2 + v^2 \leqslant 2, u^2 + (v-1)^2 \leqslant 1, u \geqslant 0 \},$$

再令极坐标变换 $u = r\cos\theta, v = r\sin\theta$, 得 $D^* = D_1^* \bigcup D_2^*$ 的原像区域是 $E_1 \bigcup E_2$ (见图 7-2-(2)),其中

$$E_1 = \left\{ (r,\theta) \mid 1 \leqslant r \leqslant 2\sin\theta, \dfrac{\pi}{6} \leqslant \theta \leqslant \dfrac{\pi}{4} \right\},$$

$$E_2 = \left\{ (r,\theta) \mid 1 \leqslant r \leqslant \sqrt{2}, \dfrac{\pi}{4} \leqslant \theta \leqslant \dfrac{\pi}{2} \right\},$$

原积分 $= 2\iint\limits_{E_1} r^3 \mathrm{d}r\mathrm{d}\theta + 2\iint\limits_{E_2} r^3 \mathrm{d}r\mathrm{d}\theta$,

$$= 2\int_{\frac{\pi}{6}}^{\frac{\pi}{4}} \mathrm{d}\theta \int_1^{2\sin\theta} r^3\,\mathrm{d}r + 2\int_{\frac{\pi}{4}}^{\frac{\pi}{2}} \mathrm{d}\theta \int_1^{\sqrt{2}} r^3\,\mathrm{d}r$$

$$= \frac{7}{12}\pi - 2 + \frac{7}{8}\sqrt{3} \qquad (\text{计算较繁，要耐心细致}).$$

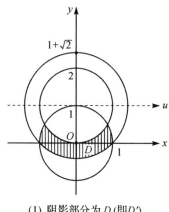

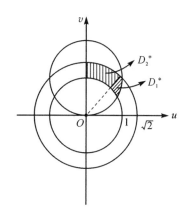

(1) 阴影部分为 D（即 D'）　　　　　(2) 阴影部分为 $D^* = D_1^* \cup D_2^*$

图 7-2

（6）其实本题是广义二重积分.

被积函数有三个乘积因子 $x+y, \ln\left(1+\dfrac{y}{x}\right), \sqrt{1-x-y}$，结合积分区域的特征易联想到应该令 $u = x+y$，第二个变量如何令呢？

若令 $v = \dfrac{y}{x}$ 易想到，但 $x = 0$ 时没有意义. 不妨作为广义二重积分计算. 此时，

$$D' = \{(u,v) \mid 0 < u < 1, 0 < v < +\infty\}, \quad J = \frac{u}{(1+v)^2},$$

所以原积分变为

$$\iint_{D'} \frac{u\ln(1+v)}{\sqrt{1-u}}\,\frac{u}{(1+v)^2}\,\mathrm{d}u\mathrm{d}v = \frac{16}{15},$$

对三重积分的变量替换，基本要求是掌握常规的柱坐标变换和球坐标变换.

例 5　求以下三重积分：

(1) $\displaystyle\iiint_\Omega \left(\frac{x^2}{a^2} + \frac{y^2}{b^2} + \frac{z^2}{c^2}\right)\mathrm{d}x\mathrm{d}y\mathrm{d}z, \Omega$ 为椭球：$\dfrac{x^2}{a^2} + \dfrac{y^2}{b^2} + \dfrac{z^2}{c^2} \leqslant 1$；

(2) $\displaystyle\iiint_\Omega (x^2 + y^2 + z^2)\mathrm{d}x\mathrm{d}y\mathrm{d}z, \Omega$ 为椭圆锥面：$\dfrac{z^2}{c^2} = \dfrac{x^2}{a^2} + \dfrac{y^2}{b^2}$ 与平面 $z = c$ 所围成；

(3) $\displaystyle\iiint_\Omega x^2\mathrm{d}x\mathrm{d}y\mathrm{d}z, \Omega$ 由 $z = ay^2, z = by^2, z = \alpha x, z = \beta x, z = h$ 所围成的 $y > 0$ 的部分 $(h > 0, 0 < a < b, 0 < \alpha < \beta)$；

(4) $\displaystyle\iiint_\Omega \cos(x+y+z)\mathrm{d}x\mathrm{d}y\mathrm{d}z, \Omega$ 为单位球体 $x^2 + y^2 + z^2 \leqslant 1$.

解　（1）此题即为例 3 的第（3）小题. 现在依据广义球坐标变换去解.

$$\text{原积分} = \int_0^1 \mathrm{d}r \int_0^{2\pi} \mathrm{d}\theta \int_0^\pi r^2 abc r^2 \sin\varphi\mathrm{d}\varphi = \frac{4}{5}\pi abc, \text{显得简洁明快}.$$

(2) 从积分区域分析,纯粹的球面坐标或广义球面坐标尚不能直接化简,故考虑先化为一个二重积分和一个一重积分之累次积分,再作二维变量替换. 积分区域 Ω 在 xOy 平面的投影区域是 D:

$$\frac{x^2}{a^2} + \frac{y^2}{b^2} \leqslant 1,$$

$$原积分 = \iint\limits_{D} \mathrm{d}x\mathrm{d}y \int_{c\sqrt{\frac{x^2}{a^2}+\frac{y^2}{b^2}}}^{c} (x^2 + y^2 + z^2)\mathrm{d}z$$

$$= c\iint\limits_{D} (x^2 + y^2)\left(1 - \sqrt{\frac{x^2}{a^2} + \frac{y^2}{b^2}}\right)\mathrm{d}x\mathrm{d}y + \frac{c^3}{3}\iint\limits_{D}\left[1 - \left(\frac{x^2}{a^2} + \frac{y^2}{b^2}\right)^{\frac{3}{2}}\right]\mathrm{d}x\mathrm{d}y,$$

再利用二重积分的广义极坐标变换 $x = ar\cos\theta, y = br\sin\theta$,

$$原积分 = abc\int_0^1\int_0^{2\pi} (a^2 r^2\cos^2\theta + b^2 r^2\sin^2\theta)(1 - r)r\mathrm{d}r\mathrm{d}\theta$$

$$+ \frac{c^3}{3}\int_0^1\int_0^{2\pi} (1 - r^3)abr\mathrm{d}r\mathrm{d}\theta = \frac{1}{20}\pi abc(a^2 + b^2 + 4c^2).$$

注 $\iiint\limits_{\Omega} z^2\mathrm{d}x\mathrm{d}y\mathrm{d}z = \int_0^c \mathrm{d}z\iint\limits_{D_z} z^2\mathrm{d}x\mathrm{d}y = \int_0^c z^2 \mid D_z \mid \mathrm{d}z = \frac{\pi ab}{c^2}\int_0^c z^4\mathrm{d}z = \frac{\pi abc^3}{5}$,

其中 D_z 为高度为 z 的平面去截积分区域所得截口在 xy 平面的投影

$$D_z = \left\{(x,y) \,\middle|\, \frac{x^2}{c^2 z^2} + \frac{y^2}{b^2 z^2} \leqslant 1\right\},$$

其面积为 $\dfrac{abz^2\pi}{c^2}$.

(3) 令 $u = \dfrac{z}{y^2}, v = \dfrac{z}{x}, w = z$,则 Ω 变成了

$$\Omega' = \{a \leqslant u \leqslant b, \alpha \leqslant v \leqslant \beta, v \leqslant w \leqslant h\},$$

且求得 $\mid J \mid = \dfrac{1}{2}\dfrac{w^{\frac{3}{2}}}{u^{\frac{3}{2}}v^2}$,于是原积分 $= \iiint\limits_{\Omega'} \dfrac{w^2}{v^2}\mid J \mid \mathrm{d}u\mathrm{d}v\mathrm{d}w = \cdots$

(4) 为简化被积函数,考虑变换使 $x + y + z = 0$ 是新坐标系中 uv 坐标平面. 亦即作一个坐标系的旋转,新坐标系中的三个坐标轴单位向量是 $\boldsymbol{i}_1, \boldsymbol{j}_1, \boldsymbol{k}_1$.

$\boldsymbol{k}_1$ 取作 $x + y + z = 0$ 的单位法向量,$\boldsymbol{j}_1, \boldsymbol{i}_1$ 是平面 $x + y + z = 0$ 内的两个正交单位向量,例如

$$\boldsymbol{j}_1 = \frac{1}{\sqrt{2}}\boldsymbol{j} - \frac{1}{\sqrt{2}}\boldsymbol{k}, \boldsymbol{i}_1 = \boldsymbol{j}_1 \times \boldsymbol{k}_1 = \frac{1}{\sqrt{6}}(2\boldsymbol{i} - \boldsymbol{j} - \boldsymbol{k}),$$

这样得到的变量替换是一个正交变换,其表达式是

$$u = \frac{1}{\sqrt{6}}(2x - y - z), v = \frac{1}{\sqrt{2}}(y - z), w = \frac{1}{\sqrt{3}}(x + y + z)$$

正交变换的雅可比行列式 $\mid J \mid = 1$,单位球面仍变作单位球面.

$$\iiint\limits_{x^2+y^2+z^2\leqslant 1} \cos(x + y + z)\mathrm{d}x\mathrm{d}y\mathrm{d}z = \iiint\limits_{u^2+v^2+w^2\leqslant 1} \cos\sqrt{3}\,w\mathrm{d}u\mathrm{d}v\mathrm{d}w,$$

再利用柱面坐标 $u = r\cos\theta, v = r\sin\theta, w = w, \mid J \mid = r$,积分区域就变成

$$\Omega^* : 0 \leqslant \theta < 2\pi, r^2 + w^2 \leqslant 1$$

$$原积分 = \iiint\limits_{\Omega^*} \cos\sqrt{3}\,wr\mathrm{d}r\mathrm{d}\theta\mathrm{d}w = 2\pi \int_{-1}^{1} \mathrm{d}w \int_{0}^{\sqrt{1-w^2}} \cos\sqrt{3}\,wr\mathrm{d}r$$

$$= 2\pi \int_{0}^{1} (1 - w^2)\cos\sqrt{3}\,w\mathrm{d}w = \frac{4\pi}{3}\left(\frac{1}{\sqrt{3}}\sin\sqrt{3} - \cos\sqrt{3}\right).$$

例 6　利用重积分计算面积或体积

(1) 曲线 $(x + 2y)^2 + (2x + 3y)^2 = 8$ 所围区域的面积 S；

(2) 曲面 $\left(\dfrac{x}{a}\right)^{\frac{2}{3}} + \left(\dfrac{y}{b}\right)^{\frac{2}{3}} + \left(\dfrac{z}{c}\right)^{\frac{2}{3}} = 1$ 所围区域 Ω 的体积 V.

解　(1) 令 $u = x + 2y, v = 2x + 3y$，则 D 变为 $D' : u^2 + v^2 \leqslant 8$，且 $|J| = 1$，

$$S = \iint\limits_{D} \mathrm{d}x\mathrm{d}y = \iint\limits_{D'} |J|\,\mathrm{d}u\mathrm{d}v = 8\pi.$$

(2) 令 $\begin{cases} x = ar\sin^3\varphi\cos^3\theta \\ y = br\sin^3\varphi\sin^3\theta, \\ z = cr\cos^3\varphi \end{cases}$ 区域 Ω 变为 $\Omega' : 0 \leqslant r \leqslant 1, 0 \leqslant \varphi \leqslant \pi, 0 \leqslant \theta \leqslant 2\pi$,

经较为烦琐的行列式计算得

$$|J| = 9abcr^2\sin^5\varphi\cos^2\varphi\sin^2\theta\cos^2\theta,$$

$$V = \iiint\limits_{\Omega} \mathrm{d}x\mathrm{d}y\mathrm{d}z = \iiint\limits_{\Omega'} |J|\,\mathrm{d}r\mathrm{d}\theta\mathrm{d}\varphi = \frac{4}{35}\pi abc.$$

或令 $x = au^3, y = bv^3, z = cw^3$，先将 Ω 变换到 $\Omega_1 : u^2 + v^2 + w^2 \leqslant 1$；
再对 Ω_1 使用球坐标变换.

$$V = \iiint\limits_{\Omega} \mathrm{d}x\mathrm{d}y\mathrm{d}z = \iiint\limits_{\Omega_1} \left|\frac{\partial(x,y,z)}{\partial(u,v,w)}\right|\mathrm{d}u\mathrm{d}v\mathrm{d}w = \iiint\limits_{\Omega_1} 27abcu^2v^2w^2\,\mathrm{d}u\mathrm{d}v\mathrm{d}w$$

$$= 27abc \iiint\limits_{\Omega} r^8\sin^4\varphi\sin^2\theta\cos^2\theta\cos^2\varphi \cdot r^2\sin\varphi\mathrm{d}r\mathrm{d}\varphi\mathrm{d}\theta$$

$$= 3abc \int_{0}^{\pi} \sin^5\varphi\cos^2\varphi\mathrm{d}\varphi \int_{0}^{2\pi} \sin^2\theta\cos^2\theta\mathrm{d}\theta.$$

注　将复杂的变换分为两步较简单的或较熟悉的变换，可以极大地简化变换雅可比行列式的计算.

习题 7.1

1. 对下列累次积分,先换序再计算:

(1) $\int_0^1 dy \int_y^1 \dfrac{y}{\sqrt{1+x^3}} dx$;

(2) $\int_1^2 dx \int_{\sqrt{x}}^x \sin\dfrac{\pi x}{2y} dy + \int_2^4 dx \int_{\sqrt{x}}^2 \sin\dfrac{\pi x}{2y} dy$;

(3) $\int_0^1 dy \int_y^1 \left(\dfrac{e^{x^2}}{x} - e^{y^2}\right) dx$;   (浙江省高等数学竞赛 2006 年)

(4) $\int_0^1 dx \int_x^1 dy \int_y^1 y\sqrt{1+z^4} dz$.

2. 求累次积分 $\int_0^a dx \int_0^b e^{\max(b^2 x^2, a^2 y^2)} dy (a>0, b>0)$.   (浙江省高等数学竞赛 2007 年)

3. 求 $\iint\limits_D \max(xy, x^3) dxdy$,其中 $D = \{(x,y) \mid -1 \leqslant x \leqslant 1, 0 \leqslant y \leqslant 1\}$.

                                                                (浙江省高等数学竞赛 2004 年)

4. 求积分(1) $\iint\limits_D \sin x \sin y \max\{x, y\} dxdy, D: 0 \leqslant x, y \leqslant \pi$;

(2) $\iint\limits_D \sqrt{|y-x^2|} dxdy, D: |x| \leqslant 1, 0 \leqslant y \leqslant 2$.   (北师大 2002 年)

5. 求积分 $\iint\limits_D x\{x + f(x^2+y^2)\sin y\} dxdy$,其中 $f(u)$ 为一元连续函数,$D: -1 \leqslant x \leqslant 1$, $x^3 \leqslant y \leqslant 1$.

6. 求积分 $\iint\limits_{|x|+|y| \leqslant 1} (x^2-y^2)^n dxdy$,($n$ 为自然数).

7. 计算下述各三重积分:

(1) $\iiint\limits_\Omega e^{|z|} dxdydz, \Omega: x^2+y^2+z^2 \leqslant 1$;

(2) $\iiint\limits_\Omega (x+y+z) dxdydz, \Omega: x^2+y^2-z^2=0$ 与 $z=1$ 围成的区域;

(3) $\iiint\limits_\Omega z^2 dxdydz, \Omega: x^2+y^2+z^2=2Rz$ 与 $x^2+y^2+z^2=R^2$ 围成的区域;

(4) $\iiint\limits_\Omega (x+y+z) dxdydz, \Omega: x^2+y^2=2z, x^2+y^2+z^2=3$ 围成的区域.

8. 求 $\iiint\limits_\Omega f(x,y,z) dxdydz$,其中

$$f(x,y,z) = \begin{cases} |y|+z, & |z| \geqslant |y|, |x| \leqslant 1 \\ |y|+|z|, & |z| < |y|, |x| \leqslant 1 \end{cases}.$$

$\Omega: -1 \leqslant x \leqslant 1, -1 \leqslant y \leqslant 1, -1 \leqslant z \leqslant 1.$　　　　　　　　　（北师大 2005 年）

9. 计算广义重积分 $\displaystyle\iint\limits_{R^2} e^{-(x^2-xy+y^2)}\mathrm{d}x\mathrm{d}y.$　　　　　　　　　（北师大 2006 年）

10. 求曲面 $(x^2+y^2)^2+z^4=y$ 围成的立体体积.

11. 求曲面 $\left(\dfrac{x}{a}\right)^p+\left(\dfrac{y}{b}\right)^p+\left(\dfrac{z}{c}\right)^p=1(p>0)$ 和三个坐标平面围成的在第一卦限部分
区域的体积.

12. 设 f 在正方形区域 $[0,1;0,1]$ 上连续,在 $(0,0)$ 处可微,$f(0,0)=0.$ 求极限

$$\lim_{x\to 0^+}\dfrac{\displaystyle\int_0^{x^2}\mathrm{d}t\int_x^{\sqrt{t}}f(t,u)\mathrm{d}u}{1-\mathrm{e}^{-\frac{1}{4}x^4}}.$$

13. 设函数 f 在 $[0,+\infty)$ 上连续,且满足方程

$$f(t)=\mathrm{e}^{4\pi t^2}+\iint\limits_{x^2+y^2\leqslant 4t^2}f\left(\frac{1}{2}\sqrt{x^2+y^2}\right)\mathrm{d}x\mathrm{d}y,$$

求 $f(t).$　　　　　　　　　（1997 年数学（三））

14. 设 $f(t)$ 为连续函数,$t\geqslant 0.$ 并且

$$f(t)=\frac{t^3}{3}+\frac{1}{4\pi}\iiint\limits_{x^2+y^2+z^2\leqslant t^2}f(\sqrt{x^2+y^2+z^2})\mathrm{d}x\mathrm{d}y\mathrm{d}z,$$

求 $f(t).$

15. 设 $f(u)$ 为连续函数,Ω 为 $x^2+y^2+z^2\leqslant 1$,证明

$$\iiint\limits_{\Omega}f(z)\mathrm{d}x\mathrm{d}y\mathrm{d}z=\pi\int_{-1}^{1}(1-u^2)f(u)\mathrm{d}u.$$

16. 设 $f(u)$ 连续,$f(1)=1$,定义 $F(t)=\displaystyle\iiint\limits_{x^2+y^2+z^2\leqslant t^2}f(x^2+y^2+z^2)\mathrm{d}x\mathrm{d}y\mathrm{d}z.$

证明:$F'(1)=4\pi.$　　　　　　　　　（华东师大 1998 年）

17. 设 $f(x_1,x_2,\cdots,x_n)$ 为 n 维方形域 $0\leqslant x_i\leqslant 1(i=1,2,\cdots,n)$ 内的连续函数.证明

$$\int_0^1\mathrm{d}x_1\int_0^{x_1}\mathrm{d}x_2\cdots\int_0^{x_{n-1}}f\mathrm{d}x_n=\int_0^1\mathrm{d}x_n\int_{x_n}^1\mathrm{d}x_{n-1}\cdots\int_{x_2}^1 f\mathrm{d}x_1\quad(n\geqslant 2).$$

18. 设 $f(u)\in C(\mathbf{R}),n\in N$,$n$ 维区域 $D:0<x_1<x_2<\cdots<x_n<1$,证明:

$$\iint\limits_{D}\cdots\int f(x_1)f(x_2)\cdots f(x_n)\mathrm{d}x_1\mathrm{d}x_2\cdots\mathrm{d}x_n=\frac{1}{n!}\left[\int_0^1 f(u)\mathrm{d}u\right]^n.$$

　　　　　　　　　（北京师范大学 2001 年）

以下三题可以采用 n 维空间的球面坐标变换.

$x_1=r\cos\varphi_1,$

$x_2=r\sin\varphi_1\cos\varphi_2,$

$\cdots$

$x_{n-1}=r\sin\varphi_1\sin\varphi_2\cdots\sin\varphi_{n-2}\cos\varphi_{n-1},$

$x_n=r\sin\varphi_1\sin\varphi_2\cdots\sin\varphi_{n-2}\sin\varphi_{n-1}.$

变换的雅可比行列式是

$$J=r^{n-1}\sin^{n-2}\varphi_1\sin^{n-3}\varphi_2\cdots\sin^2\varphi_{n-3}\sin\varphi_{n-2}.$$

19. 求 n 维球体 $x_1^2 + x_2^2 + \cdots + x_n^2 \leqslant R^2$ 的体积.

20. 计算 $\displaystyle\iint\cdots\int\limits_{x_1^2+x_2^2+\cdots+x_n^2\leqslant 1} \frac{\mathrm{d}x_1\,\mathrm{d}x_2\cdots\mathrm{d}x_n}{\sqrt{1-x_1^2-x_2^2-\cdots-x_n^2}}.$

21. 设 $f(u)$ 为连续函数,化 n 重积分

$$\iint\cdots\int\limits_{x_1^2+x_2^2+\cdots+x_n^2\leqslant R^2} f(\sqrt{x_1^2+x_2^2+\cdots+x_n^2})\,\mathrm{d}x_1\,\mathrm{d}x_2\cdots\mathrm{d}x_n \text{ 为定积分}.$$

§7.2　第一型曲线、曲面积分

所有类型的积分的思想方法是一致的:分割,作和,取极限,区别只在于所面临问题的表象是不一致的.

考虑具有非均匀线密度的金属线和面密度的金属片的质量时,就引入了第一型曲线积分和第一型曲面积分.

为了节省篇幅以及鉴于数学分析基础阶段已经学习了各类积分的定义和背景知识,在此不再罗列积分的定义.

一、第一型曲线积分的计算

1.若曲线弧 L 的参数方程为 $\begin{cases} x = x(t) \\ y = y(t) \end{cases}$ $\alpha \leqslant t \leqslant \beta$,则

$$\int_L f(x,y)\mathrm{d}s = \int_\alpha^\beta f[x(t),y(t)]\sqrt{[x'(t)]^2 + [y'(t)]^2}\,\mathrm{d}t.$$

2.若曲线弧 L 的直角坐标方程为 $y = \varphi(x)$, $a \leqslant x \leqslant b$,则

$$\int_L f(x,y)\mathrm{d}s = \int_a^b f(x,\varphi(x))\sqrt{1 + [\varphi'(x)]^2}\,\mathrm{d}x.$$

3.若曲线弧 L 的极坐标方程为 $r = r(\theta)$, $(\alpha \leqslant \theta \leqslant \beta)$,则

$$\int_L f(x,y)\mathrm{d}s = \int_\alpha^\beta f[r(\theta)\cos\theta, r(\theta)\sin\theta]\sqrt{r^2(\theta) + [r'(\theta)]^2}\,\mathrm{d}\theta.$$

4.三维曲线 L 的曲线积分公式(完全类似于1).

上述四个公式其实质只有一个公式,即第一条款,其他几条可以从它推得.

例 1　计算下述第一型曲线积分.

(1) $\int_L (x^{\frac{4}{3}} + y^{\frac{4}{3}})\mathrm{d}s$, L 是内摆线 $x^{\frac{2}{3}} + y^{\frac{2}{3}} = a^{\frac{2}{3}}$;

(2) $\int_L e^{\sqrt{x^2+y^2}}\mathrm{d}s$, L 是极坐标 $r = a$, $\theta = 0$, $\theta = \frac{\pi}{4}$ 所围成区域边界;

(3) $\oint_L |y|\mathrm{d}s$, L 为双纽线 $(x^2 + y^2)^2 = a^2(x^2 - y^2)$.

解　(1) L 的参数方程是 $x = a\cos^3 t$, $y = a\sin^3 t (0 \leqslant t \leqslant 2\pi)$,

被积函数 $f(x,y) = (x^{\frac{2}{3}} + y^{\frac{2}{3}})^2 - 2x^{\frac{2}{3}}y^{\frac{2}{3}} = a^{\frac{4}{3}}(1 - 2\sin^2 t\cos^2 t)$,

$$[x'(t)]^2 + [y'(t)]^2 = 9a^2\sin^2 t\cos^2 t,$$

由对称性,只要求出第一象限弧段的积分然后乘以 4 即可以

$$\int_L (x^{\frac{4}{3}} + y^{\frac{4}{3}})\mathrm{d}s = 4\int_0^{\frac{\pi}{2}} 3a^{\frac{7}{3}}(1 - 2\sin^2 t\cos^2 t)\sin t\cos t\,\mathrm{d}t = 4a^{\frac{7}{3}}.$$

(2) $\int_L = \int_{\overline{OA}} + \int_{\overset{\frown}{AB}} + \int_{\overline{BO}}$

$$\int_{\overline{OA}}: x = x, y = 0, \mathrm{d}s = \mathrm{d}x,$$

$$\int_{\widehat{AB}}: x = a\cos t, y = a\sin t, \mathrm{d}s = a\mathrm{d}t,$$

$$\int_{\overline{BO}}: x = x, y = x, \mathrm{d}s = \sqrt{2}\,\mathrm{d}x,$$

原积分 $= \int_0^a \mathrm{e}^x \mathrm{d}x + \int_0^{\frac{\pi}{4}} \mathrm{e}^a \cdot a \mathrm{d}t + \int_0^{\frac{a}{\sqrt{2}}} \mathrm{e}^{\sqrt{2x^2}}\sqrt{2}\,\mathrm{d}x = 2(\mathrm{e}^a - 1) + \frac{\pi}{4}a\mathrm{e}^a.$

注   计算第一型曲线积分时,在不同的弧段上可以选择不同的(参)变量作为积分变量,目的只有一个:使积分简易计算.

(3) 应选用极坐标方程,曲线 $L: r^2 = a^2\cos 2\theta$, $-\frac{\pi}{4} \leqslant \theta \leqslant \frac{\pi}{4}$ 及 $\frac{3\pi}{4} \leqslant \theta \leqslant \frac{5\pi}{4}$,

$$\mathrm{d}s = \sqrt{r^2(\theta) + [r'(\theta)]^2}\,\mathrm{d}\theta = \sqrt{a^2\cos 2\theta + a^2\frac{\sin^2 2\theta}{\cos 2\theta}}\,\mathrm{d}\theta = \frac{a}{\sqrt{\cos 2\theta}}\mathrm{d}\theta,$$

再利用对称性知

$$\oint_L |y|\,\mathrm{d}s = 4\int_0^{\frac{\pi}{4}} |r\sin\theta|\,\frac{a}{\sqrt{\cos 2\theta}}\mathrm{d}\theta = 4\int_0^{\frac{\pi}{4}} a\sqrt{\cos 2\theta}\sin\theta\frac{a}{\sqrt{\cos 2\theta}}\mathrm{d}\theta$$

$$= 4a^2 \int_0^{\frac{\pi}{4}} \sin\theta\mathrm{d}\theta = 2a^2(2 - \sqrt{2}),$$

对称性的使用不仅能使积分限的确定变得直观明了,而且极大地化简了计算,下面再看几个题目.

例 2   计算下列第一型曲线积分:

(1) $\oint_L x^2\mathrm{d}s$, L 是由 $x^2 + y^2 + z^2 = R^2$ 与 $x + y + z = 0$ 相交而得的圆周.

(2) $\oint_L (x^2 + y^2 + z^2)\mathrm{d}s$, L 是曲面 $x^2 + y^2 + z^2 = \frac{9}{2}$ 与平面 $x + z = 1$ 的交线.

解   (1) 由积分关于 x, y, z 变量的对称性知

$$\oint_L x^2\mathrm{d}s = \oint_L y^2\mathrm{d}s = \oint_L z^2\mathrm{d}s,$$

故

$$\oint_L x^2\mathrm{d}s = \frac{1}{3}\oint_L (x^2 + y^2 + z^2)\mathrm{d}s = \frac{R^2}{3}\oint_L \mathrm{d}s = \frac{2}{3}\pi R^3,$$

或解:先求曲线 L 的参数方程,消去 z 得 $x^2 + xy + y^2 = \frac{R^2}{2}$.

即

$$\left(\frac{\sqrt{3}}{2}x\right)^2 + \left(\frac{x}{2} + y\right)^2 = \frac{R^2}{2},$$

令 $\frac{\sqrt{3}}{2}x = \frac{R}{\sqrt{2}}\cos t$, $\frac{x}{2} + y = \frac{R}{\sqrt{2}}\sin t$, 得出

$$L: \begin{cases} x = \sqrt{\dfrac{2}{3}} R\cos t \\[2mm] y = \dfrac{R}{\sqrt{2}}\sin t - \dfrac{R}{\sqrt{6}}\cos t, 0 \leqslant t \leqslant 2\pi \\[2mm] z = -\dfrac{R}{\sqrt{2}}\sin t - \dfrac{R}{\sqrt{6}}\cos t \end{cases}$$

算得 $\mathrm{d}s = R\mathrm{d}t$

所以 $\displaystyle\oint_L x^2 \mathrm{d}s = R\int_0^{2\pi} \frac{2}{3} R^2 \cos^2 t \mathrm{d}t = \frac{2}{3} R^3 \pi.$

比较而言,第一种解法投机取巧,更体现数学的智慧和对称美,后一种解法则更依赖于扎实的基本功,有板有眼. 从中我们都可以学到价值不菲的数学思想和解题技巧.

(2) **解一**　在 L 上,$x^2 + y^2 + z^2 = \dfrac{9}{2}$,

故 $\displaystyle\oint_L (x^2 + y^2 + z^2)\mathrm{d}s = \frac{9}{2}\oint_L \mathrm{d}s = \frac{9}{2} \times L$ 的弧长. L 显见是一个圆,故只要求出其半径.

原点到平面 $x + z = 1$ 的距离为 $d = \dfrac{1}{\sqrt{2}}$,于是 L 的半径 r 满足

$$r = \sqrt{R^2 - d^2} = \sqrt{\frac{9}{2} - \frac{1}{2}} = 2.$$

解二　求出曲线 L 的参数方程,消去 z 得

$$2\left(x - \frac{1}{2}\right)^2 + y^2 = 4,$$

令　$\begin{cases} x = \sqrt{2}r\cos\theta + \dfrac{1}{2}, \\[2mm] y = 2\sin\theta \end{cases}$

得

$$z = \frac{1}{2} - \sqrt{2}\cos\theta (0 \leqslant \theta \leqslant 2\pi), \mathrm{d}s = 2\mathrm{d}\theta.$$

二、第一型曲面积分

1. 参数方程曲面

若光滑曲面 $\sum$ 由参量形式方程 $\begin{cases} x = x(u,v) \\ y = y(u,v), (u,v) \in D \text{ 所表达},f(x,y,z) \text{ 在 } \sum \text{ 上} \\ z = z(u,v) \end{cases}$

连续,则

$$\iint\limits_{\sum} f(x,y,z)\mathrm{d}S = \iint\limits_{D} f[x(u,v),y(u,v),z(u,v)]\rho(u,v)\mathrm{d}u\mathrm{d}v,$$

式中

$$\rho(u,v) = \sqrt{\left[\frac{\partial(y,z)}{\partial(u,v)}\right]^2 + \left[\frac{\partial(z,x)}{\partial(u,v)}\right]^2 + \left[\frac{\partial(x,y)}{\partial(u,v)}\right]^2} \tag{$*$}$$

注 1 $\rho(u,v)$ 还有一个表示方式是 $\rho(u,v) = \sqrt{EG - F^2}$，

其中 $E = x_u^2 + y_u^2 + z_u^2, G = x_v^2 + y_v^2 + z_v^2, F = x_u x_v + y_u y_v + z_u z_v$.

2 光滑曲面的含义：$x(u,v), y(u,v), z(u,v)$ 在 D 上具有连续的一阶偏导数，并且 $\rho(u,v)$ 在 D 上恒不为 0.

特别 $f(x,y,z) \equiv 1$ 时，得到曲面的面积公式：

$$S = \iint\limits_{D} \rho(u,v) \, \mathrm{d}u\mathrm{d}v.$$

面积微元 $\mathrm{d}S = \rho(u,v)\mathrm{d}u\mathrm{d}v$.

2. 正则曲面

若曲面 $\sum$ 有显式方程：$z = \varphi(x,y), (x,y) \in D$，其中 $\varphi(x,y)$ 在 D 上有连续的一阶偏导数，此时曲面 $\sum$ 被称为正则曲面.

若 $f(x)$ 在 $\sum$ 上连续，则

$$\iint\limits_{\sum} f(x,y,z)\mathrm{d}S = \iint\limits_{D} f[x,y,\varphi(x,y)] \sqrt{1 + \left(\frac{\partial\varphi}{\partial x}\right)^2 + \left(\frac{\partial\varphi}{\partial y}\right)^2} \, \mathrm{d}x\mathrm{d}y,$$

特别，显式曲面的面积公式是

$$S = \iint\limits_{D} \sqrt{\left[1 + \left(\frac{\partial\varphi}{\partial x}\right)^2 + \left(\frac{\partial\varphi}{\partial y}\right)^2\right]} \, \mathrm{d}x\mathrm{d}y.$$

注 上述两款结论中，以第二款更为常见，并且要注意其他形式的正则曲面如 $y = \varphi(x,z)(x,z) \in D$ 等时，相应的公式. 要举一反三，理解公式的本质.

例 3 计算下述各第一型曲面积分：

(1) $\iint\limits_{\sum}(xy + yz + zx)\mathrm{d}S$，$\sum$ 为锥面 $z = \sqrt{x^2 + y^2}$ 被柱面 $x^2 + y^2 = 2ax(a > 0)$ 所截得的那部分；

(2) $\iint\limits_{\sum} |xyz| \, \mathrm{d}S$，$\sum$ 是曲面 $z = x^2 + y^2$ 位于平面 $z = 1$ 下方的部分；

(3) $\iint\limits_{\sum} \frac{1}{r^2}\mathrm{d}S$，$\sum$ 是介于平面 $z = 0, z = H$ 之间的元柱体 $x^2 + y^2 \leqslant R^2$ 的侧面，$r^2 = x^2 + y^2 + z^2$；

(4) $\iint\limits_{\sum}(ax + by + cz + d)^2\mathrm{d}S$，$\sum$ 是球面：$x^2 + y^2 + z^2 = R^2$.

解 (1) $\sum$ 在 xOy 平面上的投影区域是 $D = \{(x,y) \mid x^2 + y^2 \leqslant 2ax\}$，

经计算得圆锥面 $z = \sqrt{x^2 + y^2}$ 的面积微元是

$$\mathrm{d}s = \sqrt{1 + z_x'^2 + z_y'^2} \, \mathrm{d}x\mathrm{d}y = \sqrt{2} \, \mathrm{d}x\mathrm{d}y,$$

所以，原积分 $= \sqrt{2}\iint\limits_{D}[xy + (x + y)\sqrt{x^2 + y^2}]\mathrm{d}x\mathrm{d}y$.

利用极坐标变换

$$D' = \left\{(r,\theta) \mid 0 \leqslant r \leqslant 2a\cos\theta, -\frac{\pi}{2} \leqslant \theta \leqslant \frac{\pi}{2}\right\},$$

充分考虑对称性得出积分值为 $\dfrac{64}{15}\sqrt{2}\,a^4$.

或解：考虑到 $\sum$ 关于 xOz 平面对称，且 $(xy+yz)$ 是相应于 $\sum$ 的奇函数，故有

$$\iint\limits_{\sum}(xy+yz+zx)\mathrm{d}S = \iint\limits_{\sum}zx\mathrm{d}S.$$

(2) 以 $\sum_1$ 表示 $\sum$ 在第一卦限部分，则既化简了积分区域，又去掉被积函数中的绝对值，可谓一举两得.

$$\mathrm{d}S = \sqrt{1+4(x^2+y^2)}\,\mathrm{d}x\mathrm{d}y, D_1:x^2+y^2 \leqslant 1, x \geqslant 0, y \geqslant 0,$$

$$\iint\limits_{\sum}|xyz|\mathrm{d}S = 4\iint\limits_{\sum_1}xyz\mathrm{d}S = 4\iint\limits_{D_1}xy(x^2+y^2)\sqrt{1+4(x^2+y^2)}\,\mathrm{d}x\mathrm{d}y$$

$$= \frac{125\sqrt{5}-1}{420}(\text{利用极坐标替换}).$$

(3) 仍由积分区域及被积函数的对称性知 $\displaystyle\iint\limits_{\sum}\frac{\mathrm{d}S}{r^2} = 4\iint\limits_{\sum_1}\frac{\mathrm{d}S}{r^2}$,

$\sum_1$ 为 $\sum$ 在第一卦限部分.

其方程为 $y = \sqrt{R^2-x^2}\ (x,z)\in D, D = \{(x,z) \mid 0 \leqslant z \leqslant H, 0 \leqslant x \leqslant R\}$,

$$\sqrt{1+y'^2_x+y'^2_z} = \frac{R}{\sqrt{R^2-x^2}},$$

$$\iint\limits_{\sum}\frac{\mathrm{d}S}{r^2} = 4\iint\limits_{\sum_1}\frac{\mathrm{d}S}{x^2+y^2+z^2} = 4\iint\limits_{D}\frac{1}{x^2+(R^2-x^2)+z^2}\frac{R}{\sqrt{R^2-x^2}}\mathrm{d}x\mathrm{d}z$$

$$= 4R\int_0^R\frac{1}{\sqrt{R^2-x^2}}\mathrm{d}x\int_0^H\frac{\mathrm{d}z}{R^2+z^2} = 2\pi\arctan\frac{H}{R}.$$

(4) 由对称性知，$\displaystyle\iint\limits_{\sum}x^2\mathrm{d}S = \iint\limits_{\sum}y^2\mathrm{d}S = \iint\limits_{\sum}z^2\mathrm{d}S$,

$$\iint\limits_{\sum}x\mathrm{d}S = \iint\limits_{\sum}y\mathrm{d}S = \iint\limits_{\sum}z\mathrm{d}S = 0,$$

$$\iint\limits_{\sum}xy\mathrm{d}S = \iint\limits_{\sum}xz\mathrm{d}S = \iint\limits_{\sum}yz\mathrm{d}S = 0,$$

将被积函数平方展开利用上述诸式得

原积分 $= d^2\displaystyle\iint\limits_{\sum}\mathrm{d}S + (a^2+b^2+c^2)\iint\limits_{\sum}x^2\mathrm{d}S$

$$= 4\pi R^2d^2 + \frac{a^2+b^2+c^2}{3}\iint\limits_{\sum}(x^2+y^2+z^2)\mathrm{d}S$$

$$= 4\pi R^2d^2 + \frac{4\pi}{3}(a^2+b^2+c^2)R^4.$$

例 4 试证 $\iint\limits_{\Sigma} f(ax + by + cz)\mathrm{d}S = 2\pi\int_{-1}^{1} f(u\sqrt{a^2 + b^2 + c^2})\mathrm{d}u$，$\sum$ 为单位球面.

分析 新旧变量之间应有关系 $ax + by + cz = u\sqrt{a^2 + b^2 + c^2}$，故可取新坐标系 $o - uvw$ 为

$$i_1 = \frac{1}{\sqrt{a^2 + b^2 + c^2}}(a\boldsymbol{i} + b\boldsymbol{j} + c\boldsymbol{k})$$

j_1, k_1 为与 $\boldsymbol{i}_1$ 两两正交的单位向量.

也即：$\boldsymbol{i}_1$ 是平面 $ax + by + cz = 0$ 的单位法向量，j_1、k_1 是该平面内的两正交单位向量，新坐标系事实上就是原坐标系的一个旋转，球面方程仍为

$$u^2 + v^2 + w^2 = 1.$$

解 作如上的坐标系旋转，得

$$\iint\limits_{\Sigma} f(ax + by + cz)\mathrm{d}S = \iint\limits_{u^2 + v^2 + w^2 = 1} f(u\sqrt{a^2 + b^2 + c^2})\mathrm{d}S,$$

和欲证式子相比较，发现变量 u 应予以保留，据此建立球面的参数方程.

$$u = u, v = \sqrt{1 - u^2}\cos\theta, w = \sqrt{1 - u^2}\sin\theta;$$
$$0 \leqslant \theta \leqslant 2\pi, -1 \leqslant u \leqslant 1,$$

从而

$$\mathrm{d}S = \sqrt{EG - F^2}\,\mathrm{d}u\mathrm{d}\theta = \mathrm{d}u\mathrm{d}\theta,$$

于是

$$\iint\limits_{\Sigma} f(ax + by + cz)\mathrm{d}S = \int_0^{2\pi}\mathrm{d}\theta\int_{-1}^{1} f(u\sqrt{a^2 + b^2 + c^2})\mathrm{d}u$$

$$= 2\pi\int_1^1 f(u\sqrt{a^2 + b^2 + c^2})\mathrm{d}u.$$

习题 7.2

1. 求第一型曲线积分：

(1) $\oint_L (x^2 + y^2 + 2z)\mathrm{d}s$，$L$ 是 $x^2 + y^2 + z^2 = R^2$ 和 $x + y + z = 0$ 之交线；

(2) $\oint_L \sqrt{2y^2 + z^2}\,\mathrm{d}s$，$L$ 是 $x^2 + y^2 + z^2 = R^2$ 和 $x = y$ 之交线；

(3) $\oint_L |y|\,\mathrm{d}s$，L 是双纽线 $(x^2 + y^2)^2 = a^2(x^2 - y^2)$.

2. 计算 $F(t) = \iint\limits_{x^2 + y^2 + z^2 = t^2} f(x,y,z)\mathrm{d}S (t > 0)$，

其中 $f(x,y,z) = \begin{cases} x^2 + y^2, & z \geqslant \sqrt{x^2 + y^2} \\ 0, & z < \sqrt{x^2 + y^2} \end{cases}$.

3. 计算 $G(t) = \iint\limits_{x + y + z = t} f(x,y,z)\mathrm{d}S$，

其中 $f(x,y,z) = \begin{cases} 1 - x^2 - y^2 - z^2, & x^2 + y^2 + z^2 \leqslant 1 \\ 0, & x^2 + y^2 + z^2 > 1 \end{cases}$.

4. 求椭圆柱面 $\dfrac{x^2}{5} + \dfrac{y^2}{9} = 1$ 位于 xy 坐标面上方和平面 $z = y$ 下方那部分侧面积.

5. 设 $\sum$ 为椭球面 $\dfrac{x^2}{2} + \dfrac{y^2}{2} + z^2 = 1$ 的上半部分，$P(x,y,z) \in \sum$，π 为 $\sum$ 在 P 点的切平面，$\rho(x,y,z)$ 为原点到平面 π 的距离.

求 $\iint\limits_{\sum} \dfrac{z}{\rho(x,y,z)}\mathrm{d}S$.

§7.3   第二型曲线积分

一、第二型曲线积分的概念

第二型曲线积分又称对坐标的曲线积分,其物理原型是变力 $F(x,y) = (P(x,y),Q(x,y))$ 沿着有向曲线 C 从一端 A 至另一端 B 时所做的功.

回忆变力(大小变化而方向不变)$F(x)$ 沿直线所做的功可用定积分表示 $\int_a^b F(x)\mathrm{d}x$.

若力 F 方向和物体运动方向成一个角度 θ,则当物体从起点 $A(a)$ 运动到终点 $B(b)$ 时,力 F 所做的功是 $\int_a^b F \cdot \boldsymbol{\tau}\mathrm{d}x \triangleq \int_a^b F \cdot \mathrm{d}\boldsymbol{x}$($\boldsymbol{\tau}$ 表示 x 轴正向单位向量).

现在假设力 F 不仅大小变化,方向也变化,并且物体运动也变为沿有向曲线 C 的曲线运动时,用上述一元思路就不行啦.

设平面力场 $F = (P(x,y),Q(x,y))$ 沿平面有向曲线 C 从 A 端至 B 端,求所做的功. 将有向线段 C 分割,分点依次为

$$A = A_0, A_1, A_2, \cdots, A_n = B,$$

记 $A_k = (x_k, y_k)$,

$$\Delta x_k = x_k - x_{k-1}, \Delta y_k = y_k - y_{k-1}$$

$$\Delta \boldsymbol{r}_k = \overrightarrow{A_{k-1}A_k} = (\Delta x_k, \Delta y_k)$$

$$= (\cos\theta_k, \sin\theta_k) \cdot |\Delta \boldsymbol{r}_k|,$$

Δs_k 表示小弧段 $\overparen{A_{k-1}A_k}$ 之弧长.

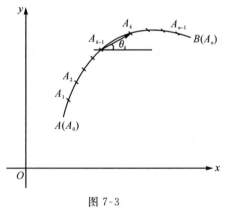

图 7-3

θ_k 为 $\overrightarrow{A_{k-1}A_k}$ 跟 x 轴正向的夹角,在分割相当细密时($\|T\| = \max\limits_{1 \leqslant k \leqslant n}\{\Delta s_k\}$ 充分小),变力 F 在弧段 $\overparen{A_{k-1}A_k}$ 上便可近似看作常力 $F_k = (P(x_k, y_k), Q(x_k, y_k))$.

而弧段 $\overparen{A_{k-1}A_k}$ 近似于有向线段 $\overrightarrow{A_{k-1}A_k}$,常力 F_k 沿有向线段 $\overrightarrow{A_{k-1}A_k}$ 所做的功是

$$F_k \cdot \Delta \boldsymbol{r}_k = P(x_k, y_k)\Delta x_k + Q(x_k, y_k)\Delta y_k$$

$$= (P(x_k, y_k)\cos\theta_k + Q(x_k, y_k)\sin\theta_k) |\Delta \boldsymbol{r}_k|$$

当 $\|T\| \to 0$ 时,$|\Delta \boldsymbol{r}_k|$ 可以用 Δs_k 代替. 最后得出功

$$W = \int_C P(x,y)\mathrm{d}x + Q(x,y)\mathrm{d}y \tag{1}$$

或写成
$$W = \int_C [P(x,y)\cos\theta + Q(x,y)\sin\theta]\mathrm{d}s \tag{2}$$

式中 $\theta = \theta(x,y)$ 是曲线 C 在点 $M(x,y)$ 处的与曲线走向一致的切向量跟 x 轴正向夹角,$\boldsymbol{\tau} = (\cos\theta, \sin\theta)$ 则是单位切向量.

为了便于向高维推广,记切向量 $\boldsymbol{\tau}$ 跟 x 轴正向,y 轴正向所成的角分别是 α, β.

$$W = \int_C [P(x,y)\cos\alpha + Q(x,y)\cos\beta] \mathrm{d}s \tag{3}$$

若记 $\mathrm{d}s = (\mathrm{d}x, \mathrm{d}y)$，则 $W = \int_C \boldsymbol{F} \cdot \mathrm{d}s$ 就是第二型曲线积分.

用微元法分析，$\mathrm{d}W = \boldsymbol{F} \cdot (\cos\theta, \sin\theta)\mathrm{d}s \triangleq \boldsymbol{F} \cdot \mathrm{d}s$ 会更直观一些. 思想方法上，仍然是分割、作和、求极限三部曲.

注　(2) 式定义的第二型曲线积分形式上是用第一型曲线积分转化的. 三维空间的第二型曲线积分定义类似于二维，简述于下. 定义式：

$$\int_C f(x,y,z)\mathrm{d}x = \int_C f(x,y,z)\cos\alpha \mathrm{d}s$$

$$\int_C f(x,y,z)\mathrm{d}y = \int_C f(x,y,z)\cos\beta \mathrm{d}s \tag{4}$$

$$\int_C f(x,y,z)\mathrm{d}z = \int_C f(x,y,z)\cos\gamma \mathrm{d}s$$

α, β, γ 是有向曲线 C 在点 (x,y,z) 处与曲线方向一致的切向量跟 x, y, z 轴正向的夹角. $(\cos\alpha, \cos\beta, \cos\gamma)$ 是曲线的单位切向量，记为 $\boldsymbol{\tau}$.

$\boldsymbol{F} = (P(x,y,z), Q(x,y,z), R(x,y,z))$ 为三维力场，则定义 $\boldsymbol{F}$ 沿有向曲线 C 的第二型曲线积分为

$$\int_C \boldsymbol{F} \cdot \mathrm{d}s = \int_C P\mathrm{d}x + \int_C Q\mathrm{d}y + \int_C R\mathrm{d}z = \int_C P\mathrm{d}x + Q\mathrm{d}y + R\mathrm{d}z = \int_C \boldsymbol{F} \cdot \boldsymbol{\tau}\mathrm{d}s \tag{5}$$

此即三维力场 $\boldsymbol{F}$ 沿有向曲线 C 所做的功：

$$W = \int_C \boldsymbol{F} \cdot \mathrm{d}s.$$

二、第二型曲线积分的计算

1. 平面曲线

若 $f(x,y)$ 是定义在光滑的平面有向曲线 $C: x = x(t), y = y(t), t$ 从 α 到 β 上的连续函数，则

$$\int_C f(x,y)\mathrm{d}x = \int_\alpha^\beta f[x(t), y(t)]x'(t)\mathrm{d}t,$$

$$\int_C f(x,y)\mathrm{d}y = \int_\alpha^\beta f[x(t), y(t)]y'(t)\mathrm{d}t \tag{6}$$

这是 C 的方向相应于参数 t 从 α 变到 β. 即 $t = \alpha$ 对应曲线 C 的起点，$t = \beta$ 对应曲线 C 的终点. 特别注意，α 可以大于 β.

2. 空间曲线

$$\int_C f(x,y,z)\mathrm{d}x = \int_\alpha^\beta f[x(t), y(t), z(t)]x'(t)\mathrm{d}t, \cdots \tag{7}$$

3. 格林公式

设 D 是平面上由若干条逐段光滑的曲线围成的区域，又设 $P, Q, \dfrac{\partial P}{\partial y}, \dfrac{\partial Q}{\partial x}$ 在 D 上连续，那

么，

$$\int_{\partial D} P\,\mathrm{d}x + Q\,\mathrm{d}y = \iint_{D}\left(\frac{\partial Q}{\partial x} - \frac{\partial P}{\partial y}\right)\mathrm{d}x\,\mathrm{d}y = \iint_{D}\begin{vmatrix} \dfrac{\partial}{\partial x} & \dfrac{\partial}{\partial y} \\ P & Q \end{vmatrix}\mathrm{d}x\,\mathrm{d}y \tag{8}$$

特别需要指出的是，D 的边界曲线取的方向为正向，而正向依左侧原则确定：当沿着该方向前进时，区域 D 总在左侧．对于有洞的复连通区域，必须特别留意曲线的走向．特地以 $P(x,y)=-y$，$Q(x,y)=x$，得出由封闭曲线 C 围成的平面区域求面积公式：

$$D \text{ 的面积} = \int_{C} x\,\mathrm{d}y = -\int_{C} y\,\mathrm{d}x = \frac{1}{2}\int_{C} x\,\mathrm{d}y - y\,\mathrm{d}x \tag{9}$$

C 相对于区域 D 取正向．对于以参数形式给出的闭曲线，上式较为方便适用．

4．Stokes 公式

设光滑曲面 $\sum$ 的边界 C 是按段光滑的连续曲线，若函数 P,Q,R 在 $\sum$ 上一阶连续可偏导，则

$$\oint_{C} P\,\mathrm{d}x + Q\,\mathrm{d}y + R\,\mathrm{d}z = \iint_{\sum}\begin{vmatrix} \mathrm{d}y\mathrm{d}z & \mathrm{d}z\mathrm{d}x & \mathrm{d}x\mathrm{d}y \\ \dfrac{\partial}{\partial x} & \dfrac{\partial}{\partial y} & \dfrac{\partial}{\partial z} \\ R & Q & R \end{vmatrix}$$

$$= \iint_{\sum}\begin{vmatrix} \cos\alpha & \cos\beta & \cos\gamma \\ \dfrac{\partial}{\partial x} & \dfrac{\partial}{\partial y} & \dfrac{\partial}{\partial z} \\ R & Q & R \end{vmatrix}\mathrm{d}S \tag{10}$$

式中 $\boldsymbol{n} = \langle\cos\alpha,\cos\beta,\cos\gamma\rangle$ 为与曲面 $\sum$ 选定的侧相应的单位法向量，C 的方向与 $\sum$ 的侧依右手法则确定．相对而言，Stokes 公式比较少用，当曲面 $\sum$ 相对简单时，不妨一试．但由 Stokes 公式可以导出空间向量场为保守场的充要条件．

引入向量场 $\boldsymbol{F}$ 的旋度

$$\mathrm{rot}\boldsymbol{F} = \left\{\frac{\partial R}{\partial y} - \frac{\partial Q}{\partial z}, \frac{\partial P}{\partial z} - \frac{\partial R}{\partial x}, \frac{\partial Q}{\partial x} - \frac{\partial P}{\partial y}\right\}$$

$\boldsymbol{\tau}$ 为边界线的单位切向量，$\boldsymbol{n}$ 为曲面 $\sum$ 指定一侧的单位法向量，则 Stokes 公式便可写为

$$\int_{C}\boldsymbol{F}\cdot\boldsymbol{\tau}\,\mathrm{d}s = \iint_{\sum}\mathrm{rot}\boldsymbol{F}\cdot\boldsymbol{n}\,\mathrm{d}S \tag{10$'$}$$

例 1　计算下述各曲线积分

（1）$\oint_{C} x^2 yz\,\mathrm{d}x + (x^2 + y^2)\,\mathrm{d}y + (x + y + 1)\,\mathrm{d}z$；

　　$C: x^2 + y^2 + z^2 = 5$ 与 $z = x^2 + y^2 + 1$ 的交线，从 z 轴正向看 C 为顺时针方向；

（2）$\oint_{C} y^2\,\mathrm{d}x + z^2\,\mathrm{d}y + x^2\,\mathrm{d}z$，

　　$C: x^2 + y^2 + z^2 = a^2$，$x^2 + y^2 = ax$（$z \geqslant 0, a > 0$）的交线，从 x 轴正向看去，C 逆

时针;

(3) $\oint_C y\mathrm{d}x + z\mathrm{d}y + x\mathrm{d}z$,

   $C: x^2 + y^2 + z^2 = a^2, x + y + z = 0$,从 x 轴正向看去,按逆时针方向.

解 (1) 曲线 C 的方程可以转化为 $\begin{cases} x^2 + y^2 = 1, \\ z = 2 \end{cases}$

参数方程为 $x = \cos t, y = \sin t, z = 2$,

原积分 $= -\int_0^{2\pi}(-2\cos^2 t\sin^2 t + \cos t)\mathrm{d}t = \dfrac{\pi}{2}$.

(2) **证法一** 引入柱坐标,曲线可表示为 $x = a\cos^2\theta, y = a\cos\theta\sin\theta, z = a\mid\sin\theta\mid, \theta$ 从 $-\dfrac{\pi}{2}$ 变至 $\dfrac{\pi}{2}$ 时,方向与曲线的方向一致,代入算得:

$\oint_C z^2\mathrm{d}y = -\dfrac{\pi}{4}a^3$,由对称性 $\oint_C y^2\mathrm{d}x = \oint_C x^2\mathrm{d}z = 0$,原积分 $= -\dfrac{\pi}{4}a^3$.

证法二 曲线还可以表示为 $\begin{cases} x = \dfrac{a}{2} + \dfrac{a}{2}\cos\theta \\ y = \dfrac{a}{2}\sin\theta \\ z = a\sin\dfrac{\theta}{2} \end{cases}$, $0 \leqslant \theta \leqslant 2\pi$.

(3) **法一** 在第 2 小节的例 2 中,已经建立起圆周 C 的参数方程,原则上代入公式(7)即可算得,但计算量相对偏大,有待改进.

曲线 C 的方程组消去 z 得 $x^2 + xy + y^2 = \dfrac{a^2}{2}$,配方得 $\left(x + \dfrac{y}{2}\right)^2 + \dfrac{3}{4}y^2 = \dfrac{a^2}{2}$,

令 $x + \dfrac{y}{2} = \dfrac{a}{\sqrt{2}}\cos\theta, \dfrac{\sqrt{3}}{2}y = \dfrac{a}{\sqrt{2}}\sin\theta$ 得

$y = \sqrt{\dfrac{2}{3}}a\sin\theta, x = \dfrac{a}{\sqrt{2}}\cos\theta - \dfrac{a}{\sqrt{6}}\sin\theta = \sqrt{\dfrac{2}{3}}a\sin\left(\dfrac{\pi}{3} - \theta\right)$,

$z = -(x + y) = -\dfrac{a}{\sqrt{2}}\cos\theta - \dfrac{a}{\sqrt{6}}\sin\theta = -\sqrt{\dfrac{2}{3}}a\sin\left(\dfrac{\pi}{3} + \theta\right)$,

当 θ 从 0 到 2π 时,曲线 C 是否依题设的正向走?可考虑几个特殊点如

$$\theta = 0 \text{ 时}, M_0\left(\dfrac{a}{\sqrt{2}}, 0, -\dfrac{a}{\sqrt{2}}\right),$$

$$\theta = \dfrac{\pi}{3} \text{ 时}, M_1\left(0, \dfrac{a}{\sqrt{2}}, -\dfrac{a}{\sqrt{2}}\right),$$

应该可以看出 θ 增加的方向跟 C 的正向一致. 于是

原积分 $= \int_0^{2\pi} [y(\theta)x'(\theta) + z(\theta)y'(\theta) + x(\theta)z'(\theta)] \mathrm{d}\theta$（积化和差）

$$= -\frac{a^2}{3} \int_0^{2\pi} \left(\frac{3}{2}\sqrt{3} + \sin\left(2\theta - \frac{\pi}{3}\right) + \sin\left(2\theta + \frac{\pi}{3}\right) - \sin 2\theta \right) \mathrm{d}\theta$$

$$= -\frac{a^2}{3} \int_0^{2\pi} \left(\frac{3}{2}\sqrt{3} + \sin 2\theta - \sin 2\theta \right) \mathrm{d}\theta \quad \text{（和差化积）}$$

$$= -\sqrt{3}\pi a^2.$$

证法二 以 Stokes 公式解. 平面 $x + y + z = 0$ 截球 $x^2 + y^2 + z^2 \leqslant a^2$ 的截面为 $\sum$，取外侧. 依 Stokes 公式和对称性

$$\text{原积分} = \iint\limits_{\sum} -\mathrm{d}y\mathrm{d}z - \mathrm{d}z\mathrm{d}x - \mathrm{d}x\mathrm{d}y = -3\iint\limits_{\sum} \mathrm{d}y\mathrm{d}z = -3\iint\limits_{\sum} \cos\alpha \mathrm{d}S$$

$$= -3\iint\limits_{\sum} \frac{1}{\sqrt{3}} \mathrm{d}S = -\sqrt{3}\pi a^2.$$

第二种解法比起第一种解法来真有四两拨千斤之奇效！

例 2 计算下列各第二型曲线积分：

(1) $\displaystyle\int_L (\mathrm{e}^{x+y}\cos y - my)\mathrm{d}x + [\mathrm{e}^{x+y}(\cos y - \sin y) - m]\mathrm{d}y$，

　　L：圆 $x^2 + y^2 = \dfrac{\pi^2}{4}$ 从 $A\left(\dfrac{\pi}{2}, 0\right)$ 到 $B\left(0, \dfrac{\pi}{2}\right)$ 的圆弧段；

(2) $\displaystyle\oint_L \frac{x\mathrm{d}y - y\mathrm{d}x}{4x^2 + y^2}$，$L$ 是点 $(1, 0)$ 为中心、$R(R > 0, R \neq 1)$ 为半径的圆按逆时针方向；

(3) $\displaystyle\oint_C \frac{x\mathrm{d}y - y\mathrm{d}x}{x^2 + y^2}$，闭曲线 C 不过原点且取逆时针方向.

解 (1) 设 $OABO$ 所围的四分之一圆域为 D，依格林公式

$$\oint_{\widehat{ABOA}} P\mathrm{d}x + Q\mathrm{d}y = \iint\limits_D \left(\frac{\partial Q}{\partial x} - \frac{\partial P}{\partial y} \right)\mathrm{d}x\mathrm{d}y = \iint\limits_D m\mathrm{d}x\mathrm{d}y = \frac{m}{4}\pi\left(\frac{\pi}{2}\right)^2 = \frac{m}{16}\pi^3,$$

$$\int_{BO} P\mathrm{d}x + Q\mathrm{d}y = \frac{m\pi}{2} + 1,$$

$$\int_{OA} P\mathrm{d}x + Q\mathrm{d}y = \int_0^{\frac{\pi}{2}} \mathrm{e}^x \mathrm{d}x = \mathrm{e}^{\frac{\pi}{2}} - 1,$$

故原积分 $= \displaystyle\oint_{\widehat{ABOA}} - \int_{BO} - \int_{OA} P\mathrm{d}x + Q\mathrm{d}y = \frac{m\pi^3}{16} - \frac{m}{2}\pi - \mathrm{e}^{\frac{\pi}{2}}.$

(2) 易知 $\dfrac{\partial Q}{\partial x} = \dfrac{\partial P}{\partial y}$（当 $(x, y) \neq (0, 0)$ 时）

当 $R < 1$ 时，由 Green 公式知原积分 $= 0$；

当 $R > 1$ 时，取 $\varepsilon > 0$，使椭圆 L'：$x = \varepsilon\cos t, y = 2\varepsilon\sin t, 0 \leqslant t \leqslant 2\pi$.

位于圆周 L 的内部，取 L' 的方向为逆时针，于是

$$\int_L P\mathrm{d}x + Q\mathrm{d}y = \int_{L'} P\mathrm{d}x + Q\mathrm{d}y = \int_0^{2\pi} \frac{2\varepsilon^2}{4\varepsilon^2}\mathrm{d}t = \pi.$$

（3）当$(x,y) \neq (0,0)$时，$\dfrac{\partial Q}{\partial x} = \dfrac{\partial P}{\partial y}$，当$C$所围区域不含原点时，积分为0；当$D$包含原点时，取$\varepsilon > 0$，使得$x^2 + y^2 \leqslant \varepsilon^2$整个含于$D$内，记$L_\varepsilon : x^2 + y^2 = \varepsilon^2$，$L_\varepsilon$的方向取定为逆时针，$L_\varepsilon^-$的方向则为顺时针.

由C及L_ε^-所围区域为D^*，D^*的正向边界为$\partial D^* = C \bigcup L_\varepsilon^-$，在$D^*$上用Green公式.

$$\oint_C + \oint_{L_\varepsilon^-} P\mathrm{d}x + Q\mathrm{d}y = \oint_C - \oint_{L_\varepsilon} P\mathrm{d}x + Q\mathrm{d}y = 0,$$

于是

$$\oint_C = \oint_{L_\varepsilon} P\mathrm{d}x + Q\mathrm{d}y \xrightarrow{\text{依参数式算得}} 2\pi.$$

注　通过本例可以看出，格林公式的最大效用在于将复杂的甚至是抽象的积分曲线转化为简单的，具体的积分曲线，从而简化了计算. 对此须多加运用和体会.

例3　计算$\displaystyle\int_C y\mathrm{d}x + z\mathrm{d}y + x\mathrm{d}z$，其中$C$是从点$A(a,0,0)$沿以下曲线到$B(0,0,c)$.

$$C: \begin{cases} \dfrac{x^2}{a^2} + \dfrac{y^2}{b^2} + \dfrac{z^2}{c^2} = 1 \\[2mm] \dfrac{x}{a} + \dfrac{z}{c} = 1 \end{cases} \quad (x \geqslant 0, y \geqslant 0, z \geqslant 0).$$

解一　用曲线的参数方程解，从曲线C的联立方程消去z得

$$\left(x - \frac{a}{2}\right)^2 + \frac{a^2}{2b^2}y^2 = \frac{a^2}{4},$$

于是令$x - \dfrac{a}{2} = \dfrac{a}{2}\cos\theta$，得

$$\frac{a}{\sqrt{2}b}y = \frac{a}{2}\sin\theta,$$

代入$z = c\left(1 - \dfrac{x}{a}\right)$得：

C的参数方程是 $\begin{cases} x = \dfrac{a}{2}(1 + \cos\theta) \\[2mm] y = \dfrac{b}{\sqrt{2}}\sin\theta \\[2mm] z = \dfrac{c}{2}(1 - \cos\theta) \end{cases}$，$0 \leqslant \theta \leqslant \pi$，

将C的起点$A(a,0,0)$，终点$B(0,0,c)$坐标代入核实参变量θ的范围是$0 \leqslant \theta \leqslant \pi$，且$A$点对应$\theta = 0$.

$$\int_C y\mathrm{d}x + z\mathrm{d}y + x\mathrm{d}z = \int_0^\pi \left[y(\theta)x'(\theta) + z(\theta)y'(\theta) + x(\theta)z'(\theta)\right]\mathrm{d}\theta$$

$$= \frac{\sqrt{2}}{4}\int_0^\pi \left[-ab\sin^2\theta + bc(1 - \cos\theta)\cos\theta + \frac{ac}{\sqrt{2}}\sin\theta(1 + \cos\theta)\right]\mathrm{d}\theta$$

$$= \frac{\sqrt{2}}{4}\left(-ab\frac{\pi}{2} - bc\frac{\pi}{2} + \frac{ac}{\sqrt{2}}2\right) = \frac{ac}{2} - \frac{\sqrt{2}\pi}{8}(a + c)b.$$

解二　用 Stokes 公式

首先将曲线段 C 补充成闭合曲线，$\widehat{AB} \cup \overrightarrow{BA}$ 记为 L，以此 L 为边界的曲面不止一个，在使用 Stokes 公式时，应选择最简的曲面（一般如平面块较妥），如图 7-4.

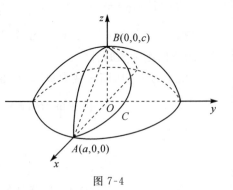

图 7-4

L 既在平面 $\dfrac{x}{a} + \dfrac{z}{c} = 1$ 上，此为显式平面

$$z = c\left(1 - \frac{x}{a}\right)(x, y) \in D,$$

$$D : \left(x - \frac{a}{2}\right)^2 + \frac{a^2}{2b^2}y^2 \leqslant \frac{a^2}{4} (y \geqslant 0),$$

取平面的上侧，由 Stokes 公式

$$\oint_L y\mathrm{d}x + z\mathrm{d}y + x\mathrm{d}z = -\iint_\Sigma \mathrm{d}y\mathrm{d}z + \mathrm{d}z\mathrm{d}x + \mathrm{d}x\mathrm{d}y$$

$$= -\iint_D \left(-\frac{\partial z}{\partial x} - \frac{\partial z}{\partial y} + 1\right)\mathrm{d}x\mathrm{d}y$$

$$= -\left(1 + \frac{c}{a}\right)\iint_D \mathrm{d}x\mathrm{d}y = -\frac{\sqrt{2}}{8}\pi b(a + c),$$

$$\int_{BA} y\mathrm{d}x + z\mathrm{d}y + x\mathrm{d}z = \int_0^a x\left(-\frac{c}{a}\right)\mathrm{d}x = -\frac{ac}{2},$$

$$\int_C y\mathrm{d}x + z\mathrm{d}y + x\mathrm{d}z = \oint_L - \int_{BA} y\mathrm{d}x + z\mathrm{d}y + x\mathrm{d}z = \frac{ac}{2} - \frac{\sqrt{2}}{8}\pi b(a + c).$$

三、曲线积分与路径无关的充要条件·保守场·原函数

1. 何谓保守场

若向量场 $\boldsymbol{F}$ 沿任何按段光滑曲线的第二型曲线积分，只与曲线的起点和终点有关，而与曲线的形状无关，则称 $\boldsymbol{F}$ 为保守场.

2. 保守场的充要条件

(1) 向量场 $\vec{F}$ 为保守场的充要条件是：沿任何无重点的，按段光滑的闭曲线 C 有

$$\oint_C \boldsymbol{F} \cdot \boldsymbol{\tau}\mathrm{d}s = 0$$

（注：二维向量场，三维向量场可以分开写）

(2) 设 $D \subset R^2$ 是单连通闭区域 $\boldsymbol{F} = (P, Q)$，若 P, Q 都在 D 内有连续的一阶偏导数，则 $\boldsymbol{F}$ 是保守场的充要条件是

$$\frac{\partial Q}{\partial x} = \frac{\partial P}{\partial y} \quad ((x, y) \in D) \quad （依 Green 公式立得）.$$

(3) 设 G 为空间中按曲面单连通的区域，则 G 上的向量场 $\boldsymbol{F}$ 是保守场的充要条件是在 G 上

$$\mathrm{rot}\boldsymbol{F} = 0 \quad （依 Stokes 公式）.$$

3. 原函数

(1) 先以二元函数为例. 设二元函数 $u(x,y)$ 二阶连续可偏导, 则

$$du = \frac{\partial u}{\partial x}dx + \frac{\partial u}{\partial y}dy.$$

记 $P = \frac{\partial u}{\partial x}, Q = \frac{\partial u}{\partial y}$, 当 $u(x,y)$ 二阶连续可偏导时, 一定有

$$\frac{\partial P}{\partial y} = \frac{\partial^2 u}{\partial x \partial y} = \frac{\partial Q}{\partial x}.$$

此说明 (P,Q) 满足保守场条件.

反之, 若已知 (P,Q) 是保守, 则 $Pdx + Qdy$ 是一个全微分式, 即存在一个二元函数 $u(x,y)$, 使得

$$du = Pdx + Qdy \tag{11}$$

成立.

如何求解二元的原函数 $u(x,y)$ 呢?

对保守力场 $\boldsymbol{F} = (P,Q)$ 而言, 第二型积分与路径无关, 在单连通区域 D 内选择一定点 $A(x_0, y_0)$ 作为起点, 动点 $B(x,y)$ 作为终点, 考虑变上限曲线积分:

$$u(x,y) = \int_{(x_0,y_0)}^{(x,y)} Pdx + Qdy \tag{12}$$

$u(x,y)$ 除去积分常数外是唯一确定的, 且满足 $du = Pdx + Qdy$, 仍称 $u(x,y)$ 为(全)微分式 $Pdx + Qdy$ 的一个原函数, 也叫作向量场 $\boldsymbol{F}$ 的力函数, $-u(x,y) \triangleq \varphi(x,y)$ 叫作场 $\boldsymbol{F}$ 的位函数, 保守场 $\boldsymbol{F}$ 一定是位场, 且有 $\boldsymbol{F} = -\operatorname{grad}\varphi$. 此处 grad 表示梯度.

在具体用(12)式求解原函数时, 积分路径可选择平行于坐标轴的折线段:

$$u(x,y) = \int_{x_0}^{x} P(x,y_0)dx + \int_{y_0}^{y} Q(x,y)dy \tag{13}$$

或

$$u(x,y) = \int_{x_0}^{x} P(t,y_0)dt + \int_{y_0}^{y} Q(x,t)dt.$$

(2) 若三维向量场 $\boldsymbol{F} = (P,Q,R)$ 是保守场, 在单连通区域 G 内, P,Q,R 都有一阶连续偏导数, 则 $Pdx + Qdy + Rdz$ 是某一函数 $u(x,y,z)$ 的全微分, 且

$$u(x,y,z) = \int_{(x_0,y_0,z_0)}^{(x,y,z)} Pdx + Qdy + Rdz \tag{14}$$

$u(x,y,z)$ 也叫作(全)微分式 $Pdx + Qdy + Rdz$ 的原函数.

如何确定积分路径?

如果坐标原点 $(0,0,0)$ 在 G 内部, 则起始点可以取作原点 O, 积分路径仍沿用平行于坐标轴的折线段从 (x_0,y_0,z_0) 到达 (x,y,z).

可以自行写出类似于(12)式的化为一元定积分形式的原函数公式.

注　(12),(14)式的地位相当于微积分学基本定理, 若已求得微分式(二维、三维)的原函数 u, 则以 A 起点 B 终点的曲线积分(跟具体路径无关)

$$\int_{\widehat{AB}} \boldsymbol{F} \cdot \boldsymbol{\tau}ds = u(B) - u(A) \tag{15}$$

此式类似于牛顿－莱布尼兹公式.

例4 找出函数 $f > 0$,满足:

(1)f 连续可微且 $f(1) = \dfrac{1}{2}$,

(2) 在右半平面内沿任一分段光滑封闭曲线 L 的积分有

$$\oint_L \left(y e^x f(x) - \frac{y}{x} \right) \mathrm{d}x - \ln f(x) \mathrm{d}y = 0.$$

解 由积分跟路径无关的充要条件 $\dfrac{\partial Q}{\partial x} = \dfrac{\partial P}{\partial y}$ 知,$\forall x > 0$,有

$$\frac{f'(x)}{f(x)} + \mathrm{e}^x f(x) = \frac{1}{x}$$

$$x f'(x) + x \mathrm{e}^x f^2(x) = f(x)$$

$$\frac{f(x) - x f'(x)}{f^2(x)} = x \mathrm{e}^x,$$

即

$$\left(\frac{x}{f(x)} \right)' = x \mathrm{e}^x,$$

所以

$$\frac{x}{f(x)} = \int x \mathrm{e}^x \mathrm{d}x = x \mathrm{e}^x - \mathrm{e}^x + c,$$

$$f(x) = \frac{x}{x \mathrm{e}^x - \mathrm{e}^x + c} \text{ 代入初始条件 } f(1) = \frac{1}{2} \text{ 得}$$

$$f(x) = \frac{x}{x \mathrm{e}^x - \mathrm{e}^x + 2} \quad (x > 0)$$

例5 (1) 设 $\mathrm{d}u = \mathrm{e}^{x-y}[(1 + x + y)\mathrm{d}x + (1 - x - y)\mathrm{d}y]$,求原函数 u;

(2) 求 $P\mathrm{d}x + Q\mathrm{d}y = \dfrac{y\mathrm{d}x - x\mathrm{d}y}{3x^2 - 2xy + 3y^2}$ 的原函数($y > 0$);

(3) 判定向量场 $\boldsymbol{F} = (2x\mathrm{e}^{-y}, \cos z - x^2 \mathrm{e}^{-y}, -y\sin z)$ 是否为保守场;若是,求其原函数.
(也叫作力函数).

解 (1)$P(x, y) = \mathrm{e}^{x-y}(1 + x + y)$,$Q(x, y) = \mathrm{e}^{x-y}(1 - x - y)$ 在全平面上连续可偏导,

易验证 $\dfrac{\partial P}{\partial y} = \dfrac{\partial Q}{\partial x} = -(x + y)\mathrm{e}^{x-y}$

$$u(x_0, y_0) = \int_{(0,0)}^{(x_0, y_0)} P\mathrm{d}x + Q\mathrm{d}y = \int_0^{x_0} P(x, 0)\mathrm{d}x + \int_0^{y_0} Q(x_0, y)\mathrm{d}y$$

$$= \int_0^{x_0} \mathrm{e}^x (1 + x)\mathrm{d}x + \int_0^{y_0} \mathrm{e}^{x_0 - y}(1 - x_0 - y)\mathrm{d}y = \mathrm{e}^{x_0 - y_0}(x_0 + y_0).$$

故原函数为 $u(x, y) = \mathrm{e}^{x-y}(x + y) + c$($c$ 为任意常数).

(简化记号:也可以先求 $u(s, t) = \displaystyle\int_{(0,0)}^{(s,t)} P\mathrm{d}x + Q\mathrm{d}y$)

(2) 分母 $3x^2 - 2xy + 3y^2$ 的判别式 < 0,故 $y > 0$ 时,分母恒正,不难验证

$$\frac{\partial Q}{\partial x} = \frac{\partial P}{\partial y}.$$

故在区域 $y > 0$ 上，积分 $\int_L P\mathrm{d}x + Q\mathrm{d}y$ 与路径无关.

取起始点 $M_0(0,1)$，沿路径 $M_0(0,1) \to M_1(0,y) \to M(x,y)$，则得一个原函数是：

$$u(x,y) = \int_{(0,1)}^{(x,y)} P\mathrm{d}x + Q\mathrm{d}y = \int_1^y 0 \cdot \mathrm{d}y + \int_0^x \frac{y\mathrm{d}x}{3x^2 - 2xy + 3y^2}$$

$$= \frac{y}{3}\int_0^x \frac{\mathrm{d}x}{\left(x - \frac{y}{3}\right)^2 + \frac{8}{9}y^2} = \frac{1}{2\sqrt{2}}\left(\arctan\frac{3x - y}{2\sqrt{2}\,y} + \arctan\frac{1}{2\sqrt{2}}\right)(y > 0).$$

(3) 依 Stokes 公式，积分与路径无关之充要条件是 $\mathrm{rot}\boldsymbol{F} = 0$，

$$\mathrm{rot}\boldsymbol{F} = \begin{vmatrix} \boldsymbol{i} & \boldsymbol{j} & \boldsymbol{k} \\ \dfrac{\partial}{\partial x} & \dfrac{\partial}{\partial y} & \dfrac{\partial}{\partial z} \\ P & Q & R \end{vmatrix}$$

代入验算易知 $\boldsymbol{F}$ 是保守场.

取折线路径进行变限积分 $(0,0,0) \to (x,0,0) \to (x,y,0) \to (x,y,z)$，

$$u(x,y,z) = \int_{(0,0,0)}^{(x,y,z)} P\mathrm{d}x + Q\mathrm{d}y + R\mathrm{d}z$$

$$= \int_0^x P(x,0,0)\mathrm{d}x + \int_0^y Q(x,y,0)\mathrm{d}y + \int_0^z R(x,y,z)\mathrm{d}z$$

$$= \int_0^x 2x\mathrm{d}x + \int_0^y (1 - x^2 \mathrm{e}^{-y})\mathrm{d}y + \int_0^z (-y\sin z)\mathrm{d}z$$

$$= x^2 \mathrm{e}^{-y} + y\cos z.$$

习题 7.3

1. 设 $P(x,y)$ 具有一阶连续偏导数，$\displaystyle\int_C P(x,y)\mathrm{d}x + 2xy\mathrm{d}y$ 与路径无关，且

$$\int_{(0,0)}^{(t,0)} P\mathrm{d}x + 2xy\mathrm{d}y = \int_{(t,0)}^{(t,t)} P\mathrm{d}x + 2xy\mathrm{d}y, 求\ P(x,y).$$

2. 设 $x > -1$ 时，函数 $f(x)$ 连续可微，且 $f(0) = \dfrac{6}{5}$；在半平面 $x > -1$ 的任意闭曲线 C

上恒有 $\displaystyle\oint_C (y - 5ye^{-2x}f(x))\mathrm{d}x + e^{-2x}f(x)\mathrm{d}y = 0$，试求出 $f(x)$，并计算曲线积分

$\displaystyle\int_L (y - 5ye^{-2x}f(x))\mathrm{d}x + e^{-2x}f(x)\mathrm{d}y$，其中 L 以 $A(1,0)$ 起始至 $B(2,3)$ 终止.

3. 求 $\displaystyle\oint_C \frac{y\mathrm{d}x - x\mathrm{d}y}{x^2 + 9y^2}, C: x^2 + (y-1)^2 = 9$，取逆时针方向.

4. 设 f 在 $\mathbf{R}$ 内连续可导，求 $\displaystyle\int_{\widehat{AB}} \frac{1 + y^2 f(xy)}{y}\mathrm{d}x + \frac{x}{y^2}(y^2 f(xy) - 1)\mathrm{d}y$，其中 $A(3, \dfrac{2}{3})$，

$B(1,2)$.

5. 假定闭曲线 $C: x^2 + y^2 + z^2 = 1, y = z$，其方向与 z 轴正向构成右手螺旋系，计

算 $\displaystyle\oint_C xyz\mathrm{d}y$.

6. 求积分 $\displaystyle\oint_C \frac{e^x}{x^2 + y^2}[(x\sin y - y\cos y)\mathrm{d}x + (x\cos y + y\sin y)\mathrm{d}y]$，其中 C 为不自交的包含

原点在其内部的光滑闭曲线，取逆时针方向.

7. 设 $P(x,y), Q(x,y)$ 除 $(0,0)$ 外连续，且有连续的偏导数，且 $(x,y) \neq (0,0)$ 时，

$\dfrac{\partial P}{\partial y} = \dfrac{\partial Q}{\partial x}, \quad \displaystyle\oint_L P\mathrm{d}x + Q\mathrm{d}y = c \neq 0, L$ 为逆时针向的单位圆. 试证明：存在连续可微函

数 $F(x,y)$，使得 $(x,y) \neq (0,0)$ 时，

$\dfrac{\partial F}{\partial x} = P(x,y) + \dfrac{c}{2\pi}\dfrac{y}{x^2 + y^2}, \dfrac{\partial F}{\partial y} = Q(x,y) - \dfrac{c}{2\pi}\dfrac{x}{x^2 + y^2}.$

8. 设函数 $f(u)$ 具有一阶连续导数，证明对任何光滑闭曲线 L 有

$$\oint_L f(xy)(y\mathrm{d}x + x\mathrm{d}y) = 0.$$

9. 设函数 $f(u)$ 连续，证明对任何逐段光滑封闭曲线 L 有

$$\oint_L f(x^2 + y^2)(x\mathrm{d}x + y\mathrm{d}y) = 0.$$

10. 计算曲线积分 $\displaystyle\oint_L \frac{x\cos y\mathrm{d}y - \sin y\mathrm{d}x}{x^2 + \sin^2 y}, L$ 为 $x^2 + y^2 = 1$，取逆时针方向.

11. 计算 $\displaystyle\int_{\widehat{AB}} (x^2 - yz)\mathrm{d}x + (y^2 - xz)\mathrm{d}y + (z^2 - xy)\mathrm{d}z.$

$\widehat{AB}$ 为螺线 $x = \cos\theta, y = \sin\theta, z = \theta$ 由 $A(1,0,0)$ 到 $B(1,0,2\pi)$ 的一段.

12. 求解方程 $(3y+4xy^2)\mathrm{d}x+(2x+3x^2y)\mathrm{d}y=0$.

13. 设 C 为光滑封闭曲线，$\boldsymbol{\tau}$ 为跟 C 的正向一致的单位切向量，证明

$$\oint_C \cos(\boldsymbol{l},\boldsymbol{\tau})\mathrm{d}s=0.$$

$\boldsymbol{l}$ 为一个固定的常向量.

14. 设 $u=u(x,y)$ 有二阶连续偏导数，试证 $\Delta u=\dfrac{\partial^2 u}{\partial x^2}+\dfrac{\partial^2 u}{\partial y^2}=0$ 的充要条件是

$\oint_C \dfrac{\partial u}{\partial \boldsymbol{n}}\mathrm{d}s=0$ 对任意封闭围线 C 成立，其中 $\dfrac{\partial u}{\partial \boldsymbol{n}}$ 为沿外法线方向的方向导数.

15. 设 D 是由平面光滑闭曲线 C 所围成的平面区域，$u(x,y),v(x,y)$ 在 D 内二阶连续可偏导，求证：

$$\iint_D \begin{vmatrix} \Delta u & \Delta v \\ u & v \end{vmatrix} \mathrm{d}x\mathrm{d}y = \oint_C \begin{vmatrix} \dfrac{\partial u}{\partial \boldsymbol{n}} & \dfrac{\partial v}{\partial \boldsymbol{n}} \\ u & v \end{vmatrix} \mathrm{d}s$$

其中 $\boldsymbol{n}$ 为外法线单位向量，C 取正向. 此结果亦称为格林第二公式.

16. 计算高斯积分

$$u(\xi,\eta)=\oint_C \frac{\cos(\boldsymbol{r},\boldsymbol{n})}{r}\mathrm{d}s$$

这里 C 是无重点光滑闭曲线，$\boldsymbol{n}$ 是曲线 C 在点 (x,y) 处外法线单位向量，$\boldsymbol{r}$ 为连接点 (ξ,η) 和点 (x,y) 的矢径，$r=\sqrt{(\xi-x)^2+(\eta-y)^2}$，$(\xi,\eta)$ 不在 C 上.

§7.4 第二型曲面积分

一、流量问题和第二型曲面积分的定义

1. 平面稳定流动

设有流速场 V 满足如下两条：

（1）流速仅与位置有关而与时间无关；

（2）在垂直于底面的直线上，各点的流速相等，并且都平行于底面.

我们就称其为平面稳定流动. 流速场 V 可以表示为 $V = \{P(x,y), Q(x,y), 0\}$. V 的模即速度的大小，记为 V.

对平面流速场内与底面平行的任一平面上的闭合的无重点光滑曲线 C，计算单位时间内流过曲线 C 的流体面积或说流量 μ.

在曲线 C 上任取小弧段 Δs，在 Δt 时间内流过 Δs 的流体面积近似于平行四边形的面积. 一边为 Δs，另一边为 $V\Delta t$，面积为

$$\Delta s \cdot V\Delta t \cdot \cos(V, n) = \Delta s \cdot (V \cdot n) \cdot \Delta t,$$

其中 n 为曲线 C 的单位外法向量.

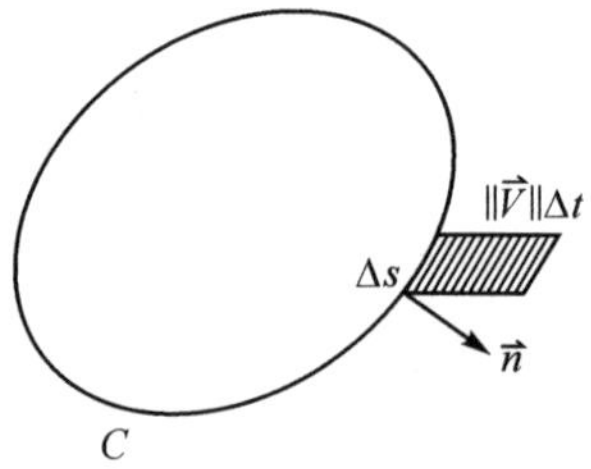

在单位时间内流过小弧段 Δs 的流体面积近似于 $\Delta s \cdot (V \cdot n)$，从而单位时间内流过整个曲线 C 的流体面积为 $\int_C V \cdot n \, \mathrm{d}s$.

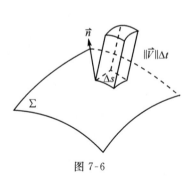

图 7-5

设 $n = \{\cos\alpha, \cos\beta\}$，则有 $\mu = \int_C (P\cos\alpha + Q\cos\beta)\,\mathrm{d}s$. 若记 τ 为曲线的切线的倾角，则

$\cos\alpha = \sin\tau, \cos\beta = -\cos\tau$，则有

$$\mu = \int_C (P\cos\alpha + Q\cos\beta)\,\mathrm{d}s = \int_C (P\sin\tau - Q\cos\tau)\,\mathrm{d}s = \int_C P\,\mathrm{d}y - Q\,\mathrm{d}x \qquad (1)$$

依格林公式又有 $\mu = \iint_D \left(\dfrac{\partial P}{\partial x} + \dfrac{\partial Q}{\partial y}\right)\mathrm{d}x\mathrm{d}y$，$D$ 为光滑曲线 C 围成的区域.

2. 空间稳定流动

仍设空间流速场 V 的流速仅与位置有关而与时间无关.

$$V = \{P(x,y,z), Q(x,y,z), R(x,y,z)\},$$

曲面 $\sum$ 取定一侧的单位法向量是

$$n = \{\cos\alpha, \cos\beta, \cos\gamma\},$$

在曲面 $\sum$ 上任取小曲面片 $\Delta\sum$，其面积记为 ΔS，在 Δt 时间内流过 $\Delta\sum$ 的流体体积近似为

图 7-6

$$\Delta S \cdot V \Delta t \cdot \cos(\boldsymbol{V}, \boldsymbol{n}) = \Delta S \cdot (\boldsymbol{V} \cdot \boldsymbol{n}) \cdot \Delta t.$$

在单位时间内流过小曲面片 ΔS 的流量近似于 $\Delta S \cdot (\boldsymbol{V} \cdot \boldsymbol{n})$，从而单位时间内流过整个曲面 $\sum$ 的总流量为

$$\iint\limits_{\Sigma} \boldsymbol{V} \cdot \boldsymbol{n} \mathrm{d}S = \iint\limits_{\Sigma} (P\cos\alpha + Q\cos\beta + R\cos\gamma)\mathrm{d}S$$

$$= \iint\limits_{\Sigma} P\,\mathrm{d}y\mathrm{d}z + Q\mathrm{d}z\mathrm{d}x + R\mathrm{d}x\mathrm{d}y \tag{2}$$

3. 第二型曲面积分的定义

定义 1　设 Σ 是空间内一个光滑曲面，$\boldsymbol{n} = \{\cos\alpha, \cos\beta, \cos\gamma\}$ 是曲面 $\sum$ 取定一侧的单位法向量. $\boldsymbol{F} = \{P(x,y,z), Q(x,y,z), R(x,y,z)\}$ 是确定在 $\sum$ 上的向量场. 如果下列各式右边的积分存在，我们就定义

$$\iint\limits_{\Sigma} P(x,y,z)\mathrm{d}y\mathrm{d}z = \iint\limits_{\Sigma} P(x,y,z)\cos\alpha\mathrm{d}S,$$

$$\iint\limits_{\Sigma} Q(x,y,z)\mathrm{d}z\mathrm{d}x = \iint\limits_{\Sigma} Q(x,y,z)\cos\beta\mathrm{d}S, \tag{3}$$

$$\iint\limits_{\Sigma} R(x,y,z)\mathrm{d}x\mathrm{d}y = \iint\limits_{\Sigma} R(x,y,z)\cos\gamma\mathrm{d}S,$$

并分别称之为 P, Q, R 沿曲面 $\sum$ 的第二型曲面积分，而称

$$\iint\limits_{\Sigma} \boldsymbol{F} \cdot \boldsymbol{n} \mathrm{d}S = \iint\limits_{\Sigma} (P\cos\alpha + Q\cos\beta + R\cos\gamma)\mathrm{d}S$$

$$= \iint\limits_{\Sigma} P\,\mathrm{d}y\mathrm{d}z + Q\mathrm{d}z\mathrm{d}x + R\mathrm{d}x\mathrm{d}y \tag{4}$$

为向量场 $\boldsymbol{F} = \{P, Q, R\}$ 沿曲面 Σ 的第二型曲面积分.

二、第二型曲面积分的计算

1. 曲面法向量预备知识

（1）正则曲面

设曲面 $\sum : z = \varphi(x,y)\,(x,y) \in D$，若 $\varphi(x,y)$ 在 D 上有连续的一阶偏导数，称 $\sum$ 为正则曲面. 在 $\sum$ 上一点 $M(x,y,z)$ 处，法向量是

$$\boldsymbol{n} = \pm \left\{ -\frac{\partial\varphi}{\partial x}, -\frac{\partial\varphi}{\partial y}, 1 \right\} \tag{5}$$

而相应的单位法向量为

$$\boldsymbol{n} = \frac{\pm 1}{\sqrt{\left(\frac{\partial\varphi}{\partial x}\right)^2 + \left(\frac{\partial\varphi}{\partial x}\right)^2 + 1}} \left\{ -\frac{\partial\varphi}{\partial x}, -\frac{\partial\varphi}{\partial y}, 1 \right\} \tag{5$'$}$$

"$+$" 代表朝上的法向量，"$-$" 代表朝下的法向量.

（2）参数曲面

设曲面 $\sum :\begin{cases} x = x(u,v) \\ y = y(u,v) \\ z = z(u,v) \end{cases} (u,v) \in D$, 各函数连续可偏导. 曲面上对应于参数 (u,v) 处

的法向量为

$$n = \pm \left\{ \frac{\partial(y,z)}{\partial(u,v)}, \frac{\partial(z,x)}{\partial(u,v)}, \frac{\partial(x,y)}{\partial(u,v)} \right\} \tag{5''}$$

此时曲面的侧和 $\pm$ 号如何对应? 不妨取曲面上特殊的点加以判断.

2. 化第二型曲面积分为二重积分

(1) 正则曲面

$$\sum : z = \varphi(x,y) (x,y) \in D,$$

有以下计算公式

$$\iint\limits_{\Sigma} P\,\mathrm{d}y\mathrm{d}z = \pm \iint\limits_{D} P(x,y,\varphi(x,y)) \left(-\frac{\partial\varphi}{\partial x} \right) \mathrm{d}x\mathrm{d}y$$

$$\iint\limits_{\Sigma} Q\,\mathrm{d}z\mathrm{d}x = \pm \iint\limits_{D} Q(x,y,\varphi(x,y)) \left(-\frac{\partial\varphi}{\partial y} \right) \mathrm{d}x\mathrm{d}y \tag{6}$$

$$\iint\limits_{\Sigma} R\,\mathrm{d}x\mathrm{d}y = \pm \iint\limits_{D} R(x,y,\varphi(x,y)) \mathrm{d}x\mathrm{d}y$$

以及

$$\iint\limits_{\Sigma} \boldsymbol{F} \cdot \boldsymbol{n}\mathrm{d}S = \iint\limits_{\Sigma} P\,\mathrm{d}y\mathrm{d}z + Q\,\mathrm{d}z\mathrm{d}x + R\,\mathrm{d}x\mathrm{d}y$$

$$= \pm \iint\limits_{D} \left[-P(x,y,\varphi(x,y)) \frac{\partial\varphi}{\partial x} - Q(x,y,\varphi(x,y)) \frac{\partial\varphi}{\partial y} + R(x,y,\varphi(x,y)) \right] \mathrm{d}x\mathrm{d}y \tag{7}$$

上述 (6)(7) 式中的正负号分别对应曲面的上下侧. 对于一般正则曲面, 正号对应曲面的上、前、右侧, 负号对应曲面的下、后、左侧.

我们简记 $\boldsymbol{F}^* = (P(x,y,\varphi(x,y)), Q(x,y,\varphi(x,y)), R(x,y,\varphi(x,y)))$, 那么上述 (7) 式可以简写为

$$\iint\limits_{\Sigma} \boldsymbol{F} \cdot \boldsymbol{n}\mathrm{d}S = \iint\limits_{D} \boldsymbol{F}^* \cdot \boldsymbol{n}\mathrm{d}\sigma \tag{8}$$

式中 $\quad \boldsymbol{n} = \pm \left\{ -\frac{\partial\varphi}{\partial x}, -\frac{\partial\varphi}{\partial y}, 1 \right\}$.

注 当正则曲面具有方程 $y = \varphi(x,z) (x,z) \in D$ 或 $x = \omega(y,z) (y,z) \in D$ 时, (6)、(7) 式都有相应的对称形式, 要灵活运用. 相对而言, 公式 (8) 具有高度的概括性, 形式简洁优美.

(2) 参数曲面

如果光滑曲面 $\sum$ 由参数方程给出:

$$\sum : \begin{cases} x = x(u,v) \\ y = y(u,v) \\ z = z(u,v) \end{cases} (u,v) \in D,$$

在 D 上各点它们的函数行列式

$$\frac{\partial(y,z)}{\partial(u,v)}, \frac{\partial(y,z)}{\partial(u,v)}, \frac{\partial(y,z)}{\partial(u,v)},$$

不同时为零,则

$$\iint_\Sigma P(x,y,z)\mathrm{d}y\mathrm{d}z = \pm \iint_D P(x(u,v),y(u,v),z(u,v))\frac{\partial(y,z)}{\partial(u,v)}\mathrm{d}u\mathrm{d}v$$

$$\iint_\Sigma Q(x,y,z)\mathrm{d}z\mathrm{d}x = \pm \iint_D Q(x(u,v),y(u,v),z(u,v))\frac{\partial(z,x)}{\partial(u,v)}\mathrm{d}u\mathrm{d}v \qquad (9)$$

$$\iint_\Sigma R(x,y,z)\mathrm{d}x\mathrm{d}y = \pm \iint_D R(x(u,v),y(u,v),z(u,v))\frac{\partial(x,y)}{\partial(u,v)}\mathrm{d}u\mathrm{d}v$$

上述三式中的正负号分别对应曲面的两侧,当 uv 平面的正方向对应于曲面 $\sum$ 选定的侧时,取正号.而且只要将 n 解读为($5''$)式、$\boldsymbol{F}^*$ 解读为以曲面参数方程代入 $\boldsymbol{F}$,则公式(8)对于参数曲面仍成立.

3. 化第二型曲面积分为三重积分(奥高公式)

设空间三维单连通区域 Ω 的边界曲面 $\sum$ 分块光滑,函数 P,Q,R 在 Ω 及 $\sum$ 上具有连续偏导数.则有

$$\iint_\Sigma P\mathrm{d}y\mathrm{d}z + Q\mathrm{d}z\mathrm{d}x + R\mathrm{d}x\mathrm{d}y = \iiint_\Omega \left(\frac{\partial P}{\partial x} + \frac{\partial Q}{\partial y} + \frac{\partial R}{\partial z}\right)\mathrm{d}x\mathrm{d}y\mathrm{d}z \qquad (10)$$

其中封闭曲面 $\sum$ 取外侧.特别地,Ω 的体积公式

$$V = \oiint_\Sigma x\mathrm{d}y\mathrm{d}z = \oiint_\Sigma y\mathrm{d}z\mathrm{d}x = \oiint_\Sigma z\mathrm{d}x\mathrm{d}y = \frac{1}{3}\oiint_\Sigma (x\cos\alpha + y\cos\beta + z\cos\gamma)\mathrm{d}S \qquad (11)$$

$\sum$ 取外侧.

试比较平面闭曲线 C 围成的区域的面积是

$$S = \oint_C x\mathrm{d}y = -\oint_C y\mathrm{d}x = \frac{1}{2}\oint_C (x\mathrm{d}y - y\mathrm{d}x) = \frac{1}{2}\oint_C (x\cos\alpha + y\cos\beta)\mathrm{d}s.$$

闭曲线 C 取正向.

4. Stokes 公式

Stokes 公式建立了空间曲面积分与其边界上的曲线积分的关系.

设分片光滑曲面 $\sum$ 的边界 C 是按段光滑的连续曲线,若函数 P,Q,R 在 $\sum$ 及其边界 C 上一阶连续可偏导,则

$$\oint_C P\mathrm{d}x + Q\mathrm{d}y + R\mathrm{d}z = \iint_\Sigma \begin{vmatrix} \mathrm{d}y\mathrm{d}z & \mathrm{d}z\mathrm{d}x & \mathrm{d}x\mathrm{d}y \\ \dfrac{\partial}{\partial x} & \dfrac{\partial}{\partial y} & \dfrac{\partial}{\partial z} \\ P & Q & R \end{vmatrix}$$

$$= \iint_\Sigma \begin{vmatrix} \cos\alpha & \cos\beta & \cos\gamma \\ \dfrac{\partial}{\partial x} & \dfrac{\partial}{\partial y} & \dfrac{\partial}{\partial z} \\ P & Q & R \end{vmatrix}\mathrm{d}S \qquad (12)$$

式中 $n = \{\cos\alpha, \cos\beta, \cos\gamma\}$ 为与曲面 $\sum$ 选定的侧相应的单位法向量. C 的方向与 $\sum$ 的侧依右手法则确定.

曲线 C 可以作为不同曲面的边界曲线,在运用时要注意选取较简单的曲面如平面片等. 大多数情形下,Stokes 公式用来求第二型曲线积分.

引入向量场的旋度

$$\text{rot}\boldsymbol{F} = \left\{\frac{\partial R}{\partial y} - \frac{\partial Q}{\partial z}, \frac{\partial P}{\partial z} - \frac{\partial R}{\partial x}, \frac{\partial Q}{\partial x} - \frac{\partial P}{\partial y}\right\},$$

τ 为边界线的单位切向量,$n = \{\cos\alpha, \cos\beta, \cos\gamma\}$ 为曲面 Σ 选定的侧的单位法向量,则 Stokes 公式可写为

$$\oint_C \boldsymbol{F} \cdot \boldsymbol{\tau} \mathrm{d}s = \iint_{\Sigma} \text{rot}\boldsymbol{F} \cdot \boldsymbol{n} \mathrm{d}S \tag{13}$$

三、空间曲线积分与路径无关性

设 $\Omega \subset R^3$ 为空间单连通区域,函数 P,Q,R 在 Ω 上连续,且有一阶连续偏导数,则以下四个条件是等价的.

(1) 对于 Ω 内任一按段光滑的封闭曲线 L 有

$$\oint_L P\mathrm{d}x + Q\mathrm{d}y + R\mathrm{d}z = 0.$$

(2) 对于 Ω 内任一按段光滑的曲线 L,曲线积分

$$\oint_L P\mathrm{d}x + Q\mathrm{d}y + R\mathrm{d}z$$

与路径无关.

(3) 存在函数 u,使得

$$\mathrm{d}u = P\mathrm{d}x + Q\mathrm{d}y + R\mathrm{d}z.$$

(4) $\dfrac{\partial P}{\partial y} = \dfrac{\partial Q}{\partial x}, \dfrac{\partial Q}{\partial z} = \dfrac{\partial R}{\partial y}, \dfrac{\partial R}{\partial x} = \dfrac{\partial P}{\partial z}$ 在 Ω 内处处成立.

例 1   计算积分 $\iint_{\Sigma} yz\,\mathrm{d}x\mathrm{d}y + zx\,\mathrm{d}y\mathrm{d}z + xy\,\mathrm{d}x\mathrm{d}z$,$\sum: x^2 + y^2 = R^2, z = h$ 及三个坐标面围成的第一卦限部分区域的外侧.

解一   利用类似于(6)的公式(正则曲面的自变量有所不同)

柱面 $\sum_1: x^2 + y^2 = R^2, x \geqslant 0, y \geqslant 0, 0 \leqslant z \leqslant h$,

显式方程是 $x = \sqrt{R^2 - y^2} \ (y,z) \in D_{yz}: 0 \leqslant y \leqslant R, 0 \leqslant z \leqslant h$,

法向量是 $\boldsymbol{N} = \left\{1, \dfrac{y}{\sqrt{R^2 - y^2}}, 0\right\}$,外侧即前侧,故取正号.

$$\iint_{\Sigma_1} yz\,\mathrm{d}x\mathrm{d}y + zx\,\mathrm{d}y\mathrm{d}z + xy\,\mathrm{d}x\mathrm{d}z$$

$$= \iint_{D_{yz}} \left[P(\varphi(y,z), y, z) - Q(\varphi(y,z), y, z)\frac{\partial\varphi}{\partial y} - R(\varphi(y,z), y, z)\frac{\partial\varphi}{\partial z} \right]\mathrm{d}y\mathrm{d}z$$

$$= \iint\limits_{D_{yz}} \left(z \sqrt{R^2 - y^2} + y \sqrt{R^2 - y^2} \cdot \frac{y}{\sqrt{R^2 - y^2}} + 0 \right) \mathrm{d}y \mathrm{d}z$$

$$= \iint\limits_{D_{yz}} (z \sqrt{R^2 - y^2} + y^2) \mathrm{d}y \mathrm{d}z = \int_0^h z \mathrm{d}z \int_0^R \sqrt{R^2 - y^2} \mathrm{d}y + \int_0^h \mathrm{d}z \int_0^R y^2 \mathrm{d}y$$

$$= hR^2 \left(\frac{\pi h}{8} + \frac{2R}{3} \right).$$

其他四块平面片上的积分易算.

解二　用奥高公式.

$$\iint\limits_{\Sigma} yz \mathrm{d}x \mathrm{d}y + zx \mathrm{d}y \mathrm{d}z + xy \mathrm{d}x \mathrm{d}z = \iiint\limits_{\Omega} (x + y + z) \mathrm{d}v,$$

然后可用柱面坐标变换求之.

例 2　计算积分 $\iint\limits_{\Sigma} x^3 \mathrm{d}y \mathrm{d}z$, 其中 $\sum$ 是球面 $x^2 + y^2 + z^2 = a^2$ 在第一卦限部分并取外侧.

解一　球面方程写为 $z = \sqrt{a^2 - x^2 - y^2}, x^2 + y^2 \leqslant a^2, x \geqslant 0, y \geqslant 0,$
球面外侧即为上侧, 公式(6)中取正号. 所求积分

$$\iint\limits_{\Sigma} x^3 \mathrm{d}y \mathrm{d}z = \iint\limits_{D} x^3 \left(-\frac{\partial \varphi}{\partial x} \right) \mathrm{d}x \mathrm{d}y = \iint\limits_{D} x^3 \frac{x}{\sqrt{a^2 - x^2 - y^2}} \mathrm{d}x \mathrm{d}y,$$

极坐标变换 $x = r\cos\theta, y = r\sin\theta,$ 得

$$\iint\limits_{\Sigma} x^3 \mathrm{d}y \mathrm{d}z = \int_0^{\frac{\pi}{2}} \mathrm{d}\theta \int_0^a \frac{r^4 \cos^4 \theta}{\sqrt{a^2 - r^2}} r \mathrm{d}r = \int_0^{\frac{\pi}{2}} \cos^4 \theta \mathrm{d}\theta \int_0^a \frac{r^5}{\sqrt{a^2 - r^2}} \mathrm{d}r,$$

对于积分 $\int_0^a \frac{r^5}{\sqrt{a^2 - r^2}} \mathrm{d}r,$ 令 $r = \sin t,$ 化为 $a^5 \int_0^{\frac{\pi}{2}} \cos^5 t \mathrm{d}t.$

所以

$$\iint\limits_{\Sigma} x^3 \mathrm{d}y \mathrm{d}z = \frac{3 \times 1}{4 \times 2} \times \frac{\pi}{2} \times \frac{4 \times 2}{5 \times 3} a^5 = \frac{\pi}{10} a^5.$$

解二　球面方程写为 $x = \sqrt{a^2 - y^2 - z^2}, y^2 + z^2 \leqslant a^2, y \geqslant 0, z \geqslant 0,$

$$\iint\limits_{\Sigma} x^3 \mathrm{d}y \mathrm{d}z = \iint\limits_{D} (a^2 - y^2 - z^2)^{\frac{3}{2}} \mathrm{d}y \mathrm{d}z = \int_0^{\frac{\pi}{2}} \mathrm{d}\theta \int_0^a (a^2 - r^2)^{\frac{3}{2}} r \mathrm{d}r$$

$$= \frac{\pi}{4} \int_0^a (a^2 - r^2)^{\frac{3}{2}} \mathrm{d}r^2 = -\frac{\pi}{4} \left[\frac{2}{5} (a^2 - r^2)^{\frac{5}{2}} \right] \Big|_0^a = \frac{\pi}{10} a^5.$$

解三　球面用参数方程写为

$$x = a\sin\varphi\cos\theta, y = a\sin\varphi\sin\theta, z = a\cos\varphi \left(0 \leqslant \theta, \varphi \leqslant \frac{\pi}{2} \right),$$

由(9)式有

$$\iint\limits_{\Sigma} x^3 \mathrm{d}y \mathrm{d}z = \pm \iint\limits_{D} a^3 \sin^3 \varphi \cos^3 \theta \cdot \frac{\partial(y, z)}{\partial(\varphi, \theta)} \mathrm{d}\varphi \mathrm{d}\theta \tag{14}$$

其中

$$\frac{\partial(y, z)}{\partial(\varphi, \theta)} = a^2 \sin^2 \varphi \cos\theta,$$

积分是在正侧进行,(14) 式右端取正号,即

$$\iint\limits_{\Sigma} x^3 \mathrm{d}y\mathrm{d}z = \iint\limits_{D} a^3 \sin^3\varphi\cos^3\theta \cdot a^2 \sin^2\varphi\cos\theta\mathrm{d}\varphi\mathrm{d}\theta$$

$$= a^5 \int_0^{\frac{\pi}{2}} \sin^5\varphi\mathrm{d}\varphi \int_0^{\frac{\pi}{2}} \cos^4\theta\mathrm{d}\theta = \frac{\pi}{10}a^5.$$

解四   补形法,用奥高公式.

球面在第一卦限部分补上三块坐标平面的四分之一圆域,记为 S_1, S_2, S_3,并取外侧. 所得封闭曲面记为 $\sum^*$,由奥高公式

$$\iint\limits_{\Sigma^*} x^3 \mathrm{d}y\mathrm{d}z = 3\iiint\limits_{V} x^2 \mathrm{d}v = \frac{\pi}{10}a^5,$$

而不难看出

$$\iint\limits_{S_1} x^3 \mathrm{d}y\mathrm{d}z = \iint\limits_{S_2} x^3 \mathrm{d}y\mathrm{d}z = \iint\limits_{S_3} x^3 \mathrm{d}y\mathrm{d}z = 0,$$

故

$$\iint\limits_{\Sigma} x^3 \mathrm{d}y\mathrm{d}z = \iint\limits_{\Sigma^*} x^3 \mathrm{d}y\mathrm{d}z - \iint\limits_{S_1 \cup S_2 \cup S_3} x^3 \mathrm{d}y\mathrm{d}z = \frac{\pi}{10}a^5.$$

例 3   计算线积分 $I = \oint\limits_{L} x\mathrm{d}y - y\mathrm{d}x$,其中 L 为上半球面 $x^2 + y^2 + z^2 = 1, z \geqslant 0$ 与柱面 $x^2 + y^2 = x$ 的交线,从 z 轴正向往下看,L 取逆时针方向.

解一   用 S 表示上半球面在 $x^2 + y^2 = x$ 内的部分之上侧,则 L 恰为 S 的边界,且符合右手定则,可以利用 Stokes 公式进行处理,

$$I = \iint\limits_{S} \left[\frac{\partial x}{\partial x} - \frac{\partial}{\partial y}(-y)\right]\mathrm{d}x\mathrm{d}y = 2\iint\limits_{S} \mathrm{d}x\mathrm{d}y = 2\iint\limits_{x^2+y^2 \leqslant x} \mathrm{d}x\mathrm{d}y = \frac{\pi}{2}.$$

解二   用 Δ 表示柱面夹在上半球面与 xy 平面之间的部分以及 xy 平面中 $x^2 + y^2 \leqslant x$ 内的部分,则 L 亦为 Δ 的边界.

也可利用 Stokes 公式在分片光滑曲间 Δ 上求解之.

解三   柱面与球面的交线为

$$\begin{cases} x^2 + y^2 = x \\ x^2 + y^2 + z^2 = 1 \end{cases},$$

得参数方程

$$\begin{cases} x = x \\ y = \pm\sqrt{x - x^2} \\ z = \sqrt{1 - x} \quad 0 < x \leqslant 1 \end{cases},$$

利用参数方程可直接求得积分值.

解四 L 的参数方程亦可取为

$$x = \frac{1}{2} + \frac{1}{2}\cos\theta, \quad y = \frac{1}{2}\sin\theta, \quad z = \sqrt{\frac{1 - \cos\theta}{2}}, 0 \leqslant \theta \leqslant 2\pi.$$

例 4   应用 Stokes 公式,计算曲线积分 $\oint\limits_{C} y\mathrm{d}x + z\mathrm{d}y + x\mathrm{d}z.$

其中 C 为圆周 $x^2 + y^2 + z^2 = a^2$, $x + y + z = 0$, 若从 Ox 轴的正向看去, 圆周依逆时针方向.

解　平面 $x + y + z = 0$ 的法线的方向余弦为

$$\cos\alpha = \cos\beta = \cos\gamma = \frac{1}{\sqrt{3}},$$

于是由 Stokes 公式

$$\oint_C y\,\mathrm{d}x + z\,\mathrm{d}y + x\,\mathrm{d}z = \iint_S \begin{vmatrix} \cos\alpha & \cos\beta & \cos\gamma \\ \dfrac{\partial}{\partial x} & \dfrac{\partial}{\partial y} & \dfrac{\partial}{\partial z} \\ y & z & x \end{vmatrix} \mathrm{d}S$$

$$= -\iint_S (\cos\alpha + \cos\beta + \cos\gamma)\mathrm{d}S = -\pi a^2 (\cos\alpha + \cos\beta + \cos\gamma) = -\sqrt{3}\,\pi a^2,$$

直接计算：需要写出曲线 C 的参数方程

$$\begin{cases} x = \dfrac{a}{\sqrt{2}}\left(\dfrac{\cos t}{\sqrt{3}} - \sin t\right) \\[2mm] y = \dfrac{a}{\sqrt{2}}\left(\dfrac{\cos t}{\sqrt{3}} + \sin t\right), \quad 0 \leqslant t \leqslant 2\pi, \\[2mm] z = \dfrac{a}{\sqrt{2}}\left(-\dfrac{2}{\sqrt{3}}\sin t\right) \end{cases}$$

则依定义, 曲线积分

$$I = \frac{a^2}{2}\int_0^{2\pi}\Big[-\Big(\frac{\cos t}{\sqrt{3}} + \sin t\Big)\Big(\frac{\sin t}{\sqrt{3}} + \cos t\Big)$$

$$-\frac{2}{\sqrt{3}}\cos t\Big(-\frac{\sin t}{\sqrt{3}} + \cos t\Big) + \frac{2}{\sqrt{3}}\sin t\Big(\frac{\cos t}{\sqrt{3}} - \sin t\Big)\Big]\mathrm{d}t$$

$$= -\sqrt{3}\,\pi a^2.$$

注　1. 本题在 §7.3 例 1 中已经出现过, 为了凸显其中蕴含的数学思想的重要性, 我们再做一次强化. 解法处理上有一些细微的差别, 读者可以仔细地体会.

2. 两种解法的计算工作量真是天壤之别！我们在动手解题之前, 应多思考有哪几种可能的解题路径, 预判各不同解法的可能工作量 (难度, 繁度), 然后正式求解. 而不是想到一种解法就马上去做. 平时生活、工作也一样, 要注意效率问题, 所谓三思而后行.

例 5　计算曲面积分

$$I = \iint_\Sigma (x + y - z)\mathrm{d}y\mathrm{d}z + (2y + \sin(z + x))\mathrm{d}z\mathrm{d}x + (3z + \mathrm{e}^{x+y})\mathrm{d}x\mathrm{d}y,$$

其中 Σ 是曲面 $|x - y + z| + |y - z + x| + |z - x + y| = 1$ 的外表面.

分析　首先应该明确 Σ 到底是怎样的曲面, 作变换

$$\begin{cases} u = x - y + z \\ v = y - z + x \\ w = z - x + y \end{cases},$$

则 $\sum$ 变成为 $|u| + |v| + |w| = 1$ 的外侧, 恰为一对称正八面体的表面. 应用 Gauss 公式便

有

$$I = 6\iiint\limits_{V} \mathrm{d}x\mathrm{d}y\mathrm{d}z,$$

V 是 $\sum$ 的内部区域. 在如上坐标变换下,记 $V': |u|+|v|+|w| \leqslant 1$,我们有

$$I = 6\iiint\limits_{V} \left| \frac{\partial(x,y,z)}{\partial(u,v,w)} \right| \mathrm{d}u\mathrm{d}v\mathrm{d}w = 6\iiint\limits_{V} \frac{1}{4} \mathrm{d}u\mathrm{d}v\mathrm{d}w = 2.$$

例 6   计算 Gauss 曲面积分

$$I = \oiint\limits_{S} \frac{\cos(\boldsymbol{n},\boldsymbol{r})}{r^2} \mathrm{d}S,$$

其中 S 是光滑封闭曲面,原点不在 S 上,r 是 S 上动点至原点的距离,$(\boldsymbol{n},\boldsymbol{r})$ 是动点处曲面 S 的外法线方向向量 $\boldsymbol{n}$ 与径向量 $\boldsymbol{r}$ 的夹角.

分析 $r = \sqrt{x^2 + y^2 + z^2}$,$\boldsymbol{n} = (\cos\alpha, \cos\beta, \cos\gamma)$,

$$\cos(\boldsymbol{n},\boldsymbol{r}) = \frac{\boldsymbol{r}}{r} \cdot \boldsymbol{n} = \frac{x}{r}\cos\alpha + \frac{y}{r}\cos\beta + \frac{z}{r}\cos\gamma,$$

原点相对于 S 的位置则是问题的关键.

(1) 若原点在 S 之外部,应用 Gauss 公式,得

$$原积分 = \iiint\limits_{v} \left[\frac{\partial}{\partial x}\left(\frac{x}{r^3}\right) + \frac{\partial}{\partial y}\left(\frac{y}{r^3}\right) + \frac{\partial}{\partial z}\left(\frac{z}{r^3}\right) \right] \mathrm{d}x\mathrm{d}y\mathrm{d}z,$$

由于

$$\frac{\partial}{\partial x}\left(\frac{x}{r^3}\right) = \frac{\partial}{\partial x}\left(\frac{x}{\sqrt{(x^2+y^2+z^2)^3}}\right) = \frac{1}{r^3} - \frac{3x^2}{r^5},$$

$$\frac{\partial}{\partial x}\left(\frac{y}{r^3}\right) = \frac{\partial}{\partial x}\left(\frac{y}{\sqrt{(x^2+y^2+z^2)^3}}\right) = \frac{1}{r^3} - \frac{3y^2}{r^5},$$

$$\frac{\partial}{\partial x}\left(\frac{z}{r^3}\right) = \frac{\partial}{\partial x}\left(\frac{z}{\sqrt{(x^2+y^2+z^2)^3}}\right) = \frac{1}{r^3} - \frac{3z^2}{r^5},$$

得

$$\frac{\partial}{\partial x}\left(\frac{x}{r^3}\right) + \frac{\partial}{\partial y}\left(\frac{y}{r^3}\right) + \frac{\partial}{\partial z}\left(\frac{z}{r^3}\right) = 0,$$

从而 $I = 0$.

(2) 若原点在 S 之内部,则不能直接引用 Gauss 公式,而要将原点"挖去",再用 Gauss 公式(上种情形告诉我们化成三重积分时,被积函数为零). 记以原点为圆心,$\varepsilon > 0$(充分小) 为半径的球面为 Γ_ε,并取 ε 充分小,以便 Γ_ε 全部落入 S 所围区域的内部,则 $\oiint\limits_{S \cup \Gamma_\varepsilon^-} \frac{\cos(\boldsymbol{n},\boldsymbol{r})}{r^2} \mathrm{d}S = 0$,$\Gamma_\varepsilon^-$ 表示 球面 Γ_ε 的内侧,Γ_ε^+ 表示球面 Γ_ε 的外侧.

$$I = -\oiint\limits_{\Gamma_\varepsilon^-} \frac{\cos(\boldsymbol{n},\boldsymbol{r})}{r^2} \mathrm{d}S = \oiint\limits_{\Gamma_\varepsilon^+} \frac{\cos(\boldsymbol{n},\boldsymbol{r})}{r^2} \mathrm{d}S = \frac{1}{\varepsilon^2}\iint\limits_{\Gamma_\varepsilon^+} \mathrm{d}S = 4\pi.$$

例 7   若 $u = u(x,y,z)$ 在封闭光滑曲面 Σ 所围成的空间区域 Ω 内有二阶连续偏导数且

$$\Delta u = \frac{\partial^2 u}{\partial x^2} + \frac{\partial^2 u}{\partial y^2} + \frac{\partial^2 u}{\partial z^2} = 0,$$

则对于 Σ 所围成区域 Ω 内部的任一点 $M_0(x_0,y_0,z_0)$，有

$$u(x_0,y_0,z_0) = \frac{1}{4\pi}\iint\limits_{\Sigma}\left(u\cdot\frac{\cos(\boldsymbol{r},\boldsymbol{n})}{r^2}+\frac{1}{r}\frac{\partial u}{\partial\boldsymbol{n}}\right)\mathrm{d}S$$

或写成

$$u(x_0,y_0,z_0) = \frac{1}{4\pi}\iint\limits_{\Sigma}\left(\frac{1}{r}\frac{\partial u}{\partial\boldsymbol{n}}-u\cdot\frac{\partial}{\partial\boldsymbol{n}}\left(\frac{1}{r}\right)\right)\mathrm{d}S,$$

其中 $\boldsymbol{r}$ 为 M_0 到 Σ 上动点 $M(x,y,z)$ 的矢径 $\boldsymbol{r}=\overrightarrow{M_0M}$，$\boldsymbol{n}$ 为曲面 Σ 在 M 点的单位外法向量.

（提示：在所给条件下，$u(x_0,y_0,z_0)=\dfrac{1}{4\pi\varepsilon^2}\iint\limits_{\Gamma_\varepsilon}u(x,y,z)\mathrm{d}S$，$\Gamma_\varepsilon$ 为以 $M_0(x_0,y_0,z_0)$ 为中心，ε 为半径的含于 Ω 内部的任一球面.）

解　$\displaystyle\iint\limits_{\Sigma}\left(u\frac{\cos(\boldsymbol{r},\boldsymbol{n})}{r^2}+\frac{1}{r}\frac{\partial u}{\partial\boldsymbol{n}}\right)\mathrm{d}S$

$$=\iint\limits_{\Sigma}\left[\frac{u}{r^3}((x-x_0)\cos\alpha+(y-y_0)\cos\beta+(z-z_0)\cos\gamma)\right.$$
$$\left.+\frac{1}{r}\left(\frac{\partial u}{\partial x}\cos\alpha+\frac{\partial u}{\partial y}\cos\beta+\frac{\partial u}{\partial z}\cos\gamma\right)\right]\mathrm{d}S$$
$$=\iint\limits_{\Sigma}\left[\left(\frac{u}{r^3}(x-x_0)+\frac{1}{r}\frac{\partial u}{\partial x}\right)\cos\alpha+\left(\frac{u}{r^3}(y-y_0)+\frac{1}{r}\frac{\partial u}{\partial y}\right)\cos\beta\right.$$
$$\left.+\left(\frac{u}{r^3}(z-z_0)+\frac{1}{r}\frac{\partial u}{\partial z}\right)\cos\gamma\right]\mathrm{d}S.$$

经计算得

$$\frac{\partial P}{\partial x}=\frac{u}{r^3}+\frac{u_{xx}}{r}-\frac{3u}{r^5}(x-x_0)^2,\quad\frac{\partial Q}{\partial y}=\frac{u}{r^3}+\frac{u_{yy}}{r}-\frac{3u}{r^5}(y-y_0)^2,$$

$$\frac{\partial R}{\partial z}=\frac{u}{r^3}+\frac{u_{zz}}{r}-\frac{3u}{r^5}(z-z_0)^2,\quad\frac{\partial P}{\partial x}+\frac{\partial Q}{\partial y}+\frac{\partial R}{\partial z}=\frac{3u}{r^3}+\frac{\Delta u}{r}-\frac{3u}{r^3}=0.$$

从而

$$\iint\limits_{\Sigma}\left(u\frac{\cos(\boldsymbol{r},\boldsymbol{n})}{r^2}+\frac{1}{r}\frac{\partial u}{\partial\boldsymbol{n}}\right)\mathrm{d}S=\iint\limits_{\Gamma_\varepsilon}\left(u\cdot\frac{\cos(\boldsymbol{r},\boldsymbol{n})}{r^2}+\frac{1}{r}\frac{\partial u}{\partial\boldsymbol{n}}\right)\mathrm{d}S$$

$$=\frac{1}{\varepsilon^2}\iint\limits_{\Gamma_\varepsilon}u\,\mathrm{d}S+\frac{1}{\varepsilon}\iint\limits_{\Gamma_\varepsilon}\left(\frac{\partial u}{\partial x}\cos\alpha+\frac{\partial u}{\partial y}\cos\beta+\frac{\partial u}{\partial z}\cos\gamma\right)\mathrm{d}S.$$

$$=\frac{1}{\varepsilon^2}\iint\limits_{\Gamma_\varepsilon}u\,\mathrm{d}S$$

令 $\varepsilon\to0$，得 $u(x_0,y_0,z_0)=\dfrac{1}{4\pi}\iint\limits_{\Sigma}\left(u\dfrac{\cos(\boldsymbol{r},\boldsymbol{n})}{r^2}+\dfrac{1}{r}\dfrac{\partial u}{\partial\boldsymbol{n}}\right)\mathrm{d}S.$

习题 7.4

1. 计算第二型曲面积分

(1) $\displaystyle\iint_{\Sigma} \frac{x\,\mathrm{d}y\mathrm{d}z + y\mathrm{d}z\mathrm{d}x + z\mathrm{d}x\mathrm{d}y}{(x^2+y^2+z^2)^{\frac{3}{2}}}$,

$\sum$ 为立方体界面 $|x| \leqslant 2, |y| \leqslant 2, |z| \leqslant 2$,取外侧;

(2) $\displaystyle\iint_{\Sigma} (x+y-z)\mathrm{d}y\mathrm{d}z + (2y+\sin(z+x))\mathrm{d}z\mathrm{d}x + (3z + \mathrm{e}^{x+y})\mathrm{d}x\mathrm{d}y$,

$\sum$ 为 $|x-y+z| + |y-z+x| + |z-x+y| = 1$ 的外表面;

(3) $\displaystyle\iint_{\Sigma} \mathrm{rot}\boldsymbol{F} \cdot \boldsymbol{n}\mathrm{d}S$,其中 $\boldsymbol{F} = (x-z, x^3+yz, -3xy^2)$,

$\sum$ 为锥面 $z = 2 - \sqrt{x^2+y^2}$ 之在 xy 坐标平面上方的部分,取外侧.

(4) $\displaystyle\oiint_{\Sigma} \frac{e^{\sqrt{y}}}{\sqrt{x^2+z^2}}\mathrm{d}x\mathrm{d}z$

$\sum$ 为曲面 $y = x^2 + z^2$ 与平面 $y = 1, y = 2$ 所围立体表面的外侧.

(上海交通大学 1984 年)

2. 用 Stokes 公式计算积分

(1) $\displaystyle\oint_{L} (y-z)\mathrm{d}x + (z-x)\mathrm{d}y + (x-y)\mathrm{d}z$,$L$ 为椭圆 $x^2+y^2=a^2$,$\dfrac{x}{a}+\dfrac{z}{b}=1$,从 x 轴正向看,逆时针方向;

(2) $\displaystyle\oint_{L} (x^2+z^2)\mathrm{d}y$,$L: x^2+y^2+z^2 = 2Rx$ 与 $x^2+y^2 = 2rx (0 < r < R, z \geqslant 0)$ 交线,从 z 轴正向看,逆时针方向.

(3) $\displaystyle\oint_{L} (y^2+z^2)\mathrm{d}x + (z^2+x^2)\mathrm{d}y + (x^2+y^2)\mathrm{d}z$ L 为球面 $x^2+y^2+z^2 = 4x$ 与柱面 $x^2+y^2 = 2x$ 交线,从 z 轴正向看,逆时针方向.$(z \geqslant 0)$

3. 设 $f(u)$ 具有连续导数,计算积分

$$\oiint_{\Sigma} x^3\,\mathrm{d}y\mathrm{d}z + \left(\frac{1}{z}f\left(\frac{y}{z}\right) + y^3\right)\mathrm{d}z\mathrm{d}x + \left(\frac{1}{y}f\left(\frac{y}{z}\right) + z^3\right)\mathrm{d}x\mathrm{d}y$$

其中 $\sum$ 为 $x > 0$ 的锥面 $y^2 + z^2 - x^2 = 0$ 与球面 $x^2+y^2+z^2 = 1$、$x^2+y^2+z^2 = 4$ 所围立体表面的外侧.

(西安交通大学 1981 年)

4. 设函数 $u(x,y,z)$ 在闭单位球 $V: x^2+y^2+z^2 \leqslant 1$ 内存在二阶连续偏导数,

$$\Delta u = \frac{\partial^2 u}{\partial x^2} + \frac{\partial^2 u}{\partial y^2} + \frac{\partial^2 u}{\partial z^2},$$

证明:$\displaystyle\oiint_{\partial V} u \frac{\partial u}{\partial n}\mathrm{d}S = \iiint_{V}\left[\left(\frac{\partial u}{\partial x}\right)^2 + \left(\frac{\partial u}{\partial y}\right)^2 + \left(\frac{\partial u}{\partial z}\right)^2\right]\mathrm{d}x\mathrm{d}y\mathrm{d}z + \iiint_{V} u\Delta u\mathrm{d}x\mathrm{d}y\mathrm{d}z$,

其中 $\boldsymbol{n}$ 为单位球面的外法向量.

5. (格林第二公式) 设 Ω 是由光滑曲面 $\sum$ 所围成的空间区域. $\boldsymbol{n}$ 为曲面 $\sum$ 的单位外法向量, $u(x,y,z), v(x,y,z)$ 在 Ω 内有二阶连续偏导数. 则有

$$\iiint_{\Omega} \begin{vmatrix} \Delta u & \Delta v \\ u & v \end{vmatrix} \mathrm{d}x\mathrm{d}y\mathrm{d}z = \iint_{\Sigma} \begin{vmatrix} \dfrac{\partial u}{\partial \boldsymbol{n}} & \dfrac{\partial v}{\partial \boldsymbol{n}} \\ u & v \end{vmatrix} \mathrm{d}S.$$

6. 设 $f(u)$ 在 $[-a,a]$ 上具有连续导数, $\sum$ 为曲面 $|x|+|y|+|z|=a$, 取外侧.

(1) 将曲面积分 $\displaystyle\iint_{\Sigma} f(x+y+z)\mathrm{d}x\mathrm{d}y$ 化为定积分;

(2) 又设 $f(a)=f(-a), M=\max\limits_{-a\leqslant t\leqslant a}\{|f(t)|\}$, 试证:

$$\left| \iint_{\Sigma} f(x+y+z)\mathrm{d}x\mathrm{d}y \right| \leqslant \frac{1}{2}Ma^2.$$

7. 设 $u(x,y,z)$ 在空间区域 V 内有直到二阶连续偏导数, 证明: 在 V 内任何封闭光滑曲面 S 上的积分 $\displaystyle\oiint_{S} \frac{\partial u}{\partial \boldsymbol{n}}\mathrm{d}S=0$ 的充分必要条件是

$$\Delta u = \frac{\partial^2 u}{\partial x^2} + \frac{\partial^2 u}{\partial y^2} + \frac{\partial^2 u}{\partial z^2} = 0.$$

第八章　广义积分和含参变量积分

§8.1　广义积分收敛性及判别法

一、广义积分的收敛性概念

1. 有界函数在无穷区间上的广义积分

设 $\forall A > a, f(x)$ 在 $[a, A]$ 上可积,称

$$\int_a^{+\infty} f(x)\mathrm{d}x = \lim_{A \to +\infty} \int_a^A f(x)\mathrm{d}x \tag{1}$$

为无穷限广义积分.

(1) 式右边的极限存在时,称广义积分 $\int_a^{+\infty} f(x)\mathrm{d}x$ 收敛;否则就说广义积分 $\int_a^{+\infty} f(x)\mathrm{d}x$ 发散.

类似定义广义积分 $\int_{-\infty}^b f(x)\mathrm{d}x$ 的收敛性.

若广义积分 $\int_{-\infty}^a f(x)\mathrm{d}x$ 及 $\int_a^{+\infty} f(x)\mathrm{d}x$ 都收敛,称广义积分 $\int_{-\infty}^{+\infty} f(x)\mathrm{d}x$ 收敛.

2. 无界函数在有限区间上的广义积分(瑕积分)

设函数 $f(x)$ 在 $x = b$ 的邻近无界,$\lim\limits_{x \to b^-} f(x) = \infty$,但 $\forall \eta > 0, f(x)$ 在 $[a, b-\eta]$ 上可积.若 $\lim\limits_{\eta \to 0^+} \int_a^{b-\eta} f(x)\mathrm{d}x$ 存在,称瑕积分 $\int_a^b f(x)\mathrm{d}x$ 收敛;否则就说瑕积分 $\int_a^b f(x)\mathrm{d}x$ 发散;当瑕点是 a 时,类似定义瑕积分 $\int_a^b f(x)\mathrm{d}x$ 的收敛性;当瑕点是 $c \in (a, b)$ 时,瑕积分 $\int_a^b f(x)\mathrm{d}x$ 收敛,当且仅当两个瑕积分 $\int_a^c f(x)\mathrm{d}x, \int_c^b f(x)\mathrm{d}x$ 都收敛.并且

$$\int_a^b f(x)\mathrm{d}x = \int_a^c f(x)\mathrm{d}x + \int_c^b f(x)\mathrm{d}x.$$

注　瑕积分和 Riemann 积分在记号上没有任何区别,要靠判断被积函数是否有界才能明确是哪一类积分.

3. 混合型广义积分

设函数 $f(x)$ 在 $x = a$ 的邻近无界, $\lim\limits_{x \to a^+} f(x) = \infty$, 但 $\forall \eta > 0, \forall A > a + \eta, f(x)$ 在 $[a + \eta, A]$ 上可积. 若 $\lim\limits_{\substack{\eta \to 0^+ \\ A \to +\infty}} \int_{a+\eta}^{A} f(x)\mathrm{d}x$ 存在, 称广义积分 $\int_{a}^{+\infty} f(x)\mathrm{d}x$ 收敛. 其实 $\int_{a}^{+\infty} f(x)\mathrm{d}x$ 收敛当且仅当瑕积分 $\int_{a}^{b} f(x)\mathrm{d}x$ 和无穷积分 $\int_{b}^{+\infty} f(x)\mathrm{d}x$ 同时收敛 $(a < b)$.

4. 绝对收敛、条件收敛

(1) 若无穷积分 $\int_{a}^{+\infty} |f(x)|\mathrm{d}x$ 收敛, 则称无穷积分 $\int_{a}^{+\infty} f(x)\mathrm{d}x$ 绝对收敛.

　　依 Cauchy 收敛准则, 此时无穷积分 $\int_{a}^{+\infty} f(x)\mathrm{d}x$ 一定收敛.

(2) 若无穷积分 $\int_{a}^{+\infty} f(x)\mathrm{d}x$ 收敛, 但 $\int_{a}^{+\infty} |f(x)|\mathrm{d}x$ 发散, 则称无穷积分 $\int_{a}^{+\infty} f(x)\mathrm{d}x$ 条件收敛.

(3) 瑕积分 $\int_{a}^{b} f(x)\mathrm{d}x$ 的绝对收敛、条件收敛类似定义.

二、广义积分收敛性的判别法

对于定积分, 积分值的计算是核心任务. 而对于广义积分, 积分值的计算往往较困难. 在大多数情况下只能退而求其次判断其收敛性. 当然广义积分值的计算亦是一个重要内容, 需要许多非常规技巧甚至需要含参变量积分的相关知识. 这些我们将在稍后(本章第 4 节) 介绍. 现在重点讨论广义积分收敛性的判别. 主要以无穷积分为例.

1. *Cauchy* 准则

$\int_{a}^{+\infty} f(x)\mathrm{d}x$ 收敛的充要条件是:

$\forall \varepsilon > 0, \exists G > a, \mathrm{s.t.} \ \forall A', A'' > G, 恒有 \left| \int_{A'}^{A''} f(x)\mathrm{d}x \right| < \varepsilon.$

2. 绝对收敛

若 $\int_{a}^{+\infty} |f(x)|\mathrm{d}x$ 收敛, 则 $\int_{a}^{+\infty} f(x)\mathrm{d}x$ 必收敛

对于非负的被积函数, 有以下 $3 \sim 6$ 条判别法则:

3. 比较判别法

(1) 若 $0 \leqslant f(x) \leqslant g(x)$, 且 $\int_{a}^{+\infty} g(x)\mathrm{d}x$ 收敛, 则 $\int_{a}^{+\infty} f(x)\mathrm{d}x$ 收敛;

(2) 若 $f(x) \geqslant g(x) \geqslant 0$, 且 $\int_{a}^{+\infty} g(x)\mathrm{d}x$ 发散, 则 $\int_{a}^{+\infty} f(x)\mathrm{d}x$ 发散.

4. 比较判别法的极限形式

设 $f(x)$ 非负, $g(x)$ 恒正, 且 $\lim\limits_{x \to +\infty} \dfrac{f(x)}{g(x)} = \lambda$, 则

(1) 若 $0 \leqslant \lambda < +\infty$,且 $\int_a^{+\infty} g(x)\mathrm{d}x$ 收敛 $\Rightarrow \int_a^{+\infty} f(x)\mathrm{d}x$ 收敛;

(2) 若 $0 < \lambda \leqslant +\infty$,且 $\int_a^{+\infty} g(x)\mathrm{d}x$ 发散 $\Rightarrow \int_a^{+\infty} f(x)\mathrm{d}x$ 发散.

5. 无穷积分的指数判别法

设 $\lim\limits_{x \to +\infty} x^p f(x) = \lambda$,

(1) 若 $p > 1, 0 \leqslant \lambda < +\infty \Rightarrow \int_a^{+\infty} f(x)\mathrm{d}x$ 收敛;

(2) 若 $p \leqslant 1, 0 < \lambda \leqslant +\infty \Rightarrow \int_a^{+\infty} f(x)\mathrm{d}x$ 发散.

6. 瑕积分的指数判别法

对于瑕积分 $\int_a^b f(x)\mathrm{d}x, x = a$ 是唯一的奇点,$\lim\limits_{x \to a^+} (x-a)^p f(x) = \lambda$,

(1) 若 $p < 1, 0 \leqslant \lambda < +\infty \Rightarrow \int_a^b f(x)\mathrm{d}x$ 收敛;

(2) 若 $p \geqslant 1, 0 < \lambda \leqslant +\infty \Rightarrow \int_a^b f(x)\mathrm{d}x$ 发散.

7. Abel 判别法和 Dirichlet 判别法

Abel 判别法:$\int_a^{+\infty} f(x)\mathrm{d}x$ 收敛,$g(x)$ 单调有界 $\Rightarrow \int_a^{+\infty} f(x)g(x)\mathrm{d}x$ 收敛;

Dirichlet 判别法:$\forall A > a, \int_a^A f(x)\mathrm{d}x$ 关于 A 有界,当 $x \to +\infty$ 时 $g(x)$ 单调趋于 0 $\Rightarrow \int_a^{+\infty} f(x)g(x)\mathrm{d}x$ 收敛.

8. 与数项级数收敛性的转化

(1) 设函数 $f(x)$ 在 $[1, +\infty)$ 上非负递减,则无穷积分 $\int_a^{+\infty} f(x)\mathrm{d}x$ 和正项级数 $\sum\limits_{n=1}^\infty f(n)$ 同敛散;

(2) 设 $f(x)$ 在 $[1, +\infty)$ 上非负,则无穷积分 $\int_a^{+\infty} f(x)\mathrm{d}x$ 和正项级数 $\sum\limits_{n=1}^\infty \int_n^{n+1} f(x)\mathrm{d}x$ 同敛散;

对于一般的函数(没有非负的条件),上述结论未必成立. 如取 $f(x) = \sin 2\pi x$.

尽管如此,对于一般的函数我们有以下的无穷积分和数项级数收敛性的转化结果:

(3) 无穷积分 $\int_a^{+\infty} f(x)\mathrm{d}x$ 收敛的充要条件是:对任一列 $\{A_n\} \to +\infty, A_1 = a$,数项级数 $\sum\limits_{n=1}^\infty \int_{A_n}^{A_{n+1}} f(x)\mathrm{d}x$ 皆收敛.

证明　充分性:记 $u_n = \int_{A_n}^{A_{n+1}} f(x)\mathrm{d}x, \sum\limits_{n=1}^\infty u_n$ 的部分和为

$$s_n = \sum_{k=1}^n u_k = \int_a^{A_{n+1}} f(x)\mathrm{d}x,$$

易知 $\lim\limits_{n\to\infty} s_n = \int_a^{+\infty} f(x)\mathrm{d}x$.

必要性:利用海因归结原理

记 $F(u) = \int_a^u f(x)\mathrm{d}x$，$\lim\limits_{u\to+\infty} F(u)$ 存在当且仅当对任一列 $\{A_n\}\to+\infty$，$\lim\limits_{n\to\infty} F(A_n)$ 存在.

而 $F(A_{n+1}) = s_n$ 为级数 $\sum\limits_{n=1}^{\infty}\int_{A_n}^{A_{n+1}} f(x)\mathrm{d}x$ 前 n 项部分和.

例 1 判断下列各积分的敛散性($p > 0$)：

(1) $\int_1^{+\infty} \dfrac{\sin x}{x^p}\mathrm{d}x$；

(2) $\int_1^{+\infty} \dfrac{\sin x \arctan x}{x^p}\mathrm{d}x$；

(3) $\int_0^{+\infty} \dfrac{\ln(1+x^2)}{x^p}\mathrm{d}x$；

(4) $\int_1^{+\infty} \dfrac{1}{1+x\,|\sin x|}\mathrm{d}x$.

解 (1) 当 $p > 1$ 时积分绝对收敛；当 $0 < p \leqslant 1$ 时，利用 Dirichlet 判别法知收敛，

又因为 $\left|\dfrac{\sin x}{x^p}\right| \geqslant \dfrac{\sin^2 x}{x^p} = \dfrac{1}{2x^p} - \dfrac{\cos 2x}{2x^p}$，

而 $\int_1^{+\infty} \dfrac{1}{x^p}\mathrm{d}x$ 发散，$\int_1^{+\infty} \dfrac{\cos 2x}{x^p}\mathrm{d}x$ 收敛，得知 $0 < p \leqslant 1$ 时 $\int_1^{+\infty} \dfrac{\sin x}{x^p}\mathrm{d}x$ 条件收敛.

(2) 利用阿贝尔判别法及第(1)小题结论知收敛.

思考 绝对收敛性和条件收敛性如何?

(3) $x = 0$ 可能是奇点，因为 $\dfrac{\ln(1+x^2)}{x^p} \sim \dfrac{1}{x^{p-2}}(x \to 0)$，

所以 $p < 3$ 时，$\int_0^1 f(x)\mathrm{d}x$ 收敛.

对于 $x = +\infty$ 处，$p > 1$ 时，取 λ, s.t. $1 < \lambda < p$，如不妨取 $\lambda = \dfrac{p+1}{2}$.

$\lim\limits_{x\to+\infty} x^{\lambda}|f(x)| = \lim\limits_{x\to+\infty} \dfrac{\ln(1+x^2)}{x^{p-\lambda}} = 0$，得 $p > 1$ 时 $\int_1^{+\infty} f(x)\mathrm{d}x$ 收敛.

当 $p \leqslant 1$ 时，取 λ, s.t. $p \leqslant \lambda \leqslant 1$，$\lim\limits_{x\to+\infty} x^{\lambda}|f(x)| = +\infty$，故 $\int_1^{+\infty} f(x)\mathrm{d}x$ 发散.

所以 $1 < p < 3$ 时，积分 $\int_0^{+\infty} \dfrac{\ln(1+x^2)}{x^p}\mathrm{d}x$ 收敛.

(4) 因为 $\dfrac{1}{1+x\,|\sin x|} > \dfrac{1}{1+x}$，易知 $\int_1^{+\infty} \dfrac{1}{1+x\,|\sin x|}\mathrm{d}x$ 发散.

例 2 判断下列各瑕积分的敛散性.

(1) $\int_0^1 \dfrac{\mathrm{d}x}{\sqrt[3]{x(\mathrm{e}^x - \mathrm{e}^{-x})}}$；(2) $\int_0^{\frac{\pi}{2}} \dfrac{\ln\sin x}{\sqrt{x}}\mathrm{d}x$；(3) $\int_0^{\frac{\pi}{2}} \dfrac{\mathrm{d}\theta}{\sqrt{1-\sin\theta}}$.

解 (1) $\lim\limits_{x\to 0^+} x^{\frac{2}{3}} \dfrac{1}{\sqrt[3]{x(\mathrm{e}^x - \mathrm{e}^{-x})}} = \dfrac{1}{\sqrt[3]{2}}$，瑕积分收敛.

(2) 因为 $\ln\sin x = \ln\left(\dfrac{\sin x}{x}x\right) = \ln\left(\dfrac{\sin x}{x}\right) + \ln x$，且 $\dfrac{\sin x}{x} \to 1(x \to 0)$，

所以原积分的敛散性等价于 $\int_0^{\frac{\pi}{2}} \dfrac{\ln x}{\sqrt{x}}\mathrm{d}x$ 的敛散性，

又因为 $\lim\limits_{x \to 0^+} x^{\frac{3}{4}} \dfrac{\ln x}{\sqrt{x}} = \lim\limits_{x \to 0^+} \sqrt[4]{x} \ln x = 0$，故 $\displaystyle\int_0^{\frac{\pi}{2}} \dfrac{\ln \sin x}{\sqrt{x}} \mathrm{d}x$ 收敛.

或直接求极限 $\lim\limits_{x \to 0^+} x^{\frac{3}{4}} \dfrac{\ln \sin x}{\sqrt{x}} = \lim\limits_{x \to 0^+} \sqrt[4]{\sin x} \ln \sin x = 0$ 可得相同结果.

(3) $\theta = \dfrac{\pi}{2}$ 是奇点，$\lim\limits_{\theta \to \frac{\pi}{2}^-} \left(\dfrac{\pi}{2} - \theta \right) \dfrac{1}{\sqrt{1 - \sin \theta}} = \lim\limits_{\varphi \to 0} \varphi \dfrac{1}{\sqrt{1 - \cos \varphi}} = \sqrt{2}$，所以积分发散.

例 3　设 $f(x) > 0$，且单调下降，试证 $\displaystyle\int_a^{+\infty} f(x) \mathrm{d}x$ 与 $\displaystyle\int_a^{+\infty} f(x) \sin^2 x \mathrm{d}x$ 同敛散.

证明　先设 $\displaystyle\int_a^{+\infty} f(x) \mathrm{d}x$ 收敛，由比较判别法易知 $\displaystyle\int_a^{+\infty} f(x) \sin^2 x \mathrm{d}x$ 收敛；反之，若 $\displaystyle\int_a^{+\infty} f(x) \sin^2 x \mathrm{d}x$ 收敛，因 $\sin^2 x = \dfrac{1}{2}(1 - \cos 2x)$，欲证 $\displaystyle\int_a^{+\infty} f(x) \mathrm{d}x$ 收敛，只需证 $\displaystyle\int_a^{+\infty} f(x) \cos 2x \mathrm{d}x$ 收敛.

由于 $f(x) > 0$，且单调下降，故 $\lim\limits_{x \to +\infty} f(x) = A$ 存在. 若 $A > 0$，则由 Cauchy 准则易知 $\displaystyle\int_a^{+\infty} f(x) \sin^2 x \mathrm{d}x$ 发散. 于是 $\lim\limits_{x \to +\infty} f(x) = 0$，由狄利克雷法则，$\displaystyle\int_a^{+\infty} f(x) \cos 2x \mathrm{d}x$ 收敛. 从而 $\displaystyle\int_a^{+\infty} f(x) \mathrm{d}x$ 收敛.

例 4　讨论如下积分的敛散性（$p > 0$）：

(1) $\displaystyle\int_2^{+\infty} \dfrac{\sin^2 x}{x^p (x^p + \sin x)} \mathrm{d}x$；

(2) $\displaystyle\int_2^{+\infty} \dfrac{\sin x}{x^p + \sin x} \mathrm{d}x$.

解　(1) 比较判别法.

易知 $\dfrac{\sin^2 x}{x^p (x^p + 1)} < \dfrac{\sin^2 x}{x^p (x^p + \sin x)} < \dfrac{1}{x^p (x^p - 1)}$，

若 $p > \dfrac{1}{2}$，则积分 $\displaystyle\int_2^{+\infty} \dfrac{\sin^2 x}{x^p (x^p + \sin x)} \mathrm{d}x$ 收敛（是非负函数积分）；

若 $p \leqslant \dfrac{1}{2}$，由积分 $\displaystyle\int_2^{+\infty} \dfrac{\mathrm{d}x}{x^p (x^p + 1)}$ 发散，结合例 3 结论知原积分为发散.

(2) 利用(1)的结果及等式 $\dfrac{\sin x}{x^p + \sin x} = \dfrac{\sin x}{x^p} - \dfrac{\sin^2 x}{x^p (x^p + \sin x)}$，当且仅当 $p > \dfrac{1}{2}$ 时积分收敛.

例 5　讨论 $\displaystyle\int_0^{+\infty} x^\alpha |x - 1|^\beta \mathrm{d}x$ 的敛散性.

解　$x = 0, 1$ 是可能的奇点，

对于 $x = 0, f(x) \sim x^\alpha$，故 $\alpha > -1$ 时，$\displaystyle\int_0^{\frac{1}{2}} f(x) \mathrm{d}x$ 收敛；

对于 $x = 1, f(x) \sim |x - 1|^\beta (x \to 1)$，故 $\beta > -1$ 时，$\displaystyle\int_{\frac{1}{2}}^1 f(x) \mathrm{d}x$ 和 $\displaystyle\int_1^2 f(x) \mathrm{d}x$ 都收敛；

对于 $+\infty$ 处，$f(x) \sim x^{\alpha + \beta} \quad (x \to +\infty)$，故 $\alpha + \beta < -1$ 时，$\displaystyle\int_2^{+\infty} f(x) \mathrm{d}x$ 收敛.

综合起来，当 $\alpha > -1, \beta > -1, \alpha + \beta < -1$ 时，原积分收敛.

习题 8.1

1. 讨论下述广义积分的敛散性:

(1) $\int_0^{+\infty} \dfrac{e^{-x^2}}{x^p}dx$;

(2) $\int_0^{+\infty} \dfrac{x^p}{1+x^q}dx(q>0)$;

(3) $\int_0^{\frac{\pi}{2}} \dfrac{dx}{\sin^p x \cos^q x}$;

(4) $\int_0^1 \dfrac{\sin t}{t^r}dt(r>0)$.

2. 判断下述广义积分的敛散性:

(1) $\int_0^1 \dfrac{\ln x \ln(1-x)}{x(1-x)}dx$;

(2) $\int_0^{+\infty} \dfrac{\sin x \cos \dfrac{1}{x}}{x}dx$;

(3) $\int_0^{+\infty} \dfrac{\cos x \sin \dfrac{1}{x}}{x}dx$;

(4) $\int_0^{+\infty} \dfrac{\sin\left(x+\dfrac{1}{x}\right)}{x}dx$.

3. 判断下列广义积分的收敛性和绝对收敛性:

(1) $\int_0^{+\infty} (-1)^{[x^2]}dx$;

(2) $\int_0^{+\infty} \dfrac{\ln x}{x}\sin x\,dx$;

(3) $\int_e^{+\infty} \dfrac{\ln(\ln x)}{\ln x}\sin x\,dx$;

(4) $\int_0^{+\infty} \dfrac{\sin x}{x}e^{-x}dx$.

4. 证明 $\displaystyle\lim_{x\to+\infty}\int_0^{+\infty} \dfrac{e^{-tx}}{1+t^2}dt = 0$.

5. 证明 $\int_0^{+\infty} \dfrac{\cos x}{1+x}dx$ 收敛且其绝对值不大于 1.

6. 若 $f(x)$ 在 $[0,+\infty)$ 上一致连续,且 $\int_0^\infty f(x)dx$ 收敛,则 $\displaystyle\lim_{x\to+\infty}f(x)=0$.

7. 设 $f(x)$ 在 $[0,+\infty)$ 上单调下降,且 $\int_0^\infty f(x)dx$ 收敛,试证 $\displaystyle\lim_{x\to+\infty}xf(x)=0$.

8. 设 $xf(x)$ 在 $[0,+\infty)$ 上单调下降,且 $\int_0^\infty f(x)dx$ 收敛,试证 $\displaystyle\lim_{x\to+\infty}x\ln xf(x)=0$.

9. 设 $f(x)$ 在 $[0,+\infty)$ 上可导,且 $\int_0^\infty f(x)dx$ 收敛,则 $\exists\{x_n\}\to+\infty$, s. t. $\displaystyle\lim_{n\to\infty}f'(x_n)=0$.

10. 设 $f(x)$ 在 $[a,+\infty)$ 上可导,当 $x\to+\infty$ 时, $f'(x)\to+\infty$, 则

$\int_a^{+\infty} \sin(f(x))dx$, $\int_a^{+\infty} \cos(f(x))dx$ 都收敛.

11. 设 $f(x)$ 在任何有限区间 $[0,a](a>0)$ 上正常可积,于 $[0,+\infty)$ 上绝对可积,则

$$\lim_{n\to\infty}\int_0^{+\infty} f(x)\,|\sin nx|\,dx = \dfrac{2}{\pi}\int_0^{+\infty} f(x)dx.$$

12. 设 $f(x)$ 在 $[0,+\infty)$ 上连续可微,且 $\int_0^\infty f^2(x)dx < +\infty$, $|f'(x)|\leqslant C$. 试证

$\displaystyle\lim_{x\to+\infty}f(x)=0$.

13. 设 $f(x)$ 在 $[0, +\infty)$ 上非负可微，$f'(x) \leqslant \dfrac{1}{2}$，且 $\displaystyle\int_0^\infty f(x)\mathrm{d}x$ 收敛. 求证 $\forall \alpha > 1$，$\displaystyle\int_0^\infty f^\alpha(x)\mathrm{d}x$ 收敛，且有 $\displaystyle\int_0^\infty f^\alpha(x)\mathrm{d}x \leqslant \left(\int_0^\infty f(x)\mathrm{d}x\right)^{\frac{\alpha+1}{2}}$.

14. 设 $f(x)$ 在 $[0, +\infty)$ 上连续，广义积分 $\displaystyle\int_0^\infty f(x)\mathrm{d}x$ 绝对收敛，试证

$$\lim_{p \to +\infty}\int_0^{+\infty} f(x)\sin^4 px\,\mathrm{d}x = 0 \Leftrightarrow \int_0^{+\infty} f(x)\mathrm{d}x = 0. \qquad \text{（浙江大学 1998 年）}$$

§8.2 含参变量常义积分

一、连续性守恒

定理 1 设 $f(x,y)$ 在 $a \leqslant x \leqslant b, y \in I$ 上连续(I 为任意形式的区间),则 $J(y) = \int_a^b f(x,y)\mathrm{d}x$ 是 I 上的连续函数.

等价表达式:$\forall y_0 \in I$,

$$\lim_{y \to y_0} \int_a^b f(x,y)\mathrm{d}x = \int_a^b \lim_{y \to y_0} f(x,y)\mathrm{d}x = \int_a^b f(x,y_0)\mathrm{d}x \tag{1}$$

该性质的证明需用到有界闭区域上连续函数的一致连续性.(证明从略).

关于广义含参积分的连续性守恒下一段里再述.

二、积分和积分换序(二重积分化为累次积分)

定理 2 设 $f(x,y)$ 在矩形 $[a,b;c,d]$ 连续,则

$$\int_c^d \mathrm{d}y \int_a^b f(x,y)\mathrm{d}x = \int_a^b \mathrm{d}x \int_c^d f(x,y)\mathrm{d}y \tag{2}$$

三、积分和求导换序

定理 3 若 $f(x,y), f'_y(x,y)$ 在 $a \leqslant x \leqslant b, y \in I$ 上连续,则

(1) $\left(\int_a^b f(x,y)\mathrm{d}x \right)'_y = \int_a^b f'_y(x,y)\mathrm{d}x$($I$ 为任意的区间);

(2) 又设 $a(y), b(y)$ 可微,且 $a \leqslant a(y), b(y) \leqslant b(c \leqslant y \leqslant d)$,则 $\psi(y) = \int_{a(y)}^{b(y)} f(x,y)\mathrm{d}x$ 在 $[c,d]$ 上可微,并且

$$\psi'(y) = \int_{a(y)}^{b(y)} f'_y(x,y)\mathrm{d}x + f[b(y),y]b'(y) - f[a(y),y]a'(y) \tag{3}$$

四、函数列及函数项级数的积分换序

定理 4 设 $f_n(x) \in [a,b]$,且 $f_n(x) \rightrightarrows f(x)(n \to +\infty$ 时一致收敛)则

$$\lim_{n \to +\infty} \int_a^b f_n(x)\mathrm{d}x = \int_a^b \lim_{n \to +\infty} f_n(x)\mathrm{d}x = \int_a^b f(x)\mathrm{d}x \tag{4}$$

定理 5 函数项级数的逐项积分.

设 $u_n(x) \in C[a,b]$ 且 $\sum_{n=1}^{+\infty} u_n(x)$ 一致收敛于 $s(x)$,则

$$\int_a^b s(x)\mathrm{d}x = \int_a^b \sum_{n=1}^{\infty} u_n(x)\mathrm{d}x = \sum_{n=1}^{\infty} \int_a^b u_n(x)\mathrm{d}x \tag{5}$$

注   定理 5 即为定理 4 的推论,且为积分线性性质的推广.

例 1   研究函数 $F(y) = \int_0^1 \dfrac{yf(x)}{x^2+y^2} \mathrm{d}x$ 的连续性,其中 $f(x)$ 是 $[0,1]$ 上的正值连续

函数.

证法一   作为对照,不妨回忆一下极限部分的峰值函数情形,参阅 §1.3 例 14.

$f(x)$ 是 $[0,+\infty)$ 上的有界连续函数,则成立有

$$\lim_{y \to 0^+} \int_0^{+\infty} \frac{y}{x^2+y^2} f(x) \mathrm{d}x = \frac{\pi}{2} f(0),$$

此式为含参变量的广义积分,在 §1.3 中已经证明.

思考 $\lim\limits_{y \to 0^+} \int_0^1 \dfrac{yf(x)}{x^2+y^2} \mathrm{d}x = \dfrac{\pi}{2} f(0)$ 是否仍能成立?较为关键的一步是

$$\int_0^1 \frac{y}{x^2+y^2} \mathrm{d}x = \arctan \frac{1}{y} \to \frac{\pi}{2} (y \to 0^+),$$

扩充定义 $f(x)$ 于 $[0,+\infty)$ 上有界且连续,如:当 $x \geqslant 1$ 时,令 $f(x) \equiv f(1)$,则

$$\int_1^{+\infty} \frac{yf(x)}{x^2+y^2} \mathrm{d}x = f(1) \int_1^{+\infty} \frac{y}{x^2+y^2} \mathrm{d}x$$

$$= f(1) \arctan \frac{x}{y} \Big|_1^{+\infty} = f(1) \left(\frac{\pi}{2} - \arctan \frac{1}{y} \right) \to 0 (y \to 0^+ \text{ 时}),$$

因为 $f(0) > 0$,所以 $\lim\limits_{y \to 0^+} F(y) = F(0+0) = \dfrac{\pi}{2} f(0) > 0$,

而 $F(0) = 0$ 显而易见,故 $F(y)$ 在 $y = 0$ 点不连续.

证法二   记 $m = \min\limits_{x \in [0,1]} f(x) > 0$,

$$\int_0^1 \frac{yf(x)}{x^2+y^2} \mathrm{d}x \geqslant m \int_0^1 \frac{y}{x^2+y^2} \mathrm{d}x = m \arctan \frac{1}{y} \to \frac{m\pi}{2} > 0 (y \to 0^+),$$

当 $y \neq 0$ 时,被积函数 $f(x,y) = \dfrac{y}{x^2+y^2} f(x)$ 连续,由连续性守恒知 $F(y)$ 只在 $y = 0$

点不连续.

例 2   求极限

(1) $\lim\limits_{\alpha \to 0} \int_\alpha^{1+\alpha} \dfrac{\mathrm{d}x}{1+x^2+\alpha^2}$;   (2) $\lim\limits_{n \to \infty} \int_0^1 \dfrac{\mathrm{d}x}{1+\left(1+\dfrac{x}{n}\right)^n}$.

解   (1) 因为 $\alpha, 1+\alpha, 1+x^2+\alpha^2$ 皆连续,故 $F(\alpha) = \int_\alpha^{1+\alpha} \dfrac{\mathrm{d}x}{1+x^2+\alpha^2}$ 也在 $-\infty < \alpha <$

$+\infty$ 上连续.

所以 $\lim\limits_{\alpha \to 0} \int_\alpha^{1+\alpha} \dfrac{\mathrm{d}x}{1+x^2+\alpha^2} = \lim\limits_{\alpha \to 0} F(\alpha) = F(0) = \dfrac{\pi}{4}$;

(2) 构造二元函数

$$f(x,y) = \begin{cases} \dfrac{1}{1+(1+xy)^{\frac{1}{y}}}, & 0 \leqslant x \leqslant 1, 0 < y \leqslant 1 \\[3mm] \dfrac{1}{1+\mathrm{e}^x}, & 0 \leqslant x \leqslant 1, y = 0 \end{cases},$$

易知 $f(x,y)$ 在正方形 $[0,1;0,1]$ 上连续.利用连续性守恒知:

原极限 $= \int_0^1 \dfrac{\mathrm{d}x}{1+\mathrm{e}^x} = \ln \dfrac{2\mathrm{e}}{1+\mathrm{e}}$.

或使用 Dini 定理:在有限区间 $[a,b]$ 上连续函数序列 $\{f_n(x)\}$ 收敛于连续函数 $f(x)$,且 $\forall x \in [a,b]$, $\{f_n(x)\}_{n=1}^\infty$ 是单调数列;则 $\{f_n(x)\}$ 在 $[a,b]$ 上一致收敛于 $f(x)$.

先证 $f_n(x) = \dfrac{1}{1+\left(1+\dfrac{x}{n}\right)^n}$ 在 $[0,1]$ 上 $\Rightarrow \dfrac{1}{1+\mathrm{e}^x}$.

例 3　设函数 $f(x)$ 在闭区间 $[a,A]$ 上连续,证明

$$\lim_{h\to 0^+} \frac{1}{h} \int_a^x [f(t+h)-f(t)]\mathrm{d}t = f(x)-f(a) \quad (a < x < A),$$

证明　因为 $f(x) \in C[a,A]$,故 $f(x)$ 存在原函数,记 $F(x)$ 为 $f(x)$ 的某个原函数,

原极限 $= \lim_{n\to 0^+} \dfrac{1}{h}[F(x+h)-F(a+h)-F(x)+F(a)]$

$\qquad\qquad = F'(x)-F'(a) = f(x)-f(a)$.

注　思考方向独特,不往 $f'(x)$ 考虑,因为题目没有 $f(x)$ 可导的条件,不适用洛必达法则.故往 $f(x)$ 的原函数方向考虑.

例 4　设 $F(x) = \int_a^b f(y)|x-y|\mathrm{d}y$,其中 $a < b$, $f(y)$ 为可微函数.求 $F''(x)$.

解　$F(x) = \int_a^x (x-y)f(y)\mathrm{d}y + \int_x^b (y-x)f(y)\mathrm{d}y$(当 $x \in (a,b)$ 时),

$F'(x) = \int_a^x f(y)\mathrm{d}y + \int_b^x f(y)\mathrm{d}y$,

$F''(x) = 2f(x)$.

而当 $x \leqslant a$ 时, $F(x) = \int_a^b (y-x)f(y)\mathrm{d}y$, $F'(x) = -\int_a^b f(y)\mathrm{d}y$,于是 $F''(x) = 0$.

注　遇到含有绝对值的问题,往往通过分段方法去掉绝对值.

例 5　求积分 $I(a,b) = \int_0^1 \dfrac{x^b-x^a}{\ln x}\mathrm{d}x \ (a,b > 0)$.

分析　首先被积函数当 $x \to 0$ 和 $x \to 1$ 时分别有极限 0 和 $b-a$,故该积分可视为含有两个参量的常义积分.

解一　$\int_0^1 \dfrac{x^b-x^a}{\ln x}\mathrm{d}x = \int_0^1 \mathrm{d}x \int_a^b x^y \mathrm{d}y = \int_a^b \mathrm{d}y \int_0^1 x^y \mathrm{d}x$

$\qquad\qquad = \int_a^b \dfrac{x^{y+1}}{y+1}\Big|_0^1 \mathrm{d}y = \ln(1+y)\Big|_a^b = \ln \dfrac{1+b}{1+a}$.

解二　视 b 为参变量,对含参积分 $I(a,b)$ 关于 b 进行求导运算:

$$\frac{\partial I(a,b)}{\partial b} = \int_0^1 x^b \mathrm{d}x = \frac{1}{1+b},\text{关于 } b \text{ 积分,得}$$

$$I(a,b) = \ln(1+b) + J(a),$$

类似地,视 a 为参变量,对含参积分 $I(a,b)$ 关于 a 进行求导运算:

$$\frac{\partial I(a,b)}{\partial a} = -\frac{1}{1+a} = J'(a),$$

$$J(a) = -\ln(1+a) + c,\text{得 } I(a,b) = \ln \frac{1+b}{1+a} + c,$$

代入初始条件 $I(a,a) = 0$，得 $c = 0$. 于是

$$I(a,b) = \int_0^1 \frac{x^b - x^a}{\ln x} dx = \ln \frac{1+b}{1+a}.$$

例 6　计算积分 $\displaystyle\int_0^1 \frac{\ln(1+x)}{1+x^2} dx$.

解一　令 $x = \tan t$，原积分化为 $\displaystyle\int_0^{\frac{\pi}{4}} \ln(1+\tan t) dt$，前面已做了. 参见 §4.1 例 11.

解二　引入参量 $\alpha: I(\alpha) = \displaystyle\int_0^1 \frac{\ln(1+\alpha x)}{1+x^2} dx$，积分号下求导：

$$I'(\alpha) = \int_0^1 \frac{x}{(1+x^2)(1+\alpha x)} dx = \frac{1}{1+\alpha^2}\left[\frac{1}{2}\ln 2 + \frac{\pi}{4}\alpha - \ln(1+\alpha)\right],$$

$$I(1) = \int_0^1 I'(\alpha) d\alpha$$

$$= \left[\frac{1}{2}\ln 2 \arctan\alpha + \frac{\pi}{8}\ln(1+\alpha^2)\right]\Big|_0^1 - \int_0^1 \frac{\ln(1+\alpha)}{1+\alpha^2} d\alpha = \frac{\pi}{4}\ln 2 - I(1),$$

所以 $I(1) = \dfrac{\pi}{8}\ln 2$.

例 7　利用公式 $\dfrac{\arctan x}{x} = \displaystyle\int_0^1 \frac{dy}{1+x^2y^2}$，计算积分 $\displaystyle\int_0^1 \frac{\arctan x}{x} \frac{dx}{\sqrt{1-x^2}}$.

解　$\displaystyle\int_0^1 \frac{\arctan x}{x} \frac{dx}{\sqrt{1-x^2}} = \int_0^1 \left[\frac{1}{\sqrt{1-x^2}}\int_0^1 \frac{dy}{1+x^2y^2}\right] dx$

因为 $\dfrac{1}{1+x^2y^2}$ 在 $[0,1;0,1]$ 连续，$\displaystyle\int_0^1 \frac{1}{\sqrt{1-x^2}} dx$ 收敛，

所以上述积分可以换序，得原积分 $= \displaystyle\int_0^1 G(y) dy$，

而 $G(y) = \displaystyle\int_0^1 \frac{1}{\sqrt{1-x^2}(1+x^2y^2)} dx$（令 $x = \cos t$）

$$= \int_0^{\frac{\pi}{2}} \frac{dt}{1+y^2\cos^2 t} = \frac{\pi}{2\sqrt{1+y^2}},$$

所以原积分 $= \displaystyle\int_0^1 \frac{\pi dy}{2\sqrt{1+y^2}} = \frac{\pi}{2}\ln(y+\sqrt{1+y^2})\Big|_0^1 = \frac{\pi}{2}\ln(1+\sqrt{2})$.

习题 8.2

1. 证明:不连续函数 $f(x,y) = \operatorname{sgn}(x-y)$ 的积分

$$F(y) = \int_0^1 \operatorname{sgn}(x-y)\mathrm{d}x \text{ 为连续函数.}$$

2. 设 $f(x)$ 连续,$F(x) = \int_0^x f(t)(x-t)^{n-1}\mathrm{d}t$,求 $F^{(n)}(x)$.

3. 设有函数 $u(x) = \int_0^1 K(x,y)v(y)\mathrm{d}y$,

其中 $v(y)$ 连续,$K(x,y) = \begin{cases} x(1-y), & x \leqslant y \\ y(1-x), & x > y \end{cases}$.

证明 $u''(x) = -v(x)(0 \leqslant x \leqslant 1)$.

4. 计算积分 $I(a,b) = \int_0^{\frac{\pi}{2}} \ln(a^2\sin^2 x + b^2\cos^2 x)\mathrm{d}x(a,b>0)$.

5. 已知 $F(\alpha) = \int_{-\alpha}^{\sqrt{\alpha}} \dfrac{\cos(\alpha x^2)}{x}\mathrm{d}x$,求 $F'(\alpha)(\alpha>0)$.

6. 设 $f(x) = \int_0^x \cos\dfrac{1}{t}\mathrm{d}t$,证明 $f'(0) = 0$.

§8.3   含参变量广义积分

一、收敛性和一致收敛性的概念

形如 $\int_a^{+\infty} f(x,y)\mathrm{d}x$ 的积分,称为含参变量 y 的广义积分.

1. 点态收敛性

假设对于区间 $[c,d]$ 内的任一给定的 y,广义积分 $\int_a^{+\infty} f(x,y)\mathrm{d}x$ 收敛,则 $g(y)=\int_a^{+\infty} f(x,y)\mathrm{d}x$ 就是定义于 $[c,d]$ 上的函数.

点态收敛的 $\varepsilon-A$ 语言:$\forall y\in[c,d]$,$\forall\varepsilon>0$,$\exists A_0=A_0(\varepsilon,y)>0$,s. t. 当 $A',A''\geqslant A_0$ 时,成立有

$$\left|\int_{A'}^{A''} f(x,y)\mathrm{d}x\right|<\varepsilon \text{ 或 } \left|\int_{A'}^{+\infty} f(x,y)\mathrm{d}x\right|<\varepsilon \tag{1}$$

2. 一致收敛性

假设 $\forall\varepsilon>0$,$\exists A_0=A_0(\varepsilon)$,s. t. $\forall y\in[c,d]$,当 $A',A''\geqslant A_0$ 时恒有(1) 式成立,称广义积分 $\int_a^{+\infty} f(x,y)\mathrm{d}x$ 关于 $y\in[c,d]$ 一致收敛.

注   (1) 上述定义中参数范围 $[c,d]$ 可以置换成一般的区间 I;

(2) 含参量瑕积分的收敛性和一致收敛性的概念类似定义.

3. 不一致收敛的叙述

设 $\int_a^{+\infty} f(x,y)\mathrm{d}x$ 在 $y\in[c,d]$ 上处处收敛,它不一致收敛是指:

$$\exists\varepsilon_0>0,\forall M>a,\exists A>M,\exists y_0\in[c,d],\text{s. t.} \ \left|\int_A^{+\infty} f(x,y_0)\mathrm{d}x\right|\geqslant\varepsilon_0 \tag{2}$$

注   当 $\int_a^{+\infty} f(x,y)\mathrm{d}x$ 在 $y\in[c,d]$ 上有发散点时,当然谈不上一致收敛.

二、一致收敛性判别法

从定义出发判定,亦即寻找一个不依赖于 y 的 $A_0(\varepsilon)$,自然也是一种方法. 但这无异于钻木取火不方便,故需要寻找出一系列便捷的判定方法(充分条件). 当原函数易求时,定义法也有优势,依定义或 Cauchy 准则判断.

1. 一致收敛的 *Cauchy* 准则

定理 1   含参量无穷积分 $\int_a^{+\infty} f(x,y)\mathrm{d}x$ 在 $y\in[c,d]$ 上一致收敛的充分必要条件是:

$\forall \varepsilon > 0, \exists A_0 = A_0(\varepsilon), \text{s. t.}\quad \forall y \in [c,d],$ 当 $A', A'' \geqslant A_0$ 时恒有

$$\left| \int_{A'}^{A''} f(x,y)\mathrm{d}x \right| < \varepsilon \tag{3}$$

反面叙述：含参量无穷积分 $\int_a^{+\infty} f(x,y)\mathrm{d}x$ 在 $y \in [c,d]$ 上不一致收敛当且仅当：

$$\exists \varepsilon_0 > 0, \forall M > a, \exists A', A'' > M, \exists y_0 \in [c,d], \text{s. t.}\ \left| \int_{A'}^{A''} f(x,y_0)\mathrm{d}x \right| \geqslant \varepsilon_0 \tag{4}$$

2. M-判别法（Weierstrass 判别法）

定理2　如果对充分大的 x 以及 $y \in I$，有 $|f(x,y)| \leqslant M(x)$，且 $\int_a^{+\infty} M(x)\mathrm{d}x$ 收敛，则 $\int_a^{+\infty} f(x,y)\mathrm{d}x$ 在 I 上对 y 绝对一致收敛.

3. 阿贝尔判别法

定理3　设(1) $\int_a^{+\infty} f(x,y)\mathrm{d}x$ 关于 $y \in I$ 一致收敛；

　　　　　(2) $g(x,y)$ 关于 x 单调且一致有界，$|g(x,y)| \leqslant K$，

则积分 $\int_a^{+\infty} f(x,y)g(x,y)\mathrm{d}x$ 关于 $y \in I$ 一致收敛.

4. 狄利克雷判别法

定理4　设(1) $\int_a^A f(x,y)\mathrm{d}x$ 一致有界；（关于 A 和 y 而言）

　　　　　(2) $g(x,y)$ 关于 x 单调且对 $y \in I$ 一致收敛于 0，（当 $x \to +\infty$ 时）

则积分 $\int_a^{+\infty} f(x,y)g(x,y)\mathrm{d}x$ 关于 $y \in I$ 一致收敛.

该两个判别法是处理乘积项被积函数的含参广义积分一致收敛性的重要工具. 其证明思路是利用积分第二中值定理以及一致收敛性的 Cauchy 准则：

$$\int_{A'}^{A''} f(x,y)g(x,y)\mathrm{d}x = g(A',y)\int_{A'}^{\xi(y)} f(x,y)\mathrm{d}x + g(A'',y)\int_{\xi(y)}^{A''} f(x,y)\mathrm{d}x;$$

阿贝尔判别法时，$\left| \int_{A'}^{\xi(y)} f(x,y)\mathrm{d}x \right| < \varepsilon, \left| \int_{\xi(y)}^{A''} f(x,y)\mathrm{d}x \right| < \varepsilon$；

狄利克雷法时，$|g(A',y)| < \varepsilon, |g(A'',y)| < \varepsilon$（关于 y 一致成立）.

注　请与不含参广义积分的相应判别法作对照.

5. 与函数项级数一致收敛性的转化

定理5　含参无穷积分 $\int_a^{+\infty} f(x,y)\mathrm{d}x$ 在 $y \in [c,d]$ 上一致收敛的充分必要条件是：

对任一列 $\{A_n\} \to +\infty, A_1 = a$，函数项级数 $\sum_{n=1}^{\infty} \int_{A_n}^{A_{n+1}} f(x,y)\mathrm{d}x$ 在 $y \in [c,d]$ 上一致收敛.

证明　记 $u_n(x) = \int_{A_n}^{A_{n+1}} f(x,y)\mathrm{d}x$，必要性从余积分 $\int_A^{+\infty} f(x,y)\mathrm{d}x$ 及余和 $\sum_{k=n+1}^{+\infty} u_k(x)$ 的相互关系，结合一致收敛的定义立得. 下证充分性.

反证法　若 $\displaystyle\int_a^{+\infty} f(x,y)\mathrm{d}x$ 在 $y \in [c,d]$ 上不一致收敛，依 Cauchy 准则，

$$\exists \varepsilon_0 > 0, \forall M > a, \exists A', A'' > M, \exists y_0 \in [c,d], \text{s. t.} \left|\int_{A'}^{A''} f(x,y_0)\mathrm{d}x\right| \geqslant \varepsilon_0,$$

取 $M_1 = \max\{1,c\}, \exists A_2 > A_1 > M_1$，及 $y_1 \in [c,d]$，有

$$\left|\int_{A_1}^{A_2} f(x,y_1)\mathrm{d}x\right| \geqslant \varepsilon_0,$$

取 $M_2 = \max\{2,A_2\}, \exists A_4 > A_3 > M_2$，及 $y_2 \in [c,d]$，有

$$\left|\int_{A_3}^{A_4} f(x,y_2)\mathrm{d}x\right| \geqslant \varepsilon_0,$$

一般地，取 $M_n = \max\{n, A_{2(n-1)}\}, \exists A_{2n} > A_{2n-1} > M_n$，及 $y_n \in [c,d]$，有

$$\left|\int_{A_{2n-1}}^{A_{2n}} f(x,y_n)\mathrm{d}x\right| \geqslant \varepsilon_0,$$

考虑级数 $\displaystyle\sum_{n=1}^{\infty} \int_{A_n}^{A_{n+1}} f(x,y)\mathrm{d}x$，其中 $\{A_n\}$ 如上，则

$$|u_{2n-1}(y)| = \left|\int_{A_{2n-1}}^{A_{2n}} f(x,y_n)\mathrm{d}x\right| \geqslant \varepsilon_0.$$

故函数项级数 $\displaystyle\sum_{n=1}^{\infty} \int_{A_n}^{A_{n+1}} f(x,y)\mathrm{d}x$ 在 $y \in [c,d]$ 上不一致收敛. 矛盾.

注　作为比较，不含参广义积分的相应结论参阅 §8.1 第二段第 8 条.

6. 不一致收敛的一个判别法

定理 6　若 $f(x,y)$ 在 $[a,+\infty) \times [c,d]$ 上连续，又 $\displaystyle\int_a^{+\infty} f(x,y)\mathrm{d}x$ 在 $y \in [c,d)$ 上收敛，但在 $y = d$ 处发散，则 $\displaystyle\int_a^{+\infty} f(x,y)\mathrm{d}x$ 在 $y \in [c,d)$ 上不一致收敛.

证明　只需利用 Cauchy 收敛准则（习题 5）.

三、一致收敛的性质

1. 连续性

定理 7　设 $f(x,y)$ 在 $D = [a,+\infty) \times [c,d]$ 上连续，积分 $J(y) = \displaystyle\int_a^{+\infty} f(x,y)\mathrm{d}x$ 在 $y \in [c,d]$ 上一致收敛，则 $J(y)$ 在 $[c,d]$ 上连续.

2. 可微性

定理 8　设 (1) $f(x,y)$ 及 $f_y(x,y)$ 在 $D = [a,+\infty) \times [c,d]$ 上连续；

　　　　(2) $J(y) = \displaystyle\int_a^{+\infty} f(x,y)\mathrm{d}x$ 在 $y \in [c,d]$ 上收敛；

　　　　(3) $\displaystyle\int_a^{+\infty} f_y(x,y)\mathrm{d}x$ 在 $y \in [c,d]$ 上一致收敛，

则 $J(y)$ 在 $[c,d]$ 上可微，且

$$J'(y) = \int_a^{+\infty} f_y(x,y)\mathrm{d}x \tag{5}$$

3. 积分换序

定理 9 设 $f(x,y)$ 在 $D=[a,+\infty)\times[c,d]$ 上连续,积分 $J(y)=\displaystyle\int_a^{+\infty}f(x,y)\mathrm{d}x$

在 $y\in[c,d]$ 上一致收敛.则 $J(y)$ 在 $[c,d]$ 上可积,且有:

$$\int_c^d\mathrm{d}y\int_a^{+\infty}f(x,y)\mathrm{d}x=\int_a^{+\infty}\mathrm{d}x\int_c^d f(x,y)\mathrm{d}y \tag{6}$$

4. 双无限区间上的积分换序

若在上述(6)式中的积分上限 d 改为 $+\infty$,在同样的一致收敛条件之下结论未必成立.

例 1 在 $D=[1,+\infty)\times[1,+\infty)$ 上定义了函数 $f(x,y)=\dfrac{x^2-y^2}{(x^2+y^2)^2}$,考虑

$$\int_1^{+\infty}\mathrm{d}y\int_1^{+\infty}\frac{x^2-y^2}{(x^2+y^2)^2}\mathrm{d}x=\int_1^{+\infty}\mathrm{d}x\int_1^{+\infty}\frac{x^2-y^2}{(x^2+y^2)^2}\mathrm{d}y$$

是否成立.

因为 $\forall A>1,\displaystyle\int_A^{+\infty}\frac{x^2-y^2}{(x^2+y^2)^2}\mathrm{d}x=-\frac{x}{x^2+y^2}\Big|_A^{+\infty}=\frac{A}{A^2+y^2}<\frac{1}{A}$,

所以 $\displaystyle\int_1^{+\infty}\frac{x^2-y^2}{(x^2+y^2)^2}\mathrm{d}x$ 在 $y\in\mathbf{R}$ 上一致收敛;完全类似地,$\displaystyle\int_1^{+\infty}\frac{x^2-y^2}{(x^2+y^2)^2}\mathrm{d}y$ 在 $x\in\mathbf{R}$

上也一致收敛.但

$$-\frac{\pi}{4}=\int_1^{+\infty}\mathrm{d}x\int_1^{+\infty}\frac{x^2-y^2}{(x^2+y^2)^2}\mathrm{d}y\neq\int_1^{+\infty}\mathrm{d}y\int_1^{+\infty}\frac{x^2-y^2}{(x^2+y^2)^2}\mathrm{d}x=\frac{\pi}{4}.$$

所以对于双无限区间上的累次积分换序,仅一致收敛的条件是不够的.

下面我们介绍两个结果.

定理 10 设 $f(x,y)$ 在 $D=[a,+\infty)\times[c,+\infty)$ 上连续且非负,积分

$$I(x)=\int_c^{+\infty}f(x,y)\mathrm{d}y,J(y)=\int_a^{+\infty}f(x,y)\mathrm{d}x,$$

都是连续函数,则

$$\int_c^{+\infty}\mathrm{d}y\int_a^{+\infty}f(x,y)\mathrm{d}x=\int_a^{+\infty}\mathrm{d}x\int_c^{+\infty}f(x,y)\mathrm{d}y \tag{7}$$

证明 $\forall d>c,$ $\displaystyle\int_c^d f(x,y)\mathrm{d}y\leqslant\int_c^{+\infty}f(x,y)\mathrm{d}y,$

又 $\displaystyle\int_a^{+\infty}f(x,y)\mathrm{d}x$ 在 $c\leqslant y\leqslant d$ 上必一致收敛,从而

$$\int_c^d\mathrm{d}y\int_a^{+\infty}f(x,y)\mathrm{d}x=\int_a^{+\infty}\mathrm{d}x\int_c^d f(x,y)\mathrm{d}y\leqslant\int_a^{+\infty}\mathrm{d}x\int_c^{+\infty}f(x,y)\mathrm{d}y,$$

由此可知

$$\int_c^{+\infty}\mathrm{d}y\int_a^{+\infty}f(x,y)\mathrm{d}x\leqslant\int_a^{+\infty}\mathrm{d}x\int_c^{+\infty}f(x,y)\mathrm{d}y,$$

依字母轮换对称性知反向不等式

$$\int_c^{+\infty}\mathrm{d}y\int_a^{+\infty}f(x,y)\mathrm{d}x\geqslant\int_a^{+\infty}\mathrm{d}x\int_c^{+\infty}f(x,y)\mathrm{d}y.$$

也成立.所以有

$$\int_c^{+\infty}\mathrm{d}y\int_a^{+\infty}f(x,y)\mathrm{d}x=\int_a^{+\infty}\mathrm{d}x\int_c^{+\infty}f(x,y)\mathrm{d}y$$

注   从证明过程可知,(7) 式两边要么同时为有限数,要么同时为无穷大.

定理 11   设 $f(x,y)$ 在 $D = [a, +\infty) \times [c, +\infty)$ 上连续,且

(1) $\int_a^{+\infty} f(x,y)\mathrm{d}x$ 关于 y 在任何闭区间 $[c,d]$ 上一致收敛;$\int_c^{+\infty} f(x,y)\mathrm{d}y$ 关于 x 在任何闭区间 $[a,b]$ 上一致收敛;

(2) $\int_a^{+\infty} \mathrm{d}x \int_c^{+\infty} |f(x,y)| \mathrm{d}y$ 和 $\int_c^{+\infty} \mathrm{d}y \int_a^{+\infty} |f(x,y)| \mathrm{d}x$ 至少有一个收敛,则有

$$\int_c^{+\infty} \mathrm{d}y \int_a^{+\infty} f(x,y)\mathrm{d}x = \int_a^{+\infty} \mathrm{d}x \int_c^{+\infty} f(x,y)\mathrm{d}y.$$

四、典型例题

例 2   判定积分 $\int_0^{+\infty} \mathrm{e}^{-tx} x^4 \cos x \mathrm{d}x, \frac{1}{2} \leqslant t \leqslant \beta$ 的一致收敛性.

解   当 $x \geqslant 0, \frac{1}{2} \leqslant t$ 时,$|\mathrm{e}^{-tx} \cdot x^4 \cos x| \leqslant \mathrm{e}^{-\frac{x}{2}} \cdot x^4$,而 $\int_0^{+\infty} \mathrm{e}^{-\frac{x}{2}} \cdot x^4 \mathrm{d}x$ 收敛,故由 $M-$ 判别法知,原广义积分在 $t \in \left[\frac{1}{2}, \beta\right]$ 上一致收敛.

例 3   证明积分 $I = \int_0^{+\infty} \alpha \mathrm{e}^{-\alpha x} \mathrm{d}x.$

(1) 在任何区间内 $0 < a \leqslant \alpha \leqslant b$ 一致收敛;

(2) 在区间 $0 \leqslant \alpha \leqslant b$ 内非一致收敛.

分析   先看看积分的收敛性.$\alpha = 0$ 时,$I(0) = 0$;$\alpha > 0$ 时,$I(\alpha) = 1$.(联想到概率中的指数分布)

结果 $I(\alpha)$ 在 $\alpha = 0$ 处不连续,故极有可能就在 $\alpha = 0$ 处一致收敛性出了问题.(此为执果索因法)

证明   (1) $0 < a \leqslant \alpha \leqslant b$ 时,若用 M 判别法,可以取 $M(x) = b\mathrm{e}^{-ax}$,$\alpha \mathrm{e}^{-\alpha x} \leqslant b\mathrm{e}^{-ax}$,而 $\int_0^{+\infty} M(x)\mathrm{d}x < +\infty$ 显然.

或者:因为 $\alpha \mathrm{e}^{-\alpha x}$ 的原函数易求,故可以设法使用定义来证.

$$\int_A^{+\infty} \alpha \mathrm{e}^{-\alpha x} \mathrm{d}x = \mathrm{e}^{-\alpha A} \leqslant \mathrm{e}^{-aA},$$

$\forall \varepsilon > 0, \exists A_0 = A_0(\varepsilon) = \frac{1}{a} \ln \frac{1}{\varepsilon}, \forall A > A_0$ 有

$$\int_A^{+\infty} \alpha \mathrm{e}^{-\alpha x} \mathrm{d}x \leqslant \mathrm{e}^{-aA} < \varepsilon;$$

(2) 反证法:若 $I(\alpha)$ 对于 $0 \leqslant \alpha \leqslant b$ 一致收敛,则 $I(\alpha)$ 应该在 $[0,b]$ 上为连续,矛盾.

或分析:$\alpha \to 0^+$ 时,$\int_A^{+\infty} \alpha \mathrm{e}^{-\alpha x} \mathrm{d}x = \mathrm{e}^{-\alpha A} \to 1 \not< \varepsilon$,如何用 ε_0 的语言表达?

取 $\varepsilon_0 = \mathrm{e}^{-\frac{1}{2}}, \forall A > 0, \exists \alpha_0 > 0, \mathrm{s.\,t.}$ (如 $\alpha_0 = \frac{1}{2A}$)

$$\int_A^{+\infty} \alpha_0 \mathrm{e}^{-\alpha_0 x} \mathrm{d}x = \mathrm{e}^{-\alpha_0 A} = \mathrm{e}^{-\frac{1}{2}} = \varepsilon_0.$$

例 4　判定积分 $\int_0^{+\infty} \sqrt{\alpha}\, e^{-\alpha x^2}\, dx\ (0 \leqslant \alpha < +\infty)$ 的一致收敛性.

分析　依前题思路,先考虑收敛性 $I(\alpha) = \begin{cases} \dfrac{\sqrt{\pi}}{2}, & \alpha > 0 \\[2mm] 0, & \alpha = 0 \end{cases}$.

证明　当 $0 < a \leqslant \alpha \leqslant b < +\infty$ 时,由 $\sqrt{\alpha}\, e^{-\alpha x^2} \leqslant \sqrt{b}\, e^{-\alpha x^2}$ 及 M－判别法知一致收敛.
当 $0 \leqslant \alpha < +\infty$ 时,从定义出发

$$\int_A^{+\infty} \sqrt{\alpha}\, e^{-\alpha x^2}\, dx = \int_{\sqrt{\alpha}A}^{+\infty} e^{-t^2}\, dt,$$

对于充分大的 A,当 $\alpha \to 0$ 时,

$$\lim_{\alpha \to 0^+} \int_A^{+\infty} \sqrt{\alpha}\, e^{-\alpha x^2}\, dx = \frac{\sqrt{\pi}}{2}$$

但若 $0 < a \leqslant \alpha < +\infty$ 时,则当 $A \to +\infty$ 时,$\int_A^{+\infty} \sqrt{\alpha}\, e^{-\alpha x^2}\, dx \rightrightarrows 0$.

故在 $0 < a \leqslant \alpha < +\infty$ 上积分也一致收敛.

例 5　验证 $\int_0^{+\infty} e^{-\alpha x}\, \dfrac{\sin x}{x}\, dx$ 在 $\alpha \geqslant 0$ 上关于 α 一致收敛.

证法一　$\int_0^{+\infty} \dfrac{\sin x}{x}\, dx$ 不含参数 α,又 $e^{-\alpha x}$ 是 x 的单调函数,且 $0 \leqslant e^{-\alpha x} \leqslant 1$,由阿贝尔判别法知,在 $\alpha \geqslant 0$ 上关于 α 一致收敛.

证法二　取 $f(x, \alpha) = \sin x$,于是 $\left| \int_0^A f(x, \alpha)\, dx \right| \leqslant 2$ 一致有界.

$$\frac{\partial g(x, \alpha)}{\partial x} = -\frac{1}{x^2} e^{-\alpha x}(1 + \alpha x) < 0,$$

故 $g(x, \alpha) = \dfrac{1}{x} e^{-\alpha x}$,在 $\alpha \geqslant 0$ 上关于 x 单调递减;且 $|g(x, \alpha)| \leqslant \dfrac{1}{x}$;

当 $x \to +\infty$ 时,$g(x, \alpha)$ 一致趋于 0. 由狄利克雷法知,原积分在 $\alpha \geqslant 0$ 上一致收敛.

例 6　判断 Γ 函数 $\Gamma(s) = \int_0^{+\infty} x^{s-1} e^{-x}\, dx\ (s < 1$ 时,0 为奇点$)$ 收敛性.

易知,当 $s > 0$ 时,$\Gamma(s)$ 收敛. $s \leqslant 0$ 时,发散,于是由广义积分 $\int_0^{+\infty} x^{s-1} e^{-x}\, dx$ 得出了定义于 $(0, +\infty)$ 上的超越函数,称为 Γ 函数. 为了研究 Γ 函数的性质,如连续性,可导性,就得研究其一致收敛性.

因为 $\Gamma(s)$ 当 $s = 0$ 时不存在,且 $\lim\limits_{s \to 0^+} \Gamma(s) = +\infty$,(为什么?)

可以猜测 $\Gamma(s)$ 在 $0 < s < +\infty$ 上不一致收敛(反证法也行).

$\int_0^1 x^{s-1} e^{-x}\, dx$ 是瑕积分,$\int_0^{\delta} x^{s-1} e^{-x}\, dx > \dfrac{1}{e^{\delta}} \int_0^{\delta} x^{s-1}\, dx \geqslant \varepsilon_0$,

$\forall \delta > 0 (\delta$ 充分小$)$

$$\int_0^{\delta} x^{s-1} e^{-x}\, dx > e^{-\delta} \int_0^{\delta} x^{s-1}\, dx = \frac{1}{s} e^{-\delta} \delta^s,$$

可以选择 s 充分小,使得 $e^{-\delta} \delta^s > \dfrac{1}{2}$,于是 $\int_0^{\delta} x^{s-1} e^{-x}\, dx > \dfrac{1}{2s}$ 可以充分大.

下面证明:在任何 $[s_0,S_0](0 < s_0 < S_0)$ 上,$\Gamma(s)$ 一致收敛.

$$\Gamma(S) = \int_0^1 x^{s-1}\mathrm{e}^{-x}\mathrm{d}x + \int_1^{+\infty} x^{s-1}\mathrm{e}^{-x}\mathrm{d}x = I_1 + I_2,$$

对 I_1,$x^{s-1}\mathrm{e}^{-x} \leqslant x^{s_0-1}\mathrm{e}^{-x}$ 而 $\int_0^1 x^{s_0-1}\mathrm{e}^{-x}\mathrm{d}x$ 收敛.

对 I_2,$x^{s-1}\mathrm{e}^{-x} < x^{S_0-1}\mathrm{e}^{-x}$ 而 $\int_1^{+\infty} x^{S_0-1}\mathrm{e}^{-x}\mathrm{d}x$ 收敛.

所以 $I_1 + I_2$ 在 $[s_0,S_0]$ 上关于 s 一致收敛,因此得出 $\Gamma(s)$ 在 $s > 0$ 上连续.

关于 Γ 函数的一个重要性质:$\Gamma(s+1) = s\,\Gamma(s)$,$(s > 0)$ 且 $\Gamma(n+1) = n!$ $(n \in \mathbf{N})$,$\Gamma\left(\dfrac{1}{2}\right) = \sqrt{\pi}$.

例 7　设函数 $f(x)$ 在 $x > 0$ 时连续,积分 $\displaystyle\int_0^{+\infty} x^{\alpha}f(x)\mathrm{d}x$ 在 $\alpha = a$,$\alpha = b(a < b)$ 处收敛,证明该积分在 $\alpha \in [a,b]$ 上一致收敛.

证明　$I = \displaystyle\int_0^1 x^{\alpha-a} \cdot x^a f(x)\mathrm{d}x + \int_1^{+\infty} x^{\alpha-b} \cdot x^b f(x)\mathrm{d}x$,利用 Abel 判别法.

例 8　证明 $\displaystyle\int_0^{+\infty} \dfrac{\sin 2x}{x+\alpha}\mathrm{e}^{-\alpha x}\mathrm{d}x$ 在 $\alpha \in [0,b]$ 上一致收敛.

证明　取 $f(x,\alpha) = \dfrac{\sin 2x}{x+\alpha}$,$g(x,\alpha) = \mathrm{e}^{-\alpha x}$,$g(x,\alpha)$ 在所述范围内显然单调一致有界,故设法使用 Abel 判别法.只需证 $\displaystyle\int_0^{+\infty} \dfrac{\sin 2x}{x+\alpha}\mathrm{d}x$ 在 $x \in [0,b]$ 上一致收敛即可.

继续使用 Dirichlet 法,取 $f_1(x,\alpha) = \sin 2x$,$g_1(x,\alpha) = \dfrac{1}{x+\alpha}$.

例 9　试证积分 $\displaystyle\int_0^{+\infty} \dfrac{\cos x^2}{x^p}\mathrm{d}x$ 在 $|p| \leqslant p_0 < 1$ 上一致收敛.

证明　首先分段 $I = \displaystyle\int_0^1 \dfrac{\cos x^2}{x^p}\mathrm{d}x + \int_1^{+\infty} \dfrac{\cos x^2}{x^p} = I_1 + I_2$,

对 I_1,$\left|\dfrac{\cos x^2}{x^p}\right| \leqslant \dfrac{1}{x^p} \leqslant \dfrac{1}{x^{p_0}}(0 < x \leqslant 1, p \leqslant p_0 < 1)$ 且 $\displaystyle\int_0^1 \dfrac{1}{x^{p_0}}\mathrm{d}x$ 收敛,于是 I_1 在 $p \leqslant p_0 < 1$ 上一致收敛;

对 I_2,令 $x^2 = t$,$\mathrm{d}x = \dfrac{1}{2\sqrt{t}}\mathrm{d}t$ 代入得 $I_2 = \displaystyle\int_1^{+\infty} \dfrac{\cos t}{2t^{\frac{p+1}{2}}}\mathrm{d}t$,

联想 Dirichlet 判别法,取 $f(t,p) = \cos t$,$g(t,p) = \dfrac{1}{t^{\frac{p+1}{2}}}$,

当 $p \geqslant -p_0 > -1$ 时,

$$0 < g(t,p) = \dfrac{1}{t^{\frac{p+1}{2}}} \leqslant \dfrac{1}{t^{\frac{1-p_0}{2}}} \to 0(t \to +\infty),$$

于是 I_2 在 $p \geqslant -p_0 > -1$ 上一致收敛.总之,原积分在 $|p| \leqslant p_0 < 1$ 上一致收敛.

例 10　计算 $\displaystyle\int_0^{+\infty} \dfrac{\mathrm{e}^{-ax} - \mathrm{e}^{-bx}}{x}\mathrm{d}x$,$b > a > 0$.

解一　$\dfrac{\mathrm{e}^{-ax} - \mathrm{e}^{-bx}}{x} = \displaystyle\int_a^b \mathrm{e}^{-tx}\mathrm{d}t(x > 0)$,不难验证无穷积分 $\displaystyle\int_0^{+\infty} \mathrm{e}^{-tx}\mathrm{d}x$ 在 $[a,b]$ 上一致收

敛,故积分可以换序:

$$\int_0^{+\infty} \frac{e^{-ax} - e^{-bx}}{x} dx = \int_0^{+\infty} dx \int_a^b e^{-tx} dt = \int_a^b dt \int_0^{+\infty} e^{-tx} dx$$

$$= \int_a^b \frac{1}{t} dt = \ln \frac{b}{a}.$$

解二 常数变易法,将参数之一 a 视为变量并改用字母 t 代之,$I(t) = \int_0^{+\infty} \frac{e^{-tx} - e^{-bx}}{x} dx.$

$f(x, t) = \dfrac{e^{-tx} - e^{-bx}}{x}$, $f_t(x, t) = -e^{-tx}$ 都在 $x \geqslant 0$, $a \leqslant t \leqslant b$ 连续,积分 $\int_0^{+\infty} f_t(x, t) dx$

在 $a \leqslant t \leqslant b$ 上一致收敛,$I'(t) = -\int_0^{+\infty} e^{-tx} dx = -\dfrac{1}{t}$,$I(t) = C - \ln t$,代入 $t = b$,得 $C = \ln b$,

$I(t) = \ln \dfrac{b}{t}.$

例 11 计算 $\int_0^{+\infty} \dfrac{1 - \cos \alpha x}{x} e^{-\beta x} dx (\alpha, \beta > 0).$

解 记 $J(\alpha) = \int_0^{+\infty} \dfrac{1 - \cos \alpha x}{x} e^{-\beta x} dx$,利用一致收敛性的结果,

$J'(\alpha) = \int_0^{+\infty} e^{-\beta x} \sin \alpha x \, dx = \dfrac{\alpha}{\alpha^2 + \beta^2}$,故 $J(\alpha) = \dfrac{1}{2} \ln(\alpha^2 + \beta^2) + C$,

又 $J(0) = 0 \Rightarrow C = -\dfrac{1}{2} \ln \beta^2$,最后得 $J(\alpha) = \dfrac{1}{2} \ln \left(1 + \dfrac{\alpha^2}{\beta^2}\right).$

例 12 利用 $\int_0^{+\infty} \dfrac{1}{x^2 + a^2} dx = \dfrac{\pi}{2a} (a > 0)$,计算 $\int_0^{+\infty} \dfrac{1}{(x^2 + a^2)^{n+1}} dx.$

解一 分部积分法,

$$I_n = \int_0^{+\infty} \frac{1}{(x^2 + a^2)^{n+1}} dx = \frac{1}{a^2} \int_0^{+\infty} \frac{x^2 + a^2 - x^2}{(x^2 + a^2)^{n+1}} dx$$

$$= \frac{1}{a^2} \left[I_{n-1} - \frac{1}{2} \int_0^{+\infty} \frac{x}{(x^2 + a^2)^{n+1}} d(x^2 + a^2) \right]$$

$$= \frac{1}{a^2} \left[I_{n-1} + \frac{1}{2n} \int_0^{+\infty} x \, d(x^2 + a^2)^{-n} \right] = \frac{1}{a^2} \frac{2n-1}{2n} I_{n-1}, \quad 又 I_0 = \frac{\pi}{2a},$$

最后算得 $I_n = \int_0^{+\infty} \dfrac{1}{(x^2 + a^2)^{n+1}} dx = \dfrac{\pi}{2} \dfrac{(2n-1)!!}{(2n)!!} a^{-(2n+1)}.$

解二 引入变量代换 $\lambda = a^2$,记 $I_n(\lambda) = \int_0^{+\infty} \dfrac{1}{(x^2 + \lambda)^{n+1}} dx$,

则 $I_0(\lambda) = \int_0^{+\infty} \dfrac{1}{x^2 + \lambda} dx = \dfrac{\pi}{2\sqrt{\lambda}}$,而 $\int_0^{+\infty} \dfrac{\partial}{\partial \lambda} \dfrac{1}{x^2 + \lambda} dx = -\int_0^{+\infty} \dfrac{1}{(x^2 + \lambda)^2} dx$,

在 $\lambda > 0$ 内闭一致收敛,故 $I'_0(\lambda) = \int_0^{+\infty} \dfrac{\partial}{\partial \lambda} \dfrac{1}{x^2 + \lambda} dx = -\int_0^{+\infty} \dfrac{1}{(x^2 + \lambda)^2} dx$,即得

$$\int_0^{+\infty} \frac{1}{(x^2 + \lambda)^2} dx = -I'_0(\lambda) = -\left(\frac{\pi}{2\sqrt{\lambda}}\right)' = \frac{\pi}{4} \lambda^{-\frac{3}{2}} = \frac{\pi}{4} a^{-3},$$

类似地,往下求各阶导数:$I''_0(\lambda) = \int_0^{+\infty} \dfrac{\partial^2}{\partial \lambda^2} \dfrac{1}{x^2 + \lambda} dx = 2 \int_0^{+\infty} \dfrac{1}{(x^2 + \lambda)^3} dx = 2 I_2(\lambda)$,

$$I_2(\lambda) = \frac{1}{2} I''_0(\lambda) = \frac{1}{2} \frac{\pi}{4} \frac{3}{2} \lambda^{-\frac{5}{2}} = \frac{\pi}{2} \frac{3 \times 1}{4 \times 2} \lambda^{-\frac{5}{2}} = \frac{\pi}{2} \frac{3 \times 1}{4 \times 2} a^{-5},$$

数学归纳法可得 $I_n(\lambda) = \dfrac{\pi}{2} \dfrac{(2n-1)!!}{(2n)!!} \lambda^{-\frac{2n+1}{2}} = \dfrac{\pi}{2} \dfrac{(2n-1)!!}{(2n)!!} a^{-(2n+1)}.$

例 13   证明 $F(\lambda) = \displaystyle\int_0^{+\infty} \dfrac{1-\mathrm{e}^{-\lambda t}}{t} \cos t \, \mathrm{d}t$ 在 $[0, +\infty)$ 上连续,在 $(0, +\infty)$ 上可导.

证明   由于 $\displaystyle\lim_{t \to 0} \dfrac{1-\mathrm{e}^{-\lambda t}}{t} \cos t = \lambda$,故 $t = 0$ 不是瑕点.

引入 $f(t,\lambda) = \begin{cases} \dfrac{1-\mathrm{e}^{-\lambda t}}{t} \cos t, & t > 0 \\ \lambda, & t = 0 \end{cases}$,则 $f(t,\lambda)$ 在 $[0,+\infty) \times [0,+\infty)$ 上连续,

$\displaystyle\int_1^{+\infty} \dfrac{\cos t}{t} \mathrm{d}t$ 收敛,$1-\mathrm{e}^{-\lambda t}$ 关于 t 单调且一致有界,由 Abel 判别法知

$\displaystyle\int_1^{+\infty} \dfrac{1-\mathrm{e}^{-\lambda t}}{t} \cos t \, \mathrm{d}t$ 在 $\lambda \geq 0$ 上一致收敛,故其在 $\lambda \geq 0$ 连续;又

$\displaystyle\int_0^1 \dfrac{1-\mathrm{e}^{-\lambda t}}{t} \cos t \, \mathrm{d}t$ 在 $\lambda \geq 0$ 显然连续,从而

$F(\lambda) = \displaystyle\int_0^1 \dfrac{1-\mathrm{e}^{-\lambda t}}{t} \cos t \, \mathrm{d}t + \int_1^{+\infty} \dfrac{1-\mathrm{e}^{-\lambda t}}{t} \cos t \, \mathrm{d}t$ 在 $\lambda \geq 0$ 上连续.

又 $f_\lambda(t,\lambda) = \mathrm{e}^{-\lambda t} \cos t$,$\displaystyle\int_0^{+\infty} f_\lambda(t,\lambda) \mathrm{d}t$ 在 $\lambda > 0$ 内闭一致收敛,于是

$$F'(\lambda) = \int_0^{+\infty} f_\lambda(t,\lambda) \mathrm{d}t = \int_0^{+\infty} \mathrm{e}^{-\lambda t} \cos t \, \mathrm{d}t \, (\lambda > 0).$$

证得 $F(\lambda)$ 在 $(0, +\infty)$ 上可导.

习题 8.3

1. 证明 $\displaystyle\int_{-\infty}^{+\infty} e^{-(x-\alpha)^2} dx$ 在 $a \leqslant \alpha \leqslant b$ 上一致收敛,在 $-\infty < \alpha < +\infty$ 上不一致收敛.

2. 证明 $\displaystyle\int_0^{+\infty} x e^{-\alpha x} dx$ 在 $0 < \alpha_0 < \alpha < +\infty$ 上一致收敛,但在 $0 < \alpha < +\infty$ 上不一致收敛.

3. 证明 $\displaystyle\int_0^1 \frac{\sin xy}{\sqrt{|x-y|}} dx$ 在 $0 \leqslant y \leqslant 1$ 上一致收敛.

4. 证明 $\displaystyle\int_1^{+\infty} e^{-\frac{1}{\alpha^2}(x-\frac{1}{\alpha})^2} dx$ 在 $0 < \alpha < 1$ 上一致收敛.

5. 设 $f(x,y)$ 在 $a \leqslant x < +\infty, c \leqslant y \leqslant d$ 上连续,$\forall y \in [c,d)$, $\displaystyle\int_a^{+\infty} f(x,y) dx$ 收敛,但 $y = d$ 时,积分发散.求证:$\displaystyle\int_a^{+\infty} f(x,y) dx$ 在 $y \in [c,d)$ 上不一致收敛.

6. 试证 $\displaystyle\int_0^1 \frac{1}{x^\alpha} \sin\frac{1}{x} dx$ 在 $0 < \alpha < 2$ 上不一致收敛.

7. 证明 Beta 函数 $B(p,q) = \displaystyle\int_0^1 x^{p-1}(1-x)^{q-1} dx$ 在其定义域 $p > 0, q > 0$ 内连续.

8. 证明狄利克雷积分 $I = \displaystyle\int_0^{+\infty} \frac{\sin\alpha x}{x} dx$.

    (1) 在每个不含数值 0 的闭区间 $\alpha \in [a,b]$ 上一致收敛.

    (2) 在含数值 0 的任一个闭区间 $\alpha \in [a,b]$ 上不一致收敛.

9. 证明 $\displaystyle\int_0^{+\infty} \frac{x\sin\alpha x}{\alpha(1+x^2)} dx$ 在 $0 < \alpha < +\infty$ 上不一致收敛.

10. 定义 $g(\alpha) = \displaystyle\int_1^\infty \frac{\arctan\alpha x}{x^2\sqrt{x^2-1}} dx (\alpha \in \mathbf{R})$,求 $g'(\alpha)$. 　　　　（北京师范大学 2002 年）

11. 计算积分 $\displaystyle\int_0^{+\infty} \frac{1-e^{-\lambda t}}{t} \cos t dt$.

12. 计算积分 $\displaystyle\int_0^{+\infty} \frac{\ln(1+a^2 x^2)}{1+x^2} dx (a > 0)$.

13. 计算积分 $\displaystyle\int_0^{+\infty} \frac{\arctan\alpha x}{x(1+x^2)} dx (\alpha > 0)$.

14. 计算积分 $J(t) = \displaystyle\int_0^{+\infty} e^{-x^2} \cos 2tx dx$.

15. 利用 $\displaystyle\int_0^{+\infty} e^{-\alpha t^2} dt = \frac{\sqrt{\pi}}{2} \alpha^{-\frac{1}{2}} (\alpha > 0)$,证明 $\displaystyle\int_0^{+\infty} t^{2n} e^{-\alpha t^2} dt = \frac{\sqrt{\pi}}{2} \frac{(2n-1)!!}{2^n} \alpha^{-(n+\frac{1}{2})}$.

16. 确定函数 $g(\alpha) = \displaystyle\int_0^{+\infty} \frac{\ln(1+x^3)}{x^\alpha} dx$ 的连续范围.

17. 设 $\displaystyle\int_{-\infty}^{+\infty} |f(x)| dx$ 收敛,证明 $g(\alpha) = \displaystyle\int_{-\infty}^{+\infty} f(x)\cos\alpha x dx$ 在 $(-\infty, +\infty)$ 上一致连续.

18. 设 $f(x)$ 在 $[0,1]$ 上连续可微,且 $f(0) = 0$,定义

$$\phi(x) = \int_0^x \frac{f(t)}{\sqrt{x-t}} \mathrm{d}t, \ 0 < x \leqslant 1, \phi(0) = 0.$$

证明 $\phi(x)$ 在 $[0,1]$ 上连续可微,且 $\phi'(x) = \int_0^x \frac{f'(t)}{\sqrt{x-t}} \mathrm{d}t, \ 0 < x \leqslant 1, \phi'(0) = 0.$

19. 设 $F(t) = t \int_0^{+\infty} \mathrm{e}^{-tx} f(x) \mathrm{d}x$,其中 $f(x)$ 在 $[0,b]$ 上有界可积 $(\forall b > 0)$,且 $\lim\limits_{x \to +\infty} f(x) = \alpha$,证明 $\lim\limits_{t \to 0^+} F(t) = \alpha.$

20. 设 $f(x)$ 连续,且 $\int_{-\infty}^{+\infty} f^2(x) \mathrm{d}x$ 收敛,证明 $g(t) = \int_{-\infty}^{+\infty} f(t+u) f(u) \mathrm{d}u$ 在 $(-\infty, +\infty)$ 上连续且有界.

§8.4 欧拉积分·广义积分的计算

广义积分的计算除了利用定积分的一些常用方法,如牛顿－莱布尼兹公式法、换元法、分部积分法、递推法以外,还有许多极富特色的独到的解法.本节在介绍欧拉积分的同时,着重讲解一些特殊的广义积分的计算方法.

一、欧拉积分之 Γ 函数

1. 定义式 $\quad \Gamma(s) = \int_0^\infty x^{s-1} \mathrm{e}^{-x} \mathrm{d}x (s > 0)$ \hfill (1)

2. Γ 函数的其他形式

(1) 在定义式(1) 中,令 $x = y^2$ 得

$$\Gamma(s) = 2\int_0^\infty y^{2s-1} \mathrm{e}^{-y^2} \mathrm{d}y (s > 0)$$ \hfill (2)

(2) 在定义式(1) 中,令 $z = \mathrm{e}^{-x}$ 得

$$\Gamma(s) = \int_0^1 \left(\ln \frac{1}{z}\right)^{s-1} \mathrm{d}z (s > 0)$$ \hfill (3)

3. 递推关系 $\quad \Gamma(s+1) = s\Gamma(s)$ \hfill (4)

只要知道 $\Gamma(s)$ 在 $0 < s \leqslant 1$ 上的值,即可得所有的 $\Gamma(s)$ 值.甚至可以据 $\Gamma(s) = \dfrac{\Gamma(s+1)}{s}$ 将 $\Gamma(s)$ 定义域推广到集合 $\bigcup\limits_{k=0}^{+\infty} (-k-1, -k)$ 上去.

二、欧拉积分之 B 函数

1. 定义式 $\quad B(p,q) = \int_0^1 x^{p-1} (1-x)^{q-1} \mathrm{d}x (p > 0, q > 0)$ \hfill (5)

2. B 函数的其他形式

(1) 在定义式(5) 中,令 $x = \sin^2\theta$ 得

$$B(p,q) = 2\int_0^{\frac{\pi}{2}} \sin^{2p-1}\theta\cos^{2q-1}\theta \mathrm{d}\theta$$ \hfill (6)

(2) 在定义式(5) 中,令 $x = \dfrac{t}{1+t}$ 得

$$B(p,q) = \int_0^\infty \frac{t^{p-1}}{(1+t)^{p+q}} \mathrm{d}t$$ \hfill (7)

对 $\int_1^\infty \dfrac{t^{p-1}}{(1+t)^{p+q}} \mathrm{d}t$,令 $t = \dfrac{1}{y}$ 得 $\int_0^1 \dfrac{y^{q-1}}{(1+y)^{p+q}} \mathrm{d}y$

所以又有

$$B(p,q) = \int_0^1 \frac{t^{p-1} + t^{q-1}}{(1+t)^{p+q}} \mathrm{d}t$$ \hfill (8)

3. 递推关系

当 $p > 0, q > 1$ 时，$B(p,q) = \dfrac{q-1}{p+q-1}B(p,q-1)$ （9）

证明　$B(p,q) = \displaystyle\int_0^1 x^{p-1}(1-x)^{q-1}\mathrm{d}x = \int_0^1 x^{p-1}(1-x)^{q-2}(1-x)\mathrm{d}x$

$$= B(p,q-1) - \int_0^1 x^p(1-x)^{q-2}\mathrm{d}x$$

$$= B(p,q-1) + \frac{1}{q-1}\int_0^1 x^p\mathrm{d}(1-x)^{q-1}$$

$$= B(p,q-1) - \frac{p}{q-1}B(p,q)$$

移项立得.

当 $p > 1, q > 1$ 时，$B(p,q) = \dfrac{(p-1)(q-1)}{(p+q-1)(p+q-2)}B(p-1,q-1)$ （10）

据此，只要知道 $B(p,q)$ 在 $0 < p \leqslant 1; 0 < q \leqslant 1$ 上的值，即可得所有的 $B(p,q)$ 的值.

三、B 函数和 Γ 函数的转换关系

$$B(p,q) = \frac{\Gamma(p)\Gamma(q)}{\Gamma(p+q)} \tag{11}$$

证明需用到反常二重积分的极坐标变换，可参阅文献[7].

四、Γ 函数余元公式

当 $0 < \alpha < 1$ 时，有

$$\Gamma(\alpha)\Gamma(1-\alpha) = \frac{\pi}{\sin\alpha\pi} \tag{12}$$

证明　依(8)式和(11)式，$\Gamma(\alpha)\Gamma(1-\alpha) = B(\alpha,1-\alpha) = \displaystyle\int_0^1 \frac{t^{\alpha-1}+t^{-\alpha}}{1+t}\mathrm{d}t$，

如何计算积分 $\displaystyle\int_0^1 \frac{t^{\alpha-1}}{1+t}\mathrm{d}t$ 和 $\displaystyle\int_0^1 \frac{t^{-\alpha}}{1+t}\mathrm{d}t$？利用幂级数展开：

当 $0 < t < 1$ 时，$\dfrac{t^{\alpha-1}}{1+t} = \displaystyle\sum_{n=0}^{\infty}(-1)^n t^{n+\alpha-1}$，

当 $0 < x < 1$ 时，在区间 $[0,x]$ 上可逐项求积分

$$\int_0^x \frac{t^{\alpha-1}}{1+t}\mathrm{d}t = \int_0^x \sum_0^{\infty}(-1)^n t^{n+\alpha-1}\mathrm{d}t = \sum_0^{\infty}(-1)^n\int_0^x t^{n+\alpha-1}\mathrm{d}t = \sum_0^{\infty}(-1)^n \frac{x^{n+\alpha}}{n+\alpha},$$

右边级数在 $x = 1$ 处收敛，令 $x = 1$，又得：

$$\int_0^1 \frac{t^{\alpha-1}}{1+t}\mathrm{d}t = \sum_0^{\infty}(-1)^n \frac{1}{n+\alpha}.$$

(参见[7]下册第十四章 §1 习题 3，上面推导亦可以直接在 $[0,x]$ 逐项积分)

类似地：

$$\int_0^1 \frac{t^{-\alpha}}{1+t}\mathrm{d}t = \sum_{n=0}^{\infty}(-1)^n \frac{1}{n+1-\alpha} = \sum_{n=1}^{\infty}(-1)^{n-1}\frac{1}{n-\alpha},$$

于是

$$\Gamma(\alpha)\Gamma(1-\alpha) = \frac{1}{\alpha} + \sum_{n=1}^{\infty}(-1)^n\frac{-2\alpha}{n^2-\alpha^2} = \frac{1}{\alpha} + 2\alpha\sum_{n=1}^{\infty}\frac{(-1)^{n-1}}{n^2-\alpha^2},$$

另一方面,据 $\cos\alpha x$ 的 Fourier 级数展开式:

$$\cos\alpha x = \frac{\sin\alpha\pi}{\pi}\left[\frac{1}{\alpha} + \sum_{n=1}^{\infty}(-1)^n\frac{2\alpha}{\alpha^2-n^2}\cos nx\right](\,|\,x\,|\leqslant\pi\,),$$

令 $x=0$ 得出:

$$\frac{\pi}{\sin\alpha\pi} = \frac{1}{\alpha} + \sum_{n=1}^{\infty}(-1)^n\frac{2\alpha}{\alpha^2-n^2},$$

从而得出余元公式

$$\Gamma(\alpha)\Gamma(1-\alpha) = \frac{\pi}{\sin\alpha\pi}.$$

五、Γ 函数的欧拉 — 高斯表示

本段我们将介绍一个非常有趣的公式,即 Γ 函数的欧拉 — 高斯表示公式:

$$\Gamma(\alpha) = \lim_{n\to\infty}n^\alpha\frac{1\cdot 2\cdot\cdots\cdot(n-1)}{\alpha(\alpha+1)\cdot\cdots\cdot(\alpha+n-1)} \tag{13}$$

证明 据 Γ 函数的变形式(3):

$$\Gamma(\alpha) = \int_0^1\left(\ln\frac{1}{z}\right)^{\alpha-1}\mathrm{d}z,$$

注意到 $\ln\dfrac{1}{z} = \lim\limits_{n\to\infty}n(1-z^{\frac{1}{n}})$ 且 $n(1-z^{\frac{1}{n}})$ 单调递增,于是极限和积分可以换序:

$$\Gamma(\alpha) = \int_0^1\lim_{n\to\infty}n^{\alpha-1}(1-z^{\frac{1}{n}})^{\alpha-1}\mathrm{d}z = \lim_{n\to\infty}n^{\alpha-1}\int_0^1(1-z^{\frac{1}{n}})^{\alpha-1}\mathrm{d}z,$$

令 $z=y^n$,最终得到

$$\Gamma(\alpha) = \lim_{n\to\infty}n^\alpha\int_0^1 y^{n-1}(1-y)^{\alpha-1}\mathrm{d}y = \lim_{n\to\infty}n^\alpha B(n,\alpha)$$

$$= \lim_{n\to\infty}n^\alpha\frac{1\cdot 2\cdots(n-1)}{\alpha(\alpha+1)\cdots(\alpha+n-1)}.$$

六、广义积分的计算

下面我们通过一些精选的例题讲解广义积分的非常规计算方法. 不求全面,力求富有特色.

例 1 计算概率积分 $\displaystyle\int_0^{+\infty}\mathrm{e}^{-x^2}\mathrm{d}x$.

解一 利用二重积分的极坐标变换,记 $I = \displaystyle\int_0^{+\infty}\mathrm{e}^{-x^2}\mathrm{d}x$,则

$$I^2 = \int_0^{+\infty}\mathrm{e}^{-x^2}\mathrm{d}x\int_0^{+\infty}\mathrm{e}^{-y^2}\mathrm{d}y = \int_0^{+\infty}\mathrm{d}x\int_0^{+\infty}\mathrm{e}^{-(x^2+y^2)}\mathrm{d}y,$$

令 $\begin{cases}x = r\cos\theta\\ y = r\sin\theta\end{cases}$,得 $I^2 = \displaystyle\int_0^{\frac{\pi}{2}}\mathrm{d}\theta\int_0^{+\infty}\mathrm{e}^{-r^2}r\mathrm{d}r = \frac{\pi}{4}$,所以 $I = \dfrac{\sqrt{\pi}}{2}$.

解二 利用含参量积分的换序,

$$I = \int_0^{+\infty} e^{-x^2} dx = y \int_0^{+\infty} e^{-(xy)^2} dx,$$

从而

$$I^2 = \int_0^{+\infty} y e^{-y^2} dy \int_0^{+\infty} e^{-(xy)^2} dx = \int_0^{+\infty} dy \int_0^{+\infty} y e^{-y^2(1+x^2)} dx,$$

依 §8.3 定理 3 知上述积分可以换序,于是

$$I^2 = \int_0^{+\infty} dx \int_0^{+\infty} y e^{-y^2(1+x^2)} dy = \frac{1}{2} \int_0^{+\infty} \frac{1}{1+x^2} dx = \frac{\pi}{4}.$$

解三 利用迫敛性及 Wallis 公式.

因为 $t \neq 0$ 时有 $e^t > 1 + t$,

所以 $x \neq 0$ 时有 $1 - x^2 < e^{-x^2} < \dfrac{1}{1+x^2}$,

进而 $(1 - x^2)^n < e^{-nx^2} < \dfrac{1}{(1+x^2)^n}$,将此式积分有

$$\int_0^1 (1-x^2)^n dx < \int_0^1 e^{-nx^2} dx < \int_0^{+\infty} e^{-nx^2} dx < \int_0^{+\infty} \frac{dx}{(1+x^2)^n},$$

上式左端令 $x = \sin\theta$,右端令 $x = \tan\theta$,积分都可以化为 $\int_0^{\frac{\pi}{2}} \sin^k \theta \, d\theta$ 的形式,

而 $\int_0^{+\infty} e^{-nx^2} dx = \dfrac{I}{\sqrt{n}}$,得到

$$\frac{(2n)!!}{(2n+1)!!} \sqrt{n} < I < \frac{(2n-3)!!}{(2n-2)!!} \sqrt{n} \, \frac{\pi}{2},$$

两边平方:

$$\frac{n}{2n+1} \frac{[(2n)!!]^2}{[(2n-1)!!]^2 (2n+1)} < I^2 < \frac{n}{2n-1} \frac{[(2n-3)!!]^2 (2n-1)}{[(2n-2)!!]^2} \left(\frac{\pi}{2}\right)^2 \quad (14)$$

应用 Wallis 公式

$$\lim_{n \to \infty} \left[\frac{(2n)!!}{(2n-1)!!} \right]^2 \frac{1}{2n+1} = \frac{\pi}{2},$$

在(14)式中取极限并利用迫敛性得 $I = \dfrac{\sqrt{\pi}}{2}$.

解四 利用一致收敛函数序列的性质. 基于

$$\int_0^{+\infty} \frac{dx}{(1+x^2)^n} = \frac{(2n-3)!!}{(2n-2)!!} \frac{\pi}{2},$$

令 $x = \dfrac{z}{\sqrt{n}}$,得

$$\int_0^{+\infty} \frac{dz}{\left(1 + \frac{z^2}{n}\right)^n} = \frac{(2n-3)!!}{(2n-2)!!} \frac{\pi}{2} \sqrt{n},$$

又 $f_n(z) = \dfrac{1}{\left(1 + \frac{z^2}{n}\right)^n}$ $\forall z > 0$ 单调减少趋于 e^{-z^2},故当 $n \to +\infty$ 时,极限和积分运算

可以换序:

$$\int_0^{+\infty} e^{-z^2} dz = \int_0^{+\infty} \frac{1}{\lim\limits_{n\to\infty}\left(1+\dfrac{z^2}{n}\right)^n} dz = \lim_{n\to\infty}\int_0^{+\infty} \frac{1}{\left(1+\dfrac{z^2}{n}\right)^n} dz$$

$$= \lim_{n\to\infty} \frac{(2n-3)!!}{(2n-2)!!} \frac{\pi}{2}\sqrt{n} = \frac{\sqrt{\pi}}{2}.$$

注　$\Gamma\left(\dfrac{1}{2}\right) = 2\displaystyle\int_0^\infty e^{-y^2} dy = \sqrt{\pi}.$

例 2　计算积分 $I_n = \displaystyle\int_0^\infty y^{2n} e^{-y^2} dy.$

解一　分部积分法

$$I_n = \frac{1}{2}\int_0^\infty y^{2n-1} e^{-y^2} dy^2 = -\frac{1}{2}\int_0^\infty y^{2n-1} de^{-y^2}$$

$$= \frac{1}{2}\int_0^\infty e^{-y^2} dy^{2n-1} = \frac{2n-1}{2}\int_0^\infty y^{2n-2} e^{-y^2} dy = \frac{2n-1}{2}I_{n-1},$$

$$I_n = \frac{2n-1}{2} \cdot \frac{2n-3}{2} \cdot \cdots \cdot \frac{1}{2} \cdot I_0 = \frac{(2n-1)!!}{2^n}\frac{\sqrt{\pi}}{2}.$$

解二　引入含参数积分 $I_0(a) = \displaystyle\int_0^\infty e^{-ay^2} dy (a > 0).$

利用上述积分在 $a > 0$ 的内闭一致收敛性,得出可导性:

$$I'_0(a) = \int_0^\infty (-y^2) \cdot e^{-ay^2} dy = -I_1(a),$$

故　　$I_1(a) = -I'_0(a) = -\left(\dfrac{\sqrt{\pi}}{2} \times a^{-\frac{1}{2}}\right)' = \dfrac{1}{2} \cdot \dfrac{\sqrt{\pi}}{2} \cdot a^{-\frac{3}{2}},$

$$I'_1(a) = -I_2(a),$$

$$\cdots$$

$$I_n(a) = -I'_{n-1}(a).$$

最后,令 $a = 1$,还原为非含参数积分.

解三　令 $y^2 = x$,原积分可以还原为 Γ 函数

$$I_n = \frac{1}{2}\Gamma\left(n+\frac{1}{2}\right) = \frac{1}{2}\left(n-\frac{1}{2}\right)\Gamma\left(n-\frac{1}{2}\right)$$

$$= \frac{1}{2}\left(n-\frac{1}{2}\right)\left(n-\frac{3}{2}\right)\cdots\frac{1}{2}\Gamma\left(\frac{1}{2}\right)$$

$$= \frac{\sqrt{\pi}}{2}\frac{(2n-1)(2n-3)\cdots 1}{2^n}.$$

例 3　求下列积分:

$$(1) \int_0^1 \sqrt{x-x^2} dx; \qquad\qquad (2) \int_0^\infty \frac{x^2}{1+x^4} dx;$$

$$(3) \int_0^\infty \frac{\sqrt[4]{x}}{(1+x)^2} dx; \qquad\qquad (4) \int_0^{\frac{\pi}{2}} \sqrt{\tan x} dx.$$

解　(1) **方法一**　利用 $\displaystyle\int \sqrt{a^2-u^2}\, du = \frac{1}{2}\left(a^2 \arcsin\frac{u}{a} + u \cdot \sqrt{a^2-u^2}\right).$

配方法: $x-x^2 = \dfrac{1}{4} - \left(x-\dfrac{1}{2}\right)^2$,取 $a = \dfrac{1}{2}, u = x - \dfrac{1}{2}.$

方法二 化为 $B\left(\dfrac{3}{2},\dfrac{3}{2}\right)=\dfrac{\pi}{8}$.

(2) **方法一** 令 $x=\dfrac{1}{t}$, $I=\displaystyle\int_0^\infty \dfrac{\mathrm{d}t}{1+t^4}$,

所以 $I=\dfrac{1}{2}\displaystyle\int_0^\infty \dfrac{1+x^2}{1+x^4}\mathrm{d}x=\dfrac{1}{2}\displaystyle\int_0^\infty \dfrac{1+\dfrac{1}{x^2}}{x^2+\dfrac{1}{x^2}}\mathrm{d}x$

$$=\dfrac{1}{2}\int_0^\infty \dfrac{\mathrm{d}\left(x-\dfrac{1}{x}\right)}{\left(x-\dfrac{1}{x}\right)^2+2}=\dfrac{1}{2}\left[\int_0^1+\int_1^\infty \dfrac{\mathrm{d}\left(x-\dfrac{1}{x}\right)}{\left(x-\dfrac{1}{x}\right)^2+2}\right]$$

$$=\int_0^\infty \dfrac{\mathrm{d}u}{u^2+2}=\dfrac{1}{\sqrt{2}}\arctan\dfrac{u}{\sqrt{2}}\bigg|_0^\infty=\dfrac{\pi}{2\sqrt{2}}.$$

方法二 令 $x^4=t$,

$$I=\int_0^\infty \dfrac{\sqrt{t}}{1+t}\cdot\dfrac{1}{4}t^{-\frac{3}{4}}\mathrm{d}t=\dfrac{1}{4}\int_0^\infty t^{-\frac{1}{4}}\cdot\dfrac{1}{1+t}\mathrm{d}t$$

$$=\dfrac{1}{4}B\left(\dfrac{3}{4},\dfrac{1}{4}\right)=\dfrac{1}{4}\dfrac{\pi}{\sin\dfrac{\pi}{4}}=\dfrac{\pi}{2\sqrt{2}}.$$

(3) 若对照 $B(p,q)=\displaystyle\int_0^\infty \dfrac{t^{p-1}}{(1+t)^{p+q}}\mathrm{d}t$, 现令 $p-1=\dfrac{1}{4}$, $p+q=2$ 知 $p=\dfrac{5}{4}$, $q=\dfrac{3}{4}$,

或直接将区间 $(0,\infty)$ 上的积分, 通过变换 $t=\dfrac{x}{1+x}$ 化为区间 $(0,1)$ 上的积分

$$\int_0^{+\infty}\dfrac{\sqrt[4]{x}}{(1+x)^2}\mathrm{d}x=\int_0^1 t^{\frac{1}{4}}(1-t)^{-\frac{1}{4}}\mathrm{d}t=B\left(\dfrac{5}{4},\dfrac{3}{4}\right)$$

$$=\dfrac{p-1}{p+q-1}B(p-1,q)=\dfrac{1}{4}B\left(\dfrac{1}{4},\dfrac{3}{4}\right)=\dfrac{\sqrt{2}\,\pi}{4}.$$

(4) $\displaystyle\int_0^{\frac{\pi}{2}}\sqrt{\tan x}\,\mathrm{d}x=\int_0^{\frac{\pi}{2}}\sin^{\frac{1}{2}}x\cdot\cos^{-\frac{1}{2}}x\,\mathrm{d}x$,

利用 $B(p,q)=2\displaystyle\int_0^{\frac{\pi}{2}}\sin^{2p-1}x\cos^{2q-1}x\,\mathrm{d}x$,

$$\int_0^{\frac{\pi}{2}}\sqrt{\tan x}\,\mathrm{d}x=\dfrac{1}{2}B\left(\dfrac{3}{4},\dfrac{1}{4}\right)$$

或令 $\sin^2 x=t$, 即 $\sin x=\sqrt{t}$, $\cos x=\sqrt{1-t}$,

$$\mathrm{d}x=\dfrac{1}{\sqrt{1-t}}\cdot\dfrac{1}{2\sqrt{t}}\mathrm{d}t$$

原式 $=\displaystyle\int_0^1 t^{\frac{1}{4}}(1-t)^{-\frac{1}{4}}\dfrac{\mathrm{d}t}{\sqrt{1-t}\cdot2\sqrt{t}}=\dfrac{1}{2}\int_0^1 t^{-\frac{1}{4}}(1-t)^{-\frac{3}{4}}\mathrm{d}t$

$$=\dfrac{1}{2}B\left(\dfrac{3}{4},\dfrac{1}{4}\right)=\dfrac{\sqrt{2}}{2}\pi.$$

例 4 利用 $\dfrac{1}{\sqrt{t}} = \dfrac{2}{\sqrt{\pi}} \displaystyle\int_0^\infty e^{-tu^2} \mathrm{d}u$ 计算 Fresnel 积分： $\displaystyle\int_0^\infty \sin x^2 \mathrm{d}x , \displaystyle\int_0^\infty \cos x^2 \mathrm{d}x$.

解 令 $x^2 = t$,

$$\int_0^\infty \sin x^2 \mathrm{d}x = \frac{1}{2}\int_0^\infty \frac{\sin t}{\sqrt{t}}\mathrm{d}t = \frac{1}{2}\int_0^\infty \mathrm{d}t \int_0^\infty \frac{2}{\sqrt{\pi}}\sin t \cdot \mathrm{e}^{-tu^2} \mathrm{d}u$$

$$= \frac{1}{\sqrt{\pi}}\int_0^\infty \mathrm{d}t \int_0^\infty \sin t \cdot \mathrm{e}^{-tu^2} \mathrm{d}u.$$

此积分不满足换序定理的条件, 如 $\displaystyle\int_0^\infty \mathrm{d}t \int_0^\infty |\sin t| \cdot \mathrm{e}^{-tu^2} \mathrm{d}u$ 不收敛. 设法先解决有限区间上的换序问题.

$$\int_0^\infty \sin x^2 \mathrm{d}x = \lim_{A\to+\infty} \int_0^{\sqrt{A}} \sin x^2 \mathrm{d}x = \frac{1}{2} \lim_{A\to+\infty} \int_0^A \frac{\sin t}{\sqrt{t}}\mathrm{d}t,$$

$$\int_0^A \frac{\sin t}{\sqrt{t}}\mathrm{d}t = \frac{2}{\sqrt{\pi}} \int_0^A \mathrm{d}t \int_0^\infty \sin t \cdot \mathrm{e}^{-tu^2} \mathrm{d}u,$$

若能证得 $\displaystyle\int_0^\infty \sin t \cdot \mathrm{e}^{-tu^2} \mathrm{d}u$ 在 $0 \leqslant t \leqslant A$ 上一致收敛, 则上述积分可以换序.

不难发现, 在 $0 < a \leqslant t \leqslant A$ 上, 积分 $\displaystyle\int_0^\infty \sin t \cdot \mathrm{e}^{-tu^2} \mathrm{d}u$ 绝对一致收敛,

(因为 $|\sin t \cdot \mathrm{e}^{-tu^2}| \leqslant \mathrm{e}^{-au^2}, \displaystyle\int_0^\infty \mathrm{e}^{-au^2} \mathrm{d}u$ 收敛) 但在 $t = 0$ 端点处, $\sin t$ 因子是至关重要的.

注 对于积分求值而言, $\sin t$ 因子在积分号的里面还是外面, 效果是一样的, 但对于一致收敛性而言, $\sin t$ 因子在积分号的里面还是外面, 其作用截然不同.

从一致收敛的定义出发, $\forall \varepsilon > 0$ 找 $M > 0$, s.t. $\forall G > M, \forall 0 \leqslant t \leqslant A$ 有

$$\left| \int_G^\infty \sin t \cdot \mathrm{e}^{-tu^2} \mathrm{d}u \right| < \varepsilon \tag{15}$$

分析 $\displaystyle\int_G^\infty \sin t \cdot \mathrm{e}^{-tu^2} \mathrm{d}u = \sin t \int_G^\infty \mathrm{e}^{-tu^2} \mathrm{d}u = \frac{\sin t}{\sqrt{t}} \int_{\sqrt{t}G}^\infty \mathrm{e}^{-y^2} \mathrm{d}y \, (t > 0).$

分段技术：

当 $0 \leqslant t \leqslant \varepsilon^2$ 时, $\forall G > 0$,

$$\int_G^\infty \sin t \cdot \mathrm{e}^{-tu^2} \mathrm{d}u \leqslant \sqrt{t} \cdot \int_0^\infty \mathrm{e}^{-y^2} \mathrm{d}y \leqslant \sqrt{t} \cdot \frac{\sqrt{\pi}}{2} < \varepsilon,$$

当 $\varepsilon^2 \leqslant t \leqslant A$ 时,

$$\left| \int_G^\infty \sin t \cdot \mathrm{e}^{-tu^2} \mathrm{d}u \right| \leqslant \frac{1}{\sqrt{t}} \int_{\varepsilon G}^\infty \mathrm{e}^{-y^2} \mathrm{d}y \leqslant \frac{1}{\varepsilon} \int_{\varepsilon G}^\infty \mathrm{e}^{-y^2} \mathrm{d}y,$$

欲 (15) 式成立, 只要 $\displaystyle\int_{\varepsilon G}^\infty \mathrm{e}^{-y^2} \mathrm{d}y < \varepsilon^2$.

因为 $\displaystyle\int_0^\infty \mathrm{e}^{-y^2} \mathrm{d}y$ 收敛, $\exists N > 0$, s.t. $\forall B \geqslant N$ 有 $\displaystyle\int_B^\infty \mathrm{e}^{-y^2} \mathrm{d}y < \varepsilon^2$,

现取 $M = \dfrac{N}{\varepsilon}$, 则当 $G > M$ 时, $\varepsilon G \geqslant N$, 一定有 $\displaystyle\int_{\varepsilon G}^\infty \mathrm{e}^{-y^2} \mathrm{d}y < \varepsilon^2$.

于是 (15) 式成立.

即 $\int_0^\infty \sin t \cdot e^{-tu^2} du$ 在 $0 \leqslant t \leqslant A$ 上一致收敛.(其实在 $t \geqslant 0$ 上都一致收敛)

所以
$$\int_0^A \sin t \cdot e^{-tu^2} du = \int_0^\infty du \int_0^A \sin t \cdot e^{-tu^2} dt = \int_0^\infty e^{-tu^2} \left(\frac{u^2 \sin t + \cos t}{1 + u^4} \Big|_A^0 \right) du$$

$$= \int_0^\infty \left(\frac{1}{1 + u^4} - e^{-Au^2} \cdot \frac{u^2 \sin A + \cos A}{1 + u^4} \right) du$$

$$= \frac{\pi}{2\sqrt{2}} - \int_0^\infty e^{-Au^2} \cdot \frac{u^2 \sin A + \cos A}{1 + u^4} du \tag{16}$$

对于 $\int_0^\infty e^{-Au^2} \cdot \dfrac{u^2 \sin A + \cos A}{1 + u^4} du$,

因为
$$\left| e^{-Au^2} \cdot \frac{u^2 \sin A + \cos A}{1 + u^4} \right| \leqslant e^{-Au^2} \cdot \frac{1 + u^2}{1 + u^4},$$

当 $0 \leqslant u \leqslant 1$ 时,$\dfrac{1 + u^2}{1 + u^4} \leqslant \dfrac{2}{1 + u^4} \leqslant 2$; $u > 1$ 时,$\dfrac{1 + u^2}{1 + u^4} < 1$,

总之,$\dfrac{1 + u^2}{1 + u^4} < 2$ $\quad \forall u \geqslant 0$ 恒成立. 故

$$\left| \int_0^\infty e^{-Au^2} \frac{u^2 \sin A + \cos A}{1 + u^4} du \right| \leqslant 2 \int_0^\infty e^{-Au^2} du,$$

$$= 2 \frac{1}{\sqrt{A}} \int_0^\infty e^{-\lambda^2} d\lambda = \sqrt{\frac{\pi}{A}} \to 0 (A \to +\infty).$$

在(16)式中令 $A \to +\infty$,得

$$\int_0^\infty dt \int_0^\infty \sin t \cdot e^{-tu^2} du = \frac{\pi}{2\sqrt{2}},$$

所求的 Fresnel 积分 $\int_0^\infty \sin(x^2) dx = \dfrac{1}{2} \sqrt{\dfrac{\pi}{2}}$.

解二　引入一个"收敛因子" e^{-kt},令

$$F(k) = \int_0^\infty \frac{\sin t}{\sqrt{t}} e^{-kt} dt (k \geqslant 0).$$

由 Abel 判别法,知上述无穷积分在 $k \geqslant 0$ 上一致收敛.补充被积函数在 $t = 0$ 时的值为 0,则被积函数在 $t \geqslant 0, k \geqslant 0$ 上连续.于是 $F(k)$ 在 $k \geqslant 0$ 上连续.

下证:当 $k > 0$ 时以下换序式成立:

$$\int_0^\infty dt \int_0^\infty \sin t \cdot e^{-tu^2} e^{-kt} du = \int_0^\infty du \int_0^\infty \sin t \cdot e^{-tu^2} e^{-kt} dt \tag{17}$$

因为 $| \sin t \cdot e^{-tu^2} e^{-kt} | \leqslant e^{-kt}$ 而 $\int_0^\infty e^{-kt} dt$ 收敛.

所以 $\int_0^\infty \sin t \cdot e^{-tu^2} e^{-kt} dt$ 在 $u \geqslant 0$ 上一致收敛.

又依解一,类似得

$\int_0^\infty \sin t \cdot e^{-kt} e^{-tu^2} du$ 在 $t \geqslant 0$ 上一致收敛(定义出发).再考虑 $\int_0^\infty dt \int_0^\infty | \sin t \cdot e^{-kt} e^{-tu^2} | du$ 的收敛性.

上式 $= \dfrac{\sqrt{\pi}}{2} \int_0^\infty | \sin t | e^{-kt} \dfrac{1}{\sqrt{t}} dt \leqslant \dfrac{\sqrt{\pi}}{2} \int_0^\infty \dfrac{e^{-kt}}{\sqrt{t}} dt < \infty,$

从而相关积分绝对收敛,故换序式(17)得以成立.

$$\int_0^\infty \sin t \cdot e^{-(k+u^2)t} dt = \frac{1}{1+(k+u^2)^2}.$$

(17) 左边 $= \int_0^\infty \frac{1}{1+(k+u^2)^2} du,$

因为 $\dfrac{1}{1+(k+u^2)^2} < \dfrac{1}{1+u^4},$ 而 $\displaystyle\int_0^\infty \frac{du}{1+u^4} = \frac{\pi}{2\sqrt 2},$

所以 $\displaystyle\int_0^\infty \frac{du}{1+(k+u^2)^2}$ 在 $k \geqslant 0$ 上一致收敛.

$$F(k) = \frac{2}{\sqrt\pi} \int_0^\infty \frac{du}{1+(k+u^2)^2} (k > 0).$$

令 $k \to 0, F(0) = \lim_{k\to 0} F(k) = \dfrac{2}{\sqrt\pi} \displaystyle\int_0^\infty \frac{du}{1+u^4} = \sqrt{\dfrac{\pi}{2}},$ 从而

$$\int_0^\infty \sin(x^2) dx = \frac{1}{2} F(0) = \frac{1}{2}\sqrt{\frac{\pi}{2}}.$$

下面考虑另一个著名的积分 —— 拉普拉斯积分.

例 5　求积分 $L = \displaystyle\int_0^\infty \frac{\cos\beta x}{\alpha^2 + x^2} dx, J = \displaystyle\int_0^\infty \frac{x\sin\beta x}{\alpha^2 + x^2} dx (\alpha, \beta > 0).$

解一　利用公式 $\dfrac{1}{\alpha^2 + x^2} = \displaystyle\int_0^\infty e^{-t(\alpha^2+x^2)} dt$

$$L = \int_0^\infty dx \int_0^\infty \cos\beta x\, e^{-t(\alpha^2+x^2)} dt$$

该积分能否换序呢?

思考　　　　$\displaystyle\int_0^\infty \cos\beta x\, e^{-t(\alpha^2+x^2)} dt$ 在 $0 \leqslant x \leqslant A$ 上 　　　(18)

$\displaystyle\int_0^\infty \cos\beta x\, e^{-t(\alpha^2+x^2)} dx$ 在 $0 \leqslant t \leqslant B$ 上　　　(19)

的一致收敛性.

因为　　　　　　　$|\cos\beta x\, e^{-t(\alpha^2+x^2)}| \leqslant e^{-\alpha^2 t},$

而 $\displaystyle\int_0^\infty e^{-\alpha^2 t} dt$ 收敛,从而(18)式一致收敛,又当 $t = 0$ 时,$\displaystyle\int_0^\infty \cos\beta x\, dx$ 发散,从而(19)式不一致收敛.

考虑 $\displaystyle\int_0^\infty dx \int_0^\infty |\cos\beta x\, e^{-t(\alpha^2+x^2)}| dt$ 是否收敛.

$$\int_0^\infty |\cos\beta x| e^{-t(\alpha^2+x^2)} dt < \int_0^\infty e^{-t(\alpha^2+x^2)} dt = \frac{1}{\alpha^2+x^2},$$

所以　　　　　$\displaystyle\int_0^\infty dx \int_0^\infty |\cos\beta x\, e^{-t(\alpha^2+x^2)}| dt < \int_0^\infty \frac{dx}{\alpha^2+x^2} < \infty.$

依 §8.3 的定理 11,换序的条件并不具备.但在参考文献[6]的 522 段,却进行了强制的换序:

$$L = \int_0^\infty dx \int_0^\infty \cos\beta x\, e^{-t(\alpha^2+x^2)} dt = \int_0^\infty dt \int_0^\infty \cos\beta x\, e^{-tx^2} e^{-t\alpha^2} dx$$

$$= \int_0^\infty e^{-ta^2} \cdot \frac{1}{2} \cdot \sqrt{\frac{\pi}{t}} e^{-\frac{\beta^2}{4t}} dt = \frac{\sqrt{\pi}}{2} \int_0^\infty e^{-a^2 t - \frac{\beta^2}{4t}} \frac{dt}{\sqrt{t}}$$

$$= \sqrt{\pi} \int_0^\infty e^{-a^2 z^2 - \frac{\beta^2}{4z^2}} dz = \frac{\pi}{2a} e^{-a\beta}.$$

计算的结果是正确的,但过程的严密性笔者认为值得商榷.

对于另一个积分 J,在求导运算和积分运算可以交换时,有 $J = -\dfrac{dL}{d\beta}$. 欲可交换,考虑 J 关于参数 β 的一致收敛性. 基于 $J(\beta)$,$\forall \beta > 0$ 都不绝对收敛(理由见下),故 Weierstrass 法不适用.

$$\int_0^\infty \frac{x|\sin\beta x|}{a^2 + x^2} dx \geqslant \int_0^\infty \frac{x\sin^2\beta x}{a^2 + x^2} dx = \frac{1}{2} \int_0^\infty \frac{x(1 - \cos 2\beta x)}{a^2 + x^2} dx,$$

$\displaystyle\int_0^\infty \frac{x}{a^2 + x^2} dx$ 发散,$\displaystyle\int_0^\infty \frac{x\cos 2\beta x}{a^2 + x^2} dx$ 收敛,从而 $J(\beta)$ 不绝对收敛.

现用 Dirichlet 判别法

$$f(x,\beta) = \sin\beta x, \quad g(x,\beta) = \frac{x}{a^2 + x^2},$$

当 $x \to \infty$ 时,$g(x,\beta)$ 单调一致趋于 0,而 $\forall A > 0$,

$$\left| \int_0^A f(x,\beta) dx \right| = \left| \int_0^A \sin\beta x \, dx \right| = \frac{1 - \cos\beta A}{\beta} \leqslant \frac{2}{\beta},$$

在 $\beta > 0$ 上,并非一致有界. 但在 $\beta \geqslant \beta_0 > 0$ 上,则是一致有界. 所以 $J(\beta)$ 在 $\beta > 0$ 上内闭一致收敛.

(请读者思考 $J(\beta)$ 在 $(0, +\infty)$ 上是否不一致收敛?)

从而 $\forall \beta > 0$,有

$$L'(\beta) = \int_0^\infty \frac{-x \cdot \sin\beta x}{a^2 + \beta^2} dx = -J(\beta),$$

$$J(\beta) = -L'(\beta) = \frac{\pi}{2} e^{-a\beta}.$$

解二 利用 $\dfrac{1}{1 + x^2} = \displaystyle\int_0^\infty e^{-xy} \sin y \, dy$,

$$L = \int_0^\infty \frac{\cos\beta x}{1 + x^2} dx = \int_0^\infty dx \int_0^\infty \cos\beta x \sin y e^{-xy} dy.$$

若积分可以换序(先换了再说),

$$L = \int_0^\infty dy \int_0^\infty \sin y e^{-xy} \cos\beta x \, dx = \int_0^\infty \frac{y\sin y}{\beta^2 + y^2} dy = \int_0^\infty \frac{x\sin\beta x}{1 + x^2} dx \tag{20}$$

所以 $L = -\dfrac{dL}{d\beta}$,解出 $L(\beta) = Ce^{-\beta}$. 特别地,$L(0) = C = \dfrac{\pi}{2}$,$L(\beta) = \dfrac{\pi}{2} e^{-\beta}$.

那(20)式的换序能否成立呢?

通过内闭一致收敛和有限区间上积分来转化:任取 $0 < a < A$,

$$\int_a^A \frac{\cos\beta x}{1 + x^2} dx = \int_a^A \cos\beta x \, dx \int_0^\infty e^{-xy} \sin y \, dy$$

$$= \int_0^\infty dy \int_a^A \sin y \cos\beta x \, e^{-xy} dx = \cdots(\text{以下详细过程省略})$$

然后令 $a \to 0^{+}, A \to +\infty$，上式右边趋于 $\displaystyle\int_0^\infty \frac{y\sin y}{y^2 + \beta^2} \mathrm{d}y$.

详见参考文献 [6]（第二卷 524 段）.

解三 从解一已知，$L'(\beta) = -J$，往下不能求二阶导数，注意到

$$\frac{\pi}{2} = \int_0^\infty \frac{\sin\beta x}{x} \mathrm{d}x,$$

于是

$$L'(\beta) + \frac{\pi}{2} = \alpha^2 \int_0^\infty \frac{\sin\beta x}{x(\alpha^2 + x^2)} \mathrm{d}x,$$

在这个积分号之下再关于 β 求导，则仍可以换序，

$$L''(\beta) = \alpha^2 \int_0^\infty \frac{\cos\beta x}{\alpha^2 + x^2} \mathrm{d}x = \alpha^2 L(\beta),$$

此为关于 $L(\beta)$ 的二阶常系数线性微分方程. 通解为

$$L(\beta) = C_1 \mathrm{e}^{\alpha\beta} + C_2 \mathrm{e}^{-\alpha\beta},$$

但

$$L(\beta) \leqslant \int_0^\infty \frac{\mathrm{d}x}{\alpha^2 + x^2} = \frac{\pi}{2\alpha}, \text{得 } C_1 = 0,$$

令 $\beta = 0, L(0) = \dfrac{\pi}{2\alpha}$，最终得 $L(\beta) = \dfrac{\pi}{2\alpha} \mathrm{e}^{-\alpha\beta}$.

例 6 设 $a, b > 0$，计算 $J = \displaystyle\int_0^\infty \mathrm{e}^{-ax^2 - \frac{b}{x^2}} \mathrm{d}x$.

解一 $J = \dfrac{1}{\sqrt{a}} \displaystyle\int_0^\infty \mathrm{e}^{-t^2 - \frac{c^2}{t^2}} \mathrm{d}t \xlongequal{\triangle} \dfrac{1}{\sqrt{a}} I(c)\, (c^2 = ab)$. 那么

$$\begin{aligned} I(c) &= \int_0^\infty \mathrm{e}^{-(t-\frac{c}{t})^2} \cdot \mathrm{e}^{-2c} \mathrm{d}t \\ &= \mathrm{e}^{-2c} \int_0^\infty \left(1 + \frac{c}{t^2} - \frac{c}{t^2}\right) \mathrm{e}^{-(t-\frac{c}{t})^2} \mathrm{d}t \\ &= \mathrm{e}^{-2c} \left[\int_0^\infty \mathrm{e}^{-(t-\frac{c}{t})^2} \mathrm{d}\left(t - \frac{c}{t}\right) - c\int_0^\infty \mathrm{e}^{-(t-\frac{c}{t})^2} \frac{1}{t^2} \mathrm{d}t\right]. \end{aligned}$$

对于

$$\int_0^\infty \mathrm{e}^{-(t-\frac{c}{t})^2} \mathrm{d}\left(t - \frac{c}{t}\right) = \int_0^{\sqrt{c}} + \int_{\sqrt{c}}^\infty \mathrm{e}^{-(t-\frac{c}{t})^2} \mathrm{d}\left(t - \frac{c}{t}\right),$$

在 $t \in [0, \sqrt{c}]$ 和 $t \in [\sqrt{c}, \infty]$ 上，$u = t - \dfrac{c}{t}$ 为单值对应，

可得

$$\int_0^{\sqrt{c}} \mathrm{e}^{-(t-\frac{c}{t})^2} \mathrm{d}\left(t - \frac{c}{t}\right) = \int_{\sqrt{c}}^\infty \mathrm{e}^{-(t-\frac{c}{t})^2} \mathrm{d}\left(t - \frac{c}{t}\right) = \int_0^\infty \mathrm{e}^{-u^2} \mathrm{d}u,$$

故

$$\int_0^\infty \mathrm{e}^{-(t-\frac{c}{t})^2} \mathrm{d}\left(t - \frac{c}{t}\right) = 2\int_0^\infty \mathrm{e}^{-u^2} \mathrm{d}u = \sqrt{\pi},$$

对于

$$\int_0^\infty \mathrm{e}^{-(t-\frac{c}{t})^2} \frac{\mathrm{d}t}{t^2} \xlongequal{\text{令 } u = \frac{c}{t}} \int_0^\infty \mathrm{e}^{-(u-\frac{c}{u})^2} \frac{1}{c} \mathrm{d}u,$$

于是

$$\int_0^\infty e^{-(t-\frac{c}{t})^2} dt = \sqrt{\pi} - \int_0^\infty e^{-(t-\frac{c}{t})^2} dt, \text{得} \int_0^\infty e^{-(t-\frac{c}{t})^2} dt = \frac{\sqrt{\pi}}{2},$$

所以 $I(c) = \frac{\sqrt{\pi}}{2} e^{-2c}$；$J = \frac{1}{2}\sqrt{\frac{\pi}{a}} e^{-2\sqrt{ab}}$.

解二　$I'(c) = -2c \int_0^\infty e^{-t^2-\frac{c^2}{t^2}} \cdot \frac{dt}{t^2} \xlongequal{\text{令 } y=\frac{c}{t}} -2\int_0^\infty e^{-y^2-\frac{c^2}{y^2}} dy = -2I(c)$,

于是

$$I(c) = A e^{-2c},$$

$$A = I(0) = \frac{\sqrt{\pi}}{2}, \text{所以 } I(c) = \frac{\sqrt{\pi}}{2} e^{-2c}.$$

显而易见,解二要比解一简洁得多. 这也提醒我们,面对一个问题(不论是数学的或非数学的)时,发散思维、优化解法是多么重要!

七、付茹兰尼(G·Froullani) 公式

在积分 $\int_0^\infty \frac{e^{-ax} - e^{-bx}}{x} dx$ 的计算中,可以利用 $\frac{e^{-ax} - e^{-bx}}{x} = \int_a^b e^{-xy} dy$ 化为累次积分,然后换序.

一般地,形如 $\int_0^\infty \frac{f(ax) - f(bx)}{x} dx$ 的积分如何求呢?

若 $f(u)$ 连续可导,由 $N-L$ 公式 $\frac{f(ax) - f(bx)}{x} = -\int_a^b f'(xy) dy$.

若 $\int_0^\infty f'(xy) dx$ 在 $a \leqslant y \leqslant b$ 上一致收敛.则有

$$\int_0^\infty \frac{f(ax) - f(bx)}{x} dx = \int_0^\infty dx \int_b^a f'(xy) dy = -\int_a^b dy \int_0^\infty f'(xy) dx$$

$$= -\int_a^b \frac{1}{y} dy \cdot (f(+\infty) - f(0)) = (f(0) - f(+\infty)) \ln \frac{b}{a}$$

但当 $f(x)$ 仅仅连续时,又将如何?此时有如下的 G.Froullani 公式.

定理5　设 f 在 $[0, +\infty)$ 内连续,$a > 0, b > 0$. 考虑积分 $\int_0^{+\infty} \frac{f(ax) - f(bx)}{x} dx$

有如下的结果:

(1) 若 $\lim_{x \to +\infty} f(x) = f(+\infty)$ 存在,则

$$\int_0^{+\infty} \frac{f(ax) - f(bx)}{x} dx = (f(0) - f(+\infty)) \ln \frac{b}{a} \tag{21}$$

(2) 若 $\forall A > 0$,积分 $\int_A^{+\infty} \frac{f(z)}{z} dz$ 存在,则

$$\int_0^\infty \frac{f(ax) - f(bx)}{x} dx = f(0) \ln \frac{b}{a} \tag{22}$$

(3) 若 $\forall A > 0$,积分 $\int_0^A \frac{f(z)}{z} dz$ 与极限 $f(+\infty)$ 都存在,则

$$\int_0^{+\infty} \frac{f(ax)-f(bx)}{x}\mathrm{d}x = -f(+\infty)\ln\frac{b}{a} \tag{23}$$

证明 $\forall\, 0 < r < R < +\infty$

$$\int_r^R \frac{f(ax)-f(bx)}{x}\mathrm{d}x = \int_r^R \frac{f(ax)}{x}\mathrm{d}x - \int_r^R \frac{f(bx)}{x}\mathrm{d}x$$

$$= \int_{ar}^{br} \frac{f(t)}{t}\mathrm{d}t - \int_{aR}^{bR} \frac{f(t)}{t}\mathrm{d}t$$

$$= f(\xi)\ln\frac{b}{a} - f(\eta)\ln\frac{b}{a}.$$

其中 $\xi \in (ar, br)$，$\eta \in (aR, bR)$，

当 $r \to 0^+$，$R \to +\infty$ 时，得(21)式；

而 $\int_A^{+\infty} \frac{f(z)}{z}\mathrm{d}z$ 存在时，$\lim\limits_{R\to\infty}\int_{aR}^{bR}\frac{f(t)}{t}\mathrm{d}t = 0$，得(22)式；

又 $\int_0^A \frac{f(z)}{z}\mathrm{d}z$ 存在时，$\lim\limits_{r\to 0^+}\int_{ar}^{br}\frac{f(t)}{t}\mathrm{d}t = 0$，得(23)式.

注 G. Froullani 公式有三种不同的条件、结果，较难记住. 理解其证明的思想将有助于我们去记忆和使用.

下面我们通过例题说明 G. Froullani 公式的应用.

例7 求下列积分 $(a>0,b>0)$：

(1) $\displaystyle\int_0^\infty \frac{\mathrm{e}^{-ax}-\mathrm{e}^{-bx}}{x}\mathrm{d}x$；

(2) $\displaystyle\int_0^\infty \ln\frac{p+q\mathrm{e}^{-ax}}{p+q\mathrm{e}^{-bx}}\cdot\frac{\mathrm{d}x}{x}\,(p>0,q>0)$.

解 (1) **法一** 利用 $\frac{1}{x}(\mathrm{e}^{-ax}-\mathrm{e}^{-bx}) = \int_a^b \mathrm{e}^{-xy}\mathrm{d}y$，并且 $\int_0^\infty \mathrm{e}^{-xy}\mathrm{d}x$ 在 $a\leqslant y\leqslant b$ 上一致收敛，从而

$$\int_0^\infty \frac{\mathrm{e}^{-ax}-\mathrm{e}^{-bx}}{x}\mathrm{d}x = \int_0^\infty \mathrm{d}x \int_a^b \mathrm{e}^{-xy}\mathrm{d}y = \int_a^b \mathrm{d}y \int_0^\infty \mathrm{e}^{-xy}\mathrm{d}x = \int_a^b \frac{1}{y}\mathrm{d}y = \ln\frac{b}{a}.$$

法二 利用 G. Froullani 公式，取 $f(u)=\mathrm{e}^{-u}$，$f(0)=1$，$f(+\infty)=0$，立得同样结论.

(2) 取 $f(u)=\ln(p+q\mathrm{e}^{-u})$，$f(0)=\ln(p+q)$，$f(+\infty)=\ln p$，利用 G. Froullani 公式立得所求积分值是 $\ln\left(1+\frac{q}{p}\right)\ln\frac{b}{a}$.

有时并不能直接用 G. Froullani 公式，而要对积分式加以改造才行. 请看下列.

例8 求积分 $I = \displaystyle\int_0^\infty \frac{b\sin ax - a\sin bx}{x^2}\mathrm{d}x\,(a>0,b>0)$.

解 分部积分法

$$I = -\int_0^\infty (b\sin ax - a\sin bx)\mathrm{d}\frac{1}{x}$$

$$= -\frac{1}{x}(b\sin ax - a\sin bx)\Big|_0^\infty + \int_0^\infty \frac{ab}{x}(\cos ax - \cos bx)\mathrm{d}x$$

$$= ab\int_0^\infty \frac{\cos ax - \cos bx}{x}\mathrm{d}x = ab\ln\frac{b}{a}.$$

最后一个等号可由 G. Froullani 公式的第(2)款获得,此时 $\int_A^\infty \dfrac{\cos z}{z}\mathrm{d}z$ 收敛,且 $\cos 0 = 1$.

为了体现广义积分计算方法的灵活多变,我们最后再看两个例子.

例 9　设 $a > 0, b > 0$,求下列两个积分:

$$(1)\ I_1 = \int_0^\infty \frac{\mathrm{e}^{-ax^2} - \mathrm{e}^{-bx^2}}{x}\mathrm{d}x;$$

$$(2)\ I_2 = \int_0^\infty \frac{\mathrm{e}^{-ax^2} - \mathrm{e}^{-bx^2}}{x^2}\mathrm{d}x.$$

分析　此题从形式上看和例 7 的第(1)小题很相像,解法上当然也有一些可借鉴之处.

解　(1) **法一**　化为二次积分

因为　$\displaystyle\int_a^b \mathrm{e}^{-yx^2}\mathrm{d}y = \frac{\mathrm{e}^{-ax^2} - \mathrm{e}^{-bx^2}}{x^2}$;

所以　$\displaystyle I_1 = \int_0^\infty \left(x \cdot \int_a^b \mathrm{e}^{-yx^2}\mathrm{d}y\right)\mathrm{d}x = \int_0^\infty \mathrm{d}x \int_a^b x\mathrm{e}^{-yx^2}\mathrm{d}y,$

易知 $\displaystyle\int_0^\infty x\mathrm{e}^{-yx^2}\mathrm{d}x$ 在 $y \in [a, b]$ 上一致收敛,以上累次积分可以换序,得

$$I_1 = \int_a^b \mathrm{d}y \int_0^\infty x\mathrm{e}^{-yx^2}\mathrm{d}x = \int_a^b \mathrm{d}y \int_0^\infty \frac{1}{2y}\mathrm{e}^{-yx^2}\mathrm{d}(yx^2)$$

$$= \frac{1}{2}\int_a^b \frac{\mathrm{d}y}{y} = \frac{1}{2}\ln\frac{b}{a}.$$

法二　凑微分法

$$I_1 = \int_0^\infty \frac{\mathrm{e}^{-ax^2} - \mathrm{e}^{-bx^2}}{x^2} \cdot x\mathrm{d}x \xlongequal{x^2 = t} \frac{1}{2}\int_0^\infty \frac{\mathrm{e}^{-at} - \mathrm{e}^{-bt}}{t}\mathrm{d}t.$$

以下即例 7 之(1),再用 G. Froullani 公式就方便了.

法三　直接使用 G. Froullani 公式. 取 $f(u) = \mathrm{e}^{-u^2}$,

$$I_1 = \int_0^\infty \frac{f(\sqrt{a}x) - f(\sqrt{b}x)}{x}\mathrm{d}x = (f(0) - f(+\infty))\ln\frac{\sqrt{b}}{\sqrt{a}}$$

$$= \ln\sqrt{\frac{b}{a}} = \frac{1}{2}\ln\frac{b}{a}.$$

(2) **法一**　直接利用 $\dfrac{\mathrm{e}^{-ax^2} - \mathrm{e}^{-bx^2}}{x^2} = \displaystyle\int_a^b \mathrm{e}^{-yx^2}\mathrm{d}x$,

得　$\displaystyle I_2 = \int_0^\infty \mathrm{d}x \int_a^b \mathrm{e}^{-yx^2}\mathrm{d}y = \int_a^b \mathrm{d}y \int_0^\infty \mathrm{e}^{-yx^2}\mathrm{d}x$

$$= \int_a^b \frac{1}{\sqrt{y}} \cdot \frac{\sqrt{\pi}}{2}\mathrm{d}y = \sqrt{\pi}(\sqrt{b} - \sqrt{a}).$$

法二　利用分部积分法

$$I_2 = -\int_0^\infty (\mathrm{e}^{-ax^2} - \mathrm{e}^{-bx^2})\mathrm{d}\frac{1}{x}$$

$$= \frac{\mathrm{e}^{-bx^2} - \mathrm{e}^{-ax^2}}{x}\Bigg|_0^\infty + 2\int_0^\infty (b\mathrm{e}^{-bx^2} - a\mathrm{e}^{-ax^2})\mathrm{d}x$$

$$= 2b\int_0^{+\infty} \mathrm{e}^{-bx^2}\mathrm{d}x - 2a\int_0^{+\infty} \mathrm{e}^{-ax^2}\mathrm{d}x = \sqrt{\pi}(\sqrt{b} - \sqrt{a}).$$

（上述两种解法都使用了概率积分 $\displaystyle\int_0^{+\infty}\mathrm{e}^{-t^2}\,\mathrm{d}t=\dfrac{\sqrt{\pi}}{2}$ ）

法三　利用积分号下求导，视 b 为参变量，改记为 t：

$$I(t)=\int_0^{+\infty}\frac{\mathrm{e}^{-ax^2}-\mathrm{e}^{-tx^2}}{x^2}\,\mathrm{d}x$$

易知

$$\int_0^{+\infty}\frac{\partial}{\partial t}\left(\frac{\mathrm{e}^{-ax^2}-\mathrm{e}^{-tx^2}}{x^2}\right)\mathrm{d}x=\int_0^{+\infty}\mathrm{e}^{-tx^2}\,\mathrm{d}x$$

在 $t\geqslant a>0$ 上一致收敛，从而

$$I'(t)=\int_0^{+\infty}\mathrm{e}^{-tx^2}\,\mathrm{d}x=\frac{\sqrt{\pi}}{2\sqrt{t}},$$

$I(t)=\sqrt{\pi t}+C$，又 $I(a)=\sqrt{\pi a}+C=0$，故 $C=-\sqrt{\pi a}$，从而 $I(t)=\sqrt{\pi t}-\sqrt{\pi a}$，所以所求积分为 $I_2=I(b)=\sqrt{\pi}(\sqrt{b}-\sqrt{a})$．

例 10　计算积分

(1) $J_1=\displaystyle\int_0^\infty\frac{\sin\alpha x\sin\beta x}{x}\,\mathrm{d}x\,(\alpha\neq\beta)$；

(2) $J_2=\displaystyle\int_0^\infty\frac{\sin\alpha x\sin\beta x}{x^2}\,\mathrm{d}x$；

(3) $J_3=\displaystyle\int_0^\infty\frac{\sin\alpha x\cos\beta x}{x}\,\mathrm{d}x$．

解　（1）利用三角函数的积化和差公式：

$$J_1=\frac{1}{2}\int_0^\infty\frac{\cos(\alpha-\beta)x-\cos(\alpha+\beta)x}{x}\,\mathrm{d}x,$$

直接利用 G. Froullani 公式得

$$J_1=\frac{1}{2}\ln\left|\frac{\alpha+\beta}{\alpha-\beta}\right|.$$

（2）采用分部积分法及积化和差

$$\begin{aligned}
J_2&=\frac{1}{2}\int_0^\infty\left[\cos(\alpha+\beta)x-\cos(\alpha-\beta)x\right]\mathrm{d}\frac{1}{x}\\
&=-\frac{1}{2}\int_0^\infty\frac{1}{x}\mathrm{d}\left[\cos(\alpha+\beta)x-\cos(\alpha-\beta)x\right]\\
&=\frac{1}{2}\left[(\alpha+\beta)\int_0^\infty\frac{\sin(\alpha+\beta)x}{x}\,\mathrm{d}x-(\alpha-\beta)\int_0^\infty\frac{\sin(\alpha-\beta)x}{x}\,\mathrm{d}x\right].
\end{aligned}$$

利用 Dirichlet 积分 $\displaystyle\int_0^\infty\frac{\sin\alpha x}{x}\,\mathrm{d}x=\frac{\pi}{2}\mathrm{sgn}\,\alpha$ 得

$$J_2=\frac{\pi}{4}\left[(\alpha+\beta)\,\mathrm{sgn}(\alpha+\beta)-(\alpha-\beta)\,\mathrm{sgn}(\alpha-\beta)\right].$$

特别当 $0<\alpha\leqslant\beta$ 时，$J_2=\dfrac{\pi}{2}\alpha$．此时积分值居然和 β 无关，个中缘由值得我们深思．

$$(3)\,J_3=\frac{1}{2}\left[\int_0^\infty\frac{\sin(\alpha+\beta)x}{x}\,\mathrm{d}x+\int_0^\infty\frac{\sin(\alpha-\beta)}{x}\,\mathrm{d}x\right]=\begin{cases}\dfrac{\pi}{2},\alpha>\beta\\[2mm]\dfrac{\pi}{4},\alpha=\beta\\[2mm]0,\alpha<\beta\end{cases}.$$

或统一为 $J_3 = \dfrac{\pi}{4}[1 + \mathrm{sgn}(\alpha - \beta)]$.

对于广义积分计算方法，大的方向性的套路我们就介绍到此. 有时广义积分的计算非常灵巧，一题多解更是屡见不鲜. 读者朋友欲熟练地掌握这些方法，除了平时要多模仿，多练习之外，更需要从数学思维的层次上多去领悟，逐渐将其演变为自身的数学素养.

习题 8.4

1. 求 $\displaystyle\int_0^{\frac{\pi}{2}} (\sqrt{\tan x} + \sqrt{\cot x})\,\mathrm{d}x$.

2. 设 $a > 0, b > 0$, 求积分:

   (1) $\displaystyle\int_0^\infty \frac{\arctan bx - \arctan ax}{x}\,\mathrm{d}x$;　　　　　　(2) $\displaystyle\int_0^\infty \frac{\cos bx - \cos ax}{x}\,\mathrm{d}x$;

   (3) $\displaystyle\int_0^\infty \frac{\cos bx - \cos ax}{x^2}\,\mathrm{d}x$;　　　　　　(4) $\displaystyle\int_0^\infty \frac{b\ln(1+ax) - a\ln(1+bx)}{x^2}\,\mathrm{d}x$;

   (5) $\displaystyle\int_0^\infty \frac{\ln(1+a^2x^2) - \ln(1+b^2x^2)}{x^2}\,\mathrm{d}x$.

3. 利用 $\displaystyle\int_{-\infty}^{+\infty} \mathrm{e}^{-\frac{x^2}{2}}\,\mathrm{d}x = \sqrt{2\pi}$, 计算 $I_n = \dfrac{\sigma}{\sqrt{2\pi}}\displaystyle\int_{\mathbf{R}} x^n \mathrm{e}^{-\frac{x^2}{2\sigma^2}}\,\mathrm{d}x$ ($\sigma > 0$, n 为自然数).

4. 利用已知积分求下列积分:

   (1) $\displaystyle\int_0^{+\infty} \left(\frac{\sin x}{x}\right)^2 \mathrm{d}x$;　　　　　　(2) $\displaystyle\int_0^{+\infty} \frac{\sin^4 x}{x^2}\,\mathrm{d}x$;

   (3) $\displaystyle\int_0^{+\infty} \frac{\mathrm{e}^{-x^2} - \cos x}{x^2}\,\mathrm{d}x$;　　　　(4) $\displaystyle\int_0^{+\infty} \frac{\sin \alpha x \sin \beta x \sin \gamma x}{x}\,\mathrm{d}x$ ($\alpha, \beta, \gamma > 0$).

5. 证明:

   (1) $\displaystyle\int_0^{+\infty} \mathrm{e}^{-x^n}\,\mathrm{d}x = \frac{1}{n}\Gamma\left(\frac{1}{n}\right)$ ($n > 0$);

   (2) $\displaystyle\lim_{n \to \infty}\int_0^{+\infty} \mathrm{e}^{-x^n}\,\mathrm{d}x = 1$.

最后，笔者谨借老子《道德经》的第六十三章作为本书的结束，希望以此和各位读者共勉：

为无为，事无事，味无味．

大小多少．报怨以德．

图难于其易，为大于其细；

天下难事，必作于易；

天下大事，必作于细．

是以圣人终不为大，故能成其大．

夫轻诺必寡信，多易必多难．

是以圣人犹难之，故终无难矣．

参考答案

习题 1.1

1. 0 提示：

$$\lim_{n\to\infty}\left[(n+1)^a-n^a\right]=\lim_{n\to\infty}n^a\left[(1+\frac{1}{n})^a-1\right]=\lim_{n\to\infty}n^a(1+\frac{\alpha}{n}+o(\frac{1}{n})-1)=0.$$

2. (1) $-\dfrac{1}{12}$. 提示：分子改写为 $\sqrt{\cos x}-1+1-\sqrt[3]{\cos x}$，然后拆项有理化.

(2) $-\dfrac{1}{2}$. 提示：利用各个函数的 Taylor 公式，展开至 x^3.

(3) 2. 提示：$\tan u=u+\dfrac{u^3}{3}+o(u^3)$，$\sin u=u-\dfrac{u^3}{6}+o(u^3)$，

$$\tan(\tan x)=\tan x+\frac{1}{3}\tan^3 x+o(x^3),\sin(\sin x)=\sin x-\frac{1}{6}\sin^3 x+o(x^3).$$

(4) $-\dfrac{e}{2}$. 先令代换 $\dfrac{1}{x}=t$，再用洛必达法则.

(5) $\dfrac{1}{6}$. 令代换 $\dfrac{1}{x}=t$，再用 Taylor 公式.

(6) $e^{\lambda x}$. 提示：$\cos\dfrac{x}{n}=1-2\sin^2\dfrac{x}{2n}$，再利用基本极限.

(7) $e^{-\frac{1}{2}}$. 提示：原式 $=\lim\limits_{x\to 0^+}(1+\cos\sqrt{x}-1)^{\frac{1}{\cos\sqrt{x}-1}\cdot\frac{\cos\sqrt{x}-1}{x}}=e^{-\frac{1}{2}}$.

(8) e^2. 提示：$\tan(\dfrac{\pi}{4}+\dfrac{1}{n})=\dfrac{1+\tan\dfrac{1}{n}}{1-\tan\dfrac{1}{n}}=1+\dfrac{2\tan\dfrac{1}{n}}{1-\tan\dfrac{1}{n}}$.

3. $\dfrac{3}{2}$. 提示：迫敛性. $\dfrac{1}{n^2+n}\sum\limits_{k=1}^{n}(n+k)<\sum\limits_{k=1}^{n}\dfrac{n+k}{n^2+k}<\dfrac{1}{n^2+1}\sum\limits_{k=1}^{n}(n+k)$.

4. $\dfrac{1}{4}$. 提示：当 $k\geqslant 2$ 时，

$$C_n^k k^2=\frac{n(n-1)\cdots(n\cdot k+1)}{k!}k^2=\frac{n(n-1)\cdots(n-k+1)}{(k-1)!}(k-1+1)$$

$$= n(n-1) \cdot C_{n-2}^{k-2} + nC_{n-1}^{k-1} \text{ 可得} \sum_{k=1}^{n} C_n^k k^2 = n(n-1) \cdot 2^{n-2} + n \cdot 2^{n-1}$$

$$= n(n+1) \cdot 2^{n-2}.$$

5. 0. 提示：

$$(n+1-k)(C_n^k)^{-1} = (nC_{n-1}^k)^{-1}, k < n \text{ 时},$$

$$\sum_{k=1}^{n} (n+1-k)(nC_n^k)^{-1} = \sum_{k=1}^{n-1} n^{-2}(nC_{n-1}^k)^{-1} + \frac{1}{n} < \sum_{k=1}^{n-1} \frac{1}{n^2} + \frac{1}{n} < \frac{2}{n}.$$

6. a. 提示：

$$\sin x = x - \frac{x^3}{3!} + o(x^3), \sin \frac{(2k-1)a}{n^2} = \frac{(2k-1)a}{n^2} - \frac{1}{3!} \cdot \left[\frac{(2k-1)a}{n^2} \right]^3 + o\left(\frac{1}{n^3} \right),$$

$1 \leqslant k \leqslant n$.

代入和式，从效果上分析，此时相当于用 $\dfrac{(2k-1)a}{n^2}$ 等价替换 $\sin \dfrac{(2k-1)a}{n^2}$，但在和

式中这样替换的合理性需用上述三阶 Taylor 公式才能解释清楚.

7. $e^{\frac{2}{3}}$. 提示：取对数化为和式递推关系，令 $x_n = e^{a_n}$，得到 $a_{n+1} = \dfrac{1}{2}(a_n + a_{n-1})$，于是

$$a_n = \frac{1}{3}\left[2 + \left(-\frac{1}{2} \right)^{n-1} \right].$$

8. $2005, \dfrac{1}{2005}$.

9. 收敛. $\lim_{n \to \infty} x_n = \sqrt{a}$.

   提示：$\{x_{2k-1}\}, \{x_{2k}\}$ 均为单调有界数列.

10. $a_1 = 1, a_2 = 2$, $1 < a_3 = 2 + \dfrac{1}{2} < 3, 1 < a_4 = a_3 + \dfrac{1}{a_3} < 3 + 1 = 4, \cdots$

   一般地，$1 < a_n < n$，从而 $\dfrac{1}{n} < \dfrac{1}{a_n} < 1$. 故 $\sum a_n^{-1} = +\infty$. 又

$$a_n = a_1 + (a_2 - a_1) + \cdots + (a_n - a_{n-1}) = a_1 + \frac{1}{a_1} + \cdots + \frac{1}{a_{n-1}} \to +\infty (n \to +\infty).$$

11. a.   提示：$x_{n+1} = x_n(2 - \dfrac{x_n}{a})$ 化为 $x_n^2 - 2ax_n + ax_{n+1} = 0$.

   视其为关于 x_n 的一元二次方程. $\Delta \geqslant 0$，得出 $x_{n+1} \leqslant a$. 所以 $\dfrac{x_{n+1}}{x_n} \geqslant 1, \{x_n\}$ 单调增加

   有上界，故收敛.

12. $\sqrt{3}$. 提示：

   易知 $x_{n+1} \geqslant \sqrt{3} (n \geqslant 1)$. 又 $x_{n+1} - x_n = \dfrac{x_n - x_{n-1}}{2}(1 - \dfrac{3}{x_n x_{n-1}})$，当 $n \geqslant 3$ 时，$x_{n+1} -$

   x_n 和 $x_n - x_{n-1}$ 同号，又 $x_3 - x_2 = -\dfrac{1}{4} < 0$，故 $\{x_n\}$ 当 $n \geqslant 3$ 时递减且恒正，从而收

   敛. 递推关系式的两边令 $n \to +\infty$，立得极限值为 $\sqrt{3}$.

13. 递推关系式 $x_{n+1} = \cos x_n$.

   $|x_{n+1} - x_n| = |\cos x_n - \cos x_{n-1}| = |\sin \xi_n| \cdot |x_n - x_{n-1}|, \xi_n$ 介于 x_{n-1}, x_n 之间.

$n \geqslant 3$ 时,存在 $0 < r < 1$,使得 $|\sin\xi_n| \leqslant r < 1$. 依压缩映像原理立得 $\{x_n\}$ 收敛,其极限值 τ 则为方程 $\tau = \cos\tau$ 的解.

14. 提示:由 $a_n = \dfrac{a_{n-1} + b_{n-1}}{2}$ 和 $b_n = \dfrac{2a_{n-1}b_{n-1}}{a_{n-1} + b_{n-1}}$ 得 $b_n \leqslant \sqrt{a_{n-1}b_{n-1}} \leqslant a_n$. 又有 $a_n \leqslant a_{n-1}$,

即 $\{a_n\}$ 单调递减,又将条件式相乘,$a_n b_n = a_{n-1}b_{n-1}$,即 $\dfrac{a_{n-1}}{a_n} = \dfrac{b_n}{b_{n-1}}$,故 $\{b_n\}$ 单调递增,

从两数列有界性易知收敛. 记 $\lim a_n = \alpha$,$\lim b_n = \beta$,在 $a_n = \dfrac{a_{n-1} + b_{n-1}}{2}$ 中令 $n \to$

$+\infty$,得 $\alpha = \beta$. 又在 $a_n b_n = a_0 b_0$ 中令 $n \to +\infty$,知 $\alpha = \beta = \sqrt{a_0 b_0}$.

16. $\forall n \geqslant 1, 2 \leqslant a_n \leqslant 3$,利用压缩映像原理,

$|a_{n+1} - a_n| = \left| \dfrac{a_n - a_{n-1}}{a_n a_{n-1}} \right| \leqslant \dfrac{1}{4} |a_n - a_{n-1}|$. 知 $\{a_n\}$ 收敛,$\lim\limits_{n\to\infty} a_n = 1 + \sqrt{2}$.

习题 1.2

1. 4.

提示:压缩映像原理,$3 \leqslant u_n \leqslant 3 + \dfrac{4}{3}$.

3. (1) $\dfrac{1}{\alpha + 1}$. 化为 Riemann 积分和数.

(2) $\dfrac{1}{2}$. 提示:先通分,再用 Stolz 变换.

(3) $\dfrac{4}{e}$. 提示:取对数先求 $\lim\limits_{n\to\infty} \dfrac{1}{n} \sum\limits_{k=1}^{n} \ln(1 + \dfrac{k}{n}) = \int_0^1 \ln(1 + x) dx = \ln 4 - 1$.

(4) 1. 用 Stolz 变换.

4. 迫敛性. 各分母分别用 n 或 $n+1$ 替换. 而 $\lim\limits_{n\to\infty} \dfrac{1}{n} \sum\limits_{k=1}^{n} \sin\dfrac{k}{n}\pi = \dfrac{1}{\pi} \int_0^\pi \sin x dx = \dfrac{2}{\pi}$.

6. 先考虑 $\{x_n\}$ 单调递减恒正,故收敛. 在 $x_{n+1} = \ln(1 + x_n)$ 中令 $n \to \infty$,知 $x_n \to 0$.

$\lim\limits_{n\to\infty} \dfrac{1}{nx_n} = \lim\limits_{n\to\infty} \dfrac{\dfrac{1}{x_n}}{n} = \lim\limits_{n\to\infty} (\dfrac{1}{x_{n+1}} - \dfrac{1}{x_n}) = \lim\limits_{n\to\infty} (\dfrac{1}{\ln(1 + x_n)} - \dfrac{1}{x_n})$

$= \lim\limits_{n\to\infty} (\dfrac{x_n - \ln(1 + x_n)}{x_n \ln(1 + x_n)}) = \lim\limits_{n\to\infty} (\dfrac{x_n - (x_n - \dfrac{1}{2} x_n^2 + o(x_n^2))}{x_n^2}) = \dfrac{1}{2}$.

7. 考虑 $\lim\limits_{n\to\infty} \dfrac{1}{nx_n^2} = \lim\limits_{n\to\infty} \dfrac{\dfrac{1}{x_n^2}}{n}$,再利用 Stolz 变换,$\lim\limits_{n\to\infty} \sqrt{n} x_n = \sqrt{\dfrac{3}{2}}$.

9. 利用本节定理 4 结论,极限为 0.

11. $\ln \prod\limits_{k=1}^{n} (1 + a_k) = \sum\limits_{k=1}^{n} \ln(1 + a_k)$,而级数 $\sum\limits_{n=1}^{\infty} \ln(1 + a_n)$ 和 $\sum\limits_{n=1}^{\infty} a_n$ 同敛态.

12. 用 Stolz 变换.

习题 1.3

1. $-\dfrac{f''(a)}{2(f'(a))^2}$. 提示：$f(x)$ 在 $x_0 = a$ 处作 Taylor 展开.

$$f(x) = f(a) + f'(a)(x-a) + \frac{1}{2!}f''(\xi)(x-a)^2.$$

2. 1.   提示：利用洛必达法则及导数定义.

3. $f(x)$ 在 $[0,\infty]$ 上递增有界，故 $f'(x) > 0$，且 $\lim\limits_{x\to+\infty} f(x)$ 存在. 又 $f''(x) < 0$，于是 $f'(x)$ 单减且为正值，从而 $\lim\limits_{x\to+\infty} f'(x)$ 存在. 依据 Lagrange 微分中值定理

$$f(n) - f(n-1) = f'(\xi_n) \to 0, n-1 < \xi_n < n, \text{所以 } \lim\limits_{x\to+\infty} f'(x) = 0.$$

4. e^2. 提示：依据 $\lim\limits_{x\to 0}\dfrac{f(x)}{x} = 0$，知 $f(0) = f'(0) = 0$，$\lim\limits_{x\to 0}\dfrac{f(x)}{x^2} = \dfrac{1}{2}f''(0) = 2$，

$$\lim\limits_{x\to 0}[1 + \frac{f(x)}{x}]^{\frac{1}{x}} = \lim\limits_{x\to 0}[1 + \frac{f(x)}{x}]^{\frac{x}{f(x)}\cdot\frac{f(x)}{x^2}} = \mathrm{e}^2.$$

5. $f(x_0 + h) = f(x_0) + f'(x_0)h + f^n(x_0 + \theta_1 h)\cdot\dfrac{h^n}{n!}$,

$$f(x_0 + \theta h) = f(x_0) + f^n(x_0 + \theta_2 h)\cdot\frac{(\theta h)^{n-1}}{(n-1)!}$$

代入条件式得：$f^n(x_0 + \theta_1 h)\cdot\dfrac{h^{n-1}}{n!} = f^n(x_0 + \theta_2 h)\cdot\dfrac{(\theta h)^{n-1}}{(n-1)!}$.

利用 f^n 的连续性，立得 $\lim\limits_{n\to 0}\theta = \sqrt[n-1]{\dfrac{1}{n}}$.

6. 任取 $a_1 > 0$. 对 $\varepsilon_1 = 1$，存在充分大的 $b_1 > a_1$，在 $[a_1, b_1]$ 上应用 L—中值定理，

$$\exists x_1 \in (a_1, b_1), \text{s. t. } |f(x_1)| = \left|\frac{f(b_1) - f(a_1)}{b_1 - a_1}\right|$$

$$\leqslant \left|\frac{f(b_1)}{b_1}\right|\cdot\left|\frac{b_1}{b_1 - a_1}\right| + \left|\frac{f(a_1)}{b_1 - a_1}\right| < \varepsilon_1.$$

取 $a_2 = \max\{b_1, 2\}$，对 $\varepsilon_2 = \dfrac{1}{2}$，存在充分大的 $b_2 > a_2$，在区间 $[a_2, b_2]$ 上用拉格朗日

微分中值定理，$\exists x_2 \in (a_2, b_2)$，s. t. $|f(x_2)| < \varepsilon_2 = \dfrac{1}{2}$.

以此类推，存在 $x_n \in (a_n, b_n)$，s. t. $|f(x_n)| < \varepsilon_n = \dfrac{1}{n}$.

故 $x_n \to +\infty, f(x_n) \to 0 \ (n \to +\infty)$.

7. $a = 4, b = 1$.

8. $a = \dfrac{1}{3}, b = -1$，极限值 $-\dfrac{1}{10}$.

9. 提示：原极限 $= \lim\limits_{h \to 0^+} \left[\dfrac{1}{h} \displaystyle\int_a^b f(t+h)\,\mathrm{d}t - \dfrac{1}{h} \displaystyle\int_a^b f(t)\,\mathrm{d}t \right]$

$$= \lim\limits_{h \to 0^+} \left[\dfrac{1}{h} \int_{a+h}^{b+h} f(t)\,\mathrm{d}t - \dfrac{1}{h} \int_a^b f(t)\,\mathrm{d}t \right]$$

$$= \lim\limits_{h \to 0^+} \dfrac{1}{h} \left[\int_b^{b+h} f(t)\,\mathrm{d}t - \int_a^{a+h} f(t)\,\mathrm{d}t \right]$$

$$= \lim\limits_{h \to 0^+} \left[f(b+h) - f(a+h) \right]$$

$$= f(b) - f(a).$$

10. $\cos b.$

提示：利用积分中值定理

$$\int_{-a}^a \left(1 - \dfrac{|x|}{a} \right) \cos(b-x)\,\mathrm{d}x = 2\cos(b) - \xi \int_0^a \left(1 - \dfrac{x}{a} \right)\mathrm{d}x = a\cos(b-\xi).$$

11. $a.$

提示：$\lim\limits_{x \to \infty} f(x) = a.$ $\forall \varepsilon > 0, \exists N_1, n > N_1$ 时，$|f(x) - a| < \dfrac{\varepsilon}{2},$

$$\int_0^1 f(nx)\,\mathrm{d}x - a = \int_0^1 (f(nx) - a)\,\mathrm{d}x = \dfrac{1}{n}\int_0^n (f(u) - a)\,\mathrm{d}u$$

$$= \dfrac{1}{n}\left[\int_0^{N_1} + \int_{N_1}^n (f(u) - a)\,\mathrm{d}u \right].$$

因为 $\exists M > 0, |f(x)| \leqslant M,$ $\left| \displaystyle\int_0^1 f(nx)\,\mathrm{d}x - a \right| \leqslant \dfrac{N_1}{n} \cdot (M+a) + \dfrac{n - N_1}{n} \cdot \dfrac{\varepsilon}{2}.$

当 $n > N_2$ 时，上式 $< \varepsilon.$

12. 证：$\lim\limits_{n \to \infty} \sqrt{n} \displaystyle\int_0^1 \mathrm{e}^{-nt^2}\,\mathrm{d}t = \lim\limits_{n \to \infty} \displaystyle\int_0^{\sqrt{n}} \mathrm{e}^{-u^2}\,\mathrm{d}u = \dfrac{\sqrt{\pi}}{2}.$

$\forall \varepsilon > 0, \exists \delta > 0,$ 在 $0 \leqslant x \leqslant \delta$ 时，$|f(x) - f(0)| < \dfrac{\varepsilon}{\sqrt{\pi}}.$

在 $[\delta, +\infty)$ 上，由 $f(x)$ 有界性，$\exists M > 0,$ s.t. $|f(x)| \leqslant M, \exists N, n > N$ 时，

$$\left| \sqrt{n} \int_\delta^1 \mathrm{e}^{-nt^2} \left[f(t) - f(0) \right]\mathrm{d}t \right| \leqslant 2M \int_{\sqrt{n}\delta}^{\sqrt{n}} \mathrm{e}^{-u^2}\,\mathrm{d}u < \dfrac{\varepsilon}{2}.$$

而 $\left| \sqrt{n} \displaystyle\int_0^\delta \mathrm{e}^{-nt^2} \left[f(t) - f(0) \right]\mathrm{d}t \right| \leqslant \dfrac{\varepsilon}{\pi} \sqrt{n} \displaystyle\int_0^\delta \mathrm{e}^{-nt^2}\,\mathrm{d}t < \dfrac{\varepsilon}{2}.$

13. 提示：同上一题，$a = t\displaystyle\int_0^\infty \mathrm{e}^{-tx} a\,\mathrm{d}x,$

$$\left| t\int_0^\infty \mathrm{e}^{-tx} f(x)\,\mathrm{d}x - a \right| = \left| t\int_0^\infty \mathrm{e}^{-tx} \left[f(x) - a \right]\mathrm{d}x \right| \leqslant t\left| \int_0^G \mathrm{e}^{-tx} \left[f(x) - a \right]\mathrm{d}x \right| +$$

$t\left| \displaystyle\int_G^{+\infty} \mathrm{e}^{-tx} \left[f(x) - a \right]\mathrm{d}x \right|,$ 存在充分大的数 $G, x > G$ 时，$|f(x) - a| < \dfrac{\varepsilon}{2}.$

14. 提示：$\dfrac{\displaystyle\int_\delta^1 \left[f(x) \right]^n \mathrm{d}x}{\displaystyle\int_0^\delta \left[f(x) \right]^n \mathrm{d}x} \leqslant \dfrac{\displaystyle\int_\delta^1 \left[f(\delta) \right]^n \mathrm{d}x}{\displaystyle\int_0^{\frac{\delta}{2}} \left[f\left(\dfrac{\delta}{2} \right) \right]^n \mathrm{d}x} = \dfrac{(1-\delta)\left[f(\delta) \right]^n}{\dfrac{\delta}{2}\left[f\left(\dfrac{\delta}{2} \right) \right]^n} \to 0 \,(n \to \infty).$

习题 1.4

1. 取 $y_n = -x_n$，易得 $\varliminf\limits_{n \to \infty} x_n = \varlimsup\limits_{n \to \infty} x_n$.

2. 反证法，若不然，$\varlimsup\limits_{n \to \infty} \dfrac{x_{n+1}}{x_n} = L < 1$，$\exists\, \varepsilon_0 > 0$，s.t. $L + \varepsilon_0 < 1$，$\exists\, N$，s.t. $n \geqslant N$ 时，$\dfrac{x_{n+1}}{x_n} < L + \varepsilon_0 < 1$，于是 $x_{N+k} < (L + \varepsilon_0)^k x_N$，令 $k \to \infty$ 知 $\lim\limits_{k \to \infty} x_{N+k} = 0$，矛盾.

3. 结合几何意义去构造所需的项，先求第一个项，因为 $x_1 > 0$ 且 $\varliminf\limits_{n \to \infty} x_n = 0$，故存在第一个出现的项 x_{n_1} 首次小于 x_1（而 $n < n_1$ 时皆有 $x_n \geqslant x_1$），则此 n_1 满足要求
$$x_{n_1} < x_k, \quad 1 \leqslant k \leqslant n_1 - 1.$$
又 $x_{n_1} > 0$，仍如上理，存在第一个出现的小于 x_{n_1} 的项，记为 x_{n_2}（若不然，$n \geqslant n_1$ 时 $x_n \geqslant x_{n_1}$ 的话，将与 $\varliminf\limits_{n \to \infty} x_n = 0$ 矛盾），以下数学归纳法即可.

4. 因为 $\{x_{2n} + 2x_n\}$ 收敛，从而 $\varliminf\limits_{n \to \infty}(x_{2n} + 2x_n) = \varlimsup\limits_{n \to \infty}(x_{2n} + 2x_n)$，记 $\varliminf\limits_{n \to \infty} x_n = A$，$\varlimsup\limits_{n \to \infty} x_n = B$，
$$\varliminf\limits_{n \to \infty}(x_{2n} + 2x_n) \leqslant \varlimsup\limits_{n \to \infty} x_{2n} + \varliminf\limits_{n \to \infty} 2x_n \leqslant \varlimsup\limits_{n \to \infty} x_n + 2 \varliminf\limits_{n \to \infty} x_n = B + 2A,$$
$$\varlimsup\limits_{n \to \infty}(x_{2n} + 2x_n) \geqslant \varliminf\limits_{n \to \infty} x_{2n} + \varlimsup\limits_{n \to \infty} 2x_n \geqslant \varliminf\limits_{n \to \infty} x_n + 2 \varlimsup\limits_{n \to \infty} x_n = A + 2B.$$
故　　　　$B + 2A = A + 2B \Rightarrow A = B.$

5. 证明 $\Rightarrow$ 因为 $\varlimsup\limits_{n \to \infty} \sqrt[n]{a_n} \leqslant 1 < \dfrac{l+1}{2}$，所以 $\exists\, N$，$n > N$ 时，$\sqrt[n]{a_n} < \dfrac{l+1}{2}$，即 $a_n < (\dfrac{l+1}{2})^n$，

从而 $\dfrac{a_n}{l^n} < (\dfrac{l+1}{2\,l})^n \to 0 (n \to \infty)$；

$\Leftarrow$ 若 $\forall\, l > 1$，$\lim\limits_{n \to \infty} \dfrac{a_n}{l^n} = 0$，欲证 $\varlimsup\limits_{n \to \infty} \sqrt[n]{a_n} = q \leqslant 1$. 反证法，若 $q = \varlimsup\limits_{n \to \infty} \sqrt[n]{a_n} > 1$，

特取 $l = \dfrac{q+1}{2} > 1$，则由 $\varlimsup\limits_{n \to \infty} \sqrt[n]{a_n} > l$，$\exists\, \{n_k\}$，s.t. $\sqrt[n_k]{a_{n_k}} > l$，即 $a_{n_k} > l^{n_k}$，于是 $\lim\limits_{k \to \infty} \dfrac{a_{n_k}}{l^{n_k}} \neq 0$，此和 $\lim\limits_{n \to \infty} \dfrac{a_n}{l^n} = 0$ 矛盾.

6. 证明　　以右端不等式为例，记 $\varlimsup\limits_{n \to \infty} \dfrac{a_{n+1}}{a_n} = \alpha$，取 $\beta > \alpha$，$\exists\, N$，$\forall\, n \geqslant N$ 有 $\dfrac{a_{n+1}}{a_n} \leqslant \beta$，亦即 $a_{N+k+1} \leqslant \beta a_{N+k} (k \geqslant 0)$. 可得 $a_n \leqslant a_N \beta^{n-N} (n \geqslant N)$，于是有 $\sqrt[n]{a_n} \leqslant \sqrt[n]{a_N \beta^{-N}}\,\beta$，故有 $\varlimsup\limits_{n \to \infty} \sqrt[n]{a_n} \leqslant \beta$，鉴于 $\beta > \alpha$ 的任意性，得 $\varlimsup\limits_{n \to \infty} \sqrt[n]{a_n} \leqslant \alpha$，这样就证得 $\varlimsup\limits_{n \to \infty} \sqrt[n]{a_n} \leqslant \varlimsup\limits_{n \to \infty} \dfrac{a_{n+1}}{a_n}$.

7. 提示　　记 $\varliminf\limits_{n \to \infty} a_n = \alpha$，$\varlimsup\limits_{n \to \infty} a_n = \beta$，在递推式 $a_{n+1} = 1 + \dfrac{1}{a_n}$ 的两边取下极限.

$$\underline{\lim_{n \to \infty}} a_{n+1} = 1 + \lim_{n \to \infty} \frac{1}{a_n} = 1 + \frac{1}{\overline{\lim_{n \to \infty}} a_n}, \text{即 } \alpha = 1 + \frac{1}{\beta}; \text{类似地在递推式两边取上极限,又得}$$

$\beta = 1 + \dfrac{1}{\alpha}$,联立上述两个关系式,立得 $\alpha = \beta = \dfrac{1+\sqrt{5}}{2}$.

8. 证明 因为 $0 \leqslant x_{n+1} \leqslant x_n + \dfrac{1}{n^2} \leqslant x_{n-1} + \dfrac{1}{(n-1)^2} + \dfrac{1}{n^2} \leqslant \cdots \leqslant x_1 + \sum\limits_{k=1}^{n} \dfrac{1}{k^2}$,

所以 $\{x_n\}$ 有界,存在上极限、下极限. 记 $\underline{\lim\limits_{n \to \infty}} a_n = \alpha, \overline{\lim\limits_{n \to \infty}} a_n = \beta$,

存在子列 $\{x_{m_k}\}$,s.t. $x_{m_k} \to \alpha (k \to \infty)$,再构建子列 $\{x_{n_k}\}$,s.t. $n_k > m_k$,

且 $x_{n_k} \to \beta (k \to \infty), \forall \varepsilon > 0, \exists K > 0$,s.t. $k \geqslant K$ 时,

$$|x_{m_k} - \alpha| < \varepsilon, |x_{n_k} - \beta| < \varepsilon,$$

故 $\beta - \varepsilon < x_{n_k} \leqslant x_{m_k} + \dfrac{1}{m_k^2} + \dfrac{1}{(m_k-1)^2} + \cdots + \dfrac{1}{(n_k-1)^2}$,

$\exists K^* > K$, s.t. $k > K^*$ 时,$\forall p \geqslant 1, \sum\limits_{j=k}^{k+p} \dfrac{1}{j^2} < \varepsilon$,又 $n_k > m_k > k > K^*$,从而 $\beta - \varepsilon$

$< x_{n_k} < \alpha + 2\varepsilon, \alpha \leqslant \beta < \alpha + 3\varepsilon$,由 $\varepsilon > 0$ 之任意性,知 $\alpha = \beta$.

9. 提示 利用上下极限的性质 8.

10. 提示 取对数化为和的情形,参照例 4 的结论.

习题 2.1

1. $a = 2, b = -3$.

2. 提示:
$$h(x) = f_1(x) + f_2(x) + f_3(x) - \max\{f_1(x), f_2(x), f_3(x)\} - \min\{f_1(x),$$
$$f_2(x), f_3(x)\}.$$

3. 令 $x = x_0, y \to x_0 \pm 0$,再令 $x = x_0 - h, y \to x_0 + h$ 代入,令 $h \to 0$,第一类间断用于存在单边极限.

   (提示:令 $x = x_0, y \to x_0 + 0$,或 $y \to x_0 - 0$ 等等,再令 $x = x_0 - h, y = x_0 + h$ 代入,令 $h \to 0$,第一类间断点的用处在于存在单边极限.)

4. 证明:令 $F(x) = f(x) - f(a) - \dfrac{f(b)-f(a)}{b-a}(x-a)$,则 $F(x)$ 连续,且 $F(a) =$

   $F(b) = 0$,且仍满足 $\lim\limits_{n \to \infty} \dfrac{F(x+r_n) + F(x-r_n) - 2F(x)}{r_n^2} = 0$. 欲证 $F(x) \equiv 0$.

   反证法:若 $F(x)$ 不恒为零,不妨设 $\exists c \in (a,b)$,s.t. $F(c) > 0$. 先证存在开口向下的抛物线 $Q(x)$,使得 $\forall x \in [a,b]$,有 $F(x) \leqslant Q(x)$. 且 $\exists x_0 \in (a,b)$,s.t. $F(x_0) = Q(x_0)$.

   令 $M = \max\limits_{a \leqslant x \leqslant b} \left\{ \left(x - \dfrac{a+b}{2}\right)^2 + F(x) \right\}$,且最大值在 $x = x_0$ 处取得,则

$M - \left(x - \dfrac{a+b}{2}\right)^2 \geqslant F(x)$，由 $F(a) = F(b) = 0, F(c) > 0$，必有 x_0 为 (a,b) 内部的

点．取 $Q(x) = M - \left(x - \dfrac{a+b}{2}\right)^2$，则 $Q(x_0) = F(x_0)$，满足 $Q(x) \geqslant F(x)$．现在 x_0

处，$F(x_0 + r_n) + F(x_0 - r_n) - 2F(x_0) \leqslant Q(x_0 + r_n) + Q(x_0 - r_n) - 2Q(x_0)$．

但 $\lim\limits_{n \to \infty} \dfrac{Q(x_0 + r_n) + Q(x_0 - r_n) - 2Q(x_0)}{r_n^2} = Q_n(x_0) = -2 < 0$，

得 $\lim\limits_{n \to \infty} \dfrac{F(x_0 + r_n) + F(x_0 - r_n) - 2F(x_0)}{r_n^2} \leqslant -2 < 0$，

和题设矛盾．从而 $F(x) \equiv 0$．故 $f(x)$ 为线性函数．

习题 2.2

1. 反证法．假设存在函数 $f(x)$ 满足条件，取 $a \neq b$，使得 $f(a) = f(b)$．在 $[a,b]$ 中存在
   最小值，若在 $[a,b]$ 中存在两个最小值点 x_1, x_2，由 $[a, x_1], [x_1, x_2]$，$[x_2, b]$ 上的
   介值性可推出矛盾；若在 $[a,b]$ 内仅存在一个最小值点 x_1，由条件，$\exists x_2 \in \mathbf{R}$,
   $f(x_2) = f(x_1)$，不妨设 $x_2 > b$，利用 $[a, x_1], [x_1, b], [b, x_2]$ 上的介值性，得矛盾．

2. 提示：令 $g(x) = \ln f(x)$，则 $g(x+y) = g(x) + g(y)$．

3. 反证法．若 $\lim\limits_{x \to \infty} f(x) \neq \infty$．则 $\exists M > 0, \forall X > 0, \exists |x| > X$, s. t. $|f(x)| \leqslant M$. 取 X
   $= 1, 2, 3, \cdots$，则 $\exists x_1, x_2, \cdots$，满足 $|x_n| > n$，但 $|f(x_n)| \leqslant M$. $\{f(f(x_n))\}$ 有界，与
   $\lim\limits_{x \to \infty} f(f(x)) = \infty$ 矛盾．

4. 因为 $f(x_0) < x_0$，且 $\lim\limits_{x \to \infty} f(x) = +\infty$，
   所以 $\exists \xi_1 \in (-\infty, x_0)$, s. t. $f(\xi_1) = x_0$；$\exists \xi_2 \in (x_0, +\infty)$, s. t. $f(\xi_2) = x_0$，
   从而 $f(f(x))$ 在 ξ_1, ξ_2 处都取得最小值．

5. 反证法．不严格单调则一一映射不成立．

6. 引入函数 $F(x) = f(x) - x$．

7. 引入 $F(x) = f(x + \lambda) - f(x)$．
   $F(a) = f(a + \lambda) - f(a), F(a + \lambda) = f(a + 2\lambda) - f(a + \lambda)$．
   由介值性，$\exists \xi$, s. t. $F(\xi) = \dfrac{1}{2}[F(a) + F(a + \lambda)]$．

习题 2.3

1. 提示：

$$\left| \cos \sqrt{x_2} - \cos \sqrt{x_1} \right| = 2 \left| \sin \frac{\sqrt{x_1} + \sqrt{x_2}}{2} \sin \frac{\sqrt{x_2} - \sqrt{x_1}}{2} \right| \leqslant 2 \frac{\sqrt{x_2} + \sqrt{x_1}}{2} .$$

$$\left|\frac{\sqrt{x_2}-\sqrt{x_1}}{2}\right|=\frac{|x_2-x_1|}{2}.$$

2. 取点列 $x_n^{'}=n\pi,x_n^{'}=n\pi+\dfrac{\pi}{n}$.

3. $f(0)=0$,且 $f(x)$ 在原点连续,所以 $|x_2-x_1|<\delta$ 时,

$|f(x_2)-f(x_1)|=|f(x_2-x_1)|<\varepsilon$.

4. 提示:因为 $f(x)$ 满足 Lipschitz 条件,$\exists L>0,|f(x_2)-f(x_1)|\leqslant L|x_2-x_1|$,

$$\left|\frac{f(x_2)}{x_2}-\frac{f(x_1)}{x_1}\right|=\frac{1}{x_1x_2}|f(x_2)\cdot x_1-f(x_1)\cdot x_2|$$

$$\leqslant\frac{1}{x_1x_2}[|f(x_2)-f(x_1)|x_1+|x_2-x_1|\cdot|f(x_1)|]$$

$$\leqslant\frac{L}{x_2}|x_2-x_1|+\frac{|x_2-x_1|}{x_2}\cdot\left|\frac{f(x_1)}{x_1}\right|.$$

将上式中 x_2 置换为 x_1,x_1 置换为 a,

$$\left|\frac{f(x_1)}{x_1}-\frac{f(a)}{a}\right|\leqslant\left(1-\frac{a}{x_1}\right)\left(L+\left|\frac{f(a)}{a}\right|\right)<L+\frac{|f(a)|}{a},$$

故 $\left|\dfrac{f(x_1)}{x_1}\right|\leqslant L+2\dfrac{|f(a)|}{a}\triangleq M.$

从而 $\left|\dfrac{f(x_2)}{x_2}-\dfrac{f(x_1)}{x_1}\right|\leqslant\dfrac{L+M}{a}|x_2-x_1|.$

亦即 $\dfrac{f(x)}{x}$ 同时满足 Lipschitz 条件. 所以在 $[a,+\infty)$ 上一致连续.

5. 提示:取 $x_n'=\dfrac{1}{2n\pi},x_n''=\dfrac{1}{2n\pi+\dfrac{\pi}{2}}$,可证 $f(x)$ 在 $(0,a)$ 内不一致连续,而在 $[a,$

$+\infty)$ 上,只需证明导函数 $f'(x)$ 有界,$|f'(x)|\leqslant\dfrac{3}{a^2}$.

习题 3.1

1. $f'(x)=\begin{cases}2x(1-x^2)\mathrm{e}^{-x^2} & |x|<1\\0 & |x|\geqslant 1\end{cases}$.

2. (1) $a>0$;(2) $a>1$;(3) $a>1-b$.

3. (1) $\beta>0$ 时,$f(x)$ 连续;$\beta>1$,$f(x)$ 可微;(2) $\varphi(u)=\mathrm{e}^{-u^2}$,满足要求.

4. (1) $c=\dfrac{f(0)}{2}$;　(2) $F'(x)$ 连续.

5. 提示:不妨设 $f'_+(a)>0$,$f'_-(b)>0$ 利用极限的保号性和连续函数的零点存在定理易知.

6. 提示:$f(a)\neq 0$ 时,$\exists U(a)$ 在其内 $f(x)$ 跟 $f(a)$ 同号;$f(a)=0$ 时,

$$\lim_{x \to a^+} \frac{|f(x)| - |f(a)|}{x - a} \geqslant 0, \lim_{x \to a^-} \frac{|f(x)| - |f(a)|}{x - a} \leqslant 0, 得 \lim_{x \to a} \frac{|f(x)| - |f(a)|}{x - a} = 0,$$

于是 $\lim\limits_{x \to a} \dfrac{f(x) - f(a)}{x - a} = 0$, 即 $f'(a) = 0$.

7. 提示: $f'(0) = a_1 + 2a_2 + \cdots + na_n = \lim\limits_{x \to 0} \dfrac{f(x)}{x}$, 而 $\lim\limits_{x \to 0} \left| \dfrac{f(x)}{x} \right| \leqslant \left| \dfrac{\sin x}{x} \right| \leqslant 1$.

8. $4x\ln x$　提示: 将条件式 $f(x_1 x_2) = x_1 f(x_2) + x_2 f(x_1)$ 两边同时除以 $x_1 x_2$, 再令 $g(x) = \dfrac{f(x)}{x}$, 由本节例 8 结论立得.

9. $x^2 + f'(0)x$.　提示: 在 $f(x + y) = f(x) + f(y) + 2xy$ 中令 $y = \Delta x$, 得 $f'(x) = 2x + \lim\limits_{\Delta x \to 0} \dfrac{f(\Delta x)}{\Delta x}$.

10. $f(x) = \begin{cases} \mathrm{e}^x & x > 0 \\ x & x \leqslant 0 \end{cases}$.

11. $\dfrac{1}{2}\tan x$. 提示: 以 $x = 0, y = 0$ 代入关系式得出 $f(0) = 0$ 其次, 令 $y = \Delta x$ 可推出微分方程 $f'(x) = f'(0)[1 + 4f^2(x)]$; 化为 $\dfrac{f'(x)}{1 + 4f^2(x)} = f'(0)$, 当 $f'(0) = \dfrac{1}{2}$ 时, 得 $\arctan 2f(x) = x + c$, 因为 $f(0) = 0$, 所以 $c = 0$.

12. 反证法, 由导函数的介值性推得.

13. 提示: 由 $\lim\limits_{\Delta x \to 0} \dfrac{f(\beta x) - f(\alpha x)}{x} = c$ 得

$\forall \varepsilon > 0, \exists \delta > 0$, 当 $0 < x < \delta$ 时, $\left| \dfrac{f(\beta x) - f(\alpha x)}{x} - c \right| < \varepsilon$, 即

$$(c - \varepsilon)x < f(\beta x) - f(\alpha x) < (c + \varepsilon)x,$$

$$(c - \varepsilon)\frac{\alpha}{\beta}x < f(\alpha x) - f(\frac{\alpha^2}{\beta}x) < (c + \varepsilon)\frac{\alpha}{\beta}x,$$

迭代下去,

$$(c - \varepsilon)\frac{\alpha^n}{\beta^n}x < f(\frac{\alpha^n}{\beta^{n-1}}x) - f(\frac{\alpha^{n+1}}{\beta^n}x) < (c + \varepsilon)\frac{\alpha^n}{\beta^n}x,$$

上述不等式相加, 得

$$(c - \varepsilon)x\frac{1 - (\frac{\alpha}{\beta})^n}{1 - \frac{\alpha}{\beta}} < f(\beta x) - f(\frac{\alpha^{n+1}}{\beta^n}x) < (c + \varepsilon)x\frac{1 - (\frac{\alpha}{\beta})^{n+1}}{1 - \frac{\alpha}{\beta}},$$

令 $n \to \infty$, 利用 $f(x)$ 在原点连续性,

$$(c - \varepsilon x)\frac{1}{1 - \frac{\alpha}{\beta}} < f(\beta x) - f(0) < (c + \varepsilon)x\frac{1}{1 - \frac{\alpha}{\beta}},$$

所以有

$$\left| \frac{f(\beta x) - f(0)}{\beta x} - \frac{c}{\beta - \alpha} \right| < \frac{\varepsilon}{\beta - \alpha}.$$

从而 $f(x)$ 在点 $x = 0$ 的右导数存在.

习题 3.2

1. (1) $y^{(n)} = \dfrac{(-1)^n}{2} n! [5(x-1)^{-n-1} + (x+1)^{-n-1}]$;

   (2) $y' = -2x - 1 + (x-1)^{-2}, y'' = -2 - 2(x-1)^{-3}$;

   $y^{(n)} = (-1)^{n+1} n! (x-1)^{-n-1} (n \geqslant 3)$.

   (3) 利用三倍角公式 $\sin^3 x = \dfrac{3\sin x - \sin 3x}{4}$,

   $y^{(n)} = \dfrac{3}{4} \sin(x + \dfrac{n\pi}{2}) - \dfrac{3^n}{4} \sin(3x + \dfrac{n\pi}{2})$.

2. $y' = \dfrac{1}{\sqrt{1-x^2}}, y'' = \dfrac{x}{(1-x^2)^{3/2}} = \dfrac{xy'}{1-x^2}$, 整理为 $(1-x^2)y'' = xy'$,

   两边用莱布尼兹公式求 n 阶导数, 算出

   $$y^{(n)}(0) = \begin{cases} [(n-2)!!]^2 & n \text{ 为奇数} \\ 0 & n \text{ 为偶数} \end{cases}.$$

3. $f^{(n)}(\pm 1) = (\pm 1)^n (2n)!!$,

   提示: 对函数 $f(x) = (x+1)^n (x-1)^n$ 利用莱布尼兹公式.

4. 证明: $n = 1$ 时, 易验证; 设 $n = k$ 时成立, 则 $n = k+1$ 时

   $(x^k e^{\frac{1}{x}})^{(k+1)} = (kx^{k-1} e^{\frac{1}{x}} - x^{k-2} e^{\frac{1}{x}})^{(k)} = k(x^{k-1} e^{\frac{1}{x}})^{(k)} - [(x^{k-2} e^{\frac{1}{x}})^{(k-1)}]'$

   $= k(-1)^k x^{-k-1} e^{\frac{1}{x}} - [(-1)^{k-1} x^{-k} e^{\frac{1}{x}}]' = (-1)^{k+1} x^{-k-2} e^{\frac{1}{x}}$.

5. $g^{(k)}(0) = \dfrac{(-1)^{k-1}(k-1)!}{2^k}, k \geqslant 1, g(0) = \ln 2$,

   证法一:

   $$g(\dfrac{1}{n}) = \ln(2 + \dfrac{1}{n}), g(0) = \lim_{n \to \infty} g(\dfrac{1}{n}) = \ln 2,$$

   $$g'(0) = \lim_{n \to \infty} \dfrac{g(\dfrac{1}{n}) - g(0)}{\dfrac{1}{n}} = \lim_{n \to \infty} \dfrac{\ln(2 + \dfrac{1}{n}) - \ln 2}{\dfrac{1}{n}} = \dfrac{1}{2},$$

   现设 $g(x) = g(0) + g'(0)x + \dfrac{1}{2} g''(0)x^2 + o(x^2)$, 则

   $$g''(0) = 2 \lim_{n \to \infty} \dfrac{g(x) - (g(0) + g'(0)x)}{x^2} = 2 \lim_{n \to \infty} \dfrac{\ln(2 + \dfrac{1}{n}) - \ln 2 - \dfrac{1}{2n}}{\dfrac{1}{n^2}} = -\dfrac{1}{4},$$

   据此理, $g(x)$ 和 $g^*(x) = \ln(2 + x)$ 的 Taylor 展开系数相同,

   $$g^*(x) = \ln 2 + \dfrac{x}{2} - \dfrac{1}{2}(\dfrac{x}{2})^2 + \cdots + (-1)^n \dfrac{1}{n}(\dfrac{x}{2})^n + \cdots$$

$$g^{(n)}(0) = n!(-1)^{n-1}\frac{1}{n2^n} = \frac{(-1)^{n-1}(n-1)!}{2^n}.$$

证法二：

$$g\left(\frac{1}{n}\right) = \ln(2 + \frac{1}{n}) \text{ 引入 } f(x) = g(x) - \ln(2 + x),$$

在 $[-1,1]$ 上满足 $\left|\frac{f^{(n)}(x)}{n!}\right| \leqslant M$, $f(\frac{1}{n}) = 0$, $n = 1,2,3\cdots$,

将 $f(x)$ 在原点处作 n 阶 Taylor 公式相应的余项

$$|R_n(x)| = \left|\frac{f^{(n+1)}(\xi)}{(n+1)!}x^{n+1}\right| \leqslant M|x|^{n+1},$$

当 $|x| < 1$ 时，$\lim_{n \to \infty} R_n(x) = 0$,

在 $|x| < 1$ 上，$f(x)$ 可作幂级数展开 $f(x) = \sum_{n=0}^{\infty} a_n x^n$.

参见 5.4 章节习题 12 可知，$f(x) \equiv 0$，即 $g(x) = \ln(2 + x)$，以下易.

6. $y^{(n)}(0) = \begin{cases} [(2k)!!]^2 & n = 2k+1 \\ 0 & n = 2k \end{cases}$.

   提示：$(1 - x^2)y' = 1 + xy$，两边求 n 阶导数，利用莱布尼兹公式递推，

   $$y^{(n+1)}(0) = n^2 y^{(n-1)}(0)$$

7. $y(0) = \frac{\pi}{4}$, $y^{(2k)} = 0$, $y^{(2k+1)} = (-1)^{k-1}(2k)!$,

   提示：$y' = -\frac{1}{1 + x^2}$ 化为 $(1 + x^2 y') = -1$，两边求 n 阶导数即可.

习题 3.3

1. 提示：$f(a) = 0$, $f'_+(a) > 0$, 则 $\exists x_0 \in (a,b)$, s.t. $f(x_0) > 0$. 在 $[a,x_0]$, $[x_0,b]$ 上分别使用 L- 中值定理，$\exists \xi_1 \in (a,x_0)$, $f'(\xi_1) > 0$, $\exists \xi_{21} \in (x_0,b)$, $f'(\xi_2) < 0$. 在区间 $[\xi_1,\xi_2]$ 上再次使用中值定理即得.

   或用反证法. $f''(x)$ 在 (a,b) 上非负，则 $f(x)$ 为下凸函数，$\forall x \in (a,b)$ 有 $f(x) \leqslant f(a) = f(b) = 0$ 和 $f'_+(a) > 0$，矛盾.

2. 不妨把预证命题简化为 $f'(c) = 0$ 时，存在 x_1, x_2，使得 $f(x_1) = f(x_2)$.

   当 $f''(c) > 0$, $f'(c) = 0$ 时，$f(x)$ 在 $x = c$ 处取得极小值，$\exists \xi_1 < c < \xi_2$，使得 $f(\xi_1)$, $f(\xi_2) > f(c)$ 不妨设 $f(\xi_1) < f(\xi_2)$，取 $x_1 = \xi_1$，在 $[c,\xi_2]$ 用介值定理 $\exists x_2 \in (c,\xi_2)$，使得 $f(x_1) = f(\xi_1) = f(x_2)$，当 $f''(c) < 0$ 时，类似可证.

   对一般情形，引入 $g(x) = f(x) - f'(c)x$. 则 $g''(c) \neq 0$, $g'(c) = 0$，存在 x_1, x_2，使得 $g(x_1) = g(x_2)$，化为欲证式.

3. 利用极限保号性，证明 $\exists x_1, x_2 \in (a,b)$, s.t. $f(x_1) < 0$, $f(x_2) > 0$.

   再由介值性定理，$\exists x_3 \in (x_1,x_2)$, s.t. $f(x_3) = 0$，分别在 $[a,x_3]$, $[x_3,b]$ 上利用

Rolle 中值定理.

4. 提示:令 $g(x) = f(x)f(1-x)$,则 $g(0) = g(1) = 0$,对 $g(x)$ 在 $[0,1]$ 上利用 Rolle 中值定理.

5. 提示:利用积分中值定理 $\exists \eta \in (0, \frac{1}{3})$, s. t. $f(1) = e^{1-\eta^2} f(\eta)$.

    引入辅助函数 $g(x) = e^{1-x^2} f(x)$,则 $g(\eta) = g(1)$,在 $(\eta, 1)$ 上利用 Rolle 中值定理.

6. 提示:令 $g(x) = e^x f(x)$,$e^b - e^a = g(b) - g(a) = (b-a)g'(\eta) = (b-a)e^{\xi}$

    从 $g'(\eta) = e^{\xi}$ 立得.

7. (1) 引入 $g(x) = f(x) - x$;

    (2) 引入 $h(x) = e^{-\lambda x}(f(x) - x)$ 在 $[0, \eta]$ 上利用 Rolle 中值定理.

8. $\dfrac{e^b - e^a}{b - a} = \dfrac{e^b - e^a}{f(b) - f(a)} \cdot \dfrac{f(b) - f(a)}{b - a} = \dfrac{e^{\eta}}{f'(\eta)} f'(\xi)$.

9. $F(x) = f(a+x) + f(a-x)$, $G(x) = x^2$ 对 $F(x), G(x)$ 在 $[0, h]$ 上使用 Cauchy 中值定理.

10. 任取 $x_0 \in (0,1)$ 及常数 M,满足 $f(x_0) = -1 + x_0^2 + \dfrac{x_0^2(x_0 - 1)}{3!} M$,

    再令 $F(x) = f(x) + 1 - x^2 - \dfrac{x^2(x-1)}{3!} M$,则 $F(0) = F(x_0) = F(1) = 0$,

    由 Rolle 定理知,$\exists c_1 \in (0, x_0)$, $c_2 \in (x_0, 1)$, s. t. $F'(c)_i = 0$,又已知

    $F'(0) = F'(1) = 0$,$\exists \eta_1 \in (0, c_1)$, $\eta_2 \in (c_1, c_2)$, s. t. $F''(\eta_i) = 0$,

    故,$\exists \xi \in (\eta_1, \eta_2)$, s. t. $F'''(\xi) = 0$ 即 $f'''(\xi) = M$.

11. 将条件式改为 $f(y) - f(x) = (y-x)f'\left(\dfrac{x+y}{2}\right)$

    关于 y 求导:$f'(y) = f'(\dfrac{x+y}{2}) + \dfrac{y-x}{2} f''(\dfrac{x+y}{2})$,

    再令 $x + y = 0$,代入上式得 $f'(y) = f'(0) + y f'(0)$,

    所以,$f(y) = f(0) + y f'(0) + \dfrac{f''(0)}{2} y^2$.

12. 提示:利用 Taylor 公式,$f(a+h) = f(a) + f'(a)h + \dfrac{f''(\xi)}{2!} h^2$,或使用洛必达法则.

13. 提示:引入 $F(x) = f(x) - 2f(\dfrac{a+x}{2}) + f(a)$, $G(x) = (x-a)^2$,对 $F(x), G(x)$

    利用 Cauchy 中值定理,或引入

    $h(x) = f(x + \dfrac{b-a}{2}) - f(x)$, $h(\dfrac{a+b}{2}) - h(a) = h'(\eta) \dfrac{b-a}{2}$,

    $h'(\eta) = f'(\eta + \dfrac{b-a}{2}) - f'(\eta) = f''(\xi) \dfrac{b-a}{2}$.

14. $\dfrac{\sqrt{3}}{3}$. 提示:$\theta^2 = \dfrac{x - \arctan x}{x^2 \arctan x} \to \dfrac{1}{3}$ $(x \to 0)$.

15. 在 $[0,1]$ 内取一组点:

    $\{t_i\}: 0 = t_1 < t_2 < \cdots < t_n = 1$,

使得 $f(t_i) = \lambda_1 + \lambda_2 + \cdots + \lambda_i$，则 $\lambda_i = f(t_i) - f(t_{i-1})$，

在 $[t_{i-1}, t_i]$ 上对 $f(x)$ 用 L — 中值定理，

$$\exists\ x_i \in (t_{i-1}, t_i), \text{s.t.} \lambda_i = f(t_i) - f(t_{i-1}) = f'(x_i)(t_i - t_{i-1}),$$

于是 $\displaystyle\sum_{i=1}^{n} \frac{\lambda_i}{f'(x_i)} = \sum_{i=1}^{n}(t_i - t_{i-1}) = t_n - t_0 = 1.$

习题 3.4

1. 方程有 4 个根：$x_1 \in (-1, -\dfrac{1}{2}), x_2 = 0, x_3 = 1, x_4 \in (3, 4)$.

2. 当 n 为奇数时，$\displaystyle\lim_{x \to -\infty} g_n(x) = +\infty$，$\displaystyle\lim_{x \to +\infty} g_n(x) = -\infty, g'_n(x) < 0$，易知 $g_n(x)$ 恰有一个零点；

   当 n 为偶数时，则 $x < 1$ 时，$g'_n(x) < 0; x > 1$ 时，$g'_n(x) > 0$. 故
   $\displaystyle\lim_{x \to +\infty} g_n(x) \geqslant g_n(1) > 0.$

3. 提示：由 $f''(x) < 0$ 知 $f'(x)$ 单调递减，又 $f'(1) = -3$，得 $x > 1$ 时，$f'(x) < -3$，所以 $f(x)$ 单调递减，且 $\displaystyle\lim_{x \to +\infty} f(x) = -\infty$，由条件 $f(1) = 2$ 知 $f(x)$ 在 $[1, +\infty)$ 上仅有一个零点.

4. 反证法. 若 $f''(x)$ 无零点，则一定保号，于是 $f(x)$ 必是严格凸函数或者严格凹函数，不可能在 R 上有界.

5. 提示：法一：迭代法，并用 Cauchy 准则；法二：反证法. 若 $\varphi(x) = f(x) - x \neq 0$，不妨令 $\varphi(x) > 0$，但 $\varphi'(x) < 0$，故 $\varphi(x)$ 单调递减且恒正，于是 $\displaystyle\lim_{x \to +\infty} \varphi(x)$ 存在. 在 $[n, n+1]$ 上运用微分中值定理，$\exists\ \eta_n: \varphi(n+1) - \varphi(n) = \varphi'(\eta_n) \to 0$，但 $\varphi'(x) < \lambda - 1 < 0$，矛盾.

6. 提示：$f(x) = f(a) + \displaystyle\int_a^x f'(t)\mathrm{d}t > f(a) + c(x-a)$，仅在条件 $f'(x) > 0$ 之下，结论未必成立，反例：$f(x) = -\mathrm{e}^{-x}, x \geqslant 0$

7. （注：原第 8 题）$f_n(0) = 0, f_n(1) = n > 1$，故 $\exists\ x_n \in (0, 1), \text{s.t.} f_n(x_n) = 1.$
   又 $f'_n(x) = 1 + 2x + \cdots + nx^{n-1} > 0 (x > 0)$，即 $f_n(x)$ 严格增加，从而 x_n 唯一.
   下证 $\{x_n\}$ 单调递减. $f_n(x_n) = 1, f_{n+1}(x_{n+1}) = 1$，
   $f_n(x_{n+1}) = x_{n+1} + x_{n+1}^2 + \cdots + x_{n+1}^n < f_{n+1}(x_{n+1}) = 1 = f_n(x_n)$，
   而 $f_n(x)$ 单调递增，所以 $x_{n+1} < x_n$. 从而 $\displaystyle\lim_{n \to +\infty} x_n$ 存在，记为 τ.

   显见 $\tau < 1$，又 $x_n \dfrac{1 - x_n^n}{1 - x_n} = 1$，令 $n \to +\infty$，易知 $\displaystyle\lim_{n \to +\infty} x_n^n = 0$. 得 $\displaystyle\lim_{n \to +\infty} x_n = \dfrac{1}{\tau}$.

8. 和第 7 题同理操作

9. 和第 7 题同理操作

10. $f'_n(x) = \mathrm{e}^{-x} x^{2n-1}(2n - x), f'_n(0) = 0, f'_n(2n) = 0$，

$f''_n(x) = \mathrm{e}^{-x}x^{2n-2}\left[2n(2n-1)-4nx+x^2\right], f''_n(0)=0,$

一般地，$f_n^{(k)}(x) = \mathrm{e}^{-x}x^{2n-k}P_k(x), f_n^{(k)}(0)=0$

$P_k(x)$ 为 k 阶多项式，得 $\lim\limits_{x\to+\infty} f_n^{(k)}(x) = 0(1\leqslant k\leqslant n).$

从 $f'_n(0) = f'_n(2n) = f'_n(+\infty) = 0$，知 $f''_n(x)$ 至少有两个正值零点.

依据归纳法及广义 Rolle 定理知，结论成立.

11. 提示：引入 $f(x) = \mathrm{e}^x - ax^2 - bx - c,$

反证法，假设 $f(x)$ 有 4 个零点，则 $f'''(x) = \mathrm{e}^x$ 至少有一个零点，矛盾.

习题 3.5

1. (1) $1 + 2x + 2x^2 - 2x^4 + o(x^4)$；

   (2) $1 + 2x + x^2 - \dfrac{2}{3}x^3 - \dfrac{5}{6}x^4 - \dfrac{1}{15}x^5 + o(x^5)$；

   (3) $1 - \dfrac{1}{2}x + \dfrac{1}{12}x^2 - \dfrac{1}{720}x^4 + o(x^4)$；

   (4) $x - x^2 + 3x^3 + \cdots + \dfrac{1}{3}\left[1 - (-2)^n\right]x^n + \cdots$

   提示：$\dfrac{x}{1+x-2x^2} = \dfrac{1}{3}\left(\dfrac{1}{1-x} - \dfrac{1}{1+2x}\right)$；

   (5) $x + \displaystyle\sum_{k=1}^{\infty} \dfrac{(-1)^{k-1}}{k(k+1)}x^{k+1}$；

   (6) $(n+2)!\,\mathrm{C}_n^2(-2)^{n-2}.$

   $$(x^2-1)^n = (x+1)^n(x+1-2)^n = \sum_{k=0}^{n}\mathrm{C}_n^k(-2)^{n-k}(x+1)^{n+k}$$

2. (1) 1.

   (2) $\dfrac{1}{6}$. 提示：原式 $= \lim\limits_{x\to 0} x^x\dfrac{1-\left(\dfrac{\sin x}{x}\right)^x}{x^3} = \lim\limits_{x\to 0} x^x \lim\limits_{x\to 0}\dfrac{1-\mathrm{e}^{x\ln\frac{\sin x}{x}}}{x^3}$

   $$= -\lim\limits_{x\to 0}\dfrac{x\ln\dfrac{\sin x}{x}}{x^3} = -\lim\limits_{x\to 0}\dfrac{1}{x^2}\ln\left[1 - \dfrac{x^2}{3!} + o(x^2)\right] = \dfrac{1}{6}.$$

   充分利用了等价无穷小量 $\mathrm{e}^t - 1 \sim t(t\to 0)$ 以及 $\ln(1+t)$ 的 Taylor 公式.

   (3) 2. 类似上一个小题.

   (4) 2. 利用 Taylor 公式展开至三阶.

3. 为 7 阶无穷小量，主部为 $-\dfrac{x^7}{30}$. 提示：

   $$\tan u = u + \dfrac{1}{3}u^3 + \dfrac{2}{15}u^5 + \dfrac{17}{315}u^7 + o(u^7),$$

   $$\sin u = u - \dfrac{1}{3!}u^3 + \dfrac{1}{5!}u^5 - \dfrac{1}{7!}u^7 + o(u^7),$$

互为代入得出 $\sin(\tan x)$ 和 $\tan(\sin x)$ 的 7 阶 Maclaurin 公式再化简之.

4. 类似本节例 12 的方法,将 $f(x)$ 在最大值点 x_0 处 Taylor 展开至二阶.

5. 提示:将 $f(x)$ 在 $x_0 = 1$ 处 Taylor 展开至二阶,利用 $f'(1) = 0$

$$f(x) = f(1) + \frac{f''(1)}{2!}(x-1)^2 + \frac{f'''(\xi)}{3!}(x-1)^3,$$

以 $x = 0$ 和 $x = 2$ 分别代入上式,然后作差.

6. 提示:条件即 $f\left(\frac{x_1+x_2}{2}\right) \leqslant \frac{f(x_1)+f(x_2)}{2}$ 此为 Jensen 凸,在 $f(x)$ 连续情形之下,

Jensen 凸 $\Leftrightarrow$ 一般凸,故有 $f''(x) \geqslant 0$.

或:将 $f(x) \leqslant \frac{f(x-h)+f(x+h)}{2}$ 化成 $f(x) - f(x-h) \leqslant f(x+h) - f(x)$,

$\forall x_1 < x_2$,令 $h_n = \frac{x_2-x_1}{n}$,

$$f(x_2) - f(x_2-h_n) \geqslant f(x_2-h_n) - f(x_2-2h_n) \geqslant \cdots \geqslant f(x_1+h_n) - f(x_1),$$

由于 $f(x)$ 可导,可得

$$f'(x_2) = \lim_{n\to\infty} \frac{f(x_2)-f(x_2-h_n)}{h_n} \geqslant \lim_{n\to\infty} \frac{f(x_1+h_n)-f(x_1)}{h_n} = f'(x_1),$$

知 $f'(x)$ 递增,从而 $f''(x) \geqslant 0$.

7. 提示:将 $f(x)$ 在 $x_0 = \frac{a+b}{2}$ 处作 Taylor 展开,

$$f(x) = f(x_0) + f'(x_0)(x-x_0) + \frac{1}{2}f''(\xi)(x-x_0)^2,$$

再以 $x = a, b$ 代入上式,两式作差立得.

8. $\varphi(x+h) = \varphi(x) + \varphi'(x)h + \frac{1}{2}\varphi''(\xi)h^2$ \hfill $(*)$

令 $h = 1$,$\varphi(x+1) = \varphi(x) + \varphi'(x) + \frac{1}{2}\varphi''(\xi)$,$\xi \in (x, x+1)$,

$$\varphi'(x) = \varphi(x+1) - \varphi(x) - \frac{1}{2}\varphi''(\xi),$$

由 $\varphi(x), \varphi''(x)$ 当 $x \to +\infty$ 时有极限,立知 $\lim_{x\to+\infty} \varphi'(x)$ 存在.

而 $\lim_{x\to+\infty} \varphi''(x)$ 存在,其值必为 0,反证法:设 $\lim_{x\to+\infty} \varphi''(x) = A \neq 0$,不妨设 $A > 0$,

则 $\lim_{x\to+\infty} \varphi'(x) = +\infty$,矛盾.

推广情形:分别取 $h = 1, 2, \cdots, k-1$ 代入 $(*)$ 式,联立 k 个方程,可用 $\varphi(x), \varphi^{(k)}(x)$ 表示出 $\varphi^{(j)}(x)$.

习题 3.6

1. 提示:利用积分形式的凹函数不等式,类似本节 (11) 式.

2. 同上题.

3. $(1) f''(c) = \dfrac{1 - e^{-c}}{c} > 0$;

(2) $x \neq 0$ 时,$f''(x) = \dfrac{1 - e^{-x}}{x} - 3(f'(x))^2$;

令 $x \to 0$,$f''(0) = \lim\limits_{x \to 0} f''(x) = 1 > 0$,

故 $x = 0$ 仍为 f 的极小值点.

4. 提示:由题设条件,$|g(x)|$ 必在某个 $\xi \in (a,b)$ 处取到最大值,且 $g'(\xi) = 0$.

利用 $g(x)$ 在 ξ 处 Taylor 公式,$g(a) = g(\xi) + \dfrac{1}{2} g''(x_1)(a - \xi)^2$;$g(b) = g(\xi) + \dfrac{1}{2} g''(x_2)(b - \xi)^2$.

则 $|g(\xi)| = \dfrac{1}{2} |g''(x_1)|(a - \xi)^2 = \dfrac{1}{2} |g''(x_2)|(b - \xi)^2$,

$(a - \xi)^2$,$(b - \xi)^2$ 必有一个大于 $\left(\dfrac{b-a}{2}\right)^2$.

5. 提示:$f''(x) \leqslant 0$,则 f 为凹函数,在 $x_0 = \dfrac{a+b}{2}$ 处之切线恒在 $y = f(x)$ 曲线上方,

几何意义分析立得.

6. 提示:$f(x + h) = f(x) + f'(x)h + \dfrac{1}{2!} f''(x)h^2 + \dfrac{1}{3!} f'''(\xi)h^3$,

分别令 $h = 1,2$,得关于 $f'(x)$,$f''(x)$ 的联立方程组可用 $f(x)$,$f'''(x)$ 表示出 $f'(x)$,$f''(x)$,易证其有界.

7. 提示:(1) 因为 $\lim\limits_{x \to +\infty} f(x) = 0$. $\forall \varepsilon > 0$,$\exists X > 0$,当 $x',x'' > X$ 时,

$|f(x') - f(x'')| < \varepsilon$.

由微分中值定理,$f(x + 1) - f(x) = f'(x + \theta)(0 < \theta < 1)$,

据此可以找到点列 $\{x_n\}$,$x_n \to +\infty$,$\lim\limits_{n \to +\infty} f'(x_n) = 0$.

(2) 反证法:若不然,则 f'' 保号,不妨设 $f''(x) > 0$,又 $f(x)$ 不恒为零时,必 $\exists x_0 > a$,

s.t. $f'(x_0) \neq 0$,仍不妨设 $f'(x_0) > 0$,

于是 $f(x) > f(x_0) + f'(x_0)(x - x_0)$,得 $\lim\limits_{x \to +\infty} f(x) = +\infty$,矛盾.

8. 提示:欲证 $\dfrac{f(x)}{x}$ 单调递减,即

$\forall h > 0$,$\dfrac{f(x + h)}{x + h} \leqslant \dfrac{f(x)}{x} \Leftrightarrow \dfrac{f(x + h) - f(x)}{h} \leqslant \dfrac{f(x) - f(0)}{x}$,

利用 L-中值定理,上式又等价于 $f'(x + \theta_1 h) \leqslant f'(\theta_2 x)(0 < \theta_1, \theta_2 < 1)$,

已知 $f'(x)$ 单调递减,故上式成立.

习题 3.7

1. 提示:不等式各项同除以 e^a,并令 $b - a = t$,在利用 e^t 的 Taylor 公式.

2. 提示：原不等式变形为 $x^p + p - 1 \geqslant px$，引入 $f(x) = x^p - px + p - 1$，$f(1) = 0$ 证 $f(1)$ 是最小值.

3. 提示：引入 $f(x) = \mathrm{e}^x - 1 - (1+x)\ln(1+x)$. 证明 $f(x)$ 在 $x > 0$ 上递增.

7. 提示：引入 $f(x) = \sin \pi x - \pi x(1-x)$，则

$$f'(x) = \pi(\cos \pi x - 1 + 2x), f'(0) = f'(1) = 0, f'(\frac{1}{2}) = 0$$

$$f''(x) = \pi(2 - \pi\sin \pi x), f'''(x) = -\pi^3\cos \pi x,$$

在 $(0, \frac{1}{2})$ 上，$f'''(x) < 0$，在 $(\frac{1}{2}, 1)$ 上，$f'''(x) > 0$

$f''(x)$ 在 $x = \frac{1}{2}$ 处取到最小值 $f''(\frac{1}{2}) = \pi(2 - \pi) < 0$，但 $f''(0) = f''(1) = 2\pi > 0$，

令 $f''(x) = 0$，解得 $x_1 = \frac{1}{\pi}\arcsin\frac{2}{\pi}, x_2 = 1 - \frac{1}{\pi}\arcsin\frac{2}{\pi}$，

于是 $f''(x)$ 在 $(0, x_1), (x_2, 1)$ 上为正，在 (x_1, x_2) 上为负.

那么 $f'(x)$ 在 $[0, x_1]$ 上递增，在 $[x_1, x_2]$ 上递减，在 $[x_2, 1]$ 上又递增.

注意到 $f'(0) = f'(1) = 0$ 以及 $f'(\frac{1}{2}) = 0$ 知 $x = \frac{1}{2}$ 是 $f(x)$ 的最大值点.

$f(x)$ 在 $[0, \frac{1}{2}]$ 上递增，在 $[\frac{1}{2}, 1]$ 上递减，从而 $f(x) \geqslant f(0) = f(1) = 0$.

8. 提示：等价转化为讨论 $g(t) = \frac{\ln t}{1-t}$ 的单调性，需证 $g(t)$ 在 $(0,1)$ 单调递增，在区间 $(1, +\infty)$ 上单调递减.

9. $\mathrm{e}^\pi > \pi^{\mathrm{e}}$. 提示：取对数转化，引入 $f(x) = \frac{\ln x}{x}$ 即可.

10. 提示：以 $q = x(1-x)^2$ 为公比的等比数列的求和，q 的最大值为 $\frac{4}{27}$.

11. 证法一 在区间 $[x, \pi]$ 上对 $\ln(1 + \sin t)$ 应用 L - 中值定理，$\exists \xi \in (x, \pi)$，s. t.

$$\frac{-\ln(1 + \sin x)}{\pi - x} = \frac{\cos \xi}{1 + \sin \xi}, \text{从而} \frac{\ln(1 + \sin x)}{\pi - x} = -\frac{\cos \xi}{1 + \sin \xi} > -\frac{\cos x}{1 + \sin x},$$

证法二 令 $t = \pi - x$，原不等式等价于 $\sqrt{\frac{1 - \sin t}{1 + \sin t}} < \frac{\ln(1 + \sin t)}{t}$.

左边等于 $\frac{\cos t}{1 + \sin t}$，故原不等式即为 $\frac{t\cos t}{1 + \sin t} < \ln(1 + \sin t)\left(0 < t < \frac{\pi}{2}\right)$，

引入 $F(t) = \ln(1 + \sin t) - \frac{t\cos t}{1 + \sin t}$，$F(0) = 0$，$F'(t) = \frac{t}{1 + \sin t} > 0$.

证法三 $\ln(1 + \sin t) = \int_0^t \frac{\cos x}{1 + \sin x}\mathrm{d}x > \int_0^t \frac{\cos t}{1 + \sin t}\mathrm{d}x = \frac{t\cos t}{1 + \sin t}$.

12. 提示：$\tan x > x + \frac{x^3}{3}$，$f(x) = \tan x - x - \frac{x^3}{3} - \frac{2}{15}x^5 - \frac{1}{63}x^7$，

$$f'(x) = \tan^2 x - (x + \frac{x^3}{3})^2 > 0，\text{故 } f(x) > 0.$$

13. 证明：引入函数 $g(t) = t^x(1 - xt)$，视 x 为参量，而 t 为主变量.

$g(t)$ 的稳定点为 $\dfrac{1}{1+x}$,在 $\left[0,\dfrac{1}{1+x}\right]$ 上 $g(t)$ 单调递增;在 $\left[\dfrac{1}{1+x},1\right]$ 上 $g(t)$ 单调递减,又 $\dfrac{1}{2}<\dfrac{1}{1+x}<1$,

当 $0<a<b<\dfrac{1}{1+x}$ 时,$g(a)<g(b)$ 显见.

当 $0<a<\dfrac{1}{2}$,$\dfrac{1}{1+x}<b<1$ 且 $a+b<1$ 时,先证 $g(a)<g(1-a)$,

$\quad a^x(1-ax)<(1-a)^x[1-(1-a)x]$ 等价于

$\left(\dfrac{a}{1-a}\right)^x<\dfrac{1-(1-a)x}{1-ax}$,即 $\left(1-\dfrac{1-2a}{1-a}\right)^x<\dfrac{1-(1-a)x}{1-ax}$,

只需证 $1-\dfrac{1-2a}{1-a}x<\dfrac{1-(1-a)x}{1-ax}$(因为 $(1-u)^x<1-ux,0<x,u<1$)

又 $a+b<1$,$\dfrac{1}{1+x}<b<1-a$,$g(t)$ 在 $\left(\dfrac{1}{1+x},1\right)$ 上单调递减,

故 $g(a)<g(1-a)<g(b)$.

14. 提示:(1)将条件式求导并与原式关联得 $y=f(x)$ 满足微分方程 $y'+\dfrac{x+2}{x+1}y=0$,

由 $f'(0)=-1$,解出 $f'(x)=-\dfrac{\mathrm{e}^{-x}}{x+1}$,

(2)易知 $f(x)$ 单调减,而 $f(x)-\mathrm{e}^{-x}$ 单调递增.

15. 提示:$0<f<|f'|=-f'$,得 $\dfrac{f'}{f}<-1$,即 $-(\ln f(x))'>1$,

可知 $-\displaystyle\int_x^{\frac{1}{x}}(\ln f(t))'\mathrm{d}t>\int_x^{\frac{1}{x}}1\mathrm{d}t$,

即 $\ln\dfrac{f(x)}{f(\frac{1}{x})}>\dfrac{1}{x}-x>-2\ln x=\ln x^{-2}$,从而 $xf(x)>\dfrac{1}{x}f\left(\dfrac{1}{x}\right)$.

16. 提示:令 $t=\dfrac{y}{x}$,将原不等式先降维:$1\leqslant\dfrac{\alpha-1}{\alpha}t+\dfrac{1}{\alpha}t^{1-\alpha}\ (t>0)$,

$\alpha=1$ 时,等式成立,当 $\alpha\neq1$ 时,引入 $g(t)=\dfrac{\alpha-1}{\alpha}t+\dfrac{1}{\alpha}t^{1-\alpha}$,

$g'(t)=\dfrac{\alpha-1}{\alpha}(1-t^{-\alpha})$,稳定点 $t=1$,

当 $\alpha>1$ 时,$g(t)$ 在 $t=1$ 处取到最小值 1,从而所求 α 范围为 $\alpha\geqslant1$.

17. 提示:原不等式化为 $\dfrac{\mathrm{e}}{(1+\dfrac{1}{n})^n}<1+\dfrac{1}{2n}$,

取对数等价不等式为 $\ln(1+\dfrac{1}{n})+\dfrac{1}{n}\ln(1+\dfrac{1}{2n})-\dfrac{1}{n}>0$,

取函数 $f(x)=\ln(1+x)+x\ln(1+\dfrac{x}{2})-x$,$f(0)=f'(0)=0$,$f''(x)>0$,

从而 $f(x)>0$ 成立.

18. 对左侧不等式化为达布上和 $\displaystyle\sum_{k=1}^{n}\frac{1}{k}>\int_{1}^{n+1}\frac{1}{x}\mathrm{d}x=\ln(n+1)$,

而对右侧不等式，$\displaystyle\sum_{k=1}^{n}\frac{1}{k}>\int_{1}^{n+1}\frac{1}{x}\mathrm{d}x=\ln(n+1)=\sum_{k=1}^{n}[\ln(k+1)-\ln k]$

$\displaystyle=\sum_{k=1}^{n}\ln\left(1+\frac{1}{k}\right)$,

而 $\dfrac{1}{k}-\ln\left(1+\dfrac{1}{k}\right)<\dfrac{1}{2k^2}$.

19. $\dfrac{1}{\ln 2}-1$. 提示：原不等式等价于 $\beta\geqslant\dfrac{1}{\ln\left(1+\dfrac{1}{n}\right)}-n$，令 $\dfrac{1}{n}=t$，引入 $f(t)=\dfrac{1}{\ln(1+t)}$

$-\dfrac{1}{t}$ 的最值问题，参见 3.6 节例 9.

20. 提示：单位化技巧，先讨论 $\alpha>1$ 时，$m_1\leqslant m_\alpha$，然后拓广. 由凸函数性质，易知

$$\left(\frac{x_1+x_2+\cdots+x_n}{n}\right)^\alpha<\frac{x_1^\alpha+x_2^\alpha+\cdots+x_n^\alpha}{n}\,(\alpha>1),$$

令 $x_i=y_i^{\alpha_1}$ 代入上式可得，$\left(\dfrac{y_1^{\alpha_1}+y_2^{\alpha_1}+\cdots+y_n^{\alpha_1}}{n}\right)^{\frac{1}{\alpha_1}}<\left(\dfrac{y_1^{\alpha_1\alpha}+y_2^{\alpha_1\alpha}+\cdots+y_n^{\alpha_1\alpha}}{n}\right)^{\frac{1}{\alpha_1\alpha}}$,

而 $\alpha_1<\alpha_1\alpha$，可知 m_α 关于 α 单调递增.

21. 提示：取对数，

$$\lim_{\alpha\to0^+}\ln\left(\frac{x_1^\alpha+x_2^\alpha+\cdots+x_n^\alpha}{n}\right)^{\frac{1}{\alpha}}=\lim_{\alpha\to0^+}\frac{1}{\alpha}\left[\ln(x_1^\alpha+x_2^\alpha+\cdots+x_n^\alpha)-\ln n\right]$$

$$=\lim_{\alpha\to0^+}\frac{x_1^\alpha\ln x_1+\cdots x_n^\alpha\ln x_n}{x_1^\alpha+x_2^\alpha+\cdots+x_n^\alpha}=\frac{\ln x_1+\ln x_2+\cdots\ln x_n}{n}=\ln\sqrt[n]{x_1 x_2\cdots x_n}.$$

22. 证明(1) 令 $F(x)=\ln f(x)$，$F'(x)=\dfrac{f'(x)}{f(x)}$，$F''(x)=\dfrac{f''(x)f(x)-[f'(x)]^2}{[f(x)]^2}\geqslant$

$0(\forall x\in\mathbf{R})$,

于是 $\forall x_1,x_2\in\mathbf{R}$，有 $\dfrac{F(x_1)+F(x_2)}{2}\geqslant F(\dfrac{x_1+x_2}{2})$，易化为

$$f(x_1)f(x_2)\geqslant f^2(\frac{x_1+x_2}{2}),$$

(2) 依 Taylor 公式，$F(x)=F(0)+F'(0)x+\dfrac{1}{2}F''(\xi)x^2\geqslant F'(0)x=f'(0)x$;

或引入 $G(x)=\ln f(x)-f'(0)x$,

则 $G'(x)=\dfrac{f'(x)}{f(x)}-f'(0)$，$G'(0)=0$，$G''(x)=F''(x)>0$

则 $G'(x)>G'(0)=0$，即 $G(x)$ 单调递增，故 $G(x)\geqslant G(0)=0$.

23. 提示：必要性：在 $\left|\displaystyle\sum_{k=1}^{n}a_k\sin kx\right|\leqslant|\sin x|$ 两边同除以 $|x|$，令 $x\to0$ 立得 $\displaystyle\sum_{k=1}^{n}ka_k\leqslant1$;

充分性：当 $\sin x\neq0$ 时，欲证 $\left|\displaystyle\sum_{k=1}^{n}a_k\sin kx\right|\leqslant1$，注意到 $|\sin kx|\leqslant k|\sin x|$,

易得.

24. 提示:法一 $\dfrac{a_k}{1-a_k}=\dfrac{1}{1-a_k}-1,\dfrac{nS_n}{n-S_n}=\dfrac{n(S_n-n+n)}{n-S_n}=\dfrac{n^2}{n-S_n}-n$,

原不等式等价于 $\displaystyle\sum_{k=1}^{n}\dfrac{1}{1-a_k}\geqslant\dfrac{n^2}{n-S_n}$ 即 $\dfrac{n}{\displaystyle\sum_{k=1}^{n}\dfrac{1}{1-a_k}}\leqslant\dfrac{\displaystyle\sum_{k=1}^{n}1-a_k}{n}$.

此为算术－调和平均不等式.

法二引入 $f(u)=\dfrac{u}{1-u}$,在 $u\in(0,1)$ 上为下凸函数,凸函数不等式 $f\left(\dfrac{1}{n}\sum a_k\right)\leqslant$

$\dfrac{1}{n}\sum f(a_k)$.

25. 法一　当 $0<\alpha<1,t>0$ 时,$(1+t)^\alpha<1+\alpha t$

$0<x,y<1$ 时,$\left(\dfrac{1}{x}\right)^y=\left(1+\dfrac{1}{x}-1\right)^y<1+y\left(\dfrac{1}{x}-1\right)=\dfrac{x+y-xy}{x}$

同理,$\left(\dfrac{1}{y}\right)^x<\dfrac{x+y-xy}{y}$,故 $x^y>\dfrac{x}{x+y-xy}$,$y^x>\dfrac{y}{x+y-xy}$

从而 $x^y+y^x>\dfrac{x+y}{x+y-xy}>1$.

法二　当 $\alpha>1,t>0$ 时,$(1+t)^\alpha>1+\alpha t$,则 $\left(1+\dfrac{y}{x}\right)^{\frac{1}{y}}>1+\dfrac{1}{y}\cdot\dfrac{y}{x}>\dfrac{1}{x}$,

故 $1+\dfrac{y}{x}>\dfrac{1}{x^y}$,从而 $x^y>\dfrac{x}{x+y}$,同理 $y^x>\dfrac{y}{x+y}$,故 $x^y+y^x>1$.

习题 4.1

1. $n^2\pi$.

2. π^2-2.

3. $\dfrac{2}{3}+2\ln 2$.

4. (1) 建立递推关系 $I_n=I_{n-2}$ 得 $I_n=\begin{cases}\pi,n=2k-1;\\0,n=2k\end{cases}$;

(2) $J_n=\displaystyle\sum_{k=1}^{n}\dfrac{1}{2^k(n-k+1)}$,类似本节例 6 方法.

建立递推关系式 $J_n=\dfrac{1}{2n}+\dfrac{1}{2}J_{n-2}$,而 $J_0=0$,

用分部积分法以及三角函数积化和差公式.

5. 提示 $T_n=\displaystyle\int_0^{\frac{\pi}{4}}\tan^n x\,\mathrm{d}x=\int_0^{\frac{\pi}{4}}\tan^{n-2}(\sec^2 x-1)\mathrm{d}x=\int_0^{\frac{\pi}{4}}\tan^{n-2}x\,\mathrm{d}\tan x-T_{n-2}$

而 $T_n+T_{n+2}<2T_n<T_n+T_{n-2}$,易证得不等式.

6.$(1)2\pi(\dfrac{1}{\sqrt{3}}-\dfrac{1}{\sqrt{2}})$；$(2)\dfrac{\pi}{2\sin\alpha}$；$(3)\dfrac{\pi}{4}$；$(4)\dfrac{\pi\alpha}{4}$；$(5)-\dfrac{\pi}{2}\ln2$.

7. 对积分 $\displaystyle\int_0^x tf(x-t)\mathrm{d}t$ 先令 $u=x-t$，化为 $\displaystyle\int_0^x(x-u)f(u)\mathrm{d}u$，再在条件式两边关于 x 求导数得 $f(x)=\cos x$.

8. 提示：对右边积分式不断使用分部积分法即得.

9. $\dfrac{1}{2}$. 提示：建立递推关系式 $I_n-I_{n-1}=\dfrac{1}{2n-1}$，从而 $I_n=\displaystyle\sum_{k=1}^n\dfrac{1}{(2k-1)}$.

利用欧拉公式 $1+\dfrac{1}{2}+\cdots+\dfrac{1}{n}=\ln n+\gamma+o(1)$，立得 $\displaystyle\lim_{n\to\infty}\dfrac{I_n}{\ln n}=\dfrac{1}{2}$.

习题 4.2

1. 不可积.

2. 提示：在小区段 Δ_i 上的振幅 $w_i\left(\dfrac{1}{f}\right)\leqslant\dfrac{1}{m^2}w_i(f)$.

3. 利用可积函数和连续函数之复合函数的可积性.

4. 证明：设 $f(x)$ 的间断点列为 $\{a_n\}$，不妨设 $\displaystyle\lim_{n\to\infty}a_n=a_0$，$\forall\varepsilon>0$，$\exists\delta>0$，s.t.，$w_1\delta<\dfrac{\varepsilon}{2}$，$w_1$ 为 $f(x)$ 在 $[a,a+\delta]$ 上的振幅. 又 $f(x)$ 在 $[a+\delta,b]$ 上必可积，存在 $[a+\delta,b]$ 的一个分割 T^*，s.t.，$\displaystyle\sum_{T^*}w_i\Delta x_i<\dfrac{\varepsilon}{2}$，将 $[a,a+\delta]$ 和 T^* 合并为 $[a,b]$ 的分割 T，则有 $\displaystyle\sum_T w_i\Delta x_i<\varepsilon$.

5. 复合函数不一定可积.

6. 提示：应用闭区间套定理，分以下步骤证明之：

(1) 若 T 是 $[a,b]$ 的一个分割，使得 $S(T)-s(T)<b-a$，则存在某个小区间 Δ_i，使 $f(x)$ 在 Δ_i 的振幅 $w^f\Delta_i<1$；

(2) 存在区间 $I_1=[a_1,b_1]\subset(a,b)$，使得 $w^f(I_1)<1$；

(3) 存在区间 $I_n=[a_n,b_n]\subset(a_{n-1},b_{n-1})$，使得 $w^f(I_n)<\dfrac{1}{n}$；

(4) 闭区间套 $\{[a_n,b_n]\}_{n=1}^\infty$ 存在唯一公共点 $x_0\in[a_n,b_n]$，$\forall n=1,2,\cdots$，可以证明 $f(x)$ 在 x_0 点连续.

(5) $\forall[\alpha.\beta]\subset[a,b]$，$f(x)$ 在 $[\alpha,\beta]$ 可积，$\exists x^*\in[\alpha,\beta]$，$f(x)$ 在 x^* 处连续，鉴于 $[\alpha,\beta]$ 为 $[a,b]$ 任意小区间，得知 $f(x)$ 的连续点在 $[a,b]$ 内稠密.

7. 提示：记 $I=\displaystyle\int_a^b f(x)\mathrm{d}x>0$，$\exists$ 分割 T，s.t. $\displaystyle\sum m_i\Delta x_i\geqslant\dfrac{I}{2}$，$m_i=\displaystyle\inf_{x\in\Delta_i}f(x)$，则上述和式中至少有一项大于 0，设 $m_k\Delta x_k>0$，特取 $u=m_k$，$[\alpha,\beta]=[x_{k-1},x_k]$ 即可.

8. 提示：利用第 6 题结论，$f(x)$ 在 $[a,b]$ 至少有一个连续点 x_0，且 $f(x_0)>0$. 由于 $f(x)$

在 x_0 连续，$\exists \delta_0 > 0$，当 $x \in U(x_0, \delta_0)$ 时，

$$f(x) \geqslant \frac{f(x_0)}{2} > 0, \int_a^b f(x)\mathrm{d}x > \frac{\delta_0}{2} f(x_0) > 0,$$

或者反证法，若 $\int_a^b f(x)\mathrm{d}x = 0 < \varepsilon(b-a)$，即 $\int_a^b (\varepsilon - f(x))\mathrm{d}x > 0$，据第 7 题结论，

$\exists [\alpha, \beta] \subset [a, b]，\forall x \in [\alpha, \beta]$ 有 $0 < f(x) < \varepsilon$. 现特取 $\varepsilon_n = \dfrac{1}{n}，\exists [\alpha_n, \beta_n] \subset [\alpha_{n-1},$

$\beta_{n-1}]，\forall x \in [\alpha_n, \beta_n]$，有 $0 < f(x) < \dfrac{1}{n}$. 由闭区间套定理，$\exists \xi \in [\alpha_n, \beta_n] (\forall n \geqslant 1)$，

则有 $0 < f(\xi) < \dfrac{1}{n}$，此和题设矛盾.

9. 提示：应用有限覆盖定理. $\forall x \in [a, b]，\lim\limits_{t \to x} f(t) = 0，\forall \varepsilon > 0，\exists \delta_x > 0$，当 $t \in$ $U(x, \delta_x)$ 时，有 $|f(t) - 0| < \varepsilon$. 现在 $\mathscr{E} = \{U(x, \delta_{x/2}) \mid x \in [a, b]\}$ 覆盖 $[a, b]$，故存在有限子覆盖 $\mathscr{E}_0 = \{U(x_i, \delta_{x_i/2}) \mid i = 1, 2, \cdots, m\}$. 令 $\delta = \min\limits_{1 \leqslant i \leqslant m} \{\delta_{x_i}\}，\forall x', x'' \in$ $[a, b]$，若 $|x' - x''| < \dfrac{\delta}{2}，\exists i_0, \mathrm{s.\,t.}\ x' \in U(x_{i_0}, \dfrac{\delta_{x_{i_0}}}{2})$，则 $x'' \in U(x_{i_0}, \delta_{x_{i_0}})$. 于是对于区间 $[a, b]$ 的任一分割 T，当其细度 $||T|| < \dfrac{\delta}{2}$ 时，必有 $w_i(f) < 2\varepsilon，\forall i = 1, 2,$ $\cdots, n$. 从而 $\sum w_i(f)\Delta x_i < 2\varepsilon(b-a)$，得知 $f(x)$ 在 $[a, b]$ 上可积，再利用上述第 7 题结论，立知 $\int_a^b f(x)\mathrm{d}x = 0$.

注：Riemann 函数符合本题的要求.

习题 4.3

1. 提示：构造 $F(x) = (\int_a^x f(t)\mathrm{d}t)^2$，则 $F'(x) = 0$.

2. 提示：构造 $F(x) = \mathrm{e}^{-x} \int_a^x f(t)\mathrm{d}t$，则 $F'(x) = \mathrm{e}^{-x}[f(x) - \int_a^x f(t)\mathrm{d}t] \leqslant 0$.

3. 提示：$g'(x) = \alpha f(\alpha x) - f(x) = 0$，令 $\alpha = \dfrac{1}{x}$.

4. $\forall x > 0，\exists n > 0, \mathrm{s.\,t.}\ np \leqslant x < (n+1)p$，

$$\frac{\int_0^{(n+1)p} f(t)\mathrm{d}t}{(n+1)p} - \frac{\int_x^{(n+1)p} f(t)\mathrm{d}t}{x} < \frac{1}{x}\int_0^x f(t)\mathrm{d}t < \frac{\int_0^{np} f(t)\mathrm{d}t}{np} + \frac{\int_{np}^x f(t)\mathrm{d}t}{x}.$$

由迫敛性立得.

5. 易知 $f(x)$ 在 $(0, \dfrac{\pi}{2})$ 内至少有一个零点 x_0，假设 $f(x)$ 只有这么一个零点，则

$f(x)\sin(x - x_0)$ 在 $(0, x_0) \bigcup (x_0, \dfrac{\pi}{2})$ 恒正或恒负. 但

$$\int_0^{\frac{\pi}{2}} f(x)\sin(x-x_0)\mathrm{d}x = \cos x_0 \int_0^{\frac{\pi}{2}} f(x)\sin x\mathrm{d}x - \sin x_0 \int_0^{\frac{\pi}{2}} f(x)\cos x\mathrm{d}x = 0,$$

矛盾. 从而 $f(x)$ 在 $(0,\frac{\pi}{2})$ 内至少有两个零点.

6. 引入 $F(x) = \int_0^x f(t)\mathrm{d}t$, 由 $\int_0^\pi f(x)\cos x\mathrm{d}x = 0$ 分部积分得 $\int_0^\pi F(x)\sin x\mathrm{d}x = 0$.

因为 $\sin x$ 在 $(0,\pi)$ 恒正, 所以 $\exists x_0 \in (0,\pi)$, s. t. $F(x_0) = 0$. 又 $F(0) = F(\pi) = 0$, 所以 $\exists \xi_1 \in (0,x_0), \xi_2 \in (x_0,\pi)$, s. t. $F'(\xi_1) = F'(\xi_2) = 0$, 此即 $f(\xi_1) = f(\xi_2) = 0$.

7. 证明:取 $g(x) = \begin{cases} f(x), & x \in [0,1], \\ f(-x), & x \in [-1,0], \end{cases}$

$$\int_{-1}^1 fg\,\mathrm{d}x = \int_0^1 f(x)[f(x) + f(-x)]\mathrm{d}x = 0,$$

再取 $\quad g_1(x) = \begin{cases} f(-x), & x \in [0,1] \\ f(x), & x \in [-1,0] \end{cases},$

$$\int_{-1}^1 fg_1\,\mathrm{d}x = \int_0^1 f(-x)[f(x) + f(-x)]\mathrm{d}x = 0,$$

所以 $\int_0^1 [f(x) + f(-x)]^2\mathrm{d}x = 0$, 得出 $\forall x \in [0,1]$ 有 $f(x) + f(-x) = 0$, 此证得 $f(x)$ 为 $[-1,1]$ 上的奇函数.

或证:取 $g(x) = f(x) + f(-x)$ 即可以了.

8. 提示:用本节(4)式结论 $\lim\limits_{n\to\infty} n\Delta_n = \dfrac{b-a}{2}[f(b) - f(a)]$ 或直接用 Stolz 变换:

若 $y_n \to 0$, $x_n \to 0$ 且 $\lim\limits_{n\to\infty} \dfrac{y_n - y_{n-1}}{x_n - x_{n-1}} = l$, 则 $\lim\limits_{n\to\infty} \dfrac{y_n}{x_n} = l$.

取 $x_n = \dfrac{1}{n}$, $y_n = \ln 2 - u_n$, 立得.

9. $\Delta_n = \int_0^1 f(x)\mathrm{d}x - \dfrac{1}{n}\sum\limits_{k=1}^n f(\dfrac{k}{n}) = \sum\limits_{k=1}^n \int_{\frac{k-1}{n}}^{\frac{k}{n}} [f(x) - f(\dfrac{k}{n})]\mathrm{d}x$. 利用 L - 中值定理,

$\exists \xi_k \in (\dfrac{k-1}{n}, \dfrac{k}{n})$, $f(x) - f(\dfrac{k}{n}) = f'(\xi_k)(x - \dfrac{k}{n})$,

于是 $|\Delta_n| \leqslant \sum\limits_{k=1}^n \int_{\frac{k-1}{n}}^{\frac{k}{n}} |f(x) - f(\dfrac{k}{n})|\,\mathrm{d}x \leqslant \dfrac{M}{n}$.

10. 提示:$A_{k+1} - A_k = f(k+1) - \int_k^{k+1} f(x)\mathrm{d}x < 0$, 且 $\{A_k\}$ 恒正, 从而收敛.

11. 设 $u = f(t)$, 反函数 $t = g(u)$, $\int_0^x f(t)\mathrm{d}t = \int_{f(0)}^{f(x)} u\,\mathrm{d}g(u)$

$$= ug(u)\Big|_{f(0)}^{f(x)} - \int_{f(0)}^{f(x)} g(u)\mathrm{d}u = xf(x) - \int_0^{f(x)} g(u)\mathrm{d}u.$$

12. 引入 $F(x) = xf(x)$, 对 $F(x)$ 作 Taylor 展开式:

$$F(x) = F(0) + F'(0)x + \dfrac{1}{2!}F''(\eta)x^2,$$

$$\int_{-1}^{1} F(x)\mathrm{d}x = \frac{1}{2}\int_{-1}^{1}\left[\eta f''(\eta) + 2f'(\eta)\right]x^2\mathrm{d}x.$$

由积分中值定理, $\exists\, \xi \in (-1,1)$, 使得

$$\int_{-1}^{1} F(x)\mathrm{d}x = \frac{2}{3}f'(\xi) + \frac{1}{3}\xi f''(\xi).$$

习题 4.4

1. 提示(1) 应用积分中值定理, $\exists\, x_0 \in [a,b]$, s. t. $\int_a^b f(x)\mathrm{d}x = f(x_0)(b-a)$,

   又 $f(x) = f(x_0) + \int_{x_0}^{x} f'(t)\mathrm{d}t$, 从而

   $$|f(x)| \leqslant |f(x_0)| + \left|\int_{x_0}^{x} f'(t)\mathrm{d}t\right| \leqslant \frac{1}{(b-a)}\int_a^b |f(x)|\,\mathrm{d}x + \int_a^b |f'(x)|\,\mathrm{d}x.$$

   (2) $f\left(\dfrac{a+b}{2}\right) = f(x) + \int_{x}^{\frac{a+b}{2}} f'(t)\mathrm{d}t \leqslant |f(x)| + \int_a^{\frac{a+b}{2}} |f'(x)|\,\mathrm{d}x, x \in \left[a, \dfrac{a+b}{2}\right]$;

   $$f(\frac{a+b}{2}) = f(x) - \int_{\frac{a+b}{2}}^{x} f'(t)\mathrm{d}t \leqslant |f(x)| + \int_{\frac{a+b}{2}}^{b} |f'(x)|\,\mathrm{d}x, x \in \left[\frac{a+b}{2}, b\right];$$

   第一式从 a 到 $\dfrac{a+b}{2}$ 积分, 第二式从 $\dfrac{a+b}{2}$ 到 b 积分, 并相加立得.

2. 提示: 若 $f(x)$ 保号, 显然成立; 若 $f(x)$ 不保号, 则 $\exists\, \xi \in (0,1)$, $f(\xi) = 0$ 且

   $$f(x) = f(\xi) + \int_{\xi}^{x} f'(t)\mathrm{d}t = \int_{\xi}^{x} f'(t)\mathrm{d}t.$$

   故 $\qquad |f(x)| = \left|\int_{\xi}^{x} f'(t)\mathrm{d}t\right| \leqslant \left|\int_{\xi}^{x} f'(t)\mathrm{d}t\right| \leqslant \int_0^1 |f'(x)|\,\mathrm{d}x,$

   进而 $\qquad \displaystyle\int_0^1 |f(x)|\,\mathrm{d}x \leqslant \int_0^1 |f'(x)|\,\mathrm{d}x.$

3. 提示: 令 $x = \sin t$, 则 $\displaystyle\int_0^1 \frac{\cos x}{\sqrt{1-x^2}}\mathrm{d}x = \int_0^{\frac{\pi}{2}} \cos(\sin t)\mathrm{d}t$. 令 $x = \cos t$,

   则 $\qquad \displaystyle\int_0^1 \frac{\sin x}{\sqrt{1-x^2}}\mathrm{d}x = \int_0^{\frac{\pi}{2}} \sin(\cos t)\mathrm{d}t$. 而 $\cos(\sin t) \geqslant \cos t \geqslant \sin(\cos t)$.

   或证 $\quad \cos x \geqslant 1 - \dfrac{x^2}{2}, \sin x < x$, 故 $\displaystyle\int_0^1 \frac{\cos x}{\sqrt{1-x^2}}\mathrm{d}x > \int_0^1 \frac{1-\dfrac{x^2}{2}}{\sqrt{1-x^2}}\mathrm{d}x = \frac{3\pi}{8}$;

   $$\int_0^1 \frac{\sin x}{\sqrt{1-x^2}}\mathrm{d}x < \int_0^1 \frac{x}{\sqrt{1-x^2}}\mathrm{d}x = 1, \text{而} \frac{3\pi}{8} > 1.$$

4. 反证法. 设在任意闭区间 $[\alpha,\beta]$ 内, 恒存在 η, 使 $f(\eta) \leqslant 0$, 则对 $[a,b]$ 的任意分割, 每个小区段上所取的介点 ξ_i 都要求 $f(\xi_i) \leqslant 0$. 则 R—和数 $\sum f(\xi_i)\Delta x_i \leqslant 0$, 取极限 $\displaystyle\int_a^b f(x)\mathrm{d}x \leqslant 0$, 矛盾.

5. 不存在. 提示: 令 $g(x) = f(x) - 1$, 则 $g(0) = g(2) = 0$ 且 $|g'(x)| \leqslant 1$. 依本节之

例 4, $\int_0^2 |g(x)| \, \mathrm{d}x < 1$, 从而 $|\int_0^2 f(x)\mathrm{d}x| > 2 - \int_0^2 |g(x)| \, \mathrm{d}x > 1$.

6. 提示: 令 $u = \dfrac{t}{x}$, 则 $F(x) = \int_0^1 f(ux)\mathrm{d}x$, $\forall \lambda \in (0,1)$, $\forall x_1, x_2 > 0$, 恒有

$$F(\lambda x_1 + (1-\lambda)x_2) = \int_0^1 f((\lambda x_1 + (1-\lambda)x_2)u)\mathrm{d}u$$

$$\leqslant \int_0^1 (\lambda f(x_1 u) + (1-\lambda)f(x_2 u))\mathrm{d}u = \lambda F(x_1) + (1-\lambda)F(x_2).$$

7. 提示 (1) 依 Taylor 公式, $x - \dfrac{x^3}{6} < \sin x < x$, 知 $0 < \dfrac{x - \sin x}{x} < \dfrac{x^2}{6}$;

(2) 当 $x \in \left(\dfrac{\pi}{6}, \dfrac{\pi}{2}\right)$ 时, $\dfrac{1}{2} < \sin x < 1$, 代入放缩立得.

8. 提示: $\int_0^1 (f'(x))^2 \mathrm{d}x - 1 = \int_0^1 (f'(x) - 1)^2 \mathrm{d}x \geqslant 0$.

9. 因为 $f(a) = 0$, $f(x) = \int_a^x f'(t)\mathrm{d}t$,

$$f^2(x) = \left[\int_a^x f'(t)\mathrm{d}t\right]^2 \leqslant (x-a)\int_a^x |f'(t)|^2 \mathrm{d}t,$$

于是 $\int_a^b f^2(x)\mathrm{d}x \leqslant \int_a^b (x-a)\int_a^x |f'(t)|^2 \mathrm{d}t\mathrm{d}x \leqslant \dfrac{(b-a)^2}{2}\int_a^b |f'(x)|^2 \mathrm{d}x$.

10. 提示: 设 $f(x_0) = f(x)_{\min}$, 由 Hadamard 定理,

$\int_a^{x_0} f(x)\mathrm{d}x \leqslant \dfrac{f(x_0) + f(a)}{2}(x_0 - a)$, $\int_{x_0}^b f(x)\mathrm{d}x \leqslant \dfrac{f(x_0) + f(b)}{2}(b - x_0)$, 两式相

加得, $\int_a^b f(x)\mathrm{d}x \leqslant \dfrac{f(x_0) + f(a)}{2}(x_0 - a) + \dfrac{f(x_0) + f(b)}{2}(b - x_0)$, 又 $f(x) \leqslant 0$,

得 $\qquad \int_a^b f(x)\mathrm{d}x \leqslant \dfrac{b-a}{2}f(x_0)$.

11. 提示: 法一令 $nx = u$, 原积分化为

$$\dfrac{1}{n}\int_0^{2n\pi} f(\dfrac{u}{n})\sin u \mathrm{d}u = \dfrac{1}{n}\sum_{k=1}^n \int_{2(k-1)\pi}^{2k\pi} f(\dfrac{u}{n})\sin u \mathrm{d}u,$$

$$\int_0^{2\pi} f(\dfrac{u}{n})\sin u \mathrm{d}u = \int_0^\pi f(\dfrac{u}{n})\sin u \mathrm{d}u + \int_\pi^{2\pi} f(\dfrac{u}{n})\sin u \mathrm{d}u$$

$$= \int_0^\pi \left[f(\dfrac{u}{n}) - f(\dfrac{\pi + u}{n})\right]\sin u \mathrm{d}u \text{ 由 } f(x) \text{ 单调减少立知, 上式非负, 类似}$$

$\forall 1 \leqslant k \leqslant n$, $\int_{2(k-1)\pi}^{2k\pi} f(\dfrac{u}{n})\sin u \mathrm{d}u \geqslant 0$;

法二利用积分第二中值定理, $\exists \xi \in (0, 2\pi)$, s.t.

$$\int_0^{2\pi} f(x)\sin nx \, \mathrm{d}x = f(0)\int_0^\xi \sin nx \, \mathrm{d}x + f(2\pi)\int_\xi^{2\pi} \sin nx \, \mathrm{d}x$$

$$= \dfrac{1 - \cos n\xi}{n}(f(0) - f(2\pi)) \geqslant 0.$$

12. 提示：用积分第二中值定理. 令 $t = \sqrt{u}$ ，$| f(x) | = \left| \int_{x^2}^{(x+1)^2} \frac{1}{2\sqrt{u}} \sin u \, du \right|$

$= \frac{1}{2\sqrt{x^2}} \left| \int_{x^2}^{\xi} \sin u \, du \right| \leqslant \frac{1}{x}$.

13. 提示：由例 4，当 $f(a) = f(b) = 0$ 时，有 $\int_a^b | f(x) | \, dx \leqslant \frac{M}{4}(b-a)^2$，

又 $\int_a^b f(x) dx = 0$，知 $\int_a^x f(t) dt = -\int_x^b f(t) dt$，

$\left| \int_a^x f(t) dt \right| = \frac{1}{2} \left(\left| \int_a^x f(t) dt \right| + \left| \int_x^b f(t) dt \right| \right) \leqslant \frac{1}{2} \int_a^b | f(t) | \, dt \leqslant \frac{M}{8}(b-a)^2$.

14. 提示：$\int_{-1}^1 | x - \sin^2 x - f(x) | \, dx + \int_{-1}^1 | \cos^2 x - f(x) | \, dx$

$\geqslant \int_{-1}^1 | x - \sin^2 x - f(x) - \cos^2 x + f(x) | \, dx = \int_{-1}^1 | x - 1 | \, dx = 2$，

故 $\max \left\{ \int_{-1}^1 | x - \sin^2 x - f(x) | \, dx, \int_{-1}^1 | \cos^2 x - f(x) | \, dx \right\} \geqslant 1$.

15. 提示：$\int_0^1 f(\sqrt{x}) dx \leqslant \int_0^1 | f(\sqrt{x}) | \, dx = \int_0^1 | f(t) \cdot 2t dt < 2 \int_0^1 | f(t) | \, dt = 2$，

再取 $f_n(x) = (n+1)x^n$，则 $\int_0^1 f_n(x) dx = 1$. 而

$\int_0^1 f_n(\sqrt{x}) dx = 2 \int_0^1 t f_n(t) dt = 2 \frac{n+1}{n+2} \to 2(n \to \infty)$，所以 $c = 2$.

16. 证明：当 $n = 1$ 时，利用三倍角公式，$\sin 3t = 3\sin t - 4\sin^3 t$，积分值为 $\frac{\pi}{6} + \sqrt{3} < \pi$；

当 $n \geqslant 2$ 时，积分表示为 $\int_0^{\frac{\pi}{2(2n+1)}} + \int_{\frac{\pi}{2(2n+1)}}^{\frac{\pi}{2}} \frac{| \sin(2n+1)t |}{\sin t} dt = I_1 + I_2$.

对 I_1，$| \sin nt | \leqslant n | \sin t |$，$I_1 \leqslant \frac{\pi}{2}$；对 I_2，由于 $\frac{2t}{\pi} \leqslant \sin t \leqslant t$，

$| \sin(2n+1)t | \leqslant 1$，$I_2 < \int_{\frac{\pi}{2(2n+1)}}^{\frac{\pi}{2}} \frac{\pi}{2t} dt = \frac{\pi}{2} \ln(2n+1)$.

从而 $I = I_1 + I_2 < \frac{\pi}{2}(1 + \ln(2n+1)) < \frac{\pi}{2}(2 + \ln n)(n \geqslant 2)$.

17. 提示：$\frac{\sin^2 nx}{\sin x} = \sum_{k=1}^n \sin(2k-1)x$，$\int_0^{\frac{\pi}{2}} \frac{\sin^2 nx}{\sin x} dx = \sum_{k=1}^n \frac{1}{(2k-1)} = I_n$，

利用 $\frac{1}{n+1} < \ln(\frac{1}{n}+1) < \frac{1}{n}$，可证 $\ln(n+1) < 1 + \frac{1}{2} + \cdots + \frac{1}{n} < 1 + \ln n$，

$\frac{1}{2} + \frac{1}{4} + \cdots + \frac{1}{2n} < I_n < 1 + \frac{1}{2} + \frac{1}{4} + \cdots + \frac{1}{2n-2}$，

和原来的 I_n 相加得

$1 + \frac{1}{2} + \frac{1}{3} + \cdots + \frac{1}{2n} < 2I_n < 1 + 1 + \frac{1}{2} + \frac{1}{3} + \cdots + \frac{1}{2n-1}$，

故　　　$\frac{1}{2} \ln(2n+1) < I_n < 1 + \frac{1}{2} \ln(2n-1)$.

18. 提示：$\int_0^{\frac{\pi}{2}} t\left(\dfrac{\sin nt}{\sin t}\right)^4 \mathrm{d}t = \int_0^{\frac{\pi}{2n}} + \int_{\frac{\pi}{2n}}^{\frac{\pi}{2}} t\left(\dfrac{\sin nt}{\sin t}\right)^4 \mathrm{d}t \leqslant \int_0^{\frac{\pi}{2n}} tn^4 \mathrm{d}t + \int_{\frac{\pi}{2n}}^{\frac{\pi}{2}} t\,\dfrac{1}{\left(\dfrac{2}{\pi}t\right)^4}\mathrm{d}t \leqslant \dfrac{n^2\pi^2}{4}.$

习题 4.5

1. 提示：取 $f(x) = \mathrm{e}^x - 1$，利用 Young 不等式得，
$$(a-1)(b-1) \leqslant \int_0^{a-1}(\mathrm{e}^x - 1)\mathrm{d}x + \int_0^{b-1}\ln(1+y)\mathrm{d}y.$$

2. 提示：依积分中值定理 $\exists\,\xi \in (0,a), \eta \in (a,b)$，使得
$$\frac{1}{a}\int_0^a f(x)\mathrm{d}x = f(\xi),\quad \frac{1}{b-a}\int_a^b f(x)\mathrm{d}x = f(\eta),\; f(x)\ \text{单调递减}，$$
$$f(\xi) > f(\eta) > \frac{1}{b}\int_a^b f(x)\mathrm{d}x.$$

3. 证明：由柯西－施瓦兹不等式可得.
$$\left(\int_0^1 \frac{f(x)}{t^2+x^2}\mathrm{d}x\right)^2 = \left[\int_0^1 \frac{1}{\sqrt{t^2+x^2}}\frac{f(x)}{\sqrt{t^2+x^2}}\mathrm{d}x\right]^2 \leqslant \int_0^1 \frac{\mathrm{d}x}{t^2+x^2}\int_0^1 \frac{f^2(x)}{t^2+x^2}\mathrm{d}x$$
$$= \frac{1}{t}\arctan\frac{1}{t}\cdot\int_0^1 \frac{f^2(x)}{t^2+x^2}\mathrm{d}x \leqslant \frac{\pi}{2t}\int_0^1 \frac{f^2(x)}{t^2+x^2}\mathrm{d}x.$$

4. 提示：升维法，类似本节例 9.

5. 提示：不难验证：当 $n \leqslant -1$ 时，$J_n(f) = \dfrac{1}{J_{-n}\left(\dfrac{1}{f}\right)}$，而 $J_{-n}\left(\dfrac{1}{f}\right)$ 单调递增，从而 $J_n(f)$，

当 n 从 $-1,-2,-3,\cdots$ 直至负无穷方向变化时为递减，$\lim\limits_{n\to-\infty} J_n(f) = \min\{f(x)\}$.

6. 提示：前半部分即章节 1.3 之例 10.
$$\lambda_n^2 = \left(\int_a^b g(x)f^n(x)\mathrm{d}x\right)^2 = \left[\int_a^b \sqrt{g(x)}\,f^{\frac{n-1}{2}}(x)\,\sqrt{g(x)}\,f^{\frac{n+1}{2}}(x)\mathrm{d}x\right]^2$$
$$\leqslant \int_a^b g(x)f^{n-1}(x)\mathrm{d}x\int_a^b g(x)f^{n+1}(x)\mathrm{d}x = \lambda_{n-1}\lambda_{n+1}$$

故 $\left\{\dfrac{\lambda_n}{\lambda_{n+1}}\right\}$ 单调递减，从而 $\lim\limits_{n\to\infty}\dfrac{\lambda_n}{\lambda_{n+1}}$ 存在，且 $\lim\limits_{n\to\infty}\dfrac{\lambda_n}{\lambda_{n+1}} = \lim\limits_{n\to\infty}\dfrac{1}{\sqrt[n]{\lambda_n}} = \dfrac{1}{\max\{f(x)\}}$.

7. 提示：利用积分形式的凸函数不等式，参见章节 3.6 例 12 相关内容.

8. 提示：取 $\varphi(u) = \sqrt[n]{u}\ (u > 0)$ 是 $(0, +\infty)$ 上的凹函数，利用本章（4）式立得.

9. 提示：引入 $\varphi(u) = \dfrac{u}{1-u}, u \in [0,1)$ 为凸函数. $\varphi(\bar{f}) \leqslant \overline{\varphi \circ f}$，参见本节（4）式.

10. 证明：用数学归纳法. 当 $n = 1$ 时，$1 \cdot f_2(x) = \int_0^x f_1(t)\mathrm{d}t < \int_0^x f_1(x)\mathrm{d}x = xf_1(x)$.

设 $n = k-1$ 时，$(k-1)f_k(x) < xf_{k-1}(x)$，则 $n = k$ 时，
$$f_{k+1}(x) = \int_0^x f_k(t)\mathrm{d}t < \frac{1}{k-1}\int_0^x tf_{k-1}(t)\mathrm{d}t = \frac{1}{k-1}\int_0^x tf_k(t)\mathrm{d}t$$

$$= \frac{1}{k-1}\left\{ tf_k(t) \mid_0^x - \int_0^x f_k(t)\mathrm{d}t\right\} = \frac{1}{k-1}\left\{ xf_k(x) - f_{k+1}(x)\right\},$$

移项整理得 $kf_{k+1}(x) < xf_k(x)$.

11. 证明：$\int_0^a g(x)f'(x)\mathrm{d}x + \int_0^1 f(x)g'(x)\mathrm{d}x$

$$= \int_0^a [g(x)f'(x) + f(x)g'(x)]\mathrm{d}x + \int_a^1 g'(x)f(x)\mathrm{d}x$$

$$= \int_0^a [g(x)f(x)]'\mathrm{d}x + \int_a^1 f(x)g'(x)\mathrm{d}x$$

$$\geqslant f(a)g(a) + f(a)\int_a^1 g'(x)\mathrm{d}x = f(a)g(1).$$

12. 证法一 利用积分第二中值定理

$$\int_a^b xf(x)\mathrm{d}x - \frac{a+b}{2}\int_a^b f(x)\mathrm{d}x = \int_a^b \left(x - \frac{a+b}{2}\right)f(x)\mathrm{d}x$$

$$= f(a)\int_a^\xi \left(x - \frac{a+b}{2}\right)\mathrm{d}x + f(b)\int_\xi^b \left(x - \frac{a+b}{2}\right)\mathrm{d}x, \xi \in [a,b]$$

$$= f(a)\int_a^b \left(x - \frac{a+b}{2}\right)\mathrm{d}x + [f(b) - f(a)]\int_\xi^b \left(x - \frac{a+b}{2}\right)\mathrm{d}x$$

$$= [f(b) - f(a)]\left[\frac{b^2 - \xi^2}{2} - \frac{a+b}{2}(b - \xi)\right]$$

$$= \frac{1}{2}(b - \xi)(\xi - a)[f(b) - f(a)] \geqslant 0.$$

证法二 因为 $\int_a^b \left(x - \frac{a+b}{2}\right)f\left(\frac{a+b}{2}\right)\mathrm{d}x = 0$，所证之式等价于

$$\int_a^b \left(x - \frac{a+b}{2}\right)\left[f(x) - f\left(\frac{a+b}{2}\right)\right]\mathrm{d}x \geqslant 0.$$

令 $F(x) = \left(x - \frac{a+b}{2}\right)\left[f(x) - f\left(\frac{a+b}{2}\right)\right]$,

因为 $f(x)$ 单增，所以 $F(x) \geqslant 0$，从而 $\int_a^b F(x)\mathrm{d}x \geqslant 0$. 又 $\int_a^b F(x)\mathrm{d}x = 0$，$F(x)$ 为非负连续函数，则 $F(x) \equiv 0$，从而 $f(x) \equiv f(\frac{a+b}{2})$.

习题 5.1

1. (1) 提示：$\ln\left(1 + \frac{1}{n}\right) = \frac{1}{n} - \frac{1}{2n^2} + o\left(\frac{1}{n^2}\right)$，从而 $\frac{1}{n} - \ln\left(1 + \frac{1}{n}\right) = \frac{1}{2n^2} + o\left(\frac{1}{n^2}\right)$;

(2) 提示：利用 e^x 在 $x = 0$ 处带 Lagrange 型余项的 Taylor 公式，

$$0 < \mathrm{e} - \left(1 + 1 + \frac{1}{2!} + \cdots + \frac{1}{n!}\right) < \frac{3}{(n+1)!};$$

(3) $(\ln n)^{\ln n} = n^{\ln\ln n} > n^2 (n > \mathrm{e}^{\mathrm{e}^2})$ 时.

2.(1) 每三项加括号,级数通项 $u_n = \dfrac{1}{3n-2} + \dfrac{1}{3n-1} - \dfrac{1}{3n} > \dfrac{1}{3n-2}$,而 $\sum \dfrac{1}{3n-2}$ 发散.

(2) 如上,

$$u_n = \frac{1}{\sqrt{4n-3}} + \frac{1}{\sqrt{4n-1}} - \frac{1}{\sqrt{2n}} > \frac{2}{\sqrt{4n}} - \frac{1}{\sqrt{2n}} = (1 - \frac{1}{\sqrt{2}})\frac{1}{\sqrt{n}}.$$

3.(1) $p > 1$ 时收敛,$p \leqslant 1$ 时发散,利用 Stirling 公式,$n! \sim \sqrt{2\pi n}(\dfrac{n}{e})^n$.

(2) $p > 1$ 时绝对收敛,$0 < p \leqslant 1$ 时条件收敛.

(3) $p > 2$ 时绝对收敛,$1 < p \leqslant 2$ 时条件收敛,$p \leqslant 1$ 时发散.

应用 Taylor 公式,$u_n = \dfrac{(-1)^{n-1}}{n^{\frac{p}{2}}} + \dfrac{p}{n^{\frac{p+1}{2}}} + o\left(\dfrac{1}{n^{1+\frac{p}{2}}}\right).$

4.(1) 条件收敛;(2) $p > 1$ 时绝对收敛,$0 < p \leqslant 1$ 时条件收敛.

提示:$a_n = \dfrac{(-1)^{n-1}}{n^p}$,$b_n = \dfrac{1}{\sqrt{n}}$,用 Abel 判别法.

5. 收敛,提示:$a_n = \sqrt{2 - 2\cos\dfrac{\pi}{2^n}} = 2\sin\dfrac{\pi}{2^{n+1}} \leqslant \dfrac{\pi}{2^n}$,比较判别法知收敛.

或用比较判别法,设法证明 $\dfrac{a_{n+1}}{a_n} < \dfrac{1}{\sqrt{2}}$,即 $2a_{n+1}^2 < a_n^2.$

6.(1) 收敛;(2) 条件收敛. 提示:积分第一中值定理.

7. 提示:Cauchy 收敛准则.

8. 提示:两个条件式去掉对数后分别化为 $a_n < \dfrac{1}{n^{1+\lambda}}$ 和 $a_n \geqslant \dfrac{1}{n}.$

9. 提示:$a_n \to 0$ 时,$a_n \sim \dfrac{a_n}{1 + a_n}.$

10. 提示:$a_n = r_{n-1} - r_n = (\sqrt{r_{n-1}} + \sqrt{r_n})(\sqrt{r_{n-1}} - \sqrt{r_n})$

11. 提示:$b_n = \ln(e)^{a_n} - a_n - a_n$ 而 $e^{a_n} = 1 + a_n + \dfrac{a_n^2}{2!} + o(a_n^2)$,$\ln(e)^{a_n} - a_n \sim \dfrac{a_n^2}{2}.$

12. 收敛. 提示:记方程 $x = \tan x$ 在 $(0, \pi)$ 内的正根为 x_1,在 $(n\pi, n\pi + \dfrac{\pi}{2})$ 内的根为 x_n,

$$\tan(n\pi + x_1) = \tan x_1 < n\pi + x_1,$$

$x_n > x_1 + n\pi$ 从而 $\dfrac{1}{x_n^2} < \dfrac{1}{(n\pi + x_1)^2} < \dfrac{1}{n^2\pi^2}.$

13. 提示:利用 1.2 例 9 结论,$x_n \sim \sqrt{\dfrac{3}{n}}.$

14. 提示:一方面 $\dfrac{1}{p_n} < \dfrac{n}{p_1 + p_2 + \cdots + p_n}$;另一方面

$$p_1 + p_2 + \cdots + p_n \geqslant \left[\frac{n}{2}\right] p_{\left[\frac{n}{2}\right]} > \frac{n}{4} p_{\left[\frac{n}{2}\right]} \text{ 又得} \frac{n}{p_1 + p_2 + \cdots + p_n} < \frac{4}{p_{\left[\frac{n}{2}\right]}}.$$

15. 提示:$\displaystyle\sum_{n=1}^{\infty} \dfrac{a_n}{S_n^2} \leqslant \dfrac{1}{a_1} + \sum_{n=2}^{\infty} \dfrac{S_n - S_{n-1}}{S_n S_{n-1}} = \dfrac{1}{a_1} + \dfrac{1}{S_1}.$

16. 提示:反证法,利用 Abel 判别法.

17. 提示：比较判别法.

18. 提示：利用 Cauchy 收敛准则. 处理和式 $\sum\limits_{k=n+1}^{n+p} a_k b_k$ 时用 Abel 变换.

引入 $S_{n+i} = \sum\limits_{k=n+1}^{n+i} a_k (1 \leqslant i \leqslant p)$，

则 $\sum\limits_{k=n+1}^{n+p} a_k b_k = \sum\limits_{k=n+1}^{n+p-1} S_k (b_k - b_{k+1}) + S_{n+p} b_{n+p}$.

19. 提示：$\sum\limits_{k=0}^{n-1} a_k = n a_n - \sum\limits_{k=1}^{n} k(a_k - a_{k-1})$.

20. 提示：利用正负部分拆.

21. 提示：取对数转换，利用 $\ln(1 + a_n) \sim a_n (a_n \to 0$ 时).

22. 提示：当 $\{u_n\}$ 递增有界时，取 $a_n = u_{n+1} - u_n, b_n = \dfrac{1}{u_{n+1}}$，用 Abel 判别法；

或 $1 - \dfrac{u_n}{u_{n+1}} = \dfrac{u_{n+1} - u_n}{u_{n+1}} \leqslant \dfrac{u_{n+1} - u_n}{u_1}$，比较判别法.

当 $\{u_n\}$ 递增无界时，利用 Cauchy 收敛准则

$\sum\limits_{k=n+1}^{n+p} (1 - \dfrac{u_{k-1}}{u_k}) > \dfrac{1}{u_{n+p}} \sum\limits_{k=n+1}^{n+p} (u_k - u_{k-1}) = \dfrac{u_{n+p} - u_n}{u_{n+p}} = 1 - \dfrac{u_n}{u_{n+p}}$.

23. 提示：易知 $a_n > a_{n+1}$ 若 $\lim\limits_{n \to +\infty} a_n = A > 0$，由 $\lim\limits_{n \to \infty} n(\dfrac{a_n}{a_{n+1}} - 1) = \rho > 0$，

知 $a_n - a_{n+1} \sim \dfrac{A_\rho}{n} (n \to +\infty)$. 于是 $\sum a_n - a_{n+1}$ 发散，矛盾.

从而 $\lim\limits_{n \to +\infty} a_n = 0$. 由莱布尼兹判别法 $\sum (-1)^{n-1} a_n$ 收敛.

24. 提示：依柯西收敛准则及 $\{a_n\}$ 单调递减，$\varepsilon > 0$，$\exists N$，s. t. $n \geqslant N$ 时，

$\varepsilon > \sum\limits_{k=n+1}^{2n} a_k \geqslant n a_{2n} = \dfrac{1}{2}(2n a_{2n})$，从而 $\lim\limits_{n \to +\infty} n a_{2n} = 0$，

又 $(2n+1) a_{2n+1} < 2(n+1) a_{2n} \to 0$.

25. 反证法：设 $\lim\limits_{n \to \infty} n a_n \ln n$ 不存在或极限值不为 0.

$\exists \varepsilon_0 > 0$. 以及子列 $\{n_i\}$，s. t. $n_i a_{n_i} \ln n_i \geqslant \varepsilon_0$.

因为 $n_i \to +\infty$，不妨令 $n_{i+1} > n_i^2$，

$\sum\limits_{k=n_i+1}^{n_i+1} a_k = \sum\limits_{k=n_i+1}^{n_i+1} k a_k \dfrac{1}{k} \geqslant n_i a_{ni} \sum\limits_{k=n_i+1}^{n_i+1} \dfrac{1}{k}$

$> \dfrac{1}{2} n_{i+1} a_{n_{i+1}} (\ln n_{i+1} - \ln n_i)$

$> \dfrac{1}{2} n_{i+1} a_{n_{i+1}} \ln \sqrt{n_{i+1}} = \dfrac{1}{4} n_{i+1} a_{n_{i+1}} \ln n_{i+1} \geqslant \dfrac{\varepsilon_0}{4}$.

和 $\sum a_n$ 收敛矛盾.

26. 提示：$\sum\limits_{n=1}^{\infty} \dfrac{\sin n}{n}$ 之部分和 $S_n = S_n^+ - S_n^-$，则 $S_n \to A, S_n^+ \to +\infty, S_n^- \to +\infty$

$\dfrac{S_n^+}{S_n^-} = \dfrac{S_n}{S_n^-} + 1 \to 1 (n \to \infty)$.

27. 提示：$1 - \dfrac{a_1}{a_1 + a_3 + \cdots + a_{2n-1}} < S_n \leqslant 1$ 以及 $a_1 + a_3 + \cdots + a_{2n-1} \to +\infty$，迫敛性立

得.

28. 提示：反证法：若 $\sum |a_n| = +\infty$，记 $S_n^* = \sum_{k=1}^{n} |a_k|$，构造 $x_n = \dfrac{\operatorname{sgn} a_n}{\sqrt{S_{n-1}^*} + \sqrt{S_n^*}}$，则 x_n

$\to +\infty$，且 $\displaystyle\sum_{n=1}^{\infty} a_n x_n = \sum_{n=1}^{\infty} \dfrac{|a_n|}{\sqrt{S_{n-1}^*} + \sqrt{S_n^*}} = \sum_{n=1}^{\infty} \sqrt{S_n^*} - \sqrt{S_{n-1}^*}$，

首尾相消法知发散，矛盾.

29. (1) $a_n = (-1)^n \dfrac{1}{\sqrt{n}}$；(2) $a_n = (-1)^n \dfrac{1}{\ln n} (n \geqslant 2)$；

(3) $a_n = (-1)^n \dfrac{1}{\sqrt{n}}$，$b_n = (-1)^n \dfrac{1}{\sqrt{n}} + \dfrac{1}{n}$.

30. 提示：记 $I_n = \displaystyle\sum_{k=2}^{n} \dfrac{1}{k \ln k}$，$f(x) = \dfrac{1}{x \ln x}$.

$$I_n > \int_2^{n+1} \dfrac{\mathrm{d}x}{x \ln x} > \int_2^n \dfrac{\mathrm{d}x}{x \ln x} = \ln\ln n - \ln\ln 2,$$

$$J_n = I_n - \ln\ln n > -\ln\ln 2,$$

$$J_{n+1} - J_n = \dfrac{1}{(n+1)\ln(n+1)} - (\ln\ln(n+1) - \ln\ln n)$$

$$= \dfrac{1}{(n+1)\ln(n+1)} - \dfrac{1}{(n+\theta)\ln(n+\theta)} \quad (0 < \theta < 1).$$

知 $\{J_n\}$ 单调递减，从而 $\lim J_n$ 存在.

31. 提示：10^{n-1} 到 10^n 之间不含数字 9 的自然数个数 $N = 8 \times 9^{n-1}$ 个. 从 10^{n-1} 到 10^n 之间不含数字 9 的自然数倒数之和记为 u_n，

$$u_n < 8 \times 9^{n-1} \times \dfrac{1}{10^{n-1}} = 8 \times \left(\dfrac{9}{10}\right)^{n-1},$$

故 $\displaystyle\sum_{n=1}^{\infty} u_n$ 收敛.

习题 5.2

1. (1)(i) 一致收敛，由 Dini 定理可得.

(ii) 不一致收敛. 因 $\lim\limits_{n \to +\infty} f_n(x) = f(x) = x$，

$f_n(n) - f(n) = n \sin 1 - n = n(\sin 1 - 1) \to -\infty$

故 $f_n(n)$ 在 $\mathbf{R}$ 上不一致收敛.

(2) 一致收敛. 显见 $f_n(n) \to 0 (\forall x \in \mathbf{R})$，

$|f_n(n) - f(n)| \leqslant f_{n-1}(1) \to 0 \ (n \to +\infty)$.

(3) 不一致收敛. $0 < x \leqslant 1$ 时，$\lim\limits_{n \to \infty} f_n(x) = 0$；

但 $f_n(\frac{1}{n^3}) \to \frac{1}{3} \neq 0$ $(n \to \infty)$. 事实上, $f_n(x)$ 的极限函数在 $x = 1$ 处间断.

(4) 一致收敛. 不妨设 $|f_0(x)| \leqslant M|$, 则 $|f_1(x)| \leqslant M(x - a)$.

$$|f_n(x)| \leqslant \frac{M(x-a)^n}{n!} \leqslant \frac{M(b-a)^n}{n!} \to 0 \ (n \to +\infty),$$

归纳法可证.

2. 提示: 利用本节例 9 的结论. $\forall n$, $\forall x, y \in [a, b]$, 恒有

$$|f_n(x) - f_n(y)| = |f_n(\xi)| \cdot |x - y| \leqslant M(x - y).$$

3. 提示: 仍然用例 9 的结论 (2). $\{F_n(x)\}$ 一致有界, 且等度连续.

4. (1) 不一致收敛; $u_n(n) = 1 - \cos 1 \to 0$ $(n \to +\infty)$;

(2) 一致收敛. 用 Dirichlet 判别法

$$\left| \sum_{k=1}^n \sin x \sin kx \right| \leqslant |\sin x| \cdot \frac{1}{\left| \sin \frac{x}{2} \right|} = 2 \left| \cos \frac{x}{2} \right| \leqslant 2 \text{ 一致有界},$$

而 $\left\{ \frac{1}{\sqrt{n+x}} \right\}$ 单调递减一致趋于 0;

(3) 不一致收敛. 令 $\sin x + \cos x = \sqrt{2} \sin(x + \frac{\pi}{4}) = 1 + \frac{1}{n}$,

令 $x_n = \arcsin \frac{1}{\sqrt{2}}(1 + \frac{1}{n}) - \frac{\pi}{4}$, 则 $u_n(x_n) = (1 + \frac{1}{n})^{-n} \to \frac{1}{e} \neq 0$;

(4) 不一致收敛. 将原级数拆分为两个级数 $\sum \frac{x}{x^2 + n^2}$ 和 $\sum \frac{(-1)^n n}{x^2 + n^2}$

对前一部分 $\sum_{k=n+1}^{\infty} \frac{x}{x^2 + n^2} \geqslant \frac{nx}{x^2 + 4n^2}$,

以 $x = n$ 代入, 上式右边等于 $\frac{1}{5}$, 不趋于 0, 依 Cauchy 收敛准则知其不一致收敛. 对后一部分, 取 $a_n(x) = (-1)^n$, $b_n(x) = \frac{n}{x^2 + n^2}$, 应用 Dirichlet 判别法知一致收敛, 从而其和不一致收敛;

(5) 不一致收敛. $u_n(\frac{1}{3^n}) = 2^n \sin 1 \to +\infty$;

(6) 不一致收敛. 利用 Cauchy 收敛准则, 类似上述第 (4) 小题;

(7) 一致收敛. $e^{nx} \geqslant 1 + nx + \frac{1}{2}n^2x^2 > \frac{1}{2}n^2x^2$, $x^2 e^{-nx} < \frac{2}{n^2}$, 利用 Weierstrass 法.

(8) 不一致收敛. 仍用 Cauchy 收敛准则.

(9) (i) 一致收敛. 令 $a_n(x) = \frac{(-1)^n}{n}$, $b_n(x) = \frac{\sin^n x}{1 + \sin^n x}$, 利用 Abel 判别法得知.

(ii) 不一致收敛. 当 $-\frac{\pi}{2} < x < 0$ 时. 令 $\sin x = -t$, 则 $t \in (0, 1]$.

原级数化为 $\sum_{n=1}^{\infty} \frac{t^n}{n} \cdot \frac{1}{1 + (-1)^n t^n}$.

因为 $1 + (-1)^n t^n \geqslant 1 - t$,

所以 $0 < \dfrac{t^n}{n} \cdot \dfrac{1}{1+(-1)^n t^n} \leqslant \dfrac{1}{1-t} \cdot \dfrac{t^n}{n}$ 在 $(0,1)$ 上处处收敛,

但却不一致收敛. 令 $t_n = \sqrt[n]{1-\dfrac{1}{n}}$. 则

$$u_n(t_n) = \frac{1}{n} \cdot \frac{1-\dfrac{1}{n}}{1+(-1)^n (1-\dfrac{1}{n})},$$

$$u_{2k-1}(t_{2k-1}) \to 1 \neq 0 (k \to +\infty),$$

故通项 $u_n(t)$ 在 $(0,1)$ 上不一致收敛于 0,从而原级数在 $(-\dfrac{\pi}{2}, 0]$ 上不一致收敛.

5. 提示:$\exists c > 0$,s.t. $f''(x)$ 在 $[-c,c]$ 上连续,$\exists M > 0$,s.t. $|f''(x)| < M$.

又 $f(x) = f(0) + f'(0)x + \dfrac{1}{2!}f''(\xi)x^2 = f'(0)x + \dfrac{1}{2!}f''(\xi)x^2$,

从而 $|f''(x)| \leqslant f'(0) + \dfrac{M}{2}|x|)|x|$

再取 $0 < \delta < c$,使得 $q = f'(0) + \dfrac{M}{2}\delta < 1$. 则当 $|x| < \delta$ 时,$f(x) \leqslant q|x|$,

由迭代知 $|f_n(x)| \leqslant q^n |x| \leqslant q^n \delta$,

从而知 $\sum f_n(x)$ 在 $[-\delta, \delta]$ 绝对一致收敛.

6. 依据不一致收敛的定义易得.

7. 反证法:若不然,$\exists \varepsilon_0 > 0, \forall N, \exists n > N, \exists x_n \in [a,b]$,s.t.
$|f_n(x_n) - f(x_n)| \geqslant \varepsilon_0$,
由致密性定理,$\{x_n\}$ 存在收敛子列 $\{x_{n_k}\}$,记 $x_{n_k} \to x_0$,一方面
$|f_{n_k}(x_{n_k}) - f(x_{n_k})| \geqslant \varepsilon_0$ （ * ）
另一方面 $f(x)$ 在 x_0 连续,$\lim\limits_{k\to\infty} f(x_{n_k}) = f(x_0)$. 依条件有 $\lim\limits_{k\to\infty} f_{n_k}(x_{n_k}) = f(x_0)$ 和
（ * ）矛盾.

8. 提示:用 $f(x)$ 连续,且无零点,不妨假设其恒正. $\exists m > 0$,s.t. $f(x) \geqslant m > 0$.

特取 $\varepsilon_0 = \dfrac{m}{2} > 0$,$\exists N, n > N$. 时,$|f_n(x) - f(x)| < \dfrac{m}{2}$,$\forall x \in [a,b]$,从而

$$f_n(x) > f(x) - \frac{m}{2} \geqslant \frac{m}{2} > 0.$$

9. 任取有限区间 $[a,b]$,由 $f(x)$ 在 $[a-1,b+1]$ 的一致连续性,可知
$\forall \varepsilon > 0$,$\exists \delta > 0$,s.t. $|x' - x''| < \varepsilon$ 时有 $|f(x') - f(x'')| < \varepsilon$,

则当 $n > N = [\dfrac{1}{\delta}]$ 时,有

$$\left| f_n(x) - \int_0^1 f(x+t)\mathrm{d}t \right| = \left| \frac{1}{n}\sum_{k=0}^{n-1} f(x+\frac{k}{n}) - \sum_{k=0}^{n-1}\int_{\frac{k}{n}}^{\frac{k+1}{n}} f(x+t)\mathrm{d}t \right|$$
$$\leqslant \sum_{k=0}^{n-1}\int_{\frac{k}{n}}^{\frac{k+1}{n}} \left| f(x+\frac{k}{n}) - f(x+t) \right| \mathrm{d}t < \varepsilon \sum_{k=0}^{n-1} \frac{1}{n} = \varepsilon.$$

10. 提示:利用微分中值定理. $f(t) = f(1) + f'(\xi)(t-1)$.

又 $f(1) = 0, f'(x)$,连续从而有界.

于是 $|f(t)| = |f'(\xi)(t-1) \leqslant M(1-t)|$,

$$|u_n(x)| = \left|\int_0^x t^n f(t) \mathrm{d}t\right| \leqslant \int_0^x t^n |f(t)| \mathrm{d}t \leqslant M \int_0^x t^n (1-t) \mathrm{d}t = M\left(\frac{x^{n+1}}{n+1} - \frac{x^{n+2}}{n+2}\right),$$

对 $\sum_{n=0}^{\infty} |u_n(x)|$, $S_n(x) = \sum_{k=0}^{n-1} |u_k(x)| \leqslant M\left(x - \frac{x^{n+1}}{n+1}\right) \Rightarrow Mx$, $(n \to \infty)$, 由

Weierstrrass 判别法立知 $\sum_{n=0}^{\infty} \int_0^x t^n f(t) \mathrm{d}t$ 在 $[0,1]$ 上一致收敛.

11. $f(x)$ 在 $[0,1]$ 连续,$\exists M > 0$, s.t. $|f(t) \leqslant M|$,又 $\forall \varepsilon > 0$, $\exists \delta > 0$,

s.t. $0 < u < \delta$ 时,$|f(u) - f(0)| < \frac{\varepsilon}{2}$,

对上述 $\delta > 0$, $\exists N$, s.t. $n > N$ 时,$\left(1 - \frac{\varepsilon}{4M}\right)^n < \delta$,

$$|f_n(t) - tf(0)| = \left|\int_0^t f(x^n) \mathrm{d}x - tf(0)\right| \leqslant \int_0^t |f(x^n) - f(0)| \mathrm{d}x$$

$$= \int_0^{1-\frac{\varepsilon}{4M}} |f(x^n) - f(0)| \mathrm{d}x + \int_{1-\frac{\varepsilon}{4M}}^1 |f(x^n) - f(0)| \mathrm{d}x < \frac{\varepsilon}{2} + 2M\frac{\varepsilon}{4M} = \varepsilon,$$

从而 $f_n(t)$ 在 $[0,1]$ 上一致收敛于 $tf(0)$.

习题 5.3

1. $\sum \dfrac{x}{x^2 + n^2}$ 在 **R** 上内闭一致收敛,$\sum \dfrac{n(-1)^n}{x^2 + n^2}$ 在 R 上一致收敛可知

2. 收敛域 $x \neq \pm 1$.

和函数为 $S(x) = \begin{cases} \dfrac{x}{1-x}, & |x| < 1 \\[2mm] \dfrac{1}{1-x}, & |x| > 1 \end{cases}$,

提示:利用拆项相消 $\dfrac{x^{2^n}}{1 - x^{2^{n+1}}} = \dfrac{x^{2^n} + 1 - 1}{1 - x^{2^{n+1}}} = \dfrac{1}{1 - x^{2^n}} - \dfrac{1}{1 - x^{2^{n+1}}}$.

3. 提示:部分和一致有界 $\exists M > 0$, $\forall n \geqslant 1$, 时 $|S_n(x)| \leqslant M$, $|S(x)| \leqslant M$,

$|S_n(t)| \leqslant M, \forall \varepsilon > 0$, $\exists \delta = \dfrac{\varepsilon}{4M}$,

因为 $\sum u_n(x)$ 在 $[a, b-\delta]$ 上一致收敛,$\exists N > 0, \forall n > N, \forall x \in [a, b-\delta]$ 有

$|S_n(x) - S(x)| < \dfrac{\varepsilon}{2(b-a)}$,

于是 $\left|\int_a^b S_n(x) \mathrm{d}x - \int_a^b S(x) \mathrm{d}x\right| \leqslant \int_a^{b-\delta} |S_n(x) - S(x)| \mathrm{d}x + \int_{b-\delta}^b |S_n(x) - S(x)| \mathrm{d}x$

$$< (b-a)\frac{\varepsilon}{2(b-a)} + 2M\delta < \varepsilon.$$

4. 提示：$f^{(n)}(x) - f^{(n)}(a) = \int_a^x f^{(n+1)}(t)\mathrm{d}t$，令 $n \to \infty$ 由一致收敛性质，

$\varphi(x) - \varphi(a) = \int_a^x \varphi'(t)\mathrm{d}t$ 从而 $\varphi'(x) = \varphi(x)$ 立得 $\varphi(x) = Ce^x$.

5. 提示：$|f^{(n)}(x) - f^{(m)}(x)| < \sum_{k=m+1}^n \dfrac{1}{k^2}$，由 Cauchy 准则 $\{f^{(n)}(x)\}$ 在 $\mathbf{R}$ 上一致收敛，依

上题结论：$\lim\limits_{n \to \infty} f^{(n)}(x) = Ce^x$（$C$ 为常数）

6. 提示：

$\int_{-1}^1 g(x)\varphi_n(x)\mathrm{d}x = \int_{-1}^{-c} g(x)\varphi_n(x)\mathrm{d}x + \int_{-c}^c g(x)\varphi_n(x)\mathrm{d}x + \int_c^1 g(x)\varphi_n(x)\mathrm{d}x$，

令 $n \to \infty$ 由 $\{\varphi_n(x)\}$ 在 $[-1,c] \bigcup [c,1]$ 上一致收敛于 0，上式首尾两项趋于 0，对于中间项，利用积分中值定理.

$\exists \xi \in [-c,c]$，s.t. $\int_{-c}^c g(x)\varphi_n(x)\mathrm{d}x = g(\xi)\int_{-c}^c \varphi_n(x)\mathrm{d}x$，

由 (1)，(2) 条件，$\lim\limits_{n \to \infty}\int_{-1}^1 \varphi_n(x)\mathrm{d}x = \lim\limits_{n \to \infty}\int_{-c}^c \varphi_n(x)\mathrm{d}x = 1$ 再由 c 任意性，当 $c \to 0^+$ 时

$\xi \to 0$ 从而 $\lim\limits_{n \to \infty}\int_{-1}^1 g(x)\varphi_n(x)\mathrm{d}x = g(0)$.

7. (1) 易证，略.

(2) 证明：

$\exists M = \sup\limits_{a \leqslant x \leqslant b} \lim\limits_{n \to \infty} f_n(x) = \sup\limits_{a \leqslant x \leqslant b} f(x)$，则 $\forall \varepsilon > 0$，$\exists x^* \in [a,b]$ s.t. $f(x^*) > M - \dfrac{\varepsilon}{2}$

又 $\forall x \in [a,b]$，$f(x) \leqslant M$，因为

$f_n(x) \Rightarrow f(x)$，$\exists N$，s.t. $n \geqslant N$ 时，$\forall x \in [a,b]$ 有 $|f_n(x) - f(x)| < \dfrac{\varepsilon}{2}$

一方面，

$f_n(x) < f(x) + \dfrac{\varepsilon}{2} \leqslant M + \varepsilon$，

另一方面，

$f_n(x^*) > f(x^*) - \dfrac{\varepsilon}{2} > M - \varepsilon$，

得知

$M - \varepsilon < \sup\limits_{a \leqslant x \leqslant b} f_n(x) < M + \varepsilon$，$(n > N)$.

此即 $\lim\limits_{n \to \infty} \sup\limits_{a \leqslant x \leqslant b} f_n(x) = M = \sup\limits_{a \leqslant x \leqslant b} \lim\limits_{n \to \infty} f(x)$

8. 证明：因为 $f_n(x) \Rightarrow f(x)$，$\forall \varepsilon > 0$，$\exists N$ 当 $n \geqslant N$ 时

$|f_n(x) - f(x)| < \dfrac{\varepsilon}{4(b-a)}$，$\forall x \in [a,b]$，

又 $f_N(x)$ 在 $[a,b]$ 上可积，存在 $[a,b]$ 的分割 T，$a < x_1 < x_2 < \cdots < x_k = b$

使得 $\sum\limits_{i=0}^{k-1} \omega_i \Delta x_i < \dfrac{\varepsilon}{2}$，其中 ω_i 为 $f_N(x)$ 在 $[a,b]$ 上的振幅. $\forall x', x'' \in [x_{i-1}, x_i]$，

$$|f(x')-f(x'')|<|f(x')-f_N(x')|+|f_N(x')-f_N(x'')|+|f_N(x'')-f(x'')|$$

$$\leqslant \frac{\varepsilon}{4(b-a)}+\omega_i+\frac{\varepsilon}{4(b-a)}=\frac{\varepsilon}{2(b-a)}+\omega_i,$$

故 $\omega_i^f=\sup\limits_{x',x''\in\Delta_i}|f(x')-f(x'')|\leqslant\frac{\varepsilon}{2(b-a)}+\omega_i$,从而

$$\sum_{i=0}^{k-1}\omega_i^f\Delta x_i<\frac{\varepsilon}{2(b-a)}\sum_{i=0}^{k-1}\Delta x_i+\sum_{i=0}^{k-1}\omega_i\Delta x_i\leqslant\frac{\varepsilon}{2}+\frac{\varepsilon}{2}=\varepsilon.$$

9. 由前一题 $\lim\limits_{n\to\infty}\int_a^{b-\delta}f_n(x)\mathrm{d}x=\int_a^{b-\delta}\lim\limits_{n\to\infty}f_n(x)\mathrm{d}x$,而

$$\left|\int_{b-\delta}^b f_n(x)\mathrm{d}x-\int_{b-\delta}^b\lim\limits_{n\to\infty}f_n(x)\mathrm{d}x\right|\leqslant 2\int_{b-\delta}^b g(x)\mathrm{d}x,$$

可以充分小.

10. 必要性:$f_n(x)$ 一致收敛到 $f(x)$,$\forall\varepsilon>0$,$\exists N_1$ 当 $n>N_1$ 时

$$|f_n(x)-f(x)|<\frac{\varepsilon}{2},\forall x\in[a,b],$$

又 $f_n(x)$ 在 $[a,b]$ 上连续,且 $x_n\to x$ 于是 $f(x_n)\to f(x)(n\to\infty)$,

又 $\exists N_2$ 当 $n>N_2$ 时 $|f(x_n)-f(x)|<\frac{\varepsilon}{2}$,当 $n>N=\max\{N_1,N_2\}$ 时,

$$|f_n(x)-f(x)|\leqslant|f_n(x)-f(x_n)|+|f(x_n)-f(x)|<\frac{\varepsilon}{2}+\frac{\varepsilon}{2}=\varepsilon.$$

充分性见上一节习题 7.

11. 提示:

$$x(1-x)^2=\frac{1}{2}\cdot 2x\cdot(1-x)(1-x),当 2x=1-x,即 x=\frac{1}{3} 时,取得最大值\frac{4}{27}$$

从而

$$x^n(1-x)^{2n}\leqslant(\frac{4}{27})^n 而 \sum_{n=1}^\infty(\frac{4}{27})^n=\frac{4}{23}<\frac{2}{11}.$$

12. 提示 $\sum\limits_{n=1}^\infty\frac{\sin^n x}{2^n}=\frac{\sin x}{2-\sin x}$,又导级数 $\sum\limits_{n=1}^\infty\frac{n\sin^{n-1}x\cos x}{2^n}$ 在 $\mathbf{R}$ 上一致收敛,从而逐项可导,得 $\sum\limits_{n=1}^\infty\frac{n\sin^{n-1}x\cos x}{2^n}=\frac{2\cos x}{(2-\sin x)^2}=S'(x),S'(\frac{\pi}{2})=0,S'(\frac{\pi}{6})=\frac{4\sqrt{3}}{9}$

$$>\frac{2}{\pi},$$

故由介值定理,$\exists\xi$ 满足要求.

13. 提示:取 $x_k=\frac{\pi}{2^{k+1}}$ 则 $x_k\to 0(k\to\infty)$,$\frac{f(x_k)}{x_k}=\sum\limits_{n=1}^\infty\frac{\sin 2^n\frac{\pi}{2^{k+1}}}{2^n\frac{\pi}{2^{k+1}}}=\sum\limits_{n=1}^k\frac{\sin 2^n\frac{\pi}{2^{k+1}}}{2^n\frac{\pi}{2^{k+1}}}$,

因为 $0\leqslant x\leqslant\frac{\pi}{2}$ 时,$\frac{2x}{\pi}\leqslant\sin x\leqslant x$ 而 $1\leqslant n\leqslant k$ 时,$2^n\frac{\pi}{2^{k+1}}\leqslant\frac{\pi}{2}$ 所以

$$\frac{f(x_k)}{x_k}\geqslant\sum_{n=1}^k\frac{2}{\pi}=\frac{2k}{\pi},$$

故 $f(x)$ 在 $x=0$ 处不可导.

14. 证明:幂级数的收敛域 $[-1,1]$,导级数的收敛域 $[-1,1)$ 且在 $[-1,1-\delta]$ 一致收敛,

$$\forall -1 \leqslant x < 1, \quad f'(x) = \sum_{n=1}^{\infty} \frac{x^{n-1}}{n\ln(1+n)}.$$

显见 $f'(x)$ 是 $[0,1)$ 上的递增函数. 且 $\lim\limits_{x \to 1^-} f'(x) = +\infty, \forall 0 < x < 1$. 由 Lagrange 中值定理,

$$\frac{f(x)-f(1)}{x-1} = f'(\xi_x), x < \xi_x < 1, \lim_{x \to 1^-} \frac{f(x)-f(1)}{x-1} = \lim_{x \to 1^-} f'(\xi_x) = +\infty,$$

即知 $f'_-(1)$ 不存在.

习题 5.4

1. $\sum\limits_{n=1}^{\infty} \dfrac{\sin nx}{n} = \begin{cases} \dfrac{\pi-x}{2}, 0 < x < 2\pi \\ 0, x = 0, 2\pi \end{cases}, \sum\limits_{n=1}^{\infty} \dfrac{\cos nx}{n} = -\ln(2\sin\dfrac{x}{2}), 0 < x < 2\pi.$

提示:参照本节例 11. 令 $z = e^{ix}$,利用欧拉公式 $e^{ix} = \cos x + i\sin x$,先求复数项幂级数 $\sum\limits_{n=1}^{\infty} \dfrac{z^n}{n}$ 的和,再分别求出其虚部和实部.

2. $-\dfrac{5}{27}$. 提示:构造幂级数 $\sum\limits_{n=1}^{\infty} (n^2 - n + 1)x^n = S(x)$,所求和等于 $S(-\dfrac{1}{2})$.

3. $S(x) = x\ln(1+x) + \ln(1+x) - x, -1 < x \leqslant 1; S(-1) = 1.$

4. $-\dfrac{\ln(1+x)}{1+x}, |x| < 1$. 提示:利用 Cauchy 乘积.

5. 收敛域 $[-\dfrac{1}{b}-1, \dfrac{1}{b}-1], S(\dfrac{1}{b}-1) = 1.$

$$S(x) = [1-b(1+x)]\ln[1-b(1+x)] + b(1+x), -\dfrac{1}{b}-1 \leqslant x < \dfrac{1}{b}-1.$$

6. $\dfrac{7\sqrt{e}}{4}$. 提示:$\sum\limits_{n=0}^{\infty} \dfrac{1}{2^n n!} = \sqrt{e}, \sum\limits_{n=0}^{\infty} \dfrac{n^2}{n!} x^n = x(x+1)e^x.$

7. $\dfrac{1}{2}\ln\dfrac{1+2x}{1-2x} - \dfrac{1}{2}\ln(1-16x^2), |x| < \dfrac{1}{4}$. 提示:奇偶项分拆.

8. $\dfrac{3}{x-2} - \ln\dfrac{x-2}{x+1}, x \in (-\infty, -4) \cup (2, +\infty).$

9. $x(\pi - x) = \dfrac{8}{\pi} \sum\limits_{n=1}^{\infty} \dfrac{\sin nx}{(2n-1)^3}, |x| < \pi, \sum\limits_{n=1}^{\infty} \dfrac{(-1)^{n-1}}{(2n-1)^3} = \dfrac{\pi^3}{32}.$

10. $y(x) = \dfrac{2}{3} e^{-\frac{x}{2}} \cos\dfrac{\sqrt{3}}{2} x + \dfrac{1}{3} e^x, x \in \mathbf{R}$

11. 提示:考虑级数前 $n(p+q)$ 项的部分级数和,亦即每 $(p+q)$ 个项加上括号,讨论加括号后所得的新级数的部分和,注意到级数的通项趋于零,且每个括号内项数不

变,故去括号后级数仍收敛且和值不变.

12. 证明:因为 $|f^{(k)}(x)| \leqslant M$ 故 $f(x)$ 在 **R** 上可以做幂级数展开式,

$$f(x) = \sum_{n=0}^{\infty} \frac{f^{(n)}(0)}{n!} x^n, f(x_n) = 0, \text{故 } f(0) = \lim_{n \to \infty} f(x_n) = 0,$$

$$f'(0) = \lim_{n \to \infty} \frac{f(\frac{1}{2^n}) - f(0)}{\frac{1}{2^n}} = 0, \text{由 Rolle 定理},$$

$\forall i \geqslant 1, \exists \xi_i^{(1)} \in (x_{i+1}, x_i), \text{ s. t. } f'(\xi_n^{(1)}) = 0; \text{又 } \xi_n^{(1)} \to 0(n \to \infty),$

$$f''(0) = \lim_{n \to \infty} \frac{f'(\xi_n^{(1)}) - f'(0)}{\xi_n^{(1)}} = 0;$$

在 $[\xi_{i+1}^{(1)}, \xi_i^{(1)}]$ 内对 $f'(x)$ 再应用 Rolle 定理, $\exists \xi_i^{(2)} \in (\xi_{i+1}^{(1)}, \xi_i^{(1)})$, s. t. $f''(\xi_i^{(2)}) = 0$.

$$f'''(0) = \lim_{n \to \infty} \frac{f''(\xi_n^{(2)}) - f''(0)}{\xi_n^{(2)}} = 0$$

…

归纳可知, $\forall k \geqslant 1, f^{(k)}(0) = 0$, 从而 $f(x) \equiv 0, x \in \mathbf{R}$.

或证: $f(x) = \sum_{n=0}^{\infty} a_n x^n$, 由 $f(0) = 0$ 立知 $a_0 = 0, f(x) = x \sum_{n=1}^{\infty} a_n x^{n-1} = x g(x)$,

依据 $f(x_k) = x_k g(x_k) = 0$, 故 $g(0) = \lim_{k \to \infty} g(x_k) = 0$, 所以 $a_1 = 0$; 又改写

$$f(x) = x^2 \sum_{n=2}^{\infty} a_n x^{n-2}, \text{据此类推}, a_2 = 0, \cdots$$

习题 5.5

1. 提示:利用 $\frac{\pi - x}{2} = \sum_{n=1}^{\infty} \frac{\sin nx}{n} (0 < x < 2\pi)$ 在 $[0, x](0 < x \leqslant \pi)$ 上逐项积分, 在

$[-\pi, 0)$ 用偶延拓立得, 若直接求右边函数的 Fourier 级数计算很麻烦, 应予以

避免.

2. $x^3 = \sum_{n=1}^{\infty} (-1)^{n-1} (\frac{2\pi^2}{n} - \frac{12}{n^3}) \sin nx (|x| < \pi)$, 以 $x = \frac{\pi}{2}$ 代入并注意到

$$\sum_{n=1}^{\infty} \frac{(-1)^{n-1}}{2n-1} = \frac{\pi}{4} \text{知}, \sum_{n=1}^{\infty} \frac{(-1)^{n-1}}{(2n-1)^3} = \frac{\pi^3}{32}, \sum_{n=1}^{\infty} \frac{1}{n^6} = \frac{n^6}{945}. \text{提示:因为}$$

$$x^2 = \frac{\pi^2}{3} + 4 \sum_{n=1}^{\infty} \frac{(-1)^n}{n^2} \cos nx (|x| \leqslant \pi) \text{逐项积分得}$$

$$\frac{x^3}{3} - \frac{\pi^2 x}{3} = 4 \sum_{n=1}^{\infty} \frac{(-1)^n}{n^2} \sin nx,$$

利用 Parseual 等式立得 $\sum_{n=1}^{\infty} \frac{1}{n^6} = \frac{\pi^6}{945}$.

3. $f(x) = \dfrac{\alpha}{\pi} + \dfrac{2}{\pi} \sum_{n=1}^{\infty} \dfrac{\sin n\alpha}{n} \cos nx$, $|x| \leqslant \pi$,

$g(x) = \dfrac{\alpha}{\pi} + \dfrac{2}{\pi\alpha} \sum_{n=1}^{\infty} \dfrac{\sin^2 n\alpha}{n^2} \cos nx$, $|x| \leqslant \pi$,

$\sum_{n=1}^{\infty} \dfrac{\sin^2 n\alpha}{n^2} = \dfrac{\pi\alpha}{2} - \dfrac{\alpha^2}{2}$; $\sum_{n=1}^{\infty} \dfrac{\sin^4 n\alpha}{n^4} = \dfrac{\pi}{3}\alpha^3 - \dfrac{1}{2}\alpha^4$.

注   上述和式还可以从函数

$$g(x) = \begin{cases} 1 - \dfrac{|x|}{2\alpha}, & 0 \leqslant |x| < 2\alpha, \\ 0, & 2\alpha \leqslant |x| \leqslant \pi \end{cases}$$

的 Fourier 级数展开式出发去求和.

4. 提示：(1) 根据 $\cos \alpha x = \dfrac{\sin \alpha\pi}{\pi} \left(\dfrac{1}{\alpha} + \sum_{n=1}^{\infty} (-1)^n \dfrac{\alpha}{\alpha^2 - n^2} \cos nx \right)$，令 $x = \pi$ 即得，

(2) $\forall x \in (0, \pi)$ 令 $\alpha = \dfrac{x}{n}$ 代入(1)结论；

(3) 对(2)小题结果逐项求导数立得.

5. 提示：(1) 利用 $\dfrac{1}{1+x} = 1 - x + x^2 - \cdots$ 的幂级数展开. $\forall 0 < b < 1$，先在 $[0,b]$ 上逐项积分，再令 $b \to 1^-$，然后利用本节例 4 之结论(1)；

(2) $\displaystyle\int_0^{\infty} \dfrac{x^{\alpha-1}}{1+x} dx = \int_0^1 \dfrac{x^{\alpha-1}}{1+x} dx + \int_1^{\infty} \dfrac{x^{\alpha-1}}{1+x} dx$ 对后一积分，令 $x = \dfrac{1}{t}$ 代换.

6. $S(x) = \begin{cases} \dfrac{\pi}{4} \operatorname{sgn} x, & |x| < \pi, \\ 0, & x = \pm\pi \end{cases}$

7. $\dfrac{\sqrt{2}}{4}\pi$，提示：幂级数 $\sum_{n=1}^{\infty} (-1)^{n-1} \left(\dfrac{x^{4n-3}}{4n-3} + \dfrac{x^{4n-1}}{4n-1} \right)$ $(|x| \leqslant 1)$，

$1 - \dfrac{1}{5} + \dfrac{1}{9} - \cdots = \displaystyle\int_0^1 \dfrac{dt}{1+t^4}$,

$\dfrac{1}{3} - \dfrac{1}{7} + \dfrac{1}{11} \cdots = \displaystyle\int_0^1 \dfrac{t^2}{1+t^4} dt$,

$S = \displaystyle\int_0^1 \dfrac{1+t^2}{1+t^4} dt = \dfrac{1}{\sqrt{2}} \arctan \dfrac{1}{\sqrt{2}} \left(t - \dfrac{1}{t} \right) = \dfrac{\sqrt{2}}{4}\pi$.

而傅里叶级数就在上一题中令 $x = \pi$ 代入立得，后者显得更加简洁.

8. 诸 α_k，β_k 为 $f(x)$ 的傅里叶系数时，相应积分最小，
提示：记 $S_n(x)$ 为 $F[f]$ 前 n 阶部分和，

$\displaystyle\int_{-\pi}^{\pi} [f(x) - T_n(x)]^2 dx = \int_{-\pi}^{\pi} [f(x) - S_n(x) + S_n(x) - T_n(x)]^2 dx$

$= \displaystyle\int_{-\pi}^{\pi} [f(x) - S_n(x)]^2 dx + 2\int_{-\pi}^{\pi} [f(x) - S_n(x)][S_n(x) - T_n(x)] dx$

$+ \displaystyle\int_{-\pi}^{\pi} [f S_n(x) - T_n(x)]^2 dx$.

利用三角级数正交性，中间项为 0.

9. 提示:因为 $f(x)$ 在 $[0,\infty]$ 上绝对可积,$\forall \varepsilon > 0$,$\exists A > 0$,s. t. $\int_A^\infty |f(x)|\mathrm{d}x < \dfrac{\varepsilon}{4}$

又由本节例 5 结论 $\lim\limits_{n\to\infty}\int_0^A f(x)|\sin nx|\mathrm{d}x = \dfrac{2}{\pi}\int_0^A f(x)\mathrm{d}x$,

对上述 $\varepsilon > 0$,$\exists N > 0$,s. t. $n > N$ 时,

$$\left|\int_0^A f(x)|\sin nx|\mathrm{d}x - \dfrac{2}{\pi}\int_0^A f(x)\mathrm{d}x\right| < \dfrac{\varepsilon}{2},$$

所以 $\left|\int_0^{+\infty} f(x)|\sin nx|\mathrm{d}x - \dfrac{2}{\pi}\int_0^{+\infty} f(x)\mathrm{d}x\right|$

$\leqslant \left|\int_0^A f(x)|\sin nx|\mathrm{d}x - \dfrac{2}{\pi}\int_0^A f(x)\mathrm{d}x\right| + \left|\int_A^{+\infty} f(x)|\sin nx|\mathrm{d}x + \dfrac{2}{\pi}\int_A^{+\infty} f(x)\mathrm{d}x\right|$

$< \dfrac{\varepsilon}{2} + 2\times\dfrac{\varepsilon}{4} = \varepsilon.$

10. 提示:分部积分法立得.

习题 5.6

1. (1) 收敛,$\dfrac{1}{3}$;(2) 收敛,$\dfrac{1}{1-a}$;(3) 发散;(4) 收敛,$\dfrac{2}{3}$;(5) 收敛,2.

2. $\prod\limits_{n=1}^{\infty}\cos\dfrac{x}{2^n} = \begin{cases}\dfrac{\sin x}{x},x\neq k\pi,k\in\mathbf{Z}.\\ 1,x=0\end{cases}$

提示:部分积 $P_n(x) = \prod\limits_{k=1}^{n}\cos\dfrac{x}{2^k} = \dfrac{2^n\sin\dfrac{x}{2^n}\prod\limits_{k=1}^{n}\cos\dfrac{x}{2^k}}{2^n\sin\dfrac{x}{2^n}} = \dfrac{\sin x}{2^n\sin\dfrac{x}{2^n}} \to \dfrac{\sin x}{x}.$

3. (1) 证明:

$T_{2n} = \prod\limits_{k=2}^{2n}(1+a_k) = \dfrac{\sqrt{2}+1}{\sqrt{2}}\dfrac{\sqrt{3}-1}{\sqrt{3}}\dfrac{\sqrt{4}+1}{\sqrt{4}}\cdots\dfrac{\sqrt{2n}+1}{\sqrt{2n}} < \dfrac{\sqrt{2}}{\sqrt{3}-1}\dfrac{\sqrt{3}}{\sqrt{4}+1}\dfrac{\sqrt{4}}{\sqrt{5}-1}\cdots$

$\dfrac{\sqrt{2n}}{\sqrt{2n+1}-1}$ $T_{2n}^2 < \dfrac{\sqrt{2}+1}{\sqrt{2n+1}-1} \to 0$ $(n\to\infty)$,从而 $\prod\limits_{n=2}^{\infty}(1+a_n)$ 发散. 但由莱布

尼兹判别法知级数 $\sum\limits_{n=1}^{\infty}a_n$ 收敛.

(2) 记 $u_k = (1+a_{2k})(1+a_{2k+1}) = (1+\dfrac{1}{\sqrt{2k}}+\dfrac{1}{2k})(1-\dfrac{1}{\sqrt{2k+1}}) = 1+O(k^{-\frac{3}{2}})$

由本节定理 2 可知,$\prod u_n$ 收敛,又 $\{1+a_{2k}\}$ 单调递减趋向于 1,故 $\prod\limits_{n=2}^{\infty}(1+a_n)$ 收敛,

而 $\sum\limits_{n=2}^{\infty}a_n$ 发散容易验证.

4. 提示：利用本节定理 2.

习题 6.1

1. (1) 0；　　　(2) 1；　　　(3) e；　　　(4) 0

2. 提示

(1) 取 $x_n = \dfrac{1}{n}, y_n = 0$ 时，极限为 1，又取 $x_n = \dfrac{1}{n}, y_n = -\dfrac{1}{n+1}$ 时，极限为 $\dfrac{1}{e}$.

(2) $P(x, y)$ 沿 $y = x^3 - x$ 趋近于 $(0,0)$ 时，极限为 -1，而沿直线 $y = x$ 趋近 $(0,0)$ 时，极限为 0；

(3) $P(x, y)$ 沿 x 轴趋近 $(0,0)$ 时，极限为 0，沿直线 $y = x$ 趋近 $(0,0)$ 时，极限为 1.

3. (1) 二重极限存在，累次极限不存在；

(2) 二重极限不存在，累次极限存在.

5. 提示：$\forall \varepsilon > 0, \exists \eta > 0$，当 $|x| < \eta$ 时，$|f(x, 0) - f(0, 0)| < \dfrac{\varepsilon}{2}$，

又 $\exists M > 0$, s.t. $|f'_y(x, y)| \leqslant M$，$|f(x, y) - f(x, 0)| = |f'_y(x, \xi) y| \leqslant M|y|$，

取 $\delta = \min\left\{\dfrac{\varepsilon}{2M}, \eta\right\}$，则当 $|x| < \delta, |y| < \delta$ 时，有

$|f(x, y) - f(0, 0)| \leqslant |f(x, y) - f(x, 0)| + |f(x, 0) - f(0, 0)| < \varepsilon$.

6. 提示：不妨设 $f(x)$ 不恒为零，$\exists (x_0, y_0)$, s.t. $f(x_0, y_0) \neq 0$. 不妨设 $f(x_0, y_0) > 0$，由 $\lim\limits_{x^2 + y^2 \to +\infty} f(x, y) = 0$，知 $\exists G > 0$，当 $x^2 + y^2 > G^2$ 时，$f(x, y) < f(x_0, y_0)$，而 $f(x)$ 在有界闭圆盘 $x^2 + y^2 \leqslant G^2$ 上必定取得最大值，且此最大值必是其在 $\mathbf{R}^2$ 上最大值.

当 $f(x_0, y_0) < 0$ 时，$f(x)$ 在 $\mathbf{R}^2$ 上能取得最小值.

7. 类似一元函数情形的证明，可以采用致密性定理，亦可以应用有限覆盖定理去证明.

8. 提示：单位球面是 $\mathbf{R}^n$ 上的紧集，设 $f(x)$ 在单位球面上的最大值为 b，最小值为 a，利用

$$f(x) = \|x\| f\left(\frac{x}{\|x\|}\right).$$

立得欲证结论.

习题 6.2

1. 提示：$|f(x, y)| \leqslant \dfrac{\sqrt{2(x^2 + y^2)}}{x^2 + y^2} |\sin xy| \leqslant \dfrac{\sqrt{2}\,|xy|}{\sqrt{x^2 + y^2}} \leqslant \sqrt{|xy|}$，

$$\frac{\Delta z - (f_x(0,0)\Delta x + f_y(0,0)\Delta y)}{\sqrt{\Delta x^2 + \Delta y^2}} = \frac{(\Delta x + \Delta y)\sin \Delta x \Delta y}{(\Delta x^2 + \Delta y^2)^{\frac{3}{2}}},$$

再令 $\Delta y = k\Delta x$.

2. 提示:参见本节例 2.

3. (1) $p \geqslant 1$;(2) $p \geqslant 2$;(3) $p \geqslant 3$.

4. $\dfrac{\partial^2 u}{\partial x^2} = f_{11} - 2f_{13} + f_{33}$;$\dfrac{\partial^2 u}{\partial y \partial z} = f_{12} - f_{13} - f_{22} + f_{23}$.

6. 0.

提示:$x\dfrac{\partial^2 z}{\partial x^2} = \dfrac{x}{y}\varphi''\left(\dfrac{x}{y}\right) + \dfrac{y^2}{x^2}\psi''\left(\dfrac{y}{x}\right)$,$y\dfrac{\partial^2 z}{\partial x \partial y} = -\dfrac{x}{y}\varphi''\left(\dfrac{x}{y}\right) - \dfrac{y^2}{x^2}\psi''\left(\dfrac{y}{x}\right)$.

7. $\dfrac{\partial^2 u}{\partial y \partial x} = f_2 + zf_3 + xf_{21} + xyf_{22} + 2xyzf_{23} + xzf_{31} + xyz^2 f_{33}$.

习题 6.3

1. $\dfrac{\partial z}{\partial x} = e^{-u}(v\cos v - u\sin v)$,$\dfrac{\partial z}{\partial y} = e^{-u}(v\sin v + u\cos v)$.

2. $y' = f_1 - \dfrac{f_2 F_1 + f_1 f_2 F_2}{f_2 F_2 + F_3}$;$z' = -\dfrac{F_1 + f_1 F_2}{F_3 + f_2 F_2}$.

提示:方程组两边微分,解出 $\mathrm{d}y$, $\mathrm{d}z$.

3. 提示:微分法 $\dfrac{\mathrm{d}u}{\mathrm{d}x} = f_1 + \cos xf_2 - \dfrac{f_3}{g_3}(2xg_1 + e^y g_2 \cos x)$.

4. $\dfrac{\mathrm{d}z}{\mathrm{d}x} = \dfrac{fF_2 + xf'F_2 - xf'F_1}{xf'F_3 + F_2}$.

5. -2.

6. $\dfrac{y^2 z[2(e^z - xy) - ze^z]}{(e^z - xy)^3}$.

7. $-\dfrac{ze^{-(x^2+y^2)}}{(z+1)^3}$.

8. $\dfrac{z(z^4 - 2xyz^2 - x^2 y^2)}{(z^2 - xy)^3}$.

9. $\mathrm{grad}z = \left\{-\dfrac{yzF_1 + 2xF_2}{xyF_1 + 2zF_2}, -\dfrac{xzF_1 + 2yF_2}{xyF_1 + 2zF_2}\right\}$.

10. (1) 0;(2) $-f'(3)$.

习题 6.4

1. $a = 3$. 提示：原方程变换后可以化为 $(10 + 5a)\dfrac{\partial^2 z}{\partial u \partial v} + (6 + a - a^2)\dfrac{\partial^2 z}{\partial v^2} = 0$，令 $(6 + a - a^2) = 0$ 且且 $10 + 5a \neq 0$ 且立得.

2. 证明略. 方程的解为 $u(x, y) = x\varphi\left(\dfrac{y}{x}\right) + \psi\left(\dfrac{y}{x}\right)$.

3. 提示：参照本节例 4 证法（一），视 r, θ 为自变量，x, y 为中间变量. 从右往左推证.

$$\frac{\partial u}{\partial r} = \frac{\partial u}{\partial x}\cos\theta + \frac{\partial u}{\partial y}\sin\theta, \quad \frac{\partial u}{\partial \theta} = \frac{\partial u}{\partial x}(-r\sin\theta) + \frac{\partial u}{\partial y}r\cos\theta,$$

$$\frac{\partial^2 u}{\partial r^2} = \frac{\partial^2 u}{\partial x^2}\cos^2\theta + 2\frac{\partial^2 u}{\partial x \partial y}\sin\theta\cos\theta + \frac{\partial^2 u}{\partial y^2}\sin^2\theta,$$

$$\frac{\partial^2 u}{\partial \theta^2} = \frac{\partial^2 u}{\partial x^2}r^2\sin^2\theta - 2\frac{\partial^2 u}{\partial x \partial y}r^2\sin\theta\cos\theta + \frac{\partial^2 u}{\partial y^2}r^2\cos^2\theta - \frac{\partial u}{\partial x}r\cos\theta - \frac{\partial u}{\partial y}r\sin\theta,$$ 代入欲证式之右边即可得证.

5. $\dfrac{\partial^2 w}{\partial v^2} = 0$　提示：在 $w = \dfrac{z}{x}$ 两边关于 x 求偏导，视 u, v 为中间变量，

$$\frac{\partial w}{\partial u}\frac{\partial u}{\partial x} + \frac{\partial w}{\partial v}\frac{\partial v}{\partial x} = \frac{1}{x}\frac{\partial z}{\partial x} - \frac{z}{x^2}, \quad 即 \quad \frac{\partial w}{\partial u} - \frac{y}{x^2}\frac{\partial w}{\partial v} = \frac{1}{x}\frac{\partial z}{\partial x} - \frac{z}{x^2},$$

解出 $\dfrac{\partial z}{\partial x} = x\dfrac{\partial w}{\partial u} - \dfrac{y}{x}\dfrac{\partial w}{\partial v} + \dfrac{z}{x}$　　　　　　　　　　　　　①

类似地，有 $\dfrac{\partial z}{\partial y} = x\dfrac{\partial w}{\partial u} + \dfrac{\partial w}{\partial v}$　　　　　　　　　　　　②

从 ① 求解 $\dfrac{\partial^2 z}{\partial x^2}$，从 ② 求解 $\dfrac{\partial^2 z}{\partial x \partial y}, \dfrac{\partial^2 z}{\partial y^2}$ 代入原方程左边并化简，可得.

6. $k = -1$.　　提示：$\dfrac{\partial z}{\partial x} = f'_1 + f'_2 + g', \dfrac{\partial z}{\partial y} = -f'_1 + f'_2 + kg'$，

$$\frac{\partial^2 z}{\partial x^2} = f''_{11} + 2f''_{12} + f''_{22} + g'', \quad \frac{\partial^2 z}{\partial y^2} = f''_{11} - 2f''_{12} + f''_{22} + k^2 g'',$$

$$\frac{\partial^2 z}{\partial x \partial y} = -f''_{11} + f''_{22} + kg'', \quad \frac{\partial^2 z}{\partial x^2} + 2\frac{\partial^2 z}{\partial x \partial y} + \frac{\partial^2 z}{\partial y^2} = 4f''_{22} + (1 + 2k + k^2)g'',$$

又 $g'' \neq 0$，令 $1 + 2k + k^2 = 0$，得 $k = -1$.

7. $\dfrac{\partial z}{\partial v} = \dfrac{1}{2}$.　　提示：视 u, v 为中间变量，

$$\frac{\partial z}{\partial x} = \frac{\partial z}{\partial u} \cdot \frac{\partial u}{\partial x} + \frac{\partial z}{\partial v} \cdot \frac{\partial v}{\partial x} = -\frac{y}{x^2}\frac{\partial z}{\partial u} + \frac{\partial z}{\partial v}\left(\frac{\partial z}{\partial x} + \frac{x + z \cdot \frac{\partial z}{\partial x}}{\sqrt{x^2 + y^2 + z^2}}\right),$$

解出 $\dfrac{\partial z}{\partial x} = \dfrac{\dfrac{x}{\sqrt{x^2 + y^2 + z^2}}\dfrac{\partial z}{\partial v} - \dfrac{y}{x^2}\dfrac{\partial z}{\partial u}}{1 - (1 + \dfrac{z}{\sqrt{x^2 + y^2 + z^2}})\dfrac{\partial z}{\partial v}}; \dfrac{\partial z}{\partial y} = \dfrac{\dfrac{y}{\sqrt{x^2 + y^2 + z^2}}\dfrac{\partial z}{\partial v} + \dfrac{1}{x}\dfrac{\partial z}{\partial u}}{1 - (1 + \dfrac{z}{\sqrt{x^2 + y^2 + z^2}})\dfrac{\partial z}{\partial v}},$

代入原方程,得出关于 $\dfrac{\partial z}{\partial v}$ 的方程($\dfrac{\partial z}{\partial u}$ 项相消),详解之可得.

8. $\dfrac{\partial z}{\partial \eta} = \dfrac{z}{\eta}$,解出 $z = y\varphi(x^2 - y^2)$.

9. 提示:引入 $s = \dfrac{x}{x^2 + y^2}$,$t = \dfrac{y}{x^2 + y^2}$,易验证 $\dfrac{\partial s}{\partial x} = -\dfrac{\partial t}{\partial y}$,$\dfrac{\partial s}{\partial y} = \dfrac{\partial t}{\partial x}$,

以及

$$\dfrac{\partial^2 s}{\partial x^2} + \dfrac{\partial^2 s}{\partial y^2} = 0; \quad \dfrac{\partial^2 t}{\partial x^2} + \dfrac{\partial^2 t}{\partial y^2} = 0; \quad \dfrac{\partial^2 s}{\partial x^2} = -\dfrac{\partial^2 t}{\partial x^2},$$

$$\dfrac{\partial^2 v}{\partial x^2} + \dfrac{\partial^2 v}{\partial y^2} = (f''_{11} + f''_{22})\left[\left(\dfrac{\partial s}{\partial x}\right)^2 + \left(\dfrac{\partial t}{\partial x}\right)^2 \right] = 0.$$

10. 类似本节例 5 证明. 充分性证明引入辅助函数 $\Phi(t) = t^{-n} f(tx, ty, tz)$,证明 $\Phi'(t) \equiv 0$.

11. 提示:利用极坐标变换,令 $F(r, \theta) = f(r\cos\theta, r\sin\theta)$,

$$\dfrac{\partial F}{\partial r} = \dfrac{\partial f}{\partial x}\cos\theta + \dfrac{\partial f}{\partial y}\sin\theta = \dfrac{1}{r}\left(x\dfrac{\partial f}{\partial x} + y\dfrac{\partial f}{\partial y} \right) = 0,$$

故 $F(r, \theta)$ 仅跟 θ 有关,再根据 $f(x, y)$ 的连续性,令 $r \to 0^+$,

$$F(r, \theta) = \lim_{r \to 0^+} F(r, \theta) = \lim_{r \to 0^+} f(r\cos\theta, r\sin\theta) = f(0, 0).$$

12. 在球面坐标变换 $x = r\sin\varphi\cos\theta$,$y = r\sin\varphi\sin\theta$,$z = r\cos\varphi$ 之下,

$$\left(\dfrac{\partial u}{\partial x}\right)^2 + \left(\dfrac{\partial u}{\partial y}\right)^2 + \left(\dfrac{\partial u}{\partial z}\right)^2 = \left(\dfrac{\partial u}{\partial r}\right)^2 + \dfrac{1}{r^2}\left(\dfrac{\partial u}{\partial \varphi}\right)^2 + \dfrac{1}{r^2\sin^2\varphi}\left(\dfrac{\partial u}{\partial \theta}\right)^2.$$

13. 改写微分方程 $\dfrac{\partial}{\partial y}\left(\dfrac{\partial u}{\partial x} + u \right) = 0$,则 $\dfrac{\partial u}{\partial x} + u = \varphi(x)$,

其解为 $u = e^{-x}\left[\displaystyle\int_0^x \varphi(t)e^t \mathrm{d}t + \psi(y) \right]$,

由 $u(0, y) = y^2$,得 $\psi(y) = y^2$;$u(x, 1) = \cos x$,可得

$$\int_0^x \varphi(t)e^t \mathrm{d}t = e^x\cos x - 1,$$

从而 $\quad u(x, y) = e^{-x}(e^x\cos x - 1 + y^2) = \cos x + e^{-x}(y^2 - 1)$.

习题 6.5

1. 长半轴为 1,短半轴为 $\dfrac{1}{\sqrt{6}}$.

提示:法一 求 $f(x, y) = x^2 + y^2$ 在 $5x^2 + 4xy + 2y^2 = 1$ 之下的条件极值.

取 $L(x, y, \lambda) = x^2 + y^2 + \lambda(5x^2 + 4xy + 2y^2 - 1)$

令 $L_x = L_y = L_\lambda = 0$,解得

$\lambda_1 = -1$,$P_1\left(\dfrac{1}{\sqrt{5}}, -\dfrac{2}{\sqrt{5}}\right)$;$P_2\left(-\dfrac{1}{\sqrt{5}}, \dfrac{2}{\sqrt{5}}\right)$,对应长半轴为 1.

$\lambda_2 = -\dfrac{1}{6}$ ，$P_{3\backslash 4}(\pm\sqrt{\dfrac{2}{15}}, \pm\dfrac{1}{2}\sqrt{\dfrac{2}{15}})$，对应短半轴为 $\dfrac{1}{\sqrt{6}}$.

法二利用坐标轴旋转，将椭圆方程化为标准方程

$$\begin{cases} x = x'\cos\alpha - y'\sin\alpha \\ y = x'\sin\alpha + y'\cos\alpha \end{cases},$$

二次型 $Ax^2 + Bxy + Cy^2$ 要消去乘积项，旋转角由 $\tan 2\alpha = \dfrac{B}{A-C}$ 确定，

现在 $\tan 2a = \dfrac{4}{3}$，从而 $\tan a = \dfrac{1}{2}$，$\sin a = \dfrac{1}{\sqrt{5}}$，$\cos a = \dfrac{2}{\sqrt{5}}$，

旋转变换为 $x = \dfrac{1}{\sqrt{5}}(2x' - y')$，$y = \dfrac{1}{\sqrt{5}}(x' + 2y')$，

得椭圆的标准方程为 $6x'^2 + y'^2 = 1$.

2. $\dfrac{\pi AB}{|\gamma|}\sqrt{\alpha^2 + \beta^2 + \gamma^2}$.

提示：利用面积投影法. 该斜置椭圆在 xy 坐标平面上的投影椭圆的面积为 πAB，或类似题 1 的条件极值法，先求出椭圆的长半轴，短半轴，计算会烦琐一些.

3. 最大值 1，最小值 $-\dfrac{1}{2}$.

提示：若利用球面坐标变换，由于目标函数是齐次式，可知其最值和球面半径无关，故只需在单位球面 $x^2 + y^2 + z^2 = 1$ 上求解 $f(x,y,z) = x^2 + yz$ 的最值.

法（一）用球面坐标变换，

$f(x,y,z) = \sin^2\varphi\cos^2\theta + \sin\varphi\sin\theta\cos\varphi = g(\varphi,\theta)$ 转化为求解二元函数 $g(\varphi,\theta)$ 的无条件极值，求解方程 $\dfrac{\partial g}{\partial\varphi} = \dfrac{\partial g}{\partial\theta} = 0$.

法（二）用 Lagrange 乘数法，

令 $L(x,y,z,\lambda) = x^2 + yz + \lambda(x^2 + y^2 + z^2 - 1)$ 解出稳定点 $(0, \pm\dfrac{\sqrt{2}}{2}, \pm\dfrac{\sqrt{2}}{2})$，$(\pm 1, 0, 0)$ 等等.

法（三）用初等不等式放缩，

$x^2 + yz \leqslant x^2 + \dfrac{1}{2}(y^2 + z^2) = \dfrac{1}{2}(x^2 + 1) \leqslant 1$ 在 $(\pm 1, 0, 0)$ 处取得最大值 1.

$x^2 + yz \geqslant x^2 - \dfrac{1}{2}(y^2 + z^2) = \dfrac{1}{2}(3x^2 - 1) \geqslant -\dfrac{1}{2}$ 在 $(0, \pm\dfrac{\sqrt{2}}{2}, \pm\dfrac{\sqrt{2}}{2})$ 处取得最小值 $-\dfrac{1}{2}$.

法（四）在单位球面上，

$f(x,y,z) = x^2 + yz = 1 - y^2 - z^2 + yz = F(y,z)(y^2 + z^2 \leqslant 1)$，

求 $F(y,z)$ 在单位圆 $y^2 + z^2 \leqslant 1$ 内的最值.

4. 极大值为 $128\sqrt{2}$；极小值为 $\dfrac{128}{3}\sqrt{\dfrac{2}{3}}$.

5. 极大值为 $y(\sqrt[3]{2}a) = \sqrt[3]{4}a$,极小值为 $y(0) = 0$.

提示:构建拉格朗日函数 $L(x,y,\lambda) = y + \lambda(x^3 + y^3 - 3axy)$,

从 $L_x = 3\lambda x^2 - 3a\lambda y = 0$ 得出 $x^2 = ay$,代入 $x^3 + y^3 - 3axy = 0$,

解出 $x_1 = 0$,或 $x_2 = \sqrt[3]{2}a$.

6. $(0,0,-1)$.

7. $\dfrac{\sqrt{3}}{2}abc$. 提示:设 $P_0(x_0,y_0,z_0)$ 为椭球面上的一点,过此点的切平面方程为

$$\frac{x_0 x}{a^2} + \frac{y_0 y}{y^2} + \frac{z_0 z}{c^2} = 1,$$

此平面在坐标轴上截距分别为 $\dfrac{a^2}{x_0}$,$\dfrac{b^2}{y_0}$,$\dfrac{c^2}{z_0}$,

切平面与坐标轴围成的四面体的体积为 $V = \dfrac{a^2 b^2 c^2}{6x_0 y_0 z_0}$,再用 Lagrange 乘数法求解,

$f(x,y,z) = xyz$ 在限制条件 $\dfrac{x^2}{a^2} + \dfrac{y^2}{b^2} + \dfrac{z^2}{c^2} = 1$ 之下的最大值.

8. 底边长 $\dfrac{p}{2}$,腰长 $\dfrac{3p}{4}$ 的等腰三角形,绕底边旋转所得立体的体积最大.

9. $a = (\sqrt[n]{a})^n$,其倒数之和 $\dfrac{n}{\sqrt[n]{a}}$ 最小.

提示:求解 $f(x_1,x_2,\cdots,x_n) = \displaystyle\sum_{i=1}^{n} \frac{1}{x_i}$ 在条件 $\displaystyle\prod_{i=1}^{n} x_i = a$ 之下的条件极值.

若令 $y_i = \dfrac{1}{x_i}$ 又可简化为求解 $g(y_1,y_2,\cdots y_n) = \displaystyle\sum_{i=1}^{n} y_i$ 在 $\displaystyle\prod_{i=1}^{n} y_i = \dfrac{1}{a}$ 之下的条件

极值.

常规思路用 Lagrange 乘数法,若直接用算术 — 几何平均不等式则更为简练.

习题 7.1

1. (1) $\dfrac{\sqrt{2}-1}{3}$;(2) $\dfrac{4}{\pi^2}(1 - \dfrac{2}{\pi})$ 提示:原式 $= \displaystyle\int_1^2 \mathrm{d}y \int_y^{y^2} \sin\frac{\pi x}{2y}\mathrm{d}x$

(3) $\dfrac{e-1}{2}$;(4) $\dfrac{2\sqrt{2}-1}{18}$. 提示:原式 $= \displaystyle\int_0^1 \mathrm{d}z \int_0^z \mathrm{d}y \int_0^y y\sqrt{1+z^4}\,\mathrm{d}x$

2. $\dfrac{1}{ab}(\mathrm{e}^{a^2 b^2} - 1)$. 提示:原式 $= \displaystyle\int_0^a \mathrm{d}x \int_0^{\frac{b}{a}x} \mathrm{e}^{b^2 x^2}\mathrm{d}y + \int_0^b \mathrm{d}y \int_0^{\frac{a}{b}y} \mathrm{e}^{a^2 x^2}\mathrm{d}x$

3. $\dfrac{1}{6}$.

4. (1) $\dfrac{5}{2}\pi$;(2) $\pi + \dfrac{1}{3}$.

5. $\dfrac{2}{3}$.   提示：$\displaystyle\iint\limits_{D} x f(x^2 + y^2)\sin y \mathrm{d}x\mathrm{d}y = 0$.

6. 见本节例 4 之(3).

7. (1)2π；(2) $\dfrac{\pi}{4}$.   提示：由对称性$\displaystyle\iiint\limits_{\Omega} x \mathrm{d}x\mathrm{d}y\mathrm{d}z = \iiint\limits_{\Omega} y \mathrm{d}x\mathrm{d}y\mathrm{d}z = 0$.

$\quad$ (3) $\dfrac{59}{480}\pi R^5$.   提示：原式 $= \pi\displaystyle\int_0^{\frac{R}{2}} z^2(2Rz - z^2)\mathrm{d}z + \pi\int_{\frac{R}{2}}^{R} z^2(R^2 - z^2)\mathrm{d}z$.

$\quad$ (4) $\dfrac{5\pi}{3}$.   提示：由对称性$\displaystyle\iiint\limits_{\Omega} x \mathrm{d}x\mathrm{d}y\mathrm{d}z = \iiint\limits_{\Omega} y \mathrm{d}x\mathrm{d}y\mathrm{d}z = 0$.

8. $\dfrac{16}{3}$.

9. $\dfrac{2\sqrt{3}}{3}\pi$ 提示：配方法 $x^2 - xy + y^2 = (x - \dfrac{y}{2})^2 + \dfrac{3}{4}y^2$. 并利用$\displaystyle\int_{-\infty}^{+\infty} \mathrm{e}^{-t^2}\,\mathrm{d}t = \sqrt{\pi}$.

10. $\dfrac{\sqrt{2}}{3}\pi$.   提示：利用球面坐标变换，曲面方程为 $r^3 = \dfrac{\sin\varphi\sin\theta}{\sin^4\varphi + \cos^4\varphi}$.

该立体在第一卦限部分为 Ω_1，则

$$V = 4\iiint\limits_{\Omega_1} \mathrm{d}v = 4\iiint\limits_{\Omega_1} r^2 \sin\varphi \mathrm{d}r\mathrm{d}\theta\mathrm{d}\varphi = \dfrac{4}{3}\int_0^{\frac{\pi}{2}} \dfrac{\sin^2\varphi}{\sin^4\varphi + \cos^4\varphi}\mathrm{d}\varphi.$$

令 $\tan\varphi = u, V = \dfrac{4}{3}\displaystyle\int_0^{\infty} \dfrac{u^2}{u^4 + 1}du = \dfrac{2}{3}\int_0^{\infty} \dfrac{u^2 + 1}{u^4 + 1}du = \dfrac{\sqrt{2}}{3}\arctan\dfrac{1}{\sqrt{2}}(u - \dfrac{1}{u})\,\Big|_0^{\infty}$

$= \dfrac{\sqrt{2}}{3}\pi$.

11. $\dfrac{abc}{3p^2} \cdot \dfrac{\Gamma^3(\dfrac{1}{p})}{\Gamma(\dfrac{3}{p})}$ 提示：曲面方程显化为 $z = c\big[1 - (\dfrac{x}{p})^p - (\dfrac{y}{p})^p\big]^{\frac{1}{p}}$，

令 $x = ar\cos^{\frac{2}{p}}\theta, y = br\sin^{\frac{2}{p}}\theta$ $(0 \leqslant \theta \leqslant \dfrac{\pi}{2})$.

则 $V = c\displaystyle\iint\limits_{D}\big[1 - (\dfrac{x}{a})^p - (\dfrac{y}{a})^p\big]^{\frac{1}{p}}\mathrm{d}x\mathrm{d}y = \dfrac{2abc}{p}\int_0^1 (1 - r^p)^{\frac{1}{p}}r\mathrm{d}r\int_0^{\frac{\pi}{2}}\big[\cos\theta\sin\theta\big]^{\frac{2}{p}-1}\mathrm{d}\theta$

分别令 $r^p = t$，以及 $\sin^2\theta = u$，上述积分都可化为欧拉积分.

12. $-f_y(0,0)$. 提示：$1 - \mathrm{e}^{-\frac{1}{4}x^4} \sim \dfrac{x^4}{4}$ $(x \to 0)$. 记 $g(x,t) = \displaystyle\int_x^{\sqrt{t}} f(t,u)\mathrm{d}u$.

$$\Big[\int_0^{x^2} g(x,t)\mathrm{d}t\Big]_x' = \int_0^{x^2} \dfrac{\partial g}{\partial x}\mathrm{d}t + g(x,x^2) \cdot 2x = -\int_0^{x^2} f(t,x)\mathrm{d}t.$$

应用积分中值定理，$\exists\, 0 < \theta < 1$. s. t. $\displaystyle\int_0^{x^2} f(t,x)\mathrm{d}t = f(\theta x^2, x)x^2$，

原极限 $= \displaystyle\lim_{x\to 0} \dfrac{-f(\theta x^2, x) \cdot x^2}{x^3} = -\lim_{x\to 0} \dfrac{f(\theta x^2, x)}{x}$，

再利用 f 在$(0,0)$处的可微性，

$f(\theta x^2, x) = f(0,0) + f_x(0,0) \cdot \theta x^2 + f_y(0,0)x + o(x)$.

注意到 $f(0,0) = 0$，代入即得.

13. $f(t) = (4\pi t^2 + 1)e^{4\pi t^2}$.

  提示:先用极坐标变换, $f(t) = e^{4\pi t^2} + 2\pi \int_0^{2t} r f\left(\dfrac{r}{2}\right) dr$.

  求导 $f'(t) = 8\pi t e^{4\pi t^2} + 8\pi t f(t)$ 解此一阶线性非齐次微分方程可得.

14. $f(t) = e^{\frac{t^3}{3}} - 1$ (提示:类似上一题方法)

15. 提示:利用柱面坐标变换 $\begin{cases} x = r\cos\theta \\ y = r\sin\theta \\ z = u \end{cases}$ $(0 \leqslant \theta \leqslant 2\pi, , 0 \leqslant r \leqslant \sqrt{1-u^2}, -1 \leqslant u \leqslant 1)$.

16. 提示:利用球面坐标变换. $F(t) = 4\pi \int_0^t r^2 f(r^2) dr$.

17. 提示:$\Omega_1 = \{(x_1, x_2, \cdots, x_n) \mid 0 \leqslant x_1 \leqslant 1, 0 \leqslant x_2 \leqslant x_1, \cdots, 0 \leqslant x_n \leqslant x_{n-1}\}$,
  $\Omega_2 = \{(x_1, x_2, \cdots, x_n) \mid 0 \leqslant x_n \leqslant 1, x_n \leqslant x_{n-1} \leqslant 1, \cdots, x_2 \leqslant x_1 \leqslant 1\}$.
  这两个区域的共同特征是 $0 \leqslant x_n \leqslant x_{n-1} \leqslant \cdots \leqslant x_2 \leqslant x_1 \leqslant 1\}$.
  根据公式可推证 $\Omega_1 = \Omega_2$

18. 提示:令 $F(s) = \displaystyle\int_0^s f(t) dt, F(s) = f(s)$, 且 $F(0) = 0$,

  则 $\displaystyle\int_0^{x_{n-2}} f(x_{n-1}) dx_{n-1} \int_0^{x_{n-1}} f(x_n) dx_n = \int_0^{x_{n-2}} F(x_{n-1}) f(x_{n-1}) dx_{n-1} = \frac{1}{2} F^2(x_{n-2})$,

  同理 $\displaystyle\int_0^{x_{n-3}} f(x_{n-2}) dx_{n-2} \int_0^{x_{n-2}} f(x_{n-1}) dx_{n-1} \int_0^{x_{n-1}} f(x_n) dx_n$

  $= \displaystyle\int_0^{x_{n-3}} \frac{1}{2} F^2(x_{n-2}) f(x_{n-2}) dx_{n-2} = \frac{1}{3!} F^3(x_{n-3})$.

  用归纳法,可得

  原式 $= \dfrac{1}{(n-1)!} \displaystyle\int_0^1 F^{n-1}(x_1) F(x_1) dx_1 = \frac{1}{n!} F^n(x_1) \Big|_0^1 = \frac{1}{n!}\left(\int_0^1 f(u) du\right)^n$.

19. $V_n = \dfrac{\pi^{\frac{n}{2}} R^n}{\Gamma\left(\dfrac{n+2}{2}\right)}$ 提示:利用 n 维球坐标变换,并且 $\displaystyle\int_0^\pi \sin^k\varphi \, d\varphi = B\left(\dfrac{k+1}{2}, \dfrac{1}{2}\right)$.

20. $\dfrac{\pi^{\frac{n+1}{2}}}{\Gamma\left(\dfrac{n+1}{2}\right)}$.   提示:可以利用第 19 题的结果.

21. $\dfrac{2\pi^{\frac{n}{2}}}{\Gamma\left(\dfrac{n}{2}\right)} \displaystyle\int_0^R r^{n-1} f(r) dr$.

习题 7.2

1. (1) $\dfrac{4\pi R^3}{3}$.   提示:由对称性 $\displaystyle\oint_\Delta x^2 ds = \oint_\Delta y^2 ds = \oint_\Delta z^2 ds, \oint_\Delta z ds = 0$,

$$\oint_\Delta x^2 \mathrm{d}s = \frac{1}{3}\oint_\Delta (x^2 + y^2 + z^2)\mathrm{d}s = \frac{R^2}{3}\oint_\Delta \mathrm{d}s = \frac{2\pi R^3}{3}.$$

(2) $2\pi R^2$. 　提示：在所给曲线 L 上，$2y^2 + z^2 = x^2 + y^2 + z^2 = R^2$，

$$\int_\Delta \sqrt{2y^2 + z^2}\,\mathrm{d}s = R\oint_\Delta \mathrm{d}s = 2\pi R^2.$$

(3) $2a^2(2-\sqrt{2})$. 　提示：曲线极坐标方程 $r^2 = a^2\cos 2\varphi, \mathrm{d}s = \dfrac{a}{\sqrt{\cos 2\varphi}}\mathrm{d}\varphi.$

2. $\dfrac{8-5\sqrt{2}}{6}\pi t^4$. 提示：空间曲线 $\begin{cases} x^2 + y^2 + z^2 = t^2 \\ z = x^2 + y^2 \end{cases}$ 在 xOy 平面的投影曲线为 $x^2 + y^2$

$= \dfrac{t^2}{2}.$

又 $\sqrt{1 + z_x^2 + z_y^2} = \dfrac{t}{\sqrt{t^2 - x^2 - y^2}}$，

$$F(t) = \iint\limits_{x^2+y^2 \leqslant \frac{t}{2}} (x^2 + y^2) \cdot \frac{t}{\sqrt{t^2 - (x^2 + y^2)}}\mathrm{d}x\mathrm{d}y\text{（利用极坐标变换）}$$

$$= t\int_0^{2\pi}\mathrm{d}\theta\int_0^{\frac{t}{\sqrt{2}}} \frac{r^3}{\sqrt{t^2 - r^2}}\mathrm{d}r,$$

或引入球面坐标，得 $\mathrm{d}S = t^2\sin\varphi\mathrm{d}\theta\mathrm{d}\varphi, x^2 + y^2 = t^2\sin^2\varphi,$

于是 $F(t) = \displaystyle\int_0^{2\pi}\mathrm{d}\theta\int_0^{\frac{\pi}{4}} t^2\sin^2\varphi \cdot t^2\sin\varphi\mathrm{d}\varphi = 2\pi t^4\int_0^{\frac{\pi}{4}}\sin^3\varphi\mathrm{d}\varphi.$

3. $G(t) = \begin{cases} \dfrac{\pi}{18}((3-t^2)^2, & |t| \leqslant \sqrt{3} \\ 0, & |t| > \sqrt{3} \end{cases}$.

提示：

当 $|t| \leqslant \sqrt{3}$ 时，平面 $x + y + z = t$ 与球面 $x^2 + y^2 + z^2 = 1$ 不相交；从而 $f(x,y,z) = 0.$

当 $|t| > \sqrt{3}$ 时，$G(t) = \sqrt{3}\iint\limits_D [1 - x^2 - y^2 - (t - x^2 - y^2)^2]\mathrm{d}x\mathrm{d}y$，

其中 $D: (x - \dfrac{y-t}{2})^2 + \dfrac{3}{4}(y - \dfrac{t}{2})^2 \leqslant \dfrac{1}{2}(1 - \dfrac{t^2}{3})$，

令 $\begin{cases} u = x + \dfrac{y-t}{2} \\ v = \dfrac{\sqrt{3}}{2}(y - t) \end{cases}$，$D': u^2 + v^2 \leqslant a^2, |J| = \dfrac{2}{\sqrt{3}}.$

4. $9 + \dfrac{15}{4}\ln 5$ 　提示：视椭圆柱面为以 y 为因变量，x, z 为自变量. $y = 3\sqrt{1 - \dfrac{x^2}{5}}.$

曲线 $\begin{cases} \dfrac{x^2}{5} + \dfrac{y^2}{9} = 1 \\ z = y \end{cases}$ 的交线在 xOz 平面的投影曲线为 $\dfrac{x^2}{5} + \dfrac{z^2}{9} = 1.$

$D = \{(x,z) \mid 0 \leqslant z \leqslant 3\sqrt{1 - \dfrac{x^2}{5}}, -\sqrt{5} \leqslant x \leqslant \sqrt{5}\}$，

则 $S = \iint\limits_{D} \sqrt{1 + y_x^2 + y_z^2}\,\mathrm{d}x\mathrm{d}z = \iint\limits_{D} \sqrt{1 + \dfrac{9}{25} \cdot \dfrac{x^2}{1 - \dfrac{x^2}{5}}}\,\mathrm{d}x\mathrm{d}z$

$\quad = \displaystyle\int_{-\sqrt{5}}^{\sqrt{5}} \mathrm{d}x \int_0^{3\sqrt{1-\frac{x^2}{5}}} \sqrt{1 + \dfrac{9}{25} \cdot \dfrac{x^2}{1 - \dfrac{x^2}{5}}}\,\mathrm{d}z$

$\quad = \dfrac{6}{5}\displaystyle\int_0^{\sqrt{5}} \sqrt{25 + 4x^2}\,\mathrm{d}x = 15\int_0^{\frac{2}{\sqrt{5}}} \sqrt{1 + u^2}\,\mathrm{d}u.$

5. $\dfrac{3\pi}{2}$. 提示:$\sum$ 在 P 处的切平面方程为 $\dfrac{xX}{2} + \dfrac{yY}{2} + zZ = 1$,其中 (X, Y, Z) 为变量,

(x, y, z) 为参量,

$\rho(x, y, z) = \dfrac{1}{\sqrt{\dfrac{x^2}{4} + \dfrac{y^2}{4} + z^2}} = \dfrac{1}{\sqrt{1 - \dfrac{1}{4}(x^2 + y^2)}},$

$\mathrm{d}S = \sqrt{1 + z_x^2 + z_y^2}\,\mathrm{d}x\mathrm{d}y = \sqrt{1 + \dfrac{1}{4} \cdot \dfrac{x^2 + y^2}{1 - \dfrac{1}{2}(x^2 + y^2)}}\,\mathrm{d}x\mathrm{d}y,$

代入原积分,可得

$\iint\limits_{\Sigma} \dfrac{z}{\rho(x, y, z)}\mathrm{d}S = \iint\limits_{D}(1 - \dfrac{1}{4}(x^2 + y^2))\mathrm{d}x\mathrm{d}y, D: x^2 + y^2 \leqslant 2.$

习题 7.3

1. $P(x, y) = 3x^2 + y^2$.

2. $f(x) = \dfrac{1}{5}\mathrm{e}^{2x} + \mathrm{e}^{-3x}$,积分值 $3(\dfrac{1}{5} + \mathrm{e}^{-10})$.

提示:由 $\dfrac{\partial P}{\partial y} = \dfrac{\partial Q}{\partial x}$,得出微分方程 $f'(x) + 3f(x) = \mathrm{e}^{2x}$,

结合 $f(0) = \dfrac{6}{5}$,得 $f(x) = \dfrac{1}{5}\mathrm{e}^{2x} + \mathrm{e}^{-3x}$.

3. $-\dfrac{2\pi}{3}$. 提示:满足 $\dfrac{\partial P}{\partial y} = \dfrac{\partial Q}{\partial x}$,令 $C^*: x^2 + 9y^2 = 1$. 利用 Green 公式:

$\oint\limits_{C} \dfrac{y\mathrm{d}x - x\mathrm{d}y}{x^2 + 9y^2} = \oint\limits_{C^*} \dfrac{y\mathrm{d}x - x\mathrm{d}y}{x^2 + 9y^2} = \oint\limits_{C^*} y\mathrm{d}x - x\mathrm{d}y.$

注:变换的路径要与被积函数的分母形态相匹配

4. -4. 提示:$\dfrac{\partial P}{\partial y} = \dfrac{\partial Q}{\partial x} = -\dfrac{1}{y^2} + f(xy) + xyf'(xy)$,故可用平行于坐标轴的直角折

线替代原积分路径. 原式 $= \displaystyle\int_3^1 \dfrac{1}{2}(1 + 4f(2x))\mathrm{d}x + \int_{\frac{2}{3}}^2 3(f(3y) - \dfrac{1}{y^2})\mathrm{d}y = -4.$

5. $\dfrac{\sqrt{2}}{16}\pi$. 提示：曲线 C 的参数方程为 $x=\cos\theta,y=z=\dfrac{1}{\sqrt{2}}\sin\theta,0\leqslant\theta\leqslant2\pi$.

6. 2π.　　提示：先验证 $\dfrac{\partial P}{\partial y}=\dfrac{\partial Q}{\partial x}$，从而积分跟路径无关，取以原点为圆心，$\rho$ 为半径的圆

周 C_ρ. 取逆时针方向，则依 Green 公式

$$原积分=\oint_{C_P}P\,\mathrm{d}x+Q\mathrm{d}y=\int_0^{2\pi}\mathrm{e}^{\rho\cos\theta}\cos(\rho\sin\theta)\mathrm{d}\theta.$$

因此积分值与 ρ 无关，故取 $\rho\to0^+$ 的极限：

$$I=\int_0^{2\pi}\mathrm{e}^{\rho\cos\theta}\cos(\rho\sin\theta)\mathrm{d}\theta=\lim_{\rho\to0}\int_0^{2\pi}\cdots\mathrm{d}\theta=2\pi.$$

7. 注意到 $\oint_L\dfrac{x\mathrm{d}y-y\mathrm{d}x}{x^2+y^2}=2\pi$，即 $\dfrac{c}{2\pi}\oint_L\dfrac{x\mathrm{d}y-y\mathrm{d}x}{x^2+y^2}=c$，于是

$$\oint_L\left[P(x,y)+\dfrac{c}{2\pi}\dfrac{y}{x^2+y^2}\right]\mathrm{d}x+\left[Q(x,y)-\dfrac{c}{2\pi}\dfrac{x}{x^2+y^2}\right]\mathrm{d}y=0,$$

由条件 $\dfrac{\partial P}{\partial y}=\dfrac{\partial Q}{\partial x}$，易知 $\dfrac{\partial P^*}{\partial y}=\dfrac{\partial Q^*}{\partial x}$　（P^*,Q^* 代表上式中新函数），

故沿着任何封闭光滑曲线一定有

$$\oint P^*\,\mathrm{d}x+Q^*\,\mathrm{d}y=0,$$

从而存在一个函数 $F(x,y)$ 使得

$$\mathrm{d}F=P^*\,\mathrm{d}x+Q^*\,\mathrm{d}y,$$

于是 $\dfrac{\partial F}{\partial x}=P^*,\dfrac{\partial F}{\partial y}=Q^*$，即得所欲证明.

（换言之，任取一点 $(x_0,y_0)\neq(0,0)$，对其他任一点 (x,y)，作

$$F(x,y)=\int_{(x_0,y_0)}^{(x,y)}P^*\,\mathrm{d}x+Q^*\,\mathrm{d}y,此\ F\ 满足要求).$$

8. 提示：$P(x,y)=yf(xy),Q(x,y)=xf(xy)$，验证 $\dfrac{\partial P}{\partial y}=\dfrac{\partial Q}{\partial x}$ 即可.

或：设 $F(u)$ 为 $f(u)$ 的原函数，则 $F(xy)$ 为 $f(xy)(y\mathrm{d}x+x\mathrm{d}y)$ 的原函数.

9. 令 $F(u)=\int_0^u f(x)\mathrm{d}x$ 是 $f(u)$ 的原函数，

则 $\dfrac{1}{2}F(x^2+y^2)$ 是 $f(x^2+y^2)(x\mathrm{d}x+y\mathrm{d}y)$ 的原函数，从而

$$\oint_L f(x^2+y^2)(x\mathrm{d}x+y\mathrm{d}y)=\dfrac{1}{2}\oint_L\mathrm{d}F(x^2+y^2)=0.$$

10. 2π. 提示：在非原点处，满足 $\dfrac{\partial P}{\partial y}=\dfrac{\partial Q}{\partial x}$，且 $P\mathrm{d}x+Q\mathrm{d}y=\mathrm{d}\arctan\dfrac{\sin\,y}{x}$.

依 Green 公式，寻求另外简单的路径，使积分易于求得，取 $L_1:x=\pm1,y=\pm\dfrac{\pi}{2}$ 组成

的矩形边界. 分别计算在四条边上的积分. 皆为 $\dfrac{\pi}{2}$.

11. $\dfrac{8\pi^3}{3}$.

12. $x^3 y^2 (1 + xy) = C.$ 提示:方程两边同乘一个恰当因子 $x^2 y$,可以配成全微分形式:
$$x^2 y (P\mathrm{d}x + Q\mathrm{d}y) = \mathrm{d}(x^3 y^2 + x^4 y^3) = 0.$$

13. 提示:不妨设 l 亦为单位向量.其与 x 轴正向所成角为 α,$l = \{\cos\alpha, \sin\alpha\}$.
又 $\boldsymbol{\tau} = \{\cos\theta, \sin\theta\}$.则 $\cos(\boldsymbol{l}, \boldsymbol{\tau}) = \boldsymbol{l} \cdot \boldsymbol{\tau} = \cos\alpha\cos\theta + \sin\alpha\sin\theta$,
由于 $\cos\alpha, \sin\alpha$ 为常值,从而 $\oint_C \cos(\boldsymbol{l}, \boldsymbol{\tau})\mathrm{d}s = \oint_C \cos\alpha\mathrm{d}x + \sin\alpha\mathrm{d}y = \iint_D 0\mathrm{d}x\mathrm{d}y = 0.$

14. 提示:$\dfrac{\partial u}{\partial \boldsymbol{n}} = \dfrac{\partial u}{\partial x}\cos(\boldsymbol{n}, x) + \dfrac{\partial u}{\partial y}\sin(\boldsymbol{n}, x)$,从而 $\dfrac{\partial u}{\partial \boldsymbol{n}}\mathrm{d}s = \dfrac{\partial u}{\partial x}\mathrm{d}y - \dfrac{\partial u}{\partial y}\mathrm{d}x$
依 Green 公式 $\oint_C \dfrac{\partial u}{\partial \boldsymbol{n}}\mathrm{d}s = \iint_D (\dfrac{\partial^2 u}{\partial x^2} + \dfrac{\partial^2 u}{\partial y^2})\mathrm{d}x\mathrm{d}y = \iint_D \Delta u\mathrm{d}x\mathrm{d}y.$

D 为由 C 围成的区域,欲对任意的围线 C 及区域 D 皆有 $\oint_C \dfrac{\partial u}{\partial \boldsymbol{n}}\mathrm{d}s = \iint_D \Delta u\mathrm{d}x\mathrm{d}y = 0.$ 当
且仅当 $\Delta u \equiv 0$(可用反证法证之).

15. 提示:$\oint_C v\dfrac{\partial u}{\partial \boldsymbol{n}}\mathrm{d}s = \oint_C v[\dfrac{\partial u}{\partial x}\cos(\boldsymbol{n}, x) + \dfrac{\partial u}{\partial y}\sin(\boldsymbol{n}, x)]\mathrm{d}s = \oint_C v\dfrac{\partial u}{\partial x}\mathrm{d}y - v\dfrac{\partial u}{\partial y}\mathrm{d}x$,
应用 Green 公式得上式 $= \iint_D (\dfrac{\partial u}{\partial x}\dfrac{\partial v}{\partial x} + \dfrac{\partial u}{\partial y}\dfrac{\partial v}{\partial y})\mathrm{d}x\mathrm{d}y + \iint_D v\Delta u\mathrm{d}x\mathrm{d}y$ ①
同理 $\oint_C u\dfrac{\partial v}{\partial \boldsymbol{n}}\mathrm{d}s = \iint_D (\dfrac{\partial u}{\partial x}\dfrac{\partial v}{\partial x} + \dfrac{\partial u}{\partial y}\dfrac{\partial v}{\partial y}) + \iint_D u\Delta v\mathrm{d}x\mathrm{d}y$ ②
于是 $\oint_C \begin{vmatrix} \dfrac{\partial u}{\partial \boldsymbol{n}} & \dfrac{\partial v}{\partial \boldsymbol{n}} \\ u & v \end{vmatrix}\mathrm{d}s = \oint_C (v\dfrac{\partial u}{\partial \boldsymbol{n}} - u\dfrac{\partial v}{\partial \boldsymbol{n}})\mathrm{d}s = \iint_D (v\Delta u - u\Delta v)\mathrm{d}x\mathrm{d}y = \iint_D \begin{vmatrix} \Delta u & \Delta v \\ u & v \end{vmatrix}\mathrm{d}x\mathrm{d}y.$

16. $u(\xi, \eta) = \begin{cases} 2\pi, & \text{当} (\xi, \eta) \text{ 在 } C \text{ 的内部} \\ 0, & \text{当} (\xi, \eta) \text{ 在 } C \text{ 的外部} \end{cases}.$
提示:$\boldsymbol{r} = \{x - \xi, y - \eta\}$,$\boldsymbol{n} = \{\cos\alpha, \sin\alpha\}$.
$\cos(\boldsymbol{r}, \boldsymbol{n}) = \dfrac{\boldsymbol{r} \cdot \boldsymbol{n}}{r} = \dfrac{x - \xi}{r}\cos\alpha + \dfrac{y - \eta}{r}\sin\alpha$,
$u(\xi, \eta) = \oint_C (\dfrac{x - \xi}{r}\cos\alpha + \dfrac{y - \eta}{r}\sin\alpha)\mathrm{d}s = \oint_C \dfrac{y - \eta}{r^2}\mathrm{d}x - \dfrac{x - \xi}{r^2}\mathrm{d}y$,
$\dfrac{\partial P}{\partial y} = \dfrac{\partial Q}{\partial x} = \dfrac{(x - \xi)^2 - (y - \eta)^2}{r^4}.$
从而当 $u(\xi, \eta)$ 在 C 外部时,$u(\xi, \eta) = 0$;当 $u(\xi, \eta)$ 在 C 内部时,以 (ξ, η) 为中心,半径为 R 的圆周 C^*(R 充分小,使 C^* 完全在 C 内部)替换 C,得到
$u(\xi, \eta) = \oint_{C^*} \dfrac{\cos(\boldsymbol{r}, \boldsymbol{n})}{r}\mathrm{d}s = \dfrac{1}{R}\oint_{C^*} 1\mathrm{d}s = 2\pi.$

习题 7.4

1. (1)4π 提示:$\dfrac{\partial P}{\partial x} = \dfrac{1}{r^3} - \dfrac{3x^2}{r^5}$,$\dfrac{\partial P}{\partial x} + \dfrac{\partial Q}{\partial y} + \dfrac{\partial R}{\partial z} = 0$,

在 $\sum$ 内作半径充分小的球面 $\Sigma_\varepsilon : x^2 + y^2 + z^2 = \varepsilon^2$.

依奥高公式原积分 $= \dfrac{1}{\varepsilon^3} \iint\limits_{\Sigma_\varepsilon} x\,\mathrm{d}y\mathrm{d}z + y\,\mathrm{d}z\mathrm{d}x + z\,\mathrm{d}x\mathrm{d}y = \dfrac{1}{\varepsilon^3} \iiint\limits_{\Omega} 3\,\mathrm{d}x\mathrm{d}y\mathrm{d}z = 4\pi$.

(2) 2.　提示:类似本节例 5.

(3) 12π　提示:利用 Stokes 公式 $\iint\limits_{\Sigma} \mathrm{rot}\vec{F} \cdot \boldsymbol{n}\mathrm{d}S = \oint\limits_{C} \vec{F} \cdot \boldsymbol{\tau}\mathrm{d}s$,化曲面积分为曲线积分.

(4) $2(\sqrt{2} - 1)\mathrm{e}^{\sqrt{2}}\pi$　提示:设 Σ 为正则曲面 $y = \psi(x,z)$, $(x,z) \in D$.

则 $\iint\limits_{\Sigma} Q(x,y,z)\mathrm{d}x\mathrm{d}z = \pm \iint\limits_{D} Q(x,\psi(x,z),z)\mathrm{d}x\mathrm{d}z$.

式中"$+$"对应曲面的右侧,"$-$"对应曲面的左侧. 需将曲面 Σ 按左、右侧底平面和侧面分成三部分分别加以计算.

2.(1) $-2\pi a(a+b)$　提示:取以 L 为边界的部分平面 $\Sigma : \dfrac{x}{a} + \dfrac{z}{b} = 1$ 的上侧,单位法向

量 $\boldsymbol{n} = \left\langle \dfrac{b}{\sqrt{a^2+b^2}} , 0 , \dfrac{a}{\sqrt{a^2+b^2}} \right\rangle$,依 Stokes 公式

$$I = \iint\limits_{\Sigma} \begin{vmatrix} \cos\alpha & \cos\beta & \cos\gamma \\ \dfrac{\partial}{\partial x} & \dfrac{\partial}{\partial y} & \dfrac{\partial}{\partial z} \\ y-z & z-x & x-y \end{vmatrix} \mathrm{d}S = -2\iint\limits_{\Sigma} \dfrac{a+b}{\sqrt{a^2+b^2}}\mathrm{d}S.$$

(2) $2\pi r^2 R$. 提示:依 Stokes 公式,$I = \iint\limits_{\Sigma} -2z\mathrm{d}x\mathrm{d}y + 2x\mathrm{d}x\mathrm{d}y$,

$\cos\alpha = \dfrac{x-R}{R}, \cos\beta = \dfrac{y}{R}, \cos\gamma = \dfrac{z}{R}$, $\mathrm{d}y\mathrm{d}z = \dfrac{\cos\alpha}{\cos\gamma}\mathrm{d}x\mathrm{d}y = \dfrac{x-R}{z}\mathrm{d}x\mathrm{d}y$,

$$I = \iint\limits_{\Sigma} \left(-2z\dfrac{x-R}{z} + 2x\right)\mathrm{d}x\mathrm{d}y = 2R\iint\limits_{\Sigma}\mathrm{d}x\mathrm{d}y = 2\pi r^2 R.$$

(3) 4π. 提示:球面法线的方向余弦 $\cos\alpha = \dfrac{x-2}{2}, \cos\beta = \dfrac{y}{2}, \cos\gamma = \dfrac{z}{2}$,

$$I = 2\iint\limits_{\Sigma}[(y-z)\cos\alpha + (z-x)\cos\beta + (x-y)\cos\gamma]\mathrm{d}S$$

$$= \iint\limits_{\Sigma}[(y-z)(x-2) + (z-x)y + (x-y)z]\mathrm{d}S = 2\iint\limits_{\Sigma}(z-y)\mathrm{d}S = 2\iint\limits_{\Sigma}z\mathrm{d}S = 4\pi.$$

3.$\dfrac{93}{5}((2-\sqrt{2})\pi$　提示:应用奥高公式 $I = 3\iiint\limits_{\Omega}(x^2+y^2+z^2)\mathrm{d}x\mathrm{d}y\mathrm{d}z$,球面坐标计算.

4.提示:$\dfrac{\partial u}{\partial \boldsymbol{n}} = \dfrac{\partial u}{\partial x}\cos\alpha + \dfrac{\partial u}{\partial y}\cos\beta + \dfrac{\partial u}{\partial z}\cos\gamma$,

$$\oiint\limits_{S} u\dfrac{\partial u}{\partial \boldsymbol{n}}\mathrm{d}S = \oiint\limits_{S} u\left(\dfrac{\partial u}{\partial x}\cos\alpha + \dfrac{\partial u}{\partial y}\cos\beta + \dfrac{\partial u}{\partial z}\cos\gamma\right)\mathrm{d}S$$

$$= \iiint\limits_{V}\left[\dfrac{\partial}{\partial x}\left(u\dfrac{\partial u}{\partial x}\right) + \dfrac{\partial}{\partial y}\left(u\dfrac{\partial u}{\partial y}\right) + \dfrac{\partial}{\partial z}\left(u\dfrac{\partial u}{\partial z}\right)\right]\mathrm{d}x\mathrm{d}y\mathrm{d}z.$$

5. 提示:类似于习题 7.3 之第 15 题. 在奥高公式中,先取 $P = v\dfrac{\partial u}{\partial x}, Q = v\dfrac{\partial u}{\partial y}, R = v\dfrac{\partial u}{\partial z}$,

再将 u,v 互换,得另一式子,然后两式相减可得.

6. (1) $\dfrac{a^2}{2}(f(a)-f(-a))+\dfrac{1}{2}\displaystyle\int_{-a}^{a}uf(u)\mathrm{d}u$.

提示:曲面 $\sum:|x|+|y|+|z|=a$ 为八面体,分别位于八个卦限,第 k 个卦限内的

部分平面记为 $\sum_k$,$k=1,2,3,4$ 时 $\sum_k$ 取上侧,$k=5,6,7,8$ 时,$\sum_k$ 取下侧.

记 $I_k=\displaystyle\iint_{\sum_k}f(x+y+z)\mathrm{d}x\mathrm{d}y$. 由于 $\sum_1:x+y+z=a$,$\sum_7:x+y+z=-a$.

故 $I_1=\displaystyle\iint_{\sum_1}f(a)\mathrm{d}x\mathrm{d}y=f(a)\iint_{D_1}1\mathrm{d}x\mathrm{d}y=\dfrac{a^2}{2}f(a)$,

$I_7=-f(-a)\displaystyle\iint_{D_7}\mathrm{d}x\mathrm{d}y=-\dfrac{a^2}{2}f(-a)$,

对 I_2,因为 $\Sigma_2:-x+y+z=a$,故在 Σ_2 上 $x+y+z=a+2x$,

$I_2=\displaystyle\iint_{\Sigma_2}f(x+y+z)\mathrm{d}x\mathrm{d}y=\iint_{D_2}f(a+2x)\mathrm{d}x\mathrm{d}y$

$=\displaystyle\int_{-a}^{0}\mathrm{d}x\int_{0}^{x+a}f(a+2x)\mathrm{d}y=\int_{0}^{a}tf(2t-a)\mathrm{d}t$,

类似 $I_3=\displaystyle\int_{0}^{a}(a-t)f(2t-a)\mathrm{d}t$,$I_4=I_2$,$I_5=-I_2$,$I_6=-I_3=I_8$,

合并之,$I=I_1+I_2-I_3+I_7=\dfrac{a^2}{2}((f(a)-f(-a))+\displaystyle\int_{0}^{a}(2t-a)f(2t-a)\mathrm{d}t$.

7. 提示:设 $\boldsymbol{n}=\{\cos\alpha,\cos\beta,\cos\gamma\}$,$\dfrac{\partial u}{\partial \boldsymbol{n}}=\dfrac{\partial u}{\partial x}\cos\alpha+\dfrac{\partial u}{\partial y}\cos\beta+\dfrac{\partial u}{\partial z}\cos\gamma$. 应用奥高公式,

类似于习题 7.3 之 14 题.

习题 8.1

1.(1) $p<1$,收敛;$p\geqslant 1$,发散;

(2) $-1<p<q-1$ 收敛,其他情形发散;

(3) $p<1$ 且 $q<1$ 时收敛;

(4) $0<r<2$ 时收敛,$r\geqslant 2$ 发散.

2.(1) 收敛;(2) 收敛;(3) 收敛;(4) 收敛.

(2) 提示:拆分为 $\displaystyle\int_0^1+\int_1^\infty$,对 $\int_0^1\dfrac{\sin x\cos\dfrac{1}{x}}{x}\mathrm{d}x$,取 $f(x)=\cos\dfrac{1}{x}$,$g(x)=\dfrac{\sin x}{x}$.

$\displaystyle\int_0^1 f(x)\mathrm{d}x=\int_1^\infty\dfrac{\cos t}{t^2}\mathrm{d}t$ 收敛,$g(x)$ 单调有界,故收敛;

对 $\displaystyle\int_1^\infty\dfrac{\sin x\cos\dfrac{1}{x}}{x}\mathrm{d}x$,$\int_1^\infty\dfrac{\sin x}{x}\mathrm{d}x$ 收敛,$f(x)=\cos\dfrac{1}{x}$ 单调有界,知积分收敛.

(4) 提示：$\sin\left(x+\dfrac{1}{x}\right)=\sin x\cos\dfrac{1}{x}+\cos x\sin\dfrac{1}{x}$.

3.(1) 条件收敛. 提示：转化为级数

$$\int_0^\infty (-1)^{[x^2]}\mathrm{d}x=\sum_{n=0}^\infty\int_{\sqrt{n}}^{\sqrt{n+1}}(-1)^n\mathrm{d}x=\sum_{n=0}^{+\infty}\frac{(-1)^n}{\sqrt{n+1}+\sqrt{n}}.$$

(2) 条件收敛. 提示：用 Dirichlet 判别法.

又 $x\geqslant\mathrm{e}$ 时，$\left|\dfrac{\ln x}{x}\sin x\right|\geqslant\dfrac{\ln x}{x}\sin^2 x=\dfrac{\ln x}{x}\dfrac{1-\cos 2x}{2}$.

而 $\displaystyle\int_{\mathrm{e}}^{+\infty}\dfrac{\ln x}{x}\mathrm{d}x$ 发散.

(3) 条件收敛.

(4) 绝对收敛. 提示：$x=0$ 不是奇点，x 充分大时，$\dfrac{|\sin x|}{x}\mathrm{e}^{-x}<\dfrac{1}{x^2}$.

4. 提示：$\displaystyle\int_0^{+\infty}\dfrac{\mathrm{e}^{-tx}}{1+t^2}\mathrm{d}t<\int_0^\infty\mathrm{e}^{-tx}\mathrm{d}t=\dfrac{1}{x}$.

5. 提示：Dirichlet 判别法易证其收敛.

$$\int_0^{2\pi}\frac{\cos x}{1+x}\mathrm{d}x=\int_0^\pi\left(\frac{1}{1+x}-\frac{1}{1+\pi+x}\right)\cos x\mathrm{d}x$$

$$=\int_0^{\frac{\pi}{2}}+\int_{\frac{\pi}{2}}^\pi\left(\frac{1}{1+x}-\frac{1}{1+\pi+x}\right)\cos x\mathrm{d}x=I_1+I_2,$$

对 I_2，令 $t=\pi-x$，$I_2=-\displaystyle\int_0^{\frac{\pi}{2}}\left(\frac{1}{1+\pi-t}-\frac{1}{1+2\pi-t}\right)\cos t\mathrm{d}t$，

故 $I=\displaystyle\int_0^{\frac{\pi}{2}}\cos t\left[\frac{1}{1+t}-\frac{1}{1+\pi+t}-\left(\frac{1}{1+\pi-t}-\frac{1}{1+2\pi-t}\right)\right]\mathrm{d}t$，

而 $\dfrac{1}{1+t}-\dfrac{1}{1+\pi+t}-\dfrac{1}{1+\pi-t}+\dfrac{1}{1+2\pi-t}$

$$=\frac{1}{1+t}+\frac{1}{1+2\pi-t}-\left(\frac{1}{1+\pi+t}+\frac{1}{1+\pi-t}\right)$$

$$=2(1+\pi)\left[\frac{1}{(1+t)(1+2\pi-t)}-\frac{1}{(1+\pi+t)(1+\pi-t)}\right]>0$$

故 $\displaystyle\int_0^{2\pi}\dfrac{\cos x}{1+x}\mathrm{d}x>0$，类比得 $\displaystyle\int_{2k\pi}^{2(k+1)\pi}\dfrac{\cos x}{1+x}\mathrm{d}x>0$.

6.提示：因 $f(x)$ 一致连续，$\forall\varepsilon>0$，$\exists\delta>0$. s.t. $|x_1-x_2|<\delta$，$|f(x_1)-f(x_2)|<\dfrac{\varepsilon}{2}$，

又 $\displaystyle\int_0^\infty f(x)$ 收敛，$\exists M>0$，s.t. $x_2>x_1>M$ 时，有 $\left|\displaystyle\int_{x_1}^{x_2}f(x)\mathrm{d}x\right|<\dfrac{\varepsilon}{2}\delta$.

于是，只要 $x>M$ 时，恒有 $\left|\displaystyle\int_x^{x+\delta}f(t)\mathrm{d}t\right|<\dfrac{\delta\varepsilon}{2}$.

依积分中值定理，$\exists\xi\in(x,x+1)$，s.t. $|f(\xi)|<\dfrac{\varepsilon}{2}$，

故 $|f(x)|\leqslant|f(x)-f(\xi)|+|f(\xi)|<\dfrac{\varepsilon}{2}+\dfrac{\varepsilon}{2}=\varepsilon$.

7. 提示：依据 Cauchy 收敛准则，考虑积分 $\int_x^{2x} f(t)\mathrm{d}t > xf(2x)$.

8. 提示：考虑积分 $\int_{\sqrt{x}}^{x} f(t)\mathrm{d}t = \int_{\sqrt{x}}^{x} tf(t)\cdot\frac{1}{t}\mathrm{d}t \geqslant xf(x)\int_{\sqrt{x}}^{x}\frac{1}{t}\mathrm{d}t = \frac{1}{2}xf(x)\ln x$；结合 Cauchy 准则.

9. 提示：反证法．若不然，则 $\overline{\lim\limits_{x\to+\infty}} f'(x) < 0$ 或 $\varliminf\limits_{x\to+\infty} f'(x) > 0$，两者必居其一.

   当 $A = \lim\limits_{x\to+\infty} f'(x) > 0$ 时，$\exists x_0$，s.t. $\forall x \geqslant x_0$ 时，$f'(x) > \dfrac{A}{2}$．则 $\lim\limits_{x\to+\infty} f(x) = +\infty$，矛盾．另一情形类似可证.

10. 提示：$\exists x_0 > a$，s.t. $x > x_0$ 时，$f'(x) > 0$．则知 $y = f(x)$ 在 $[x_0, +\infty)$ 上有反函数 $x = f^{-1}(y)$，对积分 $\int_{x_0}^{+\infty} \sin(f(x))\mathrm{d}x$ 作变量代换 $x = f^{-1}(y)$ 得

$$\int_{x_0}^{+\infty} \sin(f(x))\mathrm{d}x = \int_{f(x_0)}^{+\infty} \sin y\,\mathrm{d}f^{-1}(y) = \int_{f(x_0)}^{+\infty} \sin y\,\frac{1}{f'(f^{-1}(y))}\mathrm{d}y.$$

   鉴于 $f'(f^{-1}(y)) \to +\infty$．$(y \to +\infty)$．利用 Dirichlet 判别法知 $\int_a^{+\infty} \sin(f(x))\mathrm{d}x$ 收敛.

11. 提示：有限区间情形参见 §5.5 之例 5；无穷积分情形考虑用 $\varepsilon - G$ 语句转化．因 $f(x)$ 在 $[0, +\infty)$ 上绝对可积，$\forall \varepsilon > 0$，$\exists A > 0$，s.t. $\int_A^{+\infty} |f(x)|\mathrm{d}x < \dfrac{\varepsilon}{4}$，

   故 $\left|\int_0^{+\infty} f(x)|\sin nx|\mathrm{d}x - \dfrac{2}{\pi}\int_0^{+\infty} f(x)\mathrm{d}x\right|$

   $\leqslant \left|\int_0^A f(x)|\sin nx|\mathrm{d}x - \dfrac{2}{\pi}\int_0^A f(x)\mathrm{d}x\right| + \left|\int_A^{+\infty} f(x)|\sin nx|\mathrm{d}x + \dfrac{2}{\pi}\int_A^{+\infty} f(x)\mathrm{d}x\right|$

   $\leqslant \left|\int_0^A f(x)|\sin nx|\mathrm{d}x - \dfrac{2}{\pi}\int_0^A f(x)\mathrm{d}x\right| + \left(1 + \dfrac{2}{\pi}\right)\int_A^{+\infty} |f(x)|\mathrm{d}x.$

   或应用 Riemann 引理：设 $f(x)$ 在 $[a, +\infty)$ 上绝对可积，$g(x)$ 是周期为 T 的可积，则 $\lim\limits_{n\to+\infty}\int_a^{+\infty} f(x)g(nx) = \dfrac{1}{T}\int_0^T g(x)\mathrm{d}x\int_a^{+\infty} f(x)\mathrm{d}x.$

12. 证明一 反证法．若 $\lim\limits_{x\to+\infty} f(x) \neq 0$，$\exists \varepsilon_0 > 0$，以及点到 $\{x_n\} \to +\infty$，s.t. $|f(x_n)| \geqslant \varepsilon_0$.

   不失一般性，可以设 $f(x_n) \geqslant \varepsilon_0\ (n = 1, 2, \cdots)$．又 $|f'(x)| \leqslant c$.

   故 $|f(x) - f(x_n)| = |f'(\xi_n)|\cdot|x - x_n| \leqslant c|x - x_n|$.

   取 $\delta = \dfrac{\varepsilon_0}{2c}$，记 $I_n = (x_n - \delta_0, , x_n + \delta_0)$，$\forall x \in I_n$，有

   $$|f(x) - f(x_n)| \leqslant \frac{\varepsilon_0}{2},\ f(x) \geqslant f(x_n) - \frac{\varepsilon_0}{2} \geqslant \frac{\varepsilon_0}{2}.$$

   从而 $\int_0^{+\infty} f^2(x)\mathrm{d}x \geqslant \sum\limits_{n=1}^{\infty}\int_{I_n} f^2(x)\mathrm{d}x \geqslant \sum\limits_{n=1}^{\infty} \dfrac{\varepsilon_0^2}{4}\cdot 2\delta_0 = +\infty.$

   和 $\int_0^{+\infty} f^2(x)\mathrm{d}x$ 收敛矛盾.

   证明二 因为 $|f^2(x)f'(x)| \leqslant c|f^2(x)|$，所以 $\int_0^{+\infty} f^2(x)f'(x)\mathrm{d}x$ 收敛.

又 $\int_0^x f^2(t)f'(t)\mathrm{d}t = \dfrac{1}{3}(f^3(x) - f^3(0))$,

所以 $\lim\limits_{x \to +\infty} f^3(x) = 3\int_0^{+\infty} f^2(t)f'(t)\mathrm{d}t + f^3(0)$,记此极限值为 A^3,下证 $A = 0$.

若不然 $A \neq 0$,则 $\exists x_0 > 0$, s.t. $x > x_0$ 时,$|f^3(x)| \geqslant \dfrac{1}{8}|A|^3$,

即 $f^2(x) \geqslant \dfrac{1}{4}A^2 > 0$,立知 $\int_0^{+\infty} f^2(x)\mathrm{d}x$ 不可能收敛,矛盾说明 $A = 0$.

13. 证明:因为 $f(x)f'(x) \leqslant \dfrac{1}{2}f(x)$,所以 $f^2(x) \leqslant \int_0^x f(t)\mathrm{d}t \leqslant \int_0^\infty f(x)\mathrm{d}x$.

$f(x) \leqslant \left(\int_0^{+\infty} f(x)\mathrm{d}x\right)^{\frac{1}{2}}$.

$\forall A > 0, \int_0^A f^a(x)\mathrm{d}x = \int_0^A f^{a-1}(x) \cdot f(x)\mathrm{d}x$

$\leqslant \left(\int_0^\infty f(x)\mathrm{d}x\right)^{\frac{a-1}{2}} \int_0^A f(x)\mathrm{d}x \leqslant \left(\int_0^\infty f(x)\mathrm{d}x\right)^{\frac{a+1}{2}}$.

令 $A \to +\infty$,立得.

14. 提示:利用三角函数的降幂公式,有 $\sin^4 px = \dfrac{1}{8}(3 - 4\cos 2px + \cos 4px)$,

当 $\int_0^{+\infty} f(x)\mathrm{d}x$ 绝对收敛时,由 Riemann 引理,$\lim\limits_{p \to \infty}\int_0^{+\infty} f(x)\cos px\,\mathrm{d}x = 0$,立得.

或直接用 Riemann 引理. 取 $g(x) = \sin^4 x$.

$\lim\limits_{p \to +\infty}\int_0^{+\infty} f(x)\sin^4 px\,\mathrm{d}x = \dfrac{1}{\pi}\int_0^\pi \sin^4 x\mathrm{d}x \int_0^\infty f(x)\mathrm{d}x = \int_0^\infty f(x)\mathrm{d}x$.

习题 8.2

1. 提示:$F(y) = \begin{cases} -1, & y \geqslant 1 \\ 1 - 2y, & 0 < y < 1. \\ 1, & y \leqslant 0 \end{cases}$

2. $F^{(n)}(x) = (n-1)!f(x)$.

3. 提示:$u(x) = \int_0^x y(1-x)v(y)\mathrm{d}y + \int_x^1 x(1-y)v(y)\mathrm{d}y$,

$u'(x) = \int_x^1 v(y)\mathrm{d}y - \int_0^1 yv(y)\mathrm{d}y$.

4. $\pi\ln\dfrac{a+b}{2}$. 提示:记 $I(a,b) = \int_0^{\frac{\pi}{2}} \ln((a^2\sin^2 x + b^2\cos^2 x)\mathrm{d}x$.

$\dfrac{\partial I}{\partial a} = \int_0^{\frac{\pi}{2}} \dfrac{2a\sin^2 x}{a^2\sin^2 x + b^2\cos^2 x}\mathrm{d}x = \dfrac{\pi}{a+b}$(令万能置换 $t = \tan x$),

积分之,$I(a,b) = \pi\ln(a+b) + c(b)$,

令 $a=b,I(b,b)=\pi\ln 2b+c(b)$，又 $I(b,b)=\pi\ln b$，

从而 $c(b)=\pi\ln\dfrac{1}{2}$，代入立得.

5. $\dfrac{\cos\alpha^2}{\alpha}+\dfrac{\cos\alpha^3}{2\alpha}$.

6. 参见书 §3.1 之例 5.

习题 8.3

1. 提示：$\displaystyle\int_0^{+\infty}\mathrm{e}^{-(x-\alpha)^2}\mathrm{d}x,\int_{-\infty}^0\mathrm{e}^{-(x-\alpha)^2}\mathrm{d}x$ 分别在 $\alpha\leqslant b$ 以及 $\alpha\geqslant a$ 上一致收敛.

   而当 $-\infty<\alpha<+\infty$ 时，$\exists\varepsilon_0=\dfrac{\sqrt{\pi}}{2}$，$\forall A>0$，取 $\alpha=A$，得

   $$\int_A^{+\infty}\mathrm{e}^{-(x-\alpha)^2}\mathrm{d}x=\int_0^{+\infty}\mathrm{e}^{-t^2}\mathrm{d}t=\frac{\sqrt{\pi}}{2}=\varepsilon_0.$$

   即知积分 $\displaystyle\int_{-\infty}^{\infty}\mathrm{e}^{-(x-\alpha)^2}\mathrm{d}x$ 在 $-\infty<\alpha<+\infty$ 上不一致收敛.

2. 提示：当 $0<\alpha_0<\alpha<+\infty$ 时，$x\mathrm{e}^{-\alpha x}\leqslant x\mathrm{e}^{-\alpha_0 x}$. 而 $\displaystyle\int_0^{+\infty}x\mathrm{e}^{-\alpha_0 x}\mathrm{d}x$ 收敛.

   当 $0<\alpha<+\infty$ 时，考虑尾积分 $\displaystyle\int_A^{+\infty}x\mathrm{e}^{-\alpha x}\mathrm{d}x=\frac{A}{\alpha}\mathrm{e}^{-\alpha A}+\frac{1}{\alpha^2}\mathrm{e}^{-\alpha A}.$

   特取 $\alpha=\dfrac{1}{A}$，则 $\displaystyle\int_A^{+\infty}x\mathrm{e}^{-\frac{x}{A}}\mathrm{d}x=\frac{2A^2}{\mathrm{e}}\to+\infty(A\to+\infty$ 时$)$.

   故 $\displaystyle\int_0^{+\infty}x\mathrm{e}^{-\alpha x}\mathrm{d}x$ 在 $0<\alpha<+\infty$ 上不一致收敛.

3. 提示：$\displaystyle\int_0^1\frac{\sin xy}{\sqrt{|x-y|}}\mathrm{d}x=\int_0^y\frac{\sin xy}{\sqrt{y-x}}\mathrm{d}x+\int_y^1\frac{\sin xy}{\sqrt{x-y}}\mathrm{d}x.$

   利用 $|\sin xy|\leqslant 1$. 比较判别法，如对第一项，令 $y-x=t$.

   $\displaystyle\int_0^y\frac{\sin xy}{\sqrt{y-x}}\mathrm{d}x=\int_0^y\frac{\sin(y-t)y}{\sqrt{t}}\mathrm{d}t.$ 而 $\displaystyle\int_0^y\frac{\mathrm{d}t}{\sqrt{t}}$ 收敛，从而 $\displaystyle\int_0^y\frac{\sin xy}{\sqrt{y-x}}$ 一致收敛.

   第二项积分类似，也一致收敛. 综合之，原积分一致收敛.

4. 提示：考虑尾积分 $\displaystyle\int_A^{+\infty}\mathrm{e}^{-\frac{1}{\alpha^2}(x-\frac{1}{\alpha})^2}\mathrm{d}x$. 令 $t=\dfrac{1}{\alpha}\left(x-\dfrac{1}{\alpha}\right).$

   上式 $=\alpha\displaystyle\int_{\frac{1}{\alpha}(A-\frac{1}{\alpha})}^{+\infty}\mathrm{e}^{-t^2}\mathrm{d}t\leqslant\alpha\int_{-\infty}^{+\infty}\mathrm{e}^{-t^2}\mathrm{d}t=\alpha\sqrt{\pi}$

   当 $0<\alpha<\dfrac{\varepsilon}{\sqrt{\pi}}$ 时，$\forall A>1$，$\displaystyle\int_A^{+\infty}\mathrm{e}^{-\frac{1}{\alpha^2}(x-\frac{1}{\alpha})^2}\mathrm{d}x\leqslant\alpha\sqrt{\pi}<\varepsilon$ 已然成立

   当 $\dfrac{\varepsilon}{\sqrt{\pi}}\leqslant\alpha<1$ 时，$\displaystyle\int_A^{+\infty}\mathrm{e}^{-\frac{1}{\alpha^2}(x-\frac{1}{\alpha})^2}\mathrm{d}x=\alpha\int_{\frac{1}{\alpha}(A-\frac{1}{\alpha})}^{+\infty}\mathrm{e}^{-t^2}\mathrm{d}t<\int_{A-\frac{\sqrt{\pi}}{\varepsilon}}^{+\infty}\mathrm{e}^{-t^2}\mathrm{d}t$

   由 $\displaystyle\int_0^{\infty}\mathrm{e}^{-t^2}\mathrm{d}t$ 收敛性可知，$\forall\varepsilon>0$，$\exists A_0>0$，当 $A>A_0$ 时，上式右端 $<\varepsilon$ 成立.

5. 提示:反证法并结合 Cauchy 收敛准则.

6. 提示:令代换 $t = \dfrac{1}{x}$ 化为无穷积分 $\displaystyle\int_1^{+\infty} \dfrac{\sin t}{t^{2-a}}\mathrm{d}t$. 当 $\alpha = 2$ 时,该积分发散.利用上一题的结果可证得.

7. 提示:设法证明 $B(p,q)$ 在 $[p_0, +\infty) \times [q_0, +\infty)$ 上一致收敛,其中 $p_0 > 0, q_0 > 0$ 任意取定.

8. 证明:(1) 不妨设 $0 < a \leqslant \alpha \leqslant b$,利用 Dirichlet 判别法.

$$\left| \int_0^A \sin \alpha x\, \mathrm{d}x \right| = \frac{1 - \cos \alpha A}{\alpha} \leqslant \frac{2}{\alpha} \leqslant \frac{2}{a}, \text{一致有界};$$

又 $\dfrac{1}{x}$ 单调递减趋于零($x \to +\infty$ 时),故 $\displaystyle\int_0^\infty \dfrac{\sin \alpha x}{x}\mathrm{d}x$ 在 $0 < a \leqslant \alpha \leqslant b$ 上一致收敛;

(2) 注意到积分 $\displaystyle\int_0^\infty \dfrac{\sin \alpha x}{x}\mathrm{d}x = \dfrac{\pi}{2}\operatorname{sgn}\alpha$. 在 $\alpha = 0$ 处有间断,立知其在含有 0 点的区间上不一致收敛.

或用 Cauchy 准则:$\varepsilon_0 = \dfrac{2}{3\pi}, \forall A > 0, \exists$ 充分大正整数 n 使得 $n\pi > A$,及 $\alpha_n = \dfrac{1}{n}$,

$$\left| \int_{n\pi}^{\frac{3}{2}n\pi} \frac{\sin \alpha_n x}{x}\mathrm{d}x \right| > \frac{1}{\frac{3}{2}n\pi} \left| \int_{n\pi}^{\frac{3}{2}n\pi} \sin \frac{x}{n}\mathrm{d}x \right| = \frac{2}{3\pi} = \varepsilon_0.$$

9. 提示:利用 Cauchy 收敛准则之否定形式,设 n 为充分大自然数,取 $\alpha_n = \dfrac{1}{n}$,

$$\int_n^{2n} \frac{x \sin \alpha_n x}{\alpha_n(1 + x^2)}\mathrm{d}x \geqslant n^2 \int_n^{2n} \frac{\sin 1}{1 + x^2}\mathrm{d}x > \frac{n^3 \sin 1}{1 + 4n^2} \to +\infty\, (n \to +\infty).$$

或 被积函数 $\dfrac{x \sin \alpha x}{\alpha(1 + x^2)}$ 改号为 $\dfrac{x^2}{1 + x^2} \cdot \dfrac{\sin \alpha x}{\alpha x}$,又 $\dfrac{x^2}{1 + x^2} \to 1\, (x \to +\infty)$,

$\exists A, \text{s.t. } x > A$ 时,$\dfrac{x^2}{1 + x^2} \geqslant \dfrac{1}{2}$,在 $x \in [A, A+1]$ 时,随着 $\alpha \to 0$ 有 $\dfrac{\sin \alpha x}{\alpha x} \to 1$,

取 α 充分小,使得 $\dfrac{\sin \alpha x}{\alpha x} \geqslant \dfrac{1}{2}$,从而有

$$\frac{x \sin \alpha x}{\alpha(1 + x^2)} = \frac{x^2}{1 + x^2} \cdot \frac{\sin \alpha x}{\alpha x} \geqslant \frac{1}{2} \times \frac{1}{2} = \frac{1}{4}. \text{故} \left| \int_A^{A+1} \frac{x \sin \alpha x}{\alpha(1 + x^2)}\mathrm{d}x \right| \geqslant \frac{1}{4}.$$

10. 提示:易判定该混合型广义积分 $\forall \alpha \in \mathbf{R}$ 收敛,

$$\text{又} \int_1^{+\infty} \frac{\partial}{\partial \alpha}\left(\frac{\arctan \alpha x}{x^2 \sqrt{x^2 - 1}} \right)\mathrm{d}x = \int_1^{+\infty} \frac{\mathrm{d}x}{x \sqrt{x^2 - 1}(1 + \alpha^2 x^2)},$$

$$\left| \frac{1}{x \sqrt{x^2 - 1}(1 + \alpha^2 x^2)} \right| \leqslant \frac{1}{x \sqrt{x^2 - 1}},$$

由 Weierstrass 控制收敛判别法知上面积分在 $\alpha \in \mathbf{R}$ 一致收敛.故求导和积分可以换序.

$$g'(\alpha) = \int_1^{+\infty} \frac{\mathrm{d}x}{x \sqrt{x^2 - 1}(1 + \alpha^2 x^2)}\quad (\text{令 } x = \sec t)$$

$$= \int_0^{\frac{\pi}{2}} \frac{\mathrm{d}t}{1 + \alpha^2 \sec^2 t}\quad (\text{令 } \tan t = u)$$

$$= \int_0^{+\infty} \frac{1}{1+\alpha^2(1+u^2)} \cdot \frac{\mathrm{d}u}{1+u^2} = \frac{\pi}{2}\left(1 - \frac{|\alpha|}{\sqrt{1+\alpha^2}}\right).$$

注:据此还能求解出 $g(\alpha) = \frac{\pi}{2}(1+\alpha-\sqrt{1+\alpha^2})$($\alpha > 0$ 时).

11. $\frac{1}{2}\ln 2$； 提示:对积分关于参变量 λ 求导数,详见例 13.

12. $\pi\ln(1+a)$;提示:记 $J(a) = \int_0^{+\infty} \frac{\ln(1+a^2x^2)}{1+x^2}\mathrm{d}x$,利用一致收敛性,将求导和积分换序:$J'(a) = \int_0^{+\infty} \frac{2ax^2}{(1+x^2)(1+a^2x^2)}\mathrm{d}x = \frac{\pi}{a+1}$.

13. $\frac{\pi}{2}\ln(1+\alpha)$;

提示:$I(\alpha) = \int_0^{+\infty} \frac{\arctan\alpha x}{x(1+x^2)}\mathrm{d}x$,$I'(\alpha) = \int_0^{+\infty} \frac{1}{(1+\alpha^2x^2)(1+x^2)}\mathrm{d}x = \frac{\pi}{2(1+\alpha)}$.

14. $\frac{\sqrt{\pi}}{2}\mathrm{e}^{-t^2}$. 提示:$J'(t) = -\int_0^{+\infty} \mathrm{e}^{-x^2} 2x\sin 2tx\,\mathrm{d}x$,分部积分法可得 $J'(t) = -2tJ(t)$,$J(t) = C\mathrm{e}^{-t^2}$,其中 C 为待定常数.令 $t=0$ 代入,得 $C = J(0) = \frac{\sqrt{\pi}}{2}$.

15. 提示:类似例 12 的两种解法——分部积分法和对参数 α 求导法.对参数求导时需要特别注意被积函数关于参数求导以后所得的新含参积分(不妨称之为导积分)在参数指定范围内必须一致收敛或至少内闭一致收敛.

16. $(1,4)$;将积分区间拆分为 $(0,1]$,$[1,+\infty)$,分别讨论相应积分在区间 $(1,4)$ 的内闭一致收敛性.

17. 提示:导函数有界是一致连续的充分条件.

18. 提示:$\phi(x) = -2\sqrt{x-t}\,f(t)\,|_0^x + 2\int_0^x \sqrt{x-t}\,f'(t)\mathrm{d}t$.

19. 提示:$F(t) = \int_0^{+\infty} \mathrm{e}^{-y}f\left(\frac{y}{t}\right)\mathrm{d}y$,利用广义积分对 t 一致收敛取极限.

20. 提示:由 Cauchy 不等式得

$$\left[\int_\alpha^\beta f(t+u)f(u)\mathrm{d}u\right]^2 \leqslant \int_\alpha^\beta f^2(t+u)\mathrm{d}u\int_\alpha^\beta f^2(u)\mathrm{d}u = \int_{\alpha+t}^{\beta+t}f^2(u)\mathrm{d}u\int_\alpha^\beta f^2(u)\mathrm{d}u.$$

其中 α,β 都充分大或充分小,再利用 Cauchy 收敛准则,知 $\int_{-\infty}^{+\infty}f(t+u)f(u)\mathrm{d}u$ 对每一个 t 都存在,且对 $t \in (-\infty,+\infty)$ 一致收敛.

习题 8.4

1. $\sqrt{2}\pi$. 提示:化为 $B\left(\frac{3}{4},\frac{1}{4}\right)$.

2. (1) $\dfrac{\pi}{2}\ln\dfrac{b}{a}$;   (2) $\ln\dfrac{a}{b}$;   (3) $\dfrac{\pi}{2}(a-b)$;

(4) $ab\ln\dfrac{b}{a}$;   (5) $\pi(a-b)$.

提示:(1)、(2) 直接用 Froullani 公式(本节(21),(22) 两式)

(3) 分部积分法

$$原式=\int_0^\infty(\cos bx-\cos ax)\mathrm{d}\left(-\frac{1}{x}\right)$$

$$=-\frac{1}{x}(\cos bx-\cos ax)\Big|_0^\infty+\int_0^\infty\frac{1}{x}\mathrm{d}(\cos bx-\cos ax)$$

$$=a\int_0^\infty\frac{\sin ax}{x}\mathrm{d}x-b\int_0^\infty\frac{\sin bx}{x}\mathrm{d}x=\frac{\pi}{2}(a-b).$$

(4) 仍用分部积分法.

$$原式=-\int_0^\infty[b\ln(1+ax)-a\ln(1+bx)]\mathrm{d}\frac{1}{x}$$

$$=-\frac{b\ln(1+ax)-a\ln(1+bx)}{x}\Big|_0^\infty+\int_0^\infty\frac{1}{x}\mathrm{d}[b\ln(1+ax)-a\ln(1+bx)]$$

$$=ab\int_0^\infty\frac{1}{x}\left(\frac{1}{1+ax}-\frac{1}{1+bx}\right)\mathrm{d}x=ab\int_0^\infty\left(\frac{b}{1+bx}-\frac{a}{1+ax}\right)\mathrm{d}x$$

$$=ab\ln\frac{1+bx}{1+ax}\Big|_0^\infty=ab\ln\frac{b}{a}.$$

(5) 化为二次积分 $\ln(1+a^2x^2)-\ln(1+b^2x^2)=\int_b^a\dfrac{2tx^2}{1+t^2x^2}\mathrm{d}t.$

原积分 $=2\int_0^\infty\mathrm{d}x\int_b^a\dfrac{t}{1+t^2x^2}\mathrm{d}t.$ 易知 $\int_0^\infty\dfrac{t}{1+t^2x^2}\mathrm{d}x$ 在 $[a,b]$ 上一致收敛,从而上述积分可以换序,以下易.

3. $I_n=\begin{cases}\sigma^{n+2}\cdot(n-1)!!, & n 为 =2k 偶数\\ 0, & n=2k-1 为奇数\end{cases}.$

提示:分部积分法建立递推关系式,令代换 $x=\sigma t$ 化简计算.

4. (1) $\dfrac{\pi}{2}$;(2) $\dfrac{\pi}{4}$;(3) $\dfrac{\pi}{2}-\sqrt{\pi}$;

(4) $\dfrac{\pi}{8}[\operatorname{sgn}(\alpha+\beta-\gamma)+\operatorname{sgn}(\alpha+\gamma-\beta)+\operatorname{sgn}(\beta+\gamma-\alpha)-\operatorname{sgn}(\alpha+\beta+\gamma)]$

提示:(1)(2) 类似,都用分部积分法.

$$\int_0^{+\infty}\frac{\sin^4x}{x^2}\mathrm{d}x=-\int_0^\infty\sin^4x\mathrm{d}\frac{1}{x}=\int_0^\infty\frac{1}{x}\mathrm{d}\sin^4x=\int_0^\infty\frac{4\sin^3x\cos x}{x}\mathrm{d}x$$

$$=\int_0^\infty\frac{(3\sin x-\sin 3x)\cos x}{x}\mathrm{d}x$$

$$=\frac{3}{2}\int_0^{+\infty}\frac{\sin 2x}{x}\mathrm{d}x-\frac{1}{2}\int_0^{+\infty}\frac{\sin 4x}{x}\mathrm{d}x-\frac{1}{2}\int_0^{+\infty}\frac{\sin 2x}{x}\mathrm{d}x=\left(\frac{3}{2}-\frac{1}{2}-\frac{1}{2}\right)\frac{\pi}{2}=\frac{\pi}{4}.$$

(3) 提示: $\int_0^{+\infty}\dfrac{\mathrm{e}^{-x^2}-\cos x}{x^2}\mathrm{d}x=\int_0^\infty\dfrac{\mathrm{e}^{-x^2}-1}{x^2}\mathrm{d}x+\int_0^\infty\dfrac{1-\cos x}{x^2}\mathrm{d}x.$

利用本节例 $9(2)\int_0^\infty \dfrac{\mathrm{e}^{-ax^2}-\mathrm{e}^{-bx^2}}{x^2}\mathrm{d}x = \sqrt{\pi}\,(\sqrt{b}-\sqrt{a}\,)$,

以及本节习题 $2(3)$ 结论 $\int_0^\infty \dfrac{\cos bx - \cos ax}{x^2}\mathrm{d}x = \dfrac{\pi}{2}(a-b)$ 立得.

(4) 提示:积化和差.

$$\sin \alpha x \sin \beta x \sin \gamma x =$$

$$\dfrac{1}{4}\big[\sin(\alpha+\beta-\gamma)x + \sin(\alpha+\gamma-\beta)x + \sin(\beta+\gamma-\alpha)x - \sin(\alpha+\beta+\gamma)x\big].$$

5.(1) 提示:令 $x^n = t$;

(2) 由(1) $\int_0^\infty \mathrm{e}^{-x^n}\mathrm{d}x = \Gamma\left(1+\dfrac{1}{n}\right)$ 而 $\lim\limits_{n\to\infty}\Gamma(1+\dfrac{1}{n}) = \Gamma(1) = 1$.

参考书目

［1. Walter Rudin. 数学分析原理（中文、英文版）［M］. 北京：机械工业出版社，2005.

［2］裴礼文. 数学分析中的典型问题与方法［M］. 北京：高等教育出版社，1993.

［3］强文久，李元章等. 数学分析的基本概念与方法［M］. 北京：高等教育出版社，1989.

［4］沈燮昌，邵品琮. 数学分析纵横谈［M］. 北京：北京大学出版社，1999.

［5］李世金，赵浩. 数学分析解题方法 600 例［M］. 长春：东北师大出版社，1992.

［6］菲赫金哥尔兹. 微积分学教程［M］. 北京：高等教育出版社，2006.

［7］华东师范大学数学系. 数学分析（第三版）［M］. 北京：高等教育出版社，2001.

［8］林源渠，方企勤. 数学分析解题指南［M］. 北京：北京大学出版社，2003.

［9］钱吉林. 数学分析题解精粹［M］. 北京：崇文书局，2003.

［10］杨万利等. 数学分析名师导学［M］. 北京：中国水利水电出版社，2005.

［11］曲阜师大数学系编著. 数学分析的方法.

［12］吉米多维奇. 数学分析习题集［M］. 北京：人民教育出版社，2003.

［13］孙清华，孙旻. 数学分析——内容、方法与技巧［M］. 武汉：华中科技大学出版社，2003.

［14］匡继昌. 常用不等式［M］. 长沙：湖南教育出版社，1989.

［15］吴良森等. 数学分析学习指导书（上、下册）［M］. 北京：高等教育出版社，2004.

［16］裘兆泰，王承国、章仰文. 数学分析学习指导［M］. 北京：科学出版社，2004.

［17］卢兴江，金蒙伟主编. 高等数学竞赛教程［M］. 杭州：浙江大学出版社，2007.

［18］B. R. Gelbaum. J. Olmsted. 分析中的反例［M］. 上海：上海科学技术出版社，1980.

［19］Masayoshi Hata. Problems and Solutions in Real Analysis［M］. Singapore：World Scientific，2007.

［20］Vladimir A. Zorich. Mathematical Analysis［M］. Springer. 北京：世界图书出版公司，2006.

［21］杨传林. 等间距交错级数的收敛性及求和法［J］. 浙江师范大学学报，2000，23（2）：115～118.

［22］谢惠民，恽自求等. 数学分析习题课讲义（上、下册）［M］. 北京：北京高等教育出版社，2004.

［23］腾兴虎，王璞. 数学分析全程学习指导与习题精解（下册）［M］. 南京：东南大学出版社，2013.

［24］杨万利. 数学分析名师导学（下册）［M］. 北京：中国水利水电出版社，2005.

［25］沈燮昌. 数学分析［M］. 北京：高等教育出版社，2014.